브랜드만족
1위
박문각

최신판

7·9급 환경직 **시험대비 최신판**

박문각 공무원

기본서

합격까지 함께
환경직 만점 기본서

개념과 원리를 이해하는 압축 이론 정리

단원별 예상 문제와 최신 기출문제 수록

이찬범 편저

동영상 강의 www.pmg.co.kr

이찬범 환경공학

박문각

이 책의 머리말

먼저 이렇게 책으로 인연을 맺게 되어 감사합니다.

우리가 이 지구에서 살아감에 있어 환경에 대한 문제는 다양한 분야에서 만나게 됩니다. 환경공학은 이러한 문제들을 공학적인 접근으로 해결하는 학문입니다. 환경공학은 화학, 물리, 생물, 지구과학, 토목, 기계, 건축, 보건 등 다양한 학문이 융합되어 만들어졌습니다. 따라서 환경공학은 매우 폭 넓은 범위를 다루게 됩니다. 물환경, 대기환경, 폐기물, 소음, 진동, 토양환경, 지하수환경, 해양환경, 기후변화, 작업환경, 환경보건 등 계속적으로 환경과 관련된 분야는 넓어지고 있습니다. 환경공학에 있어 다양한 분야에 전문적인 지식을 갖춘 인력이 증가하고 있으며 전 세계적으로 매우 큰 관심사 중에 하나가 되었습니다. 이러한 추세로 인해 관련된 정책을 세우고 집행하며 환경관련 공무를 수행하는 필요가 앞으로 더 늘어날 것으로 보입니다.

환경공학은 매우 넓은 범위지만 시험을 준비하는데 있어 접근하기는 매우 쉽습니다. 우리 일상생활 속의 많은 내용들이 포함되어 있어 이미 경험을 했거나 들었거나 보았을 수도 있습니다. 환경공학에 처음 입문하시는 경우라면 환경관련 뉴스를 틈틈이 보시면서 공부하시는 것도 좋을 것 같습니다.

시험을 준비하는데 있어 환경공학은 "공학"이라는 단어가 포함되어 있지만 다른 공학에 비해 계산이 어렵지 않습니다. 기본적인 연산과 비례식, 방정식, 로그와 지수 등의 내용 정도 알아두시면 많은 문제를 해결할 수 있습니다.
각 분야별로 "개론"과 "처리기술"로 연결이 됩니다. 개론에서 각 분야의 특징과 오염물질의 정의가 이루어지고 개론에서 다룬 오염물질의 다양한 처리방법을 처리기술에서 다루게 됩니다. 또한, 각 분야별로 연결되는 내용들이 있어 전체적으로 한과목이지만 공부할 양은 많이 줄어들 수 있습니다. 암기를 통해 준비해야 하는 내용도 있지만 원리를 이해하고 접근하면 쉽게 응용도 가능한 부분도 많아서 책의 내용을 따라오다보면 어느새 전체적인 흐름을 이해할 수 있게 됩니다. 그렇게 되면 새로운 유형이라도 문제를 쉽게 해결할 수 있게 될 것입니다.

시험을 준비하기 위한 수험서로 기획된 책이기에 환경공학의 전부를 담지는 못했습니다. 하지만 시험에서 고득점을 할 수 있도록 꼭 필요한 내용과 상세한 해설, 이해를 돕기 위한 그림들을 최대한 많이 포함시켰습니다. 처음 환경공학을 접하신 분들도 이론을 읽고 문제를 풀다보면 환경공학이 쉽게 느껴지실 겁니다.

무엇보다 이 책을 통해 많은 분들이 원하시고자 하는 일들이 이루어졌으면 합니다. 수험생분들의 바램이 결실을 맺을 수 있도록 저도 계속 노력하고 응원하며 힘을 드릴 수 있는 방법을 계속 찾도록 하겠습니다.

감사합니다.

이찬범 드림

이 책의 **구성**

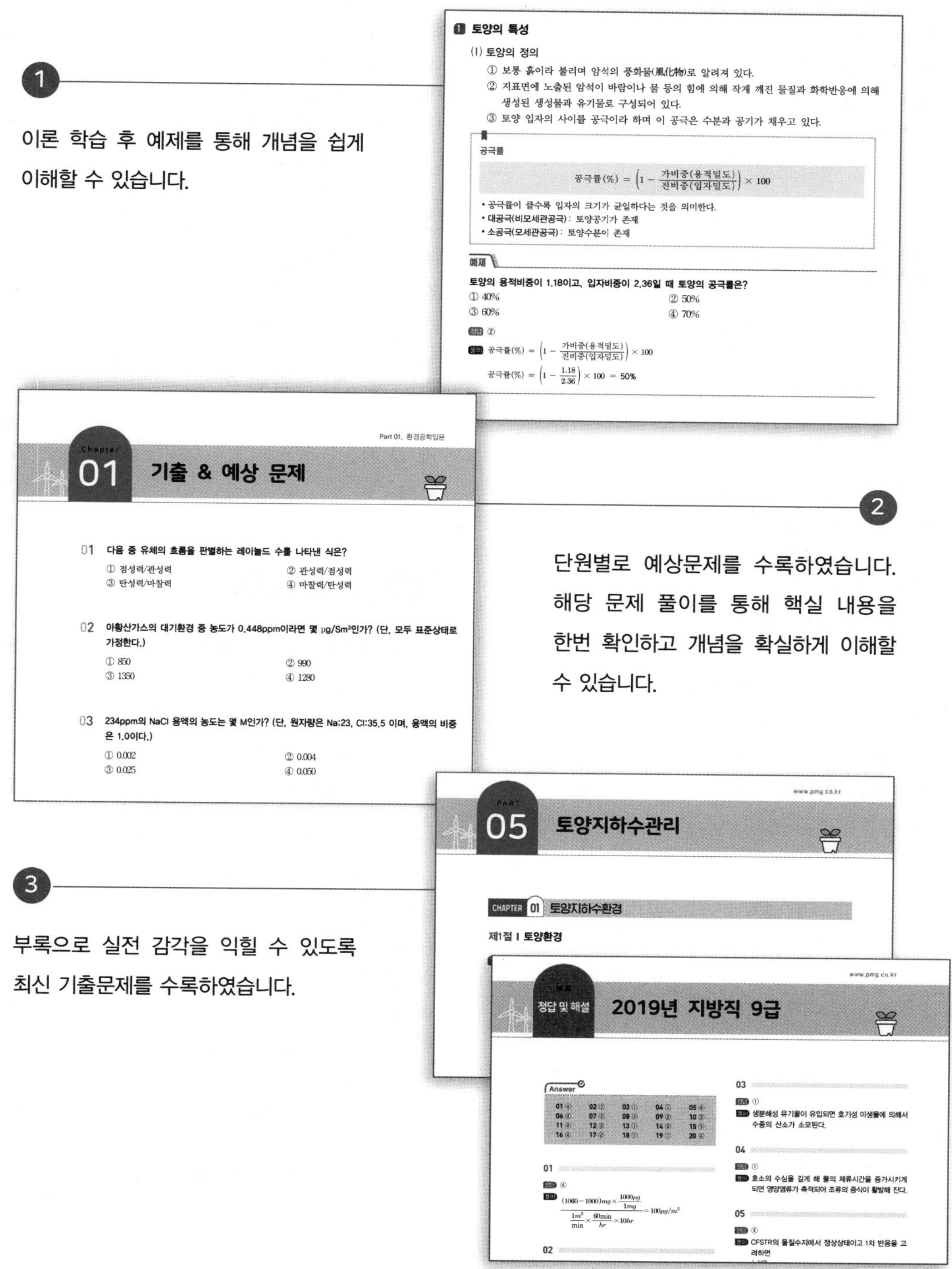

1

이론 학습 후 예제를 통해 개념을 쉽게 이해할 수 있습니다.

2

단원별로 예상문제를 수록하였습니다. 해당 문제 풀이를 통해 핵실 내용을 한번 확인하고 개념을 확실하게 이해할 수 있습니다.

3

부록으로 실전 감각을 익힐 수 있도록 최신 기출문제를 수록하였습니다.

CONTENTS

이 책의 차례

PART 05 토양지하수관리

PART 06 소음진동관리

PART 07 환경법규 및 공정시험기준

부록

이찬범 환경공학

합격까지 박문각

PART

01

환경공학입문

Chapter 01 입문

PART 01 환경공학입문

CHAPTER 01 입문

제1절 | 기초수학

1 방정식

(1) "＝"를 기준으로 좌변과 우변에 각각 미지수와 상수를 정리한다.

(2) "+"는 등호를 넘어가면 "−"가 되고 "×"는 등호를 넘어가면 "÷" 또는 "$\times\frac{1}{\square}$" 이 된다.

(3) "−"는 등호를 넘어가면 "+"가 되고 "÷" 또는 "$\times\frac{1}{\square}$"는 등호를 넘어가면 "×" 가 된다.

예제

01 **□ + 8 = 3 + 2에서 □를 구하시오.**

풀이 □ + 8 = 3 + 2

□ = 3 + 2 − 8 = −3

02 **□ × 8 = 3 × 2에서 □를 구하시오.**

풀이 □ × 8 = 3 × 2

$\square = \frac{3\times 2}{8} = \frac{6}{8} = 0.75$

03 **□ ÷ 8 = 3 × 2에서 □를 구하시오.**

풀이 □ ÷ 8 = 3 × 2

□ = 3 × 2 × 8 = 48

2 분수

분수와 분수의 관계에서 등식이 성립하면 각 분수 중 분자와 분모의 대각선에 있는 숫자와의 곱 또한 등식이 성립한다.

$$\frac{A}{B} = \frac{C}{D} \rightarrow A \times D = B \times C$$

예제

$\frac{4}{10} = \frac{8}{\square}$일 때, □를 구하시오.

풀이 $\frac{4}{10} = \frac{8}{\square} \rightarrow 4 \times \square = 8 \times 10 \rightarrow \square = \frac{8 \times 10}{4} = 20$

3 비례식

비례식 안에서의 관계는 "내항의 곱 = 외항의 곱"이다.

$$A : B = C : D \rightarrow B \times C = A \times D$$

예제

10 : 6 = □ : 8일 때, □를 구하시오.

풀이 $6 \times \square = 10 \times 8 \rightarrow \square = \frac{10 \times 8}{6} = 13.3333$

4 로그

(1) 상용로그

밑이 10인 log이다.

(2) 상용로그의 주요 성질

① $\log 10 = 1$, $\log 0$ = 값이 없음

② $\log A^b = b \log A$

EX $\log 7^2 = 2\log 7$

$\log 10^2 = 2\log 10 = 2$

$\log \frac{1}{100} = \log 10^{-2} = -2\log 10 = -2$

③ $\log a + \log b = \log(a \times b)$

EX $\log 2 + \log 5 = \log(2 \times 5) = \log 10 = 1$

④ $\log a - \log b = \log(\frac{a}{b})$

EX $\log 20 - \log 2 = \log(\frac{20}{2}) = \log 10 = 1$

(3) 자연로그

① 밑이 e 인 로그를 자연로그라고 하며 ln으로 표기한다.

② $\log_e a = \ln a$

(4) 자연로그의 주요 성질

① $\ln e = 1$, $\ln 0$ = 값이 없음

② 그 외의 성질은 상용로그와 같다.

5 지수

(1) 지수의 주요 성질

① $A^a \times A^b = A^{a+b}$(※ $A^a + A^b \neq A^{a+b}$ 임에 유의해야 한다.)

EX $2^3 \times 2^2 = 2^5 = 32$

② $A^a \div A^b = A^{a-b}$(※ $A^a - A^b \neq A^{a-b}$ 임에 유의해야 한다.)

EX $2^3 \times 2^2 = 2^1 = 2$

③ $(A^a)^b = A^{a \times b}$

EX $(2^3)^2 \times 2^6 = 64$

(2) 지수와 방정식

① $A = B \times C^{\square}$에서 □를 구하면,

→ $A = B \times C^{\square}$

→ $C^{\square} = \dfrac{A}{B}$가 되고 양변에 $\log_c$를 취하면

→ $\log_c(C^{\square}) = \log_c\left(\dfrac{A}{B}\right)$가 되고 로그의 성질에 의해

→ $\square = \log_c\left(\dfrac{A}{B}\right)$가 되어 □를 구할 수 있다.

예제

01 $25 = 5 \times 10^{\square}$에서 □를 구하면,

풀이 $\log(10^{\square}) = \log\left(\dfrac{25}{5}\right)$

$\square = \log 5 = 0.6989$

02 $25 = 5 \times e^{\square}$에서 □를 구하면,

풀이 $\ln(e^{\square}) = \ln\left(\dfrac{25}{5}\right)$

$\square = \ln 5 = 1.6094$

01

② A = B × $\square^C$에서 □를 구하면,

→ A = B × $\square^C$

→ $\square^C = \dfrac{A}{B}$가 되고 양변에 $\dfrac{1}{C}$을 지수로 취하면

→ $(\square^C)^{\frac{1}{C}} = \left(\dfrac{A}{B}\right)^{\frac{1}{C}}$가 되어 좌변의 지수가 약분되면서

→ $\square = \left(\dfrac{A}{B}\right)^{\frac{1}{C}}$가 되어 □를 구할 수 있다.

예제

25 = 5 × $\square^3$에서 □를 구하시오.

풀이 $\dfrac{25}{5} = \square^3$

$\left(\dfrac{25}{5}\right)^{\frac{1}{3}} = (\square^3)^{\frac{1}{3}}$

$\left(\dfrac{25}{5}\right)^{\frac{1}{3}} = \square$, □ = 1.7099

6 면적 계산

(1) 사각형의 면적

면적 = 가로 × 세로

(2) 원의 면적

$$면적 = \frac{\pi}{4}D^2$$

*π(원주율): 3.14159265358979...로 순환하지 않는 무한소수

(3) 원기둥의 옆면 면적

면적 = πDH = 2πrH

D: 직경(지름) / r: 반경(반지름)

(4) 사다리꼴의 면적

면적 = (윗변 + 아랫변) × 높이/2

7 부피 계산

단면적과 높이를 곱한 값이다.

(1) 원기둥의 부피

$$부피 = \frac{\pi}{4}D^2H = \pi r^2H$$

D: 직경(지름) / r: 반경(반지름) / H: 높이

(2) 직육면체의 부피

면적 = 가로 × 세로 × 높이

제2절 I 기초 단위

1 차원과 단위의 분류

구분	질량(M)	길이(L)	힘(F)	시간(T)
CGS 단위	g	cm	dyne	sec
MKS 단위	kg	m	N	sec
FPS 단위	lb	ft	pound	sec

* 1ft = 0.3048m, 1lb = 0.4536kg, 1inch = 0.0254m
* SI 단위는 국제표준단위로 MKS를 의미한다.

(1) 차원

독립적인 물리량으로 길이(L), 질량(M), 시간(t), 온도(T) 등이 있다.

(2) 단위

물리량의 기본 크기로 SI단위, MKS단위, CGS단위, FPS단위 등이 있다.

① 길이

- 1km = 10^3m = 10^5cm = 10^6mm = 10^9μm = 10^{12}nm
- 10^{-12}km = 10^{-9}m = 10^{-7}cm = 10^{-6}mm = 10^{-3}μm = 1nm

② 부피

- 1m^3 = 10^3L = 10^6mL(mL=cm^3) = 10^9μL
- 1μL = 10^{-3}mL(mL=cm^3) = 10^{-6}L = $10^{-9}m^3$

③ 질량

- 1ton = 10^3kg = 10^6g = 10^9mg = 10^{12}μg = 10^{15}ng
- 1ng = 10^{-3}μg = 10^{-6}mg = 10^{-9}g = 10^{-12}kg = 10^{-15}ton

④ 시간

- 1day = 24hr = 1,440min = 86,400sec

⑤ 속도

$$속도 = \frac{거리}{시간} \leftrightarrow 거리 = 속도 \times 시간 \leftrightarrow 시간 = \frac{거리}{속도}$$

- 거리를 시간으로 나눈 값이다.
- m/day, m/hr, m/min, m/sec, cm/day, cm/hr, cm/min, cm/sec 등의 단위가 있다.

⑥ 중력가속도

- 가속도는 거리/시간^{2}으로 나타내어진다.
- 중력가속도는 9.8m/sec^2 = 980cm/sec^{2}의 일정한 값을 가진다.

⑦ 밀도

- 단위체적에 대한 질량을 말한다.
- $\rho(밀도) = \dfrac{m(질량)}{\forall(부피)} = g/cm^3,\ kg/m^3,\ lb/ft^3...$
- 물의 밀도 : 1g/mL = 1kg/L = 1ton/m^3 = 1,000kg/m^3
- 공기의 밀도 : 1.293g/L = 1.293kg/m^3

⑧ 비중

$$비중 = \frac{대상물질의 밀도}{표준물질의 밀도}$$

- 표준물질의 밀도에 대한 대상물질의 밀도이다.
- 기체(증기)의 표준물질 : 0℃, 760mmHg의 공기(분자량 29)
- 액체 또는 고체의 표준물질 : 4℃의 물(밀도 1kg/L)

⑨ 점성계수

- 유체의 점도를 나타내는 값이다.
- 전단응력에 대한 유체의 거리에 대한 속도 변화율에 대한 비를 말한다.
- 액체 : 온도가 증가함에 따라 감소한다.
- 기체 : 온도가 증가함에 따라 증가한다.
- 동점성계수는 점성계수를 유체의 밀도로 나눈 값이다.

$$동점성계수 = \frac{점성계수}{밀도}$$

점성계수와 동점성계수

점성계수(μ)	동점성계수(ν)
kg/m · sec	m^2/sec
g/cm · sec → P(Poise)	cm^2/sec
mg/mm · sec → cP(Centi Poose)	mm^2/sec

레이놀드수(Reynolds Number)

- 관의 Re $= \dfrac{\text{관성력}}{\text{점성력}} = \dfrac{D\rho V}{\mu} = \dfrac{DV}{\nu}$
- **층류영역**: Re < 2000
- **전이영역**: 2000 < Re < 4000
- **난류영역**: Re > 4000

⑩ 힘과 압력

- 힘의 단위는 N(Newton)이며 $1N = kg \cdot m/sec^2$ ($1dyne = g \cdot cm/sec^2$)이다.
- 압력이란 단위면적 당 작용하는 힘을 의미한다.
- 1atm = 760mmHg = 1,013mbar = 101,325N/m^2 = 101,325Pa = 10,332mmH_2O = 10.332mH_2O = 14.7PSI = 1.0332kg_f/cm^2

표면장력

- dyne/cm
- 서로 다른 입자가 잡아당기는 힘의 크기로 액체표면의 분자가 액체 내부로 끌려가는 힘에 기인된다.

⑪ 온도

- ℃: 섭씨온도
- K(섭씨의 절대온도) = 273 + □℃
- °F(화씨온도) = 1.8 × □℃ + 32
- R(화씨의 절대온도, 랭킹온도) = 460 + □°F

⑫ 농도

$$\text{농도} = \frac{\text{용질}}{\text{용액(용질 + 용매)}}$$

- 용질을 용액의 양으로 나눈 값을 의미한다.

  EX 용액: 소금물, 용매: 물, 용질: 소금
- 질량(W)/질량(W), 부피(V)/질량(W), 질량(W)/부피(V), 부피(V)/부피(V) 등의 농도가 있으며 mg/kg, mL/kg, mg/L, mL/m^3 등의 단위가 사용된다.
- 분율(ppm, ppb, % 등)도 농도의 단위로 사용된다.

⑬ 분율

- 총량에 대한 특정 물질의 비로 주로 농도와 관련된 개념으로 활용된다.

분율

		백분율	천분율	백만분율	십억분율
기호		%	ppt 또는 ‰	ppm	ppb
정의		1/100	1/1,000	$1/10^6$	$1/10^9$
단위	V/V	1mL/100mL, 1L/100L 등	1mL/L, $1L/m^3$ 등	1μL/L, $1mL/m^3$ 등	$1μL/m^3$ 등
	W/W	1mg/100mg, 1g/100g 등	1g/kg, 1kg/ton 등	1mg/kg, 1g/ton 등	1mg/ton 등
	W/V	1g/100mL, 1kg/100L 등	1g/L, $1kg/m^3$ 등	1mg/L, $1g/m^3$ 등	$1mg/m^3$ 등

- 1% = 10,000ppm($\frac{1}{100} = \frac{10,000}{1,000,000}$)
- W/V의 경우 주로 액체 상태에서 사용되며 1ppm은 1mg/L로 쓰인다.
- V/V의 경우 주로 기체 상태에서 사용되며 1ppm은 $1mL/m^3$으로 쓰인다.

예제

01 물 2.5L 중에 어떤 불순물이 10mg 함유되어 있다면 약 몇 ppm으로 나타낼 수 있는가?

① 0.4　② 1
③ 4　④ 40

정답 ③

풀이 ppm = mg/L
10mg/2.5L = 4ppm

02 백분율(W/V, %)의 설명으로 옳은 것은?

① 용액 100g 중의 성분무게(g)을 표시　② 용액 100mL 중의 성분용량(mL)을 표시
③ 용액 100mL 중의 성분무게(g)을 표시　④ 용액 100g 중의 성분용량(mL)을 표시

정답 ③

03 ppm을 설명한 것으로 틀린 것은?

① ppb 농도의 1000배 이다.　② 백만분율이라고 한다.
③ mg/kg이다.　④ % 농도의 1/1000 이다.

정답 ④

풀이 1% = 10,000ppm이다.

⑭ 유량

$$유량(Q) = 면적(A) \times 유속(V) = \frac{부피(\forall)}{시간(t)}$$

- m^3/sec, L/sec, mL/min …
- 단면적과 유속은 변하지만 유량은 동일한 경우: $Q = A_1 V_1 = A_2 V_2$

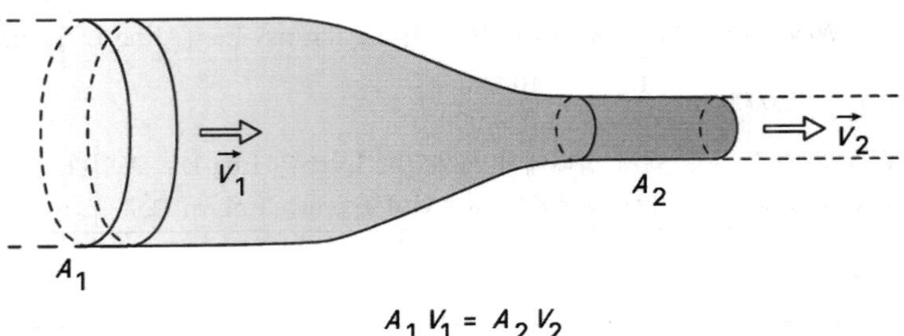

2 단위 환산

(1) 바꾸고자 하는 단위가 분자에 있으면 분모에 같은 단위를 넣어 곱하고 분자에 바꾸려는 단위를 넣는다.

$$\frac{●}{□} \times \frac{△}{●} = \frac{△}{□}$$

(2) 바꾸고자 하는 단위가 분모에 있으면 분자에 같은 단위를 넣어 곱하고 분모에 바꾸려는 단위를 넣는다.

$$\frac{□}{●} \times \frac{●}{△} = \frac{□}{△}$$

예제

01 0.6m → □km

풀이 $0.6m \times \frac{km}{1{,}000m} = 0.0006km$

02 5m/sec → □mm/day

풀이 $\frac{5m}{sec} \times \underset{m \to mm}{\frac{10^3mm}{1m}} \times \underset{sec \to day}{\frac{86{,}400sec}{1day}} = 432{,}000{,}000mm/day$

제3절 I 기초 화학

1 원자량

양성자, 전자, 중성자로 이루어진 작은 입자를 원자라 하며 탄소를 기준으로 각각의 질량비를 정한 값을 각 원소의 원자량이라 한다. 원자량은 단위가 없으나 g 또는 kg을 붙여 g원자량 또는 kg원자량으로 사용한다.

원소의 원자량

원소명	기호	원자번호	원자량	원소명	기호	원자번호	원자량
수소	H	1	1	나트륨	Na	11	23
헬륨	He	2	4	마그네슘	Mg	12	24 또는 24.3
리튬	Li	3	7	알루미늄	Al	13	27
베릴륨	Be	4	9	규소	Si	14	28
붕소	B	5	11	인	P	15	31
탄소	C	6	12	황	S	16	32
질소	N	7	14	염소	Cl	17	35.5
산소	O	8	16	아르곤	Ar	18	39.9
불소	F	9	19	칼륨	K	19	39
네온	Ne	10	20	칼슘	Ca	20	40

2 분자량

원자들의 합으로 이루어진 입자를 분자라 하며 그 질량을 분자량이라 한다.

분자식	명칭	분자량
H_2O	물	1 × 2 + 16 = 18
H_2S	황화수소	1 × 2 + 32 = 34
SO_2	이산화황	32 + 2 × 16 = 64
CO_2	이산화탄소	12 + 2 × 16 = 44
HCl	염화수소(기체)	1 + 35.5 = 36.5
H_2SO_4	황산	1 × 2 + 32 + 4 × 16 = 98
HNO_3	질산	1 + 14 + 3 × 16 = 63
NaOH	수산화나트륨	23 + 16 + 1 = 40
$Ca(OH)_2$	수산화칼슘	40 + 2 × (16 + 1) = 74
$CaCO_3$	탄산칼슘	40 + 12 + 3 × 16 = 100
$CaSO_4$	황산칼슘	40 + 32 + 4 × 16 = 136
NH_3	암모니아	14 + 3 × 1 = 17

* 분자식의 계수
  - $Ca(OH)_2$: Ca 1개, OH 2개
  - $2Ca(OH)_2$: Ca 2개, OH 4개

(1) mol(몰)

① 1mol = g분자량 = 22.4L at STP = 6.02×10^{23}개

② 물질의 몰수(몰) : 질량(g) / 화학식량

③ 물질의 질량(g) : 몰수 × 화학식량

물질	물질의 양	1몰의 질량
탄소(C)원자 1몰	원자량 : 12	12g
물(H_2O)분자 1몰	분자량 : 18	18g

④ 용액 1L 속에 1mol의 용질이 녹아 있을 때의 농도를 몰농도라 한다.

몰농도(M) = mol/L

* STP(표준상태) : 0℃, 1atm 상태를 말한다.
* 몰랄농도 = 용질의 mol / 용매의 kg

(2) eq(당량)

$$1eq = \frac{분자량}{가수}$$

① 용액 1L 속에 1eq의 용질이 녹아 있을 때의 농도를 “노르말농도(N) = eq/L”라 한다.

② 몰농도와의 관계 : N = nM(n은 가수)

분자량과 가수의 예

명칭	분자기호	분자량	가수	당량
수산화나트륨	NaOH	40g	1가	$1eq = \frac{40g}{1가} = 40g$
황산	H_2SO_4	98g	2가	$1eq = \frac{98g}{2가} = 49g$
탄산칼슘	$CaCO_3$	100g	2가	$1eq = \frac{100g}{2가} = 50g$

가수의 산정

- 산과 염기에서 H^+와 OH^-의 수가 가수가 된다.
- 화합물에서 양이온의 산화수가 가수가 된다.
- 산화제나 환원제의 경우 교환한 전자의 수가 가수가 된다.

가수	종류
1가	H^+, Na^+, K^+, Cl^-, OH^-
2가	Ca^{2+}, Mg^{2+}, Sr^{2+}, SO_4^{2-}, CO_3^{2-}
3가	PO_4^{3-}, Cr^{3+}
5가	$KMnO_4$
6가	$K_2Cr_2O_7$

예제

01 비중이 1.84인 95wt% H_2SO_4의 몰농도(mol/L)는?

풀이 $X(mol/L) = \frac{1.84g}{mL} \times \frac{95}{100} \times \frac{1mol}{98g} \times \frac{10^3mL}{1L} = 17.84mol/L$

02 비중 1.84, 농도 96%(wt)인 황산의 규정 농도는?

풀이 $H_2SO_4(eq/L) = \frac{1.84g}{mL} \times \frac{96}{100} \times \frac{1eq}{(98/2)g} \times \frac{10^3mL}{1L} = 36.05eq/L$

03 0.1M 수산화나트륨 용액의 농도는 몇 ppm 인가?

풀이 NaOH = 23 + 16 + 1 = 40, ppm = mg/L

$$\frac{0.1mol}{L} \times \frac{40g}{1mol} \times \frac{10^3mg}{1g} = 4{,}000mg/L$$

3 이상기체상태방정식

$$PV = nRT$$

P : 압력(atm) / V : 부피(L) / n : 몰수(mol) / R : 기체상수(0.082atm·L/mol·K) / T : 절대온도(K)

4 보일 샤를의 법칙

기체의 부피는 절대온도에 비례하고 압력에 반비례하며 변화한다.

(1) 보일의 법칙

일정한 온도에서 기체의 부피는 압력에 반비례한다.

(2) 샤를의 법칙

일정한 압력에서 기체의 부피는 절대온도에 비례한다.

온도와 압력의 변화에 따른 부피 보정

- 온도가 증가하면 부피가 증가 → 큰 수 분자
- 온도가 감소하면 부피가 감소 → 큰 수 분모
- 압력이 증가하면 부피가 감소 → 큰 수 분모
- 압력이 감소하면 부피가 증가 → 큰 수 분자

예제

200℃, 650mmHg 상태에서 $100m^3$의 배출가스를 표준상태로 환산(Sm^3)하면?

① 40.7　　② 44.6
③ 49.4　　④ 98.8

정답 ③

풀이 $100m^3 \times \frac{273°K}{(273+200)°K} \times \frac{650mmHg}{760mmHg} = 49.3629Sm^3$

200℃ → 0℃로 온도가 감소하였으므로 부피는 감소하며(큰 수 분모),
650mmHg에서 1atm = 760mmHg로 압력이 증가하였으므로 부피는 감소한다(큰 수 분모).

5 pH와 pOH 계산

pH(수소이온지수)는 $pH = -log[H^+] \rightarrow [H^+] = 10^{-pH}$이고
pOH(수산화이온지수)는 $pOH = -log[OH^-] \rightarrow [OH^-] = 10^{-pOH}$로,
$pH + pOH = 14$

산과 염기의 정의

	산(Acid)	염기(Base)
아레니우스	H^+를 내는 물질	OH^-를 내는 물질
브뢴스테드&로우리	양성자를 주는 물질	양성자를 받는 물질
루이스	전자쌍을 받는 물질(수용)	전자쌍을 주는 물질(공여)

예제

pH 2인 용액의 수소이온 $[H^+]$ 농도(mol/L)은?

① 0.01　　② 0.1
③ 1　　④ 100

정답 ①

풀이 $[H^+] = 10^{-pH}$,
$[H^+] = 10^{-2} = 0.01mol/L$

6 화학반응식

(1) 화학반응식

$$C_mH_n + (m + \frac{n}{4})O_2 \rightarrow mCO_2 + \frac{n}{2}H_2O$$

(2) 성질

① 반응물과 생성물의 원소 수가 같아야 한다.

기호	명칭	산화반응
CH_4	메탄	$CH_4 + 2O_2 \rightarrow CO_2 + 2H_2O$
C_2H_6	에탄	$C_2H_6 + 3.5O_2 \rightarrow 2CO_2 + 3H_2O$
C_3H_8	프로판	$C_3H_8 + 5O_2 \rightarrow 3CO_2 + 4H_2O$
C_4H_{10}	부탄	$C_4H_{10} + 6.5O_2 \rightarrow 4CO_2 + 5H_2O$

$$C_mH_n + (m+\frac{n}{4})O_2 \rightarrow mCO_2 + \frac{n}{2}H_2O$$

② 계수비 = 몰수비 = 분자수비 = 부피비(기체의 경우) ≠ 질량비

EX $N_2 + 3H_2 \rightarrow 2NH_3$

- 몰 수의 비 1 : 3 : 2
- 기체반응의 법칙 1부피 : 3부피 : 2부피
- 기체의 부피비 22.4L : 3 × 22.4L : 2 × 22.4L
- 아보가드로의 법칙 1분자 : 3분자 : 2분자
- 질량보존의 법칙 28g : 3 × 2g : 2 × 17g
- 일정성분비의 법칙 14 : 3 : 17

7 산화와 환원

구분	산화	환원
산소	결합	잃음
수소	잃음	얻음
전자	잃음	얻음
산화수	증가	감소

제4절 I 기초양론

1 혼합

$$C_m = \frac{C_1Q_1 + C_2Q_2}{Q_1 + Q_2} = \frac{\text{용질의 질량}}{\text{용액의 부피}}$$

C_m : 혼합농도 / C_1, C_2 : 농도 / Q_1, Q_2 : 유량

예제

하천의 유량은 1,000m³/day, BOD농도 25ppm이며, 이 하천에 흘러드는 폐수의 양이 500m³/day, BOD농도 1ppm 이라고 하면 하천과 폐수가 완전 혼합된 후 BOD농도는? (단, 혼합에 의한 가타 영향 등은 고려하지 않는다.)

① 17ppm ② 24ppm
③ 37ppm ④ 44ppm

정답 ①

풀이 $C_m = \dfrac{C_1Q_1 + C_2Q_2}{Q_1 + Q_2}$

$C_m = \dfrac{25 \times 1,000 + 500 \times 1}{1,000 + 500} = 17ppm$

2 완전중화

$$N_1 \times V_1 = N_2 \times V_2$$

N_1, N_2 : 노르말농도 / V_1, V_2 : 부피

예제

0.02M의 황산 30mL를 중화시키는데 필요한 0.1N 수산화나트륨용액의 양(mL)은?

풀이 $NV = N'V'$

$0.04 \times 30 = 0.1 \times X$

$X = 12\text{mL}$

3 희석과 제거율

$$\text{희석배율} = \frac{\text{희석전농도}}{\text{희석후농도}}$$

$$\text{제거율(\%)} = \left(1 - \frac{C_o}{C_i}\right) \times 100$$

예제

7,000m³/day의 하수를 처리하는 침전지의 유입 하수의 SS농도가 400mg/L 유출하수의 SS농도가 200mg/L라면 이 침전지의 SS제거율은?

① 3% ② 25%
③ 50% ④ 70%

정답 ③

풀이 $\eta = \left(1 - \dfrac{C_{out}}{C_{in}}\right) \times 100$

$\eta = \left(1 - \dfrac{200}{400}\right) \times 100 = 50\%$

기출 & 예상 문제

01 다음 중 유체의 흐름을 판별하는 레이놀드 수를 나타낸 식은?

① 점성력/관성력
② 관성력/점성력
③ 탄성력/마찰력
④ 마찰력/탄성력

02 아황산가스의 대기환경 중 농도가 0.448ppm이라면 몇 μg/Sm^3인가? (단, 모두 표준상태로 가정한다.)

① 850
② 990
③ 1350
④ 1280

03 234ppm의 NaCl 용액의 농도는 몇 M인가? (단, 원자량은 Na:23, Cl:35.5 이며, 용액의 비중은 1.0이다.)

① 0.002
② 0.004
③ 0.025
④ 0.050

정답찾기

01 $Re(\text{레이놀즈수}) = \dfrac{\text{관성력}}{\text{점성력}} = \dfrac{D\times\rho\times V}{\mu}$

(μ : 액체의 점도 / D : 입자의 지름 / V : 입자의 속도)

02 표준상태에서 1kmol = kg분자량 = 22.4Sm^3를 차지한다.

$\dfrac{0.448mL}{Sm^3}\times\dfrac{64mg}{22.4mL}\times\dfrac{10^3\mu g}{1mg} = 1280\mu g/Sm^3$

$mL\rightarrow mg \quad mg\rightarrow\mu g$

03 NaCl = 23 + 35.5 = 58.5

용액의 ppm = mg/L

$\dfrac{234mg}{L}\times\dfrac{1g}{10^3mg}\times\dfrac{1mol}{58.5g} = 0.004mol/L$

농도 $\quad mg\rightarrow g \quad g\rightarrow mol$

정답 **01** ② **02** ④ **03** ②

04 폭 2m, 길이 15m인 침사지에 100cm 수심으로 폐수가 유입할 때 체류시간이 50초라면 유량은?

① $2000m^3/hr$
② $2160m^3/hr$
③ $2280m^3/hr$
④ $2460m^3/hr$

05 탄소 6kg을 완전연소 시킬 때 필요한 이론산소량(Sm^3)은?

① $6Sm^3$
② $11.2Sm^3$
③ $22.4Sm^3$
④ $53.3Sm^3$

06 염산(HCl) 0.001mol/L의 pH는? (단, 이 농도에서 염산은 100% 해리한다.)

① 2
② 2.5
③ 3
④ 3.5

07 황함유량 1.5%인 액체연료 20톤을 이론적으로 완전연소시킬 때 생성되는 SO_2의 부피는? (단, 연료 중 황은 완전연소하여 100% SO_2로 전환된다.)

① $140Sm^3$
② $170Sm^3$
③ $210Sm^3$
④ $250Sm^3$

08 배출가스 중의 염소농도가 224ppm 이었다. 염소농도를 $71mg/Sm^3$로 최종 배출한다고 하면 염소의 제거율은 얼마인가?

① 80%
② 85%
③ 90%
④ 99%

09 농도를 알 수 없는 염산 50mL를 완전히 중화시키는데 0.4N 수산화나트륨 25mL가 소모되었다. 이 염산의 농도는?

① 0.2N
② 0.4N
③ 0.6N
④ 0.8N

10 어느 공장폐수의 Cr^{6+}이 600mg/L이고, 이 폐수를 아황산나트륨으로 환원처리하고자 한다. 폐수량이 40m³/day일 때, 하루에 발생되는 6가크롬의 양은? (단, Cr의 원자량은 52, Na_2SO_3의 분자량은 126)

① 12kg　　② 0.012kg
③ 24kg　　④ 0.024kg

11 하천의 유량은 1,000m³/day, BOD농도 26ppm이며, 이 하천에 흘러드는 폐수의 양이 100m³/day, BOD농도 165ppm 이라고 하면 하천과 폐수가 완전 혼합된 후 BOD농도는? (단, 혼합에 의한 기타 영향 등은 고려하지 않는다.)

① 38.6ppm　　② 88.9ppm
③ 158.5ppm　　④ 259.8ppm

정답찾기

04 $유량(Q) = \frac{부피(\forall)}{체류시간(HRT)}$

$유량(Q) = \frac{(2\times15\times1)m^3}{50sec\times\frac{hr}{3,600sec}} = 2,160m^3/hr$

05 $C + O_2 \rightarrow CO_2$
12kg : 22.4Sm³ = 6kg : □
(1kmol = kg분자량 = 22.4Sm³)
∴ □ = 11.2Sm³

06 $HCl \rightleftarrows H^+ + Cl^-$
0.001mol/L : 0.001mol/L : 0.001mol/L
$pH = -\log[H^+]$
∴ pH = −log[0.001] = 3

07 $S + O_2 \rightarrow SO_2$
S : SO_2 = 32kg : 22.4Sm³
(1kmol = kg분자량 = 22.4Sm³)
• 유황의 함유량 계산

$20ton\times\frac{10^3kg}{ton}\times\frac{1.5}{100}=300kg$

• SO_2 발생량 계산
32kg : 22.4Sm³ = 300kg : □Sm³

$\therefore □=\frac{22.4\times300}{32}=210Sm^3$

08 • ppm → mg/Sm³로 환산

$\frac{224mL}{Sm^3}\times\frac{71mg}{22.4mL}=710mg/Sm^3$

(ppm = mL/Sm³, 염소 분자량 = 71)
• 염소의 제거율 계산

$\eta = \left(1-\frac{C_{out}}{C_{in}}\right)\times100$

$\therefore \eta = \left(1-\frac{71}{710}\right)\times100 = 90\%$

09 NV = N′V′ → 산의 eq = 염기의 eq일 때 중화가 일어난다.
• 염기성 용액의 eq

$\frac{0.4eq}{L}\times25mL\times\frac{L}{10^3mL} = 0.01eq$

• 산성 용액의 eq(= 0.01eq)

$\frac{□eq}{L}\times50mL\times\frac{L}{10^3mL} = 0.01eq$

∴ □ = 0.2eq/L

10 Cr^{6+}의 총량 계산
총량(부하량) = 유량 × 농도

$\rightarrow \frac{600mg}{L}\times\frac{40m^3}{day}\times\frac{1kg}{10^6mg}\times\frac{10^3L}{m^3}=24kg/day$

농도　유량　mg → kg　m³ → L

11 주어진 조건을 혼합공식에 대입한다.

$C_m = \frac{C_1Q_1 + C_2Q_2}{Q_1 + Q_2}$

$\rightarrow C_m = \frac{26\times1,000 + 165\times100}{1,000+100} = 38.6363ppm$

정답　04 ②　05 ②　06 ③　07 ③　08 ③　09 ①　10 ③　11 ①

12 직경이 200mm인 표면이 매끈한 직관을 통하여 125m³/min의 표준공기를 송풍할 때, 관내 평균풍속(m/sec)은?

① 약 30m/sec ② 약 43m/sec
③ 약 50m/sec ④ 약 66m/sec

13 농황산의 비중이 약 1.84, 농도는 75%라면 이 농황산의 몰농도(mol/L)는?

① 9 ② 11
③ 14 ④ 18

14 30m × 18m × 3.6m 규격의 직사각형 조에 물이 가득 차 있다. 약품주입농도를 10mg/L로 하기 위해서 주입해야할 약품량(kg)은?

① 약 21kg ② 약 15kg
③ 약 11kg ④ 약 13kg

15 0.05%는 몇 ppm인가?

① 5ppm ② 50ppm
③ 500ppm ④ 5000ppm

16 1M H_2SO_4 10mL를 1M NaOH로 중화할 때 소요되는 NaOH의 양은?

① 5mL ② 10mL
③ 15mL ④ 20mL

17 0.001N − NaOH 용액의 농도를 ppm으로 옳게 나타낸 것은?

① 40 ② 400
③ 4000 ④ 40000

18 다음 중 표준 대기압(1atm)이 아닌 것은?

① 1013N/m² ② 14.7PSI
③ 10.33mH_2O ④ 760mmHg

19 0.00001M − HCl 용액은 pH는 얼마인가? (단, HCl은 100% 이온화 한다.)

① 2 ② 3
③ 4 ④ 5

20 A공장 폐수의 BOD가 800ppm 이다. 유입폐수량 1,000m³/hr일 때 1일 BOD 부하량은?(단, 폐수의 비중은 1.0이고, 24시간 연속 가동한다.)

① 19.2ton ② 20.2ton
③ 21.2ton ④ 22.2ton

정답찾기

12 $Q = AV \rightarrow V = \frac{Q}{A}$

$= \frac{125m^3}{\min} \times \frac{1\min}{60\sec} \times \frac{1}{0.0314m^2}$

$= 66.3481m/\sec$

(Q : 유량(125m³/min) /

A : 단면면적($A = \frac{\pi}{4}D^2 = \frac{\pi}{4} \times 0.2^2 = 0.0314m^2$) /

V : 여과속도)

13 $\frac{1.84kg}{L} \times \frac{75}{100} \times \frac{10^3g}{1kg} \times \frac{mol}{98g} = 14.0816mol/L$

14 약품량 = 부피 × 농도

$\rightarrow \frac{10mg}{L} \times (30 \times 18 \times 3.6)m^3 \times \frac{1kg}{10^6mg} \times \frac{10^3L}{m^3}$

농도 부피 $mg \rightarrow kg$ $m^3 \rightarrow L$

= 12.96kg/day

15 1%는 1ppm의 10,000배이다.(1% = 10,000ppm)

16 NV = N′V′ → 산의 eq = 염기의 eq일 때 중화가 일어난다.

- 산성 용액의 eq = 0.02eq

$\frac{1mol}{L} \times 10mL \times \frac{2eq}{1mol} \times \frac{L}{10^3mL} = 0.02eq$

- 염기성 용액의 eq

$\frac{1mol}{L} \times \square mL \times \frac{1eq}{1mol} \times \frac{L}{10^3mL} = 0.02eq$

∴ □ = 20mL

17 NaOH = 23 + 16 + 1 = 40

용액의 ppm = mg/L

$\frac{0.001eq}{L} \times \frac{1mol}{1eq} \times \frac{40g}{1mol} \times \frac{10^3mg}{1g} = 40mg/L$

농도 $eq \rightarrow mol$ $mol \rightarrow g$ $g \rightarrow mg$

18 1atm = 760mmHg = 1,013mbar = 101,325N/m² = 101,325Pa = 10.33mH₂O = 14.7PSI

19 $HCl \rightleftarrows H^+ + Cl^-$

$HCl : H^+ = 1 : 1 = 0.00001M : \square$

□ = 0.00001M = 1 × 10^{-5}M

∴ $pH = -\log[H^+] = -\log[0.00001] = -\log[1 \times 10^{-5}]$

= 5

20 총량(부하량) = 유량 × 농도

$\frac{1,000m^3}{hr} \times \frac{800mg}{L} \times \frac{ton}{10^9mg} \times \frac{10^3L}{m^3} \times \frac{24hr}{day} = 19.2ton$

유량 농도 $mg \rightarrow ton$ $m^3 \rightarrow L$ $hr \rightarrow day$

정답 12 ④ 13 ③ 14 ④ 15 ③ 16 ④ 17 ① 18 ① 19 ④ 20 ①

이찬범 환경공학

PART

02

수질환경

Chapter 01 수질오염
Chapter 02 수처리 기술
Chapter 03 상하수도계획

PART 02 수질환경

CHAPTER 01 수질오염

제1절 | 개론

1 물의 특성

(1) 물(H_2O)의 구조

① 물은 2개의 수소원자가 산소원자를 사이에 두고 104.5°의 결합각을 가진 구조로 되어 있다.

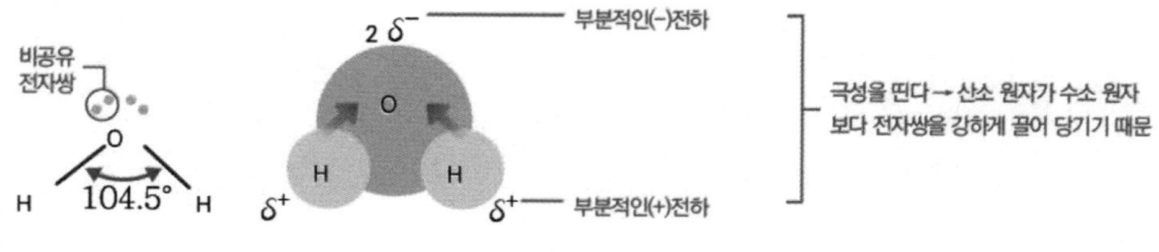

| 물의 구조 |

② 산소원자의 비공유전자쌍과 산소 - 수소 원자간의 공유전자쌍이 존재한다.

③ 비공유전자쌍의 반발력과 공유전자쌍의 반발력의 차이로 수소는 부분적인 양전하를 가지고 산소는 부분적인 음전하를 가져 물은 극성공유결합의 형태를 갖는다(반발력의 크기: 비공유전자쌍 > 공유전자쌍).

④ 물은 작은 분자임에도 불구하고 큰 쌍극자 모멘트를 가지고 있다.

⑤ 물은 다양한 물질의 용매로 사용된다.

⑥ 수소와 산소원자 간의 공유결합과 물분자간의 수소결합을 하며 안정한 물질이다.

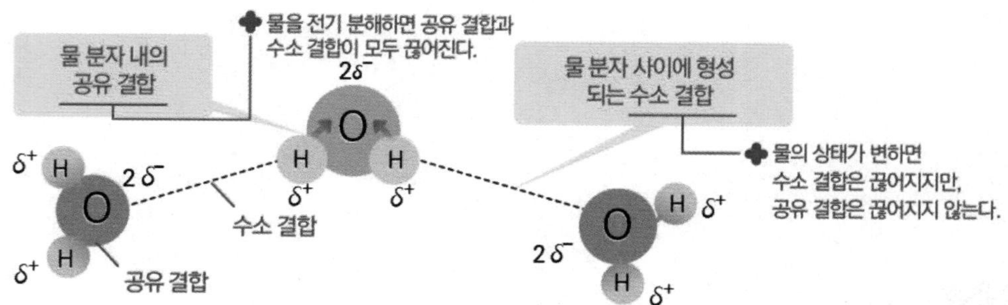

| 물분자간의 수소결합 |

예제

물 분자의 화학적 구조에 관한 설명으로 옳지 않은 것은?

① 물 분자는 1개의 산소 원자와 2개의 수소원자가 서로 공유결합하고 있다.
② 물 분자에는 비공유 전자쌍 2쌍이 산소 원자에 남아 있다.
③ 산소는 전기음성도가 매우 작아서 이온결합을 하고 있으나 극성을 갖지는 않는다.
④ 물 분자의 수소는 양전하를 가지고 있으며 산소는 음전하를 가지고 있어 인접한 분자 사이에 수소결합을 하고 있다.

정답 ③

풀이 산소와 수소는 전기음성도 차이가 매우 커서 공유결합을 하고 있으며 극성을 갖는다.

02

(2) 물(H_2O)의 화학적 특성

① 물의 밀도는 4℃에서 가장 크다.

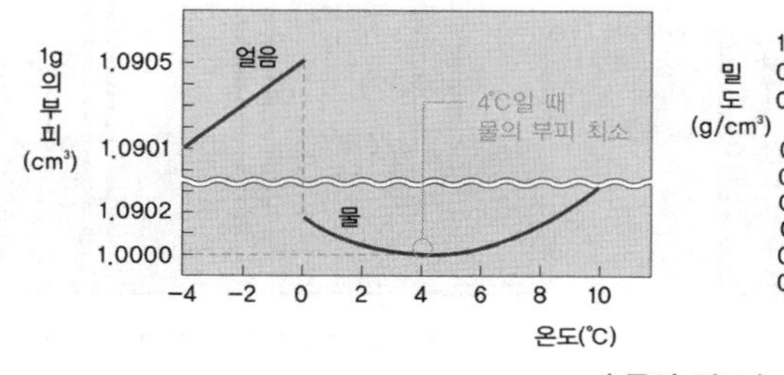

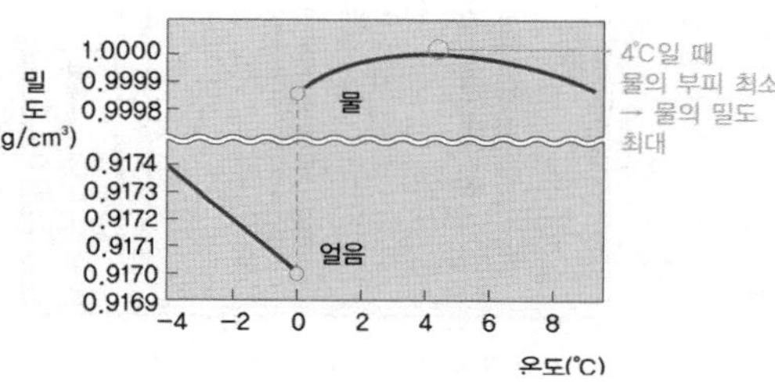

| 물의 밀도 |

② 물은 유사한 분자량의 다른 화합물(H_2S, HF, CH_4)보다 비열이 매우 커 수온의 급격한 변화를 방지해 준다.

③ 융해열과 기화열이 크며 생명체의 열적안정성을 유지할 수 있다.

비점 : 100℃(1기압하)	기화열 : 539cal/g(100℃)
비열 : 1.0cal/g·℃(15℃)	융해열 : 79.4cal/g(0℃)

④ 상온에서 알칼리금속, 알칼리토금속, 철과 반응하여 수소를 발생시킨다.

⑤ 물은 광합성의 수소공여체이며 호흡의 최종산물이다.

물의 상태변화

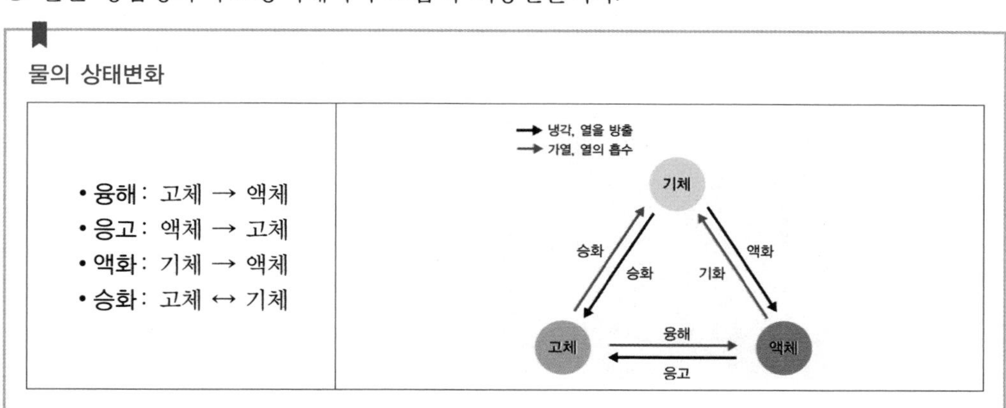

물의 이온화적(곱)(K_w)

- 25℃에서 물의 K_w가 1.0×10^{-14}이다.
- 물은 약전해질로서 거의 전리되지 않는다.
- 수온이 높아지면 증가하는 경향이 있다.
- 순수의 pH는 7.0이며, 온도가 증가할수록 pH는 낮아진다.
  → 온도가 증가함에 따라 이온화적(곱)의 증가로 pH가 낮아지나 액성은 중성이다.

(3) 물(H_2O)의 표면장력

① 액체 표면에서 물분자 사이에 서로 잡아당기는 힘이 작용하며 이를 표면장력이라 한다.

② 물은 큰 표면장력을 가지며 온도가 상승할수록 감소한다.

③ 물의 표면장력으로 인해 가느다란 관을 넣었을 때 수면이 올라가는 모세관현상이 발생한다.

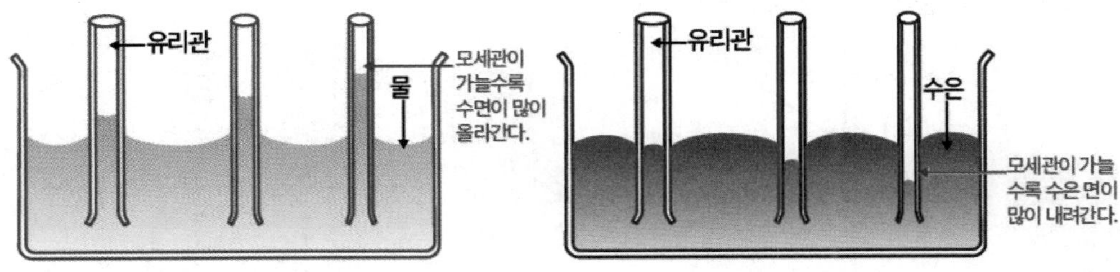

| 물에 모세관을 담글 경우 |　　| 수은에 모세관을 담글 경우 |

④ 모세관현상에 의한 상승높이

$$h = \frac{4\gamma\cos\beta}{wd}$$

h : 모세관현상에 의한 상승높이(m) / γ : 표면장력 (kg_f/m) / β : 접촉각 /

ω : 물의 비중량($1,000kg_f/m^3$) / d : 직경(m)

예제

01 물의 물리적 특성으로 틀린 것은?

① 물은 물분자 사이의 수소결합으로 인하여 표면장력을 갖는다.
② 액체상태의 경우 공유결합과 수소결합의 구조로 H^+, OH^-로 전리되어 전하적으로 양성을 가진다.
③ 동점성계수는 점성계수/밀도이며 포이즈(poise) 단위를 적용한다.
④ 고체상태인 경우 수소결합에 의해 육각형 결정구조를 형성한다.

정답 ③

풀이 동점성계수 : 점성계수/밀도, stokes 단위 적용
점성계수 : 포이즈(poise) 단위를 적용

02 물의 특성에 관한 설명으로 틀린 것은?

① 물의 점도는 표준상태에서 대기의 약 100배 정도이다.
② 수온이 감소하면 물의 점도가 감소한다.
③ 수소와 산소 사이의 공유결합과 수소결합으로 이루어져있다.
④ 물이 표면장력이 큰 이유는 물분자 사이의 수소결합 때문이다.

정답 ②

풀이 액체, 고체 : 온도 ↑ → 점도 ↓
기체 : 온도 ↑ → 점도 ↑

2 수자원의 특성

(1) 지구상의 분포하는 수량

① 비율 : 해수 > 빙하 > 지하수 > 지표수

해수		담수				
해수	>	빙하	>	지하수	>	지표수
(97.2%)		(2.15%)		(0.64%)		(0.01%)
				• 천층수 • 심층수 • 용천수 • 복류수		• 강 • 하천 • 호수 • 저수지

② 물이용 형태 : 농업용수 > 생활용수 > 유지용수 > 공업용수

(2) 물의 순환

① 물의 순환은 태양에너지를 근원으로 하여 연속적으로 이루어진다.

② 물의 증발과 강수와 같은 물의 이동을 통하여 지구 전체에 존재하는 물의 양은 일정하게 유지된다.

③ 지구상 존재하는 물의 약 97%가 해수이다.

④ 대기 중의 이산화탄소의 영향으로 자연수는 항상 이산화탄소를 포함하며 용액 내에서는 중탄산이온과 평형에 있다.

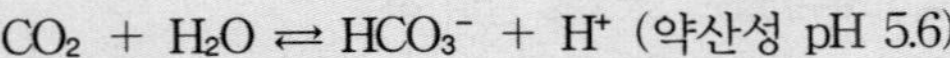

$$CO_2 + H_2O \rightleftarrows HCO_3^- + H^+ \text{ (약산성 pH 5.6)}$$

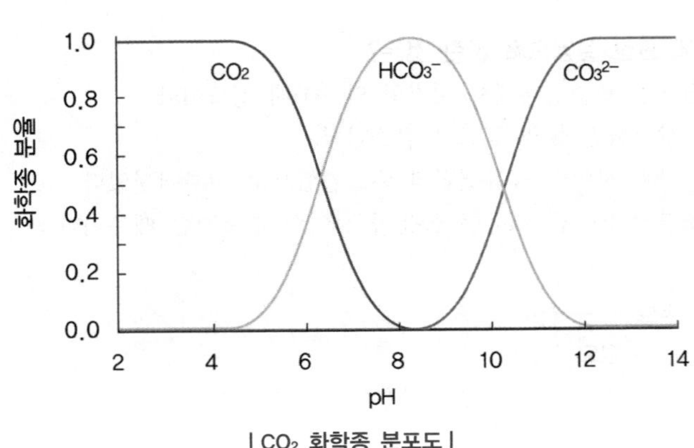

| CO_2 화학종 분포도 |

3 지표수의 특성

(1) 하천수

① 계절적인 강우분포의 차이가 크다.

② 하상계수가 크다(하상계수 = 최대유량/최소유량).

③ 하천 유량이 불안정하다.

④ 하천의 유역면적이 작고 길이가 짧다.

⑤ 하천의 경사도가 급하다.

⑥ 유출시간이 짧다.

(2) 호수

① 수심별 밀도 차에 의해 여름과 겨울에 성층현상, 봄과 가을에 전도현상이 일어난다.

② 호수 및 저수지의 수질변화의 정도나 특성은 배수지역에 대한 호수의 크기, 호수의 모양, 바람에 의한 물의 운동 등에 의해서 결정된다.

③ 수심별 전기전도도의 차이는 수온의 효과와 용존된 오염물질의 농도차로 인한 결과이다.

④ 표수층에서 조류의 활발한 광합성 활동시에는 무기탄소원인 CO_2, HCO_3^-, CO_3^{2-}을 흡수하고 OH^-를 내보내어 pH는 8~9 또는 그 이상을 나타내기도 한다(밤에는 이산화탄소를 생산하여 pH가 감소하는 경향이 있다).

⑶ 지하수

| 지하수 |

① 지하수의 종류

- **천층수** : 지하로 침투한 물이 제1불투수층 위에 고인 물로, 공기와의 접촉 가능성이 커 산소가 존재할 경우 유기물은 미생물의 호기성 활동에 의해 분해될 가능성이 크다.
- **심층수** : 제1불침투수층과 제2불침투수층 사이에 피압지하수를 말하며, 지층의 정화작용으로 거의 무균에 가깝고 수온과 성분의 변화가 거의 없다.
- **용천수** : 지표수가 지하로 침투하여 암석 또는 점토와 같은 불투수층에 차단되어 지표로 솟아나온 것으로, 유기성 및 무기성 불순물의 함유도가 낮고, 세균도 매우 적다.
- **복류수** : 하천, 저수지 혹은 호수의 바닥, 자갈모래층에 함유되어 있는 물로, 지표수보다 수질이 좋다.

② 지하수의 특징

- 부유물질이 적고 수온 변동이 적고, 탁도가 낮다.
- 미생물이 거의 없고, 오염물이 적다.
- 유속이 느리고, 국지적인 환경조건의 영향을 받아 정화되는데 오랜 기간이 소요된다.
- 주로 세균(혐기성)에 의한 유기물 분해 작용이 일어난다.
- 지하수의 오염경로는 복잡하여 오염원에 의한 오염범위를 명확하게 구분하기가 어렵다.
- 지하수의 염분농도는 지표수 평균농도 보다 약 30% 정도 높다.

③ 지하수의 경도

- 토양수 내 유기물질 분해에 따른 이산화탄소에 의해 경도를 유발하는 금속양이온 물질을 용해시켜 경도가 높게 나타난다.
- 비교적 낮은 곳의 지하수일수록 지층과의 접촉시간이 짧아 경도가 낮다.

예제

지하수의 특성으로 가장 거리가 먼 것은?

① 광화학반응 및 호기성 세균에 의한 유기물 분해가 주된 반응이다.
② 비교적 깊은 곳의 지하수일수록 지층과의 보다 오랜 접촉에 의해 용매효과는 커진다.
③ 지표수에 비해 경도가 높고, 용해된 광물질을 많이 함유한다.
④ 국지적 환경조건의 영향을 크게 받는다.

정답 ①

풀이 지표수는 광화학반응 및 호기성 세균에 의한 유기물 분해가 주를 이룬다.

(4) 복류수

① 원류인 하천이나 호소의 수질, 자연여과, 지층의 토질이나 그 두께 그리고 원류의 거리 등에 따라 수질이 변화한다.
② 복류수는 반드시 가장 가까운 하천이나 호소의 물이 지하에 침투되었다고 할 수 없다.
③ 대체로 양호한 수질을 얻을 수 있어서 그대로 수원으로 사용되는 경우가 많다.
④ 취수량이 증가하면 자연여과 효율이 낮아져 취수량 변화에 따른 수질 변화는 높아진다.

(5) 바닷물(해수)

① 해수는 평균 35‰(35,000ppm) 정도의 염분농도를 함유하고 있어 강전해질이다.
② 해수 내에 주요 성분 중 염소이온은 19,000mg/L 정도로 가장 높은 농도를 나타낸다.
③ 해수 내 전체 질소 중 35% 정도는 총킬달질소(TKN: 암모니아성 질소, 유기질소)의 형태이다.
④ 해수의 주요 성분(Holy seven): $Cl^- > Na^+ > SO_4^{2-} > Mg^{2+} > Ca^{2+} > K^+ > HCO_3^-$
⑤ 해수의 주요성분 농도비는 일정하다.
⑥ 염분은 적도 해역에서 높고 남북 양극 해역에서 낮다.
⑦ 해수의 pH는 8.2로서 약알칼리성을 가지며 중탄산염의 완충용액이다.
⑧ 해수의 밀도는 $1.02 \sim 1.03g/cm^3$ 정도로 담수보다 크다.
⑨ 해수의 밀도는 수온, 염분, 수압의 함수이며 수심이 깊을수록 증가한다.
⑩ 해수의 Mg/Ca비는 3~4로 담수(0.1~0.3)에 비하여 크다.
⑪ 해역에서의 난류확산은 수평방향이 심하고 수직방향은 비교적 완만하다.

예제

01 해수의 특성으로 옳지 않은 것은?

① 해수의 Mg/Ca비는 3~4 정도이다.
② 해수의 pH는 5.6 정도로 약산성이다.
③ 해수의 밀도는 수심이 깊을수록 증가한다.
④ 해수는 강전해질로서 1L당 35g 정도의 염분을 함유한다.

정답 ②

풀이 해수의 pH는 약 8.2 정도로 약알칼리성의 성질을 나타낸다.

02 바닷물(해수)에 관한 설명으로 옳지 않은 것은?

① 해수의 주요성분 농도비는 거의 일정하다.
② 해수의 pH는 약 8.2 정도로 약알칼리성의 성질을 나타낸다.
③ 해수는 약전해질로 염소이온농도가 약 35ppm 정도이다.
④ 해수는 수자원 중에서 97% 이상을 차지하나 용수로 사용이 제한적이다.

정답 ③

풀이 해수는 강전해질로 염소이온농도가 약 19,000ppm 정도이다.

(6) 빗물의 특성

① 우수(雨水) – 빗물

- 순수한 우수(빗물)의 주성분은 육수보다는 해수의 주성분과 거의 동일하다고 할 수 있다.
- 해안에 가까운 우수(빗물)는 염분 함량의 변화가 크다.
- 순수한 우수(빗물)는 용해성분이 적어 완충작용이 낮게 나타난다.

② 산성비

- 보통 대기 중 탄산가스(이산화탄소)와 평형상태에 있는 순수한 빗물은 pH 약 5.6의 약산성을 나타내어 산성비는 pH 5.6 이하의 비를 말한다.
- 주요원인물질은 황산화물, 질소산화물, 염화수소 등이 있다.
- 대기오염이 심한 지역에 국한되지 않으며 광범위한 지역에 걸쳐 오염현상이 일어나 정확한 예보는 어렵다.
- 초목의 잎과 토양으로부터 Ca^{2+}, Mg^{2+}, K^{+} 등의 용출 속도를 증가시킨다.

예제

수자원의 일반적인 특성에 대한 설명으로 옳지 않은 것은?

① 하천 자정작용의 주요한 인자는 희석과 확산, 미생물에 의한 분해이다.
② 호소수의 부영양화를 일으키는 주요 원인은 N와 P이다.
③ 지하수는 지표수에 비하여 일반적으로 경도가 크다.
④ 일반적인 강우는 대기 중의 이산화탄소로 인해 약알칼리성이 된다.

정답 ④

풀이 일반적인 강우는 대기 중의 이산화탄소로 인하여 pH 약 5.6의 약산성이다.

4 주요 수질오염물질의 특성

(1) 수질오염의 정의

물환경(수질 및 수생태계)이 가지고 있는 자정작용의 범위를 벗어나 환경용량을 초과하여 다시 회복하지 못하는 상태를 수질오염이라 한다.

점오염원과 비점오염원

	점오염원	비점오염원
발생원	특정지점, 비교적 좁은 지역	광역적인 지점, 넓은 지역
종류	생활하수, 공장폐수	논, 지하수, 강우유출수
강우영향	갈수기 오염 증대	홍수기 오염 증대

예제

비점오염원의 특징으로 옳지 않은 것은?

① 빗물에 의해 광역적으로 배출된다.
② 배출량의 변화가 심하여 예측이 어렵다.
③ 갈수기에 하천수의 수질악화에 큰 영향을 미친다.
④ 인위적인 발생과 자연적인 발생의 복합작용으로 영향을 미친다.

정답 ③

풀이 홍수기에 하천의 수질악화에 큰 영향을 미친다.

---

(2) 수질오염물질의 종류와 특성

① 유기성 폐수

- 유기성 폐수란 C, H, O를 주성분으로 하고 소량의 N, P, S 등을 포함하는 폐수를 의미한다.
- 유기성 폐수의 생물학적 산화는 호기성 세균에 의하여 용존산소로 진행된다.
- 생물학적 처리의 영향 조건에는 C/N비, 온도, 공기 공급정도 등이 있다.
- 하천, 호수, 해역 등에 유입된 오염물질은 분자확산, 여과, 전도현상 등에 의해 점점 농도가 높아진다.

② 분뇨

- 분뇨의 정의(하수도법) : 분뇨란 함은 수거식 화장실에서 수거되는 액체성 또는 고체성의 오염물질(개인하수처리시설의 청소과정에서 발생하는 찌꺼기를 포함한다)을 말한다.
- 1인 1일 분뇨생산량을 분이 약 0.1L, 뇨가 약 0.9L 정도로서 합계 약 1L 이다.
- 분뇨의 비중은 1.02 정도이고, 점도는 비점도로서 1.2~2.2 정도이다.
- 분뇨에 포함된 질소화합물은 주로 $(NH_4)_2CO_3$, NH_4HCO_3 형태로 존재하며 알칼리도를 높게 유지시켜 주므로 pH의 강하를 막아주는 완충작용을 한다.
- 분의 경우 질소화합물을 전체 VS의 12~20% 정도 함유하고 있다.
- 뇨의 경우 질소화합물을 전체 VS의 80~90% 정도 함유하고 있다.
- 분과 뇨의 구성비는 약 1 : 8~10 정도이며 고액 분리가 어렵다.
- 고형물의 비로는 약 7 : 1 정도이다.
- 분뇨 내의 BOD와 SS는 COD의 1/3~1/2 정도를 나타낸다.

예제

다음 중 분뇨에 대한 설명으로 가장 옳지 않은 것은?

① 분과 뇨의 구성비는 약 1: 8~10이다.
② 분의 경우 질소화합물을 전체 VS의 40~50% 정도 포함하고 있다.
③ 뇨의 경우 질소화합물을 전체 VS의 80~90% 정도 포함하고 있다.
④ 분뇨의 비중은 약 1.02이다.

정답 ②

풀이 분의 경우 질소화합물을 전체 VS의 12~20% 정도 포함하고 있다.

---

③ THM(트리할로메탄류)

- 1개의 탄소와 3개의 할로겐류가 결합하여 생성되는 발암성 물질로 정수처리과정에서 발생되는 THM은 대부분 클로로포름($CHCl_3$)으로 존재한다.
- 전구물질 + 염소 → THM
- 전구물질의 농도나 양이 많을수록, 수온이 높을수록, pH가 높을수록 THM의 발생량은 증가한다.

H
C Cl
Cl Cl

| 클로로포름 분자구조 |

④ 수은(Hg)

- **수은의 발생원** : 제련, 살충제, 온도계 및 압력계 제조 공정
- 미나마타병, 헌터-루셀 증후군, 난청, 언어장애, 구심성 시야협착, 정신장애를 일으킨다.
- 유기수은은 무기수은보다 독성이 강하며 신경계통에 장해를 준다.
- 수은 중독은 BAL, Ca_2EDTA로 치료할 수 있다.
- 수은은 황화물 침전법, 활성탄 흡착법, 이온교환법 등으로 처리할 수 있다.

⑤ PCB(폴리염화바이페닐)

- 물에는 난용성이나 유기용매에 잘 녹는다.
- 화학적으로 안정하며 불활성이다.
- 만성 중독 증상으로 카네미유증이 대표적이다.
- 전기절연성, 불연성이 높아 절연제로 활용된다.

⑥ 카드뮴

- 이따이이따이병, 골연화증, Fanconi씨 증후군 등을 유발하며 칼슘 대사 기능장해, 단백뇨 등이 발생한다.
- 카드뮴은 흰 은색이며 아연 정련업, 도금공업 등에서 배출된다.

예제

아연과 성질이 유사한 금속으로 체내 칼슘균형을 깨뜨려 이따이이따이병과 같은 골연화증의 원인이 되는 것은?

① Hg ② Cd
③ PCB ④ Cr^{6+}

정답 ②

⑦ 계면활성제

- 계면활성제는 메틸렌블루 활성물질이라고도 한다.
- 계면활성제는 주로 합성세제로부터 배출되는 것이다.
- 지방과 유지류를 유액상으로 만들기 때문에 물과 분리가 잘 되지 않는다.
- 물에 약간 녹으며 폐수처리플랜트에서 거품을 만들게 된다.
- LAS(Linear Alkylbenzene Sulfonate)는 생물학적으로 분해가 매우 쉬우나 ABS(Alkylbenzene Sulfonate)는 생물학적으로 분해가 어려운 난분해성 물질이다.
- 처리방법으로는 오존산화법이나 활성탄흡착법 등이 있다.

⑧ 불소
- 발생원: 살충제, 방부제, 도료
- 1ppm 초과시 반상치나 법랑반점을 발생시킨다.
- 0.6ppm 이하시 충치를 예방한다.

> **기타 수질오염물질의 특성과 발생원**
> - 비소: 광산정련공업, 피혁공업, 피부흑색(청색)화, 국소 및 전신 마비, 피부염, 발암
> - 망간: 파킨슨씨병 증상이 나타난다.
> - 크롬: 비중격 연골천공, 자연수에서 6가 크롬 형태로 존재한다.
> - 아연: 기관지 자극 및 폐렴, 윌슨씨병 증후군과 소인증이 유발된다.
> - 납: 근육과 관절의 장애, 신장, 생식계통, 간, 뇌, 중추신경계에 장애를 유발한다.

제2절 I 수질환경

1 수질환경화학

(1) 관련법칙

① **샤를(Charles)의 법칙**: 일정한 압력에서 기체의 부피는 절대온도에 비례한다($V \propto T$).

② **보일(Boyle)의 법칙**: 일정한 온도에서 기체의 부피는 압력에 반비례한다($V \propto \frac{1}{P}$).

③ **아보가드로(Avogadro)의 법칙**: 같은 온도와 압력에서 기체는 같은 부피 속에 같은 수의 분자가 존재 한다는 법칙이다.

④ **헨리(Henny)의 법칙**: 일정한 온도에서 일정량의 물에 용해되는 기체의 질량은 그 기체의 분압에 비례한다.

⑤ **그레이엄(Graham)의 법칙**: 수중에서 오염물질의 확산속도는 분자량이 커질수록 작아지며, 기체 분자량의 제곱근에 반비례한다($V = k\frac{1}{\sqrt{M}}$).

⑥ **달톤(Dalton)의 법칙**: 혼합 기체 내의 각 기체의 부분압력은 혼합물 속의 기체의 양에 비례한다.

⑦ **게이-뤼삭(Gay-Lussac)의 법칙**: 기체와 관련된 화학반응에서는 반응하는 기체와 생성되는 기체의 부피 사이에 정수관계가 있다.

⑧ **라울(Raoult)의 법칙**: 여러 물질이 혼합된 용액에서 어느 물질의 증기압(분압) P_i는 혼합액에서 그 물질의 몰분율(X_i)에 순수한 상태에서 그 물질의 증기압(P_0)을 곱한 것과 같다. ($P_i = X_i \times P_0$)

⑨ **이상기체상태방정식**

$$PV = nRT$$

P: 압력(atm) / V: 부피(L) / n: 몰(mol) / R: 기체상수 → 0.082L·atm/mol·K / T: 절대온도

예제

01 수용액과 평형을 유지하고 있는 공기의 압력이 0.8atm일 때 수중의 산소 농도(mg/L)는? (단, 산소의 헨리상수는 40mg/L·atm이며, 공기 중 산소는 20%로 한다.)

① 3.2 ② 6.4
③ 8.4 ④ 32

정답 ②

풀이 $C(mg/L) = \frac{40mg}{L \cdot atm} \times 0.8atm \times \frac{20}{100} = 6.4mg/L$

02 다음 기체의 확산속도에 대한 설명으로 가장 옳지 않은 것은?

① 기체의 확산속도는 기체 분자량의 제곱근에 반비례한다.
② 기체의 확산속도는 기체 밀도의 제곱근에 반비례한다.
③ H_2의 확산속도는 O_2의 16배이다.
④ 기체의 확산속도는 온도가 높을수록 빠르다.

정답 ③

풀이 Graham의 확산 속도 법칙 : $V_F \propto \sqrt{\frac{1}{M}}$

H_2 : 2g/mol, O_2 : 32g/mol이므로 H_2의 확산속도는 O_2의 4배이다.

03 다음은 어느 법칙과 관련이 있는가?

1기압에서 A라는 어떤 기체 1몰이 물 100g에 녹는다면 2기압인 경우 2몰이 같은 양의 물에 녹게 될 것이다.

① Dalton의 분압법칙 ② Graham의 법칙
③ Boyle의 법칙 ④ Henry의 법칙

정답 ④

풀이 ① Dalton의 분압법칙 : 전체 기체의 압력은 각 기체의 부분압의 합과 같다.
② Graham의 법칙 : 기체의 확산 속도는 분자량의 제곱근에 반비례한다
③ Boyle의 법칙 : 일정 온도에서 기체의 부피는 압력에 반비례한다.
④ Henry의 법칙 : 온도가 일정할 때 기체의 용해도는 용액 위에 있는 기체의 압력에 비례한다.

04 27℃, 2기압의 압력에 있는 메탄가스 40kg을 저장하는 데 필요한 탱크의 부피(m^3)는? (단, 이상기체의 법칙, R = 0.08L·atm/mol·K를 적용한다.)

① 20 ② 25
③ 30 ④ 35

정답 ③

풀이 이상기체상태방정식을 이용한다.

PV = nRT

(P : 압력(atm) → 2atm / V : 부피(L) / n : 몰(mol) → $40,000g \times \frac{mol}{16g} = 2,500mol$ /
R : 기체상수 → 0.08L·atm/mol·K / T : 절대온도 → (27 + 273)K)

$2atm \times X(L) = 40,000g \times \frac{mol}{16g} \times \frac{0.08L atm}{mol K} \times (27 + 273)K$

∴ X : 30,000L = 30m^3

(2) 산/염기/산화/환원

① 산과 염기

	산(Acid)	염기(Base)
아레니우스	H^+를 내는 물질	OH^-를 내는 물질
브뢴스테드&로우리	양성자를 주는 물질	양성자를 받는 물질
루이스	전자쌍을 받는 물질(수용)	전자쌍을 주는 물질(공여)

② 산화와 환원

	산화	환원
산소	결합	잃음
수소	잃음	얻음
전자	잃음	얻음
산화수	증가	감소

✱ 산화제: 상대방을 산화시키고 자신을 환원시키는 물질을 말하며 전자를 잘 받아들일수록 더 강한 산화제이다.

✱ 환원제: 상대방을 환원시키고 자신을 산화시키는 물질을 말하며 전자를 잘 제공할수록 더 강한 환원제이다.

(3) 화학평형

① 반응물과 생성물이 화학반응을 일으킬 때 정반응속도와 역반응속도가 같은 상태를 말한다.

② 화학평형상수

$$a[A] + b[B] \rightleftarrows c[C] + d[D]$$

$$\text{화학평형상수}(K) = \frac{\text{생성물의 몰농도의 곱}}{\text{반응물의 몰농도의 곱}} = \frac{[C]^c[D]^d}{[A]^a[B]^b}$$

예제

01 **25℃, pH 7, 염소이온 농도가 71ppm인 수용액내의 자유염소와 차아염소산의 비율은? (단, 차아염소산은 해리되지 않으며, $Cl_2 + H_2O \rightleftarrows HOCl + H^+ + Cl^-$, K = 4.5 × 10^{-4}이다.)**

풀이 평형상수(K) $= \frac{[HOCl][H^+][Cl^-]}{[Cl_2]}$

$[Cl^-] = \frac{71\text{mg}}{\text{L}} \times \frac{1\text{mol}}{35.5 \times 10^3\text{mg}} = 2 \times 10^{-3}(\text{mol/L})$

$[H^+]$ = 10−pH = 10^{-7}M

$4.5 \times 10^{-4} = \frac{[HOCl][10^{-7}][2 \times 10^{-3}]}{[Cl_2]}$

$\therefore \frac{[HOCl]}{[Cl_2]} = 2.25 \times 10^6$

02 다음 설명에 해당하는 개념은?

> 화학반응에서 정반응과 역반응이 계속적으로 일어나지만 속도가 같아 상호간에 반응속도가 균형을 이루어 반응물과 생성물의 농도에는 변화가 없다.

① 질량보존의 법칙　　② 그레이엄의 법칙
③ 헨리의 법칙　　④ 화학평형

정답 ④

(4) 이온적(곱)상수(Q)

① 혼합된 용액 속의 이온들의 농도 곱으로 현상태의 농도에 대한 의미를 나타낸다.

② $A_aB_b \rightleftarrows aA^+ + bB^- \rightarrow Q = [A^+]^a[B^-]^b$

(5) 용해도적(곱)(K_{sp})

① 순수한 고체가 용매에 용해되어 포화상태에 이르렀을 때의 평형상수로 이론적인 용해도에 대한 의미를 나타낸다.

② $A_aB_b \rightleftarrows aA^+ + bB^- \rightarrow K_{sp} = [A^+]^a[B^-]^b$

예제

25℃, AgCl의 물에 대한 용해도가 1.0 × 10^{-5}M이라면 AgCl에 대한 K_{sp}(용해도적)는?

① 1.0×10^{-4}　　② 2.0×10^{-7}
③ 2.0×10^{-9}　　④ 1.0×10^{-10}

정답 ④

풀이 $AgCl \rightleftarrows Ag^+ + Cl^-$
용해도적(K_{sp}) = $[Ag^+][Cl^-]$
$(1 \times 10^{-5}) \times (1 \times 10^{-5}) = 1 \times 10^{-10}$

③ 이온적상수와 용해도적과의 관계

- 이온적상수(Q) > 용해도적(K_{sp}) : 과포화상태 → 침전이 형성됨
- 이온적상수(Q) < 용해도적(K_{sp}) : 불포화상태 → 침전이 형성 안됨
- 이온적상수(Q) = 용해도적(K_{sp}) : 포화상태 → 평형상태

④ 용해도적과 몰용해도와의 관계

- $AB \rightleftarrows A^+ + B^- \rightarrow K_{sp} = [A^+][B^-]$
  $\rightarrow L_m(\text{몰용해도}) = \sqrt{K_{sp}}$
- $A_2B \rightleftarrows 2A^+ + B^{2-} \rightarrow K_{sp} = [A^+]^2[B^{2-}]$
  $\rightarrow L_m(\text{몰용해도}) = \sqrt[3]{\frac{K_{sp}}{4}} = \left(\frac{K_{sp}}{4}\right)^{\frac{1}{3}}$
- $A_3B \rightleftarrows 3A^+ + B^{3-} \rightarrow K_{sp} = [A^+]^3[B^{3-}]$
  $\rightarrow L_m(\text{몰용해도}) = \sqrt[4]{\frac{K_{sp}}{27}} = \left(\frac{K_{sp}}{27}\right)^{\frac{1}{4}}$

- $A_4B \rightleftarrows 4A^+ + B^{4-} \rightarrow K_{sp} = [A^+]^4[B^{4-}]$

$$\rightarrow L_m(\text{몰용해도}) = \sqrt[5]{\frac{K_{sp}}{256}} = \left(\frac{K_{sp}}{256}\right)^{\frac{1}{5}}$$

- $A_2B_3 \rightleftarrows 2A^{3+} + 3B^{2-} \rightarrow K_{sp} = [A^{3+}]^2[B^{2-}]^3$

$$\rightarrow L_m(\text{몰용해도}) = \sqrt[5]{\frac{K_{sp}}{108}} = \left(\frac{K_{sp}}{108}\right)^{\frac{1}{5}}$$

(6) 산해리상수

① 산이 이온화하여 수소이온을 내보낼 때의 평형상수이다.

② 산해리상수가 클수록 강한 산이다.

③ $HA \rightleftarrows H^+ + A^- \rightarrow K_a = \frac{[H^+][A^-]}{[HA]}$

예제

25℃에서 시료의 pH가 8.0이다. 이 시료에서 $[HCO_3^-]/[H_2CO_3]$의 값은? (단, $H_2CO_3 \rightleftarrows H^+ + HCO_3^-$이고, 해리상수 K = 10^{-6}이다.)

① 10^1　　② 10^{-1}

③ 10^2　　④ 10^{-2}

정답 ③

풀이 $H_2CO_3 \rightleftarrows H^+ + HCO_3^-$

$K = [H^+][HCO_3^-]/[H_2CO_3] = 10^{-6}$

pH = 8이면 $[H^+] = 10^{-8}$ mol/L

$$\frac{[10^{-8}][HCO_3^-]}{[H_2CO_3]} = 10^{-6}$$

$$\therefore \frac{[HCO_3^-]}{[H_2CO_3]} = \frac{10^{-6}}{10^{-8}} = 10^2$$

---

(7) 염기해리상수

① 염기가 이온화하여 수산화이온을 내보낼 때의 평형상수이다.

② 염기해리상수가 클수록 강한 염기이다.

③ $BOH \rightleftarrows B^+ + OH^- \rightarrow K_b = \frac{[B^+][OH^-]}{[BOH]}$

(8) 전리도

이온으로 전리된 정도를 의미한다.

EX 약산 HA 0.04M 용액의 전리된 정도(전리도)는 0.1(10%)이다. 이 때 해리상수는 아래와 같다.

$$K_a = \frac{[A^-][H^+]}{[HA]} = \frac{[0.01 \times 0.1]^2}{0.01 - 0.01 \times 0.1} = 1.11 \times 10^{-4} \rightarrow 1.0 \times 10^{-4}$$

	HA	⇄	A^-	+	H^+
해리전 :	0.01M		0		0
해리후 :	0.01 − 0.01 × 0.1M		0.01 × 0.1M		0.01 × 0.1M

(9) 완충용액과 완충작용

① 산과 염기의 주입에도 공통이온효과에 의해 pH의 큰 변화가 생기지 않는 현상을 완충현상이라 한다.

② 약산과 그 약산의 강염기의 염을 함유하는 수용액 또는 약염기와 그 약염기의 강산의 염이 함유된 수용액을 완충용액이라 한다.

(10) 완충방정식[핸더슨 하셀발히(Henderson Hasselbalch)]

완충작용에 의한 pH의 결정은 Henderson Hasselbalch식에 의해 결정된다.

$$pH = pKa + \log\frac{[염]}{[산]}$$

(11) 반응속도

시간의 변화에 대한 반응물이나 생성물의 농도변화를 의미한다.

$$\gamma = \frac{dC}{dt} = -KC^m$$

m: 반응차수

① 0차 반응

• 시간에 따라 반응물의 농도가 감소하는 반응이다.

• 반응식

$$\gamma = \frac{dC}{dt} = -KC^0$$
$$C_t - C_0 = -K \times t$$

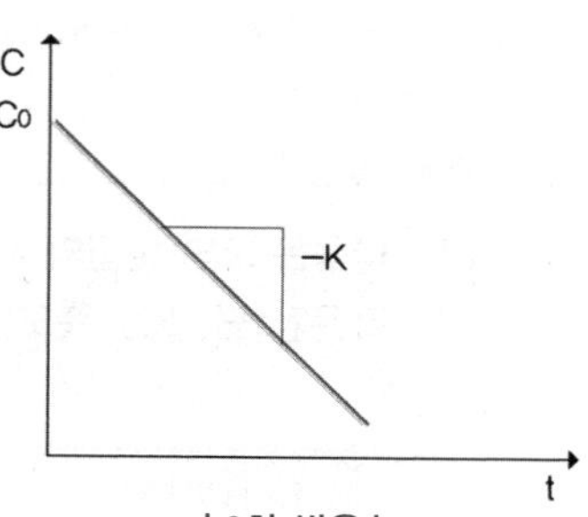

| 0차 반응 |

예제

0차 반응에서 반응속도 상수 k = 10[mg/L][d⁻¹] 이다. 반응물의 80% 반응하는데 걸리는 시간(day)은? (단, 반응물의 초기 농도는 100mg/L이다.)

① 6.0　　② 7.0
③ 8.0　　④ 9.0

정답 ③

풀이 0차 반응 속도식을 이용한다.

$C_t - C_0 = -Kt$

$20 - 100 = -10 \times t$

$\therefore t = 8day$

② 1차 반응

- 반응물의 농도에 비례하여 반응속도가 결정되는 반응이다.
- 반응식

$$\gamma = \frac{dC}{dt} = -KC^1$$
$$\ln\frac{C_t}{C_o} = -K \times t$$

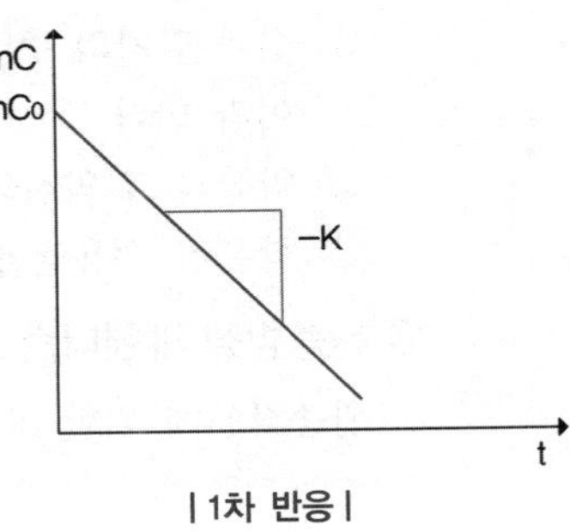

| 1차 반응 |

③ 2차 반응

- 반응물의 농도 제곱에 비례하여 반응속도가 결정된다.
- 반응식

$$\gamma = \frac{dC}{dt} = -KC^2$$
$$\frac{1}{C_t} - \frac{1}{C_0} = K \times t$$

C_0 : 초기농도 / C_t : t 시간 후의 농도 / K: 반응상수 / t: 시간

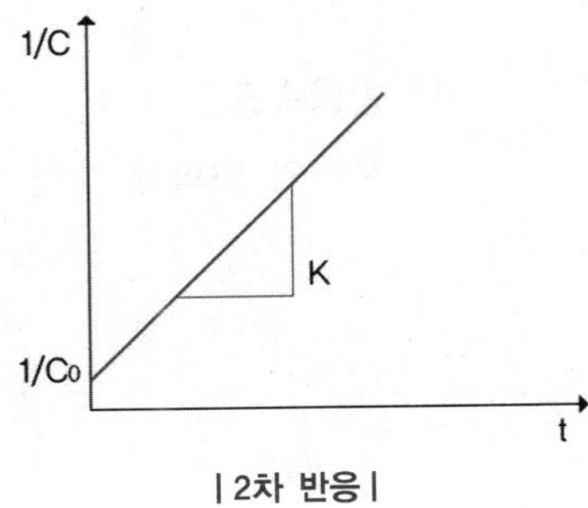

| 2차 반응 |

예제

01 다음은 오염 물질의 시간에 따른 농도 변화를 나타낸 표와 그래프이다. 이에 대한 설명으로 옳지 않은 것은? (단, k는 속도 상수, t는 시간, C_0는 초기 농도이다.)

t[min]	C[mgL⁻¹]
0	14.0
20	8.0
60	4.0
100	2.5
120	2.0

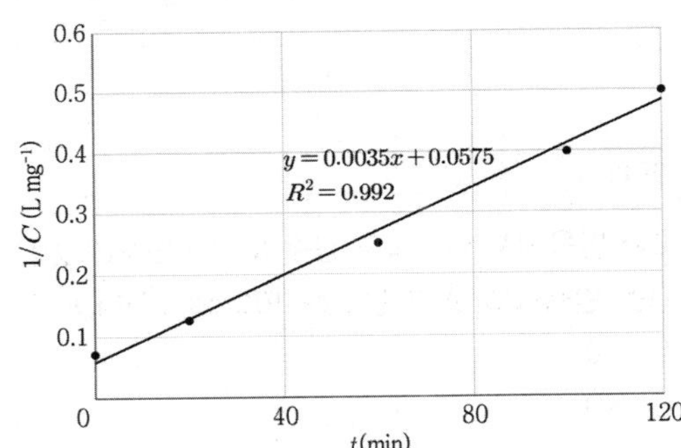

① 반응 속도를 구하기 위한 일반식은 $\frac{dC}{dt} = -kC$이다.

② 반응을 나타내는 결과식은 $C = \frac{C_0}{1+kC_0t}$이다.

③ 2차 분해 반응이다.

④ 속도 상수는 $0.0035L \cdot mg^{-1} \cdot mm^{-1}$이다.

정답 ①

풀이 2차 분해 반응은 반응속도가 반응물의 농도제곱에 비례하여 진행하는 반응이다. x축은 시간, y축은 농도의 역수(1/C)로 표현하면 직선이 된다.

반응속도를 구하기 위한 일반식은 $\frac{dC}{dt} = -kC^2$ 이다.
※ 반감기 : $C_t = 0.5 \times C_0$
※ 방사성물질의 반감기는 1차 반응을 따른다.
※ 1차 반응의 반감기는 일정하다.

02 1차반응의 반감기를 유도한 식으로 옳은 것은?

① $e^{\frac{k}{2}}$　　② $\frac{e^k}{2}$
③ $\frac{\ln k}{2}$　　④ $\frac{\ln 2}{k}$

정답 ④

풀이 $\ln\frac{L}{L_0} = -Kt$

$\ln\frac{0.5L_0}{L_0} = -Kt$

$\ln\frac{1}{2} = -Kt$

$t = -\frac{\ln 0.5}{k} = \frac{\ln 2}{k}$

---

2 반응조의 종류와 특성

(1) 회분식반응조(Batch Reachor)

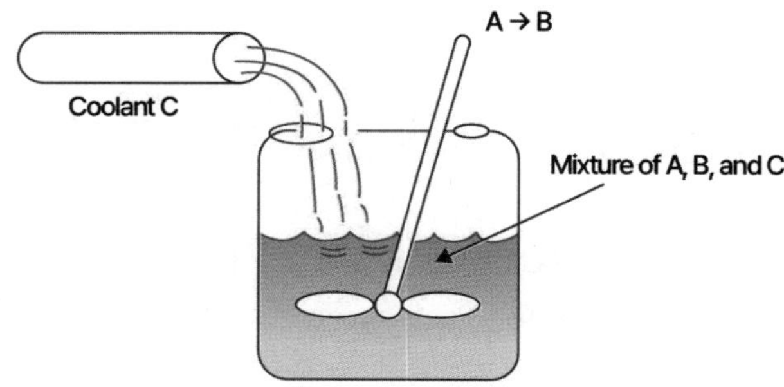

① 반응조로 유입과 유출이 동시에 일어나지 않으며 유입 → 반응 → 유출의 순으로 반응이 진행된다.

② 반응식

- 0차 반응 : $C_t - C_0 = -K \times t$
- 1차 반응 : $\ln\frac{C_t}{C_o} = -K \times t$
- 2차 반응 : $\frac{1}{C_t} - \frac{1}{C_0} = K \times t$

(2) 플러그흐름반응조(PFR)

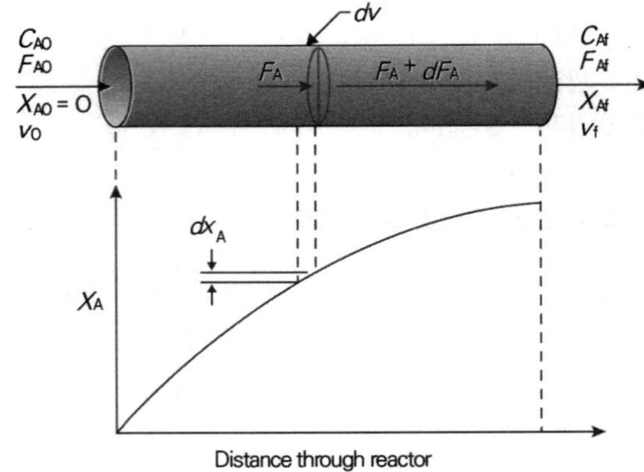

① 긴 관에서의 흐름을 의미하며 축방향으로의 흐름을 따라 연속적인 혼합이 진행된다.

② 반응식

- 0차 반응: $C_t - C_0 = -K \times t$
- 1차 반응: $\ln\dfrac{C_t}{C_o} = -K \times t$
- 2차 반응: $\dfrac{1}{C_t} - \dfrac{1}{C_0} = K \times t$

(3) 완전혼합반응조(CFSTR)

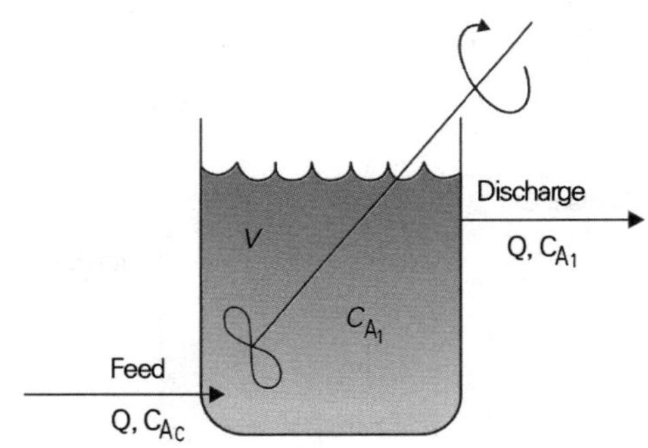

① 유입과 유출이 동시에 있으며 반응조 내에서는 완전 혼합되어 반응한 후 유출된다.

② 충격부하에 강하고 부하변동에 강하다.

③ 동일 용량 PFR에 비해 제거효율이 좋지 않다.

④ 반응식(일반식)

$$Q(C_0 - C_t) = K\forall\, C_t^m$$

Q: 유량 / C_0: 초기농도 / C_t: 나중농도 / K: 반응속도상수
$\forall$: 반응조 체적 / m: 반응차수

⑤ 반응식(일반식 변형)

- 체류시간 : $\dfrac{\forall}{Q} = t = \dfrac{(C_0 - C_t)}{KC_t^m}$

- 직렬다단연결에서의 통과율(1차 반응) : $\dfrac{C_t}{C_0} = \left[\dfrac{1}{1 + Kt}\right]^{n(\text{단수})}$

  ✱ 단순희석인 경우(1차 반응) : $\ln\dfrac{C_t}{C_o} = -K \times t \rightarrow \ln\dfrac{C_t}{C_o} = -\dfrac{Q}{\forall} \times t$

예제

01 특정의 반응물을 포함한 유체가 CFSTR을 통과할 때 반응물의 농도가 100mg/L에서 10mg/L로 감소하였고, 반응기 내의 반응이 일차반응이며 유체의 유량이 1,000m³/day이라면, 반응기의 체적(m³)은? (단, 반응속도상수는 0.5day⁻¹이다.)

풀이 $Q(C_o - C_t) = K \cdot \forall \cdot C_t^m$

$Q(C_o - C_t) = K \cdot \forall \cdot C_t^1$

$\forall(\text{m}^3) = \dfrac{Q(C_o - C_t)}{K \cdot C_t}$

$= \dfrac{1{,}000m^3}{day} \times \dfrac{(100 - 10)mg}{L} \times \dfrac{day}{0.5} \times \dfrac{L}{10mg} = 18{,}000m^3$

02 2,000m³인 탱크에 염소이온 농도가 250mg/L 이다. 탱크 내의 물은 완전혼합이며, 계속적으로 염소이온이 없는 물이 20m³/hr로 유입될 때 염소이온 농도가 2.5mg/L로 낮아질 때까지의 소요시간(hr)은? (ln0.01 = −4.6052)

풀이 $\ln\dfrac{C_t}{C_o} = -Kt$

$\ln\dfrac{C_t}{C_o} = -\dfrac{Q}{\forall}t$

$\ln\dfrac{2.5mg/L}{250mg/L} = -\dfrac{20m^3/hr}{2{,}000m^3} \times t$

∴ t = 460.52hr

(4) 반응조의 혼합 상태

반응조에 주입된 물감의 10%, 90%가 유출되기까지의 시간을 각각 t_{10}, t_{90}이라할 때 Morrill지수는 t_{90}/t_{10}으로 나타낸다.

혼합 정도의 표시	완전혼합흐름상태	플러그흐름상태
분산	1일 때	0일 때
분산수	무한대일 때	0일 때
Morrill지수	클수록	1에 가까울수록

예제

plug flow형과 완전혼합형의 수리모형이 있다. 다음의 혼합 정도를 나타내는 표시 사항 중 이상적인 plug flow형일 때 얻어지는 값으로 알맞은 것은?

① 분산수 : 0
② 통계학적 분산 : 1
③ Morill 지수 : 1보다 크다.
④ 지체시간 : 0

정답 ①

풀이

혼합정도의 표시	완전혼합 흐름상태	플러그 흐름상태
분산	1일 때	0일 때
분산수	d = ∞	d = 0
모릴지수	클수록	작을수록

3 수질오염의 지표

(1) 용존산소(DO : Dissolved Oxygen)

① 물 속에 용해되어 있는 산소이다.

② 산소전달의 환경인자

- 수온이 낮을수록 압력이 높을수록 산소의 용해율은 증가한다.
- 염분농도가 낮을수록 산소의 용해율은 증가한다.
- 현존의 수중 DO 농도가 낮을수록 산소의 용해율은 증가한다.
- 조류의 광합성작용은 낮 동안 수중의 DO를 증가시킨다.
- 아황산염, 아질산염 등의 무기화합물은 DO를 감소시킨다.

③ 산소섭취속도와 총괄산소전달계수와의 관계

$$\gamma = \alpha K_{LA}(\beta C_s - C) \rightarrow K_{LA} = \frac{\gamma}{\alpha(\beta C_s - C)}$$

K_{LA} : 물질전달전이계수 / C_s : 포화농도 / C : 현재농도 / α, β : 보정계수 / γ : 산소섭취(산소전달)속도

(2) 생물화학적산소요구량(BOD : Biochemical Oxygen Demand)

① 물 속에 호기성 미생물에 의하여 유기물이 분해될 때 소모되는 산소의 양을 의미한다.

② 소모되는 산소의 양은 유기물의 양을 간접적으로 알아내는데 이용된다.

③ BOD_5 : 물 속에 호기성 미생물에 의하여 20℃에서 5일간 유기물이 분해될 때 소모되는 산소의 양을 의미한다.

④ BOD의 계산

• 최종 BOD = 소모BOD + 잔존BOD

상용대수	자연대수
• $BOD_{소모} = BOD_{최종} \times (1-10^{-K_1t})$	• $BOD_{소모} = BOD_{최종} \times (1-e^{-K_1t})$
• $BOD_{잔존} = BOD_{최종} \times 10^{-k_1t}$	• $BOD_{잔존} = BOD_{최종} \times e^{-k_1t}$

• 온도 변화에 따른 탈산소계수의 보정 : $K_{1(T)} = K_{1\text{-}20℃} \times 1.047^{(T-20)}$

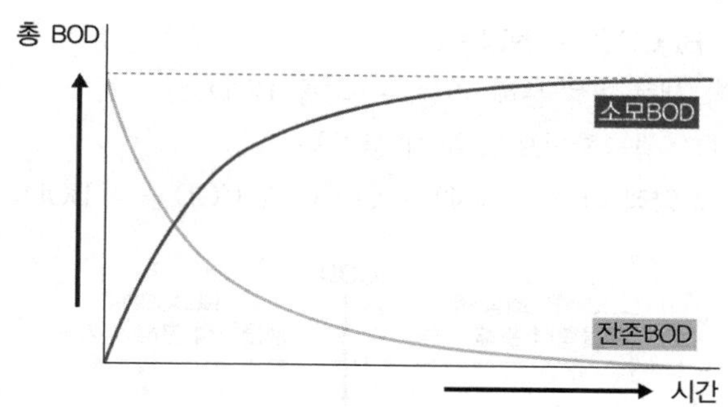

예제

시료의 BOD_5가 180mg/L이고 탈산소계수값이 0.2/day(밑수는 10)일 때 최종 BOD는?

① 140mg/L ② 160mg/L
③ 180mg/L ④ 200mg/L

정답 ④

풀이 소모 BOD공식 적용

$BOD_5 = BODu \times (1 - 10^{-kt})$

$180 = BODu \times (1 - 10^{-0.2\times5})$

$\therefore BODu = 200mg/L$

⑤ 탄소성 BOD와 질소성 BOD

• **탄소성 BOD** : 호기성 미생물에 의해 탄소화합물이 분해되는데 소모되는 산소의 량이다.

• **질소성 BOD** : 호기성 미생물에 의해 질소화합물이 분해되는데 소모되는 산소의 량이다(질산화가 진행되어 산소의 요구량이 증가하게 된다).

• BOD_5는 질소성 BOD의 영향을 받지 않고 탄소성 BOD의 양을 알아내는데 이용된다.

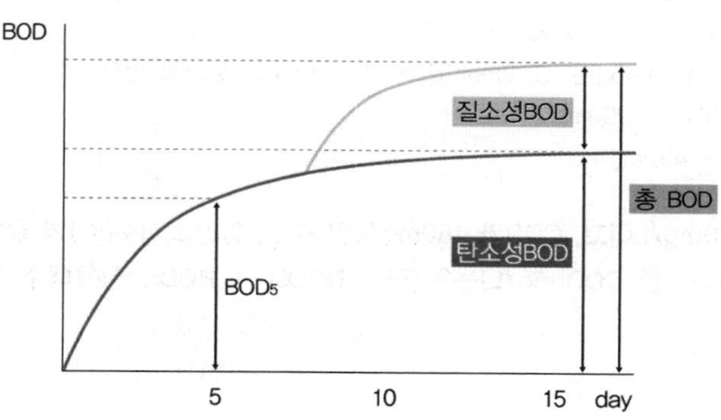

(3) 화학적산소요구량(COD : Chemical Oxygen Demand)

① 강력한 산화제를 이용하여 물 속의 유기물을 분해시킬 때 소모되는 산화제의 양으로부터 산소의 양을 환산한다.

② 산성 $KMnO_4$, 염기성 $KMnO_4$, $K_2Cr_2O_7$에 의한 방법이 있다. → COD_{Mn}, COD_{Cr}로 표시한다.

③ 해수나 공장폐수 등 생물화학적으로 측정이 어려운 시료에 적용 가능하다.

④ COD의 구분

- COD = BDCOD + NBDCOD
- BDCOD : 생물학적 분해 가능 = 최종 BOD
- NBDCOD : 생물학적으로 분해 불가능

⑤ 산소요구량의 양적 관계 : ThOD > COD_{Cr} > COD_{Mn} > BOD_u > BOD_5

COD

BCCOD(최종BOD) 생물학적 분해 가능	NBDCOD 생물학적 분해 불가능	
BDICOD 생물학적 분해 가능 비용해성	NBDICOD 생물학적 분해 불가능 비용해성	ICOD: 비용해성
BDSCOD 생물학적 분해 가능 용해성	NBDSCOD 생물학적 분해 불가능 용해성	SCOD: 용해성

예제

01 에탄올(C_2H_5OH)의 농도가 230mg/L인 폐수의 이론적인 화학적 산소요구량은?

① 360mg/L　② 480mg/L

③ 560mg/L　④ 780mg/L

정답 ②

풀이 $C_2H_5OH + 3O_2 \rightarrow 2CO_2 + 3H_2O$

C_2H_5OH 1mol(46g)은 O_2 3mol(32 × 3 = 96g)을 필요로 한다.

46g : 96g = 230mg/L : □

∴ □ = 480mg/L

02 BOD_5가 270mg/L이고, COD가 450mg/L인 경우, 탈산소계수(K_1)의 값이 0.2/day일 때, 생물학적으로 분해 불가능한 COD(mg/L)는? (단, BDCOD = BOD_u, 상용대수 기준이다.)

① 150　② 200

③ 250　④ 300

정답 ①

풀이 COD = BDCOD + NBDCOD

BDCOD : 생물학적 분해 가능 = 최종BOD

NBDCOD : 생물학적으로 분해 불가능

• BDCOD 산정

$BOD_5 = BODu \times (1 - 10^{-kt})$

$270 = BODu \times (1 - 10^{-0.2 \times 5})$

∴ 최종BOD = 300mg/L

• NBDCOD 산정

NBDCOD = COD − BDCOD = 450 − 300 = 150mg/L

---

(4) 총 탄소

① 총유기탄소(TOC, Total Organic Carbon) : 유기적으로 결합되어 있는 탄소의 총량을 의미하며 완전 연소시 대부분 CO_2로 배출된다.

EX C_2H_5OH → 1mol 중 TOC는 12 × 2 = 24g

② 총 탄소(TC, Total Carbon) : 수중에서 존재하는 유기적 또는 무기적으로 결합된 탄소의 합을 말한다.

③ 무기성 탄소(IC, Inorganic Carbon) : 수중에 탄산염, 중탄산염, 용존 이산화탄소 등 무기적으로 결합된 탄소의 합을 말한다.

④ 용존성 유기탄소(DOC, Dissolved Organic Carbon) : 총 유기탄소 중 공극 0.45μm의 여과지를 통과하는 유기탄소를 말한다

⑤ 비정화성 유기탄소(NPOC, Nonpurgeable Organic Carbon) : 총 탄소 중 pH 2 이하에서 포기에 의해 정화(purging)되지 않는 탄소를 말한다.

(5) 부유물질(SS : Suspended Solid)

① 물 속에 존재하는 0.1μm~2mm 정도의 고형물을 의미

② 탁도와 색도를 유발하며 빛의 투과를 방해해 수중식물의 광합성을 감소시킨다.

총 고형물

TVS 휘발성 고형물	TFS 강열잔류고형물	
VSS 휘발성 부유고형물	FSS 강열잔류부유성고형물	TSS: 총부유성고형물
VDS 휘발성 용존고형물	FDS 강열잔류용존성고형물	TDS: 총용존성고형물

③ **실험방법**: 미리 무게를 단 유리섬유여과지(GF/C)를 여과장치에 부착하여 일정량의 시료를 여과시킨 다음 105℃~110℃의 건조기 안에서 2시간 건조시켜 데시케이터에 넣어 방치하고 냉각한 다음 무게를 달아 여과 전후의 유리섬유 여과지의 무게차를 산출하여 부유물질의 양을 구하는 방법이다.

④ 여과 전후의 유리섬유여지 무게의 차를 구하여 부유물질의 양으로 한다.

$$부유물질(mg/L) = (b - a) \times \frac{1,000}{V}$$

a: 시료 여과 전의 유리섬유여지 무게 (mg)

b: 시료 여과 후의 유리섬유여지 무게 (mg) / v: 시료의 양 (mL)

(6) 콜로이드(Colloid)

① 특성

- **콜로이드 상태**: 지름이 1nm~1000nm(= 1μm) 인 입자가 용매에 분산된 상태이다.
- 콜로이드의 안정도는 반발력(제타전위), 중력, 인력(Van der Waals의 힘)의 관계에 의해 결정된다.
- 콜로이드 입자는 질량에 비해서 표면적이 크므로 용액 속에 있는 다른 입자를 흡착하는 힘이 크다.
- **반투막 통과**: 콜로이드는 반투막의 pore size보다 크기 때문에 보통의 반투막을 통과하지 못한다.
- **브라운 운동**: 콜로이드 입자가 분산매 및 다른 입자와 충돌하여 불규칙한 운동을 하게 된다.
- **틴들현상**: 광선을 통과시키면 입자가 빛을 산란하여 빛의 진로를 볼 수 있게 된다.
- **콜로이드 응집의 기본 메커니즘**: 이중층 압축, 전하 중화, 침전물에 의한 포착, 입자간 가교형성

② 전위

- 콜로이드는 대부분 (-) 전하로 대전되어 있어 전해질(염)을 소량 넣게 되면 응집이 되어 침전된다.
- 콜로이드입자들이 전기장에 놓이게 되면 입자들은 그 전하의 반대쪽 극으로 이동하며 이러한 현상을 전기영동이라 한다.
- 제타전위가 작을수록 입자는 응집하기 쉬우므로 콜로이드를 완전히 응집시키는데 제타전위를 5~10mV 이하로 해야 한다.

$$제타전위 = \frac{4\pi\delta q}{D}$$

q = 단위면적당 전하 / δ = 전하가 영향을 미치는 전단 표면 주위의 층의 두께 / D = 액체의 도전상수

Schulze-Hardy 법칙

콜로이드의 침전에 미치는 영향이 입자에 반대되는 전하를 가진 첨가된 전해질 이온이 지니고 있는 전하의 수에 따라 현저하게 증가한다는 법칙이다.

③ 콜로이드의 분류

소수성 콜로이드	친수성 콜로이드
• 물과 반발하는 성질을 가진다. • 물 속에서 Suspension(현탁) 상태로 존재한다. • 염에 큰 영향을 받는다. • 틴들효과가 현저하게 크다. • 점도는 분산매보다 작다.	• 물과 쉽게 반응한다. • 물속에서 Emulsion(유탁) 상태로 존재한다. • 염에 대하여 큰 영향을 받지 않는다. • 다량의 염을 첨가하여야 응결 침전된다. • 분산매의 점도를 증가시킨다.

예제

01 콜로이드(colloids)에 대한 설명으로 가장 옳지 않은 것은?

① 표면에 전하를 띠고 있다.
② 브라운 운동을 한다.
③ 입자 크기는 1nm~1μm이다.
④ 모래여과로 완전히 제거된다.

정답 ④

풀이 콜로이드는 모래여과로 완전 제거되지 않고 응집제로 제거할 수 있다.

02 콜로이드(Colloid)에 대한 설명으로 가장 옳지 않은 것은?

① 콜로이드 입자들이 전기장에 놓이게 되면 입자들은 그 전하의 반대쪽 극으로 이동한다.
② 콜로이드 입자는 매우 작아서 질량에 비해 표면적이 크다.
③ 제타전위가 클수록 응집이 쉽게 일어난다.
④ 소수성 콜로이드 입자는 물속에서 suspension 상태로 존재한다.

정답 ③

풀이 제타전위가 클수록 응집이 일어나기 어려우며 0에 도달할 때 응집이 가장 잘 일어난다.

---

(7) 경도

① 경도란 물의 세기 정도를 말한다.

② 특성

- 경도 유발물질: Ca^{2+}, Mg^{2+}, Mn^{2+}, Fe^{2+}, Sr^{2+} 등 대부분 2가 양이온 중금속류
- 유발물질의 농도에 의한 경도 산정

$$\text{총경도}(mg/L \text{ as } CaCO_3) = \sum\left(\text{경도유발물질}(mg/L) \times \frac{50}{\text{경도유발물질의}\,eq}\right)$$

- 경도는 탄산칼슘으로 환산되어 계산되며 "mg/L as $CaCO_3$" 로 표시한다.
- 경수는 75mg/L as $CaCO_3$ 이상인 물을 의미한다.
- 경도가 높은 물은 세제의 과다사용과 관의 Scale을 형성하게 된다.

③ 종류

- 총경도: 탄산경도 + 비탄산경도
- 탄산경도: 경도유발물질 + 알칼리도 유발물질 → 끓임으로서 제거되는 일시경도
- 비탄산경도: 경도유발물질 + 산도 유발물질 → 끓여도 제거가 되지 않는 영구경도

예제

01 경도(hardness)는 무엇으로 환산하는가?

① 탄산칼슘　　② 탄산나트륨
③ 탄화수소나트륨　　④ 수산화나트륨

정답 ①

02 수질분석결과가 다음과 같다. 이 시료의 총경도(as $CaCO_3$)의 값은? (단, Ca = 40, Mg = 24, Na = 23, S = 32이다.)

Ca^{2+} = 42mg/L, Mg^{2+} = 24mg/L, Na^{+} = 40mg/L, SO_4^{2-} = 57mg/L

풀이 $경도 = \sum\left(경도유발물질농도 \times \frac{CaCO_3 당량}{경도유발물질 당량}\right)$

$= 42(mg/L) \times \frac{50}{40/2} + 24(mg/L) \times \frac{50}{24/2} = 205mg/L \text{ as } CaCO_3$

(8) 알칼리도

① 알칼리도란 산을 중화시킬 수 있는 정도를 말한다.

② 특성

- 알칼리도: 산을 중화시킬 수 있는 정도
- 알칼리도 유발물질: OH^-, HCO_3^-, CO_3^{2-} 등
- 유발물질의 농도에 의한 알칼리도 산정

$$알칼리도(mg/L\ as\ CaCO_3) = \sum\left(알칼리도 유발물질(mg/L) \times \frac{50}{알칼리도 유발물질의\ eq}\right)$$

- 알칼리도는 탄산칼슘으로 환산되어 계산되며 "mg/L as $CaCO_3$" 로 표시한다.
- 높은 알칼리도를 갖는 물은 쓴맛을 낸다.
- 알칼리도가 높은 물은 다른 이온과 반응성이 좋아 관내에 scale을 형성할 수 있다.
- 알칼리도가 낮은 물은 철(Fe)에 대한 부식성이 강하다.
- 알칼리도는 물속에서 수중생물의 성장에 중요한 역할을 함으로써 물의 생산력을 추정하는 변수로 활용한다.
- 알칼리도가 부족할 때는 소석회($Ca(OH)_2$)나 소다회(Na_2CO_3)와 같은 약제를 첨가하여 보충한다.
- 자연수의 알칼리도는 주로 중탄산염(HCO_3^-)의 형태를 이룬다.

③ 종류

- 적정에 의해 알칼리도를 산정할 때 페놀프탈레인에 의해 pH8.3까지 적정하여 산출한 알칼리도를 "P-Alk"라고 한다.
- 적정에 의해 알칼리도를 산정할 때 메틸오렌지에 의해 pH4.5까지 적정하여 산출한 알칼리도를 "M-Alk"라고 하고 이를 "T-Alk"라고 한다.

예제

pH 10인 물에 CO_2 100mg/L와 HCO_3^- 61mg/L이 존재할 때 알칼리도(mg/L as $CaCO_3$)는?

① 50　② 55　③ 70　④ 75

정답 ②

풀이 알칼리도 유발물질 : OH^-, HCO_3^-, CO_3^{2-}

$$Alk = \sum Alk\text{유발물질} \times \frac{50}{Eq}$$

$$OH^-(mg/L) = \frac{10^{-4}mol}{L} \times \frac{17g}{1mol} \times \frac{50g}{(17/1)g} \times \frac{10^3 mg}{1g} = 5mg/L \text{ as } CaCO_3$$

$HCO_3^-(mg/L) = 61mg/L$

$$Alk = \sum Alk\text{유발물질} \times \frac{50}{Eq}$$

$$HCO_3^- = 61mg/L \times \frac{50}{61/1} = 50mg/L \text{ as } CaCO_3$$

∴ 총 Alk = 5 + 50 = 55mg/L as $CaCO_3$

(9) 산도

① 특성

- 산도 : 알칼리를 중화시킬 수 있는 정도
- 산도 유발물질 : SO_4^{2-}, NO_3^-, Cl^-, 무기산 등
- 유발물질의 농도에 의한 산도 산정

$$\text{산도}(mg/L \text{ as } CaCO_3) = \sum\left(\text{산도유발물질}(mg/L) \times \frac{50}{\text{산도유발물질의 } eq}\right)$$

- 산도는 탄산칼슘으로 환산되어 계산되며 "mg/L as $CaCO_3$" 로 표시한다.
- 자연수는 대부분 CO_2나 무기산 등에 의해 산도가 유발된다.

② 종류

- 적정에 의해 산도를 산정할 때 메틸오렌지에 의해 pH4.5까지 적정하여 산출한 산도를 "M-산도"라고 한다.
- 적정에 의해 산도를 산정할 때 페놀프탈레인에 의해 pH8.3까지 적정하여 산출한 산도를 "P-산도"라고 하고 이를 "T-산도"라고 한다.

적정에 의한 경도/알칼리도/산도의 산정

$$\text{경도/알칼리도/산도 } mg/L \text{ as } CaCO_3 = \frac{a \times N \times 50}{V} \times 1{,}000$$

a : 소모된 산 또는 알칼리의 부피(mL)
N : 주입한 산 또는 알칼리의 규정농도(eq/L)
V : 시료의 부피(mL)

예제

석회수용액($Ca(OH)_2$) 100mL를 중화시키는데 0.03N HCl 32mL이 소요되었다면 이 석회수용액의 경도는?

풀이 경도 $= \dfrac{a \times N \times 50}{V} \times 1000 = \dfrac{32mL \times 0.03N \times 50}{100mL} \times 1000 = 480mg/L\ as\ CaCO_3$

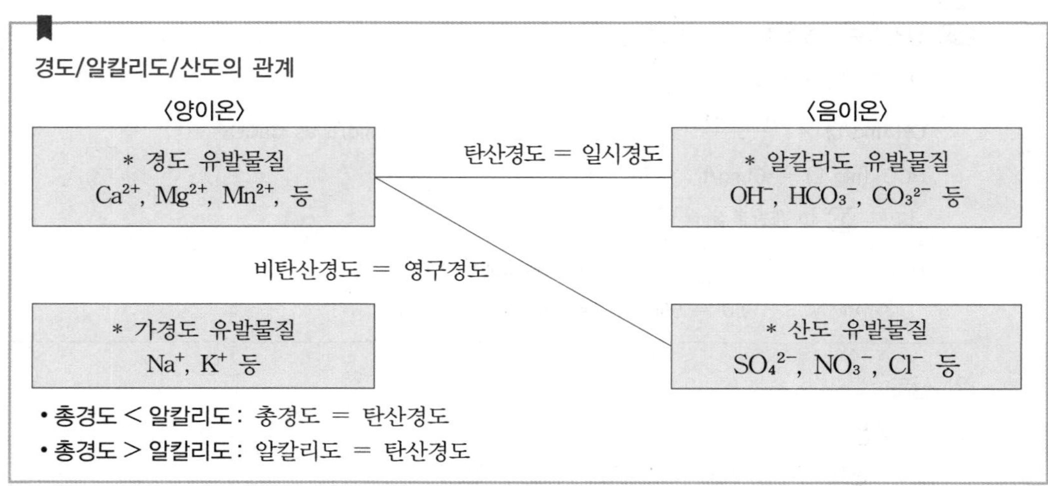

예제

알칼리도가 200mg/L as $CaCO_3$이고 총 경도가 300mg/L as $CaCO_3$인 경우, 주된 알칼리도 물질과 비탄산경도(mg/L $CaCO_3$)는? (단, pH는 7.5이다.)

	알칼리도물질	비탄산경도(mg/L as $CaCO_3$)		알칼리도물질	비탄산경도(mg/L as $CaCO_3$)
①	CO_3^{-2}	100	②	CO_3^{2-}	200
③	HCO_3^-	100	④	HCO_3^-	200

정답 ③

풀이 총경도 > 알칼리도 → 탄산경도 = 알칼리도
탄산경도는 200mg/L 이고 비탄산경도는 100mg/L 이다.
pH 6~9에서는 HCO_3^- 가 주로 존재한다.

(10) SAR(Sodium Adsorption Ratio)

농업용수의 수질 평가 시 사용하며 Na^+, Ca^{2+}, Mg^{2+}를 주요 인자로 지수가 클수록 배수가 불능한 점토질의 토양에 가깝다.

$$SAR = \frac{Na^+}{\sqrt{\frac{Ca^{2+} + Mg^{2+}}{2}}}$$

(Na^+, Ca^{2+}, Mg^{2+}의 단위 : meq/L)

SAR < 10	토양에 미치는 영향이 작다.
10 < SAR < 26	토양에 미치는 영향이 비교적 크다.
26 < SAR	토양에 미치는 영향이 매우 크다.

예제

다음 수질을 가진 농업용수의 SAR값은?

Na^+ : 460mg/L, Ca^{2+} : 600mg/L, Mg^{2+} : 240mg/L
Na 원자량 : 23, Ca 원자량 : 40, Mg 원자량 : 24

① 2
② 4
③ 6
④ 8

정답 ②

풀이 $SAR = \frac{Na^+}{\sqrt{\frac{Ca^{2+} + Mg^{2+}}{2}}} = \frac{20}{\sqrt{\frac{30+20}{2}}} = 4$

Ca^{2+}(meq/L) $= \frac{600mg}{L} \times \frac{1meq}{(40/2)mg}$ = 30meq/L

Mg^{2+}(meq/L) $= \frac{240mg}{L} \times \frac{1meq}{(24/2)mg}$ = 20meq/L

Na^+(meq/L) $= \frac{460mg}{L} \times \frac{1meq}{(23/1)mg}$ = 20meq/L

(11) 대장균군

① **총대장균군** : 그람음성 무아포성의 간균으로서 락토오스을 분해하여 가스 또는 산을 생성하는 모든 호기성 또는 통성 혐기성균을 말한다.

② **분원성대장균군** : 온혈동물의 배설물에서 발견되는 그람음성 무아포성의 간균으로서 44.5℃에서 락토오스를 분해하여 가스 또는 산을 생성하는 모든 호기성 또는 통성 혐기성균을 말한다.

③ 분원성 대장균은 인축의 내장에 서식하므로 소화기계 전염병원균의 존재 추정이 가능하다.

④ 병원균에 비해 물속에서 오래 생존한다.

⑤ 병원균보다 저항력이 강하다.

⑥ Virus보다 소독에 대한 저항력이 약하다.

(12) 시험용 동물의 독성농도

① TLm: 독성물질이 어류에 미치는 유해성을 나타내는 값으로 독성물질 주입 후 50%가 생존할 수 있는 농도를 의미한다.

EX 96TLm, 48TLm, 24TLm 등

② LD_{50}: 실험용 물고기에 독성물질을 경구투입 시 실험대상 물고기의 50%가 죽는 양(mg/kg)

③ LC_{50}: 실험용 물고기에 독성물질을 경구투입 시 실험대상 물고기의 50%가 죽는 농도

예제

일정시간을 노출시킨 후에 시험용 어류의 50%가 생존할 수 있는 농도는?

① TLm ② Toxic unit

③ LC_{50} ④ LD_{50}

정답 ①

풀이 Toxic unit: 시료에 물벼룩을 넣어 유영저해 또는 사멸 정도를 측정하는 것으로 독성물질이 물벼룩에 주는 영향을 나타낸다.

4 수질환경미생물

(1) 수중미생물의 분류

① 진핵세포와 원핵세포

특징		원핵세포	진핵세포
크기		1~10μm	5~100μm
분열 형태		무사분열	유사분열
리보솜		있음(70S)	있음(80S)
세포소기관	미토콘드리아(사립체), 엽록체	없다.	있다.
	리소좀, 퍼옥시좀	없다.	있다.
	소포체, 골지체	없다.	있다.

② 미생물의 형태학적 분류: 간균(막대형), 나선균(나선형), 구균(구형) 등으로 분류된다.

③ 미생물의 특성에 따른 분류

구분	미생물 분류	
산소	Aerobic(호기성)	Anaerobic(혐기성)
온도	Thermophilic(고온성)	Psychrophilic(저온성)
에너지원	Phytosynthetic(광합성)	Chemosynthetic(화학합성)
탄소 공급원	Autotrophic(독립영양계)	Heterotrophic(종속영양계)

	광합성 (에너지원 : 빛)	화학합성 (에너지원 : 산화환원반응)
독립영양 (탄소원:무기탄소)	에너지원으로 빛 이용, 무기탄소를 탄소원으로 이용	에너지원으로 산화환원반응 이용, 무기탄소를 탄소원으로 이용
종속영양 (탄소원:유기탄소)	에너지원으로 빛을 이용하며 유기탄소를 탄소원으로 이용	에너지원으로 산화환원반응 이용, 유기탄소를 탄소원으로 이용

예제

화학합성종속영양계의 탄소원과 에너지원이 바르게 연결된 것은?

	탄소원	에너지원
①	CO_2	산화환원반응
②	CO_2	빛
③	유기물	빛
④	유기물	산화환원반응

정답 ④

미생물에 의한 영양대사과정

- **이화작용** : 복잡한 물질 → 간단한 물질
- **동화작용** : 간단한 물질 → 복잡한 물질

광합성(탄소동화작용)

- **반응식** : $6CO_2 + 6H_2O \rightarrow C_6H_{12}O_6 + 6O_2$
- 광합성은 탄산가스와 물로부터 산소와 포도당(또는 포도당 유도산물)을 생성한다.
- 광합성 시 광은 에너지, 물은 환원반응에 수소를 공급해 준다.

(2) 수중미생물의 종류

① 박테리아(Bacteria, $C_5H_7O_2N$)

- 세균은 엽록소를 가지고 있지 않으며 광합성(탄소동화작용)을 하지 않는다.
- 용해된 유기물을 섭취하여 주로 세포분열로 번식한다.
- 수분 80%, 고형물 20% 정도로 세포가 구성되며 고형물 중 유기물이 90%를 차지한다.
- 환경인자(pH, 온도)에 대하여 민감하다.
- 단세포 원핵세균으로, 형상에 따라 막대형, 구형, 나선형 및 사상형으로 구분한다.

예제

미생물 중 세균(Bacteria)에 관한 특징으로 가장 거리가 먼 것은?

① 원시적 엽록소를 이용하여 부분적인 탄소동화작용을 한다.
② 용해된 유기물을 섭취하여 주로 세포분열로 번식한다.
③ 수분 80%, 고형물 20% 정도로 세포가 구성되며 고형물 중 유기물이 90%를 차지한다.
④ 환경인자(pH, 온도)에 대하여 민감하다.

정답 ①

풀이 세균은 엽록소를 가지고 있지 않으며 탄소동화작용을 하지 않는다.

---

② 조류(algae, $C_5H_8O_2N$)

- 단세포 또는 다세포의 무기영양형 광합성 원생동물로 세포벽의 구조는 박테리아와 흡사하며 광합성 색소가 엽록체 안에 들어 있지 않다.
- 호기성 신진대사를 하며 전자공여체로 물을 사용한다.

예제

조류(Algae)의 성장에 관한 설명으로 옳지 않은 것은?

① 조류 성장은 수온과 관련이 없다.
② 조류 성장은 수중의 용존산소농도와 관련이 있다.
③ 조류 성장의 주요 제한 기질에는 인과 질소 등이 있다.
④ 조류 성장은 햇빛과 관련이 있다.

정답 ①

풀이 조류 성장은 수온과 관련이 있어 높은 수온이 조류를 활발하게 성장하게 한다.

---

③ 곰팡이류(Fungi, $C_{10}H_{17}O_6N$)

- 광합성(탄소동화작용)을 하지 않으며 pH가 낮은(pH 3~5) 폐수에서도 잘 생장한다.
- 폐수 내 질소와 용존산소가 부족한 환경에서도 잘 성장한다.
- 폐수처리 중에는 sludge bulking의 원인이 된다.
- 폭이 약 5~10μm로서 현미경으로 쉽게 식별되며 구성물질의 75~80%가 물이다.
- 유리산소가 존재해야만 생장하지만 용존산소가 부족한 환경에서도 성장이 가능하다.

④ 원생동물(Protozoa, $C_7H_{14}O_3N$) : 세포벽이 없는 단세포 진핵미생물로, 대부분이 호기성 또는 임의성을 띤 혐기성 화학합성 종속영양생물이다.

생물농축

- 생물체중의 농도와 환경수중의 농도비를 농축비 또는 농축계수라고 한다.
- 수생생물 체내의 각종 중금속 농도는 환경수중의 농도보다는 높은 경우가 많다.
- 수생생물의 종류에 따라서 중금속의 농축비가 다르게 되어 있는 것이 많다.
- 농축비는 먹이사슬 과정에서 높은 단계의 소비자에 상당하는 생물일수록 높게 된다.

(3) 호기성분해와 혐기성분해

① 호기성분해와 영향인자 : 호기성분해란 충분한 용존산소의 조건에서 호기성 미생물에 의한 유기물분해이다.

유기물(반응물)			생성물
C		→	CO_2
H		→	H_2O
O	+ O_2	→	O_2
N		→	NO_3^-
S		→	SO_4^{2-}

• 영향인자
- DO : 2mg/L 이상
- pH : 7 부근 (중성)
- BOD : N : P = 100 : 5 : 1

② 혐기성분해와 영향인자 : 혐기성분해란 부족한 용존산소의 조건에서 혐기성 미생물에 의한 유기물분해이다.

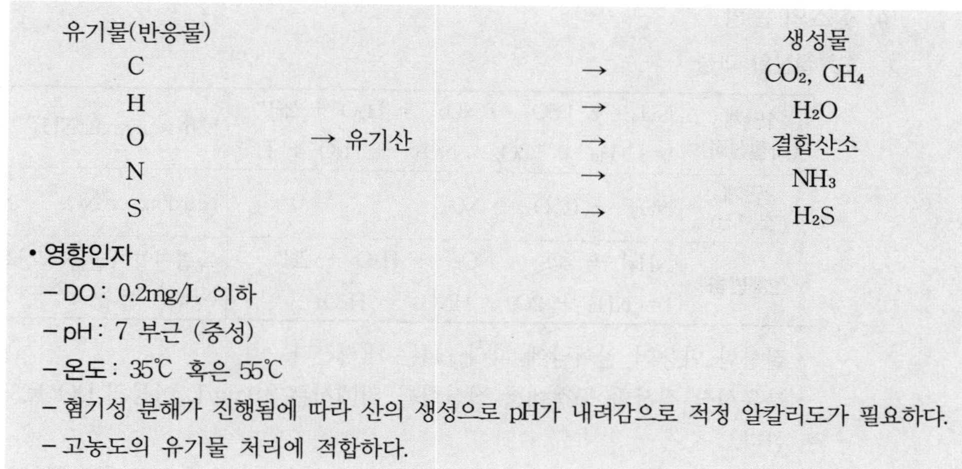

유기물(반응물)			생성물
C		→	CO_2, CH_4
H		→	H_2O
O	→ 유기산	→	결합산소
N		→	NH_3
S		→	H_2S

• 영향인자
- DO : 0.2mg/L 이하
- pH : 7 부근 (중성)
- 온도 : 35℃ 혹은 55℃
- 혐기성 분해가 진행됨에 따라 산의 생성으로 pH가 내려감으로 적정 알칼리도가 필요하다.
- 고농도의 유기물 처리에 적합하다.

메탄의 발생량 산정

• 글루코스($C_6H_{12}O_6$) 1kg당 메탄가스 발생량(0℃, 1atm)

$C_6H_{12}O_6 \rightarrow 3CH_4 + 3CO_2$

180g : 3 × 22.4L

1kg : □ m^3

□ = 0.3733m^3/kg

- 최종 BODu 1kg당 메탄가스 발생량(0℃, 1atm)
  - BOD를 이용한 글루코스 양 산정

    $C_6H_{12}O_6 + 6O_2 \rightarrow 6H_2O + 6CO_2$ … ⓐ

    180g : 6 × 32g = □kg : 1kg

    □ = 0.9375kg
  - 글루코스($C_6H_{12}O_6$)의 혐기성 분해 반응식 이용하여 발생하는 메탄 발생량 산정

    $C_6H_{12}O_6 \rightarrow 3CH_4 + 3CO_2$ … ⓑ

    180g : 3 × 22.4L

    0.9375kg : □ m^3

    □ = 0.35Sm^3/BOD kg
  - 메탄 연소반응식을 통한 발생량 산정

    위의 반응식 ⓐ와 ⓑ의 역반응을 합하면

    ⓐ … $C_6H_{12}O_6 + 6O_2 \rightarrow 6H_2O + 6CO_2$

    + (-ⓑ) … $3CH_4 + 3CO_2 \rightarrow C_6H_{12}O_6$

    $CH_4 + 2O_2 \rightarrow 2H_2O + CO_2$

    22.4L : 2 × 32g = □ Sm^3 : 1kg

    □ = 0.35Sm^3/BOD kg

(4) 질소의 순환

① 질산화 과정

1단계 (아질산화)	$NH_4^+ + 1.5O_2 \rightarrow NO_2^- + H_2O + 2H^+$ $(= NH_3 + 1.5O_2 \rightarrow NO_2^- + H_2O + H^+)$	Nitrosomonas($NH_3^{-N} \rightarrow NO_2^{-N}$)
2단계 (질산화)	$NO_2^- + 0.5O_2 \rightarrow NO_3^-$	Nitrobacter($NO_2^{-N} \rightarrow NO_3^{-N}$)
전체반응	$NH_4^+ + 2O_2 \rightarrow NO_3^- + H_2O + 2H^+$ $(= NH_3 + 2O_2 \rightarrow HNO_3 + H_2O)$	독립영양미생물(질산화미생물) $NH_3^{-N} \rightarrow NO_2^{-N} \rightarrow NO_3^{-N}$

- 질산화 반응이 일어남에 따라 pH는 내려간다.
- 부유성장 질산화 공정에서 질산화를 위해서는 2.0mg/L 이상의 DO 농도를 유지하여야 한다.
- 질산화미생물의 증식속도는 통상적으로 활성슬러지중에 있는 종속영양미생물보다 늦기 때문에 활성슬러지 중에서 그 개체수가 유지되기 위해서는 비교적 긴 SRT를 필요로 한다.
- 질산화 박체리아의 성장이 늦기 때문에 반응초기에 많은 양의 질산화 박테리아가 존재하면 5일 BOD 실험에 방해가 된다. → 질산화가 일어나 탄소성 BOD 뿐만 아니라 질소성 BOD까지 분석하게 된다.
- 반응속도는 Nitrosomonas에 의한 아질산화반응보다 Nitrobacter에 의한 질산화반응이 더 빠르게 일어나며 전체 질산화반응속도는 Nitrosomonas에 의한 질산화반응에 의해 결정된다.

총질소	유기질소	유기적으로 결합된 질소
	무기질소	암모니아성질소, 아질산성질소, 질산성질소

※ TKN : 유기질소 + 암모니아성질소

예제

01 유기물질의 질산화 과정에서 아질산이온(NO_2^-)이 질산이온(NO_3^-)으로 변할 때 주로 관여하는 것은?

① 아크로모박터 ② 니트로박터
③ 니트로소모나스 ④ 슈도모나스

정답 ②

풀이 질산화과정에서 관여하는 미생물은 니트로소모나스와 니트로박터이다.
$NH_3-N \rightarrow NO_2-N$: 니트로소모나스(Nitrosomonas)
$NO_2-N \rightarrow NO_3-N$: 니트로박터(Nitrobacter)

02

02 생물학적 질산화 중 아질산화에 관한 설명으로 옳지 않은 것은?

① 반응속도가 매우 빠르다.
② 관련 미생물은 독립영양성 세균이다.
③ 에너지원은 화학에너지이다.
④ 산소가 필요하다.

정답 ①

풀이 반응속도는 Nitrosomonas에 의한 아질산화반응보다 Nitrobacter에 의한 질산화반응이 더 빠르게 일어나며 전체 질산화반응속도는 Nitroomonas에 의한 아질산화반응에 의해 결정된다. 또한 질산화미생물의 증식속도는 통상적으로 활성슬러지중에 있는 종속영양미생물보다 늦기 때문에 활성슬러지중에서 그 개체수가 유지되기 위해서는 비교적 긴 SRT를 필요로 한다.

---

② 탈질 과정

1단계	$2NO_3^- + 2H_2 \rightarrow 2NO_2^- + H_2O(NO_3^{-N} \rightarrow NO_2^{-N})$	탈질미생물 : • 슈도모나스(Pseudomonas) • 바실러스(Bacillus) • 아크로모박터(Acromobacter) • 마이크로코크스(Micrococcus)
2단계	$2NO_2^- + 3H_2 \rightarrow N_2 + OH^- + 2H_2O$ $(NO_2^{-N} \rightarrow N_2)$	
전체반응	$2NO_3^- + 5H_2 \rightarrow N_2 + 2OH^- + 4H_2O$ $(NO_3^{-N} \rightarrow N_2)$	종속영양미생물(탈질화미생물) $NO_3^{-N} \rightarrow NO_2^{-N} \rightarrow N_2$

- 관련 미생물 : 통성 혐기성균
- 알칼리도 : $NO_3^- - N$, $NO_2^- - N$ 환원에 따라 알칼리도 생성(pH 증가)
- 용존산소 : 0mg/L에 가깝다.
- 외부탄소원 : 메탄올 사용($6NO_3-N : 5CH_3OH = 6 \times 14g : 5 \times 32g$), 소화조 상징액, 초산 등

✱ $5CH_3OH + 6NO_3^- + H_2CO_3 \rightarrow 3N_2 + 6HCO_3^- + 8H_2O$

예제

01 탈질(denitrification)과정을 거쳐 질소 성분이 최종적으로 변환된 질소의 형태는?

① NO_2-N ② NO_3-N
③ NH_3-N ④ N_2

정답 ④

풀이 탈질과정 : $NO_3-N \rightarrow NO_2-N \rightarrow N_2$

02 암모니아성 질소를 함유한 폐수를 생물학적으로 처리하기 위해 질산화-탈질화 공정을 채택하여 운영하였다. 다음 중 생물학적 질소제거와 관련된 설명으로 옳지 않은 것은 어느 것인가?

① 질산화에 관여하는 미생물은 독립영양미생물이고 탈질화에 관여하는 미생물은 종속영양미생물이다.
② 질산화과정에서의 pH는 감소하고, 탈질화과정에서의 pH는 증가한다.
③ 질산화과정에서 유기물의 첨가를 위해 메탄올을 주입한다.
④ 질산화는 호기성 상태에서 이루어지며, 탈질화는 무산소 상태에서 이루어진다.

정답 ③

풀이 탈질과정에서 탄소원의 제공을 위해 메탄올을 주입한다.

(5) 미생물의 증식

① 미생물 세포의 비증식속도

$$\mu = \mu_{max} \times \frac{[S]}{[S] + Ks}$$

- μ_{max}는 최대비증식속도로 시간$^{-1}$ 단위이다.
- Ks는 반속도상수(반포화농도)로서 최대성장률이 1/2일 때의 기질의 농도이다.
- $[S]$는 제한기질 농도이고, 단위는 mg/L이다.
- $\mu = \mu_{max}$인 경우, 반응속도는 기질의 농도와 상관없고 시간에 따라 반응하는 0차 반응을 의미한다.

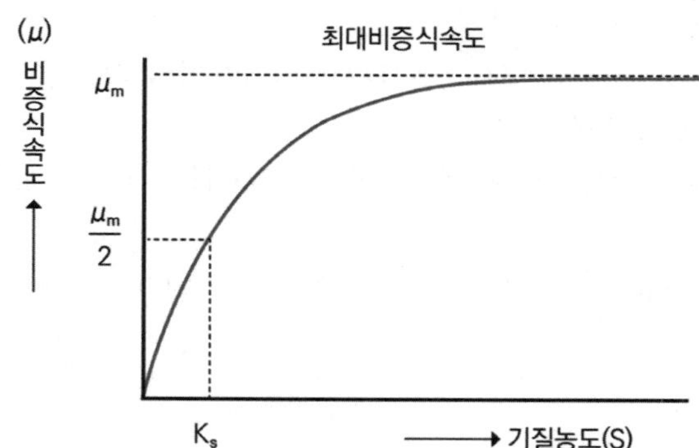

예제

다음 조건에서 세포의 비증식속도는? (단, Monod식 사용, 제한기질농도 S = 200mg/L, 1/2 포화농도 Ks = 50mg/L, 세포의 비중식 속도 최대치 μ_{max} = 0.5hr^{-1}이다.)

① 0.20hr^{-1}　② 0.40hr^{-1}
③ 0.30hr^{-1}　④ 0.45hr^{-1}

정답 ②

풀이 Monod식을 이용한다.

$$\therefore \mu = \mu_{max} \times \frac{S}{K_s + S} = 0.5 \times \frac{200}{50+200} = 0.4(hr^{-1})$$

② 미생물의 증식단계

- 증식단계(증식기) : 영양분이 유입되어 충분한 상태에서 서서히 미생물의 증식하기 시작하는 단계이다.
- 대수성장단계(대수증식기) : 영양분이 충분한 상태에서 최대증식속도로 미생물의 수가 증가하게 된다.
- 감소성장단계(정지기)
  - 영양분의 부족으로 증식률이 둔화된다.
  - 생존한 미생물의 중량보다 미생물 원형질의 전체 중량이 더 크게 되며 미생물수가 최대가 되는 단계이다.
  - 미생물의 개체 수가 최대이며 활성슬러지법에서 응집성이 좋은 Floc을 형성하는 단계이다.
- 내생성장단계(사멸기)
  - 부족한 영양분으로 인해 미생물들은 자산화하며 영양분을 보충한다.
  - 원형질의 전체량은 감소하게 된다.

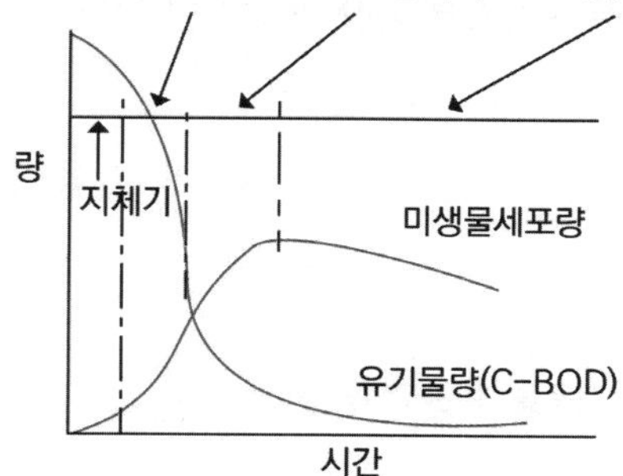

| 회분 배양시 미생물에 의한 유기물의 대사과정 |

예제

01 다음 중 미생물의 증식단계로 가장 옳은 것은?

① 정지기 → 유도기 → 대수증식기 → 사멸기
② 유도기 → 대수증식기 → 정지기 → 사멸기
③ 대수증식기 → 정지기 → 유도기 → 사멸기
④ 사멸기 → 유도기 → 대수증식기 → 정지기

정답 ②

02 표준활성슬러지법에서 하수처리를 위해 사용되는 미생물에 관한 설명으로 맞는 것은?

① 지체기로부터 대수증식기에 걸쳐 존재하는 미생물에 의해 하수가 주로 처리된다.
② 대수증식기로부터 감쇠증식기에 걸쳐 존재하는 미생물에 의해 하수가 주로 처리된다.
③ 감쇠증식기로부터 내생호흡기에 걸쳐 존재하는 미생물에 의해 하수가 주로 처리된다.
④ 내생호흡기로부터 사멸기에 걸쳐 존재하는 미생물에 의해 하수가 주로 처리된다.

정답 ③

5 수자원 관리

(1) 하천의 수질관리

① 하천의 자정작용

- 수온이 상승하면 재포기계수에 비해 탈산소계수의 증가율이 높기 때문에 자정계수는 감소하게 된다.
- 유속이 빠르고 난류가 클수록 자정작용은 증가한다.

$$\text{자정계수}(f) = \frac{\text{재포기계수}(K_2)}{\text{탈산소계수}(K_1)} = \frac{K_{2(20℃)} \times 1.024^{(T-20)}}{K_{1(20℃)} \times 1.047^{(T-20)}}$$

예제

01 하천에서의 자정작용을 저해하는 사항으로 가장 거리가 먼 것은?

① 유기물의 과도한 유입
② 독성 물질의 유입
③ 유역과 수역의 단절
④ 수중 용존산소의 증가

정답 ④

풀이 수중 용존산소의 증가는 자정작용을 촉진시킨다.

02 **20℃ 재폭기 계수가 6.0/day이고, 탈산소 계수가 0.2/day이면 자정계수는?**

① 1.2　② 20
③ 30　④ 120

정답 ③

풀이 $\text{자정계수} = \frac{\text{재폭기계수}}{\text{탈산소계수}} = \frac{K_2}{K_1} = \frac{6.0}{0.2} = 30$

---

② Whipple의 하천정화단계

분해지대 → 활발한 분해지대 → 회복지대 → 정수지대

- 분해지대
  - 용존산소의 감소가 현저하다.
  - 유기성 부유물의 침전과 환원 및 분해에 의한 탄산가스의 방출이 일어난다.
  - 박테리아가 번성하며 오염에 강한 실지렁이가 나타나고 혐기성 곰팡이가 증식한다.
- 활발한 분해지대
  - 수중에 DO가 거의 없어(임계점) 혐기성 Bacteria가 번식 → 혐기성세균이 호기성세균을 교체하며 fungi는 사라진다.
  - 수중환경은 혐기성상태가 되어 침전저니는 흑갈색 또는 황색을 띤다.
  - 수중 탄산가스농도나 암모니아성 질소, CH_4의 농도가 증가한다.
  - 화장실 냄새나 H_2S에 의한 달걀 썩는 냄새가 난다.
- 회복지대
  - 용존산소가 포화될 정도로 증가한다(재포기량>유기물 분해에 의한 산소소모량).
  - 용존산소량이 증가함에 따라 질산염과 아질산염의 농도도 증가한다.
  - 발생된 암모니아성 질소가 질산화된다.
  - 혐기성균이 호기성균으로 대체되며 Fungi도 조금씩 발생한다.
  - 광합성을 하는 조류가 번식하고 원생동물, 윤충, 갑각류가 번식하며 우점종이 변한다.
- 정수지대
  - 용존산소가 포화상태에 가깝도록 증가한다.
  - 윤충류, 청수성 어종 등이 번식한다.

예제

01 **위플에 의한 하천의 자정과정을 오염원으로부터 하천유하거리에 따라 단계별로 옳게 구분한 것은?**

① 분해지대 → 활발한 분해지대 → 회복지대 → 정수지대
② 분해지대 → 활발한 분해지대 → 정수지대 → 회복지대
③ 활발한 분해지대 → 분해지대 → 회복지대 → 정수지대
④ 활발한 분해지대 → 분해지대 → 정수지대 → 회복지대

정답 ①

02 **하천이 유기물로 오염되었을 경우 자정과정을 오염원으로부터 하천 유하거리에 따라 분해지대, 활발한 분해지대, 회복지대, 정수지대의 4단계로 구분한다. 〈보기〉와 같은 특성을 나타내는 단계는?**

〈보기〉

- 용존산소의 농도가 아주 낮거나 때로는 거의 없어 부패 상태에 도달하게 된다.
- 이 지대의 색은 짙은 회색을 나타내고, 암모니아나 황화수소에 의해 썩은 달걀냄새가 나게 되며 흑색과 점성질이 있는 퇴적물질이 생기고 기포 방울이 수면으로 떠오른다.
- 혐기성 분해가 진행되어 수중의 탄산가스 농도나 암모니아성 질소의 농도가 증가한다.

① 분해지대 ② 활발한 분해지대
③ 회복지대 ④ 정수지대

정답 ②

03 **Whipple이 구분한 하천의 자정작용 단계 중 용존 산소의 농도가 아주 낮거나 때로는 거의 없어 부패 상태에 도달하게 되는 지대는?**

① 정수 지대 ② 회복 지대
③ 분해 지대 ④ 활발한 분해 지대

정답 ④

용존산소부족량

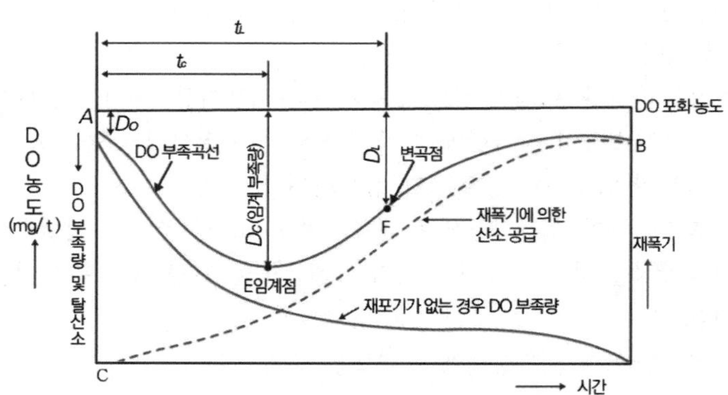

$$D_t = \frac{K_1}{K_2 - K_1} \times L_0 \times (10^{-K_1 \times t} - 10^{-K_2 \times t}) + D_0 \times 10^{-K_2 \times t}$$

D_t: t시간 후 용존산소(DO) 부족농도(mg/L) / K_1: 탈산소계수(day^{-1}) / K_2: 재포기계수(day^{-1}) / L_0: 최종 BOD(mg/L) / D_0: 초기산소부족량(mg/L) / t: 유하시간(day)

- t시간 유하 후 DO = 포화농도(Cs) − t시간 유하 후 산소부족량(Dt)
- 임계시간의 산정

$$t_c = \frac{1}{K_2 - K_1} log\left[\frac{K_2}{K_1} - \left\{1 - \frac{D_0(K_2 - K_2)}{L_0 \times K_1}\right\}\right] \text{ 또는 } t_c = \frac{1}{K_1(f-1)} log\left[f\left\{1 - (f-1)\frac{D_0}{L_0}\right\}\right]$$

(2) 호소수의 성층현상과 전도현상

① 성층현상: 호소수의 성층현상은 연직 방향의 밀도차에 의해 층상으로 구분되어지는 것을 말한다(수심에 따른 온도변화로 인해 발생되는 물의 밀도차에 의하여 발생한다).

② 성층의 종류

- Epilimnion(표수층, 순환층) → Thermocline(수온약층, 변온층) → Hypolimnion(정체층, 심수층) → 침전물층
- Epilimnion(표수층, 순환층): 대기와 접하고 있어 바람에 의해 순환되며 공기 중의 산소가 재포기되어 DO가 높아 호기성 상태를 유지한다.
- Thermocline(수온약층, 변온층): 환층과 정체층의 중간층으로 깊이에 따른 온도변화가 크다. 표수층(Epilimnion)과 수온약층(Thermocline)의 깊이는 대개 7m 정도이며 그 이하는 심수층(Hypolimnion)이다.
- Hypolimnion(정체층, 심수층): 호소수의 하부층을 말하며 DO가 부족한 혐기성 상태이다. 혐기성 미생물의 유기물 분해로 인해 황화수소 등이 발생하기도 한다.

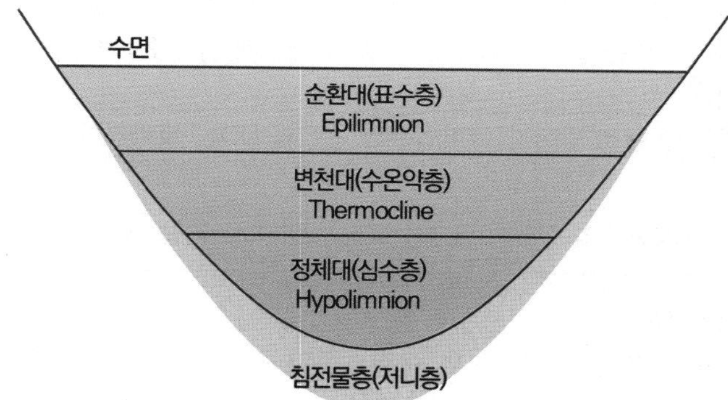

③ 성층현상의 특성

- 주로 겨울과 여름에 발생되며 수직운동이 없어 정체현상이 생기고 수심에 따라 온도와 용존산소농도의 차이가 크다.
- 표수층에서 DO 농도는 심수층에서 DO 농도보다 높으며 깊이가 깊어질수록 CO_2 농도보다 DO 농도가 낮다.
- 여름성층의 특성
  - 여름에는 가벼운 물이 밀도가 큰 물 위에 놓이게 되며 온도차가 커져서 수직운동은 점차 상부층에만 국한된다.
  - 여름이 되면 연직에 따른 온도경사와 용존산소 경사가 같은 모양을 나타낸다.

• **겨울성층의 특성**: 겨울 성층은 표층수의 냉각에 의한 성층이며 역성층이라고도 한다.

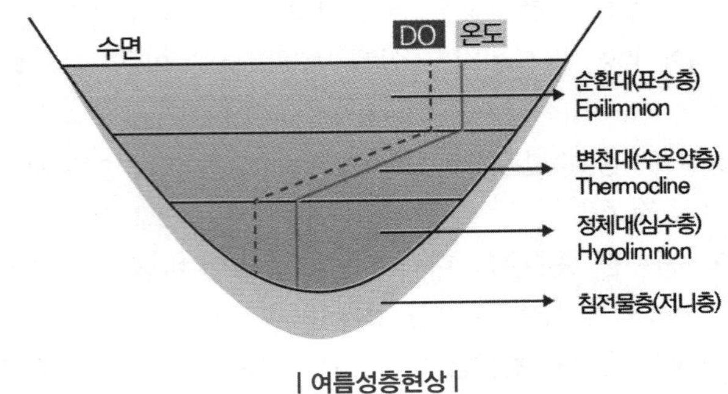

| 여름성층현상 |

예제

호소의 성층현상에 대한 설명 중 잘못된 것은?

① 성층현상은 표층수, 수온약층, 심수층으로 구분된다.

② 여름이 되면 연직에 따른 온도경사와 용존산소 경사가 같은 모양을 나타낸다.

③ 여름에는 가벼운 물이 밀도가 큰 물 위에 놓이게 되며 온도차가 커져서 수직운동은 점차 상부층에만 국한된다.

④ 여름과 겨울에는 깊이가 깊어질수록 수온과 DO는 낮아진다.

정답 ④

풀이 여름과 겨울에는 깊이가 깊어질수록 DO는 낮아지며, 수온은 4℃로 일정하다.

④ 전도현상

• 봄과 가을에 저수지의 수직혼합이 활발하여 분명한 층의 구별이 없어지는 현상이다.

• 봄이 되면 얼음이 녹으면서 수표면 부근의 수온이 높아지게 되고 따라서 수직운동이 활발해져 수질이 악화된다.

• 봄과 가을의 호소수의 수직운동은 대기중의 바람에 의해서 더욱 가속된다.

⑤ 성층현상과 전도현상의 순환

• **봄(전도현상)**: 대기권의 기온 상승 → 호소수 표면의 수온 증가 → 4℃ 일 때 밀도 최대 → 표수층의 밀도 증가로 수직혼합

• **여름(성층현상)**: 대기권의 기온 상승 → 호소수 표면의 수온 증가 → 수온 상승으로 표수층의 밀도가 낮아짐 → 수직혼합이 억제됨 → 성층형성

• **가을(전도현상)**: 대기권의 기온 하강 → 호소수 표면의 수온 감소 → 4℃ 일 때 밀도 최대 → 표수층의 밀도 증가로 수직혼합

• **겨울(성층현상)**: 대기권의 기온 하강 → 호소수 표면의 수온 감소 → 수온 감소로 표수층의 밀도가 낮아짐 → 수직혼합이 억제됨 → 성층형성

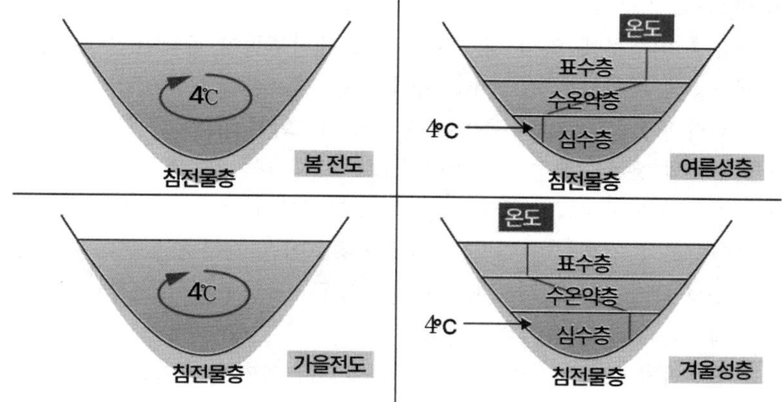

02

예제

호수에서의 수온 연직분포(깊이에 대한 온도)에 따른 계절별 변화와 관련된 내용 중 틀린 것은?

① 수심이 깊은 온대 지방의 호수는 계절에 따른 수온 변화로 물의 밀도차이를 일으킨다.

② 겨울에 수면이 얼 경우 얼음 바로 아래의 수온은 0℃에 가깝고 호수바닥은 4℃에 이르며 물이 안정한 상태를 나타낸다.

③ 봄이 되면 얼음이 녹으면서 표면의 수온이 높아지기 시작하여 4℃가 되면 표층의 물은 밑으로 이동하여 전도가 일어난다.

④ 여름에서 가을로 가면 표면의 수온이 내려가면서 수직적인 평형 상태를 이루어 봄과 다른 순환을 이루어 수질이 양호해진다.

정답 ④

풀이 여름에서 가을로 가면 표면의 수온이 내려가면서 수직적인 평형 상태를 이루어 봄과 같은 순환을 이루며 수질은 양호하지 않게 된다.

---

(3) 부영양화의 수질관리

① 부영양화 현상 : N, P 증가 → 조류증식 → 광합성량 증가(CO_2 감소) → pH 상승 → 용존산소 증가 → 조류사멸 → 호기성박테리아 증식(조류를 먹이로 함) → 용존산소 감소 → 혐기성화, 악취발생

② 부영양화 현상의 발생

- 호수의 부영양화 현상은 호수의 온도성층에 의해 크게 영향을 받는다.
- 식물성플랑크톤의 생장을 제한하는 요소가 되는 영양식물은 질소와 인이며 이 중 인이 더 중요한 제한물질이다.
- 부영양화에 큰 영향을 미치는 질소와 인은 상대적인 비율 조성이 매우 중요한데, 일반적으로 식물성플랑크톤이나 수초생체의 N : P의 비율은 중량비로서 16 : 1로 일정하게 유지되어야 한다.
- 부영양호는 비옥한 평야나 산간에 많이 위치하며, 호수는 수심이 얕고 식물성플랑크톤의 증식으로 녹색 또는 갈색으로 흐리다.
- 부영양화 평가모델은 인(P)부하모델인 Vollenweider 모델 등이 대표적이다.

③ 부영양화로 인해 호소의 수질에 미치는 영향

- 조류나 미생물에 의해 생성된 용해성 유기물질이 불쾌한 맛과 냄새를 유발한다.
- 생물종의 다양성은 감소하고 개체 수는 증가한다.
- 조류의 광합성으로 표수층에는 산소의 과포화가 일어나고 CO_2의 소비로 pH가 증가한다.
- 심수층의 용존산소량이 감소한다.
- 부영양화가 진행되면 플랑크톤 및 그 잔재물이 증가되고, 물의 투명도가 점차 낮아진다.
- 부영양화가 진행되면 퇴적된 저니의 용출이 현격하게 늘어나며 COD 농도가 증가한다.
- 식물성 플랑크톤이 증가하게 되면 규조류 → 남조류, 녹조류로 변화(부영양화의 마지막 단계에는 청록조류가 번식한다.)
- 부영양화가 진행된 수원을 농업용수로 사용하면 영양염류의 과잉공급으로 농산물의 성장에 변이를 일으켜 자체 저항력이 감소되어 수확량이 줄어든다.

④ **부영양호의 수면관리 대책**: 수생식물의 이용, 준설, 약품에 의한 영양염류의 침전 및 황산구리(동) 살포, 질소와 인의 유입량 억제 등이 있다.

⑤ **부영양호의 유입저감 대책**: 배출허용기준의 강화, 하·폐수의 고도처리, 수변구역의 설정 및 유입배수의 우회 등이 있다.

> 호소의 영양상태를 평가하기 위한 Carlson지수
> - Chlorophyll-a
> - 투명도
> - T-P

예제

01 부영양화의 원인물질 또는 영향물질의 양을 측정하는 정량적 평가방법으로 가장 거리가 먼 것은?

① 경도 측정
② 투명도 측정
③ 영양염류 농도 측정
④ 클로로필-a 농도 측정

정답 ①

풀이 경도는 부영양화와 관계가 없다.

02 부영양화 현상을 억제하는 방법으로 가장 거리가 먼 것은?

① 비료나 합성세제의 사용을 줄인다.
② 축산폐수의 유입을 막는다.
③ 과잉번식된 조류(algae)는 황산망간($MnSO_4$)을 살포하여 제거 또는 억제할 수 있다.
④ 하수처리장에서 질소와 인을 제거하기 위해 고도처리공정을 도입하여 질소, 인의 호소유입을 막는다.

정답 ③

풀이 과잉번식된 조류(algae)는 황산구리($CuSO_4$)을 살포하여 제거 또는 억제할 수 있다.

03 호소의 부영양화를 방지하기 위해서 호소로 유입되는 영양염류의 저감과 성장조류를 제거하는 수면관리 대책을 동시에 수립하여야 하는데, 유입저감 대책으로 바르지 않은 것은?

① 배출허용기준의 강화
② 약품에 의한 영양염류의 침전 및 황산동 살포
③ 하·폐수의 고도처리
④ 수변구역의 설정 및 유입배수의 우회

정답 ②

풀이 약품에 의한 영양염류의 침전 및 황산동 살포는 수면관리대책에 해당한다.

---

(4) 연안해역의 수질관리

① 적조현상 : 홍수기에 부영양화로 인한 식물성플랑크톤의 증식으로 해수가 적색으로 변하는 현상이다.

② 적조현상 발생 요인

- 바다의 수온구조가 안정화되어 물의 수직적 성층이 이루어질 때(수괴의 연직안정도가 크고 독립되어 있을 때) 발생한다.
- 플랑크톤의 번식에 충분한 광량과 영양염류가 공급될 때 발생한다.
- 홍수기 해수 내 염소량이 낮아질 때 발생한다.
- 해저에 빈산소 수괴가 형성되어 포자의 발아 촉진이 일어나고 퇴적층에서 부영양화의 원인물질이 용출될 때 발생한다.
- Upwelling 현상이 있는 수역에서 발생한다.

예제

바다에서 발생되는 적조현상에 관한 설명과 가장 거리가 먼 것은?

① 적조 조류의 독소에 의한 어패류의 피해가 발생한다.
② 해수 중 용존산소의 결핍에 의한 어패류의 피해가 발생한다.
③ 갈수기 해수 내 염소량이 높아질 때 발생한다.
④ 플랑크톤의 번식에 충분한 광량과 영양염류가 공급될 때 발생한다.

정답 ③

풀이 홍수기 해수 내 염소량이 낮아질 때 발생한다.

---

③ 적조 현상에 의해 어패류가 폐사하는 원인

- 적조생물이 어패류의 아가미에 부착하여 폐사한다.
- 치사성이 높은 유독물질을 분비하는 조류로 인해 폐사한다.
- 적조류의 사후분해에 의한 부패독의 발생으로 인해 폐사한다.
- 수중 용존산소 감소에 의한 어패류의 폐사가 발생 폐사한다.

④ 적조 현상의 대책

- 과도한 영영염류의 유입을 제한한다.
- 질소와 인의 부하를 규제한다.
- 준설을 통해 연안해역의 저질을 정화한다.
- 황토를 살포하여 적조 미생물을 제거한다.

⑤ 해양의 유류오염 대책

- 계면활성제를 살포하여 기름을 분산시킨다.
- 미생물을 이용하여 기름을 생화학적으로 분해한다.
- 오일펜스를 띄워 기름의 확산을 차단한다.
- 누출된 기름의 막이 얇을 때 연소시킨다.

(5) 수질모델링

① Streeter-Phelps

- 하천의 수질관리를 위하여 1920년대 초에 개발된 최초의 수질예측모델이다.
- BOD와 DO반응 즉, 유기물 분해로 인한 DO소비와 대기로부터 수면을 통해 산소가 재공급되는 재폭기만 고려한 모델이다.
- 조류의 광합성은 무시하고 유기물의 분해는 1차 반응을 가정하였다.
- 하천의 흐름방향 분산을 고려할 수 없다.
- 점오염원으로 오염부하량을 고려한다.
- 하상퇴적물의 유기물분해를 고려하지 않는다.
- 하천을 plug flow형으로 가정하였다.

② QUAL-I, II model

- 유속, 수심, 조도계수에 의한 확산계수를 결정하였다.
- 하천과 대기 사이의 열복사, 열교환을 고려하였다.
- 음해법으로 미분방정식의 해를 구하였다.

③ WORRS model

- 하천 및 호수의 부영양화를 고려한 생태계 모델이다.
- 정적 및 동적인 하천의 수질, 수문학적 특성을 고려하였다.
- 호수에는 수심별 1차원 모델이 적용된 모델이다.

④ WASPS model

- 하천의 수리학적 모델, 수질모델, 독성 물질의 거동모델 등으로 고려할 수 있으며, 1차원, 2차원, 3차원까지 고려할 수 있다.
- 수질항목간의 상태적 반응기작을 Streeter-Phelps식부터 수정한 모델이다.
- 수질에 저질이 미치는 영향을 보다 상세히 고려한 모델이다.

⑤ DO SAG-Ⅰ, Ⅱ, Ⅲ

- Streeeter-Phelps식을 기본으로 Ⅰ, Ⅱ, Ⅲ 단계에 걸쳐 개발된 모델이다.
- 1차원이며 정상상태를 가정하였다.
- 저질과 광합성에 의한 DO는 무시하였다.

Chapter 01 기출 & 예상 문제

01 **하천의 자정계수(f)에 관한 설명으로 맞는 것은? (단, 기타 조건은 같다고 가정한다.)**

① 수온이 상승할수록 자정계수는 작아진다.
② 수온이 상승할수록 자정계수는 커진다.
③ 수온이 상승하여도 자정계수는 변화가 없이 일정하다.
④ 수온이 20℃인 경우, 자정계수는 가장 크며 그 이상의 수온에서는 점차로 낮아진다.

02 **하수 등의 유입으로 인한 하천 변화 상태를 Whipple의 4지대로 나타낼 수 있다. 다음 중 '활발한 분해지대'에 관한 내용으로 틀린 것은?**

① 용존산소가 없어 부패상태이며 물리적으로 이 지대는 회색 내지 흑색으로 나타난다.
② 혐기성세균과 곰팡이류가 호기성균과 교체되어 번식한다.
③ 수중의 CO_2 농도나 암모니아성 질소가 증가한다.
④ 화장실 냄새나 H_2S에 의한 달걀 썩는 냄새가 난다.

03 **Formaldehyde(CH_2O)의 COD/TOC비는?**

① 1.37　　② 1.67
③ 2.37　　④ 2.67

정답찾기

01 수온이 상승하면 재포기계수에 비해 탈산소계수의 증가율이 높기 때문에 자정계수는 감소하게 된다.

$$f=\frac{K_2}{K_1}=\frac{K_{2(20℃)}\times 1.024^{(T-20)}}{K_{1(20℃)}\times 1.047^{(T-20)}}$$

02 회복지대: 혐기성세균과 곰팡이류가 호기성균과 교체되어 번식한다.

03 반응식: $CH_2O + O_2 \rightarrow CO_2 + H_2O$
- COD 산정
  COD로 문제에서 주어졌으나 이론적COD를 의미하므로 반응식에서 1mol의 CH_2O가 반응에 필요한 산소의 양을 산정한다.
- 1mol의 CH_2O에 포함된 C의 양은 12g 이다.
- COD/TOC의 비: $\frac{COD}{TOC}=\frac{32}{12}=2.67$

정답 01 ①　02 ②　03 ④

04 **공장의 COD가 5,000mg/L, BOD_5가 2,100mg/L 이었다면 이 공장의 NBDCOD(mg/L)는? (단, K = BOD_u/BOD_5 = 1.5이다.)**

① 1850
② 1550
③ 1450
④ 1250

05 **보통 농업용수의 수질평가 시 SAR로 정의하는데 이에 대한 설명으로 틀린 것은?**

① SAR값이 20정도이면 Na^+가 토양에 미치는 영향이 적다.
② SAR의 값은 Na^+, Ca^{2+}, Mg^{2+} 농도와 관계가 있다.
③ 경수가 연수보다 토양에 더 좋은 영향을 미친다고 볼 수 있다.
④ SAR의 계산식에 사용되는 이온의 농도는 meq/L를 사용한다.

06 **공장폐수의 BOD를 측정하였을 때 초기 DO는 8.4mg/L이고 20℃에서 5일간 보관한 후 측정한 DO는 3.6mg/L이었다. BOD 제거율이 90%가 되는 활성슬러지 처리시설에서 처리하였을 경우 방류수의 BOD(mg/L)는? (단, BOD 측정 시 희석배율 = 50배이다.)**

① 12
② 16
③ 21
④ 24

07 **단면 ①(지름 0.5m)에서 유속이 2m/sec일 때 단면 ②(지름 0.2m)에서의 유속(m/sec)은? (단, 만관 기준이며 유량은 변화가 없다.)**

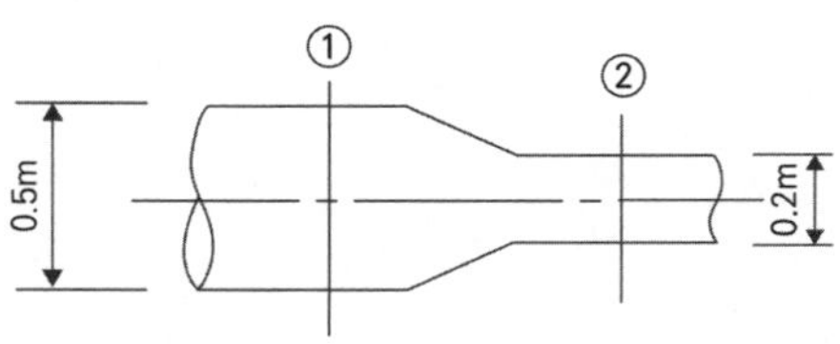

① 약 5.5
② 약 8.5
③ 약 9.5
④ 약 12.5

08 **유기물을 함유한 유체가 완전혼합연속반응조를 통과할 때 유기물의 농도가 200mg/L에서 20mg/L로 감소한다. 반응조 내의 반응이 일차반응이고, 반응조체적이 $20m^3$이며 반응속도상수가 $0.2day^{-1}$이라면 유체의 유량(m^3/day)은?**

① 0.11
② 0.22
③ 0.33
④ 0.44

09 **ppm을 설명한 것으로 틀린 것은?**

① ppb 농도의 1000배이다.
② 백만분율이라고 한다.
③ mg/kg이다.
④ % 농도의 1/1000이다.

10 **시료의 BOD_5가 200mg/L 이고 탈산소계수 값이 $0.2day^{-1}$일 때 최종 BOD(mg/L)는?**

① 120
② 160
③ 180
④ 200

정답찾기

04 COD = BDCOD(BODu) + NBDCOD

• BDCOD(BODu) 산정

$BOD_5 = BOD_u \times (1-10^{-k\times5})$

$$\frac{BOD_u}{BOD_5} = \frac{1}{(1-10^{-k\times5})} = 1.5$$

$$\frac{BOD_u}{2,100mg/L} = 1.5$$

∴ BDCOD(BODu) = 3,150mg/L

• NBDCOD 산정

COD = BDCOD(BODu) + NBDCOD

∴ NBDCOD = COD − BDCOD(BODu)
= 5,000mg/L − 3,150mgL
= 1,850mg/L

05 SAR이 클수록 토양에 미치는 영향은 커지며 배수가 불량한 토양이 된다.

$$SAR = \frac{Na^+}{\sqrt{\frac{Ca^{2+}+Mg^{2+}}{2}}}$$

SAR < 10	토양에 미치는 영향이 작다.
10 < SAR < 26	토양에 미치는 영향이 비교적 크다.
26 < SAR	토양에 미치는 영향이 매우 크다.

06

$$\text{BOD 제거효율(\%)} = \left(1-\frac{BOD_{out}}{BOD_{in}}\right)\times100$$

• BOD_{in} 산정

[초기DO(D_1) − 나중DO(D_2)] × 희석배율(P)

= (8.4 − 3.6) × 50 = 240mg/L

• BOD_{out} 산정

$$90 = \left(1-\frac{BOD_{out}}{240}\right)\times100$$

∴BOD_{out} = 24mg/L

07 ①과 ②지점을 통과하는 유량은 동일하고 단면적과 유속은 다르며 아래의 관계가 성립한다.

$Q = A_1V_1 = A_2V_2$

$$\frac{\pi(0.5m)^2}{4}\times2m/\text{sec} = \frac{\pi(0.2m)^2}{4}\times V_2$$

∴ $V_2 = 12.5$(m/sec)

08 완전혼합연속반응조이며 일차반응이므로 아래의 관계식에 따른다.

$Q(C_0 - C_t) = K\forall C_t^m$	
Q: 유량 C_0: 초기농도 → 200mg/L C_t: 나중농도 → 20mg/L	K: 반응속도상수 → $0.2day^{-1}$ ∀ : 반응조 체적 → $20m^3$ C_t: 나중농도 → 20mg/L m: 반응차수 → 1

Q(200−20)mg/L = $0.2day^{-1}$ × $20m^3$ × 20mg/L

∴ Q = $0.44m^3$/day

09 1% = 10,000ppm이다.

$$\frac{1}{100} = \frac{10,000}{1,000,000}$$

1%	10,000ppm

10 소모 BOD공식을 적용한다.

$BOD_5 = BOD_u \times (1-10^{-kt})$

$180 = BOD_u \times (1-10^{-0.2\times5})$

∴ BOD_u = 200mg/L

정답 04 ① 05 ① 06 ④ 07 ④ 08 ④ 09 ④ 10 ④

11 **배양기의 제한기질농도(S)가 100mg/L, 세포최대비증식 계수(μmax)가 0.35hr^{-1}일 때 Monod 식에 의한 세포의 비증식계수(μ, hr^{-1})는? (단, 제한기질 반포화농도(Ks) = 30mg/L이다.)**

① 약 0.23
② 약 0.37
③ 약 0.45
④ 약 0.58

12 **생물학적 질화 중 아질산화에 관한 설명으로 옳지 않은 것은?**

① 반응속도가 매우 빠르다.
② 관련 미생물은 독립영양성 세균이다.
③ 에너지원은 화학에너지이다.
④ 산소가 필요하다.

13 **산화-환원에 대한 설명으로 알맞지 않은 것은?**

① 산화는 전자를 받아들이는 현상을 말하며, 환원은 전자를 잃는 현상을 말한다.
② 이온 원자가나 공유원자가에 (+)나 (−)부호를 붙인 것을 산화수라 한다.
③ 산화는 산화수의 증가를 말하며, 환원은 산화수의 감소를 말한다.
④ 산화는 수소화합물에서 수소를 잃는 현상이며 환원은 수소와 화합하는 현상을 말한다.

14 **물의 특성을 설명한 것으로 적절치 못한 것은?**

① 상온에서 알칼리금속, 알칼리토금속, 철과 반응하여 수소를 발생시킨다.
② 표면장력은 불순물농도가 낮을수록 감소한다.
③ 표면장력은 수온이 증가하면 감소한다.
④ 점도는 수온과 불순물의 농도에 따라 달라지는데 수온이 증가할수록 점도는 낮아진다.

15 **일반적으로 처리조 설계에 있어서 수리모형으로 plug flow형일 때 얻어지는 값은?**

① 분산수 : 0
② 통계학적 분산 : 1
③ Morrill 지수 : 1보다 크다.
④ 지체시간 : 0

16 **호소의 부영양화를 방지하기 위해서 호소로 유입되는 영양염류의 저감과 성장조류를 제거하는 수면관리 대책을 동시에 수립하여야 하는데, 유입저감 대책으로 바르지 않은 것은?**

① 배출허용기준의 강화
② 약품에 의한 영양염류의 침전 및 황산동 살포
③ 하·폐수의 고도처리
④ 수변구역의 설정 및 유입배수의 우회

17 해수의 특성으로 틀린 것은?

① 해수는 HCO_3^-를 포화시킨 상태로 되어 있다.
② 해수의 밀도는 염분비 일정법칙에 따라 항상 균일하게 유지된다.
③ 해수 내 전체 질소 중 약 35% 정도는 암모니아성 질소와 유기질소의 형태이다.
④ 해수의 Mg/Ca비는 3~4 정도로 담수에 비하여 크다.

18 지구상에 분포하는 수량 중 빙하(만년설포함) 다음으로 가장 많은 비율을 차지하고 있는 것은? (단, 담수 기준이다.)

① 하천수 ② 지하수
③ 대기습도 ④ 토양수

19 NO_3^-가 박테리아에 의하여 N_2로 환원되는 경우 폐수의 pH는?

① 증가한다. ② 감소한다.
③ 변화없다. ④ 감소하다가 증가한다.

20 호소의 영양상태를 평가하기 위한 Carlson지수를 산정하기 위해 요구되는 인자가 아닌 것은?

① Chlorophyll-a ② SS
③ 투명도 ④ T-P

정답찾기

11 기질농도와 효소의 반응률 사이의 관계를 나타내는 Monod의 식을 이용한다.

$$\mu = \mu_{max} \times \frac{[S]}{K_s + [S]} = 0.35 \times \frac{100}{50+100} = 0.233\,hr^{-1}$$

12 질산화미생물의 증식속도는 통상적으로 활성슬러지중에 있는 종속영양미생물보다 늦기 때문에 활성슬러지 중에서 그 개체수가 유지되기 위해서는 비교적 긴 SRT를 필요로 한다. 또한 반응속도는 Nitrosomonas에 의한 아질산화반응보다 Nitrobacter에 의한 질산화반응이 더 빠르게 일어나며 전체 질산화반응속도는 Nitrosomonas에 의한 아질산화반응에 의해 결정된다.

13 산화는 전자를 잃는 현상을 말하며, 환원은 전자를 받아들이는 현상을 말한다.

14 표면장력은 불순물농도가 낮을수록 증가한다.

15

혼합 정도 표시	완전혼합흐름상태	플러그흐름상태
분산	1일 때	0일 때
분산수	무한대일 때	0일 때
모릴지수	클수록	1에 가까울수록

16 약품에 의한 영양염류의 침전 및 황산동 살포는 수면관리대책에 해당한다.

17 해수의 밀도는 수심이 깊을수록 증가한다.

18 지구상의 분포하는 수량의 비율은 해수 > 빙하 > 지하수 > 담수호 > 염수호 > 토양수 > 대기 > 하천수 순이다.

19 탈질과정에서 pH는 증가한다.

20 Carlson지수를 산정하기 위해 요구되는 인자는 클로로필a, 투명도, 총인 등이다.

정답 11 ① 12 ① 13 ① 14 ② 15 ① 16 ② 17 ② 18 ② 19 ① 20 ②

CHAPTER 02 수처리 기술

제1절 | 수처리 계통 및 처리방법 총론

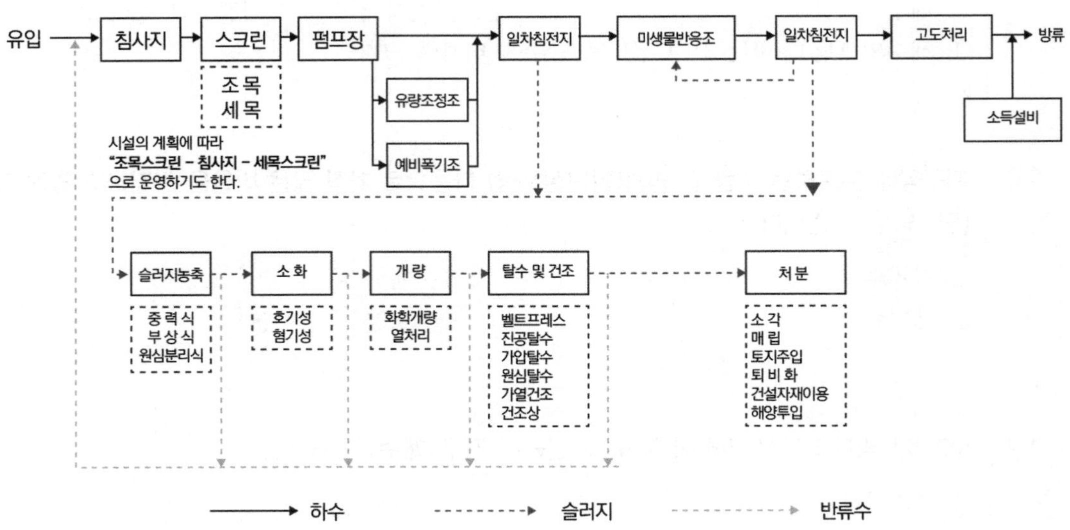

| 일반적인 하수처리 흐름도의 예 |

구분		처리공정
물리적		유량측정, 스크린, 분쇄, 유량조정, 혼합, 침전, 여과, Microscreen, 가스전달, 휘발 및 가스제거
화학적		흡착, 살균, 탈염소, 기타화학약품 사용
생물학적	부유미생물(2차처리)	표준활성슬러지법, 점감포기법(step aeration), 순산소활성슬러지법, 장기포기법, 산화구법, 회분식활성슬러지법(SBR), 혐기-호기활성슬러지법
	부착미생물(2차처리)	호기성여상법, 접촉산화법, 회전생물막법(RBC)
	부유미생물(고도처리)	순환식질산화탈질법, 질산화내생탈질법, 단계혐기호기법, 혐기무산소호기조합법, 고도처리 산화구법, 응집제첨가형, 순환식질산화탈질법, 막분리활성슬러지법
	부유+부착미생물(고도처리)	유동상미생물법, 담체투입형 A_2O변법

예제

다음 중 하·폐수 처리시설의 일반적인 처리계통으로 가장 적합한 것은?

① 침사지 - 일차침전지 - 소독조 - 포기조
② 침사지 - 일차침전지 - 포기조 - 소독조
③ 침사지 - 소독조 - 포기조 - 일차침전지
④ 침사지 - 포기조 - 소독조 - 일차침전지

정답 ②

물환경보전법 상 수질오염방지시설의 분류

- 물리적 처리시설 : 스크린, 분쇄기, 침사(沈砂)시설, 유수분리시설, 유량조정시설(집수조), 혼합시설, 응집시설, 침전시설, 부상시설, 여과시설, 탈수시설, 건조시설, 증류시설, 농축시설
- 화학적 처리시설 : 화학적 침강시설, 중화시설, 흡착시설, 살균시설, 이온교환시설, 소각시설, 산화시설, 환원시설, 침전물 개량시설
- 생물화학적 처리시설 : 살수여과상, 폭기(瀑氣)시설, 산화시설(산화조(酸化槽) 또는 산화지(酸化池)를 말한다), 혐기성·호기성 소화시설, 접촉조, 안정조, 돈사톱밥발효시설

예제

수질오염방지시설 중 화학적 처리시설에 속하는 것은?

① 응집시설
② 접촉조
③ 폭기시설
④ 살균시설

정답 ④

풀이 ① 응집시설 : 물리적 처리시설
② 접촉조 : 생물화학적 처리시설
③ 폭기시설 : 생물화학적 처리시설

제2절 I 처리 기술

1 예비처리

(1) 하수처리시설에서의 스크린

① 유입수의 협작물을 제거하여 후단 시설을 보호하는 역할을 한다.
② 접근유속 : 수동스크린 0.3~0.45m/sec, 자동스크린 0.45~0.6m/sec
③ 통과유속 : 1m/sec 이하

EX 스크린에서의 Mass Balance
- 스크린 통과유량 = 스크린 접근유량
- $Q = A_1V_1 = A_2V_2$
- 스크린 통과유속 > 스크린 접근유속
- 스크린 통과시 단면적 < 스크린 접근시 단면적

예제

기계식 봉 스크린을 0.6m/sec로 흐르는 수로에 설치하고자 한다. 봉의 두께는 10mm이고, 간격이 30mm라면 봉 사이로 지나는 유속(m/sec)은?

① 0.70
② 0.75
③ 0.80
④ 0.85

정답 ③

풀이 $Q = A_1V_1 = A_2V_2$
$0.6m/s \times 40mm = V \times 30mm$
$\therefore V = 0.8m/s$

④ 손실수두

$$\text{Kirschmer : } h_L = \beta \sin\alpha \left(\frac{t}{b}\right)^{\frac{4}{3}} \frac{V_{\text{접근}}^2}{2g}$$

$$\text{봉스크린의 손실수두} = \frac{\left(V_{\text{통과}}^2 - V_{\text{접근}}^2\right)}{2g} \times \frac{1}{0.7}$$

(2) 유량조정조

① 유량조정조는 유입하수의 유량과 수질의 변동을 균등화함으로써 처리시설의 처리효율을 높이고 처리수질의 향상을 도모할 목적으로 설치하는 것이 기본 목적이다.

② 조의 용량은 처리장에 유입되는 하수량의 시간변동에 의해 정한다. 일반적으로 시간최대하수량이 일간평균치(계획1일최대하수량의 시간평균치)에 대해 1.5배 이상이 되는 경우, 고려할 수 있다.

③ **형상**: 직사각형 또는 정사각형을 표준으로 한다.

④ **구조**: 조는 수밀한 철근콘크리트구조로 하고 부력에 대해서 안전한 구조로 한다.

⑤ **유효수심**: 3~5m를 표준으로 한다.

⑥ 조내에 침전물의 발생 및 부패를 방지하기 위해 교반장치 및 산기장치를 설치한다.

⑦ 방식

- **직렬(in-line)방식**: 유입하수의 전량이 유입되며 유량 및 수질의 균일화 효과가 크다.
- **병렬(off-line)방식**: 1일 최대하수량을 초과하는 유량만 유입되며 수질의 균일화에 효과가 적다.

예제

01 물리적 처리에 관한 설명으로 거리가 먼 것은?

① 폐수가 흐르는 수로에 관망을 설치하여 부유물 중 망의 유효간격보다 큰 것을 망 위에 걸리게 하여 제거하는 것이 스크린의 처리원리이다.

② 스크린의 접근유속은 0.15m/sec 이상이어야 하며, 통과 유속이 5m/sec를 초과해서는 안된다.

③ 침사지는 모래, 자갈, 뼈조각, 기타 무기성 부유물로 구성된 혼합물을 제거하기 위해 이용된다.

④ 침사지는 일반적으로 스크린 다음에 설치되며, 침전한 그릿이 쉽게 제거되도록 밑바닥이 한 쪽으로 급한 경사를 이루도록 한다.

정답 ②

풀이 스크린의 접근유속은 0.45m/sec 이상이어야 하며, 통과 유속이 1m/sec를 초과해서는 안된다.

02 폐수처리에 있어서 스크린(Screen) 조작으로 옳은 것은?

① 수로 흐름을 용이하게 하기 위해 큰 고형물(나무조각, 플라스틱 등)을 제거하는 조작이다.

② 화학적 플록을 제거하는 조작이다.

③ 비교적 밀도가 크고, 입자의 크기가 작은 고형물을 제거하는 조작이다.

④ BOD와 관계가 있는 유기물인 가용성 물질을 제거하는 조작이다.

정답 ①

풀이 ② 화학적 플록을 제거하는 조작이다. → 침전지
③ 비교적 밀도가 크고, 입자의 크기가 작은 고형물을 제거하는 조작이다. → 침전지
④ BOD와 관계가 있는 유기물인 가용성 물질을 제거하는 조작이다. → 포기조, 침전지

2 물리적 처리 공정

(1) 침전 주요 이론

① 중력침강속도(Stokes 법칙)

- 중력에 의해 침강하는 속도를 말한다.
- 중력침강소도를 유도하기 위해서는 유체가 층류이며 입자의 형태는 완전 구형임을 가정하여야 한다.

$$V_g = \frac{d_p^2 \times (\rho_p - \rho) \times g}{18 \times \mu}$$

	CGS	MKS
Vg : 중력침강속도	cm/sec	m/sec
ρ_p : 입자의 밀도	g/cm³	kg/m³
ρ : 유체의 밀도(물)	1g/cm³	1,000kg/m³
μ : 유체의 점성계수	g/cm sec	kg/m sec
g : 중력가속도	980cm/sec²	9.8m/sec²

✱ 수질에서 중력침강속도를 산정하기 위한 유체의 밀도(물)는 1,000kg/m³이며 대기에서 중력침강속도를 산정하기 위한 유체의 밀도(공기)는 1.293kg/m³이다.

② 표면부하율(surface loading)

- 표면부하율의 의미는 "100% 제거되는 입자의 침강속도"와 같은 의미로 유량과 침전면적과의 관계로 나타낸다.
- $m^3/m^2 \cdot day$와 m/day가 주로 사용된다.
- 침전효율 $= \frac{\text{침전속도}}{\text{표면부하율}}$ 로 중력침강속도와 표면부하율의 관계를 통해 침전지에서 제거율을 산정할 수 있다.

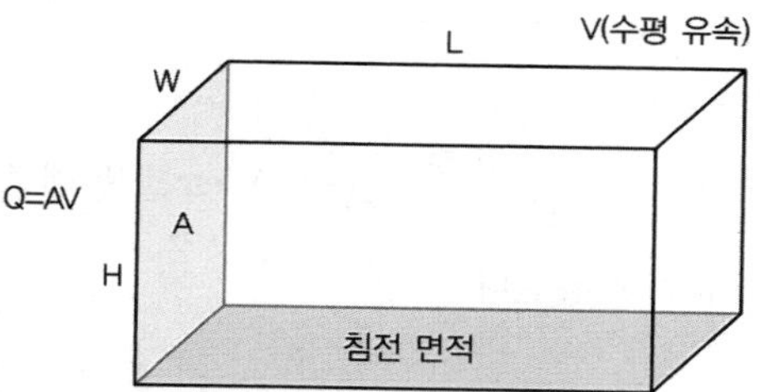

$$\text{표면부하율} = \frac{\text{유량}}{\text{침전면적}} = \frac{AV}{WL} = \frac{WHV}{WL} = \frac{HV}{L} = \frac{H}{HRT}$$

A : 흐름방향의 유수단면적 / V : 수평유속 / W : 폭 / L : 길이 / H : 수심(높이)

예제

01 **A 도시에서 발생하는 2,000m^3/day 하수를 1차 침전지에서 침전속도가 2m/day보다 큰 입자들을 완전히 제거하기 위해 요구되는 1차 침전지의 표면적으로 가장 적합한 것은?**

① 100m^2 이상 ② 500m^2 이상
③ 1,000m^2 이상 ④ 4,000m^2 이상

정답 ③

풀이 $\eta = \frac{\text{입자의 침전속도}}{\text{수면적부하율}}$, 효율이 100%인 침전지는 입자의 침전속도 = 수면적부하율의 관계가 성립된다.

$\frac{2m}{day} = \frac{2,000m^3/day}{\text{표면적}}$, 표면적 = 1,000m^2

※ $\text{수면적부하율} = \frac{\text{유량}}{\text{침전되는단면적}} = \frac{VH}{L}$ → 100% 제거되는 입자의 침강속도

02 **수량이 30,000m^3/d, 수심이 4.8m, 하수 체류시간이 2.4hr인 침전지의 수면부하율(또는 표면부하율)은?**

① 30m^3/m^2·d ② 36m^3/m^2·d
③ 44m^3/m^2·d ④ 48m^3/m^2·d

정답 ④

풀이 $\text{표면부하율} = \frac{\text{유량}}{\text{침전면적}} = \frac{AV}{WL} = \frac{WHV}{WL} = \frac{HV}{L} = \frac{H}{HRT}$ 이므로,

$\frac{H}{HRT} = \frac{4.8m}{2.4hr \times \frac{1day}{24hr}}$ = 48m/day = 48m^3/m^2·day

03 **정수처리시설 중에서 이상적인 침전지에서의 효율을 검증하고자 한다. 실험결과 입자의 침전속도가 1.5m/day 이고 유량이 300m^3/day로 나타났을 때 침전효율(제거율, %)은? (단, 침전지의 유효표면적은 100m^{2}이고, 수심은 4m이며 이상적 흐름상태라고 가정한다.)**

풀이 침전지에서 표면부하율과 효율과의 관계

$\text{표면부하율} = \frac{\text{유량}}{\text{침전면적}}$

$\text{효율} = \frac{\text{중력침강속도}(V_g)}{\text{표면부하율}(V_0)} = \frac{\text{중력침강속도}(V_g)}{\frac{\text{유량}(Q)}{\text{침전면적}(A)}} = \frac{V_g \times A}{Q} = \frac{\frac{1.5m}{day} \times 100m^2}{\frac{300m^3}{day}}$ = 0.5 → 50%

---

③ Weir의 월류부하

- $\text{Weir의 월류부하} = \frac{\text{유량}}{Weir\text{의 길이}}$ 로 Weir를 통해 월류하는 유량의 비율을 의미한다.
- m^3/m·day가 주로 사용된다.

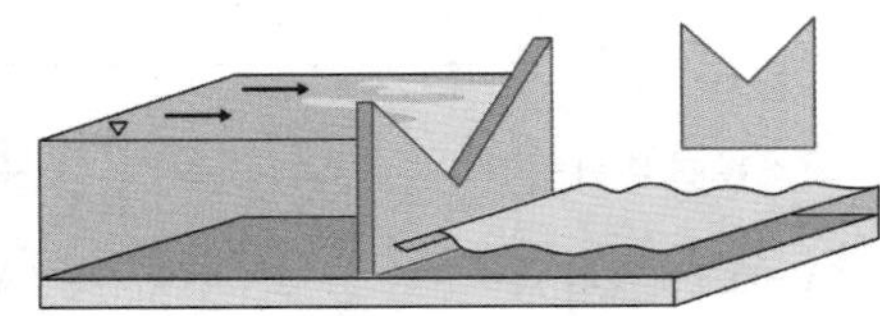

예제

도시 하수처리장의 원형 침전지에 3000m³/day의 하수가 유입되고 위어의 월류부하를 12m³/m · day로 하고자 한다면, 최종침전지 월류위어(Weir)의 길이는?

① 220m ② 230m
③ 240m ④ 250m

정답 ④

풀이 Weir의 월류부하 $= \frac{\text{유량}}{Weir\text{의 길이}}$ → Weir의 길이 $= \frac{\text{유량}}{Weir\text{의 월류부하}}$

∴ Weir의 길이 $= \frac{\frac{3000m^3}{day}}{\frac{12m^3}{m \cdot day}} = 250\text{m}$

(2) 침전형태

① Ⅰ형 침전: 독립침전, 자유침전이라고도 하며 입자의 밀도에 의해 침전하는 침전의 형태로 스토크스법칙을 따르며 침전한다.

② Ⅱ형 침전: 플록침전, 응집침전, 응결침전으로 불리며 응집제에 의한 약품침전의 형태로 응집과 응결을 위해 입자들이 서로 위치를 바꾸려하는 침전형태이다.

③ Ⅲ형 침전: 지역침전, 계면침전, 방해침전으로 불리며 계면의 형성 후에 나타나는 침전의 형태로 입자들이 서로 위치를 바꾸려하지 않는 침전형태이다.

④ Ⅳ형 침전: 압축침전, 압밀침전으로 불리며 고농도의 폐수가 있는 농축조 등에서 일어나는 침전형태이다.

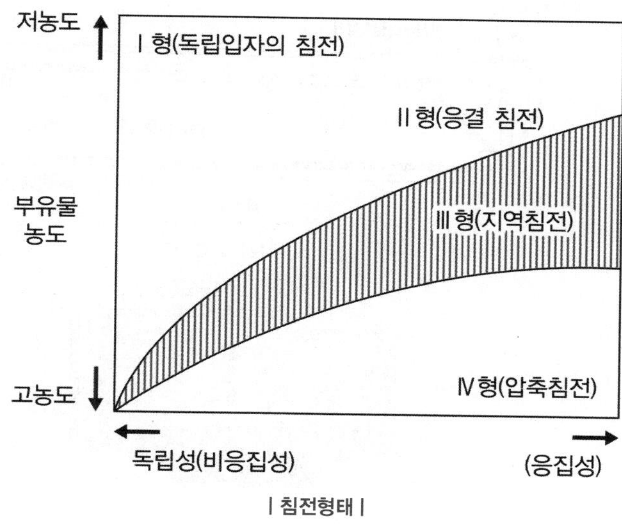

| 침전형태 |

예제

침전현상의 분류 중 독립침전에 대한 설명으로 가장 적합한 것은?

① 부유물의 농도가 낮은 상태에서 응결하지 않는 입자와 침전으로 입자의 특성에 따라 침전한다.

② 서로 응결하여 입자가 점점 커져 속도가 빨라지는 침전이다.

③ 입자의 농도가 큰 경우의 침전으로 입자들이 너무 가까이 있을 때 행해지는 침전이다.

④ 입자들이 고농도로 있을 때의 침전으로 서로 접촉해 있을 때의 침전이다.

정답 ①

풀이 ② 서로 응결하여 입자가 점점 커져 속도가 빨라지는 침전이다. → 응집침전

③ 입자의 농도가 큰 경우의 침전으로 입자들이 너무 가까이 있을 때 행해지는 침전이다. → 방해침전

④ 입자들이 고농도로 있을 때의 침전으로 서로 접촉해 있을 때의 침전이다. → 압밀침전

(3) 침전지

① 상수처리시설에서의 침전지: 침전지는 현탁 물질이나 플록의 대부분을 중력침강작용으로 제거함으로써 후속되는 여과지의 부담을 경감시키기 위하여 설치한다. 침전지는 침전, 완충 및 슬러지배출 등의 3가지 기능을 갖는다.

② 하수처리시설에서의 침전지

- 침전지는 고형물입자를 침전, 제거해서 하수를 정화하는 시설로서 대상 고형물에 따라 일차침전지와 이차침전지로 나눌 수 있다.
- 일차침전지는 1차 처리 및 생물학적 처리를 위한 예비처리(전처리)의 역할을 수행하며, 이차침전지는 생물학적 처리에 의해 발생되는 슬러지와 처리수를 분리하고, 침전한 슬러지의 농축을 주목적으로 한다.

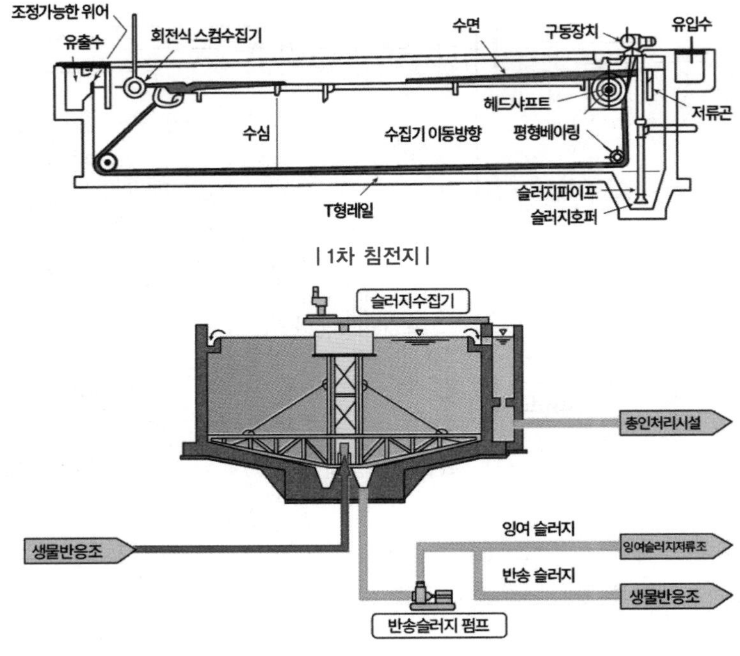

| 1차 침전지 |

| 2차 침전지 |

(4) 용존공기부상(Dissolved Air Flotation; DAF)

① 전처리에서 형성된 플록에 미세기포를 부착시켜 수면 위로 부상시키는 침전공정의 효과적인 대안이며, 부상된 슬러지를 걷어내며 용존공기부상지의 바닥쪽으로는 맑은 물이 남는다.

② 플록형성에 소요되는 시간은 재래식 침전공정보다 짧으며 플록형성지에서 수리적 표면부하율은 재래식 침전지의 10배 이상이다. 또한 발생슬러지의 고형물농도는 침전에서 발생된 슬러지의 농도(0.5%)보다 훨씬 높다(2~3 %).

③ DAF를 운영하는 정수장에서 고탁도(100NTU 이상)의 원수가 유입되는 경우에는 DAF전에 전처리시설로 예비침전지를 두어야 한다.

④ 부상속도

$$V_f = \frac{dp^2(\rho - \rho_p)g}{18\mu}$$

V_f : 부상속도 / d_p : 입자의 직경 / ρ_p : 입자의 밀도 / ρ : 유체의 밀도 / g : 중력가속도 / μ : 점성계수

⑤ 부상조에서의 A/S비

$$A/S\text{비} = \frac{1.3 \times S_a \times (f \times P-1)}{SS} \times \left(\frac{Q_r}{Q}\right)$$

1.3 : 공기의 밀도(mg/mL) / Sa : 대기압 상태에서 폐수에 대한 공기의 용해도(mL/L) / f : 압력 P에서 용존되는 공기 분율 /P : 압력(atm) / SS : 고형물 농도(mg/L) / Q : 유량 / Q_r : 반송유량(반송유량이 없을 경우 생략)

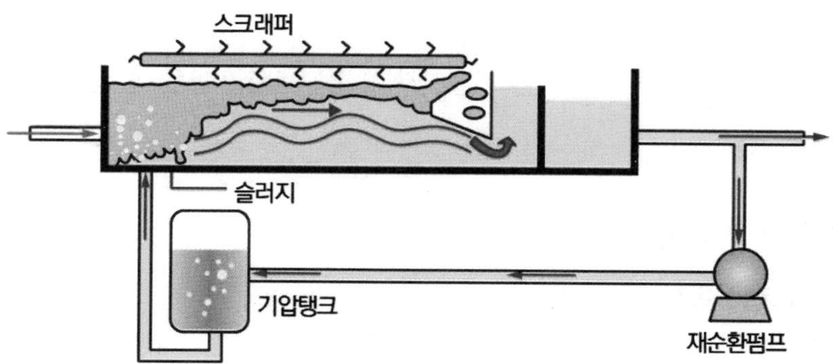

| 용존공기부상 모식도 |

예제

01 폐수 중의 오염물질을 제거할 때 부상이 침전보다 좋은 점을 설명한 것으로 가장 적합한 것은?

① 침전속도가 느린 작거나 가벼운 입자를 짧은 시간 내에 분리시킬 수 있다.
② 침전에 의해 분리되기 어려운 유해 중금속을 효과적으로 분리시킬 수 있다.
③ 침전에 의해 분리되기 어려운 색도 및 경도 유발물질을 효과적으로 분리시킬 수 있다.
④ 침전속도가 빠르고 큰 입자를 짧은 시간 내에 분리시킬 수 있다.

정답 ①

02 MLSS의 농도가 1870mg/L인 슬러지를 부상법(Flotation)에 의해 농축시키고자 한다. 압축탱크의 유효전달 압력이 4기압이며 공기의 밀도를 1.3g/L, 공기의 용해량이 18.7mL/L일 때 Air/Solid(A/S)비는? (단, 유량 = 300m^3/day, f = 0.5, 처리수의 반송은 없다.)

① 0.008 ② 0.010
③ 0.013 ④ 0.016

정답 ③

풀이 A/S비 산정을 위한 관계식은 아래와 같다.

$$A/S비 = \frac{1.3 \times C_a(f \times P - 1)}{SS}$$

1.3 : 공기의 밀도g/L
Ca : 공기의 용해량 → 18.7mL/L
f : 0.5
P : 유효전달압력 → 4atm
SS : SS의 농도 → 1870mg/L

$$\therefore A/S비 = \frac{1.3 \times C_a(f \times P - 1)}{SS} = \frac{1.3 \times 18.7 \times (0.5 \times 4 - 1)}{1,870} = 0.013$$

3 화학적 처리 공정

(1) 소독의 목적

처리 중에 생존할 우려가 있는 병원성미생물을 사멸시켜 처리수의 위생적인 안전성을 높이는 데 있다.

(2) 염소소독

① 염소소독방법의 원리

- 염소가스를 물에 주입하면 HOCl의 유리염소의 형태로 가수분해되어 물속에 존재하게 되며 HOCl은 다시 H^+와 OCl^- 이온으로 pH에 따라 이온화가 되며 pH가 낮을수록 HOCl의 형태로 존재하게 되어 소독의 효과가 크다.
- 가수분해 : $Cl_2 + H_2O \rightleftarrows HOCl + HCl$
- 이온화 : $HOCl \rightleftarrows H^+ + OCl^-$

예제

정수장에서 염소 소독 시 pH가 낮아질수록 소독효과가 커지는 이유는?

① OCl^-의 증가　　② HOCl의 증가
③ H^+의 증가　　④ O(발생기 산소)의 증가

정답 ②

풀이 차아염소산(HOCl)과 차아염소산이온(OCl^-)은 같은 유효염소지만, 살균력에 차이가 있으며 차아염소산(HOCl)이 살균작용이 강하다. 차아염소산과 차아염소산이온의 존재비는 pH가 낮아질수록 차아염소산의 존재비율이 높아지므로 소독효과는 커진다.

② 살균력의 크기

- 유리잔류염소와 결합잔류염소와의 살균력에는 차이가 있으며 가장 좋은 조건하에서 동일한 접촉시간으로 동등한 소독효과를 달성하기 위해서는 결합잔류염소는 유리잔류염소에 비하여 25배의 양을 필요로 하고 동일한 양을 사용하여 동등한 효과를 올리기 위해서는 약 100배의 접촉시간이 필요하다.
- HOCl > OCl^- > Chloramines
- 살균강도는 HOCl가 OCl^-의 80배 이상 강하다.
- 염소의 살균력은 온도가 높고, pH가 낮을 때 강하다.
- 염소는 대장균 소화기 계통의 감염성 병원균에 특히 살균효과가 크나 바이러스는 염소에 대한 저항성이 커 일부 생존할 염려가 크다.

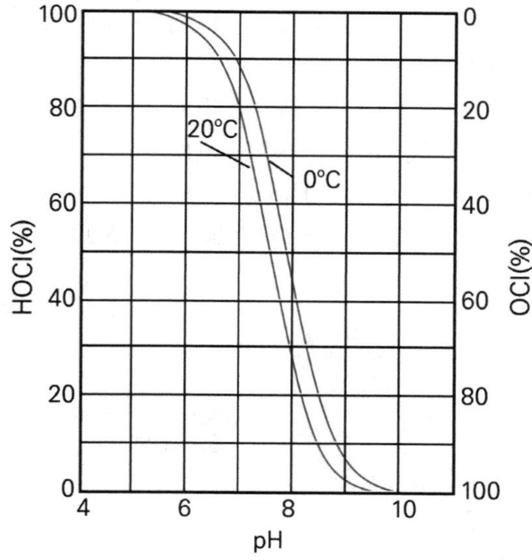

예제

폐수의 살균에 대한 설명으로 옳은 것은?

① NH_2Cl보다는 HOCl이 살균력이 작다.

② 보통 온도를 높이면 살균속도가 느려진다.

③ 같은 농도일 경우 유리잔류염소는 결합잔류염소보다 빠르게 작용하므로 살균능력도 훨씬 크다.

④ HOCl이 오존보다 더 강력한 산화제이다.

정답 ③

풀이 ① HOCl보다는 NH_2Cl이 살균력이 작다.

② 보통 온도를 높이면 일정범위에서 살균속도가 빨라진다.

④ 오존이 HOCl보다 더 강력한 산화제이다.

---

② 클로라민(chloramine) 화합물의 형성과 분해(파괴점염소주입법)

- HOCl을 주입하게 되면 물 속의 질소화합물과 결합하여 클로라민류(결합잔류염소)를 형성하며 계속적인 HOCl의 주입은 클로라민류(결합잔류염소)를 분해시켜 질소가스로 배출되어 물 속의 질소가 제거된다. 클로라민류(결합잔류염소)의 분해 후 HOCl의 형태로 존재(잔류염소)하게 된다. 이러한 방법을 파괴점염소주입법이라 하며 소독과 질소의 제거가 가능하다.
- 클로라민류 형성 반응
  - $NH_3 + HOCl \rightarrow NH_2Cl + H_2O$ … pH 8.5 이상
  - $HOCl + NH_2Cl \rightarrow NHCl_2 + H_2O$ … pH 4.5~8.5
  - $HOCl + NHCl_2 \rightarrow NCl_3 + H_2O$ … pH 4.5 이하
- 클로라민 분해반응
  - $2NH_2Cl + HOCl \rightleftarrows N_2\uparrow + 3HCl + H_2O$
  - $NH_2Cl + NHCl_2 \rightleftarrows N_2\uparrow + 3HCl$
  - $NH_2Cl + NHC_{l2} + HOCl \rightleftarrows N_2O\uparrow + 4HCl$
  - $4NH_2Cl + 3Cl_2 + H_2O \rightleftarrows N_2\uparrow + N_2O\uparrow + 10HCl$

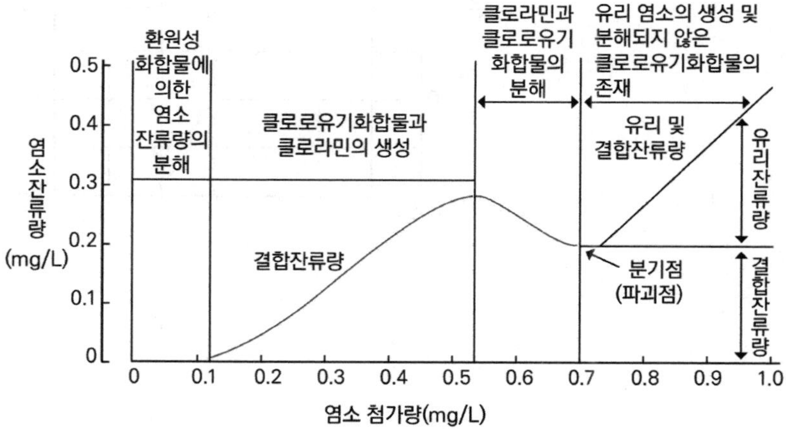

| 파괴점 염소처리 중에 얻을 수 있는 일반적인 곡선 |

③ 염소주입량과 소독효율의 산정

- 염소주입: 염소주입은 하수의 수질과 요망되는 살균효율 및 방류수역의 대장균수에 대한 환경기준을 감안하여 결정한다.
- 주입량 = 소모량 + 잔류량
- 소독에 의한 살균: Chick's law → 1차 반응

$$\ln\frac{N_t}{N_0} = -kt$$

N_0: 초기 세균의 양 / N_t: 소독 후 세균의 양 / t: 시간 / k: 반응상수

02

예제

폐수처리 유량이 2,000m³/day이고, 염소요구량이 6.0mg/L, 잔류염소농도가 0.5mg/L일 때, 하루에 주입해야 할 염소량(kg/day)는?

① 6.0kg/day ② 6.5kg/day
③ 12.0kg/day ④ 13.0kg/day

정답 ④

풀이
- 염소주입량(mg/L)
  염소주입량 = 염소요구량 + 염소잔류량 = 6 + 0.5 = 6.5mg/L
- 염소주입량(kg/day)
  총량(부하량) = 유량 × 농도

$$\underset{\text{농도}}{\frac{6.5mg}{L}} \times \underset{\text{유량}}{\frac{2{,}000m^3}{day}} \times \underset{mg \to kg}{\frac{1kg}{10^6 mg}} \times \underset{m^3 \to L}{\frac{10^3 L}{m^3}} = 13kg/day$$

---

(3) 오존 소독

① 강력한 산화제인 오존을 이용하여 소독을 하는 방법으로 오존은 산소의 동소체로서 HOCl 보다 더 강력한 산화제이다.

② 오존의 특징

- 오존은 상당히 불안정하여 대기중 또는 수중에서 자기분해하며 그 속도는 온도, 농도, 압력 등에 따라 다르다.
- 오존은 화학적으로 불안정하여 현장에서 직접 제조하여 사용해야 한다.

③ 오존소독의 효과

- 자기분해 속도가 빨라 비록 수중에 오존 소비물질이 존재하지 않더라도 장시간 수중에 잔존시킬 수 없다.
- 잔류효과가 없어 하수처리에서는 물 환경생태계에 대한 악영향이 거의 없고 하수처리를 위한 소독제로서 매우 우수하다고 할 수 있으나, 처리수중에 잔존하는 유기물질에 의한 오존의 소비가 현저하므로 많은 양의 오존주입을 해야 하는 어려운 문제점이 있다.
- 오존처리는 용존 고형물을 생성하지 않는다.
- 오존처리는 암모늄이온이나 pH의 영향을 받지 않는다.

④ 오존의 장단점

장점	단점
1. 많은 유기화합물을 빠르게 산화, 분해한다. 2. 유기화합물의 생분해성을 높인다. 3. 탈취, 탈색효과가 크다. 4. 병원균에 대하여 살균작용이 강하다. 5. Virus의 불활성화 효과가 크다. 6. 철 및 망간의 제거능력이 크다. 7. 염소요구량을 감소시켜 유기염소 화합물의 생성량을 감소시킨다. 8. 슬러지가 생기지 않는다. 9. 유지관리가 용이하다. 10. 안정하다.	1. 효과에 지속성이 없으며 상수에 대하여는 염소 처리의 병용이 필요하다. 2. 경제성이 좋지 않다. 3. 오존발생장치가 필요하다. 4. 전력비용이 과다하다.

예제

정수 시설에서 오존처리에 관한 설명으로 가장 거리가 먼 것은?

① 오존은 강력한 산화력이 있어 원수 중의 미량 유기물질의 성상을 변화시켜 탈색효과가 뛰어나다.
② 맛과 냄새 유발물질의 제거에 효과적이다.
③ 소독 효과가 우수하면서도 소독 부산물을 적게 형성한다.
④ 잔류성이 뛰어나 잔류 소독효과를 얻기 위해 염소를 추가로 주입할 필요가 없다.

정답 ④

풀이 오존처리는 잔류성이 없어 잔류 소독효과를 얻기 위해 염소를 추가로 주입할 필요가 있다.

(4) 자외선 소독(UV)

① 자외선 소독의 특징

- 자외선(UV)의 소독작용은 주파장이 253.7nm인 자외선이 박테리아나 virus의 핵산에 흡수되어 화학변화를 일으킴으로써 핵산의 회복기능이 상실되는데 기인한다고 알려져 있다.
- 자외선에 의한 물의 소독은 화학물질의 첨가를 필요로 하지 않기 때문에 인체나 생물에 해가 없어 안전성이 높을 뿐만 아니라 경제적으로 양질의 물을 얻을 수 있는 소독방법이다.

② 염소 및 자외선 소독의 장단점 비교

	염소소독	자외선(UV) 소독
장점	1. 잘 정립된 기술이다. 2. 소독이 효과적이다. 3. 잔류염소의 유지가 가능하다. 4. 암모니아의 첨가에 의해 결합잔류염소가 형성된다. 5. 소독력 있는 잔류염소를 수송관거 내에 유지시킬 수 있다.	1. 소독이 효과적이다. 2. 잔류독성이 없다. 3. 대부분의 virus, spores, cysts등을 비활성화 시키는데 염소보다 효과적이다. 4. 안전성이 높다. 5. 요구되는 공간이 적다. 6. 비교적 소독비용이 저렴하다.

단점	1. 처리수의 잔류독성이 탈염소과정에 의해 제거되어야 한다. 2. THM및 기타 염화탄화수소가 생성된다. 3. 특히 안정규제가 요망된다. 4. 대장균살균을 위한 낮은 농도에서는 virus, cysts, spores 등을 비활성화 시키는데 효과적이지 못할 수도 있다. 5. 처리수의 총용존고형물이 증가한다. 6. 하수의 염화물함유량이 증가한다. 7. 염소접촉조로부터 휘발성유기물이 생성된다. 8. 안전상 화학적 제거시설이 필요할 수도 있다.	1. 소독이 성공적으로 되었는지 즉시 측정할 수 없다. 2. 잔류효과가 없다. 3. 대장균살균을 위한 낮은 농도에서는 virus, cysts, spores등을 비활성화 시키는데 효과적이지 못하다.

예제

하수 소독방법인 UV살균의 장점과 거리가 먼 것은?

① 유량과 수질의 변동에 대해 적응력이 강하다.
② 접촉시간이 짧다.
③ 물의 탁도나 혼탁이 소독효과에 영향을 미치지 않는다.
④ 강한 살균력으로 바이러스에 대해 효과적이다.

정답 ③

풀이 물의 탁도나 혼탁이 소독효과에 영향을 미친다.

염소, 오존 및 자외선 소독 방법의 비교

	장 점	단 점
염소(Cl_2)	1. 소독력이 강하다. 2. 잔류효과가 크다. 3. 박테리아에 대해 효과적인 살균제이다. 4. 구입이 용이하고 가격이 저렴하다.	1. 불쾌한 맛과 냄새를 수발한다. 2. 바이러스에 대해서는 효과적이지 않다. 3. 인체에 위해성이 높다. 4. 불순물로 발암물질인 THM을 수발한다. 5. 유량변동에 대해 적응하기가 어렵다. 6. 접촉시간이 길다(15~30분).
오존(O_3)	1. Cl_2보다 더 강력한 산화제이다. 2. 저장시스템의 파괴로 인한 사고가 없다. 3. 생물학적 난분해성 유기물을 전환시킬 수 있다. 4. 모든 박테리아와 바이러스를 살균시킨다.	1. 저장할 수 없어 반드시 현장에서 생산해야 한다. 2. 초기투자비 및 부속설비가 비싸다. 3. 소독의 잔류효과가 없다. 4. 가격이 고가이다.
자외선(UV)	1. 자외선의 강한 살균력으로 바이러스에 대해 효과적으로 작용한다. 2. 유량과 수질의 변동에 대해 적응력이 강하다. 3. 과학적으로 증명된 정밀한 처리시스템이다. 4. 전력이 적게 소비되고 램프수가 적게 소요되므로 유지비가 낮다.	1. 잔류하지 않는다. 2. 물이 혼탁하거나 탁도가 높으면 소독 능력에 영향을 미친다.

자외선(UV)	5. 접촉시간이 짧다(1~5초). 6. 화학적 부작용이 적어 안전하다. 7. 전원의 제어가 용이하다. 8. 자동 모니터링으로 기록, 감시 가능하다. 9. 인체에 위해성이 없다. 10. 설치가 용이하다. 11. pH 변화에 관계없이 지속적인 살균이 가능하다.	

정수처리에서의 염소소독

- 염소는 통상 소독목적으로 여과 후에 주입하지만, 소독이나 살조(殺藻)작용과 함께 강력한 산화력을 가지고 있다.
- **전염소처리**: 응집・침전 이전의 처리과정에서 주입하는 경우
- **중간염소처리**: 침전지와 여과지의 사이에서 주입하는 경우
- 원수 중에 철과 망간이 용존하여 후염소처리시 탁도나 색도를 증가시키는 경우에는 미리 전염소 또는 중간염소처리하여 불용해성 산화물로 존재 형태를 바꾸어 후속공정에서 제거한다.

(5) 응집처리

① 응집처리 특징

- 2차 처리수중에는 침전이 어려운 미세입자, 부유고형물 등이 존재하는데 이는 전하를 지니고 서로 안정되게 수중에 존재하며 탁도를 유발하고 생물학적 처리시설로는 제거가 어려운 경우가 있다.
- 응집제를 사용하여 미세입자들을 응집시켜 플록으로 형성하고, 완속교반으로 플록입자를 크게 성장시켜 침전성을 양호하게 하여 미세부유물질 등을 제거한다.
- **응집의 원리**: 이중층의 압축, 전하의 전기적 중화, 침전물에 의한 포착, 입자간의 가교작용, 제타전위의 감소, 플록의 체거름 효과 등이다.
- 응집공정은 하수중의 콜로이드 등 미세입자 및 부유고형물 뿐만 아니라 인의 제거에 효과적이나 용존 유기물의 제거에는 큰 효과가 없다.

응집에 영향을 미치는 인자

인 자	내 용
수온	수온이 높으면 반응속도증가와 물의 점도저하로 응집제의 화학반응이 촉진되고, 낮으면 플록 형성에 소요되는 시간이 길어질 뿐만 아니라 입자가 작아지고, 응집제의 사용량도 많아진다.
pH	응집제의 종류에 따라 최적의 pH 조건을 맞추어 주어야 한다.
알칼리도	하수의 알칼리도가 많으면 응집제를 완전히 가수분해시키고, 플록을 형성하는데 효과적이며, pH 변화와 관련된다.
용존물질의 성분	수중에 응집반응을 방해하는 용존물질이 다량 존재하는지의 여부를 검토하여야 한다.
교반조건	응집제 및 응집보조제의 적절한 반응을 위하여 교반조건을 조절하여야 한다.

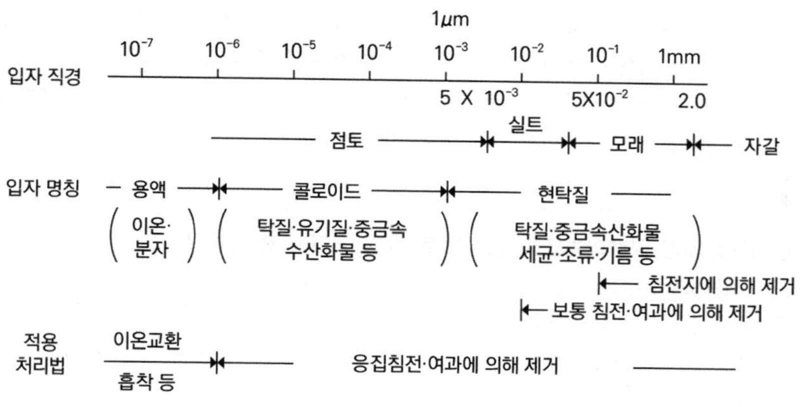

| 수중에 존재하는 물질과 적용처리법 |

예제

다음 중 폐수의 응집처리시 응집의 원리로서 볼 수 없는 것은?

① Zeta potential을 감소시킨다.
② Van Der Waals를 증가시킨다.
③ 응집제를 투여하여 입자끼리 뭉치게 한다.
④ 콜로이드 입자의 표면전하를 증가시킨다.

정답 ④

풀이 콜로이드 입자의 표면전하를 감소시킨다.

---

② 응집제의 종류

- 알루미늄염(황산알루미늄 : aluminium sulfate) – 일반적으로 Alum으로 불린다.
  - 일반적으로 하수에 대해서는 투입량이 50~300g/m^3 정도이다.
  - 반응에 적당한 pH의 범위는 4.5~8 정도이다.
  - 다른 응집제에 비하여 가격이 저렴하고 탁도, 세균, 조류 등의 거의 모든 현탁성 물질 또는 부유물의 제거에 유효하며 독성이 없으므로 대량으로 주입할 수 있다.
- 철염
  - 철염의 반응원리는 알루미늄염과 비슷하지만 철이온은 처리수에 색도를 유발할 수 있다.
  - 염화제2철(ferric chloride) : 일반적으로 액체로 주입하며 하수에 대하여 50~300g/m^3 정도 주입한다.
  - 염화제2철 및 석회 : 일반적으로 하수에 대하여 50~300g/m^3의 염화제2철과 50~500g/m^3의 석회를 투입하는 것이 적당하다.
  - 황산제2철 및 석회 : 알칼리도 보조제로서 석회를 사용하여 침전이 빠른 플록을 형성하고 반응에 적정한 pH 범위는 4~12이다.
  - 황산제1철 및 석회 : 황산제1철을 빠르게 반응시키기 위해서는 pH가 상승되어야 하고 그에 따른 알칼리도가 필요하기 때문에 일반적으로 석회를 동시에 투입하여 응집을 실시하며, 이는 황산알루미늄에 비하여 가격이 저렴하고 형성된 응결물의 침전이 빠르다. 일반적으로 건조상의 입자상을 사용한다.

③ **응집보조제**: 응집공정에서 플록을 강도 높게 형성하여 침전이 빠른 플록을 형성하여 최적의 응집상태를 조성하는데 응집보조제를 사용하며, 응집제와 응집보조제를 병행하여 사용하면 응집제의 사용량도 절감할 수 있다. 응집보조제로는 소석회나 생석회, 고분자응집제 등이 있는데 주로 고분자 응집제가 사용된다.

예제

무기응집제인 알루미늄염의 장점으로 가장 거리가 먼 것은?

① 적정 pH폭이 2~12 정도로 매우 넓은 편이다.
② 독성이 거의 없어 대량으로 주입할 수 있다.
③ 시설을 더럽히지 않는 편이다.
④ 가격이 저렴한 편이다.

정답 ①

풀이 적정 pH폭이 4~8 정도이다.

(6) 자-테스트(jar-test)

① 응집에 필요한 적정 pH의 범위, 응집제의 종류와 주입률을 선정한다.
② 순서: 응집제 주입 → 급속교반 → 완속교반 → 정치 → 상등수 분석

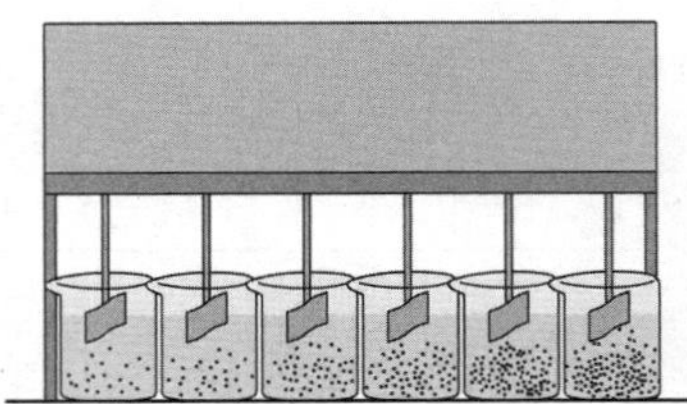

| Jar-Test |

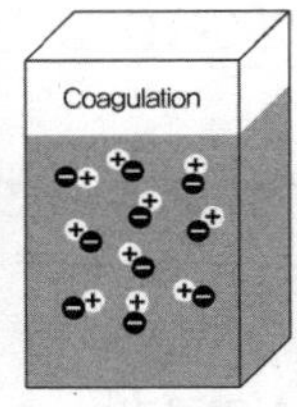

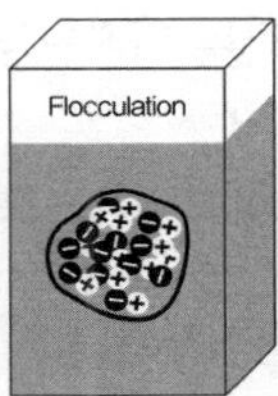

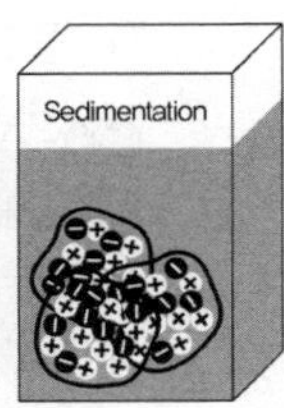

| 응집에 의한 플록의 형성과 침전 |

③ **급속교반의 목적**: 급속교반의 목적은 응집제를 하수중에 신속하게 분산시켜 하수중의 입자와의 혼합시키는데 있다.
④ **완속교반의 목적**: 교반기의 회전속도를 비교적 저속으로 유지하여 플록간의 응집을 촉진하여 플록의 크기를 증대시키는 하는 역할을 한다.

예제

01 효과적인 응집을 위해 실시하는 약품교반 실험장치(jar tester)의 일반적인 실험순서가 바르게 나열된 것은?

① 정치 침전 → 상징수 분석 → 응집제주입 → 급속 교반 → 완속 교반
② 급속 교반 → 완속 교반 → 응집제 주입 → 정치 침전 → 상징수 분석
③ 상징수 분석 → 정치 분석 → 완속 교반 → 급속교반 → 응집제 주입
④ 응집제 주입 → 급속 교반 → 완속 교반 → 정치 침전 → 상징수 분석

정답 ④

02 폐수처리공정에서 최적 응집제 투입량을 결정하기 위한 Jar-Test에 관한 설명으로 가장 적합한 것은?

① 응집제 투입량 대 상징수의 SS 잔류량을 측정하여 최적 응집제 투입량을 결정
② 응집제 투입량 대 상징수의 알칼리도를 측정하여 최적 응집제 투입량을 결정
③ 응집제 투입량 대 상징수의 용존산소를 측정하여 최적 응집제 투입량을 결정
④ 응집제 투입량 대 상징수의 대장균군수를 측정하여 최적 응집제 투입량을 결정

정답 ①

---

⑤ 속도경사: 혼합강도의 지표로서 일반적으로 속도경사가 클수록 응집제와 콜로이드 입자간의 혼합의 기회는 증대된다(정수처리계통에서 급속교반은 혼화지, 완속교반은 플록형성지로 불린다).

$$G(\sec^{-1}) = \sqrt{\frac{P}{\mu \times \forall}}$$

G: 속도경사($\sec^{-1}$) / μ: 물의 점성계수(kg/m·sec) / V: 반응조 체적(m^3) / P: 동력(W)

예제

01 명반(Alum)을 폐수에 첨가하여 응집처리를 할 때, 투입조에 약품 주입 후 응집조에서 완속교반을 행하는 주된 목적은?

① 명반이 잘 용해되도록 하기 위해
② floc과 공기와의 접촉을 원활히 하기 위해
③ 형성되는 floc을 가능한 한 뭉쳐 밀도를 키우기 위해
④ 생성된 floc을 가능한 한 미립자로 하여 수량을 증가시키기 위해

정답 ③

02 폐수를 처리하기 위해 시료 200mL를 취하여 Jar-Test하여 응집제와 응집보조제의 최적 주입농도를 구한 결과, $Al_2(SO_4)_3$ 200mg/L, $Ca(OH)_2$ 500mg/L 였다. 폐수량 500m^3/day을 처리하는데 필요한 $Al_2(SO_4)_3$의 양(kg/day)은?

① 50　　② 100
③ 150　　④ 200

정답 ②

풀이 Jar-Test의 목표는 응집제의 종류와 농도의 산정이다. 시료 200mL에서 최적의 주입농도가 $Al_2(SO_4)_3$ 200mg/L이므로 폐수량 500m^3/day을 처리하는데 필요한 농도 또한 200mg/L이다.

• 관계식의 산정: 총량 = 유량 × 농도

$$Al_2(SO_4)_3(kg/day) = \frac{200mg}{L} \times \frac{500m^3}{day} \times \frac{10^3L}{1m^3} \times \frac{1kg}{10^6mg} = 100kg/day$$

---

4 생물학적 처리 공정

(1) 활성슬러지법 기본원리

하수에 공기를 불어넣고 교반시키면 각종의 미생물이 하수중의 유기물을 이용하여 증식하고 응집성의 플록을 형성한다. 이것이 활성슬러지라 불리는 것인데 세균류, 원생동물, 후생동물 등의 미생물 및 비생물성의 무기물과 유기물 등으로 구성된다.

활성슬러지를 산소와 함께 혼합
↓
하수중의 유기물은 활성슬러지에 흡착되어 활성슬러지를 형성
↓
미생물군의 대사기능에 따라 슬러지체류시간(SRT) 동안 산화 또는 동화되며 그 일부는 활성슬러지로 전환
↓
공기를 불어넣거나 기계적인 수면 교반 등에 의해 반응조 내에 산소를 공급
↓
발생하는 반응조 내의 수류에 의해 활성슬러지가 부유상태로 유지
↓
반응조로부터 유출된 활성슬러지 혼합액은 이차침전지에서 중력침전에 의해 고액 분리
↓
상징수는 처리수로서 방류
↓
침전된 농축 활성슬러지는 일부는 반응조로 반송되고 일부는 잉여슬러지로 처리

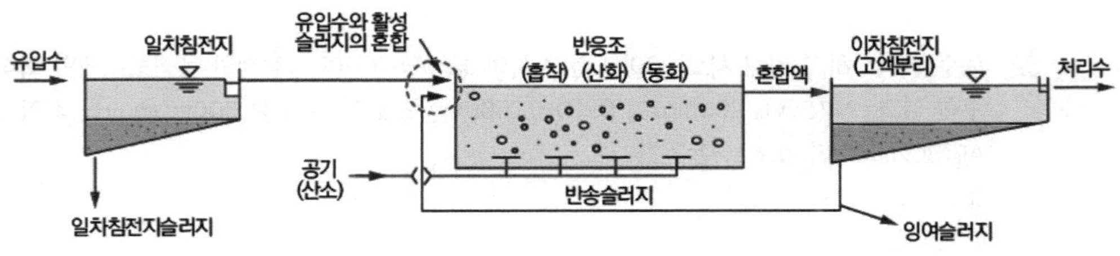

| 활성슬러지법의 처리기구와 처리계통 |

(2) 활성슬러지법의 수리학적 해석

① BOD 용적 부하

$$\text{BOD 용적부하} = \frac{\text{유입 BOD량}}{\text{용적}} = \frac{\text{BOD} \times Q}{\forall}$$

② BOD-MLSS 부하(F/M비)

- 유기물량과 활성슬러지 미생물량의 비(F/M비)로 표현하고, 실제로는 유기물을 BOD, 활성슬러지 미생물을 반응조 내의 SS로 대표하여 BOD-MLSS부하($kg_{-BOD}/(kg_{-MLSS}\cdot day)$로써 설계와 운전관리의 지표로 활용하고 있다.
- MLSS : 활성슬러지의 미생물농도(포기조 내의 부유물질 양)

$$\text{BOD-MLSS} = \frac{\text{유입 BOD총량}}{\text{포기조 내의 MLSS량}} = \frac{BOD_i \times Q_i}{\forall \times X} = \frac{BOD_i}{HRT \times X}$$

예제

01 BOD가 200mg/L이고, 폐수량이 1,500m³/day인 폐수를 활성슬러지법으로 처리하고자 한다. F/M비가 0.4kg−BOD/kg−MLSS·day이라면 MLSS 1,500mg/L로 운전하기 위해서 요구되는 포기조 용적은?

① 500m³ ② 600m³
③ 800m³ ④ 900m³

정답 ①

풀이 $F/M = \frac{Q \times BOD_{in}}{X \times \forall} \rightarrow 0.4 = \frac{1,500 \times 200}{1,500 \times \forall} \rightarrow \forall = \frac{1,500 \times 200}{1,500 \times 0.4} = 500m^3$

- F/M : 0.4
- Q : 1,500m³/day
- BOD_{in} : 200mg/L
- X : 1,500mg/L

02 활성슬러지 공정에서 폭기조 유입 BOD가 250mg/L, SS가 200mg/L, BOD−슬러지 부하가 0.5kg−BOD/kg−MLSS·day 일 때, MLSS 농도(mg/L)는? (단, 폭기조 수리학적 체류시간 = 6시간이다.)

① 1500 ② 2000
③ 2500 ④ 3000

정답 ②

풀이 BOD−MLSS 부하의 관계식은 아래와 같으며 단위(kg/kg · day)에 유의해야 한다.

$$\text{BOD-MLSS 부하} = \frac{BOD_i \times Q}{MLSS \times \forall} = \frac{BOD_i}{MLSS \times t}$$

여기서, 유량 = 부피/시간 이므로 $\frac{Q}{\forall} = \frac{1}{t}$이 된다.

$$0.5kg/kg{\cdot}day = \frac{250mg/L}{MLSS \times (6/24)day}$$

∴ MLSS = 2000mg/L

③ SVI(슬러지용적지수)와 SDI(슬러지밀도지수)

$$SVI = \frac{SV_{30}(\%)}{MLSS} \times 10^4 = \frac{SV_{30}(mL)}{MLSS} \times 10^3$$

- 슬러지지표는 활성슬러지의 침강성을 보여주는 지표로서 광범위하게 사용된다.
- 반응조 내 혼합액을 30분간 정체한 경우 1g의 활성슬러지 부유물질이 포함하는 용적을 mL로 표시한다(mL/g).
- 슬러지밀도지수(SDI) = 100/SVI

예제

눈금이 있는 실린더에 슬러지 1L를 담아 30분간 침전시킨 결과 슬러지의 부피가 180mL였다. 이 슬러지의 SVI는? (단, MLSS 농도는 2,000mg/L 이다.)

① 20 ② 50
③ 90 ④ 111

정답 ③

풀이 $SVI = \frac{SV_{30(mL)}}{MLSS} \times 10^3 \rightarrow SVI = \frac{180}{2000} \times 10^3 = 90$

※ $SVI = \frac{SV_{30(\%)}}{MLSS} \times 10^4$

---

④ 반송비

$$R = \frac{MLSS - SS_i}{X_r - MLSS} = \frac{MLSS - SS_i}{(10^6/SVI) - MLSS}$$

- 포기조 내의 MLSS 농도를 일정하게 유지하다.
- 유입수의 SS를 무시하면 $\frac{MLSS}{X_r - MLSS} = \frac{MLSS}{(10^6/SVI) - MLSS}$
- $SV_{30}(\%)$ 이용: $R = \frac{SV_{30}(\%)}{100 - SV_{30}(\%)}$

예제

하수종말처리장에서 30분 침강율 20%, SVI 100, 반송슬러지 SS농도가 7000mg/L일 때, 슬러지 반송율은?

① 20% ② 30%
③ 40% ④ 50%

정답 ③

풀이 SVI와 MLSS 관련식을 이용하여 MLSS 산정 후 반송비를 계산한다.

- MLSS 산정

$SVI = \frac{SV_{30}(\%)}{MLSS} \times 10000$

$\rightarrow 100 = \frac{20}{MLSS} \times 10000$

∴ MLSS = 2000mg/L

- 반송률 관계식 이용

$R = \frac{MLSS - SS_i}{X_r - MLSS}$ → 유입수의 SS를 무시하면 $\frac{MLSS}{X_r - MLSS}$

$R = \frac{2000}{7000 - 2000} \times 100 = 40\%$

⑤ SRT(고형물체류시간)

- SRT는 반응조, 이차침전지, 반송슬러지 등의 처리장 내에 존재하는 활성슬러지가 전체 시스템 내에 체재하는 시간을 의미한다.

$$SRT = \frac{\text{수처리 시스템 내에 존재하는 활성슬러지량(kg)}}{\text{하루에 시스템 외부로 배출되는 활성슬러지(kg/d)}}$$

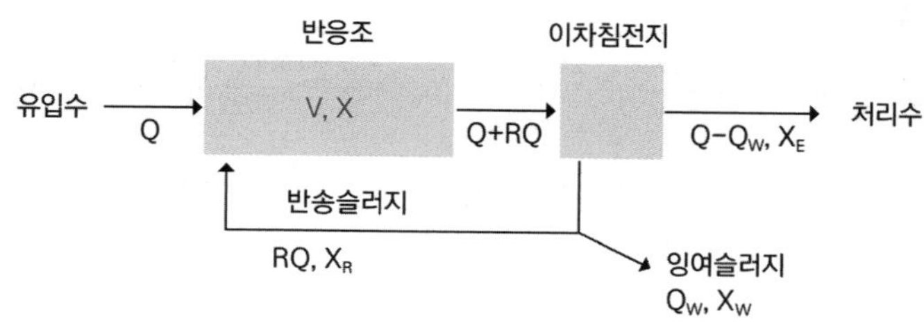

| 반응조 및 이차침전지에서의 활성슬러지 미생물의 물질수지 |

- 유출수의 SS 고려시

$$SRT = \frac{\forall \times X}{Q_w X_w + Q_o X_o}$$

Q_o : 유출수량$(Q - Q_w)$ / X_o : 유출수 SS 농도 / X : MLSS 농도 / Q_w : 잉슬러지발생량 / X_w : 잉여슬러지 SS 농도 / $\forall$: 포기조 부피 / K_d : 내생호흡계수

- 내호흡율 고려시

$$\frac{1}{SRT} = \frac{Y \times Q(BOD_i - BOD_o)}{X \times \forall} - K_d$$

예제

01 다음 조건에서 폐슬러지의 배출량은?

- 폭기조 용적 : 10,000m³
- 폭기조 MLSS 농도 : 3,000mg/L
- SRT : 3day
- 폐슬러지 함수율 : 99%
- 유출수 SS 농도는 무시한다.

① 1,000m³/day　② 1,500m³/day
③ 2,000m³/day　④ 2,500m³/day

정답 ①

풀이 $SRT = \frac{\forall \cdot X}{Q_w X_w}$

$$SRT = \frac{10000m^3 \times 3000mg/L}{Q_w \times 10000mg/L} = 3\text{day}$$

∴ Qw = 1,000m³/day

02 BOD₅가 85mg/L인 하수가 완전혼합 활성슬러지공정으로 처리된다. 유출수의 BOD_5가 15mg/L, 온도 20℃, 유입유량 40,000ton/day, MLVSS가 2,000mg/L, Y값 0.6mgVSS/mgBOD_5, K_d값 $0.6day^{-1}$, 미생물 체류시간 10일이라면 Y값과 K_d값을 이용한 반응조의 부피(m^3)는? (단, 비중은 1.0 기준이다.)

① 800　　② 1,000

③ 1,200　　④ 1,400

정답 ③

풀이 $\frac{1}{\theta_0} = \frac{Y \cdot Q \cdot (BOD_i - BOD_0)}{\forall \cdot X} - K_d = \frac{Y \cdot (BOD_i - BOD_0)}{HRT \cdot X} - K_d$

$\frac{1}{10day} = \frac{0.6 \times 40000m^3/day \times (85 - 15)mg/L}{\forall \times 2000mg/L} - 0.6$

$\therefore \forall = 1200m^3$

- 잉여슬러지 발생량(kg/day): $Q_w X_w = Y \times Q(BOD_i - BOD_o) - K_d \times X \times \forall$
- 잉여슬러지 발생량은 생분해성 유기물을 이용한 종속영양미생물에 의한 세포합성량과 SRT에 따라 미생물의 사멸에 따른 세포잔류물과 유입수내 비분해성 VSS량의 합으로 계산한다.

(3) 표준활성슬러지법

① 전국에서 가동되고 있는 하수처리시설에서 가장 많이 채용되고 있는 처리법이 표준활성슬러지법이다. 표준활성슬러지법은 처리수질, 시설의 건설비, 운전관리 등을 모두 고려할 때 중규모 이상의 하수처리시설에 경제적인 처리법으로 채용되고 있다.

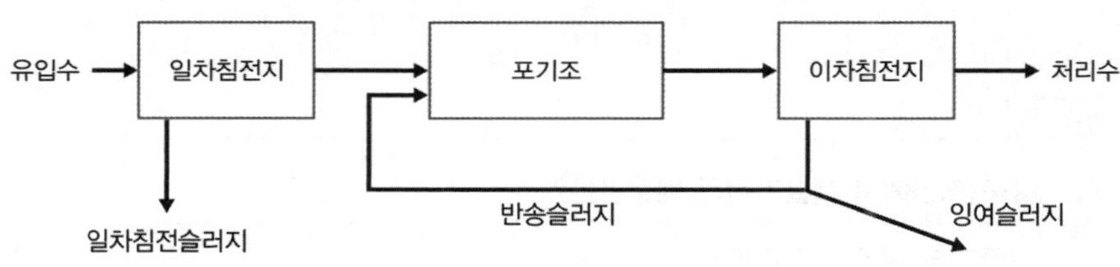

| 표준활성슬러지법의 처리계통 |

표준활성슬러지법의 설계인자

처리방식	MLSS(mg/L)	F/M비	반응조의 수심(m)	HRT(hr)	SRT(일)	DO	BOD:N:P	SVI
표준활성 슬러지법	1500~2500	0.2~0.4	4~6	6~8	3~6	2mg/L 이상	100:5:1	50~150

② 수리학적 체류시간(HRT): 표준활성슬러지법의 HRT는 6~8시간을 표준으로 한다. 단 유입수온이 낮거나 유입수질(용해성 BOD, SS)농도가 높아 처리수질을 만족할 수 없는 경우에는 필요한 SRT로부터 HRT를 구한다.

* 잉여슬러지 배출량 감소 → 포기조 내의 미생물 체류시간 증가
* 포기조의 유효수심은 표준식은 4.0~6.0m를 심층식은 10m를 표준으로 하고 여유고는 표준식은 80cm 정도를 심층식은 100cm 정도를 표준으로 한다.

③ MLSS 농도와 슬러지반송비

- MLSS 농도는 1,500~2,500mg/L를 표준으로 한다. 또한, 슬러지반송비는 반송슬러지의 SS농도를 고려하여 적정하게 설정한다(SVI : 50~150 유지).

  * 잉여슬러지 배출량 감소, 반송유량을 증가 → F/M비 감소

- 감쇠증식기로부터 내생호흡기에 걸쳐 존재하는 미생물에 의해 하수가 주로 처리된다.

예제

01 표준활성슬러지법에 관한 내용으로 틀린 것은?

① 수리학적 체류시간은 6~8시간을 표준으로 한다.
② 반응조내 MLSS 농도는 1500~2500mg/L를 표준으로 한다.
③ 포기조의 유효수심은 심층식의 경우 10m를 표준으로 한다.
④ 포기조의 여유고는 표준식의 경우 30~60cm 정도를 표준으로 한다.

정답 ④

풀이 여유고는 표준식은 80cm 정도를 심층식은 100cm 정도를 표준으로 한다.

02 표준활성슬러지법에서 하수처리를 위해 사용되는 미생물에 관한 설명으로 맞는 것은?

① 지체기로부터 대수증식기에 걸쳐 존재하는 미생물에 의해 하수가 주로 처리된다.
② 대수증식기로부터 감쇠증식기에 걸쳐 존재하는 미생물에 의해 하수가 주로 처리된다.
③ 감쇠증식기로부터 내생호흡기에 걸쳐 존재하는 미생물에 의해 하수가 주로 처리된다.
④ 내생호흡기로부터 사멸기에 걸쳐 존재하는 미생물에 의해 하수가 주로 처리된다.

정답 ③

---

④ 운영상의 장애현상

- 슬러지팽화 현상
  - SVI 200 이상
  - 사상성균류의 번식으로 발생한다.
  - fungi를 감소시켜야 하고 F/M비를 적절하게 유지하여 제거한다.
  - 포기조 내의 용존산소의 농도를 변화시켜 제거한다.
  - 선택반응조(selector)를 이용하여 제거한다.
  - 염소나 과산화수소를 반송슬러지에 주입하여 제거한다.
  - BOD : N : P = 100 : 5 : 1을 유지하여 제거한다.
- 핀 플록(pin floc) 현상 : 긴 SRT로 인해 발생되므로 잉여슬러지 배출량을 증가시켜야 한다.
- 슬러지 부상 현상
  - 수중의 질소가 질산화와 탈질을 거쳐 질소기체로 기포를 발생시키는 현상이다(주요 원인 : 탈질화).
  - 2차 침전지에서 슬러지가 상승하는 현상이 나타나며 잉여슬러지 배출량을 증가시켜 제거한다.
  - 포기조의 용존산소 농도를 감소하여 제거한다.

- 갈색거품현상
  - 방선균의 일종인 Nocardia의 과도한 성장으로 인해 발생한다.
  - 낮은 F/M 비가 유발 요인이 된다.
  - 불충분한 슬러지 인출로 인한 MLSS 농도의 증가가 유발 요인이 된다.
  - 화학약품을 투여하여 폭기조의 pH를 낮추면 거품이 감소된다.
  - 미생물 체류시간을 감소시키면 거품이 감소된다.

예제

01 다음 중 슬러지 팽화의 지표로서 가장 관계가 깊은 것은?

① 함수율 ② SVI
③ TSS ④ NBDCOD

정답 ②

풀이 SVI가 200 이상이면 슬러지 팽화의 우려가 있다.

02 활성슬러지공법을 적용하고 있는 폐수종말처리시설에서 운전상 발생하는 문제점에 관한 설명으로 옳지 않은 것은?

① 슬러지 팽화는 플록의 침전성이 불량하여 농축이 잘 되지 않는 것을 말한다.
② 슬러지 팽화의 원인 대부분은 각종 환경조건이 악화된 상태에서 사상성 박테리아나 균류등의 성장이 둔화되기 때문이다.
③ 포기조에서 암갈색의 거품은 미생물 체류시간이 길고 과도한 과포기를 할 때 주로 발생한다.
④ 침전성이 좋은 슬러지가 떠오르는 슬러지 부상문제는 주로 과포기나 저부하에 의해 포기조에서 상당한 질산화가 진행되는 경우 침전조에서 침전슬러지를 오래 방치할 때 탈질이 진행되어 야기된다.

정답 ②

풀이 슬러지 팽화의 원인 대부분은 각종 환경조건이 악화된 상태에서 사상성 박테리아나 균류등의 성장이 활성화되기 때문이다.

---

(4) 순산소활성슬러지법

① 공기 대신에 산소를 직접 포기조에 공급하는 방법으로 이것 이외에는 일반 활성슬러지법과 동일하다. 순산소활성슬러지법에는 산소분압이 공기에 비해 5배 정도 높으므로 포기조 내에서 용존산소를 높게 유지할 수 있다.

② 고농도의 하수에 대해 보다 적용성이 높고, 또한 동일한 성질의 하수라면 공기에 의한 종래의 방법과 비교해서 포기조의 용량을 작게 할 수 있다는 것을 뜻한다.

(5) 심층포기법

① 포기조를 설치하기 위해서 필요한 단위 용량당 용지면적은 조의 수심에 비례해서 감소하므로 용지이용율이 높다.

② 산기수심을 깊게 할수록 단위 송풍량당 압축동력은 증대하지만, 산소용해력 증대에 따라 송풍량이 감소하기 때문에 소비동력은 증가하지 않는다.

③ 산기수심이 깊을수록 용존질소농도가 증가하여 이차침전지에서 과포화분의 질소가 재기포화되는 경우가 있어 활성슬러지의 침강성이 나빠지는 일이 있다. 따라서 용존질소의 재기포화에 따른 대책이 필요하다.

④ 수심은 10m 정도로 한다.

(6) 연속회분식활성슬러지법(SBR : Sequencing Batch Reactor)

① 1개의 반응조에 반응조와 이차침전지의 기능을 갖게 하여 활성슬러지에 의한 반응과 혼합액의 침전, 상징수의 배수, 침전슬러지의 배출공정 등을 반복하여 처리하는 방식이다.

② SBR의 운전단계(시간) : 유입(25%) → 반응(35%) → 침전(20%) → 배출(15%) → 휴지(5%)

③ 유입오수의 부하변동이 규칙성을 갖는 경우 비교적 안정된 처리를 행할 수 있다.

④ 오수의 양과 질에 따라 포기시간과 침전시간을 비교적 자유롭게 설정할 수 있다.

⑤ 활성슬러지 혼합액을 이상적인 정치상태에서 침전시켜 고액분리가 원활히 행해진다.

⑥ 단일 반응조 내에서 1주기(cycle) 중에 혐기 → 무산소 → 호기의 조건을 설정하여 질산화 및 탈질반응을 도모할 수 있다.

⑦ 운전방식에 따라 사상균 벌킹을 방지할 수 있다.

⑧ 침전 및 배출공정은 포기가 이루어지지 않은 상황에서 이루어짐으로 보통의 연속식침전지와 비교해 스컴 등의 잔류가능성이 높다.

⑨ 기존 활성슬러지 처리에서의 공간개념을 시간개념으로 전환한 것이라 할 수 있다.

⑩ 충격부하 또는 첨두유량에 대한 대응성이 좋다.

⑪ 처리용량이 큰 처리장에는 적용하기 어렵다.

⑫ 질소(N)와 인(P)의 동시제거 시 운전의 유연성이 크다.

예제

01 연속회분식(SBR)의 운전단계에 관한 설명으로 틀린 것은?

① 주입 : 주입단계 운전의 목적은 기질(원폐수 또는 1차 유출수)을 반응조에 투입하는 것이다.

② 주입 : 주입단계는 총 cycle 시간의 약 25% 정도이다.

③ 반응 : 반응단계는 총 cycle 시간의 약 65% 정도이다.

④ 침전 : 연속흐름식 공정에 비하여 일반적으로 더 효율적이다.

정답 ③

풀이 반응 : 반응단계는 총 cycle 시간의 약 35% 정도이다.

02 연속회분식 활성슬러지법(SBR, Sequencing Batch Reactor)에 대한 설명으로 잘못된 것은?

① 단일 반응조에서 1주기(Cycle) 중에 호기-무산소-혐기 등의 조건을 설정하여 질산화와 탈질화를 도모할 수 있다.

② 충격부하 또는 첨두유량에 대한 대응성이 약하다.

③ 처리용량이 큰 처리장에는 적용하기 어렵다.

④ 질소(N)와 인(P)의 동시제거 시 운전의 유연성이 크다.

정답 ②

풀이 충격부하 또는 첨두유량에 대한 대응성이 강하다.

(7) 산화구(Oxidation Ditch)법

① 일차침전지를 설치하지 않고 타원형무한수로의 반응조를 이용하여 기계식 포기장치에 의해 포기를 행하며, 이차침전지에서 고액분리가 이루어지는 저부하형 활성슬러지 공법이다.

② 기계식 포기장치는 처리에 필요한 산소를 공급하는 이외에, 산화구내의 활성슬러지와 유입하수를 혼합·교반시키고 혼합액에 유속을 부여하여 산화구내를 순환시켜 활성슬러지가 침강되지 않도록 하는 기능을 갖는다.

③ 저부하조건의 운전으로 SRT가 길어 질산화반응이 진행되기 때문에 무산소 조건을 적절히 만들면 70% 정도의 질소 제거가 가능하다.

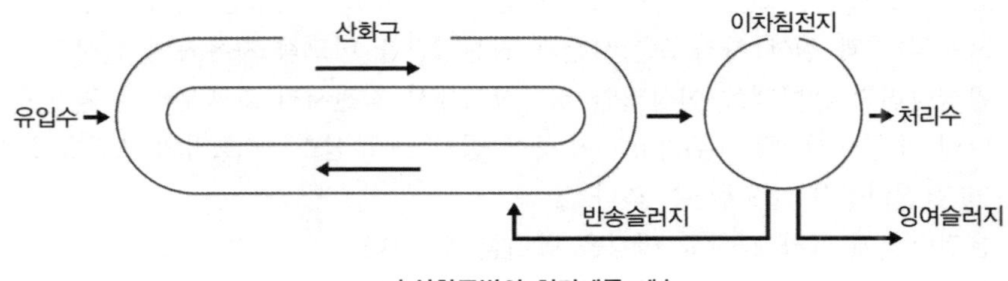

| 산화구법의 처리계통 예 |

(8) 장기포기법

① 장기포기법은 활성슬러지법의 변법으로 플러그흐름 형태의 반응조에 HRT와 SRT를 길게 유지하고 동시에 MLSS 농도를 높게 유지하면서 오수를 처리하는 방법이다.

② 활성슬러지가 자산화되기 때문에 잉여슬러지의 발생량은 표준활성슬러지법에 비해 적다.

③ 질산화가 진행되면서 pH의 저하가 발생한다.

(9) 막분리활성슬러지법(MBR공법)

① 개요

- 생물반응조와 분리막을 결합하여 이차침전지 및 3차처리 여과시설을 대체하는 시설로서, 생물반응의 경우는 통상적인 활성슬러지법과 원리가 동일한데 이차침전지를 설치하지 않고 폭기조 내부 또는 외부에 부착한 정밀여과막 또는 한외여과막에 의해 슬러지와 처리수를 분리하기 때문에 처리수중의 입자성분을 제거하므로 고도의 BOD, SS제거가 실현된다.
- 막을 이용함으로써 미생물농도로서의 MLSS를 종래방법의 3~5배 이상 고농도로 유지할 수 있게 되었다. 그러므로 처리시설의 설치공간의 대폭적인 축소도 가능해졌다.
- 막분리 활성슬러지방식은 정밀여과막(MF막)을 직접 생물반응조에 침지하여 흡인·여과하는 경우가 대부분이다.

② 특징

- 생물학적 공정에서 문제시 되는 이차침전지의 침강성과 관련된 문제가 없다.
- 완벽한 고액분리가 가능하며 높은 MLSS 유지가 가능하므로 지속적인 안정된 처리수질을 획득할 수 있다.
- 긴 SRT로 인하여 슬러지발생량이 적다.
- 적은 소요부지로 부지이용성이 탁월하다.
- 분리막의 유지보수비용, 특히 분리막의 교체비용 등이 과다하다.

- 분리막의 파울링에 대처가 곤란하며, 높은 에너지 비용소비로 유지관리 비용이 증대된다.
- 분리막을 보호하기 위한 전처리로 1mm 이하의 스크린 설비가 필요하다.

(10) 생물막법

① 생물막법은 대기, 하수 및 생물막의 상호 접촉양식에 따라 살수여상법, 회전원판법, 접촉산화법으로 분류된다. 반응조 내의 여재 등과 같은 접촉제의 표면에 주로 미생물로 구성된 생물막을 만들어 오수를 접촉시키는 것으로 오수중의 유기물을 분해·처리하는 것이다.

장점	단점
• 반응조 내의 생물량을 조절할 필요가 없으며 슬러지 반송을 필요로 하지 않기 때문에 운전조작이 비교적 간단하다. • 활성슬러지법에서의 벌킹현상처럼 이차침전지 등으로부터 일시적 또는 다량의 슬러지 유출에 따른 처리수 수질악화가 발생하지 않는다. • 반응조를 다단화함으로써 반응효율, 처리의 안전성의 향상이 도모된다.	• 활성슬러지법과 비교하면 이차침전지로부터 미세한 SS가 유출되기 쉽고 그에 따라 처리수의 투시도의 저하와 수질악화를 일으킬 수 있다. • 처리과정에서 질산화 반응이 진행되기 쉽고 그에 따라 처리수의 pH가 낮아지게 되거나 BOD가 높게 유출될 수 있다. • 생물막법은 운전관리 조작이 간단하지만 한편으로는 운전조작의 유연성에 결점이 있으며 문제가 발생할 경우에 운전방법의 변경 등 적절한 대처가 곤란하다.

예제

하수처리에 사용되는 생물학적 처리공정 중 부유미생물을 이용한 공정이 아닌 것은?

① 산화구법 ② 접촉산화법
③ 질산화내생탈질법 ④ 막분리활성슬러지법

정답 ②

풀이 부착미생물법 : 접촉산화법, 회전원판법, 살수여상법

② 살수여상법

- 고정된 쇄석과 플라스틱 등의 여재 표면에 부착한 생물막의 표면을 하수가 박막의 형태로 흘러내리면서 하수가 여재 사이의 적당한 공간을 통과할 때에 공기 중으로부터 하수에 산소가 공급되며 하수로부터 생물막으로 산소와 기질이 공급되어 부착된 미생물에 의해 처리된다.

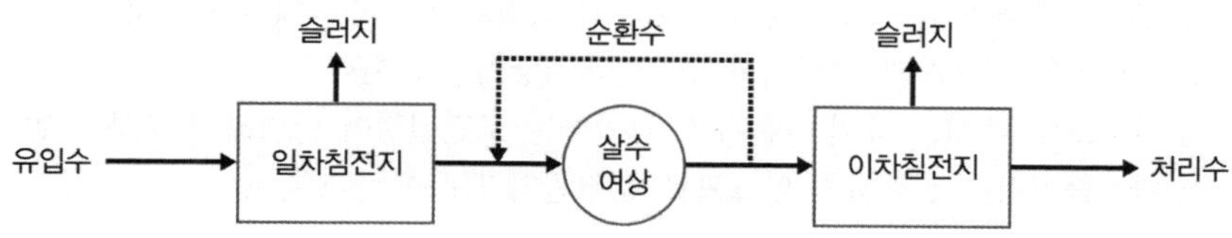

| 살수여상법의 흐름도 |

- 살수여상은 수리학적 부하에 따라 저속, 중속, 고속 및 초고속 등으로 분류한다.
- 총괄 관측수율은 전형적인 활성슬러지공정의 60~80% 정도이다.

- 정기적으로 여상에 살충제를 살포하거나 여상을 침수토록 하여 파리문제를 해결할 수 있다.
- 덮개 없는 여상의 재순환율을 증대시키면 실제로 여상 내의 평균 온도가 낮아진다.
- 연못화(ponding) 현상의 원인
  - 생물막의 과도한 탈리
  - 1차 침전지에서 불충분한 고형물 제거
  - 너무 작거나 불균일한 여재
  - 너무 높은 기질부하율
  - 용존산소 부족

예제

다음 중 살수여상법으로 폐수를 처리할 때 유지관리상 주의할 점이 아닌 것은?

① 슬러지의 팽화 ② 여상의 폐쇄
③ 생물막의 탈락 ④ 파리의 발생

정답 ①

풀이 슬러지의 팽화는 활성슬러지법의 유지관리상 주의할 점이다.

③ 접촉산화법

- 접촉산화법은 생물막을 이용한 처리방식의 한가지로서, 반응조내의 접촉제 표면에 발생 부착된 호기성미생물(이하 '부착생물'이라 칭함)의 대사활동에 의해 하수를 처리하는 방식이다.
- 일차침전지 유출수 중의 유기물은 호기상태의 반응조내에서 접촉제 표면에 부착된 생물에 흡착되어 미생물의 산화 및 동화작용에 의해 분해 제거된다.
- 부착 생물량을 임의로 조정할 수 있기 때문에 조작 조건의 변경에 대응하기 가능하다.
- 부하, 수량변동에 대하여 완충능력이 있다.
- 반응조 내 매체를 균일하게 포기 교반하는 조건설정이 어렵고 사수부가 발생할 우려가 있으며 포기비용이 약간 높다.

예제

접촉산화법의 특징 및 장단점에 관한 내용으로 틀린 것은?

① 부착생물량을 임의로 조정하기 어려워 조작조건의 변경에 대응하기가 용이하지 않다.
② 슬러지의 자산화가 기대되어 잉여슬러지량이 감소한다.
③ 반응조내 매체를 균일하게 포기 교반하는 조건설정이 어렵고 사수부가 발생할 우려가 있다.
④ 반송슬러지가 필요하지 않으므로 운전관리가 용이하다.

정답 ①

풀이 부착생물량을 임의로 조정이 가능해 조작조건의 변경에 대응하기가 용이하다.

④ 회전원판법

- 원판의 일부가 수면에 잠기도록 원판을 설치하여 이를 천천히 회전시키면서 원판 위에 자연적으로 발생하는 호기성 미생물(이하 "부착생물"이라 함)을 이용하여 하수를 처리하는 것이다.
- 질산화가 일어나기 쉬우며 pH가 저하되는 경우도 있다.
- 활성슬러지법에서와 같이 벌킹으로 인해 이차침전지에서 일시적으로 다량의 슬러지가 유출되는 현상은 없다.
- 활성슬러지법에 비해 이차침전지에서 미세한 SS가 유출되기 쉽고, 처리수의 투명도가 나쁘다.
- 살수여상과 같이 여상에 파리는 발생하지 않으나 하루살이가 발생하는 수가 있다.
- 폐수량 변화에 강하다.
- 타 생물학적 처리공정에 비하여 scale-up시키기 어렵다.
- 침적률은 축이 수몰되지 않도록 35~45% 정도로 한다.
- 단회로 현상의 제어가 쉽다.

✱ 단회로 현상 : 반응조 내 유체의 속도차에 의해 발생하는 현상으로 속도가 빠른 부분과 속도가 느린 부분이 생기는 현상이다. 속도가 빠른 부분은 속도가 느린 부분에 비해 적은 접촉시간 및 침전시간을 갖기 때문에 효율에 나쁜 영향을 미친다.

예제

하수처리방식 중 회전원판법에 관한 설명으로 가장 거리가 먼 것은?

① 활성슬러지법에 비해 2차 침전지에서 미세한 SS가 유출되기 쉽고 처리수의 투명도가 나쁘다.
② 운전관리상 조작이 간단한 편이다.
③ 질산화가 거의 발생하지 않으며, pH 저하도 거의 없다.
④ 소비 전력량이 소규모 처리시설에서는 표준 활성 슬러지법에 비하여 적은 편이다.

정답 ③

풀이 질산화가 발생하기 쉬운편이며 pH가 저하되는 경우가 있다.

5 고도처리

(1) 급속여과공정

① 상수처리시설의 급속여과지

- 급속여과지는 원수 중의 현탁물질을 약품으로 응집시킨 후에 입상여과층에서 비교적 빠른 속도로 물을 통과시켜 여재에 부착시키거나 여과층에서 체거름작용으로 탁질을 제거하는 고액분리공정을 총칭한다.
- 방식 : 급속여과지는 중력식과 압력식이 있으며 중력식을 표준으로 한다.

② 하수처리시설의 급속여과법-잔류 SS 및 용존유기물 제거공정

- 급속여과법은 안정된 처리성능을 얻을 수 있고 운전도 용이하며 2차 처리수질의 향상을 기대할 수 있는 고도처리의 기본공정이다. 급속여과법은 모래, 모래와 안트라사이트, 섬유사, 폴리에틸렌 등의 여재로 이루어진 여층에 비교적 높은 속도로 유입수를 통과시켜 부유물을 제거하는 방법이다.
- 여과를 계속하게 되면 포착된 부유물질에 의해 여층의 손실수두가 증대하기 때문에 설정수두에 도달하거나 정기적으로 세척할 필요가 있다.
- 손실수두에 영향을 주는 인자: 여층의 두께, 여과 속도, 물의 점도와 밀도, 여재입경 등

여과지의 장애현상

구분	원인	대책
부수두현상	• 고농도 유기물의 여과층 표면 침착 • 세척부족	• 전처리 등을 통한 유기물 제어 • 세척 주기 조절
공기결합(air binding)	• 압력차에 의한 부압으로 기포 발생	• 압력조절
점토구(Mud ball)	• 잔류하는 유기물이나 고형물 덩어리 • 세척부족	• 세척강화 • 여재의 교반
여재층 수축	• 여재 표면의 점액층	• 세척강화

예제

01 수중에 존재하는 오염물질과 제거방법을 기술한 내용 중 틀린 것은?

① 부유물질 - 급속여과, 응집침전
② 용해성 유기물질 - 응집침전, 오존산화
③ 용해성 염류 - 역삼투, 이온교환
④ 세균, 바이러스 - 소독, 급속여과

정답 ④

풀이 세균, 바이러스 - 오존 또는 UV 소독

02 직사각형 급속여과지를 설계하고자 한다. 설계조건이 다음과 같을 때 급속여과지의 지수는 몇 개가 필요한가?

〈설계조건〉
유량 30,000m³/day, 여과속도 120m/day, 여과지 1지의 길이 10m, 폭 7m, 기타 조건은 고려하지 않음

① 2　　② 4
③ 6　　④ 8

정답 ②

풀이 여과유량 = 여과속도 × 여과면적

$$\frac{30000m^3}{day} = \frac{120m}{day} \times \frac{(10 \times 7)m^2}{지} \times □지$$

∴ □ = 3.5714지 → 4지

(2) 상수처리시설의 완속여과지

① 완속여과법은 모래층과 모래층 표면에 증식하는 미생물군에 의하여 수중의 부유물질이나 용해성물질 등의 불순물을 포착하여 산화하고 분해하는 방법에 의존하는 정수방법이다.

② 비교적 양호한 원수에 알맞은 방법으로 생물의 기능을 저해하지 않는다면 완속여과지에서는 수중의 현탁물질이나 세균뿐만 아니라 어느 한도 내에서는 암모니아성질소, 냄새, 철, 망간, 합성세제, 페놀 등도 제거할 수 있다. → 여과시스템의 신뢰성이 높고, 양질의 음용수를 얻을 수 있다.

③ 여과속도: 4~5 m/d를 표준으로 한다.

④ 여과면적: 계획정수량을 여과속도로 나누어 구한다.

⑤ 여과지의 수: 예비지를 포함하여 2지 이상으로 하고 10지마다 1지 비율로 예비지를 둔다.

예제

01 폐수처리에서 여과공정에 사용되는 여재로 틀린 것은?

① 모래 ② 무연탄

③ 규조토 ④ 유리

정답 ④

02 상수도계획 시 여과에 관한 설명으로 옳지 않은 것은?

① 완속여과를 채용할 경우, 색도, 철, 망간도 어느 정도 제거된다.

② 완속여과는 생물막에 의한 세균, 탁질제거와 생화학적 산화반응에 의해 다양한 수질인자에 대응할 수 있다.

③ 급속여과의 여과속도는 70~90m/day를 표준으로 하고, 침전은 필수적이나, 약품사용은 필요치 않다.

④ 급속여과는 탁도 유발물질의 제거효과는 좋으나 세균은 안심할 정도로의 제거가 어려운 편이다.

정답 ③

풀이 급속여과의 여과속도는 120~150m/day를 표준으로 하고 약품사용이 필요하다. 급속여과지는 원수 중의 현탁물질을 약품으로 응집시킨 후에 입상여과층에서 비교적 빠른 속도로 물을 통과시켜 여재에 부착시키거나 여과층에서 체거름작용으로 탁질을 제거하는 고액분리공정을 총칭한다. 제거대상이 되는 현탁물질을 미리 응집시켜 부착 또는 체거름되기 쉬운 상태의 플록으로 형성하는 것이 필요하다.

제3절 | 흡착

1 개요

(1) 하수의 활성탄 처리는 일반적으로 정상적인 생물학적 처리를 거친 물의 최종처리 공정으로 이용되고 있으며, 이때 활성탄은 잔류용존유기물의 제거에 사용된다.

(2) 흡착제 종류

활성탄, 실리카겔, 합성제올라이트, 활성알루미나, 보크사이트, 마그네시아 등

* 흡착이란 흡착제(adsorbent)를 사용하여 용액으로부터 오염물을 제거하는 것이다.

물리적 흡착	화학적 흡착
• 입자간의 인력(van der waals힘)이 주된 원동력으로 흡착제에 피흡착물질이 부착되는 흡착으로 가역적인 흡착반응이 일어난다. • 일반적으로 기체의 분자량이 크고, 흡착되는 피흡착물질의 분압이 높을수록 흡착량은 증가하게 된다. • 온도가 낮을수록 흡착량은 많아 지며 일정온도(임계온도) 이상에서는 흡착되지 않는다. • 흡착열이 낮고 다분자 흡착이며 오염가스 회수가 용이하다.	• 화학적인 반응에 의한 화학결합으로 흡착제에 피흡착물질이 흡착되며 비가역적인 흡착반응이 일어난다. • 표면에 단분자막을 형성하며, 발열량이 크다.

구 분	물리적 흡착	화학적 흡착
온도범위	낮은 온도	대체로 높은 온도
흡착층	여러 층이 가능	단일 분자층
가역정도	가역성이 높음	가역성이 낮음
흡착열	낮음	높음

(3) 흡착제에 흡착될 수 있는 흡착질의 양은 흡착질의 농도와 온도의 함수이다.

(4) 흡착되는 물질의 양은 일정 온도에서 농도의 함수로 나타내는데 이를 흡착등온선(adsorption isotherm)이라 한다(Freundlich, Langmuir 그리고 Brunauer, Emmet 및 Teller(BET 등온선) 등의 식이 있다.)

(5) 활성탄을 이용한 하수처리에서는 Freundlich와 Langmuir의 식이 주로 사용된다.

(6) 흡착제의 요구조건

① 흡착제의 재생이 용이하고 흡착물질의 회수가 용이해야 한다.

② 압력손실이 작아야 하고 흡착효율이 좋아야 한다.

③ 일정 강도를 가져야 하며 처리 중 흡착제의 손실이 없어야 한다.

④ 온도와 같은 환경 변화에 대응성이 뛰어나야 한다.

예제

01 다음 화학적 흡착의 설명으로 틀린 것은 어느 것인가?

① 비가역적반응이다.

② 흡착제의 재생성이 낮다.

③ 여러 층의 흡착이 가능하다.

④ 흡착열이 높다.

정답 ③

02 물리적 흡착과 화학적 흡착에 대한 비교설명으로 옳은 것은?

① 물리적 흡착과정은 가역적이기 때문에 흡착제의 재생이나 오염가스의 회수에 매우 편리하다.
② 물리적 흡착은 온도의 영향을 받지 않는다.
③ 물리적 흡착은 화학적 흡착보다 분자간의 인력이 강하기 때문에 흡착과정에서의 발열량도 크다.
④ 물리적 흡착에서는 용질의 분자량이 적을수록 유리하게 합착한다.

정답 ①

풀이 ② 물리적 흡착은 온도의 영향을 받는다.
③ 화학적 흡착은 물리적 흡착보다 분자간의 인력이 강하기 때문에 흡착과정에서의 발열량도 크다.
④ 물리적 흡착에서는 용질의 분자량이 클수록 유리하게 흡착한다.

---

2 Freundlich 모델

$$\frac{X}{M} = KC^{\frac{1}{n}}$$

X : 흡착된 용질의 양 / M : 흡착제(활성탄)의 양 /C : 용질의 평형농도 / K, n : 상수

예제

활성탄을 이용하여 흡착법으로 A폐수를 처리하고자 한다. 폐수 내 오염물질의 농도를 30mg/L에서 10mg/L로 줄이는데 필요한 활성탄의 양은? (단, $\frac{X}{M} = KC^{1/n}$ 사용, K = 0.5, n = 1이다.)

① 3.0mg/L
② 3.3mg/L
③ 4.0mg/L
④ 4.6mg/L

정답 ③

풀이 $\frac{X}{M} = KC^{1/n}$

$\frac{(30 - 10)}{M} = 0.5 \times 10^{1/1}$

∴ M : 4.0mg/L

---

3 Langmuir 모델

Langmuir는 흡착제의 표면과 흡착되는 가스분자와의 사이에 작용하는 결합력이 약한 화학흡착에 의한 것이며, 흡착의 결합력은 단분자층이 두께에 제한된다고 생각하여, 피흡착물질의 양과 가스 압력 간의 관계를 이론적으로 유도하였다. 즉, 흡착에서 결합력이 작용하는 한계는 단지 단분자(Monolayer) 측의 두께정도라고 보아 그 이상 떨어지게 되면 흡착은 일어나지 않는다(가역적평형)는 모델에 이론적 근거를 두고 있어 Langmuir 흡착은 단분자층흡착이라고도 한다.

$$\frac{X}{M} = \frac{abC}{1 + aC}$$

X : 흡착된 용질의 양 / M : 흡착제(활성탄)의 양 / C : 용질의 평형농도 / a, b : 상수

예제

Langmuir 등은 흡착식을 유도하기 위한 가정으로 옳지 않은 것은?

① 한정된 표면만이 흡착에 이용된다.
② 표면에 흡착된 용질물질은 그 두께가 분자 한 개 정도의 두께이다.
③ 흡착은 비가역적이다.
④ 평형조건이 이루어졌다.

정답 ③

풀이 흡착은 가역적이고 화학적 흡착을 가정한다.

4 흡착제의 재생

(1) 활성탄층을 통하여 저압의 수증기를 통과시키면 피흡착제는 증발 또는 제거된다.

(2) 용매를 사용하여 피흡착제를 추출시킨다.

(3) 열을 이용하여 재생시킨다.

(4) 산화력이 있는 가스에 노출시킨다.

BAC(Biological Activated Carbon) 공법 : 활성탄 + 미생물
- 생물학적으로 분해 불가능한 독성물질이라도 흡착기능에 의하여 오염물질 제거가 가능하다.
- 부유물질과 유기물 농도가 낮은 깨끗한 유출수를 배출한다.
- 분해속도가 느린 물질이나 적응시간이 필요한 유기물 제거에 효과적이다.
- 활성탄이 서로 부착, 응집되어 수두손실이 증가될 수 있다.
- 정상상태까지의 시간이 길다.
- 미생물 부착으로 일반 활성탄보다 사용시간이 길다.

예제

BAC(Biologocal Activated Carbon : 생물활성탄)의 단점에 관한 설명으로 틀린 것은?

① 활성탄이 서로 부착, 응집되어 수두손실이 증가될 수 있다.
② 정상상태까지의 시간이 길다.
③ 미생물 부착으로 일반 활성탄보다 사용시간이 짧다.
④ 활성탄에 병원균이 자랐을 때 문제가 야기될 수 있다.

정답 ③

풀이 미생물 부착으로 일반 활성탄보다 사용시간이 길다.

5 막여과공법

(1) 정의

막여과(Membrane Filtration)란 막(Membrane)을 여재로 사용하여 물을 통과시켜서 원수 중의 불순물질을 분리제거하고 깨끗한 여과수를 얻는 정수방법을 말한다. 담수처리에 주로 사용되고 있는 막여과는 정밀여과와 한외여과가 있으며, 제거대상물질은 현탁물질을 주로 하는 불용해성물질이다. 또한 나노여과 및 역삼투법은 용해성물질을 제거대상물질로 하며 단독 또는 고도정수처리와의 조합 등이 검토되고 있다.

(2) 막여과공법의 종류와 특징

종류	정밀여과	한외여과	역삼투	전기투석	투석
구동력	정수압차	정수압차	정수압차	전위차(기전력)	농도차

✱ 투석: 선택적 투과막을 통해 용액 중에 다른 이온 혹은 분자의 크기가 다른 용질을 분리시키는 것이다.

예제

분리막을 이용한 수처리 방법 중 추진력이 정수압차가 아닌 것은?

① 투석
② 정밀여과
③ 역삼투
④ 한외여과

정답 ①

풀이 투석: 농도차

① **정밀여과법(Micro Filtration: MF)–정수압차**: 정밀여과막모듈을 이용하여 부유물질이나 원충, 세균, 바이러스 등을 체거름원리에 따라 입자의 크기로 분리하는 여과법을 말한다. 입경 0.01 μm 이상의 영역을 분리대상으로 한다.

② **한외여과법(Ultra Filtration: UF)–정수압차**: 한외여과막모듈을 이용하여 부유물질이나 원충, 세균, 바이러스, 고분자량물질 등을 체거름원리에 따라 분자의 크기로 분리하는 여과법을 말한다. 분리성능은 분획분자량으로 나타낸다. 수처리에서는 초순수의 제조, 폐액·폐수처리, 배출수의 재이용 등에 사용하고 있다.

③ **나노여과법(Nano Filtration : NF)–정수압차**: 한외여과법과 역삼투법의 중간에 위치하는 나노여과막모듈을 이용하여 이온이나 저분자량 물질 등을 제거하는 여과법을 말한다.

④ **역삼투법(Reverse Osmosis: RO)–정수압차**

- 물은 통과하지만 이온은 통과하지 않는 역삼투막모듈을 이용하여 이온물질을 제거하는 여과법을 말한다. 해수 중의 염분을 제거하는 해수담수화 등에 사용하고 있다.
- 용매는 통과하지만 용질은 통과하지 않는 반투막 성질을 이용한다.
- **역삼투현상**: 삼투압에 견딜 수 있는 만큼의 외압을 농후용액측에 가하면 역으로 용액 중의 용매가 수측으로 이동하는 현상이다.

역삼투법에서의 단위면적당 처리수량 산정

- 단위면적당 처리수량 = 물질전달전이계수 × (압력차-삼투압차)
- 막의 면적은 최저운전온도에 따라 달라지며 운전온도가 낮을수록 넓은 면적의 막이 요구된다.

$$Q_F = \frac{Q}{A} = K(\Delta P - \Delta\pi)$$

Q_F: 단위면적당 처리수량 / Q: 처리수량 / A: 막의 면적 /
K: 물질전달전이계수 / △P: 압력차 / △π: 삼투압차

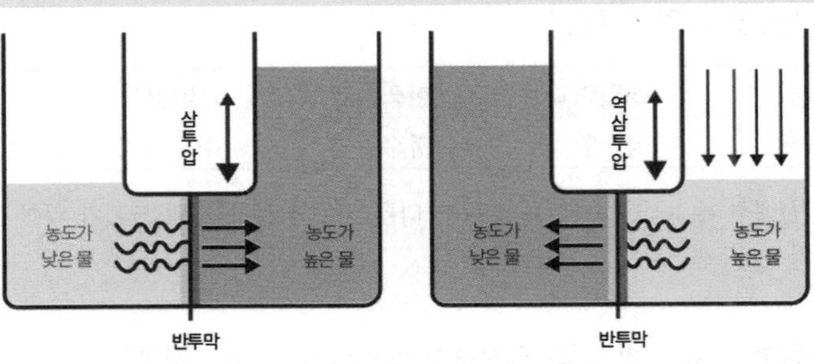

예제

01 정수처리를 위한 막여과설비에서 적절한 막여과의 유속 설정 시 고려사항으로 틀린 것은?

① 막의 종류　　② 막공급의 수질과 최고 수온
③ 전처리설비의 유무와 방법　　④ 입지조건과 설치공간

정답 ②

풀이 막공급의 수질과 최저 수온을 고려해야 한다.

02 역삼투장치로 하루에 20,000L의 3차 처리된 유출수를 탈염시키고자 한다. 25℃에서의 물질전달 계수는 0.2L/{(day-m²)(kPa)}, 유입수와 유출수의 압력차는 2,400kPa, 유입수와 유출수의 삼투압차는 400kPa, 최저 운전온도는 10℃이다. 요구되는 막면적(m²)은? (단, $A_{10℃} = 1.2A_{25℃}$이다.)

① 40　　② 60
③ 80　　④ 100

정답 ②

풀이 $A(m^2) = \frac{\text{처리수의 양(L/day)}}{\text{단위면적당처리수의 양}(L/m^2 \cdot day)}$

- 단위면적당 처리수량 산정
  단위면적당 처리수량 = 물질전달전이계수 × (압력차-삼투압차)
  $Q_F = \frac{Q}{A} = K(\Delta P - \Delta\pi) = \frac{0.2L}{day \cdot m^2 \cdot kPa} \times (2{,}400 - 400)kPa = 400L/m^2 \cdot day$
- 면적 산정
  처리수의 양 Q = 20,000L/day
  $A_{10℃} = 1.2A_{25℃}$
  $\therefore A_{10℃} = \frac{20{,}000L/day}{400L/m^2 \cdot day} \times 1.2 = 60m^2$

분리막 모듈의 형식
판형, 관형, 나선형, 중공사형 등이 있다.

예제

막모듈형식으로 가장 거리가 먼 것은?

① 중공사형 ② 투사형
③ 판형 ④ 나선형

정답 ②

풀이 분리막의 모듈은 관형, 판형, 중공사형, 나선형으로 구분된다.

막의 열화와 파울링

- 열화(비가역적) : 막 자체의 변질로 생긴 비가역적인 막 성능의 저하

물리적열화	장기적인 압력부하에 의한 막구조의 압밀화creep변형
압밀화	원수중의 고형물이나 진동에 의한 막면의 상처나 마모, 파단
손상건조	건조되거나 수축으로 인한 막구조의 비가역적인 변화
화학적열화	막이 pH나 온도등의 작용에 의한 분해
가수분해산화	산화제에 의하여 막재질의 특성 변화나 분해
생물화학적변화	미생물과 막재질의 자화 또는 분비물의 작용에 의한 변화

- 파울링(가역적) : 막자체의 변질이 아닌 외적인자로 생긴 막성능의 저하

부착층	케익층	공급수중의 현탁물질이 막 면상에 축적되어 형성되는 층
	겔층	농축으로 용해성 고분자등의 막표면 농도가 상승하여 막면에 형성된 겔(gel)상의 비유동성층
	스케일층	농축으로 난용해성 물질이 용해도를 초과하여 막면에 석출된 층
	흡착층	공급수중에 함유되어 막에 대하여 흡착성이 큰물질이 막면상에 흡착되어 형성된 층
막힘	고체 : 막의 다공질부의 흡착 석출 포착등에 의한 폐색 액체 : 소수성막의 다공질부가 기체로 치환(건조)	
유로폐색	막, 모듈의 공급유로 또는 여과수유로가 고형물로 폐색되어 흐르지 않는 상태	

예제

정수시설인 막여과시설에서 막모듈의 파울링에 해당되는 내용은?

① 막모듈의 공급유로 또는 여과수 유로가 고형물로 폐색되어 흐르지 않는 상태
② 미생물과 막 재질의 자화 또는 분비물의 작용에 의한 변화
③ 건조되거나 수축으로 인한 막 구조의 비가역적인 변화
④ 원수 중의 고형물이나 진동에 의한 막 면의 상처나 마모, 파단

정답 ①

풀이 ② 미생물과 막 재질의 자화 또는 분비물의 작용에 의한 변화 → 열화
③ 건조되거나 수축으로 인한 막 구조의 비가역적인 변화 → 열화
④ 원수 중의 고형물이나 진동에 의한 막 면의 상처나 마모, 파단 → 열화

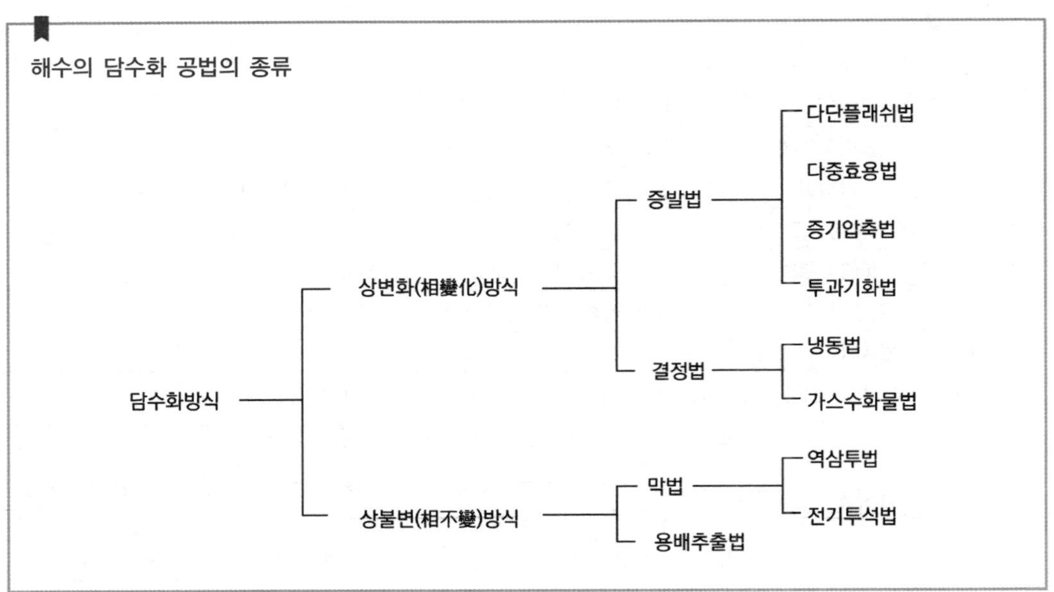

6 하수처리시설에서의 질소와 인의 제거공정

(1) 처리방식의 종류

① 질소, 인 동시 제거공정

- 생물학적공정: 혐기무산소호기조합법, 응집제병용형 순환식질산화탈질법, 응집제병용형 질산화내생탈질법, 반송슬러지 탈질탈인 질소인동시제거법

② 질소 제거공정

- 탈질전자공여체에 의한 구분: 순환식질산화탈질법, 질산화내생탈질법, 외부탄소원탈질법
- 기타: 단계혐기호기법, 고도처리 연속회분식활성슬러지법, 간헐포기탈질법, 고도처리 산화구법, 탈질생물막법, 막분리 활성슬러지법

③ 인 제거공정

- 화학적공정: 응집제첨가활성슬러지법, 정석탈인법
- 생물학적공정: 혐기호기활성슬러지법, 반송슬러지탈인 화학침전법

④ 잔류 SS 및 잔류 용존유기물 제거공정

- 잔류 SS 제거: 급속여과법, 막분리법(MF, UF)
- 잔류 용존유기물 제거: 막분리법, 활성탄흡착법, 오존산화법
- 잔류 SS 및 용존성 인 제거: 응집침전법

생물학적 질소 인제거 반응조의 역할

- 혐기조: 인의 방출
- 무산소조: 탈질
- 호기소: 질산화, 인의 과잉흡수

⑤ 혐기무산소호기조합법(A_2/O 공법) – 질소, 인 동시 제거

- 생물학적 인제거공정과 생물학적 질소제거공정을 조합시킨 처리법이다.
- 활성슬러지 미생물에 의한 인 과잉섭취현상 및 질산화, 탈질반응을 이용한 것이다.
- 혐기반응조(인의 방출), 무산소반응조(탈질), 호기반응조(질산화)의 순서로 배치한다.
- 유입수와 반송슬러지를 혐기반응조에 유입시키면서, 호기반응조 혼합액을 무산소반응조에 순환시키는 방법이다.

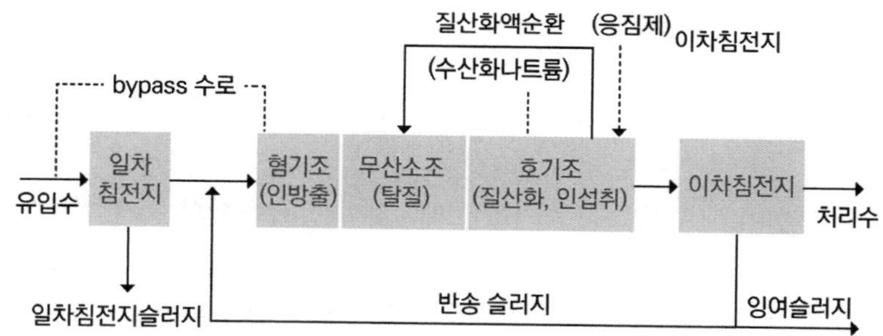

| 혐기무산소호기조합법의 처리계통 |

UCT 공법

반송슬러지 유입을 무산소조로 변경하여 혐기조에서 인의 방출을 촉진시킨다.

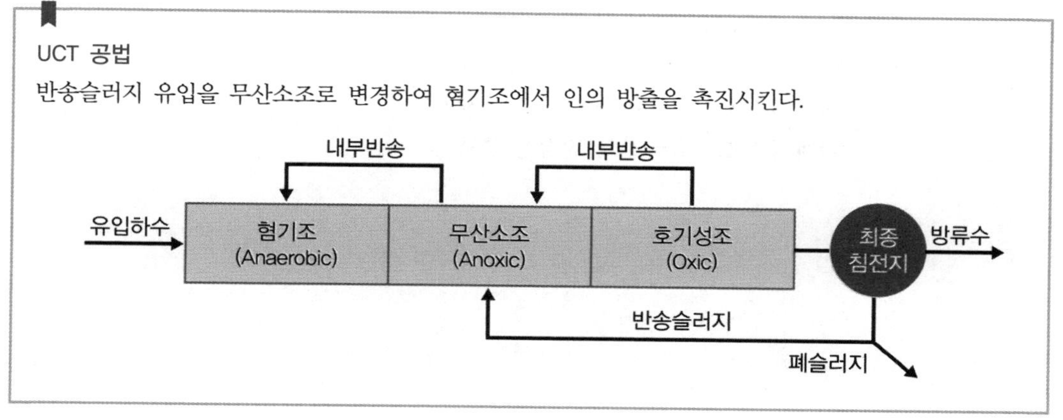

예제

01 A_2/O 공법에 대한 설명으로 틀린 것은?

① 혐기조 - 무산소조 - 호기조 - 침전조 순으로 구성된다.
② A_2/O 공정은 내부재순환이 있다.
③ 미생물에 의한 인의 섭취는 주로 혐기조에서 일어난다.
④ 무산소조에서는 질산성질소가 질소가스로 전환된다.

정답 ③
풀이 미생물에 의한 인의 섭취는 주로 호기조에서 일어난다.

02 하수내 질소 및 인을 생물학적으로 처리하는 UCT 공법의 경우 다른 공법과는 달리 침전지에서 반송되는 슬러지를 혐기조로 반송하지 않고 무산소조로 반송하는데 그 이유로 가장 적합한 것은?

① 혐기조에 질산염의 부하를 감소시킴으로써 인의 방출을 증대시키기 위해
② 호기조에서 질산화된 질소의 일부를 잔류 유기물을 이용하여 탈질시키기 위해
③ 무산소조에 유입되는 유기물 부하를 감소시켜 탈질을 증대시키기 위해
④ 후속되는 호기조의 질산화를 증대시키기 위해

정답 ①

---

⑥ 5단계 Bardenpho 공법 – 질소, 인 동시 제거

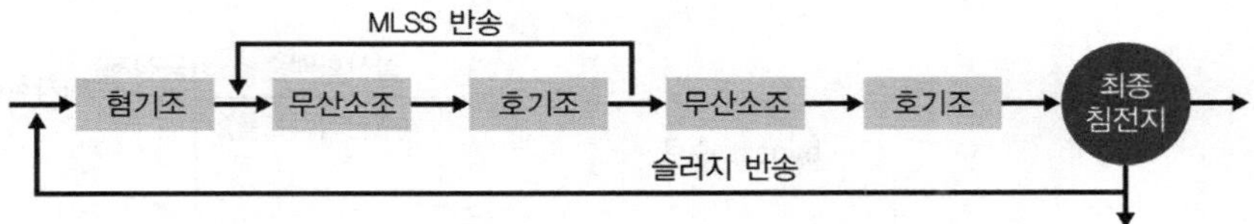

- 혐기조, 무산소조, 호기조를 배치하여 질소와 인의 동시 제거가 가능하며 1단계 호기조에서 질산화된 유입수를 내부반송을 통해 무산소조로 옮겨져 탈질화 하여 질소를 제거한다.
- 1단계 혐기조에서 인을 방출시키고 1단계 호기조에서 인을 과잉흡수하여 인을 제거한다.
- 각 반응조의 역할
  - 1단계 혐기조: 인의 방출
  - 1단계 무산소조: 탈질
  - 1단계 호기소: 질산화, 인의 과잉흡수
  - 2단계 무산소조: 잔류 질산성질소 제거
  - 2단계 호기조: 슬러지의 침강성 증대

예제

3차 처리 프로세스 중 5단계–Bardenpho 프로세스에 대한 설명으로 가장 거리가 먼 것은 어느 것인가?

① 1차 폭기조에서는 질산화가 일어난다.
② 혐기조에서는 용해성 인의 과잉흡수가 일어난다.
③ 인의 제거는 인의 함량이 높은 잉여슬러지를 제거함으로써 가능하다.
④ 무산소조에서는 탈질화과정이 일어난다.

정답 ②

풀이 혐기조에서는 용해성 인의 방출이 일어난다.

⑦ 반송슬러지 탈질탈인 질소, 인 동시제거 공정(수정 Phostrip 공법) – 질소, 인 동시제거

- 질소와 인을 동시에 제거하고자 고안된 반송슬러지 탈질탈인 질소, 인 동시제거 공정은 기존의 Phostrip공법에서 탈인조 앞에 탈질조를 설치하여 탈질과 후속되는 탈인조에서 질산성질소의 영향을 최소화하여 탈인 효율을 높인 수정 Phostrip 공법이다. 이에 더하여 포기조 이전에 미생물 선택조를 추가하여 낮은 F/M비에 의한 사상성미생물의 슬러지벌킹을 방지하는 공법 등이 있다.

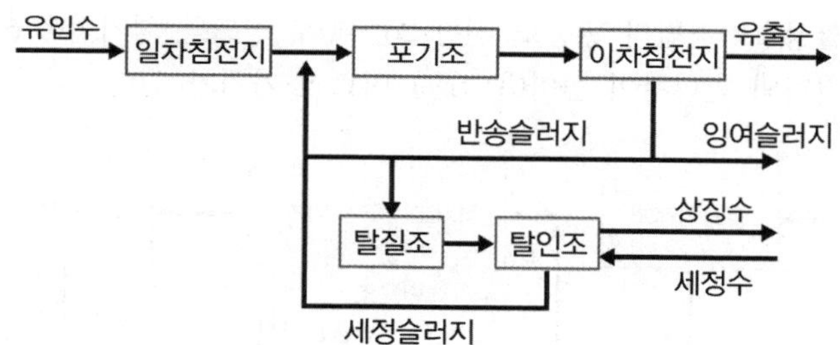

| 질소, 인 동시 제거 반송슬러지 탈진탈인 제거공법의 예 |

⑧ 4단계 Bardenpho 공법

- 무산소조, 호기조를 배치하여 질소의 제거가 가능하며 1단계 호기조에서 질산화된 유입수를 내부반송을 통해 무산소조로 옮겨져 탈질화하여 질소를 제거한다.

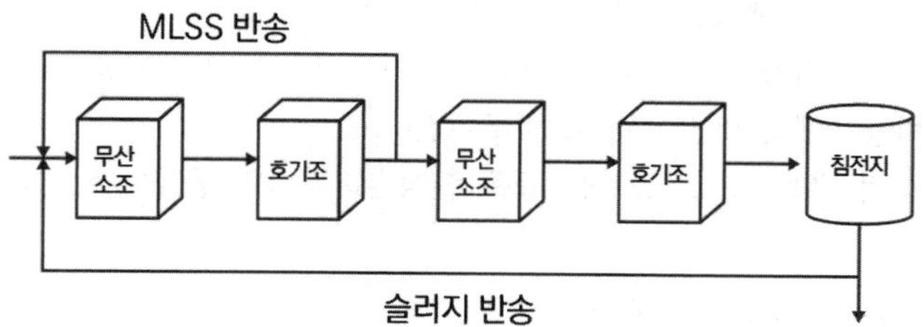

- 각 반응조의 역할
  - 1단계 무산소조: 탈질
  - 1단계 호기소: 질산화
  - 2단계 무산소조: 잔류 질산성질소 제거
  - 2단계 호기조: 슬러지의 침강성 증대

Air Stripping

- 산업폐수 중에 존재하는 용존무기탄소 및 용존암모니아(NH_4^+)의 기체를 제거하는 것이다.
- 용존무기탄소: pH 4 + Air Stripping
  - 알칼리도가 높으면 이산화탄소의 용해도가 크므로 pH를 조절하여 이산화탄소를 탈기시킨다.
- 용존암모니아: pH 10 + Air Stripping
  - 알칼리도가 높으면 용존암모니아의 용해도가 작아지므로 pH를 조절하여 암모니아를 탈기시킨다.
  - $NH_3 + H_2O \rightleftarrows NH_4^+ + OH^-$

⑨ 혐기호기조합법(A/O 공법) – 인 제거

- 혐기호기조합법은 하수유입과 반송슬러지의 유입이 첫 단계의 혐기조로 함께 유입되는 생물학적 탈인 공정의 대표적인 예이다.
- 표준활성슬러지법의 반응조 전반 20~40% 정도를 혐기반응조로 하는 것이 표준이다.
- 폐슬러지의 인함량이 높아(3~5%) 비료의 가치가 있다.

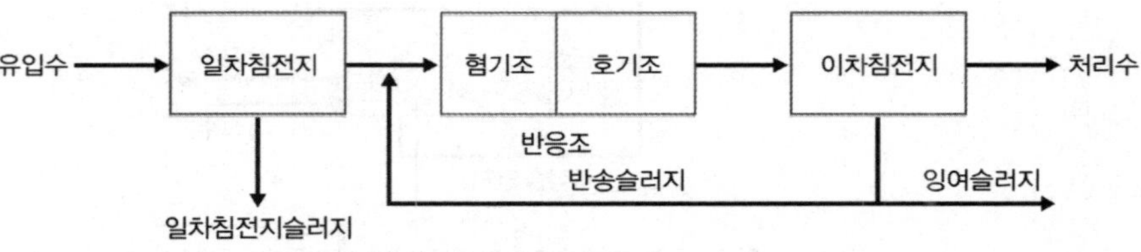

| 혐기호기조합법의 처리계통 |

예제

생물학적 하수 고도처리공법인 A/O 공법에 대한 설명으로 틀린 것은?

① 사상성 미생물에 의한 벌킹이 억제되는 효과가 있다.
② 표준활성슬러지법의 반응조 전반 20~40% 정도를 혐기반응조로 하는 것이 표준이다.
③ 혐기반응조에서 탈질이 주로 이루어진다.
④ 처리수의 BOD 및 SS농도를 표준 활성슬러지법과 동등하게 처리할 수 있다.

정답 ②

풀이 A/O 공정는 인의 제거 공정이다.

⑩ 반송슬러지 탈인제거 공정(Phostrip 공법) – 인 제거

- 반송슬러지 탈인제거공정은 반송슬러지의 일부만이 포기조로 유입되고, 분리된 단위 공정에 의해 생물학적 탈인조에서 슬러지의 인을 방출시킨 후 그 상징액을 화학적인 방법으로 침전시켜 제거한다.

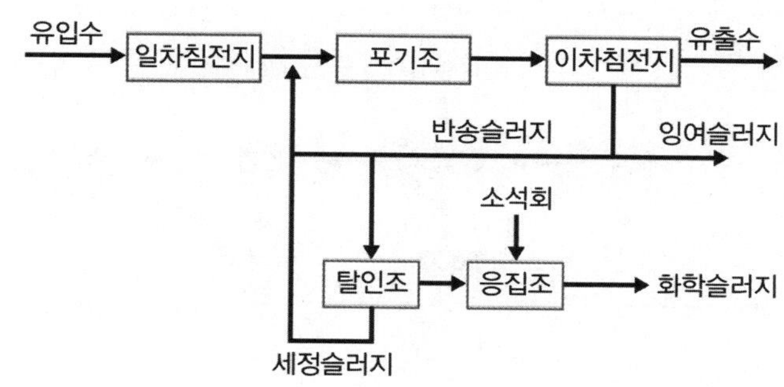

| Phostrip 공법 |

예제

하수 내 함유된 유기물질뿐 아니라 영양물질까지 제거하기 위한 공법인 phostrip 공법에 관한 설명으로 옳지 않은 것은?

① 생물학적 처리방법과 화학적 처리방법을 조합한 공법이다.
② 유입수의 일부를 혐기성 상태의 조로 유입시켜 인을 방출시킨다.
③ 유입수의 BOD 부하에 따라 인 방출이 큰 영향을 받지 않는다.
④ 기존의 활성슬러지처리장에 쉽게 적용이 가능하다.

정답 ②

풀이 반송슬러지의 일부를 혐기성 상태의 조로 유입시켜 인을 방출시킨다.

⑪ 기타오염물질 처리

폐수특성	처리법
비소 함유폐수	수산화 제2철 공침법
시안 함유폐수	알칼리염소법(차아염소산나트륨에 의한 산화), 오존산화법, 전해법, 충격법, 감청법
6가크롬 함유폐수	환원침전법에 의해 제거(환원제 : $FeSO_4$, Na_2SO_4, $NaHSO_3$ 등), 전해법, 이온교환법
수은 함유폐수	황화물 침전법, 활성탄 흡착법, 이온교환법, 아말감법
납 함유 폐수	수산화물침전법, 황화물침전법
유기인을 함유한 폐수	생물학적처리법, 화학적처리법(알칼리성에서 가수분해), 흡착처리법
PCB 함유폐수	연소법, 자외선조사법, 고온 고압 알칼리 분해법

- **오존산화법**: 오존은 알칼리성 영역에서 시안화합물을 N_2로 분해시켜 무해화 한다.
- **전해법**: 유가(有價)금속류를 회수할 수 있는 장점이 있다.
- **충격법**: 시안을 pH 3 이하의 강산성영역에서 강하게 폭기하여 산화하는 방법이다.
- **감청법**: 알칼리성 영역에서 과잉의 철염을 가하여 공침시켜 제거하는 방법이다.
- **6가 크롬 폐수의 환원침전법**: pH 조정(2~3) → 환원 → pH 조정(8~10) → 침전

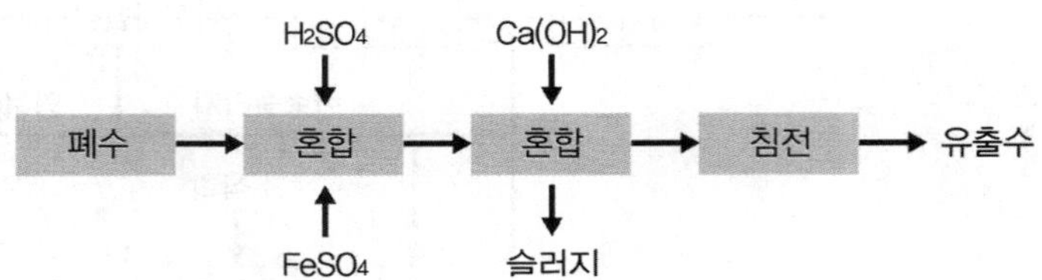

펜톤처리공법

- 펜톤시약 = 철염 + 과산화수소수
- 펜톤시약의 반응시간은 철염과 과산화수소수의 주입 농도에 따라 변화를 보인다.
- 펜톤시약을 이용하여 난분해성 유기물을 처리하는 과정은 대체로 산화반응과 함께 pH 조절, 펜톤산화, 중화 및 응집, 침전으로 크게 4단계로 나눌 수 있다.
- 펜톤시약의 효과는 pH 3~4.5범위에서 가장 강력한 것으로 알려져 있다.
- 폐수의 COD는 감소하지만 BOD는 증가할 수 있다.

예제

01 펜톤(Fenton) 반응에서 사용되는 과산화수소의 용도는?

① 응집제　　② 촉매제
③ 산화제　　④ 침강촉진제

정답 ③

풀이 펜톤시약을 이용하여 난분해성 유기물을 처리하는 과정은 대체로 산화반응과 함께 pH 조절, 펜톤산화, 중화 및 응집, 침전으로 크게 4단계로 나눌 수 있다.

02 폐수특성에 따른 적합한 처리법으로 옳지 않은 것은?

① 비소 함유폐수 – 수산화 제2철 공침법
② 시안 함유폐수 – 오존 산화법
③ 6가 크롬 함유폐수 – 알칼리 염소법
④ 카드뮴 함유폐수 – 황화물 침전법

정답 ③

풀이
- 6가 크롬: 환원침전법에 의해 제거(환원제: $FeSO_4$, Na_2SO_4, $NaHSO_3$ 등), 전해법, 이온교환법
- 시안: 알칼리염소법, 오존산화법, 전해법, 충격법, 감청법

7 슬러지처리

(1) 슬러지의 구성와 특성

① 슬러지는 수중의 부유물이 중력작용에 의하여 침전지의 바닥에 침전한 고형물로서 고형물의 양에 비하여 훨씬 많은 양의 수분을 함유한다.

② 하수처리과정에서 발생한 슬러지는 유기물을 다량 포함하므로 그대로 방치하면 부패하여 악취를 유발한다.

③ 위생 및 환경오염의 관점에서 위해성을 잠재하고 있으므로 슬러지의 부피를 감소시키고 안정화시킨 후에 최종 처분하여야 한다.

(2) 슬러지의 구성 및 양적관계

① SL = TS + W

② SL = VS + FS + W

③ 슬러지의 구성과 비중

$$\frac{SL_{-\text{슬러지 양}}}{\rho_{SL-\text{슬러지 비중}}} = \frac{VS_{-\text{유기물 양}}}{\rho_{VS-\text{유기물 비중}}} + \frac{FS_{-\text{무기물 양}}}{\rho_{FS-\text{무기물 비중}}} + \frac{W_{-\text{수분 양}}}{\rho_{W-\text{수분 밀도}}}$$

예제

1차 처리결과 슬러지의 함수율이 80%, 고형물 중 무기성고형물질이 40%, 유기성고형물질이 60%, 유기성 고형물질의 비중 1.2, 무기성고형물질의 비중이 2.4일 때 슬러지의 비중은?

① 1.017
② 1.045
③ 1.051
④ 1.071

정답 ④

풀이 $\frac{SL}{\rho_{SL}} = \frac{TS}{\rho_{TS}} + \frac{W}{\rho_w} = \frac{VS}{\rho_{VS}} + \frac{FS}{\rho_{FS}} + \frac{W}{\rho_w}$

$\frac{100}{\rho_{SL}} = \frac{20 \times 0.6}{1.2} + \frac{20 \times 0.4}{2.4} + \frac{80}{1}$

$\therefore \rho_{SL} = 1.071$

(3) 슬러지 처리 및 처분방법

농축, 개량, 소화, 탈수, 소각 등 여러 가지가 있다.

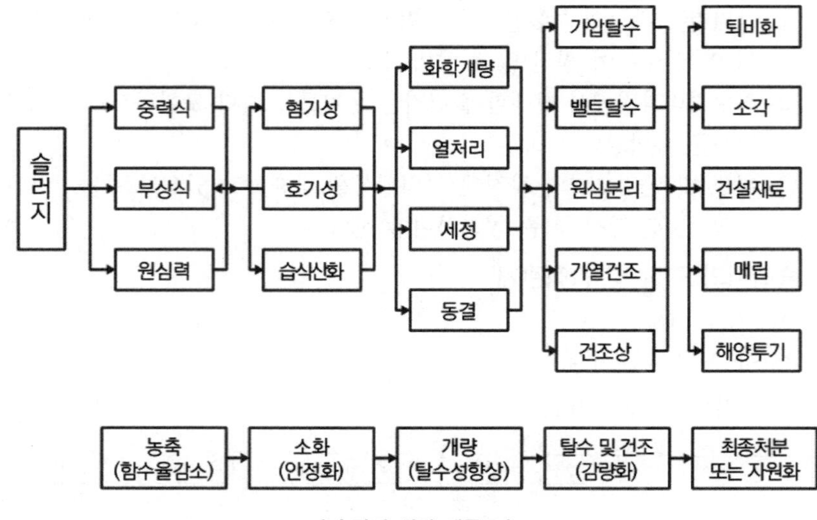

| 슬러지 처리 계통도 |

예제

일반적인 슬러지 처리공정을 순서대로 배치한 것은?

① 농축 → 약품조정(개량) → 유기물의 안정화 → 건조 → 탈수 → 최종처분
② 농축 → 유기물의 안정화 → 약품조정(개량) → 탈수 → 건조 → 최종처분
③ 약품조정(개량) → 농축 → 유기물의 안정화 → 탈수 → 건조 → 최종처분
④ 유기물의 안정화 → 농축 → 약품조정(개량) → 탈수 → 건조 → 최종처분

정답 ②

(4) 슬러지의 농축

① 농축은 용매(수분)가 제거되어 용질(고형물)의 농도가 높아지는 것을 의미한다.
② 슬러지 농축의 역할은 수처리시설에서 발생한 저농도 슬러지를 농축한 다음 슬러지소화나 슬러지탈수를 효과적으로 기능하게 하는데 있다.
③ 농축하는 슬러지는 일차침전지에서 발생하는 일차침전지 슬러지와 이차침전지에서 발생하는 잉여슬러지가 있다.
④ 슬러지 농축에는 중력식, 부상식, 원심분리식, 중력식벨트 농축으로 크게 나눌 수 있다.
⑤ 슬러지 농축이 충분하지 못하면 슬러지처리 효율저하를 초래하는 것뿐만 아니라 상징수중에 다량의 부유물이 포함되어 반송되므로 처리수의 수질악화의 원인이 된다.

슬러지 농축방법의 비교

구분	중력식 농축	부상식 농축	원심분리 농축	중력벨트 농축
설 치 비	크다	중간	작다	작다
설치면적	크다	중간	작다	중간
부대설비	적다	많다	중간	많다
동 력 비	적다	중간	크다	중간
장 점	• 구조가 간단하고 유지 관리 용이 • 1차슬러지에 적합 • 저장과 농축이 동시에 가능 • 약품을 사용하지 않음	• 잉여슬러지에 효과적 • 약품주입 없이도 운전 가능	• 잉여슬러지에 효과적 • 운전조작이 용이 • 악취가 적음 • 연속운전이 가능 • 고농도로 농축가능	• 잉여슬러지에 효과적 • 벨트탈수기와 같이 연동운전 가능 • 고농도로 농축가능
단 점	• 악취문제 발생 • 잉여슬러지의 농축에 부적합 • 잉여슬러지의 경우 소요면적이 큼	• 악취문제 발생 • 소요면적이 큼 • 실내에 설치할 경우 부식 문제 유발	• 동력비가 높음 • 스크류 보수필요. • 소음이 큼	• 악취문제 발생 • 소요면적이 크고 규격(용량)이 한정됨 • 별도의 세정장치가 필요함

예제

01 하수 슬러지의 농축 방법별 특징으로 옳지 않은 것은?

① 중력식: 잉여슬러지의 농축에 부적합 ② 부상식: 악취문제가 발생함
③ 원심분리식: 악취가 적음 ④ 중력벨트식: 별도의 세정장치가 필요 없음

정답 ④

풀이 중력벨트식는 별도의 세정장치가 필요하다.

02 슬러지를 농축시킴으로써 얻는 이점으로 가장 거리가 먼 것은?

① 소화조 내에서 미생물과 양분이 잘 접촉할 수 있으므로 효율이 증대된다.
② 슬러지 개량에 소모되는 약품이 적게 든다.
③ 후속처리시설인 소화조 부피를 감소시킬 수 있다.
④ 난분해성 중금속이 완전제거가 용이하다.

정답 ④

풀이 슬러지를 농축시킴으로써 난분해성 중금속이 완전 제거되지 않는다.

(5) 혐기성 소화

① 개요

- 혐기성 소화는 혐기성균의 활동에 의해 슬러지가 분해되어 안정화되는 것이다.
- 소화 목적은 슬러지의 안정화, 부피 및 무게의 감소, 병원균 사멸 등을 들 수 있다.
- 공정 영향인자에는 체류시간, 온도, 영양염류, pH, 독성물질, 알칼리도 등이 있다.
- 분뇨의 유기물 농도가 너무 높아 호기성처리(포기)에 너무 많은 비용이 들기 때문에 고농도의 슬러지나 분뇨의 처리에 적합하다.

예제

분뇨의 생물학적 처리공법으로서 호기성 미생물이 아닌 혐기성 미생물을 이용한 혐기성처리공법을 주로 사용하는 근본적인 이유는?

① 분뇨에는 혐기성미생물이 살고 있기 때문에
② 분뇨에 포함된 오염물질은 혐기성미생물만이 분해할 수 있기 때문에
③ 분뇨의 유기물 농도가 너무 높아 포기에 너무 많은 비용이 들기 때문에
④ 혐기성처리공법으로 발생되는 메탄가스가 공법에 필수적이기 때문에

정답 ③

② 혐기성 소화의 특징

- 혐기성 소화란 용존산소가 존재하지 않는 환경에서 유기물이 미생물에 의해 분해되는 과정으로 슬러지중의 유기물은 혐기성균의 활동에 의해 분해된다.
- 혐기성 소화에 의한 슬러지의 분해과정은 가수분해단계 → 산생성단계 → 메탄생성단계의 세 단계로 나눌 수 있다.

③ 혐기성 소화의 장점과 단점

장점	단점
• 유효한 자원인 메탄이 생성된다. • 처리후 슬러지 생성량이 적다. • 동력비 및 유지관리비가 적게 든다. • 고농도 폐수처리에 적당하다.	• 높은 온도(35℃ 혹은 55℃)를 요구한다. • 미생물의 성장속도가 느리기 때문에 초기운전시나 온도, 부하량의 변화 등 운전조건이 변화할 때 그에 적응하는 시간이 길다. • 암모니아와 H_2S에 의한 악취가 발생한다. • 질소, 인 등의 영양염류 제거효율이 낮다.

④ 혐기성 소화의 목적

- 소화 중 휘발성 고형물은 감소되고 물과 결합하는 능력도 감소하므로 소화된 슬러지는 탈수시키기가 쉬울 뿐만 아니라 소화되지 않은 슬러지보다 탈수비용이 적게 들 수도 있다.
- 슬러지내의 유기물을 분해시킴으로써 슬러지를 안정화시킨다.
- 슬러지의 무게와 부피를 감소시킨다.
- 이용가치가 있는 메탄을 부산물로 얻을 수 있다.
- 병원균을 죽이거나 통제할 수 있다.

예제

각종 폐수처리 공정에서 발생되는 슬러지를 소화시키는 목적으로 거리가 먼 것은?

① 유기물을 분해시켜 안정화시킨다.
② 슬러지의 무게와 부피를 감소시킨다.
③ 병원균을 죽이거나 통제할 수 있다.
④ 함수율을 높여 수송을 용이하게 할 수 있다.

정답 ④

풀이 슬러지를 소화시킴으로 슬러지의 탈수성을 향상시켜 최종처분 비용을 절감할 수 있다.

⑤ 소화조 운전상의 문제점 및 대책

상 태	원 인
소화가스 : 발생량 저하	• 저농도 슬러지 유입 • 소화슬러지 과잉배출 • 조내 온도저하 • 소화가스 누출 • 과다한 산생성
상징수 악화 : BOD, SS가 비정상적으로 높다.	• 소화가스발생량 저하와 동일원인 • 과다교반 • 소화슬러지의 혼입
pH저하 • 이상발포 • 가스발생량 저하 • 악취 • 스컴 다량 발생	• 유기물의 과부하로 소화의 불균형 • 온도 급저하 • 교반부족 • 메탄균 활성을 저해하는 독물 또는 중금속 투입
이상발포 : 맥주모양의 이상발포	• 과다배출로 조내 슬러지 부족 • 유기물의 과부하 • 1단계조의 교반부족 • 온도저하 • 스컴 및 토사의 퇴적

예제

혐기성 소화시 소화가스 발생량 저하의 원인이 아닌 것은?

① 저농도 슬러지 유입
② 소화슬러지 과잉배출
③ 소화가스 누적
④ 조내 온도저하

정답 ③

풀이 소화가스 누적 → 소화가스 누출

(6) 소화효율

① 소화효율이란 유입슬러지중의 유기성분이 가스화 및 무기화하는 비율로서 소화일수, 소화온도, 유입슬러지의 유기성분함량 등에 따라 정해진다.

② 일반적으로 소화온도 30~35℃, 소화일수 20일 정도의 중온소화에서 투입슬러지의 유기성분이 70% 이상이면 소화율은 50%정도가 얻어진다.

$$\eta = \left(1 - \frac{VS_2/FS_2}{VS_1/FS_1}\right) \times 100$$

FS1 : 투입슬러지의 무기성분(%) / VS1 : 투입슬러지의 유기성분(%) /
FS2 : 소화슬러지의 무기성분(%) / VS2 : 소화슬러지의 유기성분(%)

예제

하수슬러지의 감량시설인 소화조의 소화효율은 일반적으로 슬러지의 VS 감량률로 표시된다. 소화조로 유입되는 슬러지의 VS/TS 비율이 80%, 소화슬러지의 VS/TS 비율이 50%일 경우 소화조의 효율은 몇 %인가?

① 60　　② 65
③ 70　　④ 75

정답 ④

풀이 $\eta = \left(1 - \frac{VS_2/FS_2}{VS_1/FS_1}\right) \times 100 \rightarrow \eta = \left(1 - \frac{50/50}{80/20}\right) \times 100 = 75\%$

⑺ 호기성 소화

① 호기성 소화의 원리

- 호기성 소화는 미생물의 내생호흡을 이용하여 유기물의 안정화를 도모하며, 슬러지 감량뿐만 아니라 차후의 처리 및 처분에 알맞는 슬러지를 만드는데 있다.
- 호기성 소화의 최종생성물은 주로 탄산가스, 물, 그리고 미생물에 의하여 분해되지 않는 유기물들로서 이들 유기물은 폴리싸카라이드(Polysaccharides), 헤미셀룰로오스(Hemicellulose) 그리고 셀룰로오스(Cellulose)로 구성된다.
- 소화중에 생기는 암모니아는 아질산 및 질산으로 산화된다. 이 과정에서 알칼리도가 상당히 파괴되어 pH가 떨어질 수 있으므로 알칼리도 소모량을 추정하여 부족한 경우에는 보충해 주어야 한다.

② 혐기성 소화법과 비교한 호기성 소화법의 장 · 단점

장점	단점
• 최초시공비 절감 • 악취발생 감소 • 운전용이 • 상징수의 수질 양호	• 소화슬러지의 탈수불량 • 포기에 드는 동력비 과다 • 유기물 감소율 저조 • 건설부지 과다 • 저온시의 효율 저하 • 가치있는 부산물이 생성되지 않음.

예제

혐기성 소화법과 비교한 호기성 소화법의 장단점으로 옳지 않은 것은?

① 운전이 용이하다.
② 소화슬러지 탈수가 용이하다.
③ 가치 있는 부산물이 생성되지 않는다.
④ 저온시의 효율이 저하된다.

정답 ②

풀이 탈수성 : 혐기성 소화슬러지 〉 호기성 소화슬러지

---

(8) 슬러지의 개량

① 슬러지의 특성을 개선하는 처리를 슬러지 개량이라 한다.

② 슬러지를 개량시키면 슬러지의 물리적 및 화학적 특성이 바뀌면서 탈수량 및 탈수율이 크게 증가한다.

③ 슬러지의 개량방법으로는 세정, 열처리, 동결, 약품첨가 등이 있다.

슬러지 개량방법	특 징
고분자 응집제 첨가	• 슬러지 응결을 촉진한다. • 슬러지 성상을 그대로 두고 탈수성, 농축성의 개선을 도모한다.
무기약품 첨가	무기약품은 슬러지의 pH를 변화시켜 무기질 비율을 증가시키고, 안정화를 도모한다.
세 정	• 혐기성 소화슬러지의 알칼리도를 감소시켜 산성금속염의 주입량을 감소시킨다. • 비료성분의 순도가 낮아져 비료로서 가치가 적다.
열처리	• 슬러지 성분의 일부를 용해 시켜 탈수개선을 도모한다. • 분리액의 BOD, SS의 농도가 높다.
소각재(ash)의 첨가	슬러지를 소각재를 재이용하는 방법으로 무기성 응집 보조제로 슬러지 개량 등에 사용할 수 있다.

예제

슬러지 개량법의 특징으로 가장 거리가 먼 것은?

① 고분자 응집제 첨가 : 슬러지 응결을 촉진한다.

② 무기약품 첨가 : 무기약품은 슬러지의 pH를 변화시켜 무기질 비율을 증가시키고 안정화를 도모한다.

③ 세정 : 혐기성 소화슬러지의 알칼리도를 감소시켜 산성금속염의 주입량을 감소시킨다.

④ 열처리 : 슬러지의 함수율을 감소시키고 응결핵을 생성시켜 탈수를 개선한다.

정답 ④

풀이 열처리 : 슬러지의 성분을 변화시켜 탈수성을 향상시킨다.

(9) 슬러지의 탈수

① 개요 : 슬러지를 최종처분하기 전에 부피를 감소시키고 취급이 용이하도록 만들기 위해서 탈수시킨다. 일반적으로 농축슬러지 혹은 소화슬러지의 함수율은 96~98% 상태인데 이 슬러지를 함수율 80%로 탈수하면 케익상태가 되고 슬러지 용량은 1/5~1/10로 감소하게 되어 취급하기 쉽게 된다.

② 슬러지의 탈수와 물질수지

• 함수율과 슬러지 발생량

$$SL_1(1 - X_1) = SL_2(1 - X_2)$$

SL_1 : 탈수전 슬러지 발생량 / X_1 : 탈수전 슬러지 함수율

SL_2 : 탈수후 슬러지 발생량 / X_2 : 탈수후 슬러지 함수율

예제

01 **슬러지의 함수율이 95%에서 90%로 줄어들면 슬러지의 부피는? (단, 슬러지 비중은 1.0이다.)**

① 2/3로 감소한다. ② 1/2로 감소한다.
③ 1/3로 감소한다. ④ 3/4으로 감소한다.

정답 ②

풀이 $SL_1(1-X_1) = SL_2(1-X_2)$

$SL_1(1-0.95) = SL_2(1-0.90)$

$\frac{SL_2}{SL_1} = \frac{1-0.95}{1-0.9} = 0.5$

02 **활성슬러지를 탈수하기 위하여 98%(중량비)의 수분을 함유하는 슬러지에 응집제를 가했더니 [상등액 : 침전 슬러지]의 용적비가 2:1이 되었다. 이 때 침전 슬러지의 함수율(%)은? (단, 응집제의 양은 매우 적고, 비중 = 1.0이다.)**

① 92 ② 93
③ 94 ④ 95

정답 ③

풀이 $SL_1(1-X_1) = SL_2(1-X_2)$

$SL_2 = \frac{1}{3}SL_1$

$SL_1(1-0.98) = \frac{1}{3}SL_1(1-X_2)$

$\therefore X_2 = 0.94$

• 침전지에서의 슬러지 발생량

제거되는 SS = 침전슬러지의 TS

예제

1차 침전지의 유입유량은 10,000m³/day이고 SS 농도는 105mg/L이다. 1차 침전지에서의 SS 제거효율이 60%일 때 하루에 1차 침전지에서 발생되는 슬러지 부피(m³)는? (단, 슬러지의 비중은 1.05, 함수율은 94%, 기타 조건은 고려하지 않는다.)

풀이

$$\frac{10,000m^3}{day} \times \frac{105mg}{L} \times \frac{kg}{10^6 mg} \times \frac{10^3 L}{m^3} \times \frac{60}{100} \times \frac{100}{6} \times \frac{1m^3}{1050kg} = 10\text{m}^3$$

유입SS kg/day　제거되는 SS = 침전슬러지의 TS　TS → SL kg → m³

• 소화공정에서의 슬러지 발생량

소화슬러지 = 유입FS + 소화 후 VS + 수분

예제

01 건조고형물량이 3000kg/day인 생슬러지를 저율혐기성소화조로 처리할 때 휘발성고형물은 건조고형물의 70%이고 휘발성고형물의 60%는 소화에 의해 분해된다. 소화된 슬러지의 총고형물(kg/day)은?

① 1040 ② 1740
③ 2040 ④ 2440

정답 ②

풀이 소화슬러지 중 TS = 유입FS + 소화 후 VS = 900 + 840 = 1740kg/day

- $FS = \frac{3000kg}{day} \times \frac{30}{100} = 900kg/day$
- $\text{소화 후 } VS = \frac{3000kg}{day} \times \frac{70}{100} \times \frac{40}{100} = 840kg/day$

02 농축 후 소화를 하는 공정이 있다. 농축조에서의 건조슬러지가 1m³이고, 소화공정에서 VS 60%, 소화율 50%, 소화 후 슬러지의 함수율이 95%일 때 소화 후 슬러지의 부피(m³)는? (단, 슬러지의 비중은 1.0 이다.)

① 7 ② 9
③ 14 ④ 28

정답 ③

풀이 소화슬러지 = 유입FS + 소화 후 VS + 수분

$$SL = 700kg_{-TS} \times \frac{100_{-SL}}{(100-95)_{-TS}} \times \frac{1m^3}{1000kg} = 14m^3$$

- FS $= 1m^3 \times \frac{1000kg}{m^3} \times \frac{40}{100} = 400kg$
- 소화 후 VS $= 1m^3 \times \frac{1000kg}{m^3} \times \frac{60}{100} \times \frac{50}{100} = 300kg/day$
- 소화 후 잔류하는 고형물의 양(TS) = FS + 소화 후 VS = 700kg

03 인구가 10,000명인 마을에서 발생되는 하수를 활성슬러지법으로 처리하는 처리장에 저율 혐기성소화조를 설계하려고 한다. 생슬러지(건조고형물 기준) 발생량은 0.1kg/인 · 일이며, 휘발성고형물은 건조고형물의 70%이다. 가스 발생량은 0.9m³/kgVS이고 휘발성고형물의 60%가 소화된다면 1일 가스발생량(m³/day)은 어느 것인가?

풀이

$$10,000\text{인} \times \frac{0.1kg}{\text{인·일}} \times \frac{70_{-VS}}{100_{-TS}} \times \frac{60}{100} \times \frac{0.9m^3_{-gas}}{VSSkg} = 378m^3day$$

탈수기의 종류

가압탈수기(filter press, screw press), 벨트프레스탈수기, 원심탈수기

Chapter 02

기출 & 예상 문제

01 유량 400000m^3/day의 하천에 인구 20만명의 도시로부터 30000m^3/day의 하수가 유입되고 있다. 하수 유입 전 하천의 BOD는 0.5mg/L이고 유입 후 하천의 BOD를 2mg/L로 하기 위해서 하수처리장을 건설하려고 한다면 이 처리장의 BOD 제거효율(%)은? (단, 인구 1인당 BOD 배출량 30g/day이다.)

① 89 ② 86
③ 91 ④ 84

02 생물화학적 인 및 질소 제거 공법 중 인 제거만을 주목적으로 개발된 공법은?

① Phostrip ② A_2/O
③ UCT ④ Bardenpho

03 MLSS 농도 3000mg/L, F/M비가 0.4인 포기조에 BOD 350mg/L의 폐수가 3000m^3/day로 유입되고 있다. 포기조 체류시간(hr)은?

① 5 ② 7
③ 9 ④ 11

04 침전지에서 입자의 침강속도가 증대되는 원인이 아닌 것은?

① 입자 비중의 증가 ② 액체 점성계수 증가
③ 수온의 증가 ④ 입자 직경의 증가

05 함수율이 90%인 슬러지 겉보기 비중이 1.02이었다. 이 슬러지를 탈수하여 함수율이 60%인 슬러지를 얻었다면 탈수된 슬러지가 갖는 비중은? (단, 물의 비중 1.0이다.)

① 약 1.09 ② 약 1.59
③ 약 1.89 ④ 약 2.19

06 침전하는 입자들이 너무 가까이 있어서 입자간의 힘이 이웃입자의 침전을 방해하게 되고 동일 한 속도로 침전하며 최종침전지 중간정도의 깊이에서 일어나는 침전형태는?

① 지역침전 ② 응집침전
③ 독립침전 ④ 압축침전

정답찾기

01 • 도시 → 하수처리장으로 유입되는 BOD 농도 산정

$$C_i = \frac{30g}{\text{인}\cdot\text{일}} \times 200,000\text{인} \times \frac{day}{30,000m^3} \times \frac{10^3mg}{1g} \times \frac{1m^3}{10^3L} = 200\text{mg/L}$$

• 하천의 BOD를 2mg/L으로 하기 위한 유입가능 허용 BOD 농도 산정

$$2\text{mg/L} = \frac{(400,000 \times 0.5) + (30,000 \times C_o)}{400,000 + 30,000}$$

$C_o = 22$mg/L

• 하수처리장 효율 산정

$$\eta = \left(1 - \frac{C_i}{C_o}\right) \times 100 = \left(1 - \frac{22}{200}\right) \times 100 = 89\%$$

02 생물학적 공법 중 '인' 제거를 목적으로 하는 공법에 해당되는 것은 Phostrip이다.

② A_2/O: 인과 질소의 제거
③ UCT: 인과 질소의 제거
④ Bardenpho: 4단계 – 질소제거 / 5단계 – 인과 질소의 제거

03 F/M비 계산식 이용

$$F/M(day^{-1}) = \frac{\text{유입 BOD량}}{\text{포기조내의 미생물량}} = \frac{S_i \times Q_i}{X \times \forall} = \frac{S_i}{t \times X}$$

$$\frac{0.4}{day} = \frac{\frac{350mg}{L}}{\square(hr) \times \frac{day}{24hr} \times \frac{3000mg}{L}}$$

∴ □ = 7hr

04 Stoke's 법칙에 따라 액체의 점도가 증가하면 침강속도는 감소한다.

$$V_g = \frac{dp^2(\rho_p - \rho)g}{18\mu}$$

(V_g: 중력침강속도 / dp: 입자의 직경 / ρ_p: 입자의 밀도 / ρ: 유체의 밀도 / μ: 유체의 점성계수 / g: 중력가속도)

05 슬러지의 함수율과 비중과의 관계를 이용한다.

$$\frac{SL_{-\text{슬러지 양}}}{\rho_{SL-\text{슬러지 비중}}} = \frac{VS_{-\text{유기물 양}}}{\rho_{VS-\text{유기물 비중}}} + \frac{FS_{-\text{무기물 양}}}{\rho_{FS-\text{무기물 비중}}} + \frac{W_{-\text{수분 양}}}{\rho_{W-\text{수분 밀도}}}$$

• 탈수 전 TS 비중 산정

$$\frac{SL}{\rho_{SL}} = \frac{W}{\rho_w} + \frac{TS}{\rho_{TS}}$$

$$\frac{100}{1.02} = \frac{90}{1} + \frac{10}{\rho_{TS}}$$

∴ $\rho_{TS} = 1.2439$

• 탈수 후 슬러지 비중 산정

$$\frac{SL}{\rho_{SL}} = \frac{W}{\rho_w} + \frac{TS}{\rho_{TS}}$$

$$\frac{100}{\rho_{SL}} = \frac{60}{1} + \frac{40}{1.2439}$$

∴ $\rho_{SL} = 1.085$

06

I형 침전	II형 침전	III형 침전	IV형 침전
독립침전 자유침전 스토크스법칙을 따름	플록침전 응결침전 응집침전 입자들이 서로 위치를 바꾸려 함	지역침전 계면침전 방해침전 입자들이 서로 위치를 바꾸려하지 않음	압축침전 압밀침전 고농도의 폐수에 적용됨

정답 **01** ① **02** ① **03** ② **04** ② **05** ① **06** ①

07 슬러지 개량법의 특징으로 가장 거리가 먼 것은?

① 고분자 응집제 첨가 : 슬러지 응결을 촉진한다.
② 무기약품 첨가 : 무기약품은 슬러지의 pH를 변화시켜 무기질 비율을 증가시키고 안정화를 도모한다.
③ 세정 : 혐기성 소화슬러지의 알칼리도를 감소시켜 산성금속염의 주입량을 감소시킨다.
④ 열처리 : 슬러지의 함수율을 감소시키고 응결핵을 생성시켜 탈수를 개선한다.

08 염소살균에 관한 설명으로 틀린 것은?

① HOCl의 살균력은 OCl^-의 약 80배 정도 강한 것으로 알려져 있다.
② 수중 용존 염소는 페놀과 반응하여 클로로페놀을 형성하여 불쾌한 맛과 냄새를 유발한다.
③ pH 9 이상에서는 물에 주입된 염소는 대부분이 HOCl로 존재한다.
④ 유리잔류염소는 수중의 암모니아나 유기성 질소화합물이 존재할 경우 이들과 반응하여 결합잔류염소를 형성한다.

09 활성슬러지법 운전 중 슬러지부상 문제를 해결할 수 있는 방법이 아닌 것은?

① 폭기조에서 이차침전지로의 유량을 감소시킨다.
② 이차침전지 슬러지 수집장치의 속도를 높인다.
③ 슬러지 폐기량을 감소시키다.
④ 이차침전지에서 슬러지체류시간을 감소시킨다.

10 회전 원판 접촉법(RBC)의 장점이 아닌 것은?

① 충격부하의 조절이 가능하다.
② 다단계 공정에서 높은 질산화율을 얻을 수 있다.
③ 활성슬러지 공법에 비하여 소요동력이 적다.
④ 반송에 따른 처리효율의 효과적 증대가 가능하다.

11 유량 10,000m^3/day인 폐수를 처리하기 위한 정방형 침전조의 표면적 부하율($m^3/m^2 \cdot day$)은? (단, 체류시간은 10분이고, 상승속도는 200mm/min이다.)

① 213 ② 233
③ 258 ④ 288

12 기계식 봉 스크린을 0.64m/sec로 흐르는 수로에 설치하고자 한다. 봉의 두께는 10mm이고, 간격이 30mm라면 봉 사이로 지나는 유속(m/sec)은?

① 0.75 ② 0.80
③ 0.85 ④ 0.90

13 포기조 내의 혼합액 중 부유물 농도(MLSS)가 2000g/m^3, 반송슬러지의 부유물 농도가 8000g/m^3 이라면 슬러지 반송률은? (단, 유입수 내 SS는 고려하지 않는다.)

① 23.2% ② 33.3%
③ 48.6% ④ 52.8%

정답찾기

07 열처리: 슬러지의 성분을 변화시켜 탈수성을 향상시킨다.

08 pH 9 이상에서는 대부분이 OCl$^-$로 존재한다. 염소소독은 염소가스를 물에 주입하면 HOCl의 유리염소의 형태로 가수분해되어 물 속에 존재하게 되며 HOCl은 다시 H$^+$와 OCl$^-$ 이온으로 pH에 따라 이온화가 되며 pH가 낮을수록 HOCl의 형태로 존재하게 되어 소독의 효과가 크다.
- 가수분해: $Cl_2 + H_2O \rightleftarrows HOCl + HCl$
- 이온화: $HCl \rightleftarrows H^+ + Cl^-$

09 슬러지 폐기량을 증가시키다. 잉여슬러지(폐기되는 슬러지)의 증가는 SRT를 감소시켜 포기조 내의 체류시간이 감소하게 된다. 체류시간의 감소는 슬러지 부상을 해결할 수 있다.

10 회전 원판 접촉법(RBC)은 슬러지의 반송이 필요하지 않다.

11 $표면부하율 = \frac{유량}{침전면적} = \frac{AV}{WL} = \frac{WHV}{WL} = \frac{HV}{L}$

$= \frac{H}{HRT}$ 이므로,
- H 산정
  깊이(H) = 상승속도 × 체류시간
  $\frac{200mm}{min} \times \frac{1m}{10^3 mm} \times 10min = 2m$
- 표면부하율 산정
  $\frac{H}{HRT} = \frac{2m}{10min \times \frac{1day}{1440min}}$ = 288m/day
  = 288m^3/m^2·day

12 스크린에서의 Mass Balance
스크린 통과유량 = 스크린 접근유량
스크린 통과유속 > 스크린 접근유속
스크린 통과시 단면적 < 스크린 접근시 단면적
$Q = A_1V_1 = A_2V_2$
$0.64m/s \times 40mm \times D = V_A \times 30mm \times D$
$\therefore V_A = 0.85m/s$

13 반송률 관계식 이용
$R = \frac{MLSS - SS_i}{X_r - MLSS}$
→ 유입수의 SS를 무시하면 $\frac{MLSS}{X_r - MLSS}$
$\therefore R = \frac{2,000}{8000 - 2,000} \times 100 = 33.3(\%)$

정답 **07** ④ **08** ③ **09** ③ **10** ④ **11** ④ **12** ③ **13** ②

14 SBR의 장점이 아닌 것은?

① BOD 부하의 변화폭이 큰 경우에 잘 견딘다.
② 처리용량이 큰 처리장에 적용이 용이하다.
③ 슬러지 반송을 위한 펌프가 필요 없어 배관과 동력이 절감된다.
④ 질소와 인의 효율적인 제거가 가능하다.

15 고도 수처리를 하기 위한 방법인 정밀여과에 관한 설명으로 틀린 것은?

① 막은 대칭형 다공성막 형태이다.
② 분리형태는 pore size 및 흡착현상에 기인한 체거름이다.
③ 추진력은 농도차이다.
④ 전자공업의 초순수제조, 무균수제조, 식품의 무균여과에 적용한다.

16 폭기조 혼합액의 SVI가 170에서 130으로 감소하였다. 처리장 운전시 대응 방법은?

① 별다른 조치가 필요없다.
② 반송슬러지 양을 감소시킨다.
③ 폭기시간을 증가시킨다.
④ 모기응집제를 첨가한다.

17 표준활성슬러지법에서 하수처리를 위해 사용되는 미생물에 관한 설명으로 맞는 것은?

① 지체기로부터 대수증식기에 걸쳐 존재하는 미생물에 의해 하수가 주로 처리된다.
② 대수증식기로부터 감쇠증식기에 걸쳐 존재하는 미생물에 의해 하수가 주로 처리된다.
③ 감쇠증식기로부터 내생호흡기에 걸쳐 존재하는 미생물에 의해 하수가 주로 처리된다.
④ 내생호흡기로부터 사멸기에 걸쳐 존재하는 미생물에 의해 하수가 주로 처리된다.

18 회전원판법의 장·단점에 대한 설명으로 틀린 것은?

① 단회로 현상의 제어가 어렵다.
② 폐수량 변화에 강하다.
③ 파리는 발생하지 않으나 하루살이가 발생하는 수가 있다.
④ 활성슬러지법에 비해 최종침전지에서 미세한 부유물질이 유출되기 쉽다.

19 활성슬러지 처리시설에서 1차 침전 후의 BOD_5가 200mg/L인 폐수 2000m³/d를 처리하려고 한다. 포기조 유기물 부하는 $0.2kg_{-BOD}/kg_{-MLVSS}\cdot day$, 체류시간이 6hr일 때, MLVSS는?

① 1000mg/L ② 2000mg/L
③ 3000mg/L ④ 4000mg/L

20 활성슬러지 폭기조의 유효용적이 1000m³, MLSS 농도는 3000mg/L이고 MLVSS는 MLSS 농도의 75%이다. 유입 하수의 유량은 4000m³/day이고, 합성계수 Y는 $0.63mg_{-MLVSS}/\ mg_{-BOD\ removed}$, 내생분해계수 K_d는 $0.05day^{-1}$, 1차 침전조 유출수의 BOD는 200mg/L, 폭기조 유출수의 BOD는 20mg/L일 때 슬러지 생성량은?

① 301kg/day ② 321kg/day
③ 341kg/day ④ 361kg/day

정답찾기

14 처리용량이 큰 처리장에 적용이 어렵다.

15 추진력은 정수압차이다.

16 SVI의 적절한 범위는 50~150이다. SVI 200 이상이 되면 슬러지 팽화현상이 발생할 가능성이 높다.

18 단회로 현상의 제어가 쉽다. 단회로 현상이란 반응조 내 유체의 속도차에 의해 발생하는 현상으로 속도가 빠른 부분과 속도가 느린 부분이 생기는 현상이다. 속도가 빠른 부분은 속도가 느린 부분에 비해 적은 접촉시간 및 침전시간을 갖기 때문에 효율에 나쁜 영향을 미친다.

19 BOD-MLVSS의 관계식 이용한다.

$$BOD/MLVSS(day^{-1}) = \frac{\text{유입 } BOD\text{량}}{\text{포기조 내의 미생물량}}$$

$$= \frac{BOD_i \times Q_i}{\forall \cdot MLVSS} = \frac{BOD_i}{HRT \times MLVSS}$$

$$\frac{0.2kg\,BOD}{kg\,MLVSS\cdot day} = \frac{\frac{200mg}{L}}{6hr \times \frac{day}{24hr} \times \frac{\square mg}{L}}$$

$\therefore \square$ = 4000mg/L

20 폐슬러지발생량 산정식을 이용한다.

Q_wX_w

$= Y \times (BOD_i - BOD_o) \times Q - K_d \times \forall \times X$

$$= 0.63 \times \frac{(200-20)mg}{L} \times \frac{4000m^3}{day} \times \frac{kg}{10^6mg} \times \frac{10^3L}{m^3}$$

$$- \frac{0.05}{day} \times 1000m^3 \times \frac{(3000 \times 0.75)mg}{L} \times \frac{kg}{10^6mg} \times \frac{10^3L}{m^3}$$

= 341.1kg/day

정답 14 ② 15 ③ 16 ① 17 ③ 18 ① 19 ④ 20 ③

CHAPTER 03 상하수도계획

제1절 | 상하수도 기본계획

1 상수도 기본계획의 수립

(1) 상수도 시설의 급수계통

취수 → 도수 → 정수 → 송수 → 배수 → 급수

(2) 상수도시설의 계획기준

취수	계획취수량: 계획1일최대급수량을 기준으로 한다.
↓	
도수	계획도수량: 계획취수량(계획1일최대급수량)을 기준으로 한다.
↓	
정수	계획정수량: 계획1일최대급수량을 기준으로 한다.
↓	
송수	계획송수량: 계획1일최대급수량을 기준으로 한다.
↓	
배수	계획배수량: 원칙적으로 해당 배수구역의 계획시간최대급수량
↓	
급수	계획급수량: 계획1인1일평균사용수량

① 계획1일최대급수량 = 계획1일평균급수량/계획부하율

② 계획급수량 결정 시, 사용수량의 내역이나 다른 기초자료가 정비되어 있지 않은 경우 산정의 기초로 사용할 수 있는 것 용수량은 계획1인1일평균사용수량이다.

③ 계획취수량을 확보하기 위하여 필요한 저수용량의 결정에 사용하는 계획 기준년은 원칙적으로 10개년에 제1위 정도의 갈수를 표준으로 한다.

예제

취수지점으로부터 정수장까지 원수를 공급하는 시설 배관은?

① 취수관　　② 송수관

③ 도수관　　④ 배수관

정답 ③

2 하수도기본계획의 수립

(1) 하수도시설의 기본사항 결정

① 하수도계획의 목표년도는 원칙적으로 20년으로 한다.

② 하수의 배제방식에는 분류식과 합류식이 있으며 지역의 특성, 방류수역의 여건 등을 고려하여 배제방식을 정한다.

- **합류식**: 우수와 오수를 하나의 관거계통으로 배제하는 방식이다.
- **분류식**: 하수 및 우수를 별도로 배제하는 방식이다.

③ 하수처리구역 내에서 발생하는 수세분뇨는 관거정비상황 등을 고려하여 하수관거에 투입하는 것을 원칙으로 한다. 또한, 수거식화장실에서 수거되는 분뇨는 하수처리시설에서 전처리후 합병처리하는 것을 원칙으로 한다.

예제

01 신도시를 중심으로 설치되며 생활오수는 하수처리장으로, 우수는 별도의 관거를 통해 직접 수역으로 방류하는 배제방식은?

① 합류식 ② 분류식
③ 직각식 ④ 원형식

정답 ②

02 일반적으로 분류식 하수관거로 유입되는 물의 종류와 가장 거리가 먼 것은?

① 가정하수 ② 산업폐수
③ 우수 ④ 침투수

정답 ③

풀이 우수는 합류식 또는 우수관로로 유입된다.

배제방식의 비교

- 건설적 측면

검토사항	분류식	합류식
관로계획	우수와 오수를 별개의 관거에 배제하기 때문에 오수배제계획이 합리적이다.	우수를 신속하게 배수하기 위해서 지형조건에 적합한 관거망이 된다.
건설비	오수관거와 우수관거의 2계통을 건설하는 경우는 비싸지만 오수관거만을 건설하는 경우는 가장 저렴하다.	대구경 관거가 되면 1계통으로 건설되어 오수관거와 우수관거의 2계통을 건설하는 것보다는 저렴하지만 오수관거만을 건설하는 것보다는 비싸다.

• 유지관리측면

검토사항	분류식	합류식
관거오접	철저한 감시가 필요하다.	없음
관거내 퇴적	관거내의 퇴적이 적다. 수세효과는 기대할 수 없다.	청천시에 수위가 낮고 유속이 적어 오물이 침전하기 쉽다. 그러나 우천시에 수세효과가 있기 때문에 관거 내의 청소빈도가 적을 수 있다.
처리장으로의 토사유입	토사의 유입이 있지만 합류식 정도는 아니다.	우천시에 처리장으로 다량의 토사가 유입하여 장기간에 걸쳐 수로바닥, 침전지 및 슬러지 소화조 등에 퇴적한다.
관거내의 보수	오수관거에서는 소구경관거에 의한 폐쇄의 우려가 있으나 청소는 비교적 용이하다. 측구가 있는 경우는 관리에 시간이 걸리고 불충분한 경우가 많다.	폐쇄의 염려가 없다. 검사 및 수리가 비교적 용이하다. 청소에 시간이 걸린다.

• 수질관리측면

검토사항	분류식	합류식
강우초기의 노면 세정수	노면의 오염물질이 포함된 세정수가 직접 하천 등으로 유입된다.	시설의 일부를 개선 또는 개량하면 강우초기의 오염된 우수를 수용해서 처리할 수 있다.

예제

하수도 배제방식 중 분류식에 관한 설명으로 옳지 않은 것은? (단, 합류식과 비교 기준이다.)

① 관거오접 : 없다.
② 관거 내 퇴적 : 관거 내 퇴적이 적다.
③ 처리장으로의 토사유입 : 토사의 유입이 있지만, 합류식 정도는 아니다.
④ 건설비 : 오수관거와 우수관거의 2계통을 건설하는 경우는 비싸지만, 오수관거만을 건설하는 경우는 가장 저렴하다.

정답 ①

풀이 관거오접 : 철저한 감시가 필요하다.

제2절 I 수원과 저수시설

1 수원

(1) 수원의 종류

① 지표수: 하천수, 호소수 → 우리나라 대규모 상수도의 수원으로 가장 많이 이용되며 오염물질에 노출을 주의해야 하는 수원이다.

② 지하수: 복류수, 얕은 우물 지하수, 깊은 우물 지하수, 용천수

③ 기타: 빗물, 해수

(2) 수원의 구비요건

① 수량이 풍부해야 한다. → 최대갈수시에도 계획취수량의 확보가 가능해야 한다는 뜻으로 이는 수원에 대한 유량조사를 실시함으로써 확인할 수 있다.

② 수질이 좋아야 한다.

③ 가능한 한 높은 곳에 위치해야 한다.

④ 수돗물 소비지에서 가까운 곳에 위치해야 한다.

2 저수시설

(1) 저수시설의 종류

댐, 호소, 유수지, 하구둑, 저수지, 지하댐 등

(2) 계획기준년

계획취수량을 확보하기 위하여 필요한 저수용량의 결정에 사용하는 계획기준년은 원칙적으로 10개년에 제1위 정도의 갈수를 표준으로 한다.

3 취수시설

(1) 개요

계획취수량은 계획1일최대급수량을 기준으로 하며, 기타 필요한 작업용수를 포함한 손실수량 등을 고려한다.

(2) 취수시설의 종류

① 하천수를 수원으로 하는 경우의 취수시설: 취수보, 취수탑, 취수문, 취수관거

② 호소·댐을 수원으로 하는 경우의 취수시설: 취수탑, 취수문, 취수틀

③ 지하수를 수원으로 하는 경우의 취수시설: 집수매거, 얕은우물, 깊은 우물

(3) 취수지점의 선정

① 계획취수량을 안정적으로 취수할 수 있어야 한다.
② 장래에도 양호한 수질을 확보할 수 있어야 한다.
③ 구조상의 안정을 확보할 수 있어야 한다.
④ 하천관리시설 또는 다른 공작물에 근접하지 않아야 한다.
⑤ 하천개수계획을 실시함에 따라 취수에 지장이 생기지 않아야 한다.

(4) 지표수(표류수)의 취수

① 취수보

- 취수보는 하천에 보를 쌓아올려서 계획수위를 확보함으로써 안정된 취수를 가능하도록 하기 위하여 하천을 횡단하여 만들어지는 시설이다.
- 취수보는 비교적 대량으로 취수하는 경우, 농업용수 등의 다른 이수와 합동으로 취수하는 경우, 하천의 유황이 불안정한 경우, 개발이 진행되고 있는 하천 등으로 정확한 취수조정을 필요로 하는 경우 등에 적합하다.

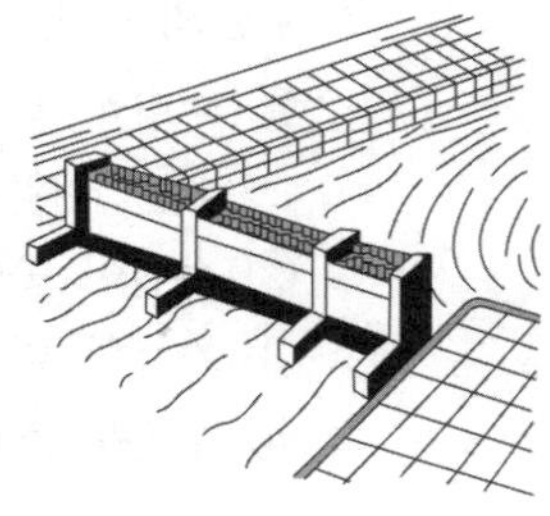

| 취수보 |

- 취수보는 보를 쌓아올리는 것에 의하여 하천의 유속이 작아지기 때문에 결빙의 영향을 받기 쉬우므로 취수구의 구조 등에 관하여 고려해야 한다.
- 침사 효과가 크다.

예제

하천수를 수원으로 하는 경우에 사용하는 취수시설인 취수보에 관한 설명으로 틀린 것은?

① 일반적으로 대하천에 적당하다.
② 안정된 취수가 가능하다.
③ 침사 효과가 적다.
④ 하천의 흐름이 불안정한 경우에 적합하다.

정답 ③

풀이 침사 효과가 크다.

---

② 취수탑

- 취수탑은 하천, 호소, 댐의 내에 설치된 탑모양의 구조물로 측벽에 만들어진 취수구에서 직접 탑내로 취수하는 시설이다.
- 갈수시에도 일정 이상의 수심을 확보할 수 있으면, 취수탑은 연간의 수위변화가 크더라도 하천이나 호소, 댐에서의 취수시설로서 알맞다.
- 한랭지에서는 결빙 등에 의하여 취수가 곤란하게 되는 경우가 있으므로 탑의 설치위치나 취수구의 배치 등에 관하여 고려하고 유지관리에 유의해야 한다.

| 취수탑 |

- 취수탑의 횡단면은 환상으로서 원형 또는 타원형으로 한다. 하천에 설치하는 경우에는 원칙적으로 타원형으로 하며 장축방향을 흐름방향과 일치하도록 설치한다.
- 취수구 전면에는 협잡물을 제거하기 위한 스크린을 설치해야 한다.

예제

취수탑의 취수구에 대한 설명으로 가장 거리가 먼 것은?

① 단면형상은 정방형을 표준으로 한다.
② 취수탑의 내측이나 외측에 슬루스게이트(제수문), 버터플라이밸브 또는 제수밸브 등을 설치한다.
③ 전면에는 협잡물을 제거하기 위한 스크린을 설치해야 한다.
④ 최하단에 설치하는 취수구는 계획최저수위를 기준으로 하고 갈수 시에도 계획취수량을 확실하게 취수할 수 있는 것으로 한다.

정답 ①

풀이 단면형상은 장방형 또는 원형으로 한다.

③ 취수문

- 취수문은 하천의 표류수나 호소의 표층수를 취수하기 위하여 물가에 만들어지는 취수시설로서 취수문을 지나서 취수된 원수는 접속되는 터널 또는 관로 등에 의하여 도수된다.
- 일반적으로 구조는 문(門)모양이고 철근콘크리트제로 하며 각형 또는 말발굽형 등의 유입구에 취수량을 조정하기 위한 수문 또는 수위조절판(stop log)을 설치하고 그 전면에는 유목 등의 유입을 방지하기 위하여 스크린을 부착한다.
- 취수문은 수위 및 하상 등이 안정된 지점에서 중소량의 취수에 알맞고 유지관리도 비교적 용이하다.
- 한랭지에서는 결빙 등에 의하여 취수할 수 없는 상태로 되지 않도록 고려해야 한다.

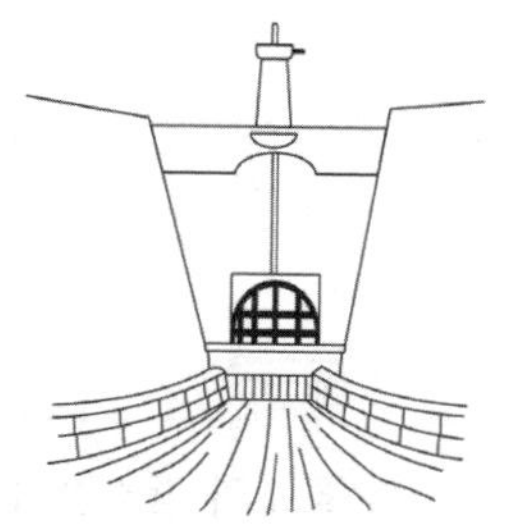

| 취수문 |

④ 취수관거

- 취수관거는 그 취수구를 제방법선에 직각으로 설치하고 직접 관거 내로 표류수를 취수하여 자연유하로 제내지에 도수하는 시설이다. 유황이 안정되고 유량변화가 적은 하천에서의 취수에 알맞다.
- 한랭지인 경우에는 결빙이나 적설로 취수가 곤란하게 될 우려가 있는 곳에서는 취수구의 설치위치나 구조 등에 관하여 배려해야 하고 그 방지대책이나 유지관리에 유의한다.

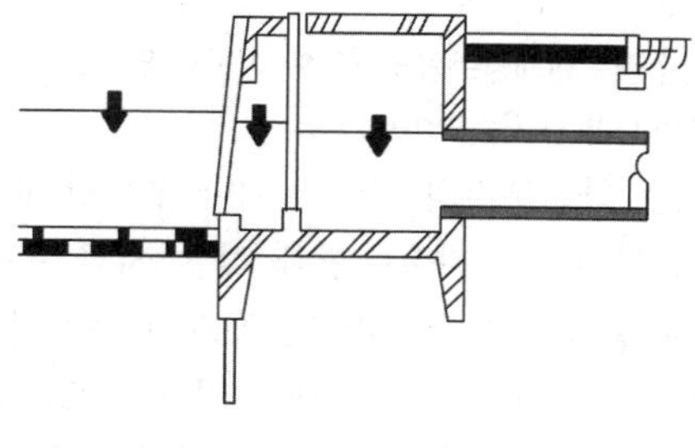

| 취수관거 |

⑤ 취수틀

- 취수틀은 하천이나 호소의 하부 수중에 매몰시켜 만드는 상자형 또는 원통형의 취수시설이다. 측벽에 만드는 다수의 개구에 의하여 취수하는 것으로 중소량의 취수용이다.
- 호소의 표면수는 취수가 불가능하다.
- 구조가 간단하고 시공도 비교적 용이하다.
- 단기간에 완성하고 안정된 취수가 가능하다.
- 보통 중소형취수에 사용되며 수위변화에 영향이 적다.

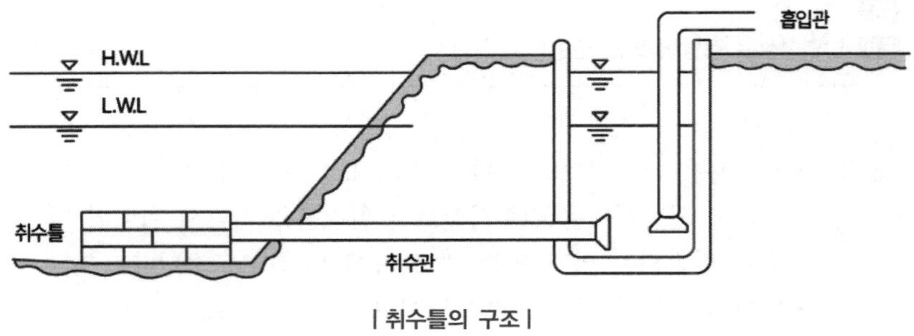

| 취수틀의 구조 |

예제

호소의 중소량 취수시설로 많이 사용되고 구조가 간단하며 시공도 비교적 용이하나 수중에 설치되므로 호소의 표면수는 취수할 수 없는 것은?

① 취수틀
② 취수보
③ 취수관거
④ 취수문

정답 ①

(4) 지하수의 취수

① 취수지점의 선정

- 기존 우물 또는 집수매거의 취수에 영향을 주지 않아야 한다.
- 연해부의 경우에는 해수의 영향을 받지 않아야 한다.
- 얕은 우물이나 복류수인 경우에는 오염원으로부터 15m 이상 떨어져서 장래에도 오염의 영향을 받지 않는 지점이어야 한다.

✱ 적정양수량: 한계양수량의 70 % 이하의 양수량

② 집수매거(Infiltration Galleries)

- 집수매거는 하천부지의 하상 밑이나 구하천 부지 등의 땅속에 매설하여 집수기능을 갖는 관거이며 복류수나 자유수면을 갖는 지하수(자유지하수)를 취수하는 시설이다.
- 집수개부구(공): 철근콘크리트유공관의 공경이 지나치게 크면 모래 등이 많이 유입되고 또한 지나치게 작으면 폐색될 우려가 있으므로 10~20 mm를 표준으로 하고, 그 수는 $1m^2$당 20~30개의 비율로 하며 대수층이나 유입속도를 고려하여 결정한다.

③ 그외 시설: 얕은 우물(천정호: Shallow Wells), 깊은 우물(심정호: Deep Wells)

4 상수도시설

(1) 도수시설(취수원에서 정수장까지)

① **계획도수량**: 도수시설의 계획도수량은 계획취수량을 기준으로 한다.

② 노선의 결정

- 몇 개의 노선에 대하여 건설비 등의 경제성, 유지관리의 난이도 등을 비교·검토하고 종합적으로 판단하여 결정한다.
- 원칙적으로 공공도로 또는 수도용지로 한다.
- 수평이나 수직방향의 급격한 굴곡을 피하고, 어떤 경우라도 최소동수경사선 이하가 되도록 노선을 선정한다.

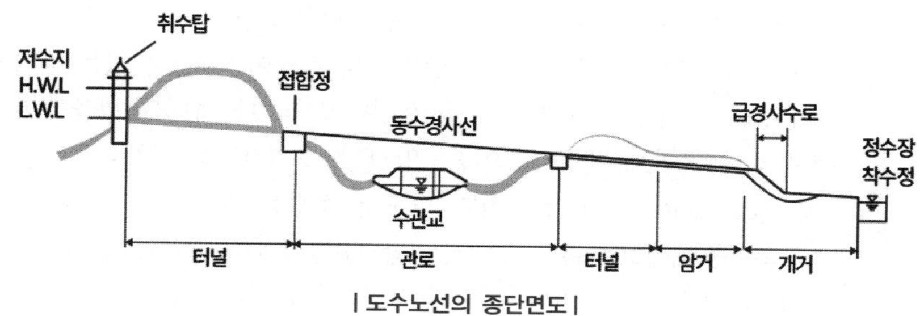

| 도수노선의 종단면도 |

③ 관종의 선정

- 관 재질에 의하여 물이 오염될 우려가 없어야 한다.
- 내압과 외압에 대하여 안전해야 한다.
- 매설조건에 적합해야 한다.
- 매설환경에 적합한 시공성을 지녀야 한다.

예제

상수도시설인 도수시설의 도수노선에 관한 설명으로 틀린 것은?

① 원칙적으로 공공도로 또는 수도 용지로 한다.
② 수평이나 수직방향의 급격한 굴곡을 피한다.
③ 관로상 어떤 지점도 동수경사선보다 낮게 위치하지 않도록 한다.
④ 몇 개의 노선에 대하여 건설비 등의 경제성, 유지관리의 난이도 등을 비교·검토하고 종합적으로 판단하여 결정한다.

정답 ③

풀이 도수노선은 수평이나 수직방향의 급격한 굴곡은 피하고, 어떤 경우라도 최소동수경사선 이하가 되도록 노선을 선정한다.

④ 도수관의 유속

- 자연유하식인 경우에는 허용최대한도를 3.0m/s로 하고, 도수관의 평균유속의 최소한도는 0.3m/s로 한다.
- 펌프가압식인 경우에는 경제적인 유속으로 한다.

* 도수거에서 평균유속의 최대한도는 3.0m/s로 하고 최소유속은 0.3m/s로 한다.

예제

도수관을 설계할 때 평균유속 기준으로 (　　)에 옳은 것은?

자연유하식인 경우에는 허용최대한도를 (㉠)로 하고, 도수관의 평균유속의 최소한도는 (㉡)로 한다.

① ㉠ 1.5mg/s, ㉡ 0.3m/s　　② ㉠ 1.5mg/s, ㉡ 0.6m/s
③ ㉠ 3.0mg/s, ㉡ 0.3m/s　　④ ㉠ 3.0mg/s, ㉡ 0.6m/s

정답 ③

⑤ 전식 및 부식방지

- 전식의 위험이 있는 철도 가까이에 금속관을 매설할 때에는 충분한 상황을 조사하여 전식을 방지하기 위한 적절한 조치를 취한다.
- 부식성이 강한 토양, 산이나 염수 등의 침식이 있을 수 있는 지역에 관을 매설할 때에는 상황을 조사한 다음에 관종을 선정하고 적절한 방식대책을 취한다.
- 관의 콘크리트 관통부, 이종토양간의 부설부 및 이종금속간의 접속부에는 매크로셀(macro cell)부식이 발생하지 않도록 적절한 조치를 취한다.
- 금속관을 매설하는 측의 대책(전식 방지방법) : 외부전원법, 선택배류법, 강제배류법, 유전양극법, 이음부의 절연화, 차단 등의 방법이 있다.

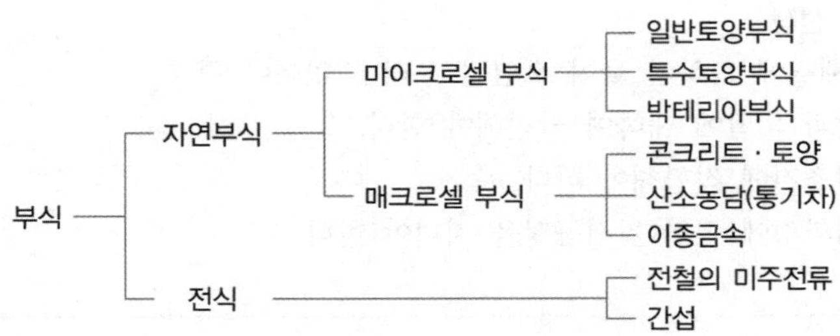

| 금속관의 부식과 전식의 분류 |

예제

상수의 도수관로의 자연부식 중 매크로셀 부식에 해당되지 않은 것은?

① 이종금속　　② 간섭
③ 산소농담(통기차)　　④ 콘크리트 · 토양

정답 ②

풀이 전식 : 간섭

(2) 송수시설(정수장에서 배수지까지)

① 계획송수량

- 송수시설의 계획송수량은 원칙적으로 계획1일최대급수량을 기준으로 한다
- 송수시설은 노후관 개량, 누수사고, 청소 등에도 중단없이 계획 송수량을 안정적으로 공급할 수 있도록 복선화 또는 네트워크화를 구축한다.
- 송수는 관수로로 하는 것을 원칙으로 하되 개수로로 할 경우에는 터널 또는 수밀성의 암거로 한다.

② 송수관의 유속 : 자연유하식인 경우에는 허용최대한도를 3.0m/s로 하고, 송수관의 평균유속의 최소한도는 0.3m/s로 한다.

(3) 배수시설

① 정수를 저류, 수송, 분배, 공급하는 기능을 가지며 배수지, 배수탑, 고가탱크(이하 '배수지 등'이라 한다), 배수관, 펌프 및 밸브와 기타 부속설비로 구성된다.

② 용량에 대해서는 시간변동조정용량, 비상시대처용량, 소화용수량 등을 고려하여 계획1일최대급수량의 12시간분 이상을 표준으로 하여야 한다.

③ 계획배수량은 원칙적으로 해당 배수구역의 계획시간최대배수량으로 한다.

④ 급수관을 분기하는 지점에서 배수관 내의 최소동수압은 150kPa(약 1.53 kgf/cm^2) 이상을 확보한다.

⑤ 급수관을 분기하는 지점에서 배수관 내의 최대정수압은 700kPa(약 7.1 kgf/cm^2)를 초과하지 않아야 한다.

예제

상수도시설인 배수지 용량에 대한 설명이다. (　　)의 내용으로 옳은 것은?

유효용량은 시간변동조정용량과 비상대처용량을 합하여 급수구역의 (　　) 이상을 표준으로 한다.

① 계획시간최대급수량의 8시간분　　② 계획시간최대급수량의 12시간분
③ 계획1일최대급수량의 8시간분　　④ 계획1일최대급수량의 12시간분

정답 ④

(4) 급수시설

급수설비란 수도사업자가 일반 수요자에게 원수나 정수를 공급하기 위하여 설치한 배수관으로부터 분기하여 설치된 급수관(옥내급수관을 포함한다)·계량기·저수조·수도꼭지, 그 밖에 급수를 위하여 필요한 기구를 말한다.

5 하수도시설

(1) 우수배제계획

① **우수유출량의 산정식**: 최대계획우수유출량의 산정은 합리식에 의하는 것을 원칙으로 하되, 필요에 의해서 다양한 우수유출산정 방법들이 사용 가능하다.

우수유출량의 산정(합리식)	$Q = \frac{1}{360} CIA$
Q: 최대계획우수유출량(m^3/sec)	I: 유달시간(t) 내의 평균강우강도(mm/hr)
C: 유출계수	t: 유달시간
A: 유역면적(ha, 100ha = 1km^2)	$t(\text{min}) = \text{유입시간}(\text{min}) + \text{유하시간}(\text{min}, = \frac{\text{길이}(L)}{\text{유속}(V)})$

※ 강우강도
- Talbot형: 유달시간이 짧은 관거 등의 유하시설을 계획하는 경우 적용한다.
- Cleveland형: 24시간 우량 등의 장시간 강우강도에 적용, 저류시설 등을 계획하는 경우 적용한다.
- 강우강도는 그 지점에 내린 우량을 mm/hr 단위로 표시한 것이다.
- 확률강우강도는 강우강도의 확률적 빈도를 나타낸 것이다.
- 범람의 피해가 적을 것으로 예상될 때는 재현기간 2~5년 확률강우강도를 채택한다.
- 강우강도가 큰 강우일수록 빈도가 낮다.

② **유출계수**: 유출계수는 토지이용도별 기초유출계수로부터 총괄유출계수를 구하는 것을 원칙으로 한다(총괄유출계수 = (유출계수 × 각 면적)/총면적).

③ **확률년수**: 하수관거의 확률년수는 10~30년, 빗물펌프장의 확률년수는 30~50년을 원칙으로 하며, 지역의 특성 또는 방재상 필요성에 따라 이보다 크게 또는 작게 정할 수 있다.

④ **유달시간**: 유달시간은 유입시간과 유하시간을 합한 것으로서 전자는 최소단위배수구의 지표면특성을 고려하여 구하며, 후자는 최상류관거의 끝으로부터 하류관거의 어떤 지점까지의 거리를 계획유량에 대응한 유속으로 나누어 구하는 것을 원칙으로 한다.

⑤ **배수면적**: 배수면적은 지형도를 기초로 도로, 철도 및 기존하천의 배치 등을 답사에 의해 충분히 조사하고 장래의 개발계획도 고려하여 정확히 구한다.

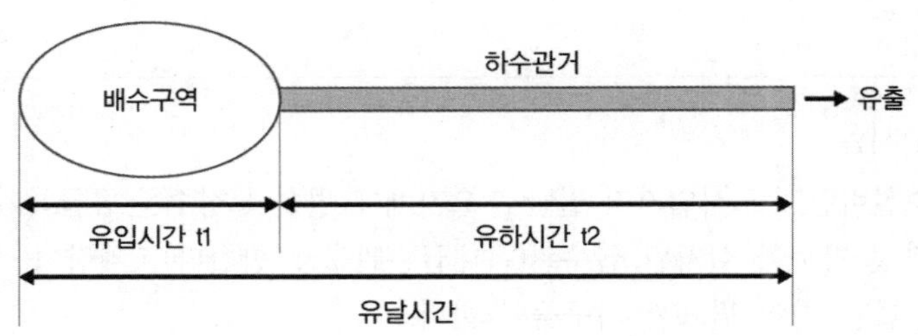

예제

01 **강우강도 $I=\dfrac{3000}{t+30}$ mm/hr, 유역면적 3.0km², 유입시간 120sec, 관거길이 1.8km, 유출계수 1.1, 하수관의 유속 100m/min 일 경우 우수유출량은?(단, 합리식 적용)**

① $40m^3/sec$ ② $45m^3/sec$
③ $50m^3/sec$ ④ $55m^3/sec$

정답 ④

풀이 • 유달시간(min) = 유입시간(min) + 유하시간(min)

$$= 120sec \times \frac{1min}{60sec} + 1800m \times \frac{min}{100m} = 20min$$

• 강우강도(mm/hr)

$$I = \frac{3000}{t+30} = \frac{3000}{20+30} = 60mm/hr$$

• 유역면적(ha) $= 3.0km^2 \times \dfrac{100ha}{1km^2} = 300ha$

$$\therefore\ Q = \frac{1}{360}CIA = \frac{1}{360} \times 1.1 \times 60 \times 300 = 55m^3/sec$$

02 **계획우수량을 정할 때 고려하여야 할 사항 중 틀린 것은?**

① 하수관거의 확률년수는 원칙적으로 10~30년으로 한다.
② 유입시간은 최소단위배수구의 지표면특성을 고려하여 구한다.
③ 유출계수는 지형도를 기초로 답사를 통하여 충분히 조사하고 장래 개발계획을 고려하여 구한다.
④ 유하시간은 최상류관거의 끝으로부터 하류관거의 어떤 지점까지의 거리를 계획유량에 대응한 유속으로 나누어 구하는 것을 원칙으로 한다.

정답 ③

풀이 유출계수는 토지이용별 기초유출계수로부터 총괄유출계수를 구한다.

---

(2) 오수배제계획

① 계획오수량

- 오수관거는 계획시간최대오수량을 기준으로 계획한다.
- 합류식에서 하수의 차집관거는 우천시 계획오수량을 기준으로 계획한다.
- 우천시 계획오수량의 산정시 생활오수량 외에 우천시 오수관거에 유입되는 빗물의 양과 지하수의 침입량을 추정하여 합산하여 구한다.

② 오수펌프장계획

- 펌프장의 설치는 경제성, 시공성, 유지관리의 난이도 및 주변환경에 미치는 영향을 종합적으로 검토하여 정한다.
- 오수펌프는 분류식인 경우는 계획시간 최대오수량으로 하고, 합류식인 경우는 우천시 계획오수량으로 계획한다.

(3) 하수처리 · 재이용계획

① 계획오수량은 생활오수량(가정오수량 및 영업오수량), 공장폐수량 및 지하수량으로 구분해 다음 사항을 고려하여 정한다. 또한, 소규모하수도 계획시에는 필요한 경우 가축폐수량을 고려할 수 있다.

② **생활오수량**: 생활오수량의 1인1일최대오수량은 계획목표년도에서 계획지역 내 상수도계획(혹은 계획예정)상의 1인1일최대급수량을 감안하여 결정하며, 용도지역별로 가정오수량과 영업오수량의 비율을 고려한다.

③ **공장폐수량**: 공장용수 및 지하수 등을 사용하는 공장 및 사업소 중 폐수량이 많은 업체에 대해서는 개개의 폐수량조사를 기초로 장래의 확장이나 신설을 고려하며, 그 밖의 업체에 대해서는 출하액당 용수량 또는 부지면적당 용수량을 기초로 결정한다.

④ **지하수량**: 지하수량은 1인1일최대오수량의 10~20%로 한다.

⑤ **계획1일최대오수량**: 계획1일최대오수량은 1인1일최대오수량에 계획인구를 곱한 후, 여기에 공장 폐수량, 지하수량 및 기타 배수량을 더한 것으로 한다.

⑥ **계획1일평균오수량**: 계획1일평균오수량은 계획1일 최대오수량의 70~80%를 표준으로 한다.

⑦ **계획시간최대오수량**: 계획시간최대오수량은 계획1일 최대오수량의 1시간당 수량의 1.3~1.8배를 표준으로 한다.

⑧ 합류식에서 우천시 계획오수량은 원칙적으로 계획시간최대오수량의 3배 이상으로 한다.

예제

01 계획오수량 및 계획유입수질에 관한 내용으로 옳지 않은 것은?

① 관광오수에 의한 오염부하량은 당일관광과 숙박으로 나누고 각각의 원단위에서 추정한다.
② 영업오수에 의한 오염부하량은 업무의 종류 및 오수의 특징 등을 감안하여 결정한다.
③ 생활오수에 의한 오염부하량은 1인 1일당 오염부하량 원단위를 기초로 하여 정한다.
④ 하수의 계획유입수질은 계획오염부하량을 계획 1일 최대오수량으로 나눈 값으로 한다.

정답 ④

풀이 계획유입수질: 하수의 계획유입수질은 계획오염부하량을 계획1일평균오수량으로 나눈 값으로 한다.

02 "계획오수량"에 관한 설명으로 옳지 않은 것은?

① 합류식에서 우천시 계획오수량은 원칙적으로 계획시간 최대오수량의 3배 이상으로 한다.
② 계획시간 최대오수량은 계획 1일 최대오수량의 1시간당 수량의 1.3~1.8배를 표준으로 한다.
③ 계획 1일 평균오수량은 계획 1일 최대오수량의 60~70%를 표준으로 한다.
④ 지하수량은 1인 1일 최대오수량의 10~20%로 한다.

정답 ③

풀이 계획 1일 평균오수량은 계획 1일 최대오수량의 70~80%를 표준으로 한다.

(4) 하수도 관거시설

① 관거시설은 관거, 맨홀(manhole), 우수토실(雨水吐室), 토구(吐口), 물받이(오수, 우수 및 집수받이) 및 연결관 등을 포함한 시설의 총칭이며, 주택, 상업 및 공업지역 등에서 배출되는 오수나 우수를 모아서 처리장 또는 방류수역까지 유하시키는 역할을 한다.

② 계획하수량

- 오수관거에서는 계획시간최대오수량으로 한다.
- 우수관거에서는 계획우수량으로 한다.
- 합류식 관거에서는 계획시간최대오수량에 계획우수량을 합한 것으로 한다.
- 차집관거는 우천시 계획오수량으로 한다.
- 지역의 실정에 따라 계획하수량에 여유율을 둘 수 있다.

③ 유량의 산정

Manning 공식

유속의 산정(Manning 공식)	$V = \frac{1}{n} R^{\frac{2}{3}} I^{\frac{1}{2}}$
V : 유속(m/sec)	R : 경심 $R = \frac{단면적}{윤변}$, 원형 관의 경심 $= \frac{D}{4}$ 수심에 비하여 폭이 넓은 경우 : 경심 = 수심
n : 조도계수	I : 동수경사 $I(경사) = \frac{H(높이)}{L(길이)}$

※ 유량의 산정

관의 단면적과 Manning의 유속과의 관계로 유량을 산정한다.

Q = A × V

예제

직경 1m의 콘크리트 관에 20℃의 물이 동수구배 0.01로 흐르고 있다. 매닝(Manning)공식에 의해 평균 유속을 구한 식으로 올바른 것은? (단, n = 0.014 이다.)

① $V = \frac{1}{0.014} \times 0.01^{\frac{2}{3}} \times 0.25^{\frac{1}{2}}$

② $V = \frac{1}{0.014} \times 0.25^{\frac{2}{3}} \times 0.01^{\frac{1}{2}}$

③ $V = 0.014 \times 0.25^{\frac{2}{3}} \times 0.01^{\frac{1}{2}}$

④ $V = 0.014 \times 0.01^{\frac{2}{3}} \times 0.25^{\frac{1}{2}}$

정답 ②

풀이 $V = \frac{1}{n} R^{\frac{2}{3}} I^{\frac{1}{2}} \rightarrow V = \frac{1}{0.014} \times 0.25^{\frac{2}{3}} \times 0.01^{\frac{1}{2}} = 2.8346 m/sec$

- n = 0.014
- I = 0.01
- $R(경심) = \frac{A(단면적)}{P(윤변)} = \frac{D}{4} = \frac{1}{4} = 0.25$

④ 유속 및 경사
- 유속은 일반적으로 하류방향으로 흐름에 따라 점차로 커지고, 관거경사는 점차 작아지도록 다음 사항을 고려하여 유속과 경사를 결정한다.
- **오수관거**: 계획시간최대오수량에 대하여 유속을 최소 0.6m/s, 최대 3.0m/s로 한다.
- **우수관거 및 합류관거**: 계획우수량에 대하여 유속을 최소 0.8m/s, 최대 3.0m/s로 한다.

⑤ 관거의 종류와 단면
- **관거의 종류**: 철근콘크리트관, 제품화된 철근콘크리트 직사각형거(정사각형거 포함), 도관, 경질염화비닐관, 현장타설철근콘크리트관, 유리섬유 강화 플라스틱관, 폴리에틸렌(PE)관, 덕타일(ductile) 주철관, 파형강관, 폴리에스테르수지콘크리트관, 기타
- **관거의 단면**: 관거의 단면형상에는 원형 또는 직사각형을 표준으로 하고, 소규모 하수도에서는 원형 또는 계란형을 표준으로 한다.

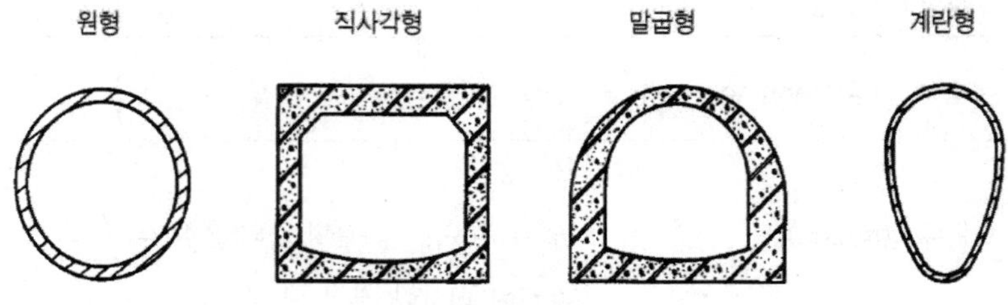

| 관거단면의 종류 |

⑥ 최소관경
- 오수관거 200mm를 표준으로 한다.
- 우수관거 및 합류관거 250mm를 표준으로 한다.

예제

하수 관거시설에 대한 설명으로 틀린 것은?

① 오수관거의 유속은 계획시간 최대오수량에 대하여 최소 0.6m/s, 최대 3.0m/s로 한다.
② 우수관거 및 합류관거에서의 유속은 계획우수량에 대하여 최소 0.8m/s, 최대 3.0m/s로 한다.
③ 오수관거의 최소관경은 200mm를 표준으로 한다.
④ 우수관거 및 합류관거의 최소관경은 350mm를 표준으로 한다.

정답 ④

풀이 우수관거 및 합류관거의 최소관경은 250mm를 표준으로 한다.

⑦ 관거의 보호
- **외압에 대한 관거의 보호**: 흙두께 및 재하중이 관거의 내하력을 넘는 경우, 철도 밑을 횡단하는 경우 또는 하천을 횡단하는 경우 등에는 콘크리트 또는 철근콘크리트로 바깥둘레를 쌓아서 외압에 대하여 관거를 보호한다.
- **관거의 내면보호**: 관거의 내면이 마모 및 부식 등에 따른 손상의 위험이 있을 때에 내마모성, 내부식성 등에 우수한 재질의 관거를 사용하거나 관거의 내면을 적당한 방법에 의해 라이닝(lining) 또는 코팅(coating)을 해야 한다.

관정부식(Crown 현상)

- 황산염이 혐기성상태에서 황산염 환원세균에 의해 환원되어 황화수소를 생성한다.
- 황화수소는 콘크리트벽면의 결로에 재용해되고 유황산화 세균에 의해 산화되어 황산이 된다.
- 콘크리트 표면에서 황산이 농축되어 pH가 1~2로 저하되면 콘크리트의 주성분인 수산화칼슘이 황산과 반응하여 황산칼슘이 생성되며 관정부식을 초래한다.

황화수소에 의한 부식 대책

- **황화수소의 생성을 방지**: 공기, 산소, 과산화수소, 초산염 등의 약품 주입에 의해 하수의 혐기화를 억제, 황화수소의 발생을 방지한다.
- **관거 청소 및 미생물의 생식 장소 제거**: 관거의 청소로 황화수소 발생의 원인이 되는 관내 퇴적물을 제거하고 황산염 환원 세균, 유황산화세균의 생식 장소를 제거한다.
- **황화수소 희석**: 황화수소가스가 저농도인 경우, 유황산화 세균의 증식이 억제된다. 환기에 의해 관내 황화수소를 희석한다.
- **기상중으로의 확산 방지**: 산화제의 첨가에 의한 황화물의 산화, 금속염의 첨가에 의한 황화수소의 고정화 등의 방법에 의해 황화수소의 대기중으로의 확산을 방지한다.
- **황산염 환원 세균의 활동 억제**: 황산염 환원 세균에 선택적으로 작용하는 약제를 주입하고 살균 또는 세균 활동을 억제한다.
- **유황산화 세균의 활동 억제**: 유황산화 세균에 선택적으로 작용하는 약제를 혼입한 콘크리트(방균, 항균 콘크리트)를 이용한다.
- **방식 재료를 사용하여 관 방호**: 수지계 자재나 피복(라이닝) 등에 의해 부식을 받는 콘크리트 표면을 방호한다.

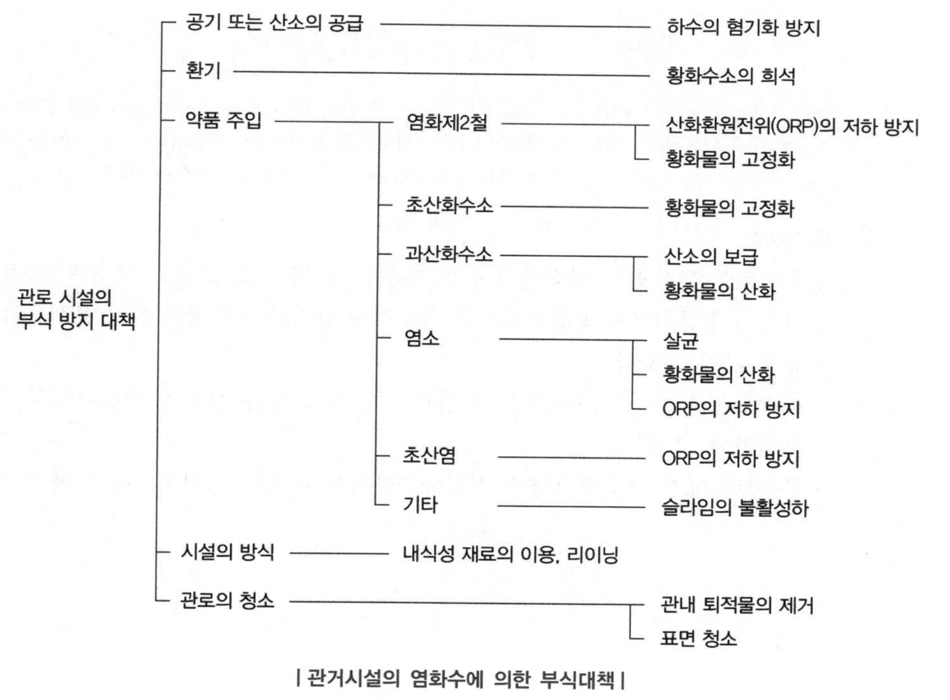

| 관거시설의 염화수에 의한 부식대책 |

⑧ 관거의 접합과 연결

- 관거의 관경이 변화하는 경우 또는 2개의 관거가 합류하는 경우의 접합방법은 원칙적으로 수면접합 또는 관정접합으로 한다.
- 지표의 경사가 급한 경우에는 관경변화에 대한 유무에 관계없이 원칙적으로 지표의 경사에 따라서 단차접합 또는 계단접합으로 한다.
- 2개의 관거가 합류하는 경우의 중심교각은 되도록 60° 이하로 하고 곡선을 갖고 합류하는 경우의 곡률반경은 내경의 5배 이상으로 한다.

⑨ 역사이펀(inverted syphon) : 역사이펀의 구조는 장해물의 양측에 수직으로 역사이펀실을 설치하고, 이것을 수평 또는 하류로 하향 경사의 역사이펀 관거로 연결한다. 또한 지반의 강약에 따라 말뚝기초 등의 적당한 기초공을 설치한다.

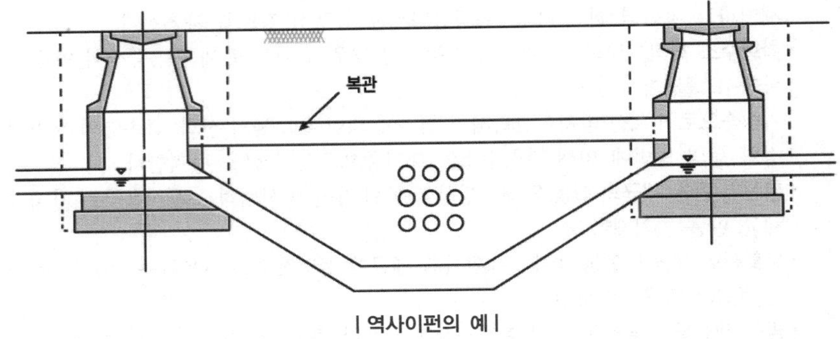

| 역사이펀의 예 |

역사이펀의 수두손실

$$H = I \times L + \left(1.5 \times \frac{V^2}{2g}\right) + \alpha$$

H : 역사이펀에서의 손실수두(m) / I : 역사이펀 관거 내의 유속에 대한 동수경사(분수 또는 소수) /
L : 역사이펀 관거의 길이(m) / v : 역사이펀 관거 내의 유속(m/s) / α : 0.03~0.05m /
g : 중력가속도(9.8 m/sec²) / β : 1.5를 표준으로 한다.

⑩ 우수토실

- 우수토실은 우천시 차집관거 용량까지를 처리장으로 보내고 차집관거용량을 초과하는 하수는 월류위어에서 방류되므로 침수피해 방지와 처리장의 안전 운전을 유지시키는 기능을 가지고 있다.
- 우수토실을 설치하는 위치는 차집관거의 배치, 방류수면 및 방류지역의 주변환경 등을 고려하여 선정한다.
- 우수토실에서 우수월류량은 계획하수량에서 우천시 계획오수량을 뺀 양으로 한다.

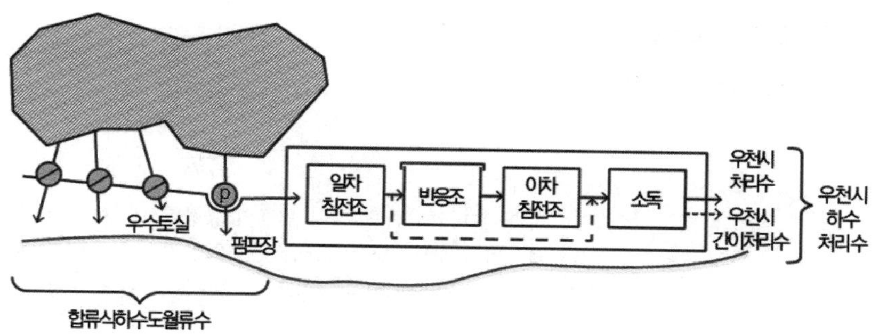

| 우천시 합류식하수도 배수구역의 방류수 |

제3절 | 펌프시설

1 펌프

(1) 펌프의 선정

① 펌프는 계획조건에 가장 적합한 표준특성을 가지도록 비교회전도를 정하여야 한다.
② 펌프는 흡입실양정 및 토출량을 고려하여 전양정에 따라 선정 한다.
③ 침수될 우려가 있는 곳이나 흡입실양정이 큰 경우에는 입축형 혹은 수중형으로 한다.
④ 펌프는 내부에서 막힘이 없고, 부식 및 마모가 적으며, 분해하여 청소하기 쉬운 구조로 한다.

형식	전양정(m)	펌프의 구경(mm)	비교회전도
축류펌프	5 이하	400 이상	1,100~2,000
사류펌프	3~12	400 이상	700~1,200
원심펌프	4 이상	80 이상	100~750

예제

전양정에 대한 펌프의 형식 중 틀린 것은?

① 전양정 5m 이하는 펌프구경 400mm 이상의 축류펌프를 사용한다.
② 전양정 3~12m는 펌프구경 400mm 이상의 원심펌프를 사용한다.
③ 전양정 5~20m는 펌프구경 300mm 이상의 원심사류펌프를 사용한다.
④ 전양정 4m 이상은 펌프구경 80mm 이상의 원심펌프를 사용한다.

정답 ②

풀이 전양정 3~12m는 펌프구경 400mm 이상의 사류펌프를 사용한다.

(2) 펌프의 비교회전도와 회전속도 변환

① 펌프의 비교회전도(Ns)

$$N_s = N \times \frac{Q^{1/2}}{H^{3/4}}$$

Ns : 비교회전도 / N : 펌프의 규정회전수(회/min) /
Q : 펌프의 규정토출량(m^3/min)(양흡입의 경우에는 1/2로 한다.) /
H : 펌프의 규정양정(m)(다단펌프의 경우에는 1단에 해당하는 양정)

② 펌프는 N_s값에 따라 그 형식이 변한다.

③ N_s값이 같으면 펌프의 크기에 관계없이 같은 형식의 펌프로 하고 특성도 대체로 같아진다.

④ 수량과 전양정이 같다면 회전수가 많을수록 N_s값이 커진다.

⑤ N_s값이 적으면 유량이 적은 고양정의 펌프가 된다.

⑥ N_s값이 크면 유량이 많은 저양정의 펌프가 된다.

⑦ 비교회전도가 크게 될수록 흡입성능이 나쁘고 공동현상이 발생하기 쉽다.

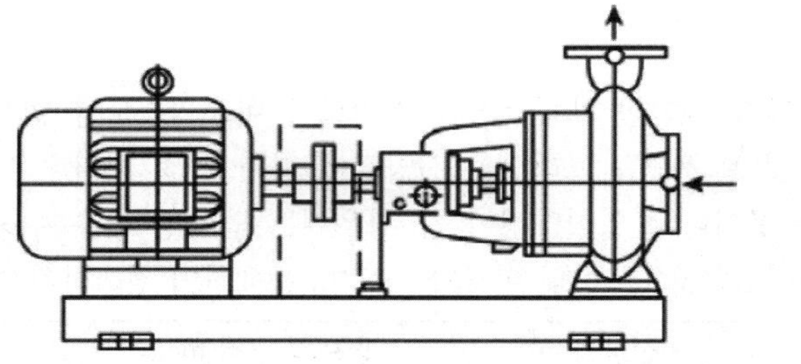

| 편흡입 무폐쇄 볼류트펌프의 예 |

예제

01 비교회전도(N_s)에 대한 설명으로 틀린 것은?

① 펌프는 N_s값에 따라 그 형식이 변한다.

② N_s값이 같으면 펌프의 크기에 관계없이 같은 형식의 펌프로 하고 특성도 대체로 같아진다.

③ 수량과 전양정이 같다면 회전수가 많을수록 N_s값이 커진다.

④ 일반적으로 N_s값이 적으면 유량이 큰 저양정의 펌프가 된다.

정답 ④

풀이 일반적으로 N_s값이 적으면 유량이 적은 고양정의 펌프가 된다.

02 펌프의 규정회전수는 10회/sec, 규정토출량은 $0.3m^3$/sec, 펌프의 규정양정이 5m일 때 비교회전도를 산정한 식으로 올바른 것은?

① $N_s = 600 \times \frac{5^{1/2}}{18^{3/4}}$

② $N_s = 600 \times \frac{18^{1/2}}{5^{3/4}}$

③ $N_s = 600 \times \frac{18^{3/4}}{5^{1/2}}$

④ $N_s = 600 \times \frac{5^{3/4}}{18^{1/2}}$

정답 ②

풀이 $N_s = N \times \frac{Q^{1/2}}{H^{3/4}}$

$N_s = 600 \times \frac{18^{1/2}}{5^{3/4}} = 761.31$

- $N = \frac{10\text{회}}{\text{sec}} \times \frac{60\text{sec}}{\text{min}} = 600\text{rpm}$
- $Q = \frac{0.3m^3}{\text{sec}} \times \frac{60\text{sec}}{\text{min}} = 18m^3/\text{min}$

---

(3) 펌프의 전양정과 동력

① 펌프의 전양정

- 실양정과 펌프에 부수된 흡입관, 토출관 및 밸브의 손실수두를 고려하여 정한다.
- 전양정 = 실양정 + 관로마찰손실수두 + 기타손실수두
- 손실수두 = 계수 × 속도수두
- Darcy–Weisbach 공식 관마찰 손실수두 : $h_f = f \times \frac{L}{D} \times \frac{V^2}{2g}$

예제

상수관로의 길이 980m, 내경 200mm에서 유속 2m/sec로 흐를 때 관마찰 손실수두(m)는? (단, Darcy–Weisbach 공식을 이용하고, 마찰손실계수 = 0.02이다.)

① 20

② 22

③ 18

④ 16

정답 ①

풀이 $h_f = f \times \frac{L}{D} \times \frac{V^2}{2g}$

$h_f = 0.02 \times \frac{980}{0.2} \times \frac{2^2}{2 \times 9.8} = 20m$

---

② 펌프의 동력

$$P(kW) = \frac{\gamma \times \Delta H \times Q}{102 \times \eta} \times \alpha$$

P : 동력(kW) / γ : 물의 비중량($1000kg_f/m^3$) / Q : 유량(m^3/sec) / ΔH : 전양정(mH_2O) / α : 여유율 / η : 효율

예제

펌프효율 η = 80%, 전양정 H = 10.2m인 조건하에서 양수량 Q = 12L/sec로 펌프를 회전시킨다면 이 때 필요한 축동력(kW)은? (단, 전동기는 직결, 물의 밀도 γ = 1000kg/m³이다.)

① 1.0 ② 1.25

③ 1.5 ④ 1.75

정답 ③

풀이 $P(kW) = \dfrac{\gamma \times \Delta H \times Q}{102 \times \eta} = \dfrac{\dfrac{1000kg}{m^3} \times 10.2m \times \dfrac{12L}{\sec} \times \dfrac{m^3}{1000L}}{102 \times 0.8} = 1.5kW$

2 펌프의 장애현상

(1) 수격작용(Water hammer)

① 정의: 만관 내에 흐르고 있는 물의 속도가 급격히 변화하여 압력변화가 발생하는 현상이다. 수격 작용에 의한 압력상승 및 압력 강하의 크기는 유속의 변화정도, 관로 상황, 유속, 펌프의 성능 등에 따라 다르지만, 펌프, 밸브, 배관 등에 이상 압력이 걸려 진동, 소음을 유발하고, 펌프 및 전동기가 역회전하는 경우도 있으므로 충분한 검토가 필요하다.

② 펌프계의 수격작용

- 제1단계(정회전 정류 ; 펌프범위): 펌프는 갑자기 동력을 잃더라도 전동기와 펌프의 관성력에 의하여 회전한다. 이 회전속도는 급속히 저하되기 시작하며 펌프의 양정도 회전속도의 저하에 따라 감소한다.
- 제2단계(정회전 역류 ; 제동범위): 일단 정지된 물은 다음 순간부터 역류되기 시작하며 펌프의 회전속도는 점점 더 떨어지고 드디어 정지한다(보통의 펌프계에서는 이 역류가 시작될 때 체크밸브가 닫힌다).
- 제3단계(역회전 역류 ; 수차범위): 체크밸브가 없는 경우에는 펌프가 역회전하기 시작하여 수차상태로 되고 무부하상태로 회전한다.

③ 수격작용의 방지법

- 부압(수주분리) 발생의 방지법
  - 펌프에 플라이휠(fly-wheel)을 붙인다.
  - 토출측 관로에 표준형조압수조(conventional surge tank)를 설치한다.
  - 토출측 관로에 한방향형조압수조(one-way surge tank)를 설치한다.
  - 압력수조(air-chamber)를 설치한다.
- 압력상승 경감방법
  - 완폐식 체크밸브에 의한 방법: 관내물의 역류개시 직후의 역류에 대하여 밸브디스크가 천천히 닫히도록 하는 것으로 역류되는 물을 서서히 차단하는 방법으로 압력상승을 완화시킨다.
  - 급폐식 체크밸브에 의한 방법: 역류가 커지고 나서 급폐되면 높은 압력상승이 생기기 때문에 역류가 일어나기 직전인 유속이 느릴때에 스프링 등의 힘으로 체크밸브를 급폐시키는 방법으로 역류개시가 빠른 300mm 이하의 관로에 사용된다.
  - 콘밸브 또는 니들밸브나 볼밸브에 의한 방법: 정전과 동시에 콘밸브나 니들밸브 또는 볼밸브의 유압조작기구 작동으로 밸브 개도를 제어하여 자동적으로 완폐시키는 방법으로 유속변화를 작게 하여 압력 상승을 억제할 수 있다.

(2) 공동현상(Cavitation)

구분	특성
상수도시설	• 펌프의 내부에서 유속이 급변하거나 와류 발생, 유로 장애 등에 의하여 유체의 압력이 저하되어 포화수증기압에 가까워지면, 물 속에 용존되어 있는 기체가 액체 중에서 분리되어 기포로 되며 더욱이 포화수증기압 이하로 되면 물이 기화되어 흐름 중에 공동이 생기는 현상이다. • 가용유효흡입수두와 필요유효흡입수두를 검토하여 공동현상을 피한다.
하수도시설	• 펌프 회전차나 동체 속에 흐르는 압력이 국소적으로 저하하여 그 액체의 포화증기압이하로 떨어지면 발생하는 현상이다. • 펌프 캐비테이션은 펌프 성능을 현저히 저하시키고 회전차의 침식과 소음을 유발하고 수명을 저하시킨다.

① 공동현상(Cavitation) 방지대책

- 펌프의 설치위치를 가능한 한 낮추어 펌프의 가용유효흡입수두를 크게 한다.
- 흡입관의 손실을 가능한 한 작게 하여 펌프의 가용유효흡입수두를 크게 한다.
- 펌프의 회전속도를 낮게 선정하여 펌프의 필요유효흡입수두를 작게 한다.
- 동일한 토출량과 동일한 회전속도이면, 일반적으로 양쪽흡입펌프가 한쪽흡입펌프보다 캐비테이션 현상에서 유리하다.
- 악조건에서 운전하는 경우에 임펠러의 침식을 피하기 위하여 캐비테이션에 강한 재료를 사용한다.
- 흡입측 밸브를 완전히 개방하고 펌프를 운전한다.

(3) 기타

① 서어징(surging) : 펌프 운전 중에 토출량과 토출압이 주기적으로 숨이 찬 것처럼 변동하는 상태를 일으키는 현상으로 펌프 특성 곡선이 산형에서 발생하며 큰 진동을 발생하는 경우가 있다.

② 맥동현상 : 송출유량과 송출압력 사이에 주기적인 변동이 일어나 토출유량의 변화를 가져오는 현상이다.

예제

01 펌프의 운전 시 발생되는 현상이 아닌 것은?

① 공동현상　② 수격작용(수충작용)
③ 노크현상　④ 맥동현상

정답 ③

풀이 ① 공동현상 : 펌프의 내부에서 유체의 압력이 저하되어 기포가 발생되는 현상
② 수격작용(수충작용) : 물의 속도가 급격히 변하여 생긴 수압의 변화로 발생되는 현상
④ 맥동현상 : 송출유량과 송출압력 사이에 주기적인 변동으로 토출유량의 변화가 생기는 현상

02 공동현상(Cavitation)이 발생하는 것을 방지하기 위한 대책으로 틀린 것은?

① 흡입측 밸브를 완전히 개방하고 펌프를 운전한다.

② 흡입관이 손실을 가능한 크게 한다.

③ 펌프의 위치를 가능한 한 낮춘다.

④ 펌프의 회전속도를 낮게 선정한다.

정답 ②

풀이 흡입관의 손실을 가능한 한 작게 하여 펌프의 가용유효흡입수두를 크게 한다.

03 펌프 운전 시 발생할 수 있는 비정상현상에 대한 설명이다. 펌프 운전 중에 토출량과 토출압이 주기적으로 숨이 찬 것처럼 변동하는 상태를 일으키는 현상으로 큰 진동을 발생하는 경우는?

① 캐비테이션(Cavitation)

② 서어징(Surging)

③ 수격작용(Water hammer)

④ 크로스커넥션(Cross connection)

정답 ②

04 수격작용(Water Hammer)을 방지 또는 줄이는 방법이라 할 수 없는 것은?

① 펌프에 fly wheel을 붙여 펌프의 관성을 증가시킨다.

② 흡입측 관로에 압력조절수조(surge tank)를 설치하여 부압을 유지시킨다.

③ 펌프 토출구 부근에 공기탱크를 두거나 부압 발생지점에 흡기밸브를 설치하여 압력강하 시 공기를 넣어준다.

④ 관내유속을 낮추거나 관거상황을 변경한다.

정답 ②

풀이 토출측 관로에 압력조절수조(surge tank)를 설치하여 부압을 방지시킨다.

Chapter 03

기출 & 예상 문제

01 정수시설인 막여과시설에서 막모듈의 파울링에 해당되는 내용은?

① 막모듈의 공급유로 또는 여과수 유로가 고형물로 폐색되어 흐르지 않는 상태
② 미생물과 막 재질의 자화 또는 분비물의 작용에 의한 변화
③ 건조되거나 수축으로 인한 막 구조의 비가역적인 변화
④ 원수 중의 고형물이나 진동에 의한 막 면의 상처나 마모, 파단

02 상수관로의 길이 980m, 내경 200mm에서 유속 2m/sec로 흐를 때 관마찰 손실수두(m)는? (단, Darcy-Weisbach 공식을 이용)하고, 마찰손실계수 = 0.02이다.)

① 20
② 18
③ 22
④ 16

03 수원 선정 시 고려하여야 할 사항으로 옳지 않은 것은?

① 수량이 풍부하여야 한다.
② 수질이 좋아야 한다.
③ 가능한 한 높은 곳에 위치해야 한다.
④ 수돗물 소비지에서 먼 곳에 위치해야 한다.

정답찾기

01 ② 미생물과 막 재질의 자화 또는 분비물의 작용에 의한 변화 → 열화
③ 건조되거나 수축으로 인한 막 구조의 비가역적인 변화 → 열화
④ 원수 중의 고형물이나 진동에 의한 막 면의 상처나 마모, 파단 → 열화

02 $h_f = f \times \frac{L}{D} \times \frac{V^2}{2g}$

$h_f = 0.02 \times \frac{980}{0.2} \times \frac{2^2}{2 \times 9.8} = 20m$

03 수돗물 소비지에서 가까운 곳에 위치해야 한다.

정답 **01** ① **02** ① **03** ④

04 **강우강도에 대한 설명 중 틀린 것은?**

① 강우강도는 그 지점에 내린 우량을 mm/hr 단위로 표시한 것이다.
② 확률강우강도는 강우강도의 확률적 빈도를 나타낸 것이다.
③ 범람의 피해가 적을 것으로 예상될 때는 재현기간 2~5년 확률강우강도를 채택한다.
④ 강우강도가 큰 강우일수록 빈도가 높다.

05 **유출계수가 0.65인 1km^{2}의 분수계에서 흘러내리는 우수의 양(m^3/sec)은? (단, 강우강도 = 3mm/min, 합리식을 적용한다.)**

① 1.3　② 6.5
③ 21.7　④ 32.5

06 **취수지점으로부터 정수장까지 원수를 공급하는 시설 배관은?**

① 취수관　② 송수관
③ 도수관　④ 배수관

07 **펌프의 수격작용(Water Hammer)에 관한 설명으로 가장 거리가 먼 것은?**

① 관내 물의 속도가 급격히 변하여 수압의 심한 변화를 야기하는 현상이다.
② 정전 등의 사고에 의하여 운전 중인 펌프가 갑자기 구동력을 소실할 경우에 발생할 수 있다.
③ 펌프계에서의 수격현상은 역회전 역류, 정회전 역류, 정회전 정류의 단계로 진행된다.
④ 펌프가 급정지할 때는 수격작용 유무를 점검해야 한다.

08 **직경 200cm 원형관로에 물이 1/2 차서 흐를 경우, 이 관로의 경심(cm)은?**

① 15　② 25
③ 50　④ 100

09 **비교회전도(N_s)에 대한 설명으로 틀린 것은?**

① 펌프는 N_s값에 따라 그 형식이 변한다.
② N_s값이 같으면 펌프의 크기에 관계없이 같은 형식의 펌프로 하고 특성도 대체로 같아진다.
③ 수량과 전양정이 같다면 회전수가 많을수록 N_s값이 커진다.
④ 일반적으로 N_s값이 적으면 유량이 큰 저양정의 펌프가 된다.

10 **하수관로의 유속과 경사는 하류로 갈수록 어떻게 되도록 설계하여야 하는가?**

① 유속 : 증가, 경사 : 감소
② 유속 : 증가, 경사 : 증가
③ 유속 : 감소, 경사 : 증가
④ 유속 : 감소, 경사 : 감소

정답찾기

04 강우강도가 큰 강우일수록 빈도가 낮다.

05 합리식에 의한 우수유출량을 산정하는 공식을 사용한다.

$Q=\frac{1}{360}CIA$

- 강우강도산정(mm/hr)

강우강도$=\frac{3\text{mm}}{\text{min}}\times\frac{60\text{min}}{1hr}=180mm/hr$

- 유역면적 산정(ha)

유역면적$=1km^2\times\frac{100\text{ha}}{1\text{km}^2}$ = 100ha

- 유량산정

$\text{Q}=\frac{1}{360}\times0.65\times180\times100=32.5\text{m}^3/\text{sec}$

06 취수 → 도수 → 정수 → 송수 → 배수 → 급수

07 펌프계에서의 수격현상은 정회전 정류, 정회전 역류, 역회전 역류의 단계로 진행된다.

08 경심산정: 원형관로의 경우 경심은 D/4이다.

$R=\frac{\text{단면적}}{\text{윤변}}=\frac{D}{4}=\frac{0.2m}{4}=0.5m$ = 50cm

09 $N_s=N\times\frac{Q^{1/2}}{H^{3/4}}$ 식으로 비교해 보면 일반적으로 Ns값이 적으면 유량이 적은 고양정의 펌프가 된다.

10 유속은 일반적으로 하류방향으로 흐름에 따라 점차로 커지고, 관거경사는 점차 작아지도록 다음 사항을 고려하여 유속과 경사를 결정한다.

정답 **04** ④ **05** ④ **06** ③ **07** ③ **08** ③ **09** ④ **10** ①

이찬범 환경공학

합격까지 박문각

PART

03

대기환경

PART 03 대기환경

CHAPTER 01 대기오염

제1절 I 개론

1 대기오염물질

(1) 정의

대기오염물질이란 대기 중에 존재하는 물질 중 대기오염의 원인으로 인정된 가스・입자상물질로서 환경부령으로 정하는 것을 말한다(대기환경보전법).

(2) 발생원에 따른 대기오염물질 분류

① 1차 대기오염물질

- 배출 및 발생원에서 직접 대기중으로 배출되는 오염된 물질을 의미한다.
- 먼지, 매연, 일산화탄소(CO), 이산화탄소(CO_2), 황산화물(SO_x), 염화수소(HCl), 질소산화물(NO_x), 탄화수소(HC), 암모니아(NH_3), 납(Pb), 삼산화이질소(N_2O_3), NaCl, SiO_2 등

② 2차 대기오염물질

- 1차 오염물질이 대기 중에서 자외선에 의한 광화학적 반응으로 생성된 오염물질을 의미한다.
- 오존(O_3), PAN($CH_3COOONO_2$), 과산화수소(H_2O_2), 염화나이트로실(NOCl), 알데히드 등

③ 1・2차 대기오염물질

- 배출 및 발생원에서 직접 대기 중으로 배출되거나 광화학적 반응으로 생성되는 오염물질을 의미한다.
- SO_2, SO_3, H_2SO_4, NO, NO_2, HCHO, 케톤류, 유기산, 알데히드 등 1차 대기오염물질이면서 2차 대기오염물질인 오염물질을 의미한다.

예제

01 다음 대기오염물질 중 1차 생성오염물질인 것은?

① CO_2　　② PAN

③ O_3　　④ H_2O_2

정답 ①

풀이
- 1차 오염물질: SOx, NOx, HC, CO_2, NH_3
- 2차 오염물질: SOx, NOx, PAN, O_3, H_2O_2, NOCl
- 1, 2차 오염물질: NO, NO_2, SO_2, SO_3, H_2SO_4, 알데히드류, 유기산류

02 대기오염물질 중 2차 오염물질로만 나열된 것은?

① NO, SO_2, HCl
② PAN, NOCl, O_3
③ PAN, NO, HCl
④ O_3, H_2S, 금속염

정답 ②

풀이
- 1차 오염물질: 먼지, 매연, 일산화탄소(CO), 황산화물(SO_x), 염화수소(HCl), 질소산화물(NO_x), 탄화수소(HC), 암모니아(NH_3), 납(Pb), 삼산화이질소(N_2O_3) 등
- 2차 오염물질: 오존(O_3), PAN($CH_3COOONO_2$), 과산화수소(H_2O_2), 염화나이트로실(NOCl), 알데히드 등
- 1,2차 오염물질: SO_2, SO_3, H_2SO_4, NO, NO_2, HCHO, 케톤류, 유기산, 알데히드 등

(3) 상태에 따른 대기오염물질 분류

① 입자상 오염물질
- 고체 또는 액체상 물질로 배출되는 오염물질을 의미한다.
- 미스트, 먼지, 매연, 검댕, 안개, 훈연, 박무, 스모그 등

② 가스상 오염물질
- 기체상태로 배출되는 오염물질을 의미한다.
- 일산화탄소(CO), 황산화물(SO_x), 염화수소(HCl), 질소산화물(NO_x), 암모니아(NH_3) 등

(4) 오염형태에 따른 분류

① 점오염원: 공장, 소각처리시설, 발전소 등 하나의 시설에서 배출되는 오염원이다.

② 면오염원: 산업단지, 대규모 공단 또는 시설 등이 밀집된 일정 면적에서 소규모 오염원이 모여 오염물질을 발생시키는 오염원이다.

③ 선오염원: 도로 위에서 자동차의 운행으로 발생되는 오염원으로 주요 도로를 중심으로 오염물질을 발생시키는 오염원이다.

2 대기오염현상

(1) 산성비

① 개요
- 대기 중의 이산화탄소는 약 360~400ppm 정도이며 대기 중 이산화탄소(CO_2)에 의해 강우의 pH는 약 5.6 정도이다. pH 5.6 이하의 비를 산성비라 한다.
- 산성비에 가장 큰 영향을 미치는 것은 황산화물로 50% 이상을 차지하고 질소산화물이 약 20%, 염소이온이 약 12% 정도 기여한다(황산화물 > 질소산화물 > 염화수소).
- 화석연료의 연소과정에서 배출되는 황산화물에 의한 기여가 가장 크다.

예제

다음 설명에 해당하는 대기오염물질은?

비가연성이며 폭발성이 있는 무색의 자극성기체로서 산성비의 원인이 되기도 하고 환원성이 있으며 표백현상도 나타낸다.

① 이황화탄소 ② 황화수소 ③ 이산화황 ④ 일산화탄소

정답 ③

② 영향

- 호수의 산성화, 토양의 산성화를 초래하여 금속이온이 용출로 생태계와 사람, 농산물 등에 큰 영향을 미친다.
- 금속과 콘크리트 건물 등의 부식을 초래한다.
- 산성비의 피해는 광역적으로 나타나며 예측이 어렵다.

③ 산성비 대책

- 산성비의 주된 원인 물질인 황산화물과 질소산화물의 생성을 억제하는 방법으로 청정연료 또는 에너지의 사용, 화석연료의 사용저감, 배연탈황 및 배연탈질 기술 적용, 원유의 탈황 등이 있다.
- 산성비는 광역적인 피해를 일으키기 때문에 국제협약을 통해 원인 물질을 저감하는 노력이 필요하며 헬싱키의정서, 소피아의정서 등이 산성비 관련 국제 협약이다.

⑵ 오존층 파괴

① 오존층

- 성층권(지상 12~50km 부근)에 존재하는 오존층(지상 20km 부근)은 전체 오존량의 90% 이상이 존재하는 층이다.
- 오존층의 두께는 적도상공이 약 200돕슨, 극지방이 약 400돕슨 정도인 것으로 알려져 있으나 오존층의 파괴로 극지방의 오존층 두께가 줄어들고 있다.

✱ 100돕슨(dobson) = 1mm로 오존층의 두께를 나타내는 단위이다.

예제

지구상에 분포하는 오존에 관한 설명으로 옳지 않은 것은?

① 오존량은 돕슨(Dobson) 단위로 나타내는데, 1Dobson은 지구 대기중 오존의 총량을 0℃, 1기압의 표준상태에서 두께로 환산하였을 때 0.01cm에 상당하는 양이다.
② 오존층 파괴로 인해 피부암, 백내장, 결막염 등 질변유발과, 인간의 면역기능의 저하를 유발할 수 있다.
③ 오존의 생성 및 분해반응에 의해 자연상태의 성층권 영역에는 일정 수준의 오존량이 평형을 이루게 되고, 다른 대기권 영역에 비해 오존의 농도가 높은 오존층이 생성된다.
④ 지구 전체의 평균오존전량은 약 300Dobson이지만, 지리적 또는 계절적으로 그 평균값이 ±50% 정도까지 변화하고 있다.

정답 ①

풀이 오존량은 돕슨(Dobson) 단위로 나타내는데, 1Dobson은 지구 대기중 오존의 총량을 0℃, 1기압의 표준상태에서 두께로 환산하였을 때 0.01mm에 상당하는 양이다.

② 오존층을 파괴하는 물질

- 염화불화탄소(CFC), 염화브롬화탄소(halons), 아산화질소(N_2O), 일산화질소(NO), 염화메틸(CH_3Cl), 사염화탄소(CCl_4), 메틸클로로포름(CH_3CCl_3), 메탄(CH_4), 수증기(H_2O) 등이 있으며 ODP(Ozone Depletion Potential)에 따라 오존층에 미치는 영향은 다르다.
- 영향: 피부암, 피부의 노화, 백내장, 건축물과 플라스틱 재질의 건축자재(PVC, PE 등)의 약화 등이 있다.

예제

불활성 기체로 일명 웃음의 기체라고도 하며, 대류권에서는 온실가스로, 성층권에서는 오존층 파괴물질로 알려진 것은?

① NO ② NO_2
③ N_2O ④ N_2O_5

정답 ③

ODP(Ozone Depletion Potential)
CFC-11(CCl_3F)을 1.0으로 기준으로 오존층 파괴물질의 상대적인 크기를 나타낸 수치로 오존층 파괴물질의 단위 중량 당 오존의 소모능력을 나타내는 지수이다.

③ 프레온류(CFCs: Chloro Fluoro Carbon): 프레온가스는 탄소에 수소, 불소, 염소가 결합되어진 물질 등이 속하며 남은 탄소가지에는 염소가 위치한다.

프레온류 명명법

프레온 − □□□ → □□□ + 90 → [탄소수][수소수][불소수]					
프레온-11	11 + 90 = 101				
	탄소 = 1	수소 = 0	불소 = 1	염소 = 3	CCl_3F
프레온-12	12 + 90 = 102				
	탄소 = 1	수소 = 0	불소 = 2	염소 = 2	CCl_2F_2
프레온-113	113 + 90 = 203				
	탄소 = 2	수소 = 0	불소 = 3	염소 = 3	$C_2Cl_3F_3$
프레온-114	114 + 90 = 204				
	탄소 = 2	수소 = 0	불소 = 4	염소 = 2	$C_2Cl_2F_4$

④ 할론류: 할론가스는 탄소에 브롬, 불소, 염소가 결합되어진 물질 등이 속한다.

할론류 명명법

할론-□□□□□ → [탄소수][불소수][염소수][브롬수][요오드]					
할론-1211	탄소 = 1	불소 = 2	염소 = 1	브롬 = 1	CF_2ClBr
할론-1301	탄소 = 1	불소 = 3	염소 = 0	브롬 = 1	CF_3Br
할론-2402	탄소 = 2	불소 = 4	염소 = 0	브롬 = 2	$C_2F_4Br_2$

* 마지막의 "0"은 생략하며 요오드를 의미한다. 할로겐원소가 채워지지 않은 탄소 가지에는 수소가 위치한다.
  EX Halons – 10001 = CH_3I

예제

특정물질의 종류와 그 화학식의 연결로 옳지 않은 것은?

① CFC-214 : $C_3F_4Cl_4$　② Halon-2402 : $C_2F_4Br_2$
③ HCFC-133 : CH_3F_3Cl　④ HCFC-222 : $C_3HF_2Cl_5$

정답 ③

풀이 프레온 – □□□ → □□□ + 90 → [탄소수][수소수][불소수]
HCFC – 133 → 133 + 90 = 223 → [탄소수][수소수][불소수]
탄소수: 2
수소수: 2
불소수: 3
나머지는 Cl이므로
HCFC – 133 = $C_2H_2F_3Cl$
HCFC는 CFC에 수소를 첨가 한 CFC 대체물질이다.

⑤ 오존의 파괴

- 대류권에서 발생한 CFC가 오존층에 도달하여 자외선에 의해 염소라디컬(Cl·) 로 분해가 된다($CFCl_3$ + 자외선 → $CFCl_2$ + Cl·).
- 염소라디컬(Cl·)은 오존층에 존재하는 오존(O_3)을 분해한다(Cl· + O_3 → ClO + O_2).
- O_2는 자외선에 의해 산소원자로 분해가 된다(O_2 + 자외선 → O + O).
- ClO는 산소원자와 결합하여 염소라디컬(Cl·)과 O_2로 생성되며 염소라디컬(Cl·)은 오존을 파괴하는 반응에 다시 참여하며 재순환된다(ClO + O → Cl· + O_2).

* 오존층 보호 국제 협약: 비엔나협약, 몬트리올 의정서, 런던회의, 코펜하겐회의 등이 있다.

예제

오존층 보호를 위한 국제협약으로만 연결된 것은?

① 헬싱키 의성서 – 소피아 의정서 – 람사르협약　② 소피아의정서 – 비엔나 협약 – 바젤협약
③ 런던회의 – 비엔나 협약 – 바젤협약　④ 비엔나협약 – 몬트리올 의정서 – 코펜하겐회의

정답 ④

풀이
- 헬싱키 의성서: 이산화황의 감축
- 소피아 의정서: 질소산화물의 감축
- 람사르협약: 습지 보호 관련 협약
- 런던회의: 폐기물의 해양투기 금지 관련 협약

제2절 I 대기오염

1 지구온난화

(1) 지구온난화 현상

① 태양의 활동과 온실효과 등으로 인해 지구 평균 기온이 올라가는 현상을 의미한다.

② 지구복사에너지(장파)가 외부로 방출되지 못하고 온실가스(대부분 CO_2)에 의해 다시 지구로 재복사 되어 지구의 온도가 올라가게 된다.

✱ IPCC(Intergovernmental Panel on Climate Change)에서 정의한 지구온난화: 지구온난화란 인위적 배출이 초래한 복사강제력(radiativeforcing) 결과의 하나로서, 점차적인 지구 표면 온도의 상응이 관측 및 예상되는 것을 의미한다.

③ 대표적인 지구온난화 원인물질로 CO_2, CFC, N_2O, CH_4, H_2O 등이 있다.

(2) 온실효과

① 자동차와 공장에서 뿜어내는 가스가 대기권을 덮어 지구의 기온을 상승시키고 기후의 변화를 초래하는 대기오염 현상을 말한다.

② 온실의 유리처럼 온실기체가 지구에서 방출되는 적외선 영역의 에너지를 흡수하여 다시 지구로 반사시켜 온도를 상승하는 현상이다.

③ 온실가스: 적외선 복사열 흡수하여 온실효과를 유발하는 대기 중 가스상태 물질로 CO_2, CFC, N_2O, CH_4, SF_6(육불화황) 등이 있다(대기환경보전법).

✱ 교토의정서상 온실효과에 기여하는 6대 물질: 이산화탄소(CO_2), 메탄(CH_4), 아산화질소(N_2O), 불화탄소(PFC), 수소화불화탄소(HFC), 육불화황(SF_6) 등

예제

01 지구 온난화를 일으키는 온실가스와 가장 거리가 먼 것은?

① CO　　② CO_2
③ CH_4　　④ N_2O

정답 ①

풀이 온실가스란 적외선 복사열을 흡수하거나 다시 방출하여 온실효과를 유발하는 대기 중의 가스상태 물질로서 이산화탄소, 메탄, 아산화질소, 수소불화탄소, 과불화탄소, 육불화황을 말한다.

02 대기환경보전법규상 기후·생태계변화 유탈물질과 거리가 먼 것은?

① 수소염화불화탄소　　② 수소불화탄소
③ 사불화수소　　④ 육불화황

정답 ③

풀이 **대기환경보전법(정의)**

2. "기후·생태계 변화유발물질"이란 지구 온난화 등으로 생태계의 변화를 가져올 수 있는 기체상물질(氣體狀物質)로서 온실가스와 환경부령으로 정하는 것을 말한다.
3. "온실가스"란 적외선 복사열을 흡수하거나 다시 방출하여 온실효과를 유발하는 대기 중의 가스상태 물질로서 이산화탄소, 메탄, 아산화질소, 수소불화탄소, 과불화탄소, 육불화황을 말한다.

대기환경보전법 시행규칙(기후·생태계 변화유발물질)

"환경부령으로 정하는 것"이란 염화불화탄소와 수소염화불화탄소를 말한다.

(3) 지구온난화지수(GWP, Global warming Potential)

이산화탄소 1kg을 기준으로 특정 온실가스가 대기 중에서 일정 기간 동안 그 기체 1kg의 온난화 효과가 어느 정도인가를 평가하는 척도이다.

온실가스별 지구온난화 계수

온실가스의 종류	지구온난화 계수
이산화탄소(CO_2)	1
메탄(CH_4)	21
아산화질소(N_2O)	310
수소불화탄소(HFCs)	140 ~ 11,700
과불화탄소(PFCs)	6,500 ~ 9,200
육불화황(SF_6)	23,900

예제

다음 물질의 지구온난화지수(GWP)를 크기순으로 옳게 배열한 것은? (단, 큰 순서>작은 순서)

① $N_2O > CH_4 > CO_2 > SF_6$
② $CO_2 > SF_6 > N_2O > CH_4$
③ $SF_6 > N_2O > CH_4 > CO_2$
④ $CH_4 > CO_2 > SF_6 > N_2O$

정답 ③

(4) 온난화 대책

① 리우선언: ESSD(환경적으로 건전하고 지속가능한 개발)

② 기후변화협약(UNFCCC)

- 지구온난화에 따른 기후변화에 적극 대처하기 위하여 국제사회는 1988년 UN총회 결의에 따라 세계기상기구(WMO)와 유엔환경계획(UNEP)에 “기후변화에 관한 정부간 패널(IPCC)”을 설치하였고, 1992년 6월 유엔환경개발회의(UNCED)에서 기후변화협약(UNFCCC)을 채택하였고 우리나라는 1993년 12월에 세계 47번째로 가입하였다.
- 기본원칙: 지구온난화 방지를 위하여 모든 당사국이 참여하되, 단 온실가스 배출의 역사적 책임이 있는 선진국은 차별화된 책임이 있다.
- 의무사항: 모든 당사국은 지구 온난화 방지를 위한 정책/조치 및 국가 온실가스 배출통계가 수록된 국가보고서를 UN에 제출해야 한다.

③ 교토의정서

- 기후변화협약에 의한 온실가스 감축은 구속력이 없음에 따라 온실가스의 실질적인 감축을 위하여 과거 산업혁명을 통해 온실가스 배출의 역사적 책임이 있는 선진국(38개국)을 대상으로 제1차 공약기간(2008~2012)동안 1990년도 배출량 대비 평균 5.2% 감축을 규정하는 교토의정서를 제3차 당사국총회('97, 일본 교토)에서 채택하여 2005년 2월 16일 공식 발효시켰으며 우리나라에서는 2002년도에 비준하였고('08.5월 기준 총 184개국 서명, 76개국 비준), 2005년 11월 캐나다 몬트리올에서 제1차 교토의정서 당사국총회(COP/MOP1) 개최하였고, 제3차 교토의정서 당사국총회(COP/MOP3)에서 발리로드맵 채택하였다.

✱ 교토의정서에는 온실가스 감축의무 국가들의 비용효과적인 의무부담 이행을 위하여 신축성있는 교토메카니즘을 제시한다.

- 공동이행제도(JI : Joint Implementation) : 선진국 A국이 다른 선진국에 투자하여 얻은 온실가스 감축분을 A국 감축실적으로 인정하는 제도이다.
- 청정개발체제(CDM : Clean Development Mechanism) : 선진국이 개도국에 투자하여 얻은 온실가스 감축분을 선진국의 감축실적으로 인정하는 제도이다.
- 배출권거래제도(ET : Emission Trading) : 온실가스 감축의무가 있는 국가들에 배출쿼터를 부여한 후 동 국가간 배출쿼터의 거래를 허용하는 제도이다.

④ **신(新)기후체제** : 1997년 체결된 교토의정서는 선진국에만 온실가스 감축의무를 부과하는 체제였으나, 기후변화에 효과적으로 대하기 위해서는 개도국도 함께 온실가스 감축에 참여해야 한다는 필요성이 지속적으로 제기됨에 따라 신기후체제의 경우 교토의정서의 체제를 극복하기 위해 선진국과 개도국 모두가 참여하고 이를 위해 각국이 감축목표를 스스로 결정할 수 있도록 하는 유연한 방식을 적용하였다.

파리협정(Paris Agreement)

신기후체제의 근간이 되는 협정으로, 주요 요소별로 2020년 이후 적용될 원칙과 방향을 담은 합의문이다.

	교토의정서	신기후체제
범위	온실가스 감축에 초점을 두고 있다.	감축을 포함한 포괄적 대응이다. (감축, 적응, 재정지원, 기술이전, 역량강화, 투명성)
감축 대상국가	37개 선진국 및 EU (美, 日, 캐나다, 러시아, 뉴질랜드 불참)	선진·개도국 모두 포함
감축목표 설정방식	하향식(Top-Ddown)	상향식(Bottom-Up)

예제

교토의정서상 온실효과에 기여하는 6대 물질과 거리가 먼 것은?

① 이산화탄소
② 메탄
③ 과불화규소
④ 아산화질소

정답 ③

풀이 교토의정서상 온실효과에 기여하는 6대 물질 : 이산화탄소(CO_2), 메탄(CH_4), 아산화질소(N_2O), 불화탄소(PFC), 수소화불화탄소(HFC), 불화유황(SF_6) 등

(5) 지구온난화로 인한 기상이변현상

① **엘니뇨 현상** : 열대 태평양 남미 해안으로부터 중태평양에 이르는 넓은 범위에서 해수면의 온도가 평균보다 0.5℃ 이상 높은 상태가 6개월 이상 지속되는 현상으로 스페인어로 아기 예수를 의미한다.

② **라니냐현상** : 해수면의 온도가 0.5℃ 이상 낮은 상태가 6개월 이상 지속되는 현상으로 여자 아이라는 뜻이다.

③ 열섬 현상

- 대기오염으로 인한 지구환경 변화 중 도시지역의 공장, 자동차 등에서 배출되는 고온의 가스와 냉난방시설로부터 배출되는 더운 공기가 상승하면서 주변의 찬 공기가 도시로 유입되어 도시 지역의 대기오염물질에 의한 거대한 지붕을 만드는 현상이다.
- 바람이 없고 맑은 날일수록 열섬현상이 뚜렷하다.
- 여름보다는 겨울철에 더욱 뚜렷하며, 맑고 잔잔한 날의 야간에 잘 나타난다.
- 오염물질 확산을 저해한다.

예제

열섬현상에 대한 특징으로 틀린 것은?

① 도시에서 대기오염의 확산을 조사할 경우에는 도시열섬효과를 고려하여야 한다.
② 열섬현상의 원인으로는 인구집중에 따른 인공열 발생 증가, 지표면에서의 증발잠열 차이 등이 있다.
③ 인구, 건물, 산업시설이 많을수록 열섬현상이 일어날 확률이 높다.
④ 열섬현상이 일어나면 도심에서는 하강기류가 나타나 주변 지역과의 대류가 활발해진다.

정답 ④

풀이 열섬현상이 일어나면 도심에서는 상승기류가 나타나 주변 지역과의 대류가 활발하지 않아 대기오염물질이 축적된다.

2 대기오염의 역사

(1) 뮤즈계곡사건(1930년 벨기에)

불소 및 아황산가스와 분진 및 안개에 의한 스모그가 발생한 사건이다.

(2) 요코하마(황빈)사건(1946년 일본)

공장매연과 스모그에 의한 사건이다.

(3) 도노라사건(1948년 미국)

공장매연과 스모그에 의한 사건(아황산, 황산미세먼지)이다.

(4) 포자리카사건(1950년 멕시코)

황화수소 누출사건에 의한 사건이다.

(5) 보팔시사건(1874년 인도)

MIC(메틸이소시아네이트, CH_3CNO) 누출사고에 의한 사건이다.

예제

01 세계적으로 유명한 대기오염사건과 관련하여 뮤즈계곡, 도노라의 공통적인 발생조건으로 맞는 것은?

① 무풍, 기온역전
② 광화학반응, 수직혼합
③ 강한 바람, 황산화물
④ 광화학반응, 2차 오염물질

정답 ①

풀이 역사적인 대기오염사건의 공통적인 기상인자를 살펴보면 모두 무풍상태, 기온역전상태이었다.

02 대기오염의 역사적 사건에 관한 설명으로 옳지 않은 것은?

① 뮤즈계곡사건 – 벨기에 뮤즈계곡에서 발생한 사건으로 금속, 유리, 아연, 제철, 황산공장 및 비료공장 등에서 배출되는 SO_2, H_2SO_4 등이 계곡에서 무풍상태의 기온 역전 조건에서 발생했다.

② 포자리카 사건 – 멕시코 공업지역에서 발생한 오염사건으로 H_2S가 대량으로 인근 마을로 누출되어 기온역전으로 피해를 일으켰다.

③ 보팔시 사건 – 인도에서 일어난 사건으로 비료공장 저장탱크에서 MIC 가스가 유출되어 발생한 사건이다.

④ 크라카타우 사건 – 인도네시아에서 발생한 산화티타늄공장에서 발생한 질산미스트 및 황산미스트에 의한 사건으로 이 지역에 주둔하던 미군과 가족들에게 큰 피해를 준 사건이다.

03

정답 ④

풀이 • 크라카타우 사건: 인도네이사에서 발생한 화산폭발에 의한 대기오염 사건이다.
• 횡빈사건: 일본에서 발생한 산화티타늄공장에서 발생한 질산미스트 및 황산미스트에 의한 사건으로 이 지역에 주둔하던 미군과 가족들에게 큰 피해를 준 사건이다.

---

(6) 런던스모그와 LA스모그

① 런던스모그: 1950년대 산업혁명과 연료의 전환으로 화석연료의 사용량이 증가하여 연소시 발생하는 황산화물과 먼지, 안개 등에 의해 발생하였으며 새벽에 형성되는 접지역전 상태에서 오염의 부하가 가중되어 많은 피해를 일으켰다.

② LA스모그: 자동차의 사용량 증가로 자동차에서 발생되는 질소산화물과 탄화수소 등이 한낮의 자외선과 반응하여 광화학적인 부산물(광화학스모그)을 발생시켜 한낮에 형성되는 침강성역전 상태에서 오염의 부하가 가중되어 많은 피해를 일으켰다.

항목	런던스모그	LA스모그
기온	4℃ 이하	24~32℃
기간	겨울(12월~1월)	여름(7~9월)
습도	85% 이상	70% 이하
시간	이른 아침	한 낮
역전형태	접지역전(방사성역전)	공중역전(침강성역전)
대기의 안정도	기온역전, 무풍상태(매우 안정된 대기)	
오염물질	황산화물, 먼지, 수증기(안개)	질소산화물, 오존, HC, PAN 등 광화학적 부산물
오염원	공장, 화석연료 사용	자동차
반응형태	열적환원반응	광화학적 산화반응
가시거리	100m 이하	1km 이하

* smog = smoke(매연) + fog(안개)
* 침강역전은 고기압 중심부분에서 기층이 서서히 침강하면서 기온이 단열변화로 승온되어 발생하는 현상이다.
* 복사역전은 지표에 접한 공기가 그보다 상공의 공기에 비하여 더 차가워져서 생기는 현상이다.
* LA스모그의 원인물질인 탄화수소는 올레핀계탄화수소로 이중결합을 포함한 C_nH_{2n}의 형태이며 반응성이 큰 탄화수소이다.

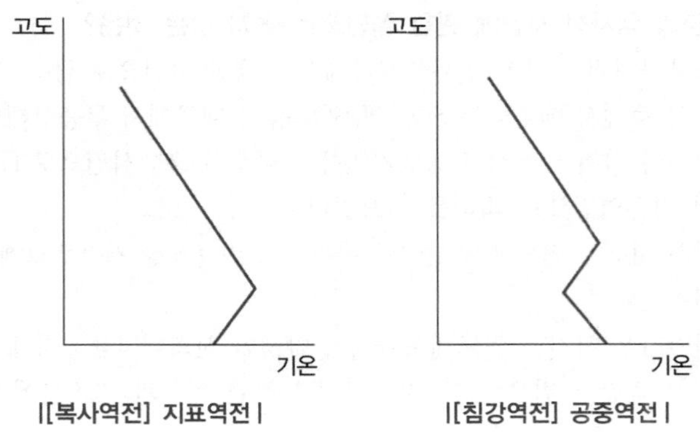

|[복사역전] 지표역전 | |[침강역전] 공중역전 |

예제

01 London형 스모그 사건과 비교한 Los Angeles형 스모그 사건에 관한 설명으로 옳은 것은?

① 주오염물질은 SO_2, smoke, H_2SO_4, 미스트 등이다.
② 주오염원은 공장, 가정난방이다.
③ 침강성 역전이다.
④ 주로 아침, 저녁에 발생하고, 환원반응이다.

정답 ③

풀이 ① 주오염물질은 SO_2, smoke, H_2SO_4, 미스트 등이다. → 런던스모그
② 주오염원은 공장, 가정난방이다. → 런던스모그
④ 주로 아침, 저녁에 발생하고, 환원반응이다. → 런던스모그

02 다음은 Los Angeles 스모그 사건을 설명한 말이다. 이 중에서 틀린 것은?

① 주로 낮에 발생하였다.
② 주 오염물질은 석유계 연료의 사용 때문이었다.
③ 발생당시의 기온은 24~32℃이었다.
④ 습도는 85% 이상이었다.

정답 ④

풀이 로스엔젤레스(Los Angeles) 스모그 사건은 습도가 70% 이하로 낮은 기상상태에서 발생하였다.

3 대기오염물질의 특성

(1) 입자상 물질의 특성

사람의 일상적인 생활이나 공장의 가동, 연소 등의 형태로 배출되는 인위적인 배출과 화산, 바람에 의한 침식작용, 꽃가루 등에 의한 자연적인 배출원으로 분류된다.

대기환경보전법상 용어의 정의

- 입자상물질(粒子狀物質) : 물질이 파쇄 · 선별 · 퇴적 · 이적(移積)될 때, 그 밖에 기계적으로 처리되거나 연소 · 합성 · 분해될 때에 발생하는 고체상(固體狀) 또는 액체상(液體狀)의 미세한 물질을 말한다.
- 먼지 : 대기 중에 떠다니거나 흩날려 내려오는 입자상물질을 말한다.
- 매연 : 연소할 때에 생기는 유리(遊離) 탄소가 주가 되는 미세한 입자상물질을 말한다.
- 검댕 : 연소할 때에 생기는 유리(遊離) 탄소가 응결하여 입자의 지름이 1미크론 이상이 되는 입자상물질을 말한다.

예제

대기환경보전법상 ( )에 들어갈 용어는?

( ) (이)란 연소할 때 생기는 유리탄소가 응결하여 입자의 지름이 1미크론 이상이 되는 입자상물질을 말한다.

① VOC
② 검댕
③ 콜로이드
④ 1차 대기오염물질

정답 ②

---

(2) 미세먼지(PM-10, PM-2.5)

① PM-10(Particulate Matter Less than 10μm) : 공기역학적 직경이 10μm 미만인 입자상 물질을 총칭하며 미세먼지라고 한다.

② PM-2.5(Particulate Matter Less than 2.5μm) : 공기역학적 직경이 2.5μm 미만인 입자상 물질을 총칭하며 초미세먼지라고도 하며 광화학반응을 통해 생성되는 부산물인 질산염 등도 포함된다.

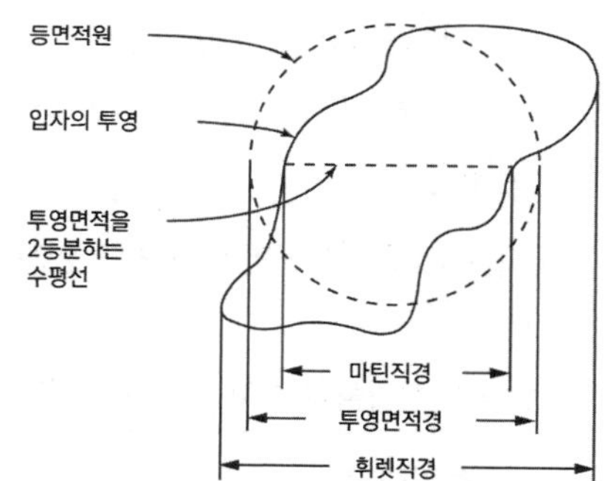

✱ 인체의 폐포에 가장 침착하기 쉬운 입자의 크기는 0.1~1.0μm이며 인체에 가장 유해한 입자의 크기는 0.5~5μm이다.

입자의 직경

구분	설명
공기역학 직경	측정하고자 하는 입자와 동일한 침강속도를 가지며, 밀도가 1g/cm³인 구형입자의 직경을 말한다(밀도를 고려 하지 않음).
스토크스직경	원래의 먼지와 밀도 및 침강속도가 동일한 구형입자의 직경을 말한다.
휘렛 직경	입자상 물질의 끝과 끝을 연결한 선 중 가장 긴 선을 직경으로 하는 것을 말한다.
마틴 직경	입자상 물질의 그림자를 2개의 등면적으로 나눈 선의 길이를 직경으로 하는 입경으로 하는 것을 말한다.
투영면적경	먼지의 면적과 동일한 면적을 갖는 원의 직경으로 하는 것을 말한다.

예제

공기역학직경(aerodynamic diameter)의 정의로 옳은 것은?

① 원래의 먼지와 침강속도가 동일하며, 밀도가 1g/cm³인 구형입자의 직경
② 원래의 먼지와 밀도 및 침강속도가 동일한 구형입자의 직경
③ 먼지의 한쪽 끝 가장자리와 다른 쪽 끝 가장자리 사이의 거리
④ 먼지의 면적과 동일한 면적을 갖는 원의 직경

정답 ①

풀이 ② 원래의 먼지와 밀도 및 침강속도가 동일한 구형입자의 직경: 스토크스직경
③ 먼지의 한쪽 끝 가장자리와 다른 쪽 끝 가장자리 사이의 거리: 휘렛직경
④ 먼지의 면적과 동일한 면적을 갖는 원의 직경: 투영면적경

---

(3) 백연/흄/미스트/안개/박무

① 백연(White plume): 연소과정에서 생성되는 수증기가 굴뚝을 통해 나갈 생성되는 연기를 백연이라 한다.
② 훈연(Fume): 증류, 승화 등을 통해 발생되는 고체상의 연기로 1μm 이하의 미립자이며 금속정련, 도금 등의 공정에서 주로 발생한다.
③ 미스트(Mist): 0.01~10μm 정도의 증기 응축에 의해 생성되는 액체상 입자로 가시거리는 보통 1km 이상이다.
④ 안개(Fog): 습도 100%의 눈에 보이는 액체상 입자로 가시거리는 보통 1km 이하이다.
⑤ 박무(Hazy): 습도 70% 이하의 건조한 미립자가 대기 중에 분산되어 있을 때 박무라 한다.

예제

다음 [보기]의 설명에 적합한 입자상 오염물질은?

[보기]
금속 산화물과 같이 가스상 물질이 승화, 종류, 및 화학반응 과정에서 응축될 때 주로 생성되는 고체 입자

① 훈연(fume) ② 먼지(dust)
③ 검댕(soot) ④ 미스트(mist)

정답 ①

풀이 ② 먼지(dust): 대기 중에 떠다니거나 흩날려 내려오는 입자상물질을 말한다.
③ 검댕(soot): 연소할 때에 생기는 유리(遊離) 탄소가 응결하여 입자의 지름이 1미크론 이상이 되는 입자상물질을 말한다.
④ 미스트(mist): 기체 속에 존재하는 10μm 이하의 액체 미립자를 의미한다.

---

(4) 석면

① 석면(asbestos)은 그리스어의 A = not, sbestos = quenchable(멸하다)에서 유래한 것으로, '불멸의 끌 수 없는'이라는 의미로서 100만 년 전에 화산활동에 의해서 발생된 화성암의 일종으로 천연의 자연계에 존재하는 사문석 및 각섬석의 광물에서 채취한 섬유모양의 규산화합물이다.

② 산업혁명 전에는 고온에 견디는 섬유에 대한 수요가 높지 않았으나, 20세기 이후 석면은 뛰어난 단열성, 내열성, 절연성 등의 물성과 값이 싼 경제성 때문에 건축 내외장재와 공업용 원료로 널리 사용되었다(건축재료, 단열재료, 브레이크패드(마찰저항재료), 섬유재료 등 이용되었으나 현재는 사용이 중지됨).

③ 석면이 폐에 흡입되면 폐암 등의 악성 질병을 유발하게 된다는 사실이 알려지고 석면의 유해성에 대한 인식이 높아지면서 석면사용은 금지되었고, 석면대체물질이 개발되어 사용되고 있다.

④ 석면의 노출되면 만성기관지염, 석면폐증, 폐암을 유발시키며 백석면<황석면<청석면 순으로 유해하다.

03

예제

석면에 관한 설명으로 옳지 않은 것은?

① 석면은 자연계에서 산출되는 길고, 가늘고, 강한 섬유상 물질이다.
② 석면에 폭로되어 중피종이 발생되기까지의 기간은 일반적으로 폐암보다는 긴 편이나 20년 이하에서 발생하는 예도 있다.
③ 석면은 절연성의 성질을 가지고, 화학적 불활성이 요구되는 곳에 사용될 수 있다.
④ 석면의 유해성은 백석면이 청석면보다 강하다.

정답 ④

풀이 석면의 유해성은 청석면이 백석면보다 강하다.

---

(5) 다이옥신(Dioxine)

① 염소가 포함된 유기물질을 연소 시키는 과정에서 생성되는 고체상 물질로 토양과 같은 입자상 물질에 축적되어 대기와 토양 오염을 유발하기도 한다.

② 다이옥신은 기형아 출산, 발암성 등 인체의 면역에 독성 물질로 작용한다.

③ 2개의 벤젠고리에 산소와 치환된 염소의 결합으로 이루어진 방향족 화합물로 다이옥신류와 퓨란류가 있다.

④ 산소원자 2개가 포함된 다이옥신류(PCDDs)의 이성질체는 75종류, 산소원자가 1개 포함된 퓨란류(PCDFs)는 135개의 이성질체를 갖는다. 또한 2,3,7,8-TCDD가 가장 유독하다.

⑤ 다이옥신은 비점이 높은 유기결합 고체상 물질로 열적안정성이 좋아 고온인 700℃ 이상에서 분해되기 시작하여 온도가 올라갈수록 분해가 잘 이루어지며 300~400℃의 저온에서는 다시 재생되는 특성을 가지고 있어 처리에 유의해야 한다.

⑥ 벤젠 등 유기용제에 잘 녹는 성질을 가지고 있으며 물에는 잘 녹지 않는 성질을 가지고 있다.

⑦ **농도표시**: 가장 독성이 강한 2,3,7,8-TCDD의 독성을 기준값(1.0)으로 하여 각 이성질체의 상대적인 독성값(Toxic Equivalant Quality, TEQ)으로 표시한다.

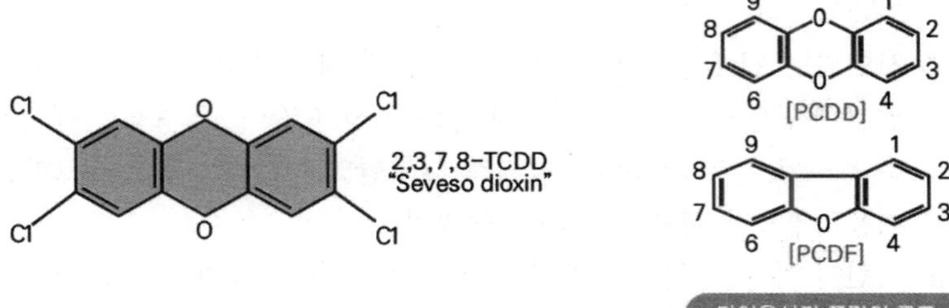

다이옥신과 퓨란의 구조

예제

01 기본적으로 다이옥신을 이루고 있는 원소구성으로 가장 옳게 연결된 것은? (단, 산소는 2개이다.)

① 1개의 벤젠고리, 2개 이상의 염소

② 2개의 벤젠고리, 2개 이상의 불소

③ 1개의 벤젠고리, 2개 이상의 불소

④ 2개의 벤젠고리, 2개 이상의 염소

정답 ④

02 다이옥신에 관한 설명으로 가장 거리가 먼 것은?

① PCB의 불완전연소에 의해서 발생한다.

② 저온에서 촉매화 반응에 의해 먼지와 결합하여 생성한다.

③ 수용성이 커서 토양오염 및 하천오염의 주원인으로 작용한다.

④ 다이옥신은 두 개의 산소, 두 개의 벤젠, 그 외 염소가 결합된 방향족 화합물이다.

정답 ③

풀이 물에 난용성이 크고 대기오염의 주원인으로 작용한다.

---

(6) PAH(다환방향족탄화수소, Polycyclic Aromatic Hydrocarbon)

① 2개 이상의 벤젠고리가 결합되어 있는 유기화합물질로 많은 종류가 있다.

② 주요 발생원은 자동차, 난방설비, 산업시설, 소각로, 발전소 등 화석연료의 연소와 폐기물 등의 불완전 연소, 토양 잔재의 연소 등이다.

③ 물에는 잘 녹지 않고 유기용매에 용해된다.

④ 대부분의 PAH는 발암성물질로 자동차에서 배출되는 벤조(a)피렌이 가장 발암성이 높다.

(7) 그 외 입자상유해물질의 종류와 특성

① **카드뮴**: 아연정련공업, 합금, 도금 등의 공정에서 배출되며 사람의 신장기능을 저하시켜 단백뇨, 심장계통의 질환을 유발하고 일본에서 이따이이따이병을 발생시켰다.

② **납**: 가솔린 자동차의 배기가스, 전자제품 제조업에서 주로 배출되며 혈액 속의 헤모글로빈과 결합력이 강하여 인체에 노출시 빈혈, 헤모글로빈 결핍, 적혈구 감소, 신장기능 장애, 중추신경 손상 등을 유발하게 된다.

③ **수은**: 상온에서 액체인 금속으로 농약, 계기제조, 전기제품 등의 과정에서 발생한다. 유기수은과 무기수은으로 구분되는데 유기수은은 어패류와 같은 수은이 함유된 음식을 섭취함으로써 인체 내에 흡수되고 무기수은은 위장을 통해 직접 흡수가 된다. 유기수은이 무기수은보다 생물농축되기 쉬워 더 유해한 것으로 알려져 있다. 탄소와 수은의 결합으로 형성된 알칼수은에 의해 미나마타병이 발생한 사례가 있으며 수은 중독으로 신경과 뇌에 심각한 손상을 초래한다.

④ **크롬**: 피혁, 염색공업 등에 의해 발생되며 3가크롬과 6가크롬의 형태가 있는데 6가크롬이 더 독성이 강하다. 6가크롬은 비중격천공(코에 구멍이 뚫리는 현상)을 초래하고 기관지와 폐기종 등을 일으킨다.

03

예제

01 아연 광석의 채광이나 제련 과정에서 부산물로 생성되고, 만성중독증상으로 단백뇨와 골연화증을 수반하는 오염물질은?

① 카드뮴　　② 납
③ 수은　　④ 석면

정답 ①

02 아래에서 설명하는 오염물질은 어느 것인가?

> 아연과 성질이 유사한 금속으로 아연 제련의 부산물로 발생하며 일반적으로 합금용 첨가제나 충전식 전지에도 사용되고 이따이이따이병의 원인물질로 잘 알려져 있다.

① 비소　　② 크롬
③ 시안　　④ 카드뮴

정답 ④

4 입자와 가시거리(시정거리)

시정거리의 감소는 입자의 산란이 큰 영향을 미치며 입자 산란에 의해서만 빛이 감쇠되고, 입자상 물질은 모두 같은 크기의 구형태로 분포하고 있다고 가정했을 때 아래의 관계가 성립한다. 시정거리는 대기 중 입자의 밀도와 직경에 비례한다. 시정거리는 대기 중 입자의 농도와 산란계수에 반비례한다.

$$\text{상대습도 70\%일 때 가시거리 } L_v(km) = \frac{A \times 10^3}{G}$$

Lv: 가시거리(km) / G: 분진농도(μg/m³) / A: 상수(1.2~1.5)

예제

먼지농도가 160μg/m³이고, 상대습도가 70%인 상태의 대도시에서의 가시거리는 몇 km인가? (단, A = 1.2이다.)

① 4.2km　　② 5.8km
③ 7.5km　　④ 11.2km

정답 ③

풀이 상대습도 70%에서의 가시거리 $L_v(km) = \dfrac{A \times 10^3}{G}$

$\therefore \dfrac{1.2 \times 10^3}{160\mu g/m^3} = 7.5km$

---

(1) 분산면적비를 이용한 가시거리

입자상 물질의 농도는 균일하며 구형이고 상대습도는 70%이하이고 빛의 양이 감소하는 소광 현상은 분산에의해서만 일어남을 가정한다.

$$L_v(km) = \frac{5.2 \times \rho_p \times r}{KC}$$

Lv : 가시거리(km) / ρ_p : 입자상 물질의 밀도(g/cm³) / C : 입자상 물질의 농도(g/m³) / K : 분산면적비 / r : 입자의 반경(μm)

(2) 헤이즈계수(Coh :coefficient of haze)

깨끗한 여과지에 먼지를 모아 빛전달율의 감소를 측정함으로써 결정되며 광화학적 밀도가 0.01이 되도록 하는 여과지상의 고형물의 양을 의미한다. Coh는 광화학적 밀도를 0.01로 나눈 값으로 산정하며 1,000m당 Coh값이 클수록 대기오염의 정도는 심해진다.

1,000m당 Coh값의 산정

$$Coh = \frac{\frac{OD}{0.01}}{L} \times 1{,}000 = \frac{\frac{\log(1/t)}{0.01}}{L} \times 1{,}000 = \frac{\frac{\log\left(\frac{1}{I_t/I_o}\right)}{0.01}}{L} \times 1{,}000$$

OD : 광화학적밀도 / 1/t : 불투명도 / t : 빛전달율(투과율) / I_t : 투과광의 세기 / I_0 : 입사광의 세기 / L : 여과지 이동거리

Coh/1,000m	대기오염의 정도
0~3	약하다.
3.3~6.5	보통이다.
6.6~9.8	심하다.
9.9~13.1	아주 심하다.
13.2~	극심하다.

예제

공업지역의 먼지 농도 측정을 위해 여과지를 이용하여 1m/s 속도로 1시간 포집한 결과, 깨끗한 여과지에 비해 포집한 여과지의 빛전달율이 50%였다면 1,000m당 Coh는? (단, log2 = 0.3이다.)

① 6.0　　② 7.2
③ 8.3　　④ 9.3

정답 ③

풀이 $Coh = \dfrac{\dfrac{\log(1/t)}{0.01}}{L} \times 1{,}000$ (t : 빛전달율 / L : 여과지 이동거리)

$$Coh = \dfrac{\dfrac{\log(1/0.5)}{0.01}}{\dfrac{1m}{\sec} \times 1hr \times \dfrac{3{,}600\sec}{hr}} \times 1{,}000 = 8.3333$$

※ log(1/0.5) = log2

제3절 I 가스상 물질의 특성

1 질소화합물

질소와 산소의 결합으로 생성되는 화합물로 NO와 NO_2 등의 반응성 질소화합물과 NH_3와 같은 환원성질소화합물이 있다. 일반적으로 NOx는 NO와 NO_2를 말하며 자외선과 반응하여 광화학적 부산물인 오존, PAN 등을 생성하는데 기여한다.

(1) 일산화질소(NO)

① 고온의 연소과정에서 주로 생성되며 발생되는 비율은 NO 90%, NO_2 10% 정도이다.
② 무색, 무취, 무자극성의 기체로 비중 1.035로 공기보다 무겁고 화학적으로 불안정하여 NO_2로 쉽게 산화된다.
③ 물에 잘 녹지 않는 난용성기체로 헨리의 법칙이 잘 적용된다(헨리의 법칙 : P = HC).
④ 일산화탄소(CO)보다 약 1000배 이상 혈액 중의 헤모글로빈과의 결합력이 강하다. NO-Hb는 혈액속에서 산화되어 메타헤모글로빈을 형성하여 중추신경계 장애를 일으킨다.

(2) 이산화질소(NO_2)

① 적갈색의 자극성을 가진 기체로 공기에 대한 비중이 1.59로 공기보다 무겁다.
② 혈액 중 헤모글로빈과의 결합력이 O_2에 비해 아주 크다.
③ 내연기관, 폭약제조, 비료제조 등에서 발생되며 빛의 흡수가 현저하여 시정거리 단축의 원인으로 작용하는 대기오염물질이다.
④ 배출원은 자동차 가속시, 고온연소시 발생하며 독성이 NO보다 5배 정도나 더 크다.

예제

다음은 어떤 오염물질에 관한 설명인가?

- 적갈색의 자극성을 가진 기체이다.
- 공기에 대한 비중이 1.59이며, 공기보다 무겁다.
- 혈액 중 헤모글로빈과의 결합력이 O_2에 비해 아주 크다.

① 아황산가스 ② 이산화질소
③ 염화수소 ④ 일산화탄소

정답 ②

(3) 아산화질소(N_2O)

① 상온에서 안정한 무색무취의 비휘발성 기체로 비중은 1.52로 공기보다 무겁다.
② 웃음가스로 알려져 있으며 수술시 마취제로 사용되기도 한다.
③ 고온에서는 강력한 산화제로 작용한다.
④ 안정한 물질로 성층권까지 도달하여 오존층을 파괴시키고 지구온난화를 유발하는 물질이다.

(4) NO의 생성

① Fuel NOx(연료 NOx): 연료 속에 포함된 질소(N)이 산소와 반응하는 연소과정을 통해 생성되는 NOx를 의미한다.
② Thermal NOx(온도 또는 열적 NOx): 연소시 공급되는 공기 속에 포함된 질소와 고온에서 산소가 반응하여 생성되는 NOx를 의미한다.
③ Prompt NOx: 연소반응 중 화염의 고온영역에 의해 생성되는 NO를 의미한다($CH + N_2 \rightarrow HCN + N$).

(5) 질소산화물의 광화학적 반응

① 오존 + 질소산화물 + VOCs와 자외선이 반응(광화학적 반응)하여 2차 오염물질이 생성된다.

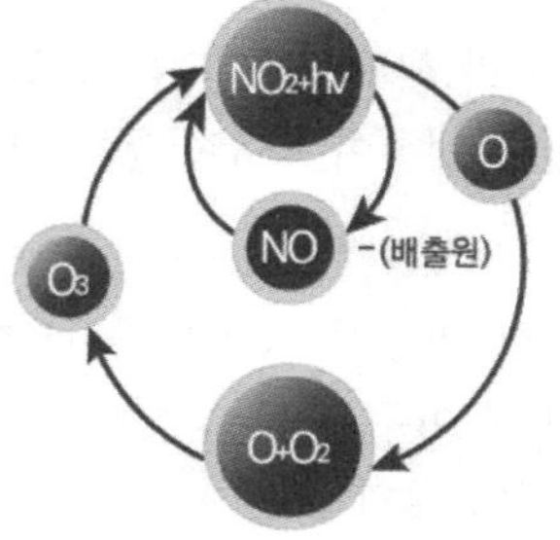

| 휘발성유기화합물이 없을 때의 일정 오존농도 유지 반응 |

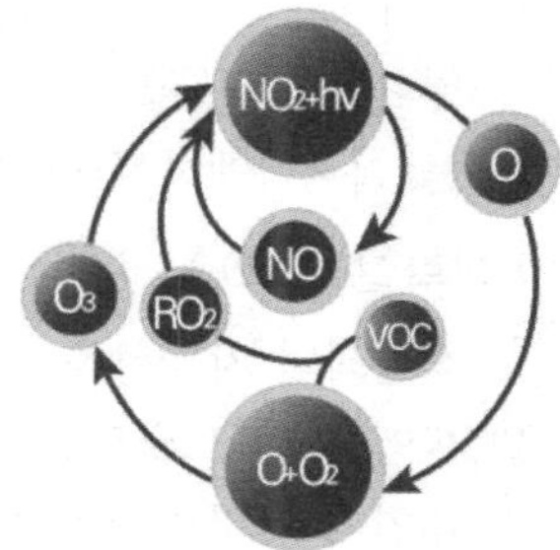

| 휘발성유기화합물이 있을 때의 일정 오존농도 유지 반응 |

② 휘발성유기화합물이 존재하지 않는 경우 → 오존은 증가하지 않고 일정하다.
- 대기 중에서 NO → NO_2로 산화된다.
- NO_2는 햇빛에 의해 O와 NO로 광분해된다.
- 분해된 산소원자(O) + 대기 중의 산소분자 → 오존 생성
- 이 오존은 다시 NO를 NO_2로 산화시키고 산소원자와 산소분자로 분해된다.

③ 휘발성유기화합물이 존재할 경우 → 대기 중의 오존농도는 증가한다.
- 산소원자 + 휘발성유기화합물 → 과산화기(RO_2) 생성된다.
- 과산화기에 의해 NO → NO_2로 산화시키는 반응이 추가된다.
- NO → NO_2로 산화시키는 오존의 소모는 감소되어 대기 중의 오존농도는 증가한다.

광화학반응 부산물

O_3(오존), PAN($CH_3COOONO_2$, peroxyacetyl nitrate, 질산과산화아세틸), HCHO, CH_2CHCHO(아크롤레인), 케톤류 등

(6) 하루중 NOx의 농도 변화

① 출근시간 전후: 자동차의 교통량이 증가 → NOx 농도 점차 증가
② 일출 후: NO → NO_2로 산화(NO 농도 감소, NO_2 농도 증가)
③ 한낮: 자외선의 증가로 NO_2와 O_3의 농도 최대
④ 오후: 일사량(자외선) 감소 → NO_2와 오존의 생성량은 감소
⑤ 퇴근시간 전후: 교통량의 증가 → NO, NO_2 농도 소폭 상승

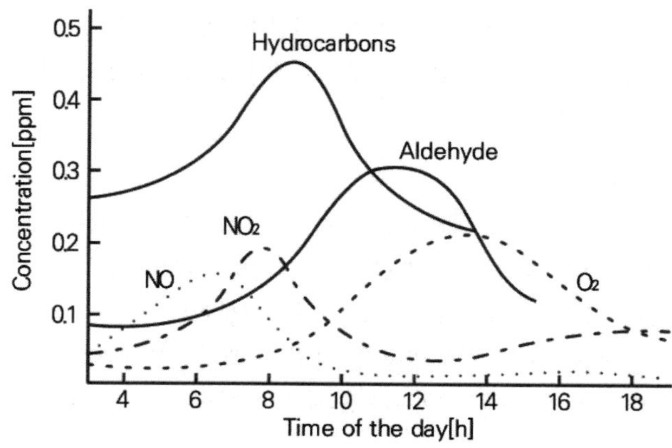

예제

광화학 반응 시 하루 중 NOx의 농도 변화에 대한 설명으로 가장 옳은 것은?

① NOx는 오후 2~3시경이 가장 높고 교통량이 많은 이른 아침시간대에 오존 농도가 가장 높다.
② NO_2는 오전 7시~9시 경을 전후로 하여 하루 중 가장 높은 농도를 나타낸다.
③ NO_2는 오존의 농도 값이 적을 때 가장 적은 값을 나타낸다,
④ 오전 중의 NO의 감소는 오존의 감소와 동시간대에 일어난다.

정답 ②

풀이 ① 교통량이 많은 이른 아침시간대에 NOx 농도가 가장 높고 오존은 오후 2~3시경이 가장 높다.
③ NO_2는 오존의 농도 값이 적을 때 가장 큰 값을 나타낸다,
④ 오전 중의 NO의 감소는 오존의 증가와 동시간대에 일어난다.

---

(7) NOx 저감대책

① 연료 속에 질소의 함량이 낮은 연료를 사용하는 등의 연료를 개선하는 방법과 연소시 공기비를 조절하여 연소공기 중의 질소를 조절하고 연소실의 온도 부하를 조절하는 단계적 연소시설 등을 운영하는 연소방법에 대한 개선방법이 있다.
② 굴뚝으로 배출되는 NOx를 제거하는 방법으로 선택적촉매환원법(SCR), 선택적무촉매환원법(SNCR), 흡착에 의한 방법 등이 있으며 이러한 방법으로 처리한 후 배기가스로 배출한다.

2 황화합물

황과 산소의 결합으로 생성되는 화합물로 SO_2와 SO_3 등의 산화반응에 의한 화합물과 CS_2와 H_2S와 같은 환원반응에 의한 화합물이 있다. 일반적으로 SOx는 SO_2와 SO_3를 말하며 산성비의 원인물질이며 H_2S는 악취 유발물질이다. 97% 이상이 화석연료의 연소과정에서 발생하며 SO_2 95%, SO_3 5%의 비율로 발생된다.

(1) 아황산가스(SO_2)

① 무색, 자극성 가스로 물에 잘 녹는 수용성이며 비중은 2.26으로 공기보다 무겁다.
② 산성비의 원인물질이며 약 60~70% 정도 기여한다.
③ 배출원은 석탄, 석유연료로 하는 연소시설이다.
④ 대기 중 산화 또는 환원반응을 하며 표백작용을 한다.
⑤ 낮은 대기의 온도에서 SO_2가 SO_3로 산화되는 반응속도는 매우 느리게 일어난다.

예제

아황산가스의 재산상 피해를 설명한 것으로 가장 옳은 것은?

① 고무제품을 균열, 노화시킨다.
② Al_2O_3를 형성하여 부식을 가속시킨다.
③ 금속구조물에서 SO_2가 일정습도 이상일 때 피해가 크다.
④ 비용해성인 황산염에서 용해도가 높은 탄산염으로 바뀌면서 빗물에 씻겨 건축재료를 약화시킨다.

정답 ③

풀이 ① 오존은 고무제품을 균열, 노화시킨다.
② 알루미나(산화알루미늄)는 Al_2O_3를 형성하여 부식을 억제시킨다. 내화학성, 내식성, 내열성을 가지고 있는 고강도 물질이다.
④ 용해성도가 높은 황산염은 빗물에 씻겨 건축재료를 약화시킨다.

(2) 삼산화황(SO_3)

① 연소시 발생하거나 SO_2가 산화하여 생성되기도 한다.
② 수증기 또는 안개 + SO_3 → 황산 mist(독성이 SO_2의 10배)

(3) SOx 저감대책

① 주 발생원인 화석연료의 사용을 억제하고 청정연료로 전환하거나 태양열·조력 등의 대체에너지를 사용함을써 SOx의 발생량을 저감할 수 있다.
② 배연탈황법 : 배출가스 속의 황을 제거하여 배출하는 방법으로 흡수, 흡착, 산화법 등을 통하여 제거한 후 배출한다.

3 일산화탄소(CO)

(1) 대기 중 농도는 약 0.1ppm이며 무색, 무미, 무취의 기체로 공기보다 가벼우며 연료의 불완전연소시 발생한다.

(2) 헤모글로빈과의 결합력이 강하며(산소의 210배) 헤모글로빈과 결합하여 CO-Hb를 형성하고 적혈구의 산소운반 능력을 저하시킨다.

(3) CO는 난용성기체로 물에 잘 녹지 않는다.

(4) 연소, 소각, 산불, 자동차에 의해 많이 발생한다.

(5) 대기 중에서 평균 체류시간은 1~3개월이다.

예제

01 일산화탄소(CO)의 성질에 대한 설명 중 틀린 것은?

① 무색, 무미, 무취이다.
② 연료의 불완전연소시 발생한다.
③ 혈액내의 헤모글로빈과 결합력이 강하다.
④ 물에 잘 녹는다.

정답 ④

풀이 CO는 난용성기체로 물에 잘 녹지 않는다.

02 대기오염물질이 인체에 미치는 영향으로 가장 거리가 먼 것은?

① 이산화질소의 유독성은 일산화질소의 독성보다 강하여 인체에 영향을 끼친다.
② 3,4-벤조피렌 같은 탄화수소 화합물은 발암성 물질로 알려져 있다.
③ SO_2는 고동도일수록 비강 또는 인후에서 많이 흡수되며 저농도인 경우에는 극히 저율로 흡수된다.
④ 일산화탄소는 인체 혈액 중의 헤모글로빈과 결합하기 매우 용이하나, 산소보다 낮은 결합력을 가지고 있다.

정답 ④

풀이 일산화탄소는 인체 혈액 중의 헤모글로빈과 결합하기 매우 용이하고, 산소보다 210배 이상 높은 결합력을 가지고 있다.

4 오존

(1) 가죽제품이나 고무제품을 각질화시키고 마늘냄새 같은 특유의 냄새가 나는 가스상 오염물질이다.

(2) 기체상태에서 엷은 청색을 나타내며 특이한 취기가 있어 공기 중에 1/500,000 정도의 부피로 존재하더라도 감지할 수 있다.

(3) 청정지역 대기 중의 오존 농도는 0.02~0.04ppm로 거의 일정하다(오존주의보 발령 0.12ppm).

(4) 자동차 등에서 배출된 질소산화물과 탄화수소가 광화학반응을 일으키는 과정에서 생성된다(하루 중 자외선이 강한 낮 12시 ~ 오후 3시경에 최고 농도를 나타낸다).

(5) 광화학반응으로 생성된 오존은 중간 생성물질로서 소비되어 2차 오염물질을 부생시킨다(국지적인 광화학스모그로 생성된 옥시던트 지표이다).

예제

다음과 같은 특성이 있는 대기오염물질은?

- 가죽제품이나 고무제품을 각질화시킨다.
- 마늘냄새 같은 특유의 냄새가 나는 가스상 오염물질이다.
- 대기 중에서 농도가 일정 기준을 초과하면 경보발령을 하고 있다.
- 자동차 등에서 배출된 질소산화물과 탄화수소가 광화학반응을 일으키는 과정에서 생성된다.

① 오존　　② 암모니아
③ 황화수소　　④ 일산화탄소

정답 ①

5 휘발성유기화합물(VOCs)

(1) 탄소 수 12개 이하의 탄화수소로 구성되며 방향족탄화수소(벤젠고리 함유)와 지방족탄화수소(사슬모양 탄화수소)로 구분된다.

(2) 상온에서 공기 중으로 쉽게 휘발되는 성질을 가진 톨루엔, 자일렌 등의 물질을 말한다.

(3) 건축자재, 접착제, 페인트, 세탁용제, 각종 유기용매 등으로부터 발생되며 특히 자동차에서도 배출된다.

(4) 새로 지은 집, 새 가구를 들여 놓았을 때 맡을 수 있는 냄새 등이 이에 해당된다.

(5) VOCs는 광화학반응을 통해 오존, PAN, 아크롤레인(CH_3CHCHO) 등을 생성한다.

6 이황화탄소

(1) 상온에서 무색투명하고, 일반적으로 불쾌한 자극성 냄새를 내는 액체이다.

(2) 대단히 증발하기 쉬우며, 인화점이 30℃ 정도이고, 연소하기 쉽다.

(3) 이 물질의 증기는 공기보다 2.64배 정도 무겁다.

(4) 끓는점은 46.45℃(760mmHg)이며 인화점은 -30℃ 정도이다.

(5) 비스코스 섬유공업에서 많이 발생하는 대기오염물질이다.

(6) 햇빛에 파괴될 정도로 불안정하다.

(7) 운동신경, 정신장애, 무감각, 성격변화, 근육통 등을 유발한다.

예제

비스코스 섬유 제조 시 주로 발생하는 무색의 유독한 휘발성 액체이며, 그 불순물은 불쾌한 냄새를 나타내는 대기오염물질은?

① 폼알데하이드($HCHO$)　　② 이황화탄소(CS_2)
③ 암모니아(NH_3)　　④ 일산화탄소(CO)

정답 ②

7 이산화탄소(CO_2)

(1) 실내 전반의 상황을 유추할 수 있으므로 실내공기오염의 지표로 이용된다.

(2) 무색, 무취의 기체로 대기 중 약 360ppm 정도 존재한다. 식물의 광합성량에 따라 계절에 따라 변화를 나타낸다.

(3) 이산화탄소의 인위적 배출량이 자연적 배출량에 비해 적으나 온실효과에 가장 많이 기여하는 물질이다.

8 그 외 가스상유해물질의 종류와 특성

(1) PAN($CH_3COOONO_2$)

광화학반응을 통해 생성되며 강산화제로 작용하고, 눈에 통증을 일으키고 빛을 분산시키므로 가시거리를 단축시킨다.

* 옥시던트 : KI를 산화시키는 물질을 총칭하며 O_3, PAN 등이 해당되며 질소산화물과 탄화수소가 자외선에 의한 광화학 반응을 통해 광화학 스모그가 발생될 때 생성되며 2차 오염물질로 호흡기 계통의 피해와 면역성을 감소시키고 눈을 따갑게 한다.

(2) 라돈

자연 방사능 물질 중 하나로 무색, 무취의 기체로 공기보다 9배 정도 무겁고 주요 발생원은 토양, 시멘트, 콘크리트, 대리석 등의 건축자재와 지하수, 동굴 등이다.

(3) 염소(Cl_2)

황록색의 유독한 기체로 물에 잘 녹으며 강한 자극성이 있는 기체로 소다공업, 플라스틱공업, 고무제조업 등에서 발생한다.

(4) 불화수소(HF)

무색이며 물에 대한 용해도가 높은 기체로 알루미늄 공업, 인산비료 공장, 유리 공업 등에서 발생한다.

(5) 탄화수소(HC)

자동차 감속시, 가스나 휘발유 누출시, 불완전 연소시 발생하며 탄화수소의 한 종류인 벤젠은 디젤(경유차) 배기가스와 석유정제, 포르말린 제조시 발생한다.

(6) 페놀

도장, 피혁제조, 종이 및 금속공업, 의약, 농약공업에서 발생한다.

(7) 암모니아

비료공장, 냉동공장, 색소제조공정에서 발생하며 무색의 특유한 자극성냄새를 유발한다.

예제

01 PAN(Peroxyacety1 nitrate)의 생성반응식으로 옳은 것은?

① $CH_3COOO + NO_2 \rightarrow CH_3COOONO_2$　② $C_6H_5COOO + NO_2 \rightarrow C_6H_5COOONO_2$

③ $RCOO + O_2 \rightarrow RO_2 + CO_2$　④ $RO + NO_2 \rightarrow RONO_2$

정답 ①

02 라돈에 관한 설명으로 옳지 않은 것은?

① 지구상에서 발견된 자연방사능 물질 중의 하나이다.
② 사람이 매우 흡입하기 쉬운 가스성 물질이다.
③ 반감기는 3.8일이며, 라듐의 핵분열 시 생성되는 물질이다.
④ 액화되면 푸른색을 띠며, 공기보다 1.2배 무거워 지표에 가깝게 존재하며, 화학적으로 반응을 나타낸다.

정답 ④

풀이 무색, 무취의 기체로 액화되어도 색을 띠지 않는 물질로 공기보다 8배 정도 무거워 지표에 가깝게 존재하며, 화학적으로 활성이 작은 비활성물질이고 흙속에서 방사선 붕괴를 일으킨다.

03 실내공기 오염물질인 라돈에 관한 설명으로 가장 거리가 먼 것은?

① 무색, 무취의 기체로 액화되어도 색을 띠지 않는 물질이다.
② 반감기는 3.8일로 라듐이 핵분열 할 때 생성되는 물질이다.
③ 자연계에 널리 존재하며, 건축자재 등을 통하여 인체에 영향을 미치고 있다.
④ 주기율표에서 원자번호가 238번으로, 화학적으로 활성이 큰 물질이며, 흙속에서 방사선 붕괴를 일으킨다.

정답 ④

풀이 주기율표에서 원자번호가 86번으로, 화학적으로 활성이 작은 비활성물질이며, 흙속에서 방사선 붕괴를 일으킨다.

실내공기오염물질의 종류

미세먼지(PM-10), 이산화탄소(CO_2 ; Carbon Dioxide), 폼알데하이드(Formaldehyde), 총부유세균(TAB ; Total Airborne Bacteria), 일산화탄소(CO ; Carbon Monoxide), 이산화질소(NO_2 ; Nitrogen dioxide), 라돈(Rn ; Radon), 휘발성유기화합물(VOCs ; Volatile Organic Compounds), 석면(Asbestos), 오존(O_3 ; Ozone), 초미세먼지(PM-2.5), 곰팡이(Mold), 벤젠(Benzene), 톨루엔(Toluene), 에틸벤젠(Ethylbenzene), 자일렌(Xylene), 스티렌(Styrene)

예제

01 실내공기질 관리법규상 규정하고 있는 오염물질에 해당하지 않는 것은?

① 브롬화수소(HBr)
② 미세먼지(PM-10)
③ 폼알데하이드(Formaldehyde)
④ 총부유세균(TAB)

정답 ①

02 다음 중 "무색의 기체로 자극성이 강하며, 물에 잘 녹고, 살균 방부제로도 이용되고, 단열재, 피혁 제조, 합성수지 제조 등에서 발생하며, 실내공기를 오염시키는 물질"에 해당하는 것은?

① HCHO
② C_6H_5OH
③ HCl
④ NH_3

정답 ①

03 실내 공기오염의 지표가 되는 것은?

① 질소 농도 ② 일산화탄소 농도
③ 산소 농도 ④ 이산화탄소 농도

정답 ④

BTEX(Benzenene, Toluene, Ethylbenzene, Xylene)
BTEX는 벤젠, 톨로엔, 에틸벤젠, 크실렌(자일렌)으로 구성된다.

제4절 I 대기의 미기상학적 특성

1 대기의 구성

(1) 구성비

질소(N_2)>산소(O_2)>아르곤(Ar)>이산화탄소(CO_2)>네온(Ne)>헬륨(He)

건조공기의 주요 성분과 농도

성분		부피비(%)	중량비(%)	체류시간
질소	N_2	78.088	75.527	4×10^8년
산소	O_2	20.949	23.143	6,000년
아르곤	Ar	0.93	1.282	축적
이산화탄소	CO_2	0.03~0.04	0.0456	5~200년
네온	Ne	1.8×10^{-3}	1.25×10^{-5}	축적
헬륨	He	5.24×10^{-4}	7.24×10^{-5}	축적
메탄	CH_4	1.4×10^{-4}	7.25×10^{-5}	3~8년
크립톤	Kr	1.14×10^{-4}	3.30×10^{-4}	축적
아산화질소	N_2O	5×10^{-5}	7.6×10^{-5}	20~100년
수소	H_2	5×10^{-5}	3.48×10^{-6}	4~7년
일산화탄소	CO	1×10^{-5}	1×10^{-5}	5개월
오존	O_3	2×10^{-6}	3×10^{-5}	장소와 시간에 따라 변함

(2) 성분함량

① 용적비 $N_2 : O_2 = 0.79 : 0.21$
② 중량비 $N_2 : O_2 = 0.77 : 0.23$

예제

건조한 대기의 구성성분 중 질소, 산소 다음으로 많은 부피를 차지하고 있는 것은?

① 아르곤
② 이산화탄소
③ 네온
④ 오존

정답 ①

풀이 대기 성분 : 질소(N_2) > 산소(O_2) > 아르곤(Ar) > 이산화탄소(CO_2) > 네온(Ne) > 헬륨(He) > 메탄(CH_4)

2 대기의 분류

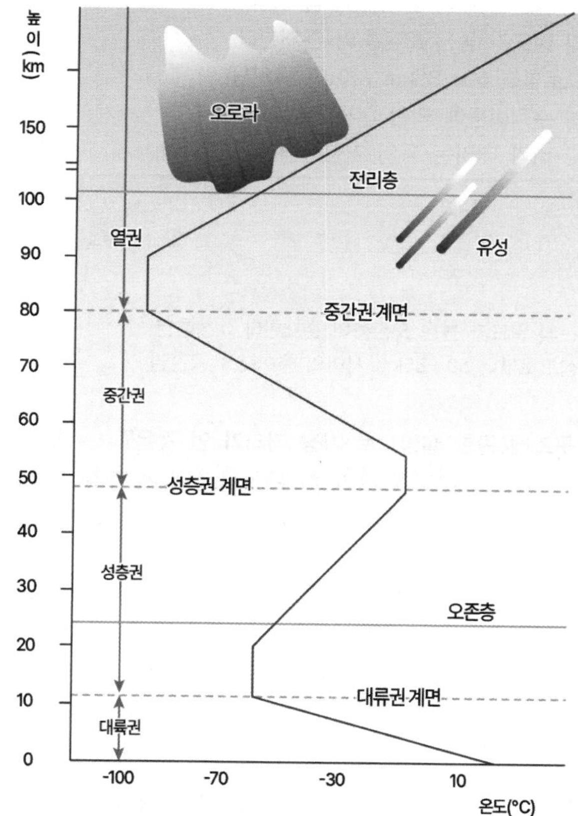

예제

대기층은 물리적 및 화학적 성질에 따라서 고도별로 분류가 되어 있다. 지표면으로부터 상공으로 올바르게 배열된 것은?

① 대류권 → 중간권 → 성층권 → 열권
② 대류권 → 중간권 → 열권 → 성층권
③ 대류권 → 성층권 → 중간권 → 열권
④ 대류권 → 열권 → 중간권 → 성층권

정답 ③

(1) 대류권

① 지표로부터 약 11km까지의 대기를 대류권이라 하며 고도가 상승함에 따라 기온이 감소하여 공기의 수직이동에 의한 대류현상이 일어나 눈과 비 등의 기상현상이 일어난다.

② 대류권에서는 고도 1km 상승에 따라 약 9.8℃ 낮아진다.

- **단열체감률(건조단열감률)**: 건조상태에서 공기온도 변화율(크다), 약 -0.98℃/100m
- **습윤단열감율**: 습윤상태에서 공기온도 변화율(작다), 약 -0.65℃/100m

③ 대류권의 높이는 계절이나 위도에 따라 다르며 극지방에서 낮고 적도지방에서 높다.

예제

01 다음 중 대류권에 해당하는 사항으로만 옳게 연결된 것은?

> ㉠ 고도가 상승함에 따라 기온이 감소한다.
> ㉡ 오존의 밀도가 높은 오존층이 존재한다.
> ㉢ 지상으로부터 50~85km 사이의 층이다.
> ㉣ 공기의 수직이동에 의한 대류현상이 일어난다.
> ㉤ 눈이나 비가 내리는 등의 기상현상이 일어난다.

① ㉠, ㉡, ㉢　　② ㉡, ㉢, ㉣
③ ㉢, ㉣, ㉤　　④ ㉠, ㉣, ㉤

정답 ④

풀이 ㉡ 오존의 밀도가 높은 오존층이 존재한다.: 성층권
㉢ 지상으로부터 50~85km 사이의 층이다.: 중간권

02 대기권의 구조에 관한 설명으로 가장 거리가 먼 것은?

① 대기의 수직온도 분포에 따라 대류권, 성층권, 중간권, 열권으로 구분할 수 있다.
② 대류권 기상요소의 수평분포는 위도, 해륙분포 등에 의해 다르지만 연직방향에 따른 변화는 더욱 크다.
③ 대류권의 높이는 통상적으로 여름철에 낮고 겨울철에 높으며, 고위도 지방이 저위도 지방에 비해 높다.
④ 대류권의 하부 1~2km까지를 대기경계층이라고 하며, 지표면의 영향을 직접 받아서 기상요소의 일변화가 일어나는 층이다.

정답 ③

풀이 대류권의 높이는 통상적으로 여름철에 높고 겨울철에 낮으며, 고위도 지방이 저위도 지방에 비해 낮다.

---

(2) 성층권

① 지면으로부터 약 11~50km까지의 권역으로 고도가 높아짐에 따라 기온이 올라가 공기의 상승이나 하강 등의 수직이동이 없는 안정된 권역이다.

② 성층권 내 지상 20~30km 사이에 오존층이 존재하며 오존이 많이 분포하여 태양광선 중의 자외선을 흡수한다.

③ 오존농도의 고도분포는 지상으로부터 약 25km 부근인 성층권에서 10ppm 정도의 최대 농도를 나타낸다(오존층의 두께를 표시하는 단위: Dobson, 100Dobson = 1mm).

예제

다음 설명하는 대기권으로 적합한 것은?

- 지면으로부터 약 11~50km까지의 권역이다.
- 고도가 높아지면서 온도가 상승하는 층이다.
- 오존이 많이 분포하여 태양광선 중의 자외선을 흡수한다.

① 열권 ② 중간권
③ 성층권 ④ 대류권

정답 ③

(3) 중간권

① 지면으로부터 50~80km까지의 권역으로 고도가 높아짐에 따라 기온이 감소하나 대류권에서처럼 뚜렷한 대류현상이 일어나지 않는다.

② 중간권 중 상부 80km 부근은 지구대기층 중 가장 기온이 낮다.

③ 유성이 관측된다.

(4) 열권

① 열권은 지상 80km 이상에 위치한다.

② 인공위성의 궤도로 이용되며 오로라가 발견된다.

③ 대류권과 비교하였을 때 열권에서 분자의 운동속도는 매우 빠르고 공기평균 자유행로는 길다.

④ 열권은 전리층이 존재하여 라디오파의 송수신에 중요한 역할을 하며, 오로라가 형성되는 층이다.

✱ 전리층 : 이온화되어 존재하는 층

✱ 오로라 : 진공상태에서 분자와 원자로부터 나오는 밝은 빛

예제

01 지구대기의 연직구조에 관한 설명으로 옳지 않은 것은?

① 중간권은 고도증가에 따라 온도가 감소한다.

② 성층권 상부의 열은 대부분 오존에 의해 흡수된 자외선 복사의 결과이다.

③ 성층권은 라디오파의 송수신에 중요한 역할을 하며, 오로라가 형성되는 층이다.

④ 대류권은 대기의 4개층(대류권, 성층권, 중간권, 열권) 중 가장 얇은 층이다.

정답 ③

풀이 열권은 전리층이 존재하여 라디오파의 송수신에 중요한 역할을 하며, 오로라가 형성되는 층이다.

02 대기층의 구조에 관한 설명으로 옳지 않은 것은?

① 오존농도의 고도분포는 지상으로부터 약 10km 부근인 성층권에서 35ppm 정도의 최대 농도를 나타낸다.
② 대류권에서는 고도증가에 따라 기온이 감소한다.
③ 열권은 지상 80km 이상에 위치한다.
④ 중간권 중 상부 80km 부근은 지구대기층 중 가장 기온이 낮다.

정답 ①

풀이 오존농도의 고도분포는 지상으로부터 약 25km 부근인 성층권에서 10ppm 정도의 최대 농도를 나타낸다.

3 대기의 안정도

(1) 기온감률

① **건조단열감률**: 수분을 포함하지 않는 건조공기를 상승시키면 기압은 낮아지고 부피는 팽창하게 되는데 이 때 고도가 증가함에 따른 온도의 변화률을 건조단열감률이라 하고 100m 상승할 때 0.98℃ 감소하며 dT/dZ = -0.98℃/100m로 표현한다.

② **습윤단열감률**: 수분을 포함한 습윤공기를 상승시키면 수분이 응결되어 수증기의 응축잠열만큼의 열량이 온도변화에 영향을 주어 건조단열감률 보다는 작은 감률 변화가 생기며 이 때 고도가 증가함에 따른 온도의 변화률을 습윤단열감률이라 하고 100m 상승할 때 0.5~0.6℃ 감소하며 dT/dZ = -0.5~-0.6℃/100m로 표현한다.

③ **국제표준대기감률**: 온대지방의 1기압은 해면상의 공기압력 1013.25hPa, 해면상의 온도 15℃, 기온체감률은 고도 11km까지 -0.65℃/100m인 대기를 국제표준대기라고 하며 이때의 감률인 -0.65℃/100m를 국제표준대기감률이라 한다.

④ **환경감률**: 높은 고도의 기상관측기기(EX 라디오존데)를 이용하여 관측된 실제 감률을 환경경률이라 한다.

> **대기의 안정도와 오염부하**
> 상층부의 공기가 따뜻하고 하층의 공기가 차가운 상태를 기온역전이라 하며 이 때 대기는 안정된 상태라고 한다. 안정한 대기는 오염물질의 확산이 잘 이루어지지 않아 오염부하가 가중되고 반대로 상층의 공기가 차갑고 하층의 공기가 따뜻하여 공기의 수직운동이 활발하고 대류가 왕성한 상태를 불안정한 상태라 하고 오염물질의 확산이 일어나 지표 부근에서 받는 오염부하는 적다.

(2) 대기안정도의 판정

① 안정(역전)조건: $\gamma_d > \gamma$

- 역전 조건은 환경감율이 건조단열감율보다 작을 때를 말한다.
- 고도가 높아질수록 온도가 높아지며 매우 안정적이어서 대기오염 심해진다.
- 굴뚝연기: 부채형

② 불안정(과단열)조건 : $\gamma_d < \gamma$

- 과단열적 조건은 환경감율이 건조단열감율보다 클 때를 말한다.
- 고도가 높아질수록 온도가 낮아지며 대기안정도는 매우 불안정하다.
- 굴뚝연기 : 환상형

③ 불안정(미단열)조건 : $\gamma_d < \gamma$

- 미단열적 조건은 건조단열감율이 환경감율보다 약간 클 때(환경감율이 건조단열감율보다 약간 작을 때)를 말하며, 이 때의 대기는 약한 안정상태이다.

④ 중립조건 : $\gamma_d = \gamma$

- 중립적 조건은 환경감율과 건조단열감율이 같을 때를 말한다.
- 굴뚝연기 : 원추형

✱ 등온 조건은 기온감율이 없는 대기상태이므로 공기의 상하 혼합이 잘 이루어지지 않는다.

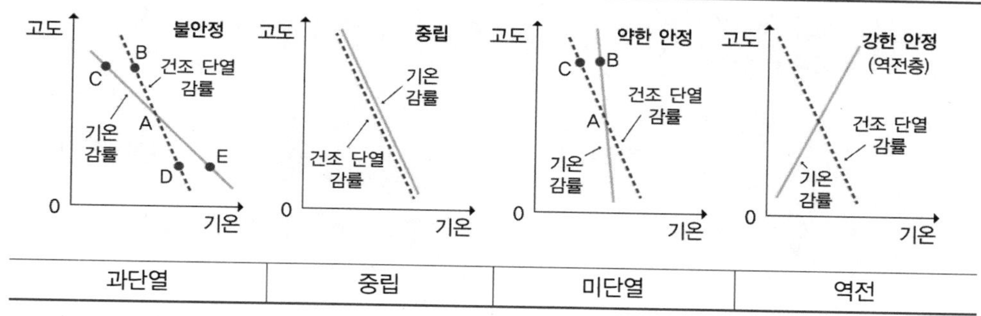

예제

01 대기조건 중 고도가 높아질수록 기온이 증가하여 수직온도차에 의한 혼합이 이루어지지 않는 상태는?

① 과단열상태 ② 중립상태

③ 역전상태 ④ 등온상태

정답 ③

02 대기 중 환경감률이 −2.5℃/km인 경우의 대기상태로 가장 가까운 것은?

① 미단열 ② 등온

③ 과단열 ④ 역전

정답 ①

풀이 −2.5℃/km = −0.25℃/100m 이므로 $\gamma_d > \gamma$ 이고 역전상태는 아니므로 미단열(약한 안정)상태가 가장 적합하다. 미단열적 조건은 건조단열감율이 환경감율보다 약간 클 때(환경감율이 건조단열감율보다 약간 작을 때)를 말하며, 이 때의 대기는 약한 안정하다.

(3) 기온역전

① 하층부에 차가운공기가 위치하고 상층부에 따뜻한 공기가 위치하여 대기가 안정된 상태가 되었을 때 "기온역전"이라 한다.

② 역전층이 형성되면 오염물질의 확산이 어려워져 대기오염의 영향이 커진다.

③ 복사역전(지표역전, 접지역전) : 늦은 저녁부터 새벽까지 지표면이 먼저 냉각하기 시작하면서 지표부근의 공기가 먼저 차가워져 생성되는 역전을 의미하며 런던스모그가 대표적인 사례이다.

④ 침강역전(공중역전) : 보통 일출 후 불안정한 대기 층 사이에 형성되는 역전으로 LA스모그가 대표적인 사례이다.

⑤ 이류역전(지표역전, 접지역전) : 따뜻한 공기가 차가운 지표면이나 수면위를 지날 때 형성되는 역전이다.

⑥ 전선역전(공중역전) : 따뜻한 기단이 차가운 기단 위를 통과하면서 발생되는 역전이다.

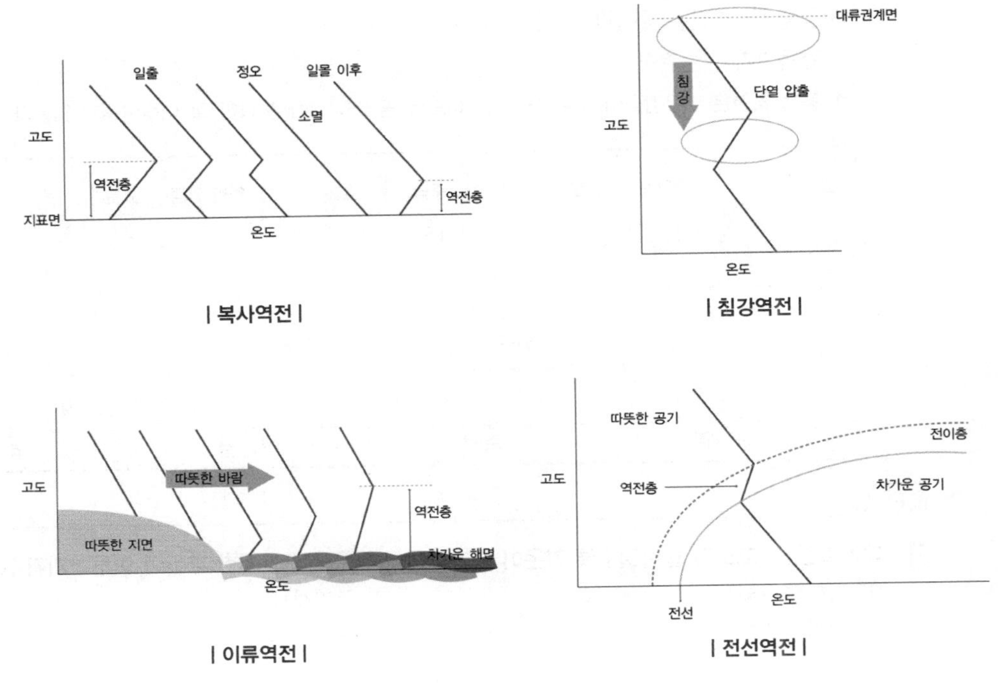

| 복사역전 | | 침강역전 |

| 이류역전 | | 전선역전 |

예제

01 복사역전에 대한 설명 중 틀린 것은?

① 복사역전은 공중에서 일어난다.
② 맑고 바람이 없는 날 아침에 해가 뜨기 직전에 강하게 형성된다.
③ 복사역전이 형성될 경우 대기오염물질의 수직이동, 확산이 어렵게 된다.
④ 해가 지면서 열복사에 의한 지표면의 냉각이 시작되므로 복사역전이 형성 된다.

정답 ①

풀이 복사역전은 지표면 부근에서 일어난다.

02 다음 중 공중역전에 해당하지 않는 것은?

① 복사역전 ② 전선역전

③ 해풍역전 ④ 난류역전

정답 ①

풀이 지표역전(접지역전) : 복사역전, 이류역전
공중역전 : 난류역전, 전선역전, 침강역전

03 다음 역전현상에 대한 설명 중 옳지 않은 것은?

① 대류권 내에서 온도는 높이에 따라 감소하는 것이 보통이나 경우에 따라 역으로 높이에 따라 온도가 높아지는 층을 역전층이라고 한다.

② 침강역전은 저기압의 중심부분에서 기층이 서서히 침강하면서 발생하는 현상으로 좁은 범위에 걸쳐서 단기간 지속된다.

③ 복사역전은 일출 직전에 하늘이 맑고 바람이 적을 때 가장 강하게 형성된다.

④ LA스모그는 침강역전, 런던스모그는 복사역전과 관계가 있다.

정답 ②

풀이 침강역전은 고기압 중심부분에서 기층이 서서히 침강하면서 기온이 단열변화로 승온되어 발생하는 현상으로 넓은 범위에 걸쳐서 장기간 지속된다.

03

---

(4) 대기안정도와 온위

① 특정 고도의 건조공기를 1,000hPa로 단열적으로 이동시켰을 때 건조공기가 갖는 온도를 의미한다.

$$\theta = T\left(\frac{P_0}{P}\right)^{R/C} = T\left(\frac{1,000}{P}\right)^{0.288}$$

θ : 온위 / R, C : 상수 / P_0 : 기준 높이에서의 압력(1,000mb) / P : 변위된 높이에서의 기압(mb)

② 안정도의 판정

$$\text{온위경사} : \frac{\Delta\theta}{\Delta Z} = \underbrace{\left(\frac{\Delta T}{\Delta Z}\right)_{\gamma}}_{\text{환경체감률}} - \underbrace{\left(\frac{\Delta T}{\Delta Z}\right)_{\gamma d}}_{\text{건조단열체감률}}$$

- 온위가 감소되는 경우 : 고도에 따라 온위가 감소($-\frac{\Delta\theta}{\Delta Z}$)하며 불안정한 상태(−)

$$\left(-\frac{\Delta T}{\Delta Z}\right)_{\gamma} > \left(-\frac{\Delta T}{\Delta Z}\right)_{\gamma d} \rightarrow \text{온위경사는 (−) 값}$$

- 온위가 불면인 경우: 고도에 따라 온위는 일정($\frac{\Delta\theta}{\Delta Z}=0$)하며 중립 상태(0)

$$\left(-\frac{\Delta T}{\Delta Z}\right)_{\gamma}=\left(-\frac{\Delta T}{\Delta Z}\right)_{\gamma d} \rightarrow \text{온위경사는 (0) 값}$$

- 온위가 증가하는 경우: 고도에 따라 온위가 증가($+\frac{\Delta\theta}{\Delta Z}$) 안정한 상태(+)

$$\left(-\frac{\Delta T}{\Delta Z}\right)_{\gamma}<\left(-\frac{\Delta T}{\Delta Z}\right)_{\gamma d} \rightarrow \text{온위경사는 (+) 값}$$

③ 대기안정도와 리처드슨 수

- 상부와 하부층의 기온과 풍속, 밀도 등의 차이를 통해 열적난류를 기계적 난류의 수치로 전환하여 안정도를 평가한 지수이다.
  - ✱ 기계적 난류: 바람이 건물 등을 통과할 때 발생하는 불규칙한 기체의 흐름을 의미하며 마찰이 크고 풍속의 차이가 클수록 큰 값을 나타낸다.
  - ✱ 열적난류: 지표면의 가열로 근접한 공기층이 먼저 뜨거워져 상승하며 생기는 난류를 의미한다.

- 리처드슨 수(R, Richardson number)

$$R_i=\frac{g}{T_m}\left(\frac{\Delta T/\Delta Z}{(\Delta U/\Delta Z)^2}\right)$$

T_m : 상하층의 평균절대온도(K) $=\frac{T_1+T_2}{2}$ / ΔZ: 고도차(m) $=Z_1-Z_2$

- 안정도의 판정

R_i	-1.0이하	-0.1	-0.01	0	+0.01	+0.1	+1.0이상
대기운동	자유 대류	자유대류 증가		강제대류만 존재		강제대류 감소	대류 없음
안정도	불안정			중립		안정	
$0<R_i<0.25$: 성층에 의해 약화된 기계적 난류가 존재							
$R_i<-0.04$: 대류에 의한 혼합이 기계적 혼합을 지배한다.							
$-0.03<R_i<0$: 기계적 난류와 대류가 존재하나 기계적 난류가 혼합을 주로 일으킨다.							
$R_i>0$: 수직방향의 혼합이 없다.							

- 0.25보다 크게 되면 수직혼합은 없어지고 수평상의 소용돌이만 남게 된다.
- 리차드슨 수가 0에 접근하면 분산은 줄어들며 결국 기계적 난류만 존재한다.
- 리차드슨 수가 음의 값으로 클수록 분산에 커져 대류혼합이 지배적이고 대기는 불안정한 상태이며 굴뚝의 연기는 수직 및 수평방향으로 빨리 분산한다.

예제

01 다음은 대기의 동적 안정도를 나타내는 리차드슨 수에 관한 설명이다. ( ) 안에 가장 적합한 것은?

> 리차드슨 수(Ri)를 구하기 위해서는 두 층(보통 지표에서 수m와 10m 내외의 고도)에서 (㉮)과 (㉯)을 동시에 측정하여야 하고, 이 값은 (㉰)에 반비례한다.

① ㉮ 기압, ㉯ 기온, ㉰ 기온차의 제곱
② ㉮ 기온, ㉯ 풍속, ㉰ 풍속차의 제곱
③ ㉮ 기압, ㉯ 기온, ㉰ 풍속차의 제곱
④ ㉮ 기온, ㉯ 풍속, ㉰ 기온차의 제곱

정답 ②

풀이 리처드슨 수(R, Richardson number) : $R_i = \frac{g}{T_m}\left(\frac{\triangle T/\triangle Z}{(\triangle U/\triangle Z)^2}\right)$

T_m : 상하층의 평균절대온도(K) $= \frac{T_1 + T_2}{2}$

$\triangle Z$: 고도차(m) $= Z_1 - Z_2$

02 다음 중 리차드슨 수에 대한 설명으로 가장 적합한 것은?

① 리차드슨 수가 큰 음의 값을 가지면 대기는 안정한 상태이며, 수직방향의 혼합은 없다.
② 리차드슨 수가 0에 접근할수록 분산이 커진다.
③ 리차드슨 수는 무차원수로 대류난류를 기계적인 난류로 전환시키는 율을 측정한 것이다.
④ 리차든스 수가 0.25보다 크면 수직방향의 혼합이 커진다.

정답 ③

풀이 ① 리차드슨 수가 큰 음의 값을 가지면 대기는 불안정한 상태이며, 수직 및 수평방향으로 빨리 분산한다.
② 리차드슨 수가 0에 접근하면 분산은 줄어들며 결국 기계적 난류만 존재한다.
④ 리차드슨 수가 0.25보다 크면 수직방향의 혼합은 없다.

---

(5) 대기안정도와 연기

① 부채형(Fanning)

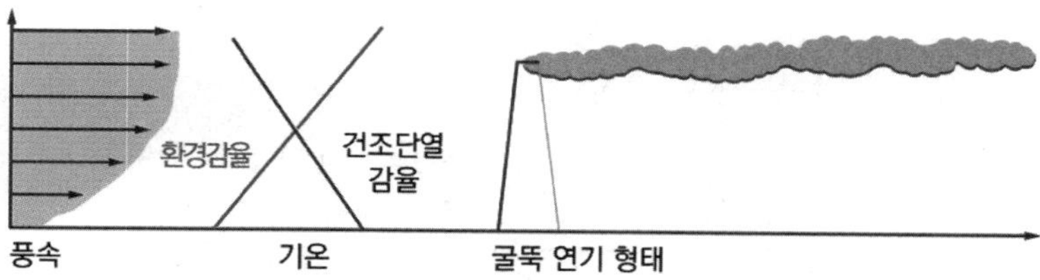

- 매우 안정적인 복사역전 상태($\gamma_d > \gamma$)
- 주로 아침과 새벽에 발생한다.
- 최대착지거리는 크고 최대착지농도는 낮다.

예제

대기상태에 따른 굴뚝 연기의 모양으로 옳은 것은?

① 역전상태 - 부채형
② 매우 불안정 상태 - 원추형
③ 안정 상태 - 환상형
④ 상층 불안정, 하층 안정 상태 - 훈증형

정답 ①

풀이 ② 매우 불안정 상태 - 환상형
③ 안정 상태 - 부채형
④ 상층 불안정, 하층 안정 상태 - 지붕형

② 환상형(Looping)

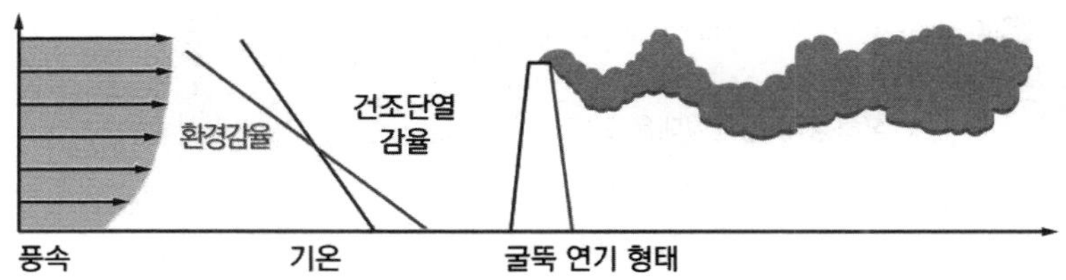

- 대기가 불안정상태(과단열)일 때 발생한다($\gamma_d < \gamma$).
- 난류로 인해 오염물질을 확산시킨다.
- 바람이 약한 날, 주로 낮에 발생한다.

예제

대기의 상태가 과단열감율을 나타내는 것으로 매우 불안정하고 심한 와류로 굴뚝에서 배출되는 오염물질이 넓은 지역에 걸쳐 분산되지만 지표면에서는 국부적인 고농도 현상이 발생하기도 하는 연기의 형태는?

① 환상형(Looping)
② 원추형(Coning)
③ 부채형(Fanning)
④ 구속형(Trapping)

정답 ①

③ 훈증형(Fumigation)

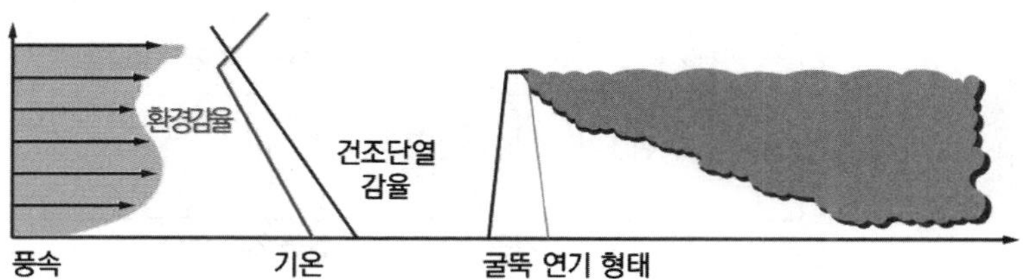

- 지표의 오염도가 높다.
- 대기의 상태가 하층부는 불안정하고 상층부는 안정할 때 볼 수 있다.
- 하늘이 맑고 바람이 약한 날의 아침에 볼 수 있다.
- 지표면의 오염 농도가 매우 높게 된다.

예제

다음과 같은 특성을 지닌 굴뚝 연기의 모양은?

- 대기의 상태가 하층부는 불안정하고 상층부는 안정할 때 볼 수 있다.
- 하늘이 맑고 바람이 약한 날의 아침에 볼 수 있다.
- 지표면의 오염 농도가 매우 높게 된다.

① 환상형 ② 원추형
③ 훈증형 ④ 구속형

정답 ③

④ 지붕형(Lofting)

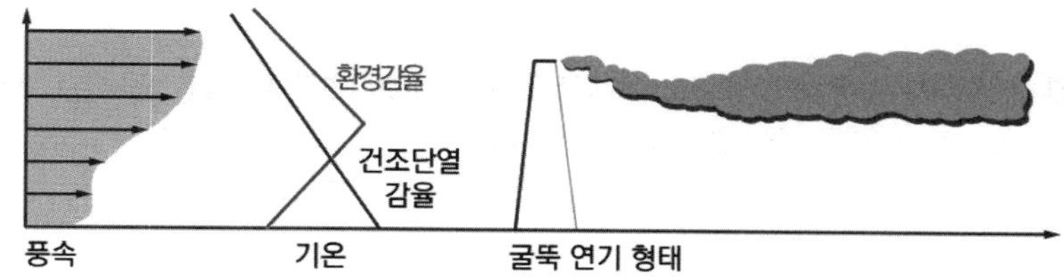

- 대기의 상태가 하층부는 안정하고 상층부는 불안정할 때 볼 수 있다.
- 초저녁~아침에 발생한다.

⑤ 원추형(Coning)

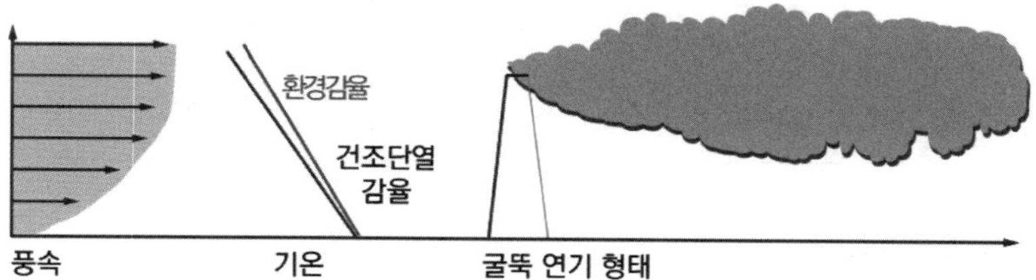

- 가우시안분포를 나타낸다.
- 대기상태가 중립조건 일 때 발생한다.
- 연기의 수직 이동보다 수평 이동이 크기 때문에 오염물질이 멀리까지 퍼져 나가며 지표면 가까이에는 오염의 영향이 거의 없다.

예제

대기상태가 중립조건 일 때 발생하며, 연기의 수직 이동보다 수평 이동이 크기 때문에 오염물질이 멀리까지 퍼져 나가며 지표면 가까이에는 오염의 영향이 거의 없으며, 이 연기내에서는 오염의 단면분포가 전형적인 가우시안분포를 나타내는 연기형태는?

① 환상형 ② 부채형
③ 원추형 ④ 지붕형

정답 ③

⑥ 구속형(Trapping) : 상층은 침강성 역전, 하층은 복사역전 형성시 발생한다.

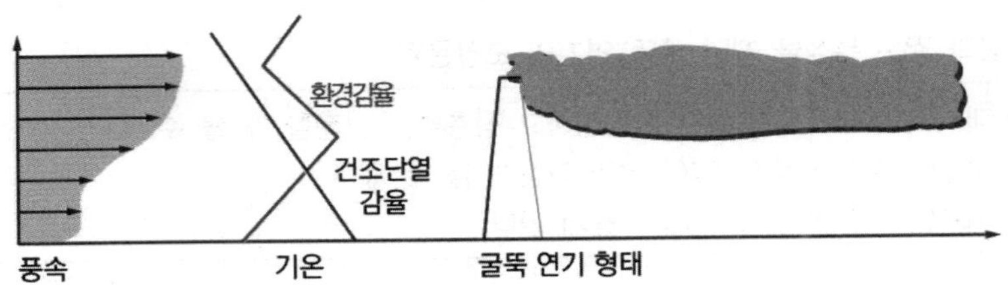

예제

굴뚝의 높이 상하에서 침강역전과 복사역전이 동시에 발생되는 경우 연기의 형태는?

① 환상형(looping)　　② 원추형(coning)
③ 훈증형(fumigation)　　④ 구속형(trapping)

정답 ④

풀이 연기는 역전층을 뚫고 위로 확산하지 못한다. 그러므로 연기의 상층과 하층에서 역전층이 존재할 때 역전층 내에 갇힌 연기모양 즉, 구속형(trapping)을 나타낸다.

4 유효굴뚝높이(연기의 유효상승고)

(1) 유효굴뚝높이

실제 굴뚝높이 + 부력 및 운동력에 의한 가스의 상승높이를 의미한다.

(2) 영향인자

굴뚝의 높이, 풍속, 배출가스의 온도

(3) 유효상승높이

$\Delta H(m) = 1.5 \times \left(\dfrac{V_s}{U}\right) \times D$	$\Delta H(m) = 150 \times \left(\dfrac{F}{U^3}\right)$	$\Delta H(m) = 2.3 \times \left(\dfrac{F}{S \cdot U}\right)^{1/3}$

V_s : 배출가스 토출속도(m/sec)
D : 굴뚝의 내경(m)
U : 풍속(m/sec)
S : 안정도 파라미터

F : 부력 플러스(m^4/sec^3), $F = g \cdot V_s \cdot \left(\dfrac{D}{2}\right)^2 \cdot \left(\dfrac{T_s - T_a}{T_a}\right)$
T_s : 굴뚝배기가스의 절대온도
T_a : 외기의 절대온도

예제

연기의 배출속도 50m/s, 평균풍속 300m/min, 유효굴뚝높이 55m, 실제굴뚝높이 25m인 경우 굴뚝의 직경(m)은? (단, △H = 1.5 × (V_S/U) × D 식 적용한다.)

① 0.5 ② 1.5
③ 2.0 ④ 3.0

정답 ③

풀이 △H = 1.5 × (V_S/U) × D

$$(55-25)m = 1.5 \times \frac{\frac{50m}{sec} \times \frac{60sec}{min}}{\frac{300m}{min}} \times D$$

∴ D = 2.0m

(4) 유효굴뚝높이를 증가시키기 위한 방안

① 배출가스 속도 증가
② 굴뚝의 배출구 직경 감소
③ 배출가스 온도 증가

(5) 굴뚝의 통풍력

$$통풍력(mmH_2O) = 273 \times H \times \left[\frac{\gamma_a}{273+T_a} - \frac{\gamma_g}{273+T_g}\right]$$

H: 굴뚝높이 / Ts: 배기가스온도 / Ta: 외기온도 / γ_g: 연소가스 / γ_a: 공기비중

예제

굴뚝높이가 100m, 배기가스의 평균온도가 200℃일 때 통풍력(mmH_2O)은 얼마가 되는가? (단, 외기온도는 20℃이며, 대기 비중량과 가스의 비중량은 표준상태에서 1.3kg/Sm^3이다.)

① 약 6mmH_2O ② 약 26mmH_2O
③ 약 46mmH_2O ④ 약 66mmH_2O

정답 ③

풀이 $Z(mmH_2O) = 273 \times H \times \left[\frac{\gamma_a}{273+t_a} - \frac{\gamma_g}{273+t_g}\right]$

$$= 273 \times 100 \times \left[\frac{1.3}{273+20} - \frac{1.3}{273+200}\right] = 46.0945mmH_2O$$

(6) Sutton의 최대착지농도와 최대착지거리의 관계식

① 최대착지농도

$$\text{최대착지농도 } C_{max} = \frac{2 \cdot Q}{\pi \cdot e \cdot U \cdot H_e^2} \times \frac{K_z}{K_y}$$

Q: 오염물질의 배출률(MT^{-1}) / U: 풍속 / K_z: 수직확산계수 / K_y: 수평확산계수

예제

유효굴뚝의 높이가 3배로 증가하면 최대착지농도는 어떻게 변화되는가? (단, Sutton의 확산식에 의한다.)

① 1/3로 감소한다.
② 1/9로 감소한다.
③ 1/27로 감소한다.
④ 1/81로 감소한다.

정답 ②

풀이 $C_{max} = \frac{2Q}{\pi e U H_e^2} \times \left(\frac{K_z}{K_y}\right)$

$C_{max} \propto = \frac{1}{H_e^2}$ 이므로 처음의 1/9배가 된다.

---

② 최대착지거리

$$\text{최대착지거리 } X_{max} = \left(\frac{H_e}{K_z}\right)^{2/(2-n)}$$

Q: 점배출원에서의 오염물질 배출률 / U: 풍속(m/sec) / H_e: 유효굴뚝높이(m) /
K_y: 수평확산계수 / K_z: 수직확산계수

예제

대기의 상태가 약한 역전일 때 풍속은 3m/s이고, 유효 굴뚝 높이는 78m이다. 이때 지상의 오염물질이 최대 농도가 될 때의 착지거리는? (단, sutton의 최대착지거리의 관계식을 이용하여 계산하고, Ky, Kz는 모두 0.078, 안정도 계수(n)는 1.0을 적용할 것이다.)

① 1000m
② 1010m
③ 1100m
④ 1500m

정답 ①

풀이 $X_{max} = \left(\frac{H_e}{K_z}\right)^{\frac{2}{2-n}}$

$X_{max} = \left(\frac{78}{0.078}\right)^{\frac{2}{2-1}} = 1000m$

---

(7) 다운워시 현상(세류현상)

① 원인: 배출가스의 유속보다 외기의 풍속이 더 커 생기는 현상으로 배출가스의 와류로 인해 인근의 오염부하가 높아지는 현상이다.

② 대책: 배출속도를 풍속보다 2배 이상 높게한다.

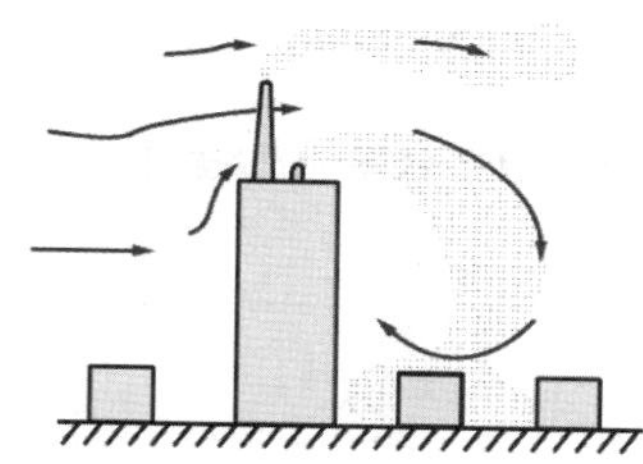

예제

세류현상(down wash)을 방지하기 위해서 굴뚝 배출구의 가스유속을 풍속보다 최소한 몇 배 이상 높게 유지하여야 하는가?

① 1.5배
② 2배
③ 2.5배
④ 3배

정답 ②

풀이 세류현상(down wash)이란 연돌출구에서 방출되는 연기가 풍속에 떠밀려 굴뚝 가까이로 침강하는 현상을 말한다. 따라서 이를 방지하기 위해서는 연기의 토출속도를 상승시켜야 하는데 통상 풍속의 2배 이상으로 배출속도를 높게 유지하면 방지되는 것으로 알려지고 있다.

(8) 다운 드래프트 현상

① 원인: 굴뚝의 높이보다 주위 건물의 높이가 더 커 생기는 현상으로 배출가스의 와류로 인해 인근의 오염부하가 높아지는 현상이다.

② 대책: 굴뚝높이를 2.5배 높게한다.

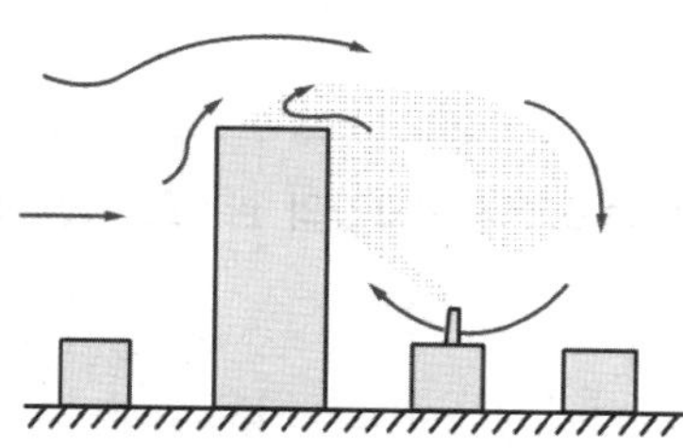

유효굴뚝높이감소

- 수평풍속이 클수록 유효높이가 감소된다.
- 배출구의 직경이 넓을 경우 토출속도 감소하여 유효높이가 감소된다.

예제

풍하방향에 가까이 있는 건물 높이가 60m 라고 할 때, 다운드래프트 현상을 방지하기 위한 굴뚝의 최소 높이(m)는?

① 60 ② 90
③ 120 ④ 150

정답 ④

풀이 다운드래프트 현상을 방지하기 위한 굴뚝의 최소높이는 건물높이 × 2.5 이다.
60 × 2.5 = 150m

5 최대혼합고(MMD : Maximum Mixing Depth)

대기의 수직적인 대류현상(혼합)이 가능한 고도를 혼합고라 하며 이 혼합고의 최대고도를 최대혼합고라 한다. 최대혼합고는 지표로부터 환경감률선과 건조단열감률선이 만나는 점까지의 고도로서 결정된다. 혼합고가 높을수록 환경용량의 증가로 대기오염부하는 낮아진다.

$$C_2 = C_1 \times \left(\frac{H_1}{H_2}\right)^3 \leftrightarrow \frac{C_2}{C_1} = \left(\frac{H_1}{H_2}\right)^3$$

C: 농도 / H: 혼합고

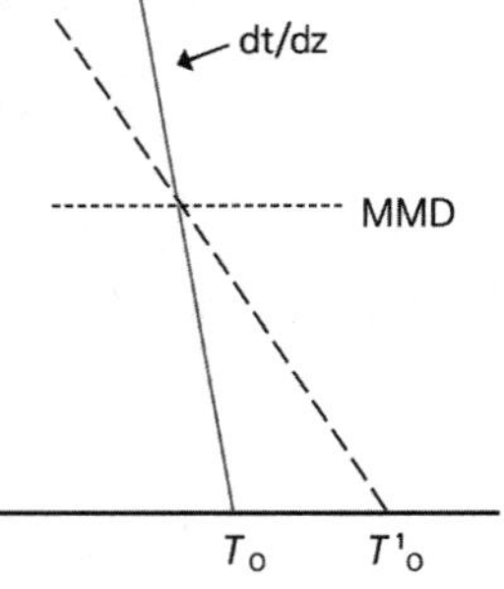

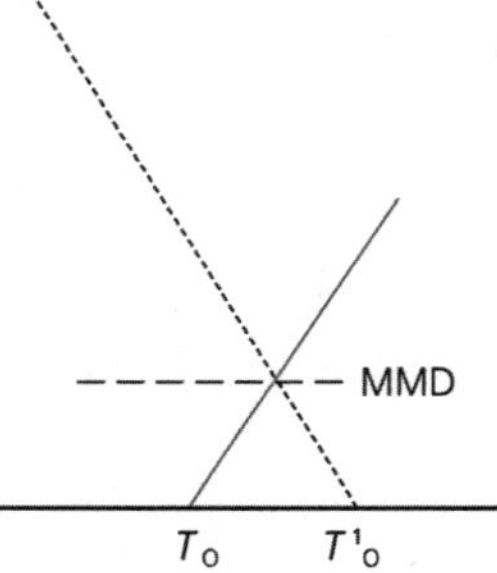

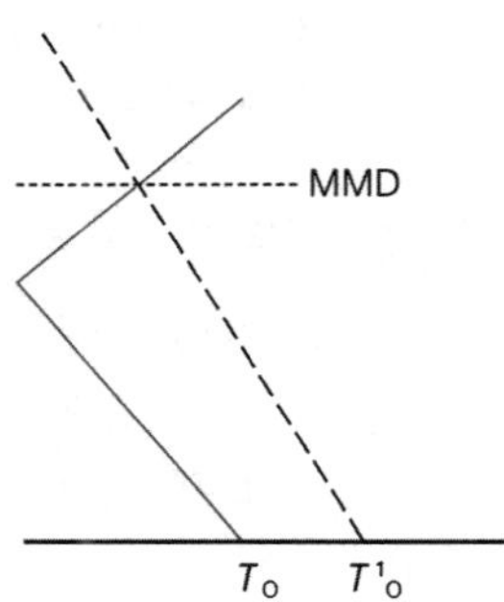

예제

통상적으로 대기오염물질의 농도와 혼합고간의 관계로 가장 적합한 것은?

① 혼합고에 비례한다. ② 혼합고의 2승에 비례한다.
③ 혼합고의 3승에 비례한다. ④ 혼합고의 3승에 반비례한다.

정답 ④

풀이 $\frac{C_2}{C_1} = \left(\frac{MMD_1}{MMD_2}\right)^3$

6 바람

(1) 바람의 원동력

① 기압경도력, 전향력(코리올리의 힘), 마찰력, 원심력에 의해 바람이 생성된다.

② **기압경도력**: 서로 다른 지점의 기압차에 작용하는 힘으로 고기압에서 저기압으로 작용하며 거리가 멀수록 기압경도력이 작아지고 등압선이 조밀할수록 기압경도력이 증가하여 풍속은 빨라진다.

③ **전향력(코리올리의 힘)**: 지구 자전에 의해 운동하는 물체에 작용하는 힘으로 가상적인 겉보기 힘이다. 풍속과는 무관하며 바람의 방향에만 영향이 있으며 경도력과는 반대방향으로 힘이 작용하고 북반구에서는 바람방향의 우측 직각방향으로 작용한다. 극지방($\Theta = 90°$)에서는 전향력이 최대가 되고 적도지방($\Theta = 0°$)에서는 전향력은 0이다.

④ **전향력의 크기**

$$C = 2\Omega \sin\theta U$$

Ω: 지구자전 각속도($\Omega = \frac{2\pi(rad)}{24 \times 3,600} = 7.3 \times 10^{-5} rad/sec$) / θ: 위도 / U: 선속도(풍속)

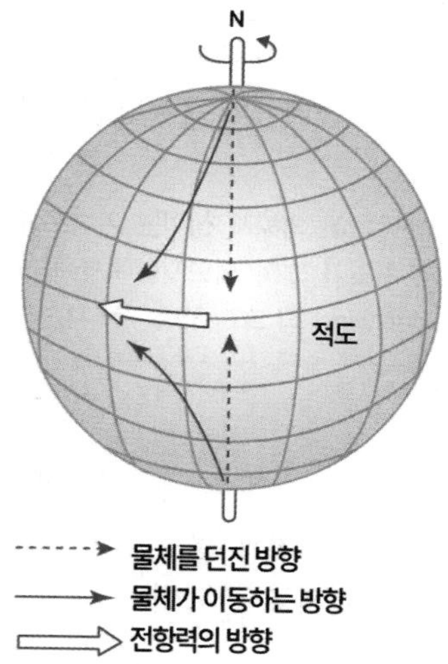

⑤ **마찰력**: 지표면의 거칠기로 인해 바람의 움직임을 방해하는 힘을 의미하며 바람과 반대방향으로 힘이 작용하며 마찰력이 클수록 바람의 방향(풍향) 변화는 커지고 풍속은 감소하게 된다. 고도가 증가함에 따라 마찰력이 감소한다.

⑥ **원심력**: 회전하는 물체에 나타나는 힘으로 원의 중심에서 바깥쪽으로 힘의 방향이 향하며 지구 자전에 의한 원심력은 극지방에서는 원심력이 0($\Theta = 90°$)이고, 적도지방에서는 원심력은 최대가 된다($\Theta = 0°$).

예제

01 '코리올리(Coriolis)'의 힘에 관한 설명으로 틀린 것은?

① 지구자전에 의해 생기는 가속도를 전향가속도라 하고 가속도에 의한 힘을 코리올리의 힘이라 한다.
② 전향력이라 하며 바람의 방향만을 변화시킬 뿐 속도에는 영향을 미치지 않는다.
③ 코리올리 힘의 크기는 지구반경이 가장 큰 적도지방에서 최대가 되며 극지방에서는 최소가 된다.
④ 코리올리의 힘에 의해 북반부에서는 진로의 오른쪽방향으로 바람의 방향이 변화된다.

정답 ③

풀이 전향력 $C = 2\Omega\sin\Theta U$
적도지방 : $\Theta = 0°$이므로 "전향력($C = 0$)"
극지방 : $\Theta = 90°$이므로 전향력은 최대이다.

02 바람을 일으키는 힘 중 기압경도력에 관한 설명으로 가장 적합한 것은?

① 수평 기압경도력은 등압선의 간격이 좁으면 강해지고, 반대로 간격이 넓어지면 약해진다.
② 지구의 자전운동에 의해서 생기는 가속도에 의한 힘을 말한다.
③ 극지방에서 최소가 되며 적도지방에서 최대가 된다.
④ gradient wind 라고도 하며, 대기의 운동방향과 반대의 힘인 마찰력으로 인하여 발생된다.

정답 ①

풀이 ② 전향력 : 지구의 자전운동에 의해서 생기는 가속도에 의한 힘을 말한다.
③ 원심력 : 극지방에서 최소가 되며 적도지방에서 최대가 된다.
④ 기압경도력 : gradient wind 라고도 하며, 두 지점의 기압차로 인하여 발생된다.

(2) 바람의 종류

① **지균풍** : 기압경도력 + 전향력에 의해 부는 바람으로 마찰력이 존재하지 않는 고도 1km 이상의 자유대기층에서 등압선과 평행하게 부는 바람이다. 이 때 기압경도력과 전향력은 힘의 크기는 같고 방향은 서로 반대이다.

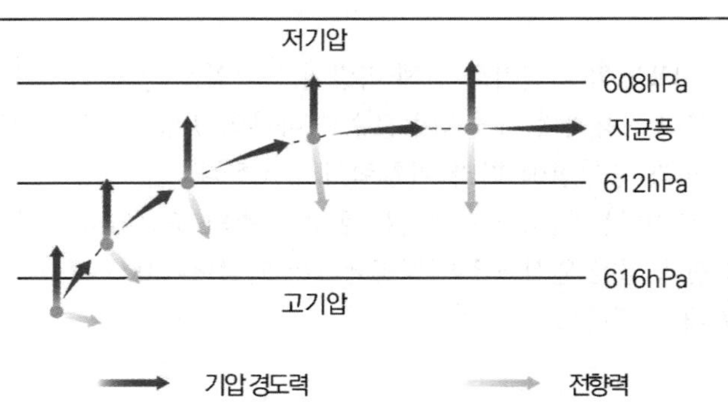

② **경도풍**: 기압경도력이 원심력 + 전향력과 평형을 이루면서 고기압과 저기압의 중심부에서 발생하는 바람을 경도풍이라 한다.

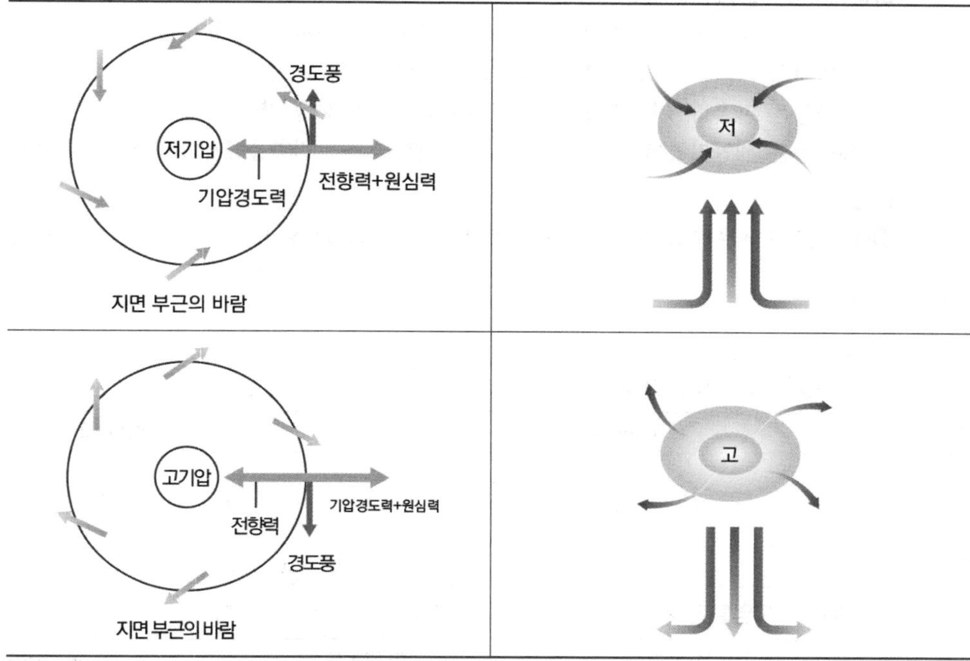

예제

경도풍을 형성하는데 필요한 힘과 가장 거리가 먼 것은?

① 마찰력　② 전향력
③ 원심력　④ 기압경도력

정답 ①

풀이
- 경도풍: 등압선이 곡선일 때 바깥쪽으로 작용하는 원심력과 전향력이 합쳐져서 기압경도력과 평형을 유지하며 부는 바람
- 지상풍: 마찰력이 작용하며 부는 바람

③ **지상풍**: 지표부근에서 기압경도력과 마찰력 + 전향력이 평형을 이루면서 발생하는 바람을 지상풍이라 한다.

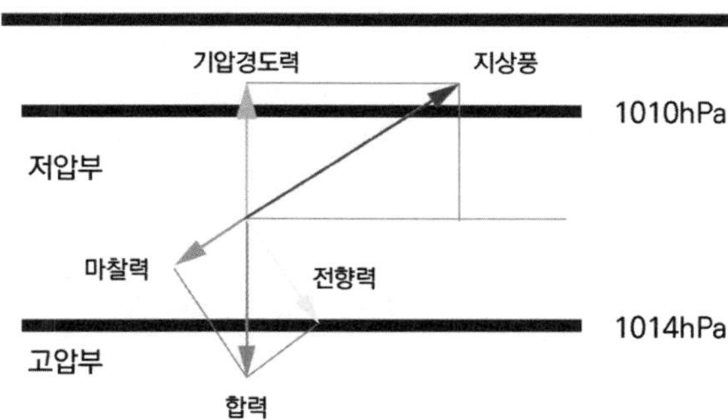

예제

바람에 관한 설명으로 틀린 것은?

① 전향력은 지구의 자전에 의해 운동하는 물체에 작용하는 힘이다.
② 마찰력의 크기는 지표의 거칠기와 풍속에 비례한다.
③ 지균풍은 마찰력, 기압경도력, 전향력에 의해 등압선을 가로지르는 바람이다.
④ 해륙풍은 해안지역에서 바다와 육지의 비열차 또는 비열용량차에 의해 발생한다.

정답 ③

풀이 지균풍은 높은 고도에서 기압경도력, 전향력에 의해 등압선에 평행하게 부는 수평방향의 바람이다.

풍속과 오염물질

• 풍속과 고도와의 관계식

Deacon식	Sutton식
$U_2 = U_1 \times \left(\frac{Z_2}{Z_1}\right)^n$	$U_2 = U_1 \times \left(\frac{Z_2}{Z_1}\right)^{\frac{2}{2-n}}$
U: 풍속 / Z: 고도 / n: 지수	

• 풍속과 오염물질의 농도: 풍속과 오염물질의 농도는 반비례한다.

선상농도	면상농도	공간농도
$\frac{1}{U}$	$\frac{1}{U^2}$	$\frac{1}{U^3}$

예제

지상 25m에서의 풍속이 10m/s일 때 지상 50m에서의 풍속(m/s)은? (단, Deacon식을 이용하고, 풍속지수는 2를 적용한다.)

① 30 ② 40
③ 35 ④ 45

정답 ②

$$\frac{U_2}{U_1} = \left(\frac{Z_2}{Z_1}\right)^p$$

$$\frac{U_2}{10m/\text{sec}} = \left(\frac{50m}{25m}\right)^2$$

$\therefore U_2 = 40\text{m/sec}$

바람장미

- 풍향별로 관측된 바람의 발생빈도와 풍속을 동심원상에 8방 또는 16방향인 막대기로 표시하여 그린 것을 바람장미라고 한다. 이 때 풍향(바람이 불어 오는 쪽의 방향)에서 가장 빈도수가 많은 것을 주풍이라고 한다.
- 바람장미에서 풍향 중 주풍(풍향에서 가장 빈번히 관측된 풍향)은 막대의 길이를 가장 길게 표시하며, 풍속은 막대의 굵기으로 표시한다. 풍속이 0.2m/s 이하일 때를 정온(calm) 상태로 본다.

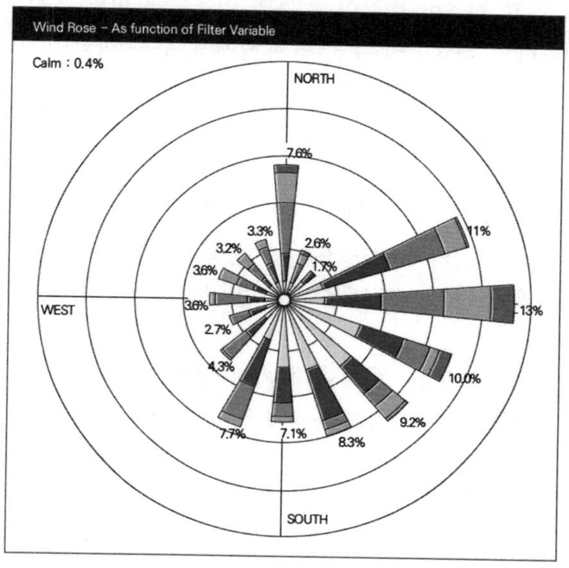

예제

01 다음은 바람과 관련된 설명이다. (　　)안에 순서대로 들어갈 말로 옳은 것은?

> 풍향별로 관측된 바람의 발생빈도와 (　　)을/를 동심원상에 그린 것을 (　　)(이)라고 한다. 이 때 풍향에서 가장 빈도수가 많은 것을 (　　)(이)라고 한다.

① 풍속 - 바람장미 - 주풍
② 풍향 - 바람분포도 - 지균풍
③ 난류도 - 연기형태 - 경도풍
④ 기온역전도 - 환경감률 - 확산풍

정답 ①

02 바람장미(wind rose)에 기록되는 내용과 가장 거리가 먼 것은?

① 풍향　② 풍속
③ 풍압　④ 무풍률

정답 ③

풀이 바람장미에서 풍향 중 주풍은 막대의 길이를 가장 길게 표시하며, 풍속은 막대의 굵기로 표시한다. 풍속이 0.2m/s 이하일 때를 정온(calm) 상태로 본다.

④ 국지풍

- 지형적인 영향으로 인해 발생되는 바람으로 해풍, 육풍, 산풍, 곡풍, 높새바람, 전원풍 등이 있다.
- 높새바람(푄풍)
  - 수증기를 포함한 공기가 산맥을 넘어가면서 단열팽창되면서 냉각되어 수분의 응축과 함께 비와 구름을 형성하고 산맥을 넘어 하강하면서 공기단이 압축과정을 거치면서 기온이 높고 건조한 바람이 부는데 이를 높새바람(푄풍)이라 한다.
  - 우리나라의 태백산맥 부근 동해쪽에서 부는 바람이 이에 해당한다.
- **전원풍**: 도시의 열섬현상으로 인해 상승 기류가 형성되어 주변의 차가운 공기가 불어오는 바람을 의미한다.
- 산곡풍
  - 평지와 계곡 및 분지지역의 일사량차로 인하여 생긴다.
  - **곡풍**: 낮에 산의 비탈면을 따라 상승하는 바람이다.
  - **산풍**: 밤에 산의 비탈면을 따라 하강하는 바람이다.

⑤ 해륙풍

- 해안근처의 지역에서 바다와 육지의 열용량차 차에 의해 발달된 바람이다.
- **해풍**: 낮에는 햇빛에 의해 육지가 빨리 따뜻해져 공기가 상승하여 바다에서 육지쪽으로 부는 바람을 해풍이라 하고 내륙쪽으로 8~15km까지 바람이 불어 들어간다(육지: 저기압, 바다: 고기압).
- **육풍**: 밤에는 육지가 빨리 차가워져 공기가 하강하고 바다는 천천히 식어 따뜻한 공기가 형성되어 육지에서 바다로 부는 바람을 육풍이라 하고 바다 쪽으로 5~6km까지 바람이 불어 나간다(육지: 고기압, 바다: 저기압).
- **보상류**: 지상 1km 상층에서 부는 반대방향의 순환풍을 보상류라 한다.

예제

바람에 관한 설명으로 옳지 않은 것은?

① 해륙풍 중 육풍은 육지에서 바다로 향해 5~6km까지 바람이 불며 겨울철에 빈발한다.
② 산곡풍 중 산풍은 밤에 경사면이 빨리 냉각되어 경사면 위의 공기 온도가 같은 고도의 경사면에서 떨어져 있는 공기의 온도보다 차가워져 경사면 위의 공기 전체가 아래로 침강하게 되어 부는 바람이다.
③ 전원풍은 열섬효과 때문에 도시의 중심부에서 하강기류가 발생하여 부는 바람이다.
④ 푄풍은 산맥의 정상을 기준으로 풍상쪽 경사면을 따라 공기가 상승하면서 건조단열 변화를 하기 때문에 평지에서보다 기온이 약 1℃/100m의 율로 하강하게 된다.

정답 ③

풀이 전원풍은 열섬효과 때문에 도시의 중심부에서 상승기류가 발생하여 부는 바람이다.

7 대기오염모델

(1) 분산모델

① 분산모델은 특정한 오염원의 배출속도와 바람에 의한 분산요인을 입력자료로 하여 수용체 위치에서의 영향을 계산한다.

② 상자모델, 가우시안모델 등이 해당한다.

(2) 수용모델(Receptor Model)

① 수용모델은 수용체에서 오염물질의 특성을 분석한 후 오염원의 기여도를 평가하는 것이다.

② 모델의 분류로는 오염물질의 분석방법에 따라 현미경분석법과 화학분석법으로 구분할 수 있다.

(3) 상자모델

① 배출원으로부터 배출되는 오염물질의 확산이 상자 안에서 이루어져 균일하게 혼합되어 확산된 오염물질의 물질수지를 산정하는 모델이다.

② 고려되는 공간의 수직단면에 직각방향으로 부는 바람의 속도가 일정하여 환기량이 일정하다.

③ 상자 안에서는 밑면에서 방출되는 오염물질이 상자 높이인 혼합층까지 즉시 균등하게 혼합된다.

④ 가정조건

- 상자 공간에서 오염물의 농도는 균일하다.
- 오염물의 분해는 일차반응에 의한다.
- 오염배출원은 이 상자가 차지하고 있는 지면 전역에 균등하게 분포되어 있다.
- 오염원은 방출과 동시에 균등하게 혼합된다.

(4) 가우시안모델(Gaussian model)

① 대기에서 연기의 확산을 해석하는 모델 중 하나이다.

② 가정조건

- 점오염원에서는 풍하방향으로 확산되어가는 plume은 정규분포를 이루며 확산된다고 가정하여 유도한다.
- 연기의 확산은 정상상태를 가정하며 바람에 의한 오염물질은 X축 방향으로 이동되며 풍속은 일정하다.
- 대기안정도와 확산계수는 변하지 않으며 오염물질이 연기 속에서 소멸되거나 생성되지 않으며 굴뚝(점오염원)으로부터 연속적으로 배출된다.
- 난류확산계수는 일정하다.
- 고도변화에 따른 풍속의 변화는 고려하지 않는다.

③ 농도계산

- 전체식(고려항목 : 유효굴뚝고, 지면반사)

$$C(x,y,z;H_e) = \frac{Q}{2\pi\sigma_y\sigma_z U} exp\left[-\frac{1}{2}\left(\frac{y}{\sigma_y}\right)^2\right] \times \left[\exp\left\{-\frac{1}{2}\left(\frac{z-H_e}{\sigma_z}\right)^2\right\} + \exp\left\{-\frac{1}{2}\left(\frac{z+H_e}{\sigma_x}\right)^2\right\}\right]$$

• 유효굴뚝만을 고려한 경우

$$C(x,y,z;H_e) = \frac{Q}{2\pi\sigma_y\sigma_z U}exp\left[-\frac{1}{2}\left(\frac{y}{\sigma_y}\right)^2 + \left(\frac{z-H_e}{\sigma_z}\right)^2\right]$$

• 지표에서의 농도만을 고려한 경우(z = 0)

$$C(x,y,0;H_e) = \frac{Q}{\pi\sigma_y\sigma_z U}exp\left[-\frac{1}{2}\left(\frac{y}{\sigma_y}\right)^2 + \left(\frac{H_e}{\sigma_z}\right)^2\right]$$

• 지표의 중심축상 농도만을 고려한 경우(z = 0, y = 0)

$$C(x,0,0;H_e) = \frac{Q}{\pi\sigma_y\sigma_z U}exp\left[-\frac{1}{2}\left(\frac{H_e}{\sigma_z}\right)^2\right]$$

• 지표의 점배출원에 의한 중심축상 농도 고려(H_e = 0, z = 0, y = 0)

$$C(x,0,0;0) = \frac{Q}{\pi\sigma_y\sigma_z U}$$

(5) Sutton의 최대착지농도와 최대착지거리의 관계식

최대착지농도	최대착지거리
$C_{\max} = \frac{2\cdot Q}{\pi\cdot e\cdot U\cdot H_e^2} \times \frac{K_z}{K_y}$	$X_{\max} = \left(\frac{H_e}{K_z}\right)^{2/(2-n)}$
Q: 오염물질의 배출률(MT^{-1}) U: 풍속 Kx: 수직확산계수 Ky: 수평확산계수	H_e: 유효굴뚝높이(m) K_z: 수직확산계수

예제

가우시안 연기모델에 도입된 가정으로 옳지 않은 것은?

① 연기의 분산은 시간에 따라 농도나 기상조건이 변하는 비정상상태이다.
② x방향을 주 바람방향으로 고려하면, y방향(풍횡방향)의 풍속은 0이다.
③ 난류확산계수는 일정하다.
④ 연기 내 대기반응은 무시한다.

정답 ①

풀이 연기의 분산은 시간에 따라 농도나 기상조건이 변하지 않는 정상상태이다.

Chapter

01 기출 & 예상 문제

01 경도풍을 형성하는데 필요한 힘과 가장 거리가 먼 것은?

① 마찰력　② 전향력
③ 원심력　④ 기압경도력

02 Dobson unit에 관한 설명에서 (　)에 알맞은 것은?

> 1Dobson은 지구 대기 중 오존의 총량을 0℃, 1기압의 표준 상태에서 두께로 환산했을 때 (　)에 상당하는 양을 의미한다.

① 0.01mm　② 0.1mm
③ 0.1cm　④ 1cm

03 대기의 수직구조에 관한 설명으로 가장 적합한 것은?

① 대류권의 높이는 여름보다 겨울이 높다.
② 대류권은 지상으로부터 약 20~30km 정도의 범위를 말한다.
③ 구름이 끼고 비가 내리는 등의 기상현상은 대류권에 국한되어 나타나는 현상이다.
④ 대류권의 높이는 고위도 지방보다 저위도 지방이 낮다.

정답찾기

01 • 경도풍: 등압선이 곡선일 때 바깥쪽으로 작용하는 원심력과 전향력이 합쳐져서 기압경도력과 평형을 유지하며 부는 바람이다.
• 지상풍: 마찰력이 작용하며 부는 바람이다.

02 100돕슨(dobson) = 1mm로 오존층의 두께를 나타내는 단위이다.

03 ① 대류권의 높이는 겨울보다 여름이 높다.
② 대류권은 지상으로부터 약 12km 정도의 범위를 말한다.
④ 대류권의 높이는 저위도 지방보다 고위도 지방이 낮다.

정답 **01** ① **02** ① **03** ③

04 **공기역학적직경(aero-dynamic diameter)에 관한 설명으로 가장 옳은 것은?**

① 대상 먼지와 침강속도가 동일하며 밀도가 $1g/cm^3$인 구형입자의 직경
② 대상 먼지와 침강속도가 동일하며 밀도가 $1kg/cm^3$인 구형입자의 직경
③ 대상 먼지와 밀도 및 침강속도가 동일한 선형입자의 직경
④ 대상 먼지와 밀도 및 침강속도가 동일한 구형입자의 직경

05 **A굴뚝의 실제높이가 50m이고, 굴뚝의 반지름은 2m이다. 이 때 배출가스의 분출속도가 18m/s이고, 풍속이 4m/s일 때, 유효굴뚝높이는? (단, $\Delta h = 1.5 \times (We/u) \times D$이다.)**

① 약 64m
② 약 77m
③ 약 98m
④ 약 135m

06 **Sutton의 확산방정식에서 최대착지농도(C_{max})에 대한 설명으로 옳지 않은 것은?**

① 평균풍속에 비례한다.
② 오염물질 배출량에 비례한다.
③ 유효굴뚝 높이의 제곱에 반비례한다.
④ 수평 및 수직방향 확산계수와 관계가 있다.

07 **광화학 반응 시 하루 중 NOx 변화에 대한 설명으로 가장 적합한 것은?**

① NO_2는 오존의 농도 값이 적을 때 비례적으로 가장 적은 값을 나타낸다.
② NO_2는 오전 7~9시 경을 전후로 하여 일중 고농도를 나타낸다.
③ 오전 중의 NO의 감소는 오존의 감소와 시간적으로 일치한다.
④ 교통량이 많은 이른 아침시간대에 오존농도가 가장 높고, NOx는 오후 2~3시 경이 가장 높다.

08 **분진농도가 $120\mu g/m^3$이고, 상대습도가 70%인 상태의 대도시에서 가시거리는? (단, 상수 A = 1.2이다.)**

① 5km
② 10km
③ 15km
④ 20km

09 실내공기오염물질 중 "라돈"에 관한 설명으로 틀린 것은?

① 무색, 무취의 기체이며 액화 시 푸른색을 띤다.
② 화학적으로 거의 반응을 일으키지 않는다.
③ 일반적으로 인체에 폐암을 유발시키는 것으로 알려져 있다.
④ 라듐의 핵분열시 생성되는 물질이며 반감기는 3.8일간 이다.

10 Down Wash 현상에 관한 설명은?

① 원심력집진장치에서 처리가스량의 5~10%정도를 흡인하여 줌으로써 유효원심력을 증대시키는 방법이다.
② 굴뚝의 높이가 건물보다 높은 경우 건물 뒤편에 공동현상이 생기고 이 공동에 대기오염물질의 농도가 낮아지는 현상을 말한다.
③ 굴뚝 아래로 오염물질이 휘날리어 굴뚝 밑 부분에 오염물질의 농도가 높아지는 현상을 말한다.
④ 해가 뜬 후 지표면이 가열되어 대기가 지면으로부터 열을 받아 지표면 부근부터 역전층이 해소되는 현상을 말한다.

정답찾기

04 • 공기역학적직경(aero-dynamic diameter): 대상 먼지와 침강속도가 동일하며 밀도가 1g/cm³인 구형입자의 직경이다.
• 스토크스직경(stokes diameter): 대상 먼지와 밀도 및 침강속도가 동일한 구형입자의 직경이다.

05 • Δh = 1.5 × (We/u) × D

$$1.5 \times \frac{18m/\sec}{4m/\sec} \times 4m = 27m$$

• 유효굴뚝높이 = 50m + 27m = 77m

06 평균풍속에 반비례한다.

$$C_{\max} = \frac{2Q}{\pi e U H_e^2} \times \left(\frac{K_z}{K_y}\right)$$

(Q: 오염물질 배출량 / U: 풍속 / He: 유효굴뚝높이 / Kz: 수직방향확산계수 / Ky: 수평방향확산계수)

07 ① NO_2는 오존의 농도 값이 적을 때 비례적으로 가장 큰 값을 나타낸다.
③ 오전 중의 NO의 감소는 오존의 증가와 시간적으로 일치한다.
④ 교통량이 많은 이른 아침시간대에 NOx가 가장 높고, O_3는 오후 2~3시 경이 가장 높다.

08 상대습도 70%에서의 가시거리: $L_v(km) = \frac{A \times 10^3}{G}$

(G: 분진농도(μg/m³) / A : 상수)

$$\therefore \frac{1.2 \times 10^3}{120\mu g/m^3} = 10km$$

09 무색, 무취의 기체이며 액화 시 색을 거의 띠지 않는다.

10 ① Blow down
② Down draft 현상
④ 복사역전의 해소

정답 04 ① 05 ② 06 ① 07 ② 08 ② 09 ① 10 ③

11 **대기층은 물리적 및 화학적 성질에 따라서 고도별로 분류가 되어 있다. 지표면으로부터 상공으로 올바르게 배열된 것은?**

① 대류권 → 중간권 → 성층권 → 열권
② 대류권 → 중간권 → 열권 → 성층권
③ 대류권 → 성층권 → 중간권 → 열권
④ 대류권 → 열권 → 중간권 → 성층권

12 **지구온난화가 환경에 미치는 영향 중 옳은 것은?**

① 온난화에 의한 해면상승은 전지구적으로 일정하게 발생한다.
② 대류권 오존의 생성반응을 촉진시켜 오존의 농도가 감소한다.
③ 기상조건의 변화는 대기오염의 발생횟수와 오염농도에 영향을 준다.
④ 기온상승과 토양의 건조화는 생물성장의 남방한계에는 영향을 주지만 북방한계에는 영향을 주지 않는다.

13 **Richardson number에 관한 설명 중 틀린 것은?**

① 리차드슨 수가 0에 접근하면 분산은 줄어들며 결국 대류난류만 존재한다.
② 무차원수로서 근본적으로 대류난류를 기계적인 난류로 전환시키는 율을 측정한 것이다.
③ 큰 음의 값을 가지면 굴뚝의 연기는 수직 및 수평방향으로 빨리 분산한다.
④ 0.25보다 크게 되면 수직혼합은 없어지고 수평상의 소용돌이만 남게 된다.

14 **대기오염사건과 기온역전에 관한 설명으로 옳지 않은 것은?**

① 로스앤젤레스 스모그사건은 광화학스모그에 의한 침강성 역전이다.
② 런던스모그 사건은 주로 자동차 배출가스 중의 질소산화물과 반응성 탄화수소에 의한 것이다.
③ 침강역전은 고기압 중심부분에서 기층이 서서히 침강하면서 기온이 단열변화로 승온되어 발생하는 현상이다.
④ 복사역전은 지표에 접한 공기가 그보다 상공의 공기에 비하여 더 차가워져서 생기는 현상이다.

15 연기의 형태에 관한 설명 중 옳지 않은 것은?

① 지붕형: 하층에 비하여 상층이 안정한 대기상태를 유지할 때 발생한다.
② 환상형: 과단열감률 조건일 때, 즉 대기가 불안정할 때 발생한다.
③ 원추형: 오염의 단면분포가 전형적인 가우시안 분포를 이루며, 대기가 중립 조건일 때 잘 발생한다.
④ 부채형: 연기가 배출되는 상당한 고도까지도 강안정한 대기가 유지될 경우, 즉 기온역전 현상을 보이는 경우 연직운동이 억제되어 발생한다.

16 지상으로부터 500m까지의 평균 기온감률은 −1.2℃/100m이다. 100m 고도에서 17℃라 하면 고도 400m에서의 기온은?

① 10.6℃ ② 11.8℃
③ 12.2℃ ④ 13.4℃

정답찾기

12 ① 온난화에 의한 해면상승은 전지구적으로 일정하지 않게 발생한다.
② 대류권 오존의 생성반응을 촉진시켜 오존의 농도가 증가한다.
④ 기온상승과 토양의 건조화는 생물성장의 남방한계와 북방한계에 영향을 준다.

13 리차드슨 수가 0에 접근하면 분산은 줄어들며 결국 기계적 난류만 존재한다.

14 LA스모그 사건은 주로 자동차 배출가스 중의 질소산화물과 반응성 탄화수소에 의한 것이다.

15 지붕형: 상층에 비하여 하층이 안정한 대기상태를 유지할 때 발생한다(상층 불안정, 하층 안정).

16 $17℃+\left(\frac{-1.2℃}{100m}\right)\times(400m-100m)=13.4℃$

정답 11 ③ 12 ③ 13 ① 14 ② 15 ① 16 ④

17 질소산화물에 관한 설명으로 거리가 먼 것은?

① 아산화질소(N_2O)는 성층권의 오존을 분해하는 물질로 알려져 있다.
② 아산화질소(N_2O)는 대류권에서 태양에너지에 대하여 매우 안정하다.
③ 전세계의 질소화합물 배출량 중 인위적인 배출량은 자연적 배출량의 약 70% 정도 차지하고 있으며, 그 비율은 점차 증가하는 추세이다.
④ 연료 NOx는 연료 중 질소화합물 연소에 의해 발생되고, 연료 중 질소화합물은 일반적으로 석탄에 많고 중유, 경유 순으로 적어진다.

18 열섬효과에 관한 설명으로 옳지 않은 것은?

① 도시에서는 인구와 산업의 밀집지대로서 인공적인 열이 시골에 비하여 월등하게 많이 공급된다.
② 열섬현상은 고기압의 영향으로 하늘이 맑고 바람이 약한 때에 잘 발생한다.
③ 도시의 지표면은 시골보다 열용량이 적고 열전도율이 높아 열섬효과의 원인이 된다.
④ 열섬효과로 도시주위의 시골에서 도시로 바람이 부는데 이를 전원풍이라 한다.

19 다음은 바람장미에 관한 설명이다. ( )안에 가장 알맞은 것은?

> 바람장미에서 풍향 중 주풍은 막대의 (㉠) 표시하며, 풍속은 (㉡)으로 표시한다. 풍속이 (㉢)일 때를 정온(calm) 상태로 본다.

① ㉠ 길이를 가장 길게, ㉡ 막대의 굵기, ㉢ 0.2m/s 이하
② ㉠ 굵기를 가장 굵게, ㉡ 막대의 길이, ㉢ 0.2m/s 이하
③ ㉠ 길이를 가장 길게, ㉡ 막대의 굵기, ㉢ 1m/s 이하
④ ㉠ 굵기를 가장 굵게, ㉡ 막대의 길이, ㉢ 1m/s 이하

20 지표 부근의 대기성분의 부피비율(농도)이 큰 것부터 순서대로 알맞게 나열된 것은? (단, N_2, O_2 성분은 생략한다.)

① CO_2 - Ar - CH_4 - H_2
② CO_2 - Ar - H_2 - CH_4
③ Ar - CO_2 - He - Ne
④ Ar - CO_2 - Ne - He

21 다음 ( )안에 들어갈 말로 알맞은 것은?

> 지구의 평균 지상기온은 지구가 태양으로부터 받고 있는 태양에너지와 지구가 (㉠) 형태로 우주로 방출하고 있는 에너지의 균형으로부터 결정된다. 이 균형은 대기중의 (㉡), 수증기 등의 (㉠)을(를) 흡수하는 기체가 큰 역할을 하고 있다.

① ㉠ : 자외선, ㉡ : CO
② ㉠ : 적외선, ㉡ : CO
③ ㉠ : 자외선, ㉡ : CO_2
④ ㉠ : 적외선, ㉡ : CO_2

22 대기의 안정도 조건에 관한 설명으로 옳지 않은 것은?

① 과단열적 조건은 환경감율이 건조단열감율보다 클 때를 말한다.
② 중립적 조건은 환경감율과 건조단열감율이 같을 때를 말한다.
③ 미단열적 조건은 건조단열감율이 환경감율보다 작을 때를 말하며, 이 때의 대기는 아주 안정하다.
④ 등온 조건은 기온감율이 없는 대기상태이므로 공기의 상하 혼합이 잘 이루어지지 않는다.

정답찾기

17 전세계의 질소화합물 배출량 중 인위적인 배출량은 자연적 배출량의 약 10% 정도 차지하고 있으며, 그 비율은 점차 증가하는 추세이다.

18 도시의 지표면은 시골보다 열용량이 크고 열전도율이 낮아 열섬효과의 원인이 된다.

22 미단열적 조건은 건조단열감율이 환경감율보다 약간 클 때(환경감율이 건조단열감율보다 약간 작을 때)를 말하며, 이 때의 대기는 약한 안정상태이다.

정답 17 ③ 18 ③ 19 ① 20 ④ 21 ④ 22 ③

CHAPTER 02 대기오염물질 처리기술

제1절 I 입자상 물질의 처리

1 집진 이론

집진장치는 주로 입자상 물질을 제거하는 장치로 처리해야 하는 입자의 밀도, 입경분포, 부식성, 용해성, 효율 등을 고려하여 장치를 선택해야 한다.

(1) 중력침강속도

① 중력에 의해 침강하는 입자의 속도로 중력, 부력, 항력의 평형에 의해 속도가 결정된다.

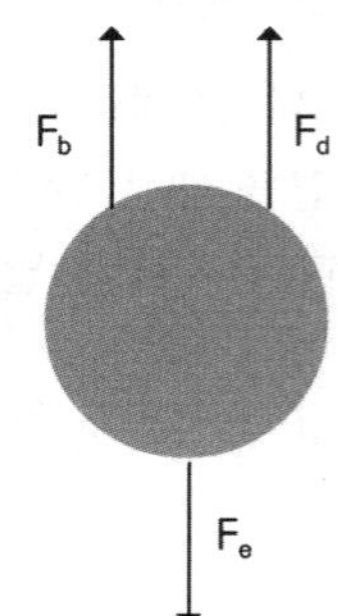

외력(F_e) : 중력 또는 원심력
부력(F_b) : 외력과 평행하게 작용하는 반대 힘
항력(F_d) : 입자와 유체의 상대적 움직임에 의한 힘 (이동방향에 평행하게 작용)

② 스토크스법칙(Stokes' law)

- 입경의 제곱, 중력가속도, 입자와 유체와의 밀도차에 비례한다.
- 유체의 점도에 반비례한다.

$$V_g = \frac{d_p^2(\rho_p - \rho)g}{18\mu}$$

V_g : 중력침강속도 / ρ : 유체의 밀도 / d_p : 입자의 직경 / g : 중력가속도 /
ρ_p : 입자의 밀도 / μ : 점성계수

예제

공기 중에서 직경 1.8μm의 구형 매연입자가 스토크스 법칙을 만족하며 침강할 때, 종말 침강속도는? (단, 매연입자의 밀도는 2.5g/cm³, 공기의 밀도는 무시하며, 공기의 점도는 1.8 × 10⁻⁴g/cm · sec이다.)

① 0.0145cm/s ② 0.0245cm/s
③ 0.0355cm/s ④ 0.0475cm/s

정답 ②

풀이 $V_g = \frac{d_p^2(\rho_p - \rho)g}{18\mu}$

$$V_g = \frac{(1.8 \times 10^{-4}cm)^2 \times (2.5 - 0)kg/m^3 \times 980cm/\sec^2}{18 \times 1.8 \times 10^{-4}g/cm\cdot \sec} = 0.0245cm/sec$$

(2) 효율의 산정

① 효율계산(단일 연결)

$$\eta = \left(1 - \frac{C_{out}}{C_{in}}\right) \times 100$$

Cin : 유입농도 / Cout : 출구농도

② 효율계산(2단 연결)

$$\eta_T = 1 - (1 - \eta_1)(1 - \eta_2)$$

ηT : 총효율 / η1 : 1단효율 / η2 : 2단효율

03

예제

01 A집진장치의 집진효율은 99%이다. 이 집진시설 유입구의 먼지농도가 13.5g/Sm³일 때 집진장치의 출구농도는?

① 0.0135mg/Sm³ ② 135mg/Sm³
③ 1,350mg/Sm³ ④ 13.5mg/Sm³

정답 ②

풀이 $\eta = \left(1 - \frac{C_{out}}{C_{in}}\right) \times 100 \rightarrow 99\% = \left(1 - \frac{C_{out}}{13.5}\right) \times 100$

$C_{out} = -13.5 \times \left(\frac{99}{100} - 1\right) = 0.135g/m^3 = 135mg/Sm^3$

02 두 개의 집진장치를 직렬로 연결하여 배출가스 중의 먼지를 제거하고자 한다. 입구 농도는 14g/m³이고, 첫 번째와 두 번째 집진장치의 집진효율이 각각 75%, 95%라면 출구 농도는 몇 mg/m³인가?

① 175 ② 211
③ 236 ④ 241

정답 ①

풀이 입구농도는 $14g/m^3 = 14{,}000mg/m^3$

- 1차 집진장치 효율 75%
  - 유입 : $14{,}000mg/m^3$
  - 유출 : $14{,}000 \times (1 - 0.75) = 3{,}500mg/m^3$
- 2차 집진장치 효율 95%
  - 유입 : $3{,}500mg/m^3$
  - 유출 : $3{,}500 \times (1 - 0.95) = 175mg/m^3$

2 집진장치

(1) 중력집진장치

① 개요

- 입자상 물질을 중력에 의해 자연침강을 유도하여 기체로부터 분리하는 장치이다.
- 취급입자: 50μm 이상
- 효율: 40~60%
- 압력손실: 10~15mmH_2O

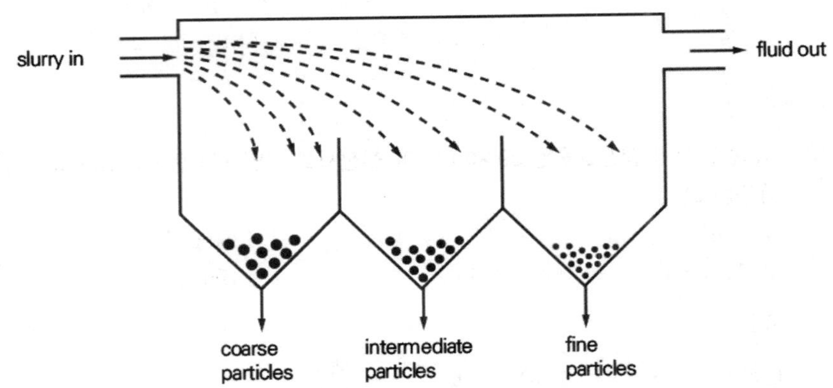

② 중력집진장치의 일반적인 특성

- 장치의 구조가 간단하고 집진효율이 좋지 않아 고농도 함진가스의 전처리로 이용된다.
- 압력손실이 적고 운전유지 비용이 작다.
- 배출가스의 유속은 보통 0.3~3m/sec 정도가 되도록 설계한다.
- 100% 입자가 제거되기 위한 침강실의 설계기준은 $\frac{V_g}{V} = \frac{H}{L}$ 이다.

③ 중력집진장치의 집진효율 향상조건

- 침강실 입구폭이 클수록 유속이 느려지며 미세한 입자가 포집된다.
- 침강실의 높이가 낮고, 수평길이가 길수록 집진율이 높아진다.
- 집진효율 $\eta = \frac{v_g \times L}{v \times H}$
- 침강실 내의 배기가스 기류는 균일해야 한다.
- 다단일 경우 단수가 증가될수록 압력손실은 커지나 효율은 증가한다.

예제

01 중력집진장치의 효율을 향상시키는 조건으로 거리가 먼 것은?

① 침강실 내의 배기가스의 기류는 균일해야 한다.
② 침강실의 높이가 높고, 길이가 짧을수록 집진율이 높아진다.
③ 침강실 내의 처리가스 유속이 작을수록 미립자가 포집된다.
④ 침강실의 입구폭이 클수록 미세입자가 포집된다.

정답 ②

풀이 침강실의 높이가 낮고, 길이가 길수록 집진율이 높아진다.

02 중력집진장치에서 먼지의 침강속도 산정에 관한 설명으로 틀린 것은?

① 중력가속도에 비례한다.
② 입경의 제곱에 비례한다.
③ 먼지와 가스의 비중차에 반비례한다.
④ 가스의 점도에 반비례한다.

정답 ③

풀이 먼지와 가스의 비중차에 비례한다.

$$V_g = \frac{d_p^2(\rho_p - \rho)g}{18\mu}$$

03 지름 40μm 입자의 최종 침전속도가 15cm/sec라고 할 때 중력침전실의 높이가 1.25m이면 입자를 완전히 제거하기 위해 소요되는 이론적인 중력침전실의 길이는? (단, 가스의 유속은 1.8m/sec이다.)

① 12m
② 15m
③ 18m
④ 20m

정답 ②

풀이 −100% 제거하기 위한 중력집진장치의 설계 : $\frac{V_g}{V} = \frac{H}{L}$

$$\frac{0.15m/\text{sec}}{1.8m/\text{sec}} = \frac{1.25m}{L}$$

∴ L = 15m

(2) 관성력집진장치

① 개요

- 함진가스를 방해판에 충돌시켜 기류의 급격한 방향전환을 이용하여 입자를 분리 · 포집하는 집진장치이다.
- 취급입자 : 10μm 이상
- 효율 : 50~70%
- 압력손실 : 30~70mmH_2O

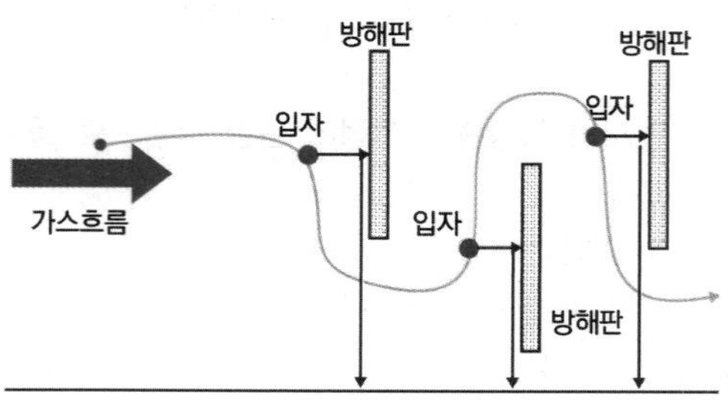

② 관성력 집진장치에서 집진율 향상조건

- 기류의 방향전환 각도가 작고, 방향전환 횟수가 많을수록 압력손실은 커지나 집진은 잘된다.
- 함진 가스의 충돌 또는 기류의 방향전환 직전의 가스속도가 빠르고, 방향전환시의 곡률반경이 작을수록 미세 입자의 포집이 가능하다.
- 관성력집진장치는 일반적으로 충돌직전의 처리가스의 속도가 크고, 처리 후의 출구 가스속도는 느릴수록 미립자의 제거가 쉽다.
- 적당한 모양과 크기의 호퍼가 필요하다.

예제

01 함진가스를 방해판에 충돌시켜 기류의 급격한 방향전환을 이용하여 입자를 분리 · 포집하는 집진장치는?

① 중력집진장치 ② 전기집진장치
③ 여과집진장치 ④ 관성력집진장치

정답 ④

02 관성력 집진장치에서 집진율 향상조건으로 옳지 않은 것은?

① 일반적으로 충돌직전의 처리가스의 속도가 적고, 처리 후의 출구 가스속도는 빠를수록 미립자의 제거가 쉽다.
② 기류의 방향전환 각도가 작고, 방향전환 횟수가 많을수록 압력손실은 커지나 집진은 잘된다.
③ 적당한 모양과 크기의 호퍼가 필요하다.
④ 함진 가스의 충돌 또는 기류의 방향전환 직전의 가스속도가 빠르고, 방향전환시의 곡률반경이 작을수록 미세 입자의 포집이 가능하다.

정답 ①

풀이 관성력집진장치는 일반적으로 충돌직전의 처리가스의 속도가 크고, 처리 후의 출구 가스속도는 느릴수록 미립자의 제거가 쉽다.

(3) 원심력집진장치(싸이클론)

① 개요

- 입자에 원심력을 작용시켜(선회운동) 입자를 분리해내는 장치이다.
- 취급입자 : 3~100μm 이상
- 효율 : 50~80%
- 압력손실 : 50~150mmH_2O

> 임계입경과 절단입경
> - 임계 입경 : 100% 제거되는 입자의 최소 입경
> - 절단 입경 : 50% 제거되는 입자의 최소 입경

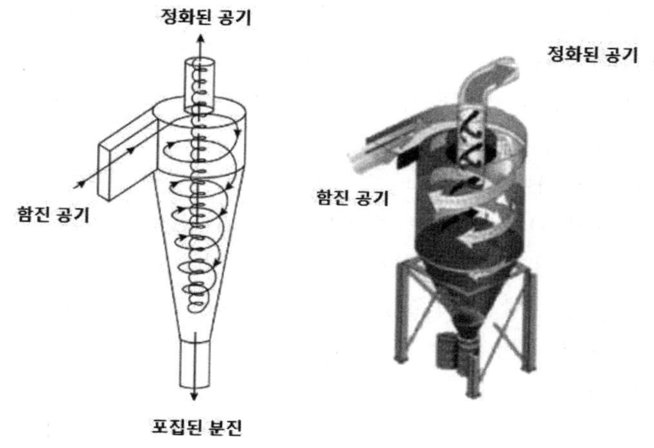

| 원심력집진장치 |

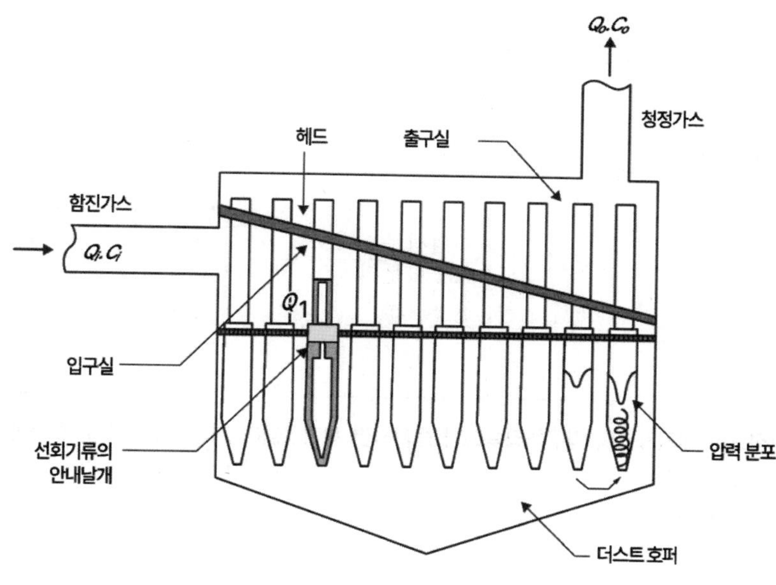

| 멀티사이클론의 설치 예 |

② 원심력집진장치의 일반적인 특징

- 구조가 간단하고 취급이 용이한 편이다.
- 점(흡)착성 배출가스 처리는 부적합하다.
- 블로우다운(Blow down) 효과를 사용하여 집진효율 증대가 가능하다.
- 저효율 집진장치 중 집진율이 우수하고 경제적인 이유로 전처리 장치로 많이 사용된다.
- 설치비와 유지비가 저렴한 편이다.
- 효율이 클수록 압력손실이 크다.

③ 원심력집진장치에서 집진율 향상조건

- 블로우다운(Blow down 효과를 이용한 난류 억제): 블로우 다운효과(Blow down effect)란 사이클론에서 처리가스량의 5~10%를 흡인하여 선회기류의 흐트러짐을 방지하고 유효 원심력을 증대시키는 효과이다.
- 원심력집진장치(사이클론)의 효율을 높이려면 몸통을 작게 하고 길이를 길게하여 유속을 빠르게 하고 회전수를 늘려야 한다.
- 입구 유속에는 한계가 있지만, 그 한계 내에서는 입구유속이 빠를수록 효율이 높은 반면에 압력손실도 커진다.
- 적당한 Dust Box의 모양과 크기도 효율에 영향을 미친다.
- 배기관경(내관)이 작을수록 입경이 작은 입자를 제거할 수 있다.
- 미세먼지의 재비산 방지를 위해 스키머와 회전깃 등을 설치한다.
- 고농도일 경우는 병렬연결을 하여 사용하고, 응집성이 강한 먼지는 직렬연결(단수 3단 이내)하여 사용한다.

④ 원심력집진장치의 설계

- 분리속도

$$V_r = \frac{d_p^2(\rho_p - \rho)V^2}{18\mu R}$$

Vr: 입자의 원심분리속도 / d_p: 직경 / ρ_p: 입자의 밀도 / ρ: 유체의 밀도 / V: 선회가스의 속도 / R: 내통의 반경 / μ: 점성계수

- 분리계수

$$\text{분리계수} = \frac{\text{원심분리속도}}{\text{중력분리속도}} = \frac{\dfrac{d_p^2(\rho_p - \rho)V^2}{18\mu R}}{\dfrac{d_p^2(\rho_p - \rho)g}{18\mu}} = \frac{V^2}{R \times g}$$

예제

01 일반적으로 배기가스의 입구처리속도가 증가하면 제거효율이 커지며 블로다운 효과과 관련된 집진장치는?

① 중력집진장치 ② 원심력집진장치
③ 전기집진장치 ④ 여과입진장치

정답 ②

02 원심력 집진장치에 대한 설명으로 옳지 않은 것은?

① 사이클론의 배기관경이 클수록 집진율은 좋아진다.
② 블로다운(blow down) 효과가 있으면 집진율이 좋아진다.
③ 처리 가스량이 많아질수록 내통경이 커져 미세한 입자의 분리가 안된다.
④ 입구 가스속도가 클수록 압력손실은 커지나 집진율은 높아진다.

정답 ①

풀이 사이클론의 배기관경(내경)이 작을수록 집진율은 좋아진다.

03 하부의 더스트 박스(dust box)에서 처리가스량의 5~10%를 처리하여 싸이클론 내 난류현상을 억제시켜 먼지의 재비산을 막아주고 장치 내벽에 먼지가 부착되는 것을 방지하는 효과는?

① 에디(eddy)
② 브라인딩(blinding)
③ 분진 폐색(dust plugging)
④ 블로우 다운(blow down)

정답 ④

---

(4) 세정집진장치

① 개요

- 가스를 기포, 액적, 액막 등으로 세정하여 입자상물질과 가스상물질을 동시에 제거하는 장치이다.
- 효율: 80~95%
- 취급입자: 0.1~100μm 이상

형식	압력손실(mmH_2O)	취급입자(μm)
벤튜리스크러버	300~800	0.1~50
사이클론스크러버	100~300	0.5~50
충전탑	100~250	1~100
제트스크러버	-200~0	0.1~50

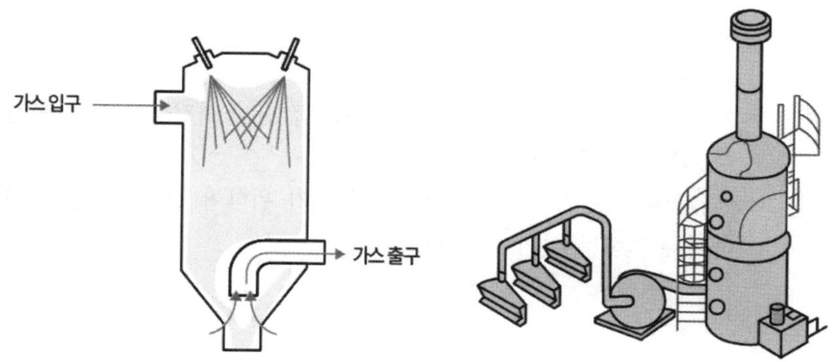

② 세정집진장치의 처리원리

- 관성충돌, 확산포집, 응집작용, 직접흡수(차단)
- 배기증습에 의하여 입자가 서로 응집한다.
- 미립자 확산에 의하여 액적과의 접촉을 쉽게 한다.
- 액적에 입자가 충돌하여 부착한다.
- 입자는 증기의 응결에 따라 입자의 응집성을 증가시킨다.

③ 세정집진장치의 일반적인 특징

- 점착성 및 조해성 분진의 처리가 가능하고 연소성 및 폭발성 가스의 처리가 가능하여 분진입자와 유해가스를 동시에 제거할 수 있다(조해성: 고체가 대기 중의 수분을 흡수하며 녹는 성질).
- 고온의 가스를 처리할 수 있다.
- 집진된 먼지의 재비산 염려가 없다.
- 부식성 입자의 제거가 가능하다.
- 구조가 간단하고 설치비용이 저렴한 편이며 설치면적도 적게 필요하다.
- 폐수처리 장치가 필요하다.
- 압력손실이 크고 동력소비가 많아 운전비가 많이 든다.
- 친수성, 부착성이 높은 먼지에 의한 폐쇄염려가 있다.
- 처리가스의 확산이 크지 못하며 부식의 염려가 크다.
- 종류
  - 유수식: 세정액을 장치내에 채운 후 가스를 유입시키는 방법으로 가스분수형, S Impeller형, 로터형 등이 있다.
  - 가압수식: 세정액을 가스 속으로 가압분사하는 방법으로 스크러버, 충전탑, 분무탑 등이 있다.
  - 회전식: fan을 이용하여 기포의 형태로 세정액을 가스로 유입시키는 방법으로 Impulse Scrubber, Theisen washer 등이 있다.

④ 세정집진장치의 유지 관리

- 먼지의 성상과 농도를 고려하여 액가스비를 결정한다.
- 목부는 처리가스의 속도가 매우 크기 때문에 마모가 일어나기 쉬우므로 수시로 점검하여 교환한다.
- 기액분리기는 시설의 작동이 정지해도 잠시 공회전을 하여 부착된 먼지에 의한 산성의 세정수를 제거해야 한다.
- 벤츄리형 세정기에서 집진효율을 높이기 위하여 될 수 있는 한 처리가스 온도를 낮게 하여 운전하는 것이 바람직하다.

⑤ 벤츄리스크러버

- 벤츄리스크러버의 압력손실은 300~800mmH_2O로 가장 크기 때문에 가스속도를 매우 높게 운전해야 처리가 가능하다.
- 소형으로 대용량의 가스처리가 가능하다.
- 목부의 처리가스 속도는 보통 60~90m/sec 정도이다.
- 물방울 입경과 먼지의 입경의 비는 충돌 효율면에서 150 : 1 전후가 좋다.

예제

01 세정집진장치의 입자 포집원리에 관한 설명으로 틀린 것은?

① 액적에 입자가 충돌하여 부착한다.
② 배기 증습에 의해 입자가 서로 응집한다.
③ 미립자의 확산에 의하여 액적과의 접촉을 쉽게 한다.
④ 입자를 핵으로 한 증기의 응결에 따라 응집성을 감소시킨다.

정답 ④

풀이 입자를 핵으로 한 증기의 응결에 따라 응집성을 증가시킨다.

02 분진입자와 유해가스를 동시에 제거할 수 있는 집진장치는?

① 여과집진장치 ② 중력집진장치
③ 전기집진장치 ④ 세정집진장치

정답 ④

03 세정집진장치에서 입자와 액적 간의 충돌횟수가 많을수록 집진효율은 증가되는데 관성충돌계수(효과)를 크게 하기 위한 조건으로 옳지 않은 것은?

① 분진의 입경이 커야 한다.
② 분진의 밀도가 커야 한다.
③ 액적의 직경이 커야 한다.
④ 처리가스의 점도가 낮아야 한다.

정답 ③

풀이 액적의 직경이 작아야 한다.

04 세정집진장치의 장점과 가장 거리가 먼 것은?

① 입자상 물질과 가스의 동시제거가 가능하다.
② 친수성, 부착성이 높은 먼지에 의한 폐쇄염려가 없다.
③ 집진된 먼지의 재비산 염려가 없다.
④ 연소성 및 폭발성 가스의 처리가 가능하다.

정답 ②

풀이 친수성, 부착성이 높은 먼지에 의한 폐쇄염려가 있다.

(6) 여과집진장치

① 개요

- 여과재에 먼지를 함유하는 가스를 통과시켜 입자를 분리, 포집하는 장치이다.
- 취급입자: 0.1~20μm
- 효율: 90~99%
- 압력손실: 100~200mmH_2O
- 여과집진장치의 주된 집진원리는 관성충돌, 접촉차단, 확산, 중력침강이다.

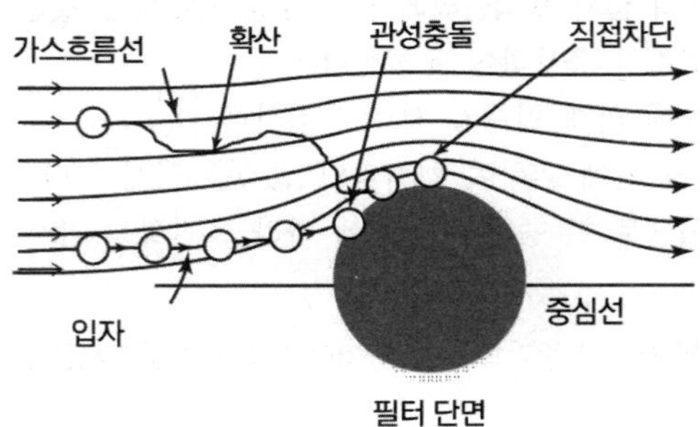

② 여과집진장치의 특징

- 폭발성 및 점착성 먼지 제거가 곤란하고 수분에 대한 적응성이 낮으며, 여과재의 교환으로 유지비용이 많이 들고 다른 집진장치에 비해 설치면적이 넓다.
- 여과포의 종류에 따라 제거 가능한 물질의 종류가 다르므로 여과포 선택시 매연의 성상은 중요하다.
- 여포의 손상과 온도 및 압력은 관계가 있으며 350℃ 이상의 고온의 가스처리에 부적합하다. 가스 온도에 따른 여재의 사용이 제한된다.

여과집진장치의 탈진방법

- 간헐식
  - 집진실을 여러 개의 방으로 구분하고 방 하나씩 처리가스의 흐름을 차단하여 순차적으로 탈진하는 방식이다.
  - 진동형과 역기류형, 역기류 진동형이 여기에 해당한다.
- 연속식
  - 연속식은 포집과 탈진이 동시에 이루어지므로 압력손실이 거의 일정하고 고농도, 대용량의 가스를 처리할 수 있다.
  - 연속식에는 충격기류식(역제트기류(Reverse jet)분사형과 충격제트기류(Pulse jet) 분사형), 음파제트형 등이 있다.

여포재료의 사용온도

최고사용온도(℃)	재질
250	유리섬유(Glass fiber), 테프론(폴리에스테르계)
150	나일론(폴리에스테르계), 오론
110	나일론(폴리아미드계)
100	카네카론, 비닐론
95	데비론
80	사란, 양모, 목면

- 목면은 내산성을 가지고 있지 않아 산성물질에 약하며 그 외 재질은 내산성을 가지고 있다.
- 양모, 사란, 오론, 나일론(폴리에스테르계), 테프론(폴리에스테르계), 유리섬유(Glass fiber)는 내알칼리성을 가지고 있지 않아 알칼리성 물질에 약하며 그 외 재질은 내알칼리성을 가지고 있다.

③ 여과집진장치의 효율 향상조건

- 간헐식 털어내기 방식은 높은 집진율을 얻는 경우에 적합하고, 연속식 털어내기 방식은 고농도의 함진가스 처리에 적합하다.
- 필요에 따라 유리섬유의 실리콘 처리 등을 하여 적합한 여포재를 선택하도록 한다.
- 여포의 파손 및 온도, 압력 등을 상시 파악하여 기능의 손상을 방지한다.
- 겉보기 여과 속도가 작을수록 미세입자를 포집한다(여과속도가 작을수록 집진효율이 커진다).

예제

01 다음 여과집진장치에 관한 설명으로 옳은 것은?

① 350℃ 이상의 고온의 가스처리에 적합하다.

② 여과포의 종류와 상관없이 가스상 물질도 효과적으로 제거할 수 있다.

③ 압력손실이 약 20mmH_2O 전후이며, 다른 집진장치에 비해 설치면적이 작고, 폭발성 먼지 제거에 효과적이다.

④ 집진원리는 직접 차단, 관성충돌, 확산 형태로 먼지를 포집한다.

정답 ④

풀이 ① 350℃ 이상의 고온의 가스처리에 부적합하다.

② 여과포의 종류에 따라 제거 가능한 물질의 종류가 다르다.

③ 압력손실이 100~200mmH_2O이며, 다른 집진장치에 비해 설치면적이 넓고, 폭발성 먼지제거에 효과적이지 못하다.

02 여과집진장치에 사용되는 여과재에 관한 설명 중 가장 거리가 먼 것은?

① 여과재의 형상은 원통형, 평판형, 봉투형 등이 있으나 원통형을 많이 사용한다.
② 여과재는 내열성이 약하므로 가스온도 250℃를 넘지 않도록 주의한다.
③ 고온가스를 냉각시킬 때에는 산노점(dew point) 이하로 유지하도록 하여 여과재의 눈막힘을 방지한다.
④ 여과재 재질 중 유리섬유는 최고사용온도가 250℃ 정도이며, 내산성이 양호한 편이다.

정답 ③

풀이 고온가스를 냉각시킬 때에는 연소가스 온도를 산노점 온도보다 높게 유지해야 한다.

03 여과집진장치에서 처리가스 중 SO_2, HCl 등을 함유한 200℃ 정도의 고온 배출가스를 처리하는데 가장 적합한 여재는?

① 목면(cotton)　② 유리섬유(glass fiber)
③ 나일론(nylon)　④ 양모(wool)

정답 ②

풀이 ① 목면(cotton) : 80℃
② 유리섬유(glass fiber) : 250℃
③ 나일론(nylon) : 110℃
④ 양모(wool) : 80℃

04 여과집진장치의 특징으로 가장 거리가 먼 것은?

① 폭발성, 점착성 및 흡습성의 먼지제거에 매우 효과적이다.
② 가스 온도에 따라 여재의 사용이 제한 된다.
③ 수분이나 여과속도에 대한 적응성이 낮다.
④ 여과재의 교환으로 유지비가 고가이다.

정답 ①

풀이 여과집진장치는 폭발성, 점착성 및 흡습성의 먼지제거에 매우 효과적이지 못하다.

---

④ 여과집진장치의 설계
- 여과속도와 여과면적
- 탈리시간

예제

01 지름 20cm, 유효높이 3m, 원통형 Bag Filter로 $4m^3/s$의 함진가스를 처리하고자 한다. 여과속도를 0.04m/s로 할 경우 필요한 Bag Filter수는 얼마인가?

① 35개　② 54개
③ 70개　④ 120개

정답 ②

풀이 여과유량 = 여과속도 × 총 여과면적(필터면적 × 필터 수)

$$\frac{4m^3/\text{sec}}{0.04m/\text{sec}} = 3.14 \times 0.2m \times 3m \times n$$

∴ n = 53.0516개 → 54개

02 **여과집진장치의 먼지부하가 360g/m²에 달할 때 먼지를 탈락시키고자 한다. 이때 탈락시간 간격은? (단, 여과집진장치에 유입되는 함진농도는 10g/m³, 여과속도는 7,200cm/hr이고, 집진효율은 100%로 본다.)**

① 25min ② 30min
③ 35min ④ 40min

정답 ②

풀이

$$\frac{\frac{360g}{m^2}}{\frac{10g}{m^3}\times\frac{72m}{hr}\times\frac{hr}{60min}} = 30min$$

(7) 전기집진장치

① 개요

- 코로나방전으로 인해 (－)전하로 대전된 분진입자를 (＋)전하로 대전되어 있는 집진극과의 정전기적 인력에 의해 입자상물질을 제거하는 장치이다.
- 취급입자 : 0.01～20μm
- 효율 : 90～99.9%
- 압력손실 : 10～20mmH_2O

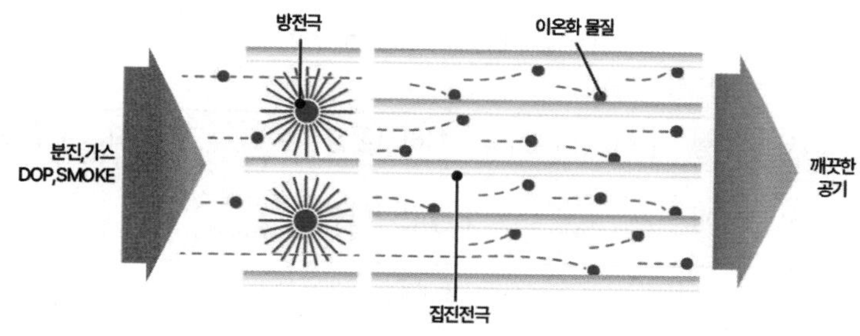

② 전기집진장치의 일반적인 특징

- 전기집진장치는 함진가스 중의 먼지에 (－)전하를 부여하여 대전시킨다(코로나방전).
- 0.1μm 이하의 미세입자까지 포집이 가능하다.
- 약 350℃ 전후의 고온가스를 처리할 수 있다.
- 설치면적이 넓고, 설치비용이 많이 드는 편이다.
- 주어진 조건에 따른 부하변동 적응이 어렵다.
- 전압변동과 같은 조건변동에 쉽게 적응하기 어렵다.

전기집진장치의 비교

- 건식전기집진장치 : 미세한 입자상 물질을 건조한 상태로 처리하므로 폐수발생에 대한 문제점이 없으며 역전리와 재비산에 대한 대응이 용이하고 습식에 비해서 장치의 규모는 큰 편이다.
- 습식전기집진장치 : 건식전기집진장치에 비해 집진효율이 높은편이고 처리속도가 빠르고 규모도 작으나 폐수 및 슬러지 발생과 배기가스의 냉각으로 인한 응축으로 부식에 대한 문제가 생길 수 있으며 누전위험도 있다.

③ 전기집진장치의 집진극이 갖추어야 할 조건

- 부착된 먼지를 털어내기 쉬워야 한다.
- 열, 부식성 가스에 강하고 기계적인 강도가 있어야 한다.
- 부착된 먼지의 탈진시, 재비산이 일어나지 않는 구조를 가져야 한다.
- 집진극의 전기장 강도가 균일하게 분포해야 한다.

④ 효율의 산정(도이치-앤더슨 식)

$$\eta = 1 - e^{-\frac{A \cdot We}{Q}}$$

A : 집진면적(m^2) / W_e : 분진의 겉보기 이동속도(m/sec) / Q : 유량(m^3/sec)

* 겉보기 이동속도 : (−)로 대전된 분진입자가 집진극을 향하여 이동하는 속도로 효율과 비례한다.

⑤ 저항의 적정범위

- 저 비저항 : $10^4 \Omega \cdot cm$ 이하 → 재비산현상
- 정상저항 : $10^4 \sim 10^{11} \Omega \cdot cm$
- 고 비저항 : $10^{11} \Omega \cdot cm$ 이상 → 역전리
- 먼지의 전기저항을 낮추기 위하여 사용하는 방법 : SO_2 , 수증기, NaCl, H_2SO_4, soda lime (소다회)를 주입한다.
- 먼지의 전기저항을 높이기 위하여 사용하는 방법 : 암모니아 가스 주입하고 습도를 낮춘다.

* 비저항 : 겉보기 전기저항의 정도를 의미하며 집진된 분진의 전류에 대한 전기적 저항(전류의 흐름에 저항하는 성질)을 의미한다.

저 비저항	$10^4 \Omega \cdot cm$ 이하	재비산현상	NH_3, 온도와 습도 조절
고 비저항	$10^{11} \Omega \cdot cm$ 이상	역전리현상	황함량이 높은 연료, SO_3 주입, H_2SO_4, NaCl, 트라이에틸아민 주입

예제

01 전기집진지장치에서 입자의 대전과 집진된 먼지의 탈진이 정상적으로 진행되는 겉보기 고유저항의 범위로 가장 적합한 것은?

① $10^{-3} \sim 10^1 \Omega \cdot cm$
② $10^1 \sim 10^3 \Omega \cdot cm$
③ $10^4 \sim 10^{11} \Omega \cdot cm$
④ $10^{12} \sim 10^{15} \Omega \cdot cm$

정답 ③

02 다음 중 전기집진장치의 특성으로 옳은 것은?

① 압력손실이 100~150mmH_2O 정도이다.
② 전압변동과 같은 조건변동에 대해 쉽게 적용한다.
③ 초기시설비가 적게 든다.
④ 고온 가스(350℃ 정도)의 처리가 가능하다.

정답 ④

풀이 ① 압력손실이 10~20mmH_2O 정도이다.
② 전압변동과 같은 조건변동에 대응이 어렵다.
③ 초기시설비가 많이 든다.

03 전기집진장치에서 먼지의 비저항이 비정상적으로 높은 경우 투입하는 물질과 거리가 먼 것은?

① NaCl
② NH_3
③ H_2SO_4
④ Soda lime

정답 ②

풀이 • 전기비저항이 낮은 경우 : NH_3, 온도와 습도 조절
• 전기비저항이 높은 경우 : 황함량이 높은 연료, SO_3 주입, H_2SO_4, NaCl, 트라이에틸아민 주입

04 전기집진기의 집진율 향상에 관한 설명으로 옳지 않은 것은?

① 분진의 겉보기고유저항이 낮을 경우 NH_3 가스 주입한다.
② 분진의 비저항이 10^5~$10^{10}\Omega \cdot cm$ 정도의 범위이면 입자의 대전과 집진된 분진의 탈진이 정상적으로 진행된다.
③ 처리가스 내 수분은 그 함유량이 증가하면 비저항이 감소하므로, 고비저항의 분진은 수증기를 분사하거나 물을 뿌려 비저항을 낮출 수 있다.
④ 온도조절시 장치의 부식을 방지하기 위해서는 노점 온도 이하로 유지해야 한다.

정답 ④

풀이 온도조절시 장치의 부식을 방지하기 위해서는 노점 온도 이상으로 유지해야 한다.

제2절 | 가스상 물질의 처리

1 흡수법

(1) 정의

주로 친수성 가스를 제거하기 위해 널리 사용되는 방법으로 기체상태의 오염물질을 흡수액을 사용하여 흡수시켜 제거하는 방법이다.

(2) 흡수 이론

① 기체의 용해도

- HCl > HF > NH_3 > SO_2 > Cl_2 > H_2S > CO_2 > O_2 > CO
- 용해도는 기체의 압력에 비례한다.
- 용해도가 작은 기체는 헨리상수가 크다.
- 헨리의 법칙이 잘 적용되는 기체는 용해도가 작은 기체이다.
- 기체의 용해도는 온도가 증가 할수록 용해도가 작아진다.

예제

다음 중 물에 대한 용해도가 가장 큰 기체는? (단, 온도는 30℃ 기준이며, 기타조건은 동일하다.)

① SO_2
② CO_2
③ HCl
④ H_2

정답 ③

풀이 기체의 용해도 : HCl 〉 HF 〉 NH_3 〉 SO_2 〉 Cl_2 〉 H_2S 〉 CO_2 〉 O_2 〉 CO

② 헨리의 법칙

- 온도가 일정할 때 용해되는 난용성 기체의 양은 압력에 비례한다(난용성기체에 적용).
- 헨리상수는 온도에 영향이 있으며 결과적으로 기체의 용해도는 압력에 비례하고 온도에 반비례한다.
- 대표적인 난용성 기체 : CO, NO_2, H_2S, N_2, O_2, NO 등
- 대표적인 친수성 기체 : HCl, HF, SiF_4, SO_2, Cl_2, HCHO 등

$$P = HC$$

P : 흡수되는 물질의 분압(atm) / H : 헨리상수($atm \cdot m^3/kmol$) / C : 용해되는 기체의 농도($kmol/m^3$)

✱ 용해도가 작을수록 H값은 커지며, 온도가 낮을수록 H가 커진다.

예제

01 다음 중 헨리법칙이 가장 잘 적용되는 기체는 어느 것인가?

① O_2
② HCl
③ SO_2
④ HF

정답 ①

풀이 헨리의 법칙을 적용하기 어려운 기체는 친수성기체이다.
난용성기체 : CO, NO, O_2 / 친수성기체 : HF, HCl, SO_2

02 SO_2 기체와 물이 30℃에서 평형상태에 있다. 기상에서의 SO_2 분압이 38mmHg 일 때 액상에서의 SO_2 농도는? (단, 30℃에서 SO_2 기체의 물에 대한 헨리상수는 2.0 × 10 atm · m^3/kmol이다.)

① $1.5 \times 10^{-4}kmol/m^3$
② $1.5 \times 10^{-3}kmol/m^3$
③ $2.5 \times 10^{-4}kmol/m^3$
④ $2.5 \times 10^{-3}kmol/m^3$

정답 ④

풀이 P = H × C

$0.05 = 2.0 \times 10 \times C$

$C = 2.5 \times 10^{-3} atm \cdot m^3/kmol$

- P : 압력(atm) → $38mmHg \times \frac{1atm}{760mmHg} = 0.05atm$
- H : 헨리상수(atm · m^3/kmol) → $2.0 \times 10 atm \cdot m^3/kmol$
- C : 농도($kmol/m^3$)

③ 기체의 용해도와 흡수장치

- 기체와 흡수액 간의 용해도가 큰 기체는 상대적으로 헨리상수가 작으며 가스(기체)의 저항이 지배적으로 액분산형 흡수장치를 사용한다.
- 가스측 저항이 클 경우 유리한 액분산형 흡수장치 : 충전탑, 분무탑, 벤투리 스크러버, 사이클론 스크러버 등 기체와 흡수액 간의 용해도가 작은 기체는 상대적으로 헨리상수가 크고 흡수액(액체)의 저항이 지배적으로 가스분산형 흡수장치를 사용한다.
- 액측 저항이 클 경우 유리한 가스분산형 흡수장치 : 단탑, 포종탑, 다공판탑, 기포탑 등

예제

기체 분산형 흡수장치는?

① 단탑(plate tower)
② 충전탑(packed tower)
③ 분무탑(spray tower)
④ 벤츄리 스크러버(venturi scrubber)

정답 ①

풀이
- 액측 저항이 클 경우 유리한 가스분산형 흡수장치 : 단탑, 포종탑, 다공판탑, 기포탑 등
- 가스측 저항이 클 경우 유리한 액분산형 흡수장치 : 충전탑, 분무탑, 벤투리 스크러버, 사이클론 스크러버 등

흡수액의 구비조건
- 적은 양의 흡수제로 많은 오염물을 제거하기 위해서는 유해가스의 용해도가 큰 흡수제를 선정한다.
- 부식성과 휘발성이 작고 빙점은 낮고 비점이 높아야 하며 화학적으로 안정적이어야 한다.
- 흡수율을 높이고 범람(flooding)을 줄이기 위해서는 흡수제의 점도가 낮아야 한다.
- 독성이 없어야 하며 가격이 저렴하고 용매와 화학적 성질이 비슷해야 한다.
- 재생가치가 있는 물질이나 흡수제의 재사용은 탈착이나 stripping을 통해 회수 또는 재생한다.

예제

가스 흡수법의 효율을 높이기 위한 흡수액의 구비요건으로 옳은 것은?

① 용해도가 낮아야 한다.
② 용매의 화학적 성질과 비슷해야 한다.
③ 흡수액의 점성이 비교적 높아야 한다.
④ 휘발성이 높아야 한다.

정답 ②

풀이 ① 용해도가 높아야 한다.
③ 흡수액의 점성이 비교적 낮아야 한다.
④ 휘발성이 낮아야 한다.

(3) 흡수처리기술 및 장치

① 충전탑

- 비표면적이 큰 충전물을 탱크 안에 채워 가스와 흡수액을 서로 반대방향으로 흐르게 하면서 흡수처리하는 방법이다.
- 액분산형 가스에 적용이 잘 되며 가스분산형 가스의 처리 방법에 비해 압력손실이 적다.
- 흡수액의 충전층 내 액보유량(Hold up)이 적은 편이다.
- 충전물이 흡수액 내의 고형물로 공극폐색이 올 수 있다.
- 온도변화에 대한 대응이 용이하지 못하다.
- 가스유속이 클 경우 흡수액의 범람하는 현상(Flooding)이 발생하며 Flooding 유속의 40~70% 정도로 유지해야 한다.
- 초기 설치비용은 비싼편이다.

예제

충전탑에 관한 설명으로 틀린 것은?

① 액가스비는 0.05~0.1L/m^3 정도이며, 포종탑류에 비해 압력손실이 크다.
② 흡수액에 고형성분이 함유되면 침전물이 생겨 성능이 저하될 수 있다.
③ 급수량이 적절하면 효과가 좋다.
④ 처리가스 유량의 변화에도 비교적 적응성이 있다.

정답 ①
풀이 액가스비는 2~3L/m^3 정도이며, 포종탑류에 비해 압력손실이 작다.

Hold-Up과 Flooding Point의 특징

- 액분산형 흡수장치로서 충전물의 충전방식을 불규칙적으로 했을 때 접촉면적은 크나, 압력손실이 커진다.
- 충전탑에서 Hold-Up은 흡수액을 통과시키면서 유량속도를 증가할 경우 충전층 내의 액보유량이 증가하게 되는 상태이다.

충전물이 갖추어야 할 조건

- 공극률, 비표면적, 충진밀도 등이 커야 한다.
- 압력손실이 작고 가벼워야 하며 내구성과 내식성이 있어야 한다.
- 가스와 흡수액을 균일하게 통과할 수 있는 구조여야 한다.

예제

충전탑에서 충전물의 구비조건에 관한 설명으로 틀린 것은?

① 단위용적에 대한 표면적이 커야 한다.

② 내열성과 내식성이 커야 한다.

③ 압력손실과 충전밀도가 적어야 한다.

④ 액가스 분포를 균일하게 유지할 수 있어야 한다.

정답 ③

풀이 압력손실이 작고 충전밀도가 커야 한다.

---

② 분무탑

- 탱크 안에 노즐을 설치하여 노즐을 통해 흡수액이 분사되게 한 후 가스와 흡수액을 서로 반대방향으로 흐르게 하면서 흡수처리하는 방법으로 친수성 기체에 효율이 좋은 방법이다.
- 침전물이 생기는 경우에 효과적으로 처리할 수 있으며 압력손실이 적고 구조가 간단하다.
- 충전탑에 비해 설치비와 유지관리비용이 저렴한 편이다.
- 노즐로 분무하기 위한 동력이 필요하고 노즐이 막히기 쉽다.

③ 다공판탑(단탑)

- 탱크 안에 다공판을 설치하여 흡수액이 분사되게 한 후 가스와 흡수액을 서로 반대방향으로 흐르게 하면서 흡수처리하는 방법이다.
- 다공판을 다단으로 설치하면 처리 효율이 증대되며 적은 액가스비로 처리할 수 있어 대용량 처리에 적합하다.
- 스케일이 잘 생기지 않고 다공판만 설치하는 경우 충전탑에 비해 부유물질을 함유하는 가스를 효과적으로 처리할 수 있으나 초기 투자비용은 크다.
- 다공판만 설치하는 경우 충전탑에 비해 압력손실과 액보유량(Hold up)이 큰 단점이 있다.

④ 포종탑

- 탱크 안에 포종을 설치하여 흡수액이 분사되게 한 후 가스와 흡수액을 서로 반대방향으로 흐르게 하면서 흡수처리하는 방법이다.
- 충전탑에 비해 흡수액에 부유물질이 많은 경우 유리하며 온도변화에 대응성이 좋다.
- 압력손실과 설치비용이 비싼 편이며 액보유량(Hold up)이 큰 단점이 있다.

2 흡착법

(1) 흡착이론

① 흡착이란 제거해야하는 고체, 액체, 기체상 물질들이 흡착제 표면에 부착되는 것이다.

② 흡착제 종류 : 활성탄, 실리카겔, 합성제올라이트, 활성알루미나, 보크사이트, 마그네시아 등

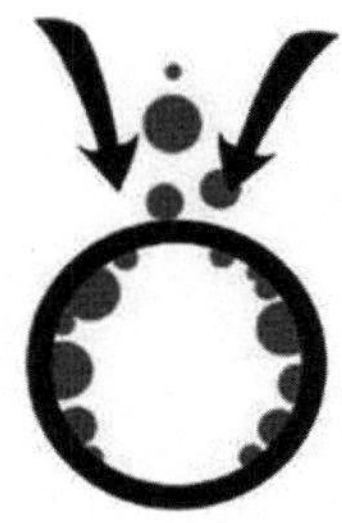

| 흡착 |

(2) 물리적 흡착

① 입자간의 인력(반데르발스힘)이 주된 원동력으로 흡착제에 피흡착물질이 부착되는 흡착으로 가역적인 흡착반응이 일어난다.

② 일반적으로 기체의 분자량이 크고, 흡착되는 피흡착물질의 분압이 높을수록 흡착량은 증가하게 된다.

③ 온도가 낮을수록 흡착량은 많아 지며 일정온도(임계온도) 이상에서는 합착되지 않는다.

예제

흡착에 관한 다음 설명 중 옳은 것은?

① 물리적 흡착은 가역성이 낮다.
② 물리적 흡착량은 온도가 상승하면 줄어든다.
③ 물리적 흡착은 흡착과정의 발열량이 화학적 흡착보다 많다.
④ 물리적 흡착에서 흡착물질은 임계온도 이상에서 잘 흡착된다.

정답 ②

풀이 ① 물리적 흡착은 가역성이 높다.
③ 물리적 흡착은 흡착과정의 발열량이 화학적 흡착보다 적다.
④ 물리적 흡착에서 흡착물질은 임계온도 이하에서 잘 흡착된다.

---

(3) 화학적 흡착(비가역적)

① 화학적인 반응에 의한 화학결합으로 흡착제에 피흡착물질이 흡착되며 비가역적인 흡착반응이 일어난다.

② 표면에 단분자막을 형성하며, 발열량이 크다.

구분	물리적 흡착	화학적 흡착
반응형태	다분자 흡착	단분자 흡착
온도	영향이 크다.	영향이 적다.
재생여부	재생 가능(가역적)	재생 불가능(비가역적)
흡착열	낮다.	높다.

예제

화학적 흡착과 비교한 물리적 흡착의 특성에 관한 설명으로 옳지 않은 것은?

① 흡착제의 재생이나 오염가스의 회수에 용이하다.
② 온도가 낮을수록 흡착량이 많다.
③ 표면에 단분자막을 형성하며, 발열량이 크다.
④ 압력을 감소시키면 흡착물이 흡착제로부터 분리되는 가역적 흡착이다.

정답 ③

풀이 화학적 흡착: 표면에 단분자막을 형성하며, 발열량이 크다.
물리적 흡착: 표면에 다층흡착을 형성하며, 발열량이 작다.

③ 흡착제의 요구조건
- 흡착제의 재생이 용이하고 흡착물질의 회수가 용이해야 한다.
- 압력손실이 작아야 하고 흡착효율이 좋아야 한다.
- 일정 강도를 가져야 하며 처리 중 흡착제의 손실이 없어야 한다.
- 온도와 같은 환경 변화에 대응성이 뛰어나야 한다.

④ 등온 흡착식

Freundlich형 등온흡착식	Langmuir형 등온흡착식
$\frac{X}{M} = K \cdot C^{\frac{1}{n}}$	$\frac{X}{M} = \frac{abC}{1+bC}$
M: 흡착제양 / X: 흡착된 물질량 / K, n: 상수 / C: 흡착처리 후 배출되는 피흡착물질의 농도	

(4) 흡착처리기술

① 주로 활성탄에 의한 흡착처리기술을 통해 휘발성유기화합물(VOCs), 악취처리, 다이옥신 등의 제거에 많이 사용되고 있다.

② 흡착제의 장치구성방식에 따라 고정된 흡착증으로 가스를 통과시키는 고정층 방식과 흡착제와 가스를 서로 반대방향으로 흐르게 하여 처리하는 이동층 방식, 이 두가지를 적절히 섞어 사용하는 유동층방식 등이 있다.

예제

다음 중 다공성 흡착제인 활성탄으로 제거하기에 가장 효과가 낮은 유해가스는?

① 알코올류 ② 일산화탄소
③ 담배연기 ④ 벤젠

정답 ②

풀이 활성탄은 주로 비극성물질을 흡착하며 대부분의 경우 유기용제 증기를 제거하는데 탁월하다. 일반적으로 활성탄의 물리적 흡착방법으로 제거할 수 있는 유기성 가스의 분자량은 45 이상이어야 한다. 활성탄으로 제거 효과가 낮은 물질로는 일산화탄소, 암모니아, 일산화질소 등이 있다.

3 질소산화물 처리기술

(1) 선택적 촉매환원기술(SCR : Selective Catalytic Reduction)

① 200~300℃에서 촉매에 암모니아, 수소, 일산화탄소 등 환원가스를 통과시켜 질소산화물을 N_2로 환원하는 기술이다.

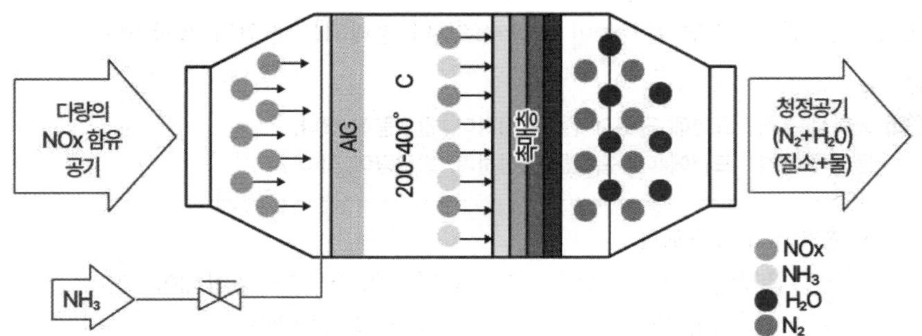

- $4NO_2 + 8NH_3 \rightarrow 6N_2 + 12H_2O$
- $6NO_2 + 4NH_3 \rightarrow 5N_2 + 6H_2O$
- $4NO_2 + 4NH_3 + O_2 \rightarrow 4N_2 + 6H_2O$(산소가 공존하는 상태)

② 촉매 : 백금, 산화알루미늄계, 산화철계, 산화티타늄계 등

③ 산소는 탄화수소, 수소, 일산화탄소가 공존하여도 선택적으로 질소산화물과 반응하며, 암모니아는 산소와 우선적으로 반응한다.

④ 탈질효율이 높은 편이고 압력손실이 크나 운전비용이 많이 들고 수명이 짧은 편이다.

⑤ 환원가스 : 암모니아, 수소, 일산화탄소, 메탄

(2) 선택적 무촉매환원기술(SNCR : Selective Non Catalytic Reduction)

① 900~1,000℃에서 촉매 없이 질소산화물을 N_2로 환원시키는 기술이다.

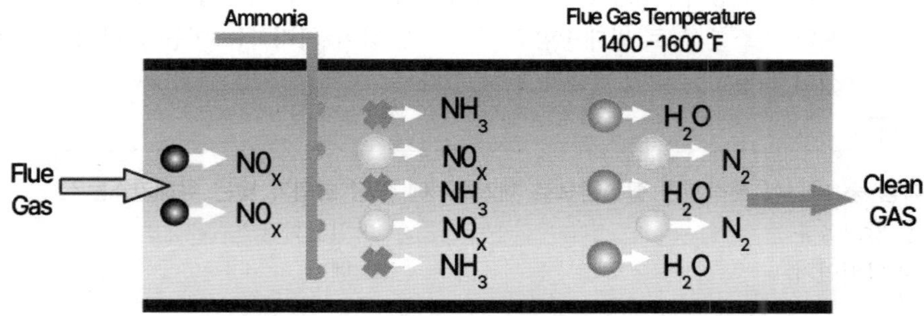

② 암모니아 또는 요소($(NH_2)_2CO$)를 사용한다
($4NO + 2(NH_2)_2CO + O_2 \rightarrow 4N_2 + 4H_2O + 2CO_2$).

예제

배출가스 중 질소산화물의 처리방법인 촉매환원법에 적용하고 있는 일반적인 환원가스와 거리가 먼 것은?

① H_2S
② NH_3
③ CO_2
④ CH_4

정답 ③

풀이 선택적 촉매환원법 환원제 : NH_3, $(NH_2)_2CO$, H_2S 등
비선택적 촉매환원법 환원제 : CO, 탄화수소류(C_nH_m), H_2 등

(3) 연소상태 조절을 통한 질소산화물의 저감(억제법)

① 배출가스 속에 포함된 질소산화물을 장치를 통과시키면서 제거하는 방법이다.
② 수증기 분무, 저산소 연소, 저온도 연소, 저과잉공기비 연소법, 2단 연소법, 배기가스 재순환법
③ 공급공기량의 과량 주입은 일정구간에서 질소산화물의 발생을 촉진시킨다.

예제

01 연소조절에 의한 질소산화물(NO_x) 저감대책으로 가장 거리가 먼 것은?

① 과잉공기량을 크게 한다.
② 2단 연소법을 사용한다.
③ 배출가스를 재순환시킨다.
④ 연소용 공기의 예열온도를 낮춘다.

정답 ①

풀이 과잉공기량을 크게 하면 질소산화물이 증가한다.

02 질소산화물(NOx)의 억제방법으로 가장 거리가 먼 것은?

① 저산소 연소
② 배출가스 재순환
③ 화로 내 물 또는 수증기 분무
④ 고온영역 생성 촉진 및 긴불꽃연소를 통한 화염온도 증가

정답 ④

풀이 고온영역 생성 촉진 및 긴불꽃연소를 통한 화염온도 증가는 질소산화물의 발생을 촉진한다.

4 황산화물 처리기술

(1) 중유탈황법

연료 중 황함량을 제거하여 배출가스의 황화합물을 제거하는 방법으로 미생물을 이용한 생물화학적 탈황법, 금속산화물을 이용한 탈황법, 접촉수소화탈황법 등이 있으며 이 중 접촉수소화탈황법이 가장 많이 사용되고 있다.

(2) 배연탈황법

배출가스 속에 포함된 황산화물을 장치를 통과시키면서 제거하는 방법이다.

구분		방법
흡수법	건식법	석회석주입법, 활성탄흡착법, 활성산화망간법
	습식법	가성소다흡수법, 황산나트륨흡수법, 암모니아흡수법
	반건식법	석회석주입법(반건식), 소석회주입법.

① 석회석주입법(건식법)

- 석회석($CaCO_3$)을 연소시켜 생성된 생성회(CaO)를 고온(약 1,000℃)에서 SO_2와 반응시켜 석고($CaSO_4$)와 이산화탄소(CO_2)로 제거하는 방법이다.

  EX $SO_2 + CaCO_3 + 0.5O_2 \rightarrow CaSO_4 + CO_2$
- 기존 시설에 적용하기가 용이하며 설비가 간단하다.
- pH에 영향을 받지 않고 배출가스를 고온으로 유지할 수 있다.
- 반응률이 낮아 탈황효율이 낮으며 석회석의 사용으로 처리해야 할 고형물의 양이 많다.

  ✱ 건식법 : 석회석 주입법, 활성탄흡착법, 활성산화망간법

② 석회석주입법(석회세정법, 반건식법)

- 흡수제로 슬러리(Slurry) 상태의 석회석($CaCO_3$)을 주입하여 흡수하는 반건식흡수법이다.

  EX $SO_2 + CaCO_3 + 2H_2O + 0.5O_2 \rightarrow CaSO_4 \cdot 2H_2O + CO_2$
- 건식법에 비해 제거율이 높고 입자상물질도 동시에 제거할 수 있으며 소규모 처리시설에 적용이 용이하다.
- 배출가스의 통풍력이 줄어들고 압력손실이 높아 동력의 소모가 크다(가스배출 어렵다).
- 부식과 스케일의 문제가 있으며 부산물(고형폐기물)의 생산량이 많아 처리에 어려움이 있다.

예제

석회석을 연소로에 주입하여 SO_2를 제거하는 건식탈황방법의 특징으로 옳지 않은 것은?

① 연소로 내에서 긴 접촉시간과 아황산가스가 석회분말의 표면 안으로 쉽게 침투되므로 아황산가스의 제거효율이 비교적 높다.
② 석회석과 배출가스 중 재가 반응하여 연소로 내에 달라붙어 열전달을 낮춘다.
③ 연소로 내에서의 화학반응은 주로 소성, 흡수, 산화의 3가지로 나눌 수 있다.
④ 석회석을 재생하여 쓸 필요가 없어 부대시설이 거의 필요 없다.

정답 ①

풀이 연소로 내에서 짧은 접촉시간과 아황산가스가 석회분말의 표면 안으로 침투되지 못해 아황산가스의 제거효율이 비교적 낮다.

---

③ 가성소다(NaOH) 흡수법

- 흡수탑으로 NaOH를 주입시켜 SO_2와 반응하게 하여 Na_2SO_3로 회수함으로써 SO_2를 흡수제거하는 방법이다.

  EX $SO_2 + 2NaOH \rightarrow Na_2SO_3 + H_2O$

  $Na_2SO_3 + 0.5O_2 \rightarrow Na_2SO_4$
- 탈활률이 높고 반응속도가 빠르며 처리수를 중화하기 용이하고 부식과 스케일에 대한 문제가 거의 없다.

예제

매시간 5ton의 중유를 연소하는 보일러의 배연탈황에 수산화나트륨을 흡수제로 하여 부산물로서 아황산나트륨을 회수한다. 중유의 황분은 2.56%, 탈황을 90%로 하면 필요한 수산화나트륨의 이론적인 양은?

① 288kg/h ② 324kg/h
③ 386kg/h ④ 460kg/h

정답 ①

풀이 $S + O_2 \rightarrow SO_2$

$SO_2 + 2NaOH \rightarrow Na_2SO_3 + H_2O$

$$\frac{5,000kg}{hr} \times \frac{2.56}{100} \times \frac{90}{100} \times \frac{2 \times 40kg}{32kg} = 288kg/hr$$

④ 암모늄세정법

- 흡수탑으로 NH_4OH를 주입시켜 SO_2와 반응하게 하여 $(NH_4)_2SO_4$로 회수함으로써 SO_2를 흡수제거하는 방법이다.

  EX $SO_2 + 2NH_4OH + 0.5O_2 \rightarrow (NH_4)2SO_4 + H_2O$

- 황산암모늄이 생성되며 비료로서 가치가 있다.

예제

배출가스 중 황산화물 처리 방법으로 가장 거리가 먼 것은?

① 석회석 주입법 ② 석회수 세정법
③ 암모니아 흡수법 ④ 2단 연소법

정답 ④

풀이 질소산화물 처리 방법은 2단 연소법이다.

5 악취의 처리기술

(1) 악취이론

주위에 불쾌한 냄새를 풍기어 생활환경을 깨뜨릴 우려가 있는 물질을 말한다. 악취는 육체에 미치는 해보다는 이로 인한 정신적 스트레스 때문에 중요하다. 악취는 식욕을 잃게 하고, 호흡을 곤란하게 하며, 멀미와 구토를 일으켜 정신의 혼란을 초래한다.

(2) 악취의 정의(악취방지법)

① 악취: 황화수소, 메르캅탄류, 아민류, 그 밖에 자극성이 있는 물질이 사람의 후각을 자극하여 불쾌감과 혐오감을 주는 냄새를 말한다.

② 지정악취물질: 악취의 원인이 되는 물질로서 환경부령으로 정하는 것을 말한다.

③ 악취배출시설: 악취를 유발하는 시설, 기계, 기구, 그 밖의 것으로서 환경부장관이 관계 중앙행정기관의 장과 협의하여 환경부령으로 정하는 것을 말한다.

④ 복합악취: 두 가지 이상의 악취물질이 함께 작용하여 사람의 후각을 자극하여 불쾌감과 혐오감을 주는 냄새를 말한다.

(3) 악취의 단위

악취를 나타내는 단위에는 최소감지농도(Threshold), 농도(Concentration), 악취세기(Odor Intensity Index), 희석배수(Dilution Threshold), 등이 있다.

냄새의 세기(직접관능법 냄새표시법)

악취도	0	1	2	3	4	5
악취세기 구분	무취	감지취기	보통취기	강한취기	극심한 취기	참기 어려운 취기

(4) 악취의 물리화학적 특성

① 악취의 강도에 있어 휘발성이 강한 물질일수록 증기압이 높아 강한 악취를 유발한다(단, 물은 증기압이 높지만 무취이며 머스크자일리톨은 증기압은 낮지만 강한 향을 가진다).

② 악취유발물질은 대부분 친유성과 친수성을 나타내며 흡착이 잘되는 편에 속한다.

③ 분자의 구조에 따라 냄새를 결정짓게 되며 불포화정도가 클수록 냄새가 심하게 된다.

④ 대체로 탄소의 수가 8~13인 경우 냄새가 심하다.

악취의 세기와 농도의 관계

악취의 세기와 공기 중의 악취물질 농도사이에는 대체로 다음과 같은 대수관계가 성립하며 이를 웨버-페히너(Weber-Fechner)법칙이라 한다.

$$I = K\log C + b$$

I: 냄새(악취)의 세기 / C: 악취물질의 농도 / K: 냄새물질별 상수 / b: 상수(무취농도의 가상대수치)

예제

악취(냄새)의 물리적, 화학적 특성에 관한 설명으로 옳지 않은 것은?

① 일반적으로 증기압이 높을수록 냄새는 더 강하다고 볼 수 있다.

② 악취유발물질들은 paraffin과 CS_2를 제외하고는 일반적으로 적외선을 강하게 흡수한다.

③ 악취유발가스는 통상 활성탄과 같은 표면흡착제에 잘 흡착된다.

④ 악취는 물리적 차이보다는 화학적 구성에 의해서 결정된다는 주장이 더 지배적이다.

정답 ④

풀이 악취는 화학적 구성보다는 물리적 차이에 의해서 결정된다는 주장이 더 지배적이다.

(5) 악취방지기술

주요 악취대책을 발생원인을 개선하여 악취발생을 저감 또는 차단하는 방법과 공정, 배출구에서 발생된 악취물질을 포집해서 처리하는 방법으로 나누어 살펴볼 수 있다.

① 악취발생요인의 개선

- **악취물질의 증발방지대책**: 유기용제 등 휘발성이 높은 악취물질은 저장시설, 보관용기 등에서 증발·누출되지 않도록 충분한 대책을 마련할 필요가 있다.
- **건물 등의 악취누출 방지대책**: 사업장, 건물 내에서 발생하는 악취는 후드나 덕트, 에어커튼 등을 설치하여 창문, 출입구 등 건물의 개방부분에서 악취물질이 누출되는 것을 줄이도록 한다.

- 대기확산 및 희석에 의한 대책: 유해가스 대책과는 다르게 악취대책은 기본적으로 악취를 최소감지농도 이하로 줄이면 되는 것으로 대기확산 및 희석으로 유용하게 적용시킬 수 있다. 다만 근본적인 제거방법은 아니므로 대기의 정체로 인해 악취문제를 더 가중시킬 수 있다.
- 악취가 적은 물질로의 전환: 유기용제 등 화학물질 사용으로 악취문제가 발생하는 경우 해당 물질을 비교적 악취가 적은 물질로 대체하는 방법을 검토할 수 있다.

② 발생된 악취의 처리기술

- 악취를 저감하기 위한 방지시설을 선정할 때 배출가스종류, 공정변수(온도, 압력, 습도 등), 오염배출원의 수, 연간 운영시간, 장치위치, 보조연료 및 에너지 비율, 전체 경제성 등을 고려하여 결정한다.
- 현재 널리 사용되는 악취방지방법으로는 연소법, 흡수법, 흡착법, 생물탈취법, 마스킹법 등이 있다.

03

예제

01 악취제거 시 화학적 산화법에 사용하는 산화제로 가장 거리가 먼 것은?

① O_3 ② $Fe_2(SO_4)_3$
③ $KMnO_4$ ④ $NaOCl$

정답 ②

풀이
- $Fe_2(SO_4)_3$: 수처리시 응집제로 사용됨.
- 악취처리시 사용하는 산화제: O_3, $KMnO_4$, $NaOCl$, ClO_2, Cl_2 등

02 악취처리방법 중 특히 인체에 독성이 있는 악취 유발물질이 포함된 경우의 처리방법으로 가장 부적합한 것은?

① 국소환기(local ventilation) ② 흡착(adsorption)
③ 흡수(absorption) ④ 위장(masking)

정답 ④

풀이 위장(masking)법은 냄새를 다른 냄새로 위장하는 방법으로 악취유발물질을 제거하지 못하기 때문에 인체에 독성이 있는 악취물질의 경우 처리 방법으로 부적합하다.

6 국소환기

국소배출장치에 의한 환기는 후드, 덕트, 배풍기, 배기구 등으로 구성되며 발생한 오염물질이 사람에게 노출되기 전에 포집, 제거, 배출하는 장치를 말한다. 적은 소요동력으로 국소적인 흡인방식을 가능하게 하며 오염물질의 제어효율이 좋으나 부대시설 비용이 많이 드는 편이다.

(1) 후드(hood)

① 개요

- 후드(hood)라는 것은 대기오염물질배출시설에서 배출되는 오염물질이 근처의 공간으로 비산되는 것을 방지하기 위해 비산범위내의 오염공기를 배출원에서 직접 포집하기 위한 국소배기장치의 입구부를 말한다.
- 유해물질이 발생하는 곳마다 설치해야 하며 후드형식은 가능하면 포위식 또는 부스식 후드를 설치해야 하며 외부식 또는 리시버식 후드를 설치해야 하는 경우에는 발산원에 가장 가까운 곳에 설치해야 한다.
- 그 외 후드설계시 고려해야할 사항
  - 최소의 배기량으로 최대의 흡인효과를 발휘할 것
  - 발생원에 가깝게, 개구부위를 적게할 것
  - 작업자의 호흡영역은 보호할 것
  - 후드개구면에서의 면속도분포를 일정하게 할 것(70% 범위 내)
  - 외형을 보기좋게, 압력손실을 적게할 것

② 포착속도(제어속도 : capture velocity) : 배출원으로 배출되는 오염물질을 비산한계점 범위 내의 어떤점에서 포착하여 후드로 몰아넣기 위하여 필요한 최소의 속도를 포착속도 또는 제어속도라 하고 그점을 포착점이라고 한다.

예제

환기장치에서 후드(Hood)의 일반적인 흡인요령으로 거리가 먼 것은?

① 후드를 발생원에 근접시킨다.
② 국부적인 흡인방식을 택한다.
③ 충분한 포착속도를 유지한다.
④ 후드의 개구면적을 크게 한다.

정답 ④

풀이 후드의 개구면적을 작게 한다.

---

(2) 덕트(Duct)

① 개요 : 덕트(duct)는 오염된 공기를 오염원으로부터 방지시설까지 또는 방지시설로부터 최종배출구까지 운반하는 도관으로 일반적으로 주관(main duct)과 분지관(branch duct)으로 구성된다.

② 덕트의 설계

• 원형덕트의 직경: 배출가스량과 이송속도를 감안하여 산정한다.

$$A = \frac{Q}{V \times 60},\ D = \left(\frac{4A}{\pi}\right)^{1/2}$$

A = 관의 단면적(㎡) / Q = 배출가스량(㎥/min) / V = 덕트내 유속(m/sec) / D = 덕트직경(m)

• 압력손실의 결정

- 원형 덕트의 압력손실

$$\Delta P = 4f \times \frac{L}{D} \times \frac{r \times V^2}{2g} = 4f \times \frac{L}{D} \times P_V$$

- 장방형 덕트의 압력손실

$$\Delta P = f \times \frac{L}{D_0} \times \frac{r \times V^2}{2g} = 4 \times f \times \frac{L}{D_0} \times P_V$$

f = 마찰계수 / L = 관의 길이(m) / D = 관의 직경(m) / g = 중력가속도(m/sec^2) / r = 공기의 밀도(kg/m^3) / V = 유속(m/sec) / ΔP = 압력손실(mmH_2O) /

P_V = 속도압($P_V = \frac{r \cdot V^2}{2g}$) / D_0(상당직경) = $\frac{2ab}{a+b}$

(3) 송풍기

① 송풍기의 유량

$$Q = AV$$

$V = C\sqrt{\frac{2gP_v}{\gamma}}$ (m/sec) / Q: 유량(m^3/sec) / A: 단면적(m^2) / P_v: 동압 / g: 중력가속도 / γ: 가스의 비중량

② 송풍기 동력

$$P = \frac{\Delta H \times Q}{102 \times 효율} \times 여유율$$

P: 동력(kW) / ΔH: 압력손실(mmH_2O) / Q: 유량(m^3/sec)

예제

연소배기가스가 4,000Sm^3/hr인 굴뚝에서 정압을 측정하였더니 20mmH_2O였다. 여유율 20%인 송풍기를 사용할 경우 필요한 소요동력(kW)은? (단, 송풍기 정압효율은 80%, 전동기 효율은 70%이다.)

① 0.38
② 0.47
③ 0.58
④ 0.66

정답 ②

풀이 $P(kW) = \frac{Q \times \Delta H}{102 \times \eta}$

$$= \frac{\frac{4{,}000m^3}{hr} \times \frac{hr}{3600sec} \times 20mmH_2O}{102 \times 0.7 \times 0.8} \times 1.2 = 0.4668kW$$

Chapter 02 기출 & 예상 문제

01 다음 중 여과집진장치에서 여포를 탈진하는 방법이 아닌 것은?

① 기계적 진동(Mechanical Shaking)
② 펄스제트(Pulse Jet)
③ 공기역류(Reverse Air)
④ 블로다운(Blow Down)

02 국소배기장치 중 후드의 설치 및 흡인방법과 거리가 먼 것은?

① 발생원에 최대한 접근시켜 흡인시킨다.
② 주 발생원을 대상으로 하는 국부적 흡인방식이다.
③ 흡인속도를 크게 하기 위해 개구면적을 넓게 한다.
④ 포착속도(Capture Velocity)를 충분히 유지시킨다.

03 흡수에 관한 설명으로 옳지 않은 것은?

① 습식세정장치에서 세정흡수효율은 세정수량이 클수록, 가스의 용해도가 클수록, 헨리정수가 클수록 커진다.
② SiF_4, HCHO 등은 물에 대한 용해도가 크나, NO, NO_2 등은 물에 대한 용해도가 작은편이다.
③ 용해도가 작은 기체의 경우에는 헨리의 법칙이 성립한다.
④ 헨리정수(atm · m^3/kg · mol)값은 온도에 따라 변하며, 온도가 높을수록 그 값이 크다.

04 일반적으로 더스트의 체적당 표면적을 비표면적이라 하는데 구형입자의 비표면적의 식을 옳게 나타낸 것은? (단, d는 구형입자의 직경이다.)

① 2/d ② 4/d
③ 6/d ④ 8/d

05 **백필터의 먼지부하가 420g/m²에 달할 때 먼지를 탈락시키고자 한다. 이 때 탈락시간 간격은? (단, 백필터 유입가스 함진농도는 10g/m³, 여과속도는 7200cm/hr이다.)**

① 25분
② 30분
③ 35분
④ 40분

06 **유해가스 처리를 위한 흡수액의 선정조건으로 옳은 것은?**

① 용해도가 적어야 한다.
② 휘발성이 적어야 한다.
③ 점성이 높아야 한다.
④ 용매의 화학적 성질과 확연히 달라야 한다.

정답찾기

01 블로다운(blow down): 원심력집진장치(사이클론)의 집진효율을 높이는 방법으로 하부의 더스트 박스(dust box)에서 처리가스량의 5~10%를 처리하여 사이클론 내의 난류현상을 억제시킴으로 먼지의 재비산을 막아주며, 장치 내벽 부착으로 일어나는 먼지의 축적도 방지하는 방법이다.

02 흡인속도를 크게 하기 위해 개구면적을 좁게 한다.

03 습식세정장치에서 세정흡수효율을 액가스비가 클수록, 가스의 용해도가 클수록, 헨리정수가 작을수록 커진다.

04
$$\text{비표면적} = \frac{4\pi r^2}{\frac{4}{3}\pi r^3} = \frac{3}{r} = \frac{6}{d}$$

05 탈락시간간격 = 먼지부하 / (함진농도 × 여과속도)
주어진 조건의 단위에 주의한다.
$$\frac{\frac{420g}{m^2}}{\frac{10g}{m^3} \times \frac{72m}{hr} \times \frac{hr}{60min}} = 35min$$

06 ① 용해도가 커야 한다.
③ 점성이 작아야 한다.
④ 용매의 화학적 성질과 비슷해야 한다.

정답 01 ④ 02 ③ 03 ① 04 ③ 05 ③ 06 ②

07 **여과집진장치 중 간헐식 탈진방식에 관한 설명으로 옳지 않은 것은? (단, 연속식과 비교한다.)**

① 먼지의 재비산이 적고, 여과포 수명이 길다.
② 탈진과 여과를 순차적으로 실시하므로 높은 집진효율을 얻을 수 있다.
③ 고농도 대량의 가스 처리가 용이하다.
④ 진동형과 역기류형, 역기류 진동형이 여기에 해당한다.

08 **Cyclone으로 집진 시 입경에 따라 집진 효율이 달라지게 되는데 집진효율이 50%인 입경을 의미하는 용어는?**

① Cut size diameter
② Critical diameter
③ Stokes diameter
④ Projected area diameter

09 **중력 집진장치에서 수평이동속도 V, 침강실폭 B, 침강실 수평길이 L, 침강실 높이 H, 종말침강속도가 V_g라면 주어진 입경에 대한 부분집진효율은? (단, 층류기준이다.)**

① $\frac{V \times B}{V_g \times H}$
② $\frac{V_g \times H}{V \times B}$
③ $\frac{V_g \times L}{V \times H}$
④ $\frac{V \times H}{V_g \times L}$

10 **3개의 집진장치를 직렬로 조합하여 집진한 결과 총집진율이 99%이었다. 1차 집진장치의 집진율이 70%, 2차 집진장치의 집진율이 80%라면 3차 집진장치의 집진율은 약 얼마인가?**

① 약 75.6%
② 약 83.3%
③ 약 89.2%
④ 약 93.4%

11 **휘발성유기화합물(VOCs)의 배출량을 줄이도록 요구받을 경우 그 저감방안으로 가장 거리가 먼 것은?**

① VOCs 대신 다른 물질로 대체한다.
② 용기에서 VOCs 누출시 공기와 희석시켜 용기내 VOCs 농도를 줄인다.
③ VOCs를 연소시켜 인체에 덜 해로운 물질로 만들어 대기중으로 방출시킨다.
④ 누출되는 VOCs를 고체흡착제를 사용하여 흡착 제거한다.

12 **충전탑(Packed tower) 내 충전물이 갖추어야할 조건으로 적절하지 않은 것은?**

① 단위체적당 넓은 표면적을 가질 것
② 압력손실이 작을 것
③ 충전밀도가 작을 것
④ 공극율이 클 것

13 **전기집진장치에서 먼지의 전기비저항이 높은 경우 전기비저항을 낮추기 위해 주입하는 물질과 거리가 먼 것은?**

① 수증기
② NH_3
③ H_2SO_4
④ NaCl

정답찾기

07 연속식: 대량의 가스의 처리에 적합하며, 점성있는 조대 먼지의 탈진에 효과적이다.

08
- 임계 입경: 100% 제거되는 입자의 최소 입경
- 절단 입경: 50% 제거되는 입자의 최소 입경

09 집진효율 $\eta = \frac{V_g \times L}{V \times H}$

10 총집진율이 99%이므로 유입가스의 농도를 100으로 가정하고 유출가스의 농도를 1이라 하면,
- 1차
  유입: 100 / 유출 : 100 × (1 − 0.7) = 30
- 2차
  유입: 30 / 유출: 30 × (1 − 0.8) = 6
- 3차
  유입: 6 / 유출: 6 × (1 − X) = 1
  ∴ X = 0.8333 → 83.33%

11 희석에 의해 배출가스의 농도는 줄어들 수 있으나 총 배출량은 줄어들지 않는다.

12 충전밀도가 커야 한다.

13
- 전기비저항이 낮은 경우: NH_3, 온도와 습도 조절
- 전기비저항이 높은 경우: 황함량이 높은 연료, SO_3 주입, H_2SO_4, NaCl, 트라이에틸아민 주입

정답 **07** ③ **08** ① **09** ③ **10** ② **11** ② **12** ③ **13** ②

14 **중력식 집진장치의 집진율 향상조건에 관한 설명 중 옳지 않은 것은?**

① 침강실 내 처리가스의 속도가 작을수록 미립자가 포집된다.
② 침강실 입구폭이 클수록 유속이 느려지며 미세한 입자가 포집된다.
③ 다단일 경우에는 단수가 증가할수록 집진효율은 상승하나, 압력손실도 증가한다.
④ 침강실의 높이가 낮고, 중력장의 길이가 짧을수록 집진율은 높아진다.

15 **시간당 5톤의 중유를 연소하는 보일러의 배기가스를 수산화나트륨 수용액으로 세정하여 탈황하고 부산물로 아황산나트륨을 회수하려고 한다. 중유 중 황(S)함량이 2.56%, 탈활장치의 탈황효율이 87.5%일 때, 필요한 수산화나트륨의 이론량은 시간당 몇 kg인가?**

① 300kg ② 280kg
③ 250kg ④ 225kg

16 **덕트설치 시 주요원칙으로 거리가 먼 것은?**

① 공기가 아래로 흐르도록 하향구배를 만든다.
② 구부러짐 전후에는 청소구를 만든다.
③ 밴드는 가능하면 완만하게 구부리며, 90°는 피한다.
④ 덕트는 가능한 한 길게 배치하도록 한다.

17 **저 NOx 연소기술 중 배가스 순환기술에 관한 설명으로 거리가 먼 것은?**

① 일반적으로 배가스 재순환비율은 연소공기 대비 10~20%에서 운전된다.
② 희석에 의한 산소농도 저감효과보다는 화염온도 저하효과가 작기 때문에, 연료 NOx보다는 고온 NOx 억제효과가 작다.
③ 장점으로 대부분의 다른 연소제어기술과 병행해서 사용할 수 있다.
④ 저 NOx 버너와 같이 사용하는 경우가 많다.

18 **각 집진장치의 특징에 관한 설명으로 옳지 않은 것은?**

① 여과집진장치에서 여포는 가스온도가 350℃를 넘지 않도록 하여야 하며, 고온가스를 냉각시킬 때에는 산노점 이하로 유지해야 한다.
② 전기집진장치는 낮은 압력손실로 대량의 가스처리에 적합하다.
③ 제트스크러버는 처리가스량이 많은 경우에는 잘 쓰지 않는 경향이 있다.
④ 중력집진장치는 설치면적이 크고 효율이 낮아 전처리설비로 주로 이용되고 있다.

19 벤츄리 스크러버에 관한 설명으로 가장 적합한 것은?

① 먼지부하 및 가스유동에 민감하다.
② 집진율이 낮고 설치 소요면적이 크며, 가압수식 중 압력손실을 매우 크다.
③ 액가스비가 커서 소량이 세정액이 요구된다.
④ 점착성, 조해성 먼지처리 시 노즐막힘 현상이 현저하여 처리가 어렵다.

20 관성력집진장치의 집진율 향상조건으로 가장 거리가 먼 것은?

① 적당한 dust box의 형상과 크기가 필요하다.
② 기류의 방향전환 횟수가 많을수록 압력손실은 커지지만 집진율은 높아진다.
③ 보통 충돌직전에 처리가스 속도가 크고, 처리 후 출구가스 속도가 작을수록 집진율은 높아진다.
④ 함진가스의 충돌 또는 기류 방향 전환직전의 가스속도가 작고, 방향 전환시 곡률반경이 클수록 미세입자 포집이 용이하다.

정답찾기

14 침강실의 높이가 낮고, 중력장의 길이가 길수록 집진율은 높아진다.

15 $S + O_2 \rightarrow SO_2$
$SO_2 + 2NaOH \rightarrow Na_2SO_3 + H_2O$
$$\frac{5,000kg}{hr} \times \frac{2.56}{100} \times \frac{87.5}{100} \times \frac{2 \times 40kg}{32kg} = 280kg/hr$$

16 덕트는 가능한 한 짧게 배치하도록 한다.

17 희석에 의한 산소농도 저감효과보다는 화염온도 저하효과가 크기 때문에, 연료 NOx보다는 고온 NOx 억제효과가 크다.

18 여과집진장치에서 여포는 가스온도가 여과포의 상용온도를 넘지 않도록 하여야 하며, 고온가스를 냉각시킬 때에는 산노점 이상으로 유지해야 한다.

19 ② 집진율이 높고 설치 소요면적이 적으며, 가압수식 중 압력손실을 매우 크다.
③ 액가스비가 커서 대량이 세정액이 요구된다.
④ 점착성, 조해성 먼지처리가 용이하다.

20 함진가스의 충돌 또는 기류 방향 전환직전의 가스속도가 크고, 방향 전환시 곡률반경이 작을수록 미세입자 포집이 용이하다.

정답 **14** ④ **15** ② **16** ④ **17** ② **18** ① **19** ① **20** ④

CHAPTER 03 연료와 연소

제1절 I 연료

1 연료의 종류 및 특성

(1) 고체연료

① 종류: 석탄, 연탄, 코크스, 숯 등

② 고체연료의 특성

- 일반적으로 휘발분이나 수분, 회분 등이 많아 완전연소가 어렵고 매연이 많이 발생한다.
- 발열량이 다른 연료에 비해 적어 연소효율이 낮다.
- 연소시 분무시설에 의한 소음이 발생하지 않고 연료의 누설이나 역화로 인한 폭발의 위험이 없다.
- 다른 연료에 비해 연소실의 규모가 크다.

③ 착화온도

- 고체연료를 가열할 때 화염과 가깝지 않아도 스스로 연소열에 의해 발화하여 연소가 일어나는 최저온도 또는 발화성물질을 가열할 때 연소하기 시작하는 최저온도로 좋은 연료일수록 착화온도는 낮다.
- 화학결합의 활성도가 클수록 착화온도는 낮아진다.
- 분자구조가 간단할수록 착화온도는 높아진다.
- 발열량이 작을수록 착화온도는 높아진다.
- 활성화에너지가 작을수록 착화온도는 낮아진다.

④ 연료비

- 연료비 = 고정탄소 / 휘발분
- 고정탄소(%) = 100 − (휘발분 + 수분 + 회분)
- 고정탄소가 높을수록 연료비도 높아지며 연소시 발열량도 높아진다.

탄화도

- 석탄에서 수분과 회분을 제외한 나머지 성분 중에 탄소가 차지하는 중량백분율을 의미한다.
- 탄화도가 증가하면
  - 증가하는 것: 연료비, 고정탄소, 착화온도, 발열량
  - 감소하는 것: 수분, 휘발분, 비열, 매연발생률

예제

01 다음 석탄의 특성에 관한 설명으로 옳은 것은?

① 고정탄소의 함량이 큰 연료는 발열량이 높다.
② 회분이 많은 연료는 발열량이 높다.
③ 탄화도가 높을수록 착화온도는 낮아진다.
④ 휘발분 함량과 매연발생량은 무관하다.

정답 ①

풀이 ② 회분이 많은 연료는 발열량이 낮다.
③ 탄화도가 높을수록 착화온도는 높아진다.
④ 휘발분 함량이 많을수록 매연발생량은 증가하다.

02 연료의 성질에 관한 설명 중 옳지 않은 것은?

① 휘발분의 조성은 고탄화도의 역청탄에서는 탄화수소가스 및 타르 성분이 많아 발열량이 높다.
② 석탄의 탄화도가 낮으면 탄화수소가 감소하며 수분과 이산화탄소가 증가하여 발열량은 낮아진다.
③ 고정탄소는 수분과 이산화탄소의 합을 100에서 제외한 값이다.
④ 고정탄소와 휘발분의 비를 연료비라 한다.

정답 ③

풀이 고정탄소는 수분과 회분과 휘발분의 합을 100에서 제외한 값이다.
고정 탄소(%) = 100 − {수분(%) + 회분(%) + 휘발분(%)}

---

(2) 액체연료

① 종류: 휘발유, 경유, 중유 등

② 액체연료의 특성

- 발열량이 높아 대형설비에 적합하며 저장 및 운반이 용이하고 연료의 품질이 균일한 편이다.
- 회분이 거의 없고 연소의 조절이 비교적 용이하다.
- 황성분이 많아 탈황하지 않으면 대기오염의 원인이 된다.
- 고체연료에 비하여 화재, 역화 등의 위험이 있다어 예열시 주의가 필요하다.
- 인화점: 액체연료가 가열되면 증기를 발생하게 되고 그 표면에서 빛을 내어 연소하기 시작하는 최저온도이다.

③ 탄수소비(C/H비)

- 연료의 탄소와 수소의 비로 석유계 연료의 탄수소비는 연소공기량과 발열량, 연소특성에도 영향을 미친다.
- 탄수소비가 클수록, 비교적 비점이 높을수록 연료는 매연발생량이 많다.
- 탄수소비가 클수록 이론공연비가 감소되며 휘도가 높고 방사율도 커진다(휘도: 한곳에 머물지 못하고 불꽃이 멀리 가는 현상).
- 탄수소비: 휘발유 < 등유 < 경유 < 중유

예제

연료 중 탄수소비(C/H비)에 관한 설명으로 옳지 않은 것은?

① 액체 연료의 경우 중유>경유>등유>휘발유 순이다.
② C/H비가 작을수록 비점이 높은 연료는 매연이 발생되기 쉽다.
③ C/H비는 공기량, 발열량 등에 큰 영향을 미친다.
④ C/H비가 클수록 휘도는 높다.

정답 ②

풀이 C/H비가 클수록 비점이 높은 연료는 매연이 발생되기 쉽다.

---

(3) 기체연료

① 기체연료의 특성

- 대표적인 기체연료의 종류로 LPG(프로판(C_3H_8), 부탄(C_4H_{10})), LNG(메탄(CH_4)), 천연가스, 발생로 가스(석탄이 불완전연소시 발생하는 가스) 등이 있다.
- 확산연소(기체연료를 버너노즐로 분출시켜 외부공기와 혼합하여 연소시키는 방법)의 형태로 연소되며 부하변동에 대응이 쉽고 연소의 조절 및 예열이 용이하나 취급에 위험성이 있다.
- 수송과 저장이 불편하고 저장탱크, 배관공사 등 시설비가 많이 든다.
- 연료 중에 황의 함량이 매우 낮으며 배출가스 중에 황산화물이 거의 발생하지 않는다.
- 고체, 액체연료에 비해 완전연소하려면 많은 과잉공기가 필요하지 않다.
- 기체연료는 재가 거의 발생하지 않는다.

② 혼합기체연료의 위험도, 폭발범위(연소한계)

- 폭발범위(연소한계): 혼합기체연료의 연소하한계와 상한계로 나타낸다.

$$\frac{100}{LEL} = \frac{V_1}{LEL_1} + \frac{V_2}{LEL_2} + \frac{V_3}{LEL_3}$$

$$\frac{100}{UEL} = \frac{V_1}{UEL_1} + \frac{V_2}{UEL_2} + \frac{V_3}{UEL_3}$$

LEL: 가스의 폭발하한계 / UEL: 가스의 폭발상한계 / V: 가스의 부피(%)

- 위험도: 폭발상한과 하한을 이용하여 산정하며 클수록 위험도가 증가한다.

$$\text{위험도} = \frac{\text{폭발상한값(부피\%)} - \text{폭발하한값(부피\%)}}{\text{폭발하한값(부피\%)}}$$

예제

연료에 대한 설명으로 거리가 먼 것은?

① 액체연료는 대체로 저장과 운반이 용이한 편이다.
② 기체연료는 연소효율이 높고 검댕이 거의 발생하지 않는다.
③ 고체연료는 연소 시 다량의 과잉 공기를 필요로 한다.
④ 액체연료는 황분이 거의 없는 청정연료이며, 가격이 싼 편이다.

정답 ④

풀이 기체연료는 황분이 거의 없는 청정연료이며, 가격이 싼 편이다.

폭굉 유도거리가 짧아지는 경우

- 관속에 방해물이 있거나 관내경이 작을수록
- 압력이 높을수록
- 점화원의 에너지가 강할수록
- 정상의 연소속도가 큰 혼합가스인 경우

2 연소의 종류와 특성

(1) 연소의 특성

① 연료가 산소와 결합하는 산화반응으로 주위의 온도가 올라가는 발열반응이다.
② 산소의 농도, 산소의 확산속도, 반응물의 온도, 반응물의 농도, 활성화에너지 등 연소속도에 영향을 미친다.

흡열반응과 발열반응

	흡열반응	발열반응
열의 출입	화학반응시 주위의 열을 흡수하는 반응	화학반응시 주위에 열을 방출하는 반응
반응열	$Q<0$	$Q>0$
엔탈피	$\triangle H>0$	$\triangle H<0$

(2) 연료의 완전연소 조건(3TO)

① 공기(산소)의 공급이 충분해야 한다(Oxygen).
② 공기와 연료의 혼합이 잘 되어야 한다(Turbulence).
③ 연소를 위한 체류시간이 충분해야 한다(Time).
④ 연소실 내의 온도를 가능한 한 높게 유지해야 한다(Temperature).

(3) 검댕(매연) 발생을 감소시키는 방법

① 과잉공기율은 적정 범위 내에서 크게 한다.
② 연소실의 온도를 높게 한다.
③ 고체연료는 분말화한다(덩어리보다 가루가 더 잘 탄다).
④ 액체연료 연소시에는 분무 유적을 작게 한다.

(4) 연소의 종류

① **표면연소**: 고체연료가 화염을 내는 연소 후에 잔류하는 탄소에 의해 산화반응을 통해 화염을 내지 않고 연소하는 형태로 코크스, 숯 등이 해당한다.
② **분해연소**: 분자량이 큰 연료가 일정온도에 도달하면 열분해되면서 휘발분(가연성가스)을 방출하는데 이 휘발분이 화염을 발생시키며 연소하는 것을 분해연소라 하며 석탄, 목재, 중유 등이 해당한다.
③ **증발연소**: 가연성물질에 열을 가해 증발한 증기가 연소하는 형태로 휘발유, 경유, 왁스 등이 해당한다.
④ **확산연소**: 기체연료를 버너노즐로 분사시켜 외부공기와 혼합하면서 연소하는 방법이다.
⑤ **자기연소**: 공기 중의 산소 공급 없이 그 물질의 분자 자체에 함유하고 있는 산소를 이용하여 스스로 연소하는 형태로 니트로글리세린 등이 있다.

예제

01 다음 중 연료형태에 따른 연소의 종류에 해당하지 않는 것은?

① 분해연소 ② 조연연소
③ 증발연소 ④ 표면연소

정답 ②

풀이 ① 분해연소: 석탄, 목재, 중유
③ 증발연소: 휘발유, 경유, 왁스
④ 표면연소: 코크스, 숯

02 다음 연소의 종류 중 니트로글리세린과 같이 공기 중의 산소 공급 없이 그 물질의 분자 자체에 함유하고 있는 산소를 이용하여 연소하는 것은?

① 분해연소 ② 증발연소
③ 자기연소 ④ 확산연소

정답 ③

풀이
- 표면연소: 코크스, 숯
- 분해연소: 석탄, 목재, 중유
- 증발연소: 휘발유, 경유, 왁스
- 확산연소: 기체연료
- 자기연소: 니트로글리세린

3 연료의 발열량

(1) 개요

① 연료의 단위량(기체연료 $1Sm^3$, 고체 및 액체연료 1kg)이 완전연소할 때 발생하는 열량(kcal/kg)을 발열량이라 한다.

② 발열량은 열량계로 측정하여 구하거나 연료의 화학성분 분석결과를 이용하여 이론적으로 구할 수 있다.

③ 실제 연소에 있어서는 연소 배출가스 중의 수분은 보통 수증기 형태로 배출되어 이용이 불가능하므로 발열량에서 응축열을 제외한 나머지 열량이 유효하게 이용된다.

④ 고위발열량은 총발열량이라고도 하며 연료 중의 수분 및 연소에 의해 생성된 수분의 응축열을 포함한 열량이다.

(2) 발열량 산정

① 저위 발열량 = 고위발열량 − 물의 증발잠열

② 액체와 고체연료의 저위발열량 계산식: $H_l = H_h - 600(9H + W)$

③ 기체연료의 저위발열량 계산식: $H_l = H_h - 480 \times \sum iH_2O$

예제

중유 1kg에 수소 0.15kg, 수분 0.002kg 이 포함되어 있고, 고위발열량이 10,000kcal/kg일 때, 이 중유 3kg의 저위발열량은 대략 몇 kcal인가?

① 29,990 ② 27,560
③ 10,000 ④ 9,200

정답 ②

풀이 • 저위발열량 = 고위발열량 − 600(9H + W)
= 10,000kcal/kg − 600(9 × 0.15 + 0.002) = 9,188.8kcal/kg
• 중유 3kg의 저위발열량 = 9,188.8kcal/kg × 3kg = 27,566.4kcal/kg

④ Dulong의 고위발열량 식

$$Dulong\text{식}(H_h):\ 8{,}100C + 34{,}250\left(H - \frac{O}{8}\right) + 2{,}250S$$

✱ 유효발열수소: $\left(H - \frac{O}{8}\right)$로 연료의 발열량에 기여하는 수소로 수소 중 물로 전환되는 비율을 뺀 값이다.

예제

A 폐기물의 조성이 탄소 42%, 산소 34%, 수소 8%, 황 2%, 회분 14% 이었다. 이 때 고위발열량을 구하면?

① 약 4,070kcal/kg ② 약 4,120kcal/kg
③ 약 4,300kcal/kg ④ 약 4,730kcal/kg

정답 ④

풀이 Dulong의 고위발열량 식을 이용한다.

$$Dulong\text{식}(H_h):\ 8{,}100C + 34{,}250\left(H - \frac{O}{8}\right) + 2{,}250S$$
$$= 8{,}100 \times 0.42 + 34{,}250\left(0.08 - \frac{0.34}{8}\right) + 2{,}250 \times 0.02 = 4731.375\text{kcal/kg}$$

제2절 I 연소

1 연소계산

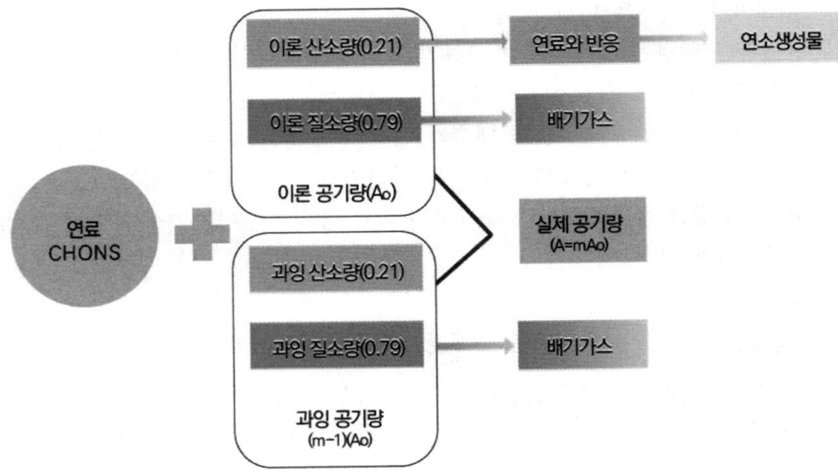

2 이론산소량 계산

(1) 고체/액체 연료의 이론산소량 산출

① 부피기준 이론산소량

- $C + O_2 \rightarrow CO_2$

  → 12kg : 22.4Sm³ = C kg : □ Sm³

  → $\square\ Sm^3/kg = \frac{22.4}{12} \times C = 1.867C$

- $H_2 + 0.5O_2 \rightarrow H_2O$

  → 2kg : 11.2Sm³ = H kg : □ Sm³

  → $\square\ Sm^3/kg = \frac{11.2}{2} \times H = 5.6H$

- $S + O_2 \rightarrow SO_2$

  → 32kg : 22.4Sm³ = S kg : □ Sm³

  → $\square\ Sm^3/kg = \frac{22.4}{32} \times S = 0.7S$

- $2O \rightarrow O_2$

  → 32kg : 22.4Sm³ = O kg : □ Sm³

  → $\square\ Sm^3/kg = \frac{22.4}{32} \times O = 0.7O$

- 이론산소량 부피(Sm³/연료 1kg) = 필요산소량 − 연료중 산소량

  → O_o (Sm³/연료 1kg) = 1.867C + 5.6H + 0.7S − 0.7O

  $$= \frac{22.4}{12}C + \frac{22.4}{4}(H - \frac{O}{8}) + \frac{22.4}{32}S$$

예제

원소구성비(무게)가 C = 75%, O = 9%, H = 13%, S = 3%인 석탄 1kg을 완전연소 시킬 때 필요한 이론산소량은?

① 1.94kg
② 2.09kg
③ 2.66kg
④ 2.98kg

정답 ④

풀이 이론산소량 = 2.667C + 8H − O + S(kg/kg)
= 2.667 × 0.75 + 8 × 0.13 − 0.09 + 0.03 = 2.9802kg/kg

② 질량기준 이론산소량

- 이론산소량 무게(kg) = 산소량(kg) − 연료중 산소량(kg)

→ O_o (kg/연료 1kg) = 2.667C + 8H + S − O

$$= \frac{32}{12}C + 8(H - \frac{O}{8}) + S$$

(2) 고체/액체 연료의 이론공기량 계산

① A_o(Sm^3/연료 1kg) = O_o (Sm^3/연료 1kg) × $\frac{1}{0.21}$(산소의 부피비)

② A_o(kg/연료 1kg) = O_o (kg/연료 1kg) × $\frac{1}{0.232}$(산소의 중량비)

예제

중량비가 C = 75%, H = 17%, O = 8%인 연료 2kg을 완전연소 시키는데 필요한 이론 공기량(Sm^3)은? (단, 표준상태 기준이다.)

① 약 9.7
② 약 12.5
③ 약 21.9
④ 약 24.7

정답 ③

풀이
- 이론산소량 = 1.867C + 5.6H + 0.7S − 0.7O
= 1.867 × 0.75 + 5.6 × 0.17 − 0.7 × 0.08 = 2.2962Sm^3/kg
- 이론공기량 = 이론산소량/0.21
= 2.2962 / 0.21 = 10.9342Sm^3/kg
- 연료 2kg을 연소시 10.9342Sm^3/kg × 2kg = 21.8684Sm^3

(3) 고체/액체 연료의 실제공기량

① m(공기비, 과잉공기비) = $\frac{A(\text{실제공기량})}{A_0(\text{이론공기량})}$

② A(실제공기량) = m × A_0

③ 과잉공기량 = 실제공기량(A) − 이론공기량(A_0)
= $mA_0 - A_0 = (m-1)A_0$

④ 과잉공기률 = $\frac{A - Ao}{Ao}$

예제

메탄올 5kg을 완전연소하려고 할 때 필요한 실제공기량은? (단, 과잉공기계수 m = 1.3이다.)

① 22.5 Sm^3
② 25.0 Sm^3
③ 32.5 Sm^3
④ 37.5 Sm^3

정답 ③

풀이 $CH_3OH + 1.5O_2 \rightarrow CO_2 + 2H_2O$

- 이론산소량
  32kg : 1.5 × 22.4Sm^3 = 5kg : X
  ∴ X = 5.25Sm^3
- 이론공기량
  = 이론산소량/0.21
  = 5.25/0.21 = 25Sm^3
- 실제공기량
  = 과잉공기비 × 이론공기량
  = 1.3 × 25 = 32.5Sm^3

---

(4) 고체/액체 연료의 가스량 계산

① 이론가스량 = 이론공기 중의 질소량 + 연소생성물(CO_2, H_2O)

② 연소생성물질은 CO_2, H_2O, 공기와 함께 투입된 질소(N_2), 과잉공기 중의 산소(O_2)이다.

③ 이론가스량 부피

$G_{ow} = 0.79A_0 + (CO_2 + H_2O)$

1−0.21 = 0.79(공기중의 질소의 부피비)

④ 이론가스량 무게

$G_{ow} = 0.768A_0 + (CO_2 + H_2O)$

1−0.232 = 0.768(공기중의 질소의 중량비)

⑤ 이론건조가스량 = 이론가스량 − 연소가스중 수분

$G_{od} = G_{ow} - 수분 = 0.79A_0 + (CO_2)$

⑥ 실제가스량(G) = 이론가스량 + 과잉공기량

⑦ 공기비(m) 계산

- 완전연소시(CO = 0)

$$m = \frac{21}{21 - O_2} = \frac{N_2}{N_2 - 3.76O_2}$$

- 불완전연소시(CO ≠ 0)

$$m = \frac{21}{21 - 79(O_2 - 0.5CO)} = \frac{N_2}{N_2 - 3.76(O_2 - 0.5CO)}$$

예제

01 연소계산에서 연소 후 배출가스 중 산소농도가 6.2%라면 완전연소시 공기비는?

① 1.15
② 1.23
③ 1.31
④ 1.42

정답 ④

풀이 완전연소시 과잉공기비(m) = $\frac{21}{21 - O_2}$ = 21/(21 − 6.2) = 1.4189

02 A중유보일러의 배출가스를 분석한 결과, 부피비로 CO 3%, O_2 7%, N_2 90%일 때, 공기비는 약 얼마인가?

① 1.3
② 1.65
③ 1.82
④ 2.19

정답 ①

풀이 불완전연소시 과잉공기비(m) $= \frac{N_2}{N_2 - 3.76(O_2 - 0.5CO)}$

$$= \frac{90}{90 - 3.76(7 - 0.5 \times 3)} = 1.2983$$

03 탄소 85%, 수소 11.5%, 황 2.0% 들어있는 중유 1kg당 $12Sm^3$의 공기를 넣어 완전 연소시킨다면, 표준상태에서 습윤 배출가스 중의 SO_2 농도는? (단, 중유중의 S성분은 모두 SO_2로 된다.)

① 708 ppm
② 808 ppm
③ 1,107 ppm
④ 1,408 ppm

정답 ③

풀이
- 이론산소량
  = 1.867C + 5.6H + 0.7S − 0.7O
  = 1.867 × 0.85 + 5.6 × 0.115 + 0.7 × 0.02 = $2.2449Sm^3$
- 이론공기량
  = 이론산소량/0.21
  = 2.2449 / 0.21 = $10.69Sm^3$
- 이론공기중 질소
  = 이론공기량 × 0.79
  = 10.69 × 0.79 = $8.4451Sm^3$
- 과잉공기량
  = 실제공기량 − 이론공기량
  = 12−10.69 = $1.31Sm^3$
- CO_2 배출량
  = $C + O_2 \rightarrow CO_2$
  = 12kg : $22.4Sm^3$ = 0.85kg : XSm^3
  ∴ X = $1.5866Sm^3$

- H_2O 배출량
  $= 2H_2 + O_2 \rightarrow 2H_2O$
  $= 2 \times 2kg : 2 \times 22.4Sm^3 = 0.115kg : XSm^3$
  $\therefore X = 1.288Sm^3$
- SO_2 배출량
  $= S + O_2 \rightarrow SO_2$
  $= 32kg : 22.4Sm^3 = 0.02kg : XSm^3$
  $\therefore X = 0.014Sm^3$
- 실제습연소가스량
  = 이론공기중 질소량 +과잉공기량 + 습연소생성물(CO_2 + H_2O + SO_2)
  $= 8.4451Sm^3 + 1.31Sm^3 + 1.5866Sm^3 + 1.288Sm^3 + 0.014Sm^3 = 12.6437Sm^3$
- $SO_2(\%) = \frac{0.014}{12.6437} \times 10^6 = 1,107.2708ppm$

과잉공기비(m)를 크게 하였을 때 연소 특성
- 연소실의 연소온도가 낮아진다(냉각효과).
- 통풍력이 강하여 배기가스에 의한 열손실이 크다.
- 배기가스 중 황산화물과 질소산화물의 함량이 많아져 연소장치의 부식이 크다.
- 연소가스 중의 CO량, HC량이 감소한다.

과잉공기비(m)가 낮을 때 연소특성
- 가연성 물질인 CO, HC 등의 농도가 증가하여 폭발의 위험성과 매연 발생량이 증가한다.
- 연소실벽에 미연탄화물 부착이 늘어든다.
- 가연성분과 산소의 접촉이 원활하게 이루어지지 못한다.
- 불완전연소로 연소실내의 열손실이 커져 연소효율이 저하된다.

예제

공기비가 작을 경우 연소실 내에서 발생될 수 있는 상황을 가장 잘 설명한 것은?

① 가스의 폭발위험과 매연발생이 크다.
② 배기가스 중 NO_2 양이 증가한다.
③ 부식이 촉진된다.
④ 연소온도가 낮아진다.

정답 ①

풀이 공기비가 작을 경우 불완전연소로 인해 매연발생량이 커지고 불완전연소로 발생되는 탄화수소류와 일산화탄소, 유기탄소등에 의해 폭발의 위험성은 커진다.

최대 탄산가스율 계산
이론공기량으로 완전연소 시켰을 때 연소 가스 중 이산화탄소 농도이다.

$$CO_2\ max\ (\%) = \frac{CO_2 \text{발생량}}{\text{이론건조가스량}(G_{od})} \times 100(\%)$$

예제

일산화탄소 1Sm³를 연소시킬 경우 배출된 건연소가스량 중 $CO_{2(max)}$(%)는? (단, 완전 연소한다.)

① 약 28%
② 약 35%
③ 약 52%
④ 약 57%

정답 ②

풀이 $CO + 0.5O_2 \rightarrow CO_2$

- 이론산소량 = 0.5Sm³
- 이론공기량
  = 이론산소량/0.21
  = 0.5/0.21 = 2.3809Sm³
- 이론공기중 질소량
  = 이론공기량 × 0.79
  = 2.3809 × 0.79 = 1.8809Sm³
- 이론건조가스량
  = 이론공기중 질소량 + 건조연소생성물
  = 1.8809 + 1 = 2.8809Sm³
- CO_2 max (%) $= \dfrac{CO_2}{\text{이론건조가스량}} \times 100$

  $= \dfrac{1}{2.8809} \times 100 = 34.7113\%$

---

(5) 기체 연료의 연소 계산

① 대부분의 기체연료는 탄화수소류로 탄화수소의 연소반응식에 의한 산소의 양, 연소생성물의 양을 산정하며 이는 고체/액체연료의 내용과 동일하다.

② 탄화수소 (C_mH_n) 연소 반응식

$$C_mH_n + (m + \frac{n}{4})O_2 \rightarrow mCO_2 + (\frac{n}{2})H_2O$$

③ 포화탄화수소는 C_nH_{2n+2} 으로 구성된 탄화수소로서 메탄(CH_4), 에탄(C_2H_6), 프로판(C_3H_8) 등이 이에 속한다.

예제

01 분자식이 C_mH_n인 탄화수소가스 1Sm³의 완전연소에 필요한 이론산소량(Sm³)은?

① 4.8m + 1.2n
② 0.21m + 0.79n
③ m + 0.56n
④ m + 0.25n

정답 ④

풀이 $C_mH_n + \left(m + \frac{n}{4}\right)O_2 \rightarrow mCO_2 + \frac{n}{2}H_2O$

필요한 이론산소량은 (m + 0.25n)Sm³ 이다.

02 Methane과 Propane이 용적비 1:1의 비율로 조성된 혼합가스 $1Sm^3$를 완전연소 시키는데 $20Sm^3$의 실제공기가 사용되었다면 이 경우 공기비는? (단, 공기 중 산소는 20%(부피기준)이다.)

① 1.00 ② 1.14
③ 1.68 ④ 1.97

정답 ②

풀이
- $CH_4 + 2O_2 \rightarrow CO_2 + 2H_2O$
  이론산소량 : $0.5 \times 2Sm^3$
  이론공기량 : 이론산소량/0.21 = 1/0.2 = $5Sm^3$
- $C_3H_8 + 5O_2 \rightarrow 3CO_2 + 4H_2O$
  이론산소량 : $0.5 \times 5Sm^3$
  이론공기량 : 이론산소량/0.21 = 2.5/0.2 = $12.5Sm^3$
- 공기비 : 실제공기/이론공기

$$\frac{20}{5 + 12.5} = 1.14$$

03 Butane $1Sm^3$을 공기비 1.05로 완전연소시면 연소가스 (건조)부피는 얼마인가? (단, 공기 중 산소는 20%(부피기준)이다.)

① 10.5 Sm^3 ② 22.4 Sm^3
③ 31.6 Sm^3 ④ 40.6 Sm^3

정답 ③

풀이 $C_4H_{10} + 6.5O_2 \rightarrow 4CO_2 + 5H_2O$
- 이론산소량 : $6.5Sm^3$
- 이론공기량 : 이론산소량/0.2 → 6.5/0.2 = $32.5Sm^3$
- 이론공기중 질소 : 이론공기량 × 0.8 → 32.5 × 0.8 = $26Sm^3$
- 과잉공기량 : (m−1) × 이론공기량 → (1.05−1) × 32.5 = $1.625Sm^3$
- 건조연소생성물(CO_2) : $4Sm^3$
- 건조연소가스 : 이론공기 중 질소 + 과잉공기 + 건조연소생성물 → 26 + 1.625 + 4 = $31.625Sm^3$

제3절 I 자동차와 대기오염

1 자동차의 대기오염물질 배출과 특징

(1) 주행상태에 따른 오염물질의 배출 특성(가솔린)

구분	HC	CO	NOx
많이	감속	공전(정지)	가속
적게	운행	운행	공전

(2) 오염물질의 배출

① 자동차의 배기가스에는 CO, NOx, 매연, 미세먼지 등이 배기통을 통해 발생된다.

② 가솔린기관에서 삼원촉매장치를 통해 CO, HC, NOx 등의 배출가스를 동시에 저감할 수 있다.

③ 삼원촉매장치

- 환원 촉매 : Rh(라듐) – NOx → N_2, O_2(환원 처리)
- 산화 촉매 : Pt(백금) – CO, HC → CO_2, H_2O(산화 처리)

예제

자동차 배출가스 발생에 관한 설명으로 가장 거리가 먼 것은?

① 일반적으로 자동차의 주요 유해배출가스는 CO, NOx, HC 등이다.
② 휘발유 자동차의 경우 CO는 가속시, HC는 정속시, NOx는 감속시에 상대적으로 많이 발생한다.
③ CO는 연료량에 비하여 공기량이 부족할 경우에 발생한다.
④ NOx는 높은 연소온도에서 많이 발생하며, 매연은 연료가 미연소하여 발생한다.

정답 ②

풀이 휘발유 자동차의 경우 CO는 공회전시, HC는 감속시, NOx는 가속시에 상대적으로 많이 발생한다.

2 공연비와 당량비

(1) 공연비(AFR)

① 공기와 연료의 혼합 비율을 의미하며 부피, 질량, 몰비로 구분할 수 있다.

② 삼원촉매장치를 통한 제어를 위해 효율적인 이론적 공연비는 14.7 정도 이다. 14.7 이하에서는 HC와 CO가 많이 발생하고 NOx는 적게 발생한다. 14.7 이상에서는 HC와 CO가 적게 발생하고 NOx는 많이 발생한다. 18 이상일 때 오염물질의 배출량을 줄일 수 있지만 연료의 소비량이 커 비효율적이게 된다.

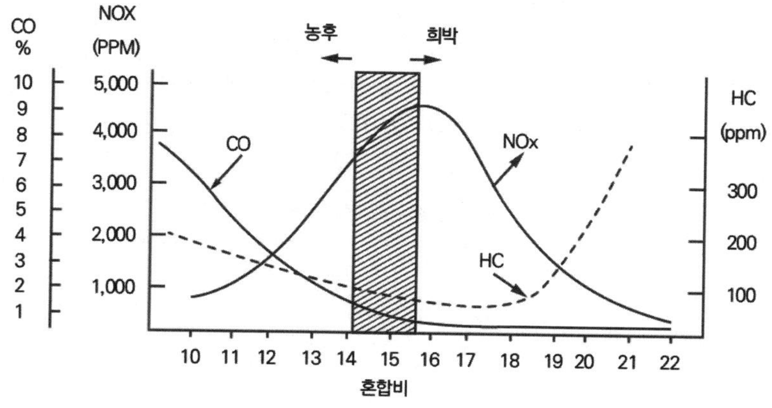

| 혼합비와의 관계 |

예제

휘발유를 사용하는 가솔린기관에서 배출되는 오염물질의 설명 중 잘못된 것은? (단, 휘발유의 대표적인 화학식은 octane으로 가정, AFR은 중량비 기준이다.)

① AFR을 10에서 14로 증가시키면 CO 농도는 감소한다.
② AFR이 16까지는 HC 농도가 증가하나, 16이 지나면 HC 농도는 감소한다.
③ CO와 HC는 불완전연소 시에 배출비율이 높고, NOx는 이론 AFR 부근에서 농도가 높다.
④ AFR이 18 이상 정도의 높은 영역은 일반 연소기관에 적용하기는 곤란하다.

정답 ②

풀이 AFR이 16까지는 HC 농도가 감소하나, 16이 지나면 HC 농도는 증가한다.

---

③ 관계식

$$AFR_{부피} = \frac{연소공기의\,부피}{연료의\,부피},\ AFR_{mol} = \frac{연소공기의\,mol}{연료의\,mol},\ AFR_{질량} = \frac{연소공기의\,질량}{연료의\,질량}$$

(2) 당량비(등가비)

① 이론공연비과 실제 공급되는 공연비에 대한 비로 등가비라고도 한다.
② 관계식

$$등가비(\Phi) = \frac{실제\ 연소량/산화제}{완전연소를\ 위한\ 이상적\ 연료량/산화제}$$

* 등가비 > 1: 연료에 비해 공기가 부족, 불완전연소, 일산화탄소 발생량 증가
* 등가비 = 1: 이상적인 연소 형태
* 등가비 < 1: 연료에 비해 공기가 과잉, 질소산화물 증가

예제

연소에 있어서 등가비(ø)와 공기비(m)에 관한 설명으로 옳지 않은 것은?

① 공기비가 너무 큰 경우에는 연소실 내의 온도가 저하되고, 배가스에 의한 열손실이 증가한다.
② 등가비(ø) < 1인 경우, 연료가 과잉인 경우로 불완전연소가 된다.
③ 공기비가 너무 적을 경우 불완전연소로 연소효율이 저하된다.
④ 가스버너에 비해 수평수동화격자의 공기비가 큰 편이다.

정답 ②

풀이 등가비(ø) > 1인 경우, 연료가 과잉인 경우로 불완전연소가 된다.

기출 & 예상 문제

01 기체연료의 연소 특성으로 틀린 것은?

① 적은 과잉공기를 사용하여도 완전연소가 가능하다.
② 저장 및 수송이 불편하며 시설비가 많이 소요된다.
③ 연소효율이 높고 매연이 발생하지 않는다.
④ 부하의 변동범위가 넓어 연소조절이 어렵다.

02 메탄올 2.0kg을 완전연소하는데 필요한 이론공기량(Sm^3)은?

① 2.5
② 5.0
③ 7.5
④ 10

03 에탄(C_2H_6)의 고위발열량이 15520 kcal/Sm^3일 때, 저위발열량(kcal/Sm^3)은? (단, H_2O 1Sm^3의 증발잠열은 480 kcal/Sm^3이다.)

① 15380
② 14560
③ 14080
④ 13820

정답찾기

01 부하의 변동범위가 넓어 연소조절이 용이하다.

02 $CH_3OH + 1.5O_2 \rightarrow CO_2 + 2H_2O$

- 이론산소량
  32kg : 1.5 × 22.4Sm^3 = 2kg : XSm^3
  ∴ X = 2.1Sm^3
- 이론공기량 = 이론산소량/0.21
  = 2.1 / 0.21 = 10Sm^3

03 $C_2H_6 + 3.5O_2 \rightarrow 2CO_2 + 3H_2O$
저위발열량 = 고위발열량 − 물의 증발잠열
= 15520−480 × 3 = 14080kcal/Sm^3

정답 **01** ④ **02** ④ **03** ③

04 **석탄의 탄화도가 증가하면 감소하는 것은?**

① 비열 ② 발열량
③ 고정탄소 ④ 착화온도

05 **연소에 대한 설명으로 가장 거리가 먼 것은?**

① 연소용 공기 중 버너로 공급되는 공기는 1차공기이다.
② 연소온도에 가장 큰 영향을 미치는 인자는 연소용 공기의 공기비이다.
③ 소각로의 연소효율을 판단하는 인자는 배출가스 중 이산화탄소의 농도이다.
④ 액체연료에서 연료의 C/H비가 작을수록 검댕의 발생이 쉽다.

06 **C = 82%, H = 15%, S = 3%의 조성을 가진 액체연료를 2kg/min으로 연소시켜 배기가스를 분석하였더니 CO_2 = 12.0%, O_2 = 5%, N_2 = 83%라는 결과를 얻었다. 이 때 필요한 연소용 공기량(Sm^3/hr)은?**

① 약 1100 ② 약 1300
③ 약 1600 ④ 약 1800

07 **다음 중 폭굉유도거리가 짧아지는 요건으로 거리가 먼 것은?**

① 정상의 연소속도가 작은 단일가스인 경우
② 관속에 방해물이 있거나 관내경이 작을수록
③ 압력이 높을수록
④ 점화원의 에너지가 강할수록

08 **휘발유 자동차의 배출가스를 감소하기 위해 적용되는 삼원촉매 장치의 촉매물질 중 환원촉매로 사용되고 있는 물질은?**

① Pt ② Ni
③ Rh ④ Pd

09 다음 중 과잉산소량(잔존 O_2량)을 옳게 표시한 것은? (단, A : 실제공기량, A_0 : 이론공기량, m : 공기과잉계수(m > 1), 표준상태이며, 부피기준이다.)

① $0.21mA_0$ ② $0.21(m-1)A_0$
③ $0.21mA$ ④ $0.21(m-1)A$

10 다음 중 흑연, 코크스, 목탄 등과 같이 대부분 탄소만으로 되어 있고, 휘발성분이 거의 없는 연소의 형태로 가장 적합한 것은?

① 자기연소 ② 확산연소
③ 표면연소 ④ 분해연소

정답찾기

04 탄화도가 증가하면
- 증가하는 것: 연료비, 고정탄소, 착화온도, 발열량
- 감소하는 것: 수분, 휘발분, 비열, 매연발생률

05 액체연료에서 연료의 C/H비가 클수록 검댕의 발생이 쉽다.

06
- 완전연소시 과잉공기비(m) $= \dfrac{21}{21-O_2}$
  = 21/(21−5) = 1.3125
- 이론산소량: 1.867C + 5.6H + 0.7S − 0.7O
  1.867 × 0.82 + 5.6 × 0.15 + 0.7 × 0.03
  = 2.3919Sm^3/kg
- 이론공기량: 이론산소량/0.21 = 2.3919/0.21
  = 11.39Sm^3/kg
- 실제공기량: 이론공기량 × 과잉공기비 × 연료량
  = 11.39Sm^3/kg × 1.3125 × 2kg/min
  × 60min/hr = 1793.925Sm^3/hr

07 정상의 연소속도가 큰 혼합가스인 경우 폭굉유도거리가 짧아진다.

08
- 로듐(Rh): 환원촉매, N_2로 환원
- 백금(Pt), 파라듐(Pd): 산화촉매, CO_2와 H_2O로 산화

10 ① 자기연소: 니트로글리세린과 같은 물질의 연소형태로서 공기 중의 산소 공급 없이 연소하는 방식이다.
② 확산연소: 기체연료의 연소방법으로 주로 탄화수소가 적은 발생로가스, 고로가스 등에 적용되는 연소 방식이다.
④ 분해연소: 목재, 석탄, 타르 등은 연소 초기에 열분해에 의해 가연성 가스가 생성되고, 이것이 긴 화염을 발생시키면서 연소하는 방식이다.

정답 **04** ① **05** ④ **06** ④ **07** ① **08** ③ **09** ② **10** ③

11 **다음 중 연소과정에서 등가비(equivalent ratio)가 1보다 큰 경우는?**

① 공급연료가 과잉인 경우
② 배출가스 중 질소산화물이 증가하고 일산화탄소가 최소가 되는 경우
③ 공급연료의 가연성분이 불완전한 경우
④ 공급공기가 과잉인 경우

12 **수소 12%, 수분 0.7%인 중유의 고위발열량이 5000kcal/kg일 때 저위발열량(kcal/kg)은?**

① 4348　　② 4412
③ 4476　　④ 4514

13 **부탄가스를 완전연소시키기 위한 공기연료비(Air Fuel Ratio)는? (단, 부피기준)**

① 15.23　　② 20.15
③ 30.95　　④ 60.46

14 **분자식 C_mH_n인 탄화수소 $1Sm^3$를 완전연소 시 이론공기량이 $19Sm^3$인 것은?**

① C_2H_4　　② C_2H_2
③ C_3H_8　　④ C_3H_4

15 **가솔린 연료를 사용하는 차량은 엔진 가동형태에 따라 오염물질 배출량은 달라진다. 다음 중 통상적으로 탄화수소가 제일 많이 발생하는 엔진 가동형태는?**

① 정속(60km/h)　　② 가속
③ 정속(40km/h)　　④ 감속

16 **프로판과 부탄이 용적이 3 : 2로 혼합된 가스 $1Sm^3$가 이론적으로 완전연소 할 때 발생하는 CO_2의 양(Sm^3)은?**

① 2.7　　② 3.2
③ 3.4　　④ 4.1

17 착화온도(발화점)에 대한 특성으로 옳지 않은 것은?

① 분자구조가 복잡할수록 착화온도는 낮아진다.
② 산소농도가 낮을수록 착화온도는 낮아진다.
③ 발열량이 클수록 착화온도는 낮아진다.
④ 화학 반응성이 클수록 착화온도는 낮아진다.

정답찾기

11 등가비(Φ)

$$= \frac{\text{실제 연소량/산화제}}{\text{완전연소를 위한 이상적 연료량/산화제}}$$

- 등가비 > 1: 연료에 비해 공기가 부족, 불완전연소, 일산화탄소 발생량 증가
- 등가비 = 1: 이상적인 연소 형태
- 등가비 < 1: 연료에 비해 공기가 과잉, 질소산화물 증가

12 저위발열량
= 고위발열량 − 600(9H + W)
= 5000kcal/kg − 600(9 × 0.12 + 0.007)
= 4347.8kcal/kg

13 연료 $1Sm^3$로 가정하면
$C_4H_{10} + 6.5O_2 \rightarrow 4CO_2 + 5H_2O$
- 이론산소량: $6.5Sm^3$
- 이론공기량: 이론산소량/0.21 = 6.5/0.21 = $30.9523Sm^3$
- AFR: 30.9523/1 = 30.9523

14 이론공기량이 $19Sm^3$이므로 이론산소량은 이론공기량 × 0.21 이므로 19 × 0.21 = $3.99Sm^3$이다.
① C_2H_4(에텐): $C_2H_4 + 3O_2 \rightarrow 2CO_2 + 2H_2O$
② C_2H_2(아세틸렌): $C_2H_2 + 2.5O_2 \rightarrow 2CO_2 + H_2O$
③ C_3H_8(프로판): $C_3H_8 + 5O_2 \rightarrow 3CO_2 + 4H_2O$
④ C_3H_4(사이클로프로펜): $C_3H_4 + 4O_2 \rightarrow 3CO_2 + 2H_2O$

15

구분	HC	CO	NOx
발생량이 많을 때	감속	공회전	가속
발생량이 적을 때	정상운행	정상운행	공회전

16
- 프로판(C_3H_8): $0.6Sm^3$
  $C_3H_8 + 5O_2 \rightarrow 3CO_2 + 4H_2O$
  CO_2 발생량: 0.6 × 3 = $1.8Sm^3$
- 부탄(C_4H_{10}): $0.4Sm^3$
  $C_4H_{10} + 6.5O_2 \rightarrow 4CO_2 + 5H_2O$
  CO_2 발생량: 0.4 × 4 = $1.6Sm^3$
- 총 CO_2 발생량: 1.8 + 1.6 = $3.4Sm^3$

17 산소농도가 낮을수록 착화온도는 높아진다.

정답 11 ① 12 ① 13 ③ 14 ④ 15 ④ 16 ③ 17 ②

이찬범 환경공학

합격까지 박문각

PART

04

폐기물 관리

PART 04 폐기물관리

CHAPTER 01 폐기물 종류

제1절 | 폐기물

1 폐기물의 분류

(1) 폐기물의 분류체계

폐기물	생활폐기물	사업장 폐기물 외의 폐기물
	사업장폐기물	건설폐기물, 지정폐기물, 건설 · 지정폐기물 외의 사업장폐기물

(2) 지정폐기물

① 지정폐기물이란 사업장폐기물 중 폐유 · 폐산 등 주변 환경을 오염시킬 수 있거나 의료폐기물 등 인체에 위해(危害)를 줄 수 있는 해로운 물질로서 대통령령으로 정하는 폐기물을 말한다.

② 지정폐기물은 유독성 물질을 함유하고 있어 2차 혹은 3차 환경오염의 유발 가능성이 있으며 일반적으로 고도의 처리기술이 요구된다.

지정폐기물 분류체계
부식성, 독성, 반응성, 발화성, 용출특성, 난분해성, 유해가능성

예제

01 지정폐기물의 정의 및 그 특징에 관한 설명으로 가장 거리가 먼 것은?

① 생활폐기물 중 환경부령으로 정하는 폐기물을 의미한다.
② 유독성 물질을 함유하고 있다.
③ 2차 혹은 3차 환경오염의 유발 가능성이 있다.
④ 일반적으로 고도의 처리기술이 요구된다.

정답 ①

풀이 지정폐기물이란 사업장폐기물 중 폐유 · 폐산 등 주변 환경을 오염시킬 수 있거나 의료폐기물(醫療廢棄物) 등 인체에 위해(危害)를 줄 수 있는 해로운 물질로서 대통령령으로 정하는 폐기물을 말한다.

02 지정폐기물의 분류요건이 아닌 것은?

① 부패성 ② 부식성
③ 인화성 ④ 폭발성

정답 ①

풀이 부패성은 해당되지 않는다.

---

(3) 의료폐기물

보건·의료기관, 동물병원, 시험·검사기관 등에서 배출되는 폐기물 중 인체에 감염 등 위해를 줄 우려가 있는 폐기물과 인체 조직 등 적출물, 실험동물의 사체 등 보건·환경보호상 특별한 관리가 필요하다고 인정되는 폐기물로서 대통령령으로 정하는 폐기물을 말한다.

(4) 분뇨폐기물

① 1인 1일당 평균 분뇨배출량은 0.9~1.1L 정도이며 연중 배출량 및 특성변화가 있다.
② 고농도 유기물을 함유하며, 고액분리가 어렵고 pH는 6.8~7.2 범위의 중성이다.
③ 분뇨는 도시하수에 비해 토사와 협잡물이 많아 고형물 함유도가 높으며 약 7 : 1 정도이다.
④ 분뇨는 대량의 유기물을 함유하고 염분의 농도와 점도가 높다.
⑤ 분뇨에 포함되어 있는 질소화합물(NH_4HCO_3, $(NH_4)_2CO_3$)은 소화시 소화조내의 pH 강하를 막아 준다.
⑥ 분과 뇨의 구성비는 약 1 : 8~10 정도이고, 질소화합물의 함유형태는 분의 경우 VS의 12~20% 정도이다(뇨의 경우 VS의 80~90%).

예제

01 분뇨의 특성과 거리가 먼 것은?

① 유기물 농도 및 염분함량이 낮다. ② 질소농도가 높다.
③ 토사와 협잡물이 많다. ④ 시간에 따라 크게 변한다.

정답 ①

풀이 유기물 농도 및 염분함량이 높다.

02 우리나라 수거분뇨의 pH는 대략 어느 범위에 속하는가?

① 1.0~2.5 ② 4.0~5.5
③ 7.0~8.5 ④ 10~12

정답 ③

03 다음 중 분뇨 수거 및 처분 계획을 세울 때 계획하는 우리나라 성인 1인당 1일 분뇨배출량의 평균범위로 가장 적합한 것은?

① 0.2~0.5L ② 0.9~1.1L
③ 2.3~2.5L ④ 3.0~3.5L

정답 ②

분뇨 처리의 목적
- 최종 생성물의 감량화
- 생물학적으로 안정화
- 위생적으로 안전화

예제

분뇨 처리의 목적으로 가장 거리가 먼 것은?

① 최종 생성물의 감량화
② 생물학적으로 안정화
③ 위생적으로 안전화
④ 슬러지의 균일화

정답 ④

풀이 균일화는 분뇨처리의 목적에 해당되지 않는다.

(5) 고형물 함량에 따른 폐기물의 분류

고형물 함량	폐기물 분류
5% 미만	액상폐기물
5~15%	반고상폐기물
15% 이상	고상폐기물

예제

다음 중 "고상폐기물"을 정의할 때 고형물의 함량기준은?

① 3% 이상
② 5% 이상
③ 10% 이상
④ 15% 이상

정답 ④

(6) 폐산과 폐알칼리의 분류

① 폐기물관리법령상 지정폐기물 중 부식성폐기물의 "폐산" 기준 : 액체상태의 폐기물로서 수소이온농도지수가 2.0 이하인 것으로 한정한다.

② 폐기물관리법령상 지정폐기물 중 부식성폐기물의 "폐알칼리" 기준 : 액체상태의 폐기물로서 수소이온농도 지수가 12.5 이하인 것으로 한정하며, 수산화칼륨 및 수산화나트륨을 포함한다.

예제

폐기물관리법령상 지정폐기물 중 부식성폐기물의 "폐산" 기준으로 옳은 것은?

① 액체상태의 폐기물로서 수소이온농도지수가 2.0 이하인 것으로 한정한다.
② 액체상태의 폐기물로서 수소이온농도지수가 3.0 이하인 것으로 한정한다.
③ 액체상태의 폐기물로서 수소이온농도지수가 5.0 이하인 것으로 한정한다.
④ 액체상태의 폐기물로서 수소이온농도지수가 5.5 이하인 것으로 한정한다.

정답 ①

주요 유해 폐기물 발생원
- Cr : 도금, 피혁제조, 색소, 방부제, 약품제조업 등의 폐기물에서 주로 검출
- As : 농약, 유리공업
- Cd : 아연정련
- Hg : 살충제, 온도계

2 폐기물 구성

(1) 도시 폐기물의 개량분석시 4가지 구성성분은 수분, 가연분(휘발성 고형물), 회분, 고정탄소 등이다.

(2) 폐기물의 3성분은 수분, 회분, 가연분이다.

예제

01 폐기물의 3성분이라 볼 수 없는 것은?

① 수분　② 무연분
③ 회분　④ 가연분

정답 ②

풀이 폐기물의 3성분은 수분, 회분, 가연분이다.

02 도시폐기물을 계략분석(proximate anal-ysis)시 구성되는 4가지 성분으로 거리가 먼 것은?

① 수분　② 질소분
③ 휘발성 고형물　④ 고정탄소

정답 ②

풀이 폐기물의 4성분은 수분, 가연분(휘발성 고형문), 회분, 고정탄소 등이다.

제2절 I 폐기물 관리 제도와 협약

1 폐기물 처리기술의 3대 기본원칙(3R)

감량화(Reduction), 재이용(Reuse)/재활용(Recycle), 회수이용(Recovery)

2 폐기물 관련 국제협약

(1) 바젤협약

유해 폐기물의 국제적 이동의 통제와 규제를 주요 골자로 하는 국제협약(의정서)으로 1992년 발효되었다.

(2) 런던협약

폐기물의 해양투기로부터 해양오염을 방지하기 위한 국제협약으로 1975년 발효되었다.

3 폐기물 관련 제도

(1) 목적

폐기물의 재활용과 감량화가 목적이다.

(2) 종류

예치금 제도, 부담금 제도, 쓰레기 종량제

✱ NIMBY현상은 'Not In My Back Yard"의 약자로 지역이기주의를 나타내는 대표적인 용어이다.

예제

폐기물의 재활용과 감량화를 도모하기 위해 실시할 수 있는 제도로 가장 거리가 먼 것은?

① 예치금 제도 ② 환경영향평가
③ 부담금 제도 ④ 쓰레기 종량제

정답 ②

풀이 환경영향평가 : 대상사업의 시행으로 인하여 환경에 미치는 유해한 영향을 사전에 예측·분석하여 환경에 미치는 영향을 줄일 수 있는 방안을 강구하는 평가절차이다.

4 폐기물처리에서 에너지 회수방법

혐기성 소화, 소각열 회수, RDF 제조, 열분해, 발효 등

제3절 I 폐기물의 발생

1 폐기물 발생 특성

(1) 쓰레기는 계절, 기후, 도시의 규모, 평균 연령층, 교육수준, 경제력, 생활수준 등에 따라 성분과 발생량이 달라진다.

(2) 수거빈도가 잦으면 쓰레기 발생량이 증가하는 경향이 있다(수거빈도와 발생량은 비례).

(3) 쓰레기통의 크기가 클수록 쓰레기 발생량이 증가하는 경향이 있다.

(4) 재활용품의 회수 및 재이용률이 높을수록 쓰레기 발생량은 감소한다.

(5) 연탄을 사용하는 겨울에 발생량 증가한다.

(6) 쓰레기 관련 법규는 쓰레기 발생량에 매우 중요한 영향을 미친다.

2 폐기물 발생량 조사방법

폐기물 발생량 조사방법으로 적재차량 계수분석, 직접 계근법, 물질수지법, 표본조사, 전수조사 등이 있다.

✱ 쓰레기 발생량 원단위(kg/인·일) : 하루에 한 사람이 발생하는 쓰레기의 양

(1) 물질수지법

① 원료 물질의 유입과 생산물질의 유출 관계를 근거로 계산하는 방법으로 주로 사업장 폐기물의 발생량을 추산할 때 사용한다.

② 산업폐기물 발생량을 추산할 때 이용한다.

③ 상세한 자료가 있는 경우에만 가능하다.

④ 비용이 많이 들고 업무량이 많은 단점이 있다.

예제

산업폐기물 발생량을 추산할 때 이용되며, 상세한 자료가 있는 경우에만 가능하고 비용이 많이 드는 단점이 있으므로 특수한 경우에만 사용되는 방법은?

① 적재차량 계수분석　　② 물질수지법
③ 직접계근법　　④ 간접계근법

정답 ②

(2) 적재차량 계수분석

① 특정지역에서 일정기간 동안 발생하는 쓰레기의 수거 차량수를 조사하여 폐기물의 겉보기 비중의 보정을 통해 중량을 계산하여 폐기물의 발생량을 산정하는 방법이다.

② 조사기간은 길지만 신뢰도가 높다.

예제

일정기간 동안 특정지역의 쓰레기 수거 차량의 댓수를 조사하여 이 값에 밀도를 곱하여 중량으로 환산하는 쓰레기 발생량 산정 방법은?

① 직접계근법　　② 물질수지법
③ 통과중량조사법　　④ 적재차량 계수분석법

정답 ④

(3) 직접계근법

① 일정기간 중 수거운반차량을 적환장이나 처리장 등에서 직접계근하여 발생량을 산정하는 방법이다.

② 쓰레기의 발생량을 산정하는 방법 중 비교적 정확하게 파악할 수 있는 장점이 있으나 작업량이 많고 번거로운 단점이 있다.

3 쓰레기 발생량 예측모델

(1) 경향예측모델(Trend법)

모든 인자를 시간에 대한 함수로 모델화시켜 예측하는 방법이다.

(2) 다중회귀모델(Multiple regression)

인구, 면적, 기후, 생활상태, 사회적 특성 등의 영향인자를 하나의 수식으로 표현한 모델로 각 인자들에 의한 영향을 종합적으로 나타낸다.

(3) 동적모사모델(Dynamic simulation)

영향인자를 시간에 따른 폐기물의 발생량과 연관지어 나타낸 모델로 경향예측모델과 다중회귀모델의 단점을 보완한 모델이다.

4 수거 및 적환

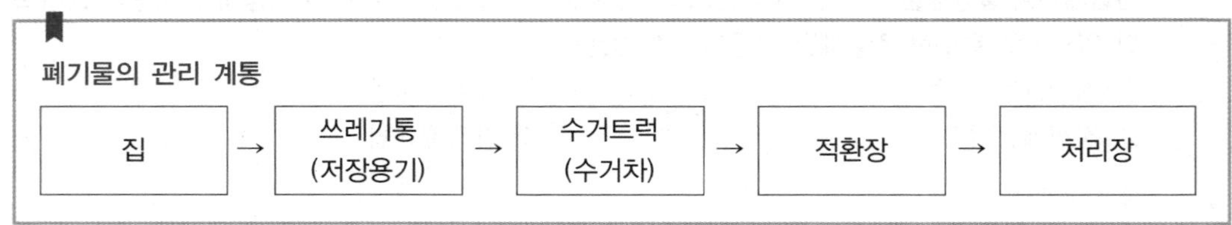

5 수거

✱ 폐기물 관리체계 중 도시폐기물 관리에서 가장 많은 비용을 차지하는 요소: 수집

(1) 수거방법

① 관거 수거(Pipe Line)

- 쓰레기를 수송하는 방법 중 자동화, 무공해화가 가능하고 눈에 띄지 않는다는 장점을 가지고 있으며 공기수송, 반죽수송, 캡슐수송 등의 방법이 있다.
- 폐기물 발생빈도가 높은 곳이 경제적이다.
- 가설 후에 경로변경이 곤란하다.
- 큰 폐기물은 파쇄, 압축 등의 전처리를 해야 한다.
- 잘못 투입된 물건의 회수가 어렵다.

예제

01 쓰레기를 수송하는 방법 중 자동화, 무공해화가 가능하고 눈에 띄지 않는다는 장점을 가지고 있으며 공기수송, 반죽수송, 캡슐수송 등의 방법으로 쓰레기를 수거하는 방법은?

① 모노레일 수거　　② 관거 수거

③ 콘베이어 수거　　④ 콘테이너 철도수거

정답 ②

02 관거(Pipe-Line)를 이용한 폐기물 수거 방법에 관한 설명으로 가장 거리가 먼 것은?

① 폐기물 발생빈도가 높은 곳이 경제적이다.
② 가설 후 경로 변경이 곤란하다.
③ 25km 이상의 장거리 수송에 현실성이 있다.
④ 큰 폐기물은 파쇄, 압축 등의 전처리를 해야 한다.

정답 ③

---

② 컨베이어 수거

- 컨베이어를 이용하여 폐기물을 발생지점에서 처리장까지 하수도처럼 운반하는 방법이다.
- 악취에 대한 문제가 없으나 전력비, 내구성 및 미생물 부착 등이 문제가 발생할 수 있다.

③ 컨테이너 수거

- 컨테이너에 의해 폐기물을 수집하여 운반하는 수거 방법이다.
- 컨테이너 설치와 이동을 위해 비교적 넓은 면적이 필요하며 컨테이너 세정을 위한 세척수가 많이 필요한 편이다.

(2) 수거효율(MHT)

① MHT는 폐기물 수거 효율을 결정하고 수거작업간의 노동력을 비교하기 위한 단위이다.
② MHT는 수거인부 1인이 쓰레기 1톤을 수거하는데 소요되는 총 시간을 의미한다.
③ MHT가 작을수록 수거효율이 좋다.

$$MHT = \frac{Man \times Hr}{Ton}$$

예제

01 다음 중 MHT에 관한 설명으로 옳지 않은 것은?

① man · hr/ton을 뜻한다.
② 폐기물의 수거효율을 평가하는 단위로 쓰인다.
③ MHT가 클수록 수거효율이 좋다.
④ 수거작업간의 노동력을 비교하기 위한 것이다.

정답 ③

풀이 MHT가 작을수록 수거효율이 좋다.

02 1,792,500ton/yr의 쓰레기를 5,450명의 인부가 수거하고 있다면 수거인부의 MHT는? (단, 수거인부의 1일 작업시간은 8시간이고 1년 작업일수는 310일이다.)

① 2.02 ② 5.38 ③ 7.54 ④ 9.45

정답 ③

풀이 $MHT = \frac{Man \times Hr}{Ton}$

$$MHT = 5{,}450\text{명} \times \frac{8hr}{day} \times \frac{310day}{yr} \times \frac{yr}{1{,}792{,}500ton} = 7.5403Man \cdot hr/ton$$

---

(3) 폐기물 수거노선의 결정

① 가능한 한 시계방향으로 수거노선을 정하고 U자 회전을 피하여 수거한다.
② 수거인원 및 차량형식이 같은 기존 시스템의 조건들을 서로 관련시킨다.
③ 쓰레기 발생량이 가장 많은 곳을 하루 중 가장 먼저 수거한다.
④ 적은 양의 쓰레기가 발생하나 동일한 수거빈도를 받기를 원하는 수거지점은 가능한 한 같은 날 왕복 내에서 수거하도록 하며 가능한 한번 간 길은 가지 않는다.
⑤ 가능한 한 지형지물 및 도로경계와 같은 장벽을 이용하여 간선도로 부근에서 시작하고 끝나도록 배치한다.
⑥ 출발점은 차고지와 가깝게 하고 수거된 마지막 콘테이너가 처분지에 가장 가까이 위치하도록 배치한다.
⑦ 교통이 혼잡한 지역에서 발생되는 쓰레기는 가능한 출퇴근 시간을 피하여 새벽에 수거한다.

예제

01 쓰레기 수거노선을 결정할 때 고려사항으로 옳지 않은 것은?

① 아주 많은 양의 쓰레기가 발생되는 발생원은 하루 중 가장 나중에 수거한다.
② 가능한 한 시계방향으로 수거노선을 정한다.
③ U자 회전을 피하여 수거한다.
④ 적은 양의 쓰레기가 발생하나 동일한 수거빈도를 받기를 원하는 수거지점은 가능한 한 같은 날 왕복 내에서 수거하도록 한다.

정답 ①

풀이 아주 많은 양의 쓰레기가 발생되는 발생원은 하루 중 가장 먼저 수거한다.

02 쓰레기 수거노선을 결정하는데 유의할 사항으로 옳지 않은 것은?

① 가능한 한 한번 간 길은 가지 않는다.
② U자형 회전을 피해 수거한다.
③ 발생량이 많은 곳은 하루 중 가장 먼저 수거한다.
④ 가능한 한 반시계방향으로 수거노선을 정한다.

정답 ④

풀이 가능한 한 시계방향으로 수거노선을 정한다.

6 적환

(1) 적환장

① 폐기물이 발생되어 최종 처분되기까지 폐기물 관리에 관련되는 활동 중 작은 수거 차량으로부터 큰 운반 차량으로 폐기물을 옮겨 싣거나 수거된 폐기물을 최종 처분장까지 장거리 수송하는 기능을 갖는다.

② 폐기물의 발생원에서 처리장까지의 거리가 먼 경우 중간지점에 설치하여 운반비용을 절감시키는 역할을 한다.

예제

폐기물의 발생원에서 처리장까지의 거리가 먼 경우 중간지점에 설치하여 운반비용을 절감시키는 역할을 하는 것은?

① 적환장 ② 소화조
③ 살포장 ④ 매립지

정답 ①

(2) 적환장의 위치

① 수송 측면에서 가장 경제적인 것에 위치하여야 한다.
② 수거지역의 무게중심과 주요간선도로에서 가능한 가까운 곳에 위치하여야 한다.
③ 적환장은 가능한 한 수거지역에서 가까운 곳에 위치해야 한다.
④ 적환장 설치 및 작업이 가장 경제적인 곳이어야 한다.
⑤ 적환 작업에 의한 공중 위생 및 환경 피해가 최소인 지역에 위치하여야 한다.

예제

소형차량으로 수거한 쓰레기를 대형차량으로 옮겨 운반하기 위해 마련하는 적환장의 위치로 적합하지 않은 곳은?

① 주요 간선도로에 인접한 곳 ② 수송 측면에서 가장 경제적인 곳
③ 공중위생 및 환경피해가 최소인 곳 ④ 가능한 한 수거지역에서 멀리 떨어진 곳

정답 ④
풀이 적환장은 가능한 한 수거지역에서 가까운 곳에 위치해야 한다.

(3) 적환장의 설치

① 폐기물 처분장소가 수집장소로 부터 16km 이상 멀리 떨어져 있을 때 필요하다.
② 작은 용량의 수집차량($15m^3$ 이하)을 사용할 때 필요하다.
③ 작은 규모의 주택들이 밀집되어 있을 때 필요하다.
④ 상업지역에서 폐기물 수집에 소형 수거용기를 많이 사용 할 때 적환장이 필요하다.
⑤ 반죽수송이나 공기수송방식을 사용하는 경우에 필요하다.
⑥ 불법투기가 발생할 때 필요하다.

예제

01 다음 중 적환장이 필요한 경우와 거리가 먼 것은?

① 수집 장소와 처분 장소가 비교적 먼경우
② 작은 용량의 수집 차량을 사용할 경우
③ 작은 규모의 주택들이 밀집되어 있는 경우
④ 상업지역에서 폐기물 수거에 대형 용기를 사용하는 경우

정답 ④

풀이 적환장은 상업지역에서 폐기물 수거에 소형 용기를 사용하는 경우 필요하다.

02 폐기물의 수거를 용이하게 하기 위해 적환장의 설치가 필요한 이유로 가장 거리가 먼 것은?

① 작은 규모의 주택들이 밀집되어 있는 경우
② 폐기물 수집에 소형 컨테이너를 많이 사용하는 경우
③ 처분장이 수집장소에 바로 인접하여 있는 경우
④ 반죽수송이나 공기수송방식을 사용하는 경우

정답 ③

풀이 처분장이 수집장소에 바로 인접하여 있는 경우 적환장을 설치할 필요가 없다.

적환장의 형식
저장투하방식, 직접－저장 복합투하방식, 직접투하방식 등이 있다.

Chapter 01 기출 & 예상 문제

01 **폐기물의 발생원에서 처리장까지의 거리가 먼 경우 중간지점에 설치하여 운반비용을 절감시키는 역할을 하는 것은?**

① 적환장
② 소화조
③ 살포장
④ 매립지

02 **1,362,500ton/yr의 쓰레기를 2,725명의 인부가 수거하고 있다면 수거인부의 수거능력(MHT)은? (단, 수거인부의 1일 작업시간은 8시간, 1년 작업일수는 310일이다.)**

① 2.16
② 2.95
③ 3.24
④ 4.96

03 **분뇨의 특성으로 옳지 않은 것은?**

① 분뇨는 연중 배출량 및 특성변화 없이 일정하다.
② 분뇨는 대량의 유기물을 함유하고 점도가 높다.
③ 분뇨에 포함되어 있는 질소화합물은 소화시 소화조내의 pH 강하를 막아 준다.
④ 분뇨는 도시하수에 비해 고형물 함유도가 높다.

정답찾기

02 $MHT = \frac{Man \times Hr}{Ton}$

$MHT = 2,725\text{명} \times \frac{8hr}{day} \times \frac{310day}{yr} \times \frac{yr}{1,362,500ton}$

$= 4.96man \cdot hr/ton$

03 분뇨는 연중 배출량 및 특성변화가 있다.

정답 **01** ① **02** ④ **03** ①

04 **쓰레기의 발생량을 산정하는 방법 중 일정기간 동안 특정지역의 쓰레기 수거차량의 댓수를 조사하여 이 값에 밀도를 곱하여 중량으로 환산하는 방법은?**

① 물질수지법 ② 직접 계근법
③ 적재차량 계수분석법 ④ 적환법

05 **관거수송법에 관한 설명으로 가장 거리가 먼 것은?**

① 쓰레기 발생밀도가 높은 곳은 적용이 곤란하다.
② 가설 후 경로변경이 곤란하고, 설치비가 높다.
③ 잘못 투입된 물건의 회수가 곤란하다.
④ 조대쓰레기는 파쇄, 압축 등의 전처리가 필요하다.

06 **다음 폐기물의 감량화 방안 중 폐기물이 발생원에서 발생되지 않도록 사전에 조치하는 발생원 대책으로 거리가 먼 것은?**

① 적정 저장량 관리 ② 과대포장 사용안하기
③ 철저한 분리수거 실시 ④ 폐기물로부터 회수에너지 이용

07 **RDF(Refuse Derived Fuel)의 구비조건으로 가장 거리가 먼 것은?**

① 열함량이 높고 동시에 수분함량이 낮아야 한다.
② 염소 함량이 낮아야 한다.
③ 미생물 분해가 가능하며, 재의 함량이 높아야 한다.
④ 균질성이어야 한다.

08 **폐기물의 3성분이라 볼 수 없는 것은?**

① 수분 ② 무연분
③ 회분 ④ 가연분

09 **도시에서 생활쓰레기를 수거할 때 고려할 사항으로 가장 거리가 먼 것은?**

① 처음 수거지역은 차고지에서 가깝게 설정한다.
② U자형 회전을 피하여 수거한다.
③ 교통이 혼잡한 지역은 출·퇴근 시간을 피하여 수거한다.
④ 쓰레기가 적게 발생하는 지점은 하루 중 가장 먼저 수거하도록 한다.

10 **다음 중 적환장이 필요한 경우와 거리가 먼 것은?**

① 수집 장소와 처분 장소가 비교적 먼경우
② 작은 용량의 수집 차량을 사용할 경우
③ 작은 규모의 주택들이 밀집되어 있는 경우
④ 상업지역에서 폐기물 수거에 대형 용기를 사용하는 경우

11 **다음은 어느 도시 쓰레기에 대하여 성분별로 수분함량을 측정한 결과이다. 이 쓰레기의 평균 수분함량(%)은?**

성 분	중량비(%)	수분함량(%)
음식물	45	70
종 이	30	8
기 타	25	6

① 31.2%　　② 32.4%
③ 35.4%　　④ 37.6%

정 답 찾 기

05 쓰레기 발생밀도가 높은 곳은 적용이 가능하다.
06 폐기물로부터 회수에너지 이용은 발생원 대책에 해당되지 않는다.
07 미생물 분해가 불가능하며, 재의 함량이 낮아야 한다.
08 폐기물의 3성분은 수분, 회분, 가연분이다.
09 아주 많은 양의 쓰레기가 발생되는 발생원은 하루 중 가장 먼저 수거한다.
10 적환장은 상업지역에서 폐기물 수거에 소형 용기를 사용하는 경우 필요하다.
11 $\frac{(45\times70)+(30\times8)+(25\times6)}{100}=35.4\%$

정답 **04** ③ **05** ① **06** ④ **07** ③ **08** ② **09** ④ **10** ④ **11** ③

12 **다음 중 “고상폐기물”을 정의할 때 고형물의 함량기준은?**

① 3% 이상 ② 5% 이상
③ 10% 이상 ④ 15% 이상

13 **폐기물관리법령상 지정폐기물 중 부식성폐기물의 “폐산” 기준으로 옳은 것은?**

① 액체상태의 폐기물로서 수소이온농도지수가 2.0 이하인 것으로 한정한다.
② 액체상태의 폐기물로서 수소이온농도지수가 3.0 이하인 것으로 한정한다.
③ 액체상태의 폐기물로서 수소이온농도지수가 5.0 이하인 것으로 한정한다.
④ 액체상태의 폐기물로서 수소이온농도지수가 5.5 이하인 것으로 한정한다.

14 **도시폐기물을 계략분석(proximate anal-ysis)시 구성되는 4가지 성분으로 거리가 먼 것은?**

① 수분 ② 질소분
③ 휘발성 고형물 ④ 고정탄소

15 **폐기물의 원소를 분석한 결과 탄소 42%, 산소 40%, 수소 9%, 회분 7%, 황 2%이었다. 듀롱(Dulong)식을 이용하여 고위발열량(kcal/kg)을 구하면?**

① 약 4,100 ② 약 4,300
③ 약 4,500 ④ 약 4,800

16 **다음 중 MHT에 관한 설명으로 옳지 않은 것은?**

① man · hr/ton을 뜻한다.
② 폐기물의 수거효율을 평가하는 단위로 쓰인다.
③ MHT가 클수록 수거효율이 좋다.
④ 수거작업간의 노동력을 비교하기 위한 것이다.

17 **500,000명이 거주하는 도시에서 1주일 동안 8,720m^3의 쓰레기를 수거하였다. 이 쓰레기의 밀도가 0.45ton/m^3이라면 1인 1일 쓰레기 발생량은?**

① 1.12kg/인 · 일 ② 1.21kg/인 · 일
③ 1.25kg/인 · 일 ④ 1.31kg/인 · 일

18 인구 30만명인 도시에 1인당 쓰레기 발생량이 1.2kg/day 이라고 한다. 적재용량이 $15m^3$인 트럭으로 이 쓰레기를 매일수거하려고 할 때 필요한 트럭의 수는? (단, 쓰레기 평균밀도는 $550kg/m^3$이다.)

① 31 ② 36
③ 39 ④ 44

19 다음 중 유해 폐기물의 국제적 이동의 통제와 규제를 주요 골자로 하는 국제협약(의정서)은?

① 교토의정서 ② 바젤 협약
③ 비엔나 협약 ④ 몬트리올 의정서

20 인구 50만명인 A도시의 폐기물 발생량 중 가연성은 20%, 불연성은 80%이다. 1인당 폐기물 발생량이 1.0kg/인 · 일이고, 운반차량의 적재용량이 $5m^3$일 때, 가연성 폐기물의 운반에 필요한 차량운행회수(회/월)는? (단, 가연성 폐기물의 겉보기 비중은 $3000kg/m^3$, 월30일, 차량은 1대 기준이다.)

① 185 ② 191
③ 200 ④ 222

정답찾기

12

고형물 함량	폐기물 분류
5% 미만	액상폐기물
5~15%	반고상폐기물
15% 이상	고상폐기물

14 폐기물의 4성분은 수분, 가연분(휘발성 고형문), 회분, 고정탄소 등이다.

15 Dulong의 고위발열량 식을 이용하여 저위발열량을 계산하면,

$$Dulong\ 식(H_h): 8,100C + 34,000\left(H - \frac{O}{8}\right) + 2,250S$$

$$= 8,100 \times 0.42 + 34,000\left(0.09 - \frac{0.4}{8}\right) + 2,250 \times 0.02$$

= 4807kcal/kg

16 MHT가 작을수록 수거효율이 좋다.

17 1인 1일 쓰레기 발생량을 산정하기 위해 kg/인 · 일의 단위에 유의한다.

$$\frac{8,720m^3}{7일} \times \frac{0.45ton}{m^3} \times \frac{10^3kg}{1ton} \times \frac{1}{500,000인}$$

$m^3 \rightarrow ton \quad ton \rightarrow kg$

$= 1.1211kg/인 \cdot 일$

18 $$300,000명 \times \frac{1.2kg}{인 \cdot day} \times \frac{m^3}{550kg} \times \frac{대}{15m^3} = 43.6363 ≒ 44대$$

19 ① 교토의정서: 기후변화협약에 따른 온실가스 감축과 관련된 협약이다.
③ 비엔나 협약: 오존층 파괴물질의 규제와 관련된 협약이다.
④ 몬트리올의정서: 오존층 파괴물질의 규제와 관련된 협약이다.

20 $$500,000인 \times \frac{1.0kg}{인 \cdot day} \times \frac{20}{100} \times 30day \times \frac{m^3}{3,000kg} \times \frac{1대}{5m^3}$$

가연성 / $kg \rightarrow m^3$ / 적재량

$= 200대$

정답 12 ④ 13 ① 14 ② 15 ④ 16 ③ 17 ① 18 ④ 19 ② 20 ③

CHAPTER 02 폐기물의 중간처분

제1절 I 선별

1 개요

(1) 폐기물의 선별목적은 재활용 가능한 유가성분을 분리하여 회수하고 불필요한 성분은 폐기하는 데 있다.

(2) 선별과정을 통해 불필요한 물질을 제거함으로써 후단 시설의 기계장치를 보호할 수 있다.

(3) 폐기물의 처리시설에서 전처리의 개념으로 사용된다.

예제

다음 중 폐기물의 선별목적으로 가장 적합한 것은?

① 폐기물의 부피 감소
② 폐기물의 밀도 증가
③ 폐기물 저장 면적의 감소
④ 재활용 가능한 성분의 분리

정답 ④

2 선별장치의 분류

(1) 건식선별

수(手)선별, 와전류선별, 관성선별, 세카터, 자석선별, 정전기선별, 광학선별

(2) 습식선별

습식침전부상법, 지그, 테이블

3 선별대상 물질과 선별기

(1) 공기선별(중력선별)

① 공기 중 각 구성물질의 낙하속도 및 공기 저항의 차이에 따라 폐기물을 선별하는 방법이다.
② 주로 종이나 플라스틱과 같은 가벼운 물질을 유리, 금속 등의 무거운 물질로부터 분리하는 데 효과적으로 사용되는 방법이다.
③ 예부터 농가에서 탈곡 작업에 이용되어 온 것으로 그 작업이 밀폐된 용기 내에서 행해지도록 한 것이다.

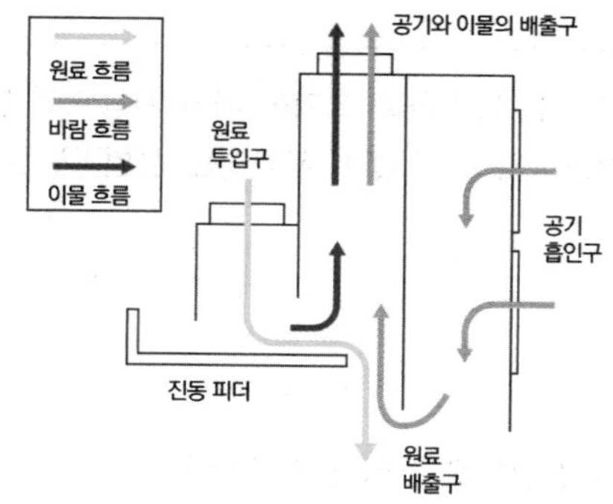

예제

다음과 같은 특성을 지닌 폐기물 선별방법은?

- 예부터 농가에서 탈곡 작업에 이용되어 온 것으로 그 작업이 밀폐된 용기 내에서 행해지도록 한 것
- 공기 중 각 구성물질의 낙하속도 및 공기저항의 차에 따라 폐기물을 분별하는 방법
- 종이나 플라스틱과 같은 가벼운 물질과 유리, 금속 등의 무거운 물질을 분리하는데 효과적임

① 스크린 선별　　② 공기 선별
③ 자력 선별　　④ 손 선별

정답 ②

(2) 스크린선별(체선별)

① 구멍이 뚫린 스크린이나 원통을 이용하여 다양한 크기를 가진 혼합 폐기물을 크기에 따라 자동으로 분류할 수 있다.

② 스크린 선별은 주로 큰 폐기물로부터 후속 처리장치를 보호하거나 재료를 회수하기 위해 많이 사용한다.

③ 스크린의 형식은 진동식과 회전식으로 구분할 수 있으며 골재분리에는 진동식(금속망스크린에 폐기물 올려놓고 진동효과로 선별)이, 도시 폐기물 선별에는 회전식(트롬멜스크린)이 일반적으로 많이 사용된다.

④ 원통의 길이가 길고 경사가 작을수록 효율이 증가하고 회전속도가 빠를수록 효율은 감소한다.

트롬멜의 특징

- 원통 내에 압축공기 송입할 수 있다.
- 원통의 체를 수평으로부터 5도 전후로 경사된 축을 중심으로 회전시켜 체분리하는 것이다.
- 파쇄입경의 차이가 작을수록 선별효율 낮아진다.

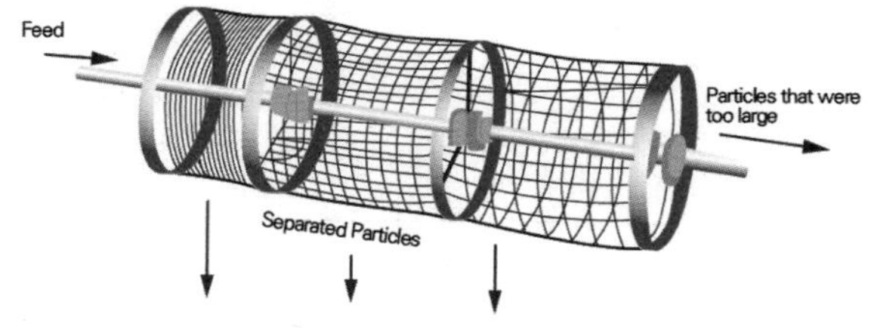

예제

01 다양한 크기를 가진 혼합 폐기물을 크기에 따라 자동으로 분류할 수 있으며, 주로 큰 폐기물로부터 후속 처리장치를 보호하기 위해 많이 사용되는 선별방법은?

① 손 선별
② 스크린 선별
③ 공기 선별
④ 자석 선별

정답 ②

02 스크린 선별에 관한 설명으로 거리가 먼 것은?

① 스크린 선별은 주로 큰 폐기물로부터 후속 처리장치를 보호하거나 재료를 회수하기 위해 많이 사용한다.
② 트롬엘 스크린은 진동 스크린의 형식에 해당한다.
③ 스크린의 형식은 진동식과 회전식으로 구분할 수 있다.
④ 회전 스크린은 일반적으로 도시폐기물 선별에 많이 사용하는 스크린이다.

정답 ②

풀이 트롬엘 스크린은 회전식 스크린의 형식에 해당한다.

---

(3) 세카터(Secator)

① 컨베이어를 통해 폐기물을 주입시켜 천천히 회전하는 드럼 위에서 떨어뜨려서 분리하는 것이다.
② 무겁고 탄력 있는 물질과 가볍고 탄력 없는 물질을 선별하는데 사용하는 방법으로 퇴비 중 유리나 돌의 분류에 사용된다.

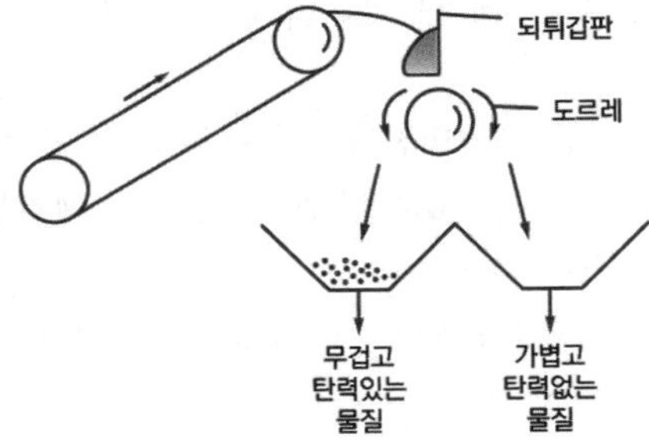

예제

물렁거리는 가벼운 물질로부터 딱닥한 물질을 선별하는 데 이용되며, 경사진 컨베이어를 통해 폐기물을 주입시켜 회전하는 드럼 위에 떨어뜨려 분류하는 선별 방식은?

① Stoners
② Jigs
③ Secators
④ Float Separator

정답 ③

---

(4) 수(手)선별

① 이동하는 컨베이어벨트를 이용하여 사람의 손으로 선별을 하는 방법이다.
② 대부분 폐기물 중 유가성분을 원형으로 사용할 수 있는 물질을 분리하는데 사용한다.
③ 정확한 선별이 가능하나 위험하고 작업속도가 느린 단점이 있다.

(5) 습식선별

① 주로 물을 이용하여 비중차에 의해 가벼운 물질과 무거운 물질을 분리하는 선별방법이다.
② 유기물질의 분류, 펄프의 분류, 유리. 알루미늄 등 분류할 때 사용할 수 있다.
③ 건식법에 비해 청결하고 먼지가 발생하지 않고 폭발 등의 위험이 없다.
④ 건식법에 비해 선별비용이 고가이며 수분이 많이 포함된 선별방법으로 부패의 우려가 있다.
⑤ 지그(Jigs), 테이블(Table), 습식침전부상법 등이 있다.

(6) 기타 선별

① **자석선별**: 파쇄하였거나 파쇄하지 않은 폐기물로부터 철분을 회수하기 위해 가장 많이 사용되는 폐기물 선별방법으로 주로 목재와 철분의 분리에 사용된다.
② **와전류선별**: 자장이나 전기장을 형성하는 전자석에 의해 선별하는 방법으로 패러데이법칙을 기초로 하며 구리, 아연, 알루미늄 등을 선별하는 방법이다.
③ **정전기선별**: 정전기를 폐기물에 방전하여 전하량의 차이를 이용하여 분리하는 방법으로 종이와 플라스틱, 유리와 알루미늄의 분리 등에 많이 사용된다.
④ **광학선별**: 빛을 이용하여 투명한 물질과 불투명한 물질을 분리하는 방법으로 유리와 색유리를 분리하는데 많이 사용된다.
⑤ **관성선별**: 관성력과 비중차를 이용하여 가벼운 것과 무거운 것 분리하는 방법으로 중력이나 탄도학에 기초를 둔다.

예제

파쇄하였거나 파쇄하지 않은 폐기물로부터 철분을 회수하기 위해 가장 많이 사용되는 폐기물 선별방법은?

① 공기선별　② 스크린선별
③ 자석선별　④ 손선별

정답 ③

제2절 | 압축

1 개요

(1) 외부의 힘을 이용하여 부피를 줄이는 공정이다.

(2) 저장, 수송시 편리하며 운반비가 감소한다.

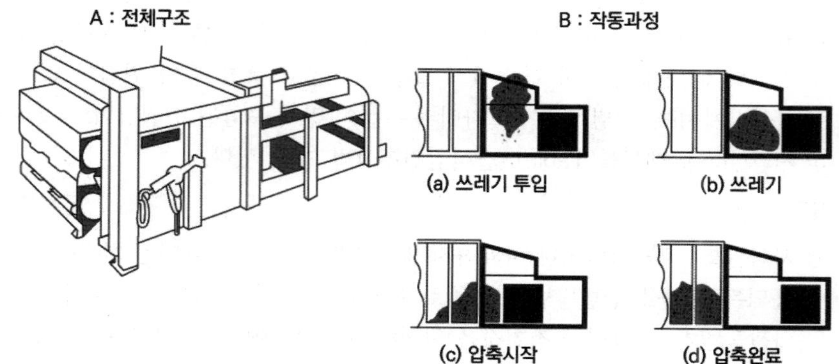

(3) 부피의 감소로 매립지의 수명을 연장되나 소각시 원활한 연소가 이루어지지 않는다.

예제

수거된 폐기물을 압축하는 이유로 거리가 먼 것은?

① 저장에 필요한 용적을 줄이기 위해

② 수송 시 부피를 감소시키기 위해

③ 매립지의 수명을 연장시키기 위해

④ 소각장에서 소각 시 원활한 연소를 위해

정답 ④

풀이 폐기물을 압축하면 소각시 원활한 연소가 이루어지지 않는다.

2 압축비와 폐기물 부피변화

$$압축비 = \frac{V_1}{V_2}$$

$$부피변화율 = \frac{V_2}{V_1}$$

$$부피감소율 = \frac{V_1 - V_2}{V_1} \times 100 = \left(1 - \frac{V_2}{V_1}\right) \times 100$$

V_1: 처음부피, V_2: 나중부피

3 압축비와 부피감소율과의 관계

$$\text{부피감소율} = \left(1 - \frac{1}{\text{압축비}}\right) \times 100$$

예제

01 처음 부피가 1,000m³인 폐기물을 압축하여 500m³인 상태로 부피를 감소시켰다면 체적 감소율(%)은?

① 2 ② 10
③ 50 ④ 100

정답 ③

풀이 $\text{부피감소율} = \left(\frac{V_1 - V_2}{V_1}\right) \times 100 = \left(\frac{1,000 - 500}{1,000}\right) \times 100 = 50\%$

02 폐기물을 압축 시켰을 때 부피 감소율이 75%이었다면 압축비는?

① 1.5 ② 2.0
③ 2.5 ④ 4.0

정답 ④

풀이 부피감소율이 75%이므로
압축전의 부피를 100, 압축후의 부피를 25라고 하면

$\text{압축비} = \frac{V_1}{V_2} = \frac{100}{25} = 4$

03 밀도가 0.4ton/m³인 쓰레기를 매립하기 위해 밀도 0.8ton/m³으로 압축하였다. 압축비는?

① 0.5 ② 1.5
③ 2.0 ④ 2.5

정답 ③

풀이 무게는 압축 전 후를 비교 하였을 때 동일하다.

- 압축 전

  부피 : 1m³

  무게 : $\frac{0.4ton}{m^3} \times 1m^3 = 0.4ton$

- 압축 후

  무게 : 0.4ton

  부피 : $0.4ton \times \frac{m^3}{0.8ton} = 0.5m^3$

- 압축비

  $\text{압축비} = \frac{V_1}{V_2} = \frac{1m^3}{0.5m^3} = 2$

04

제3절 | 파쇄

1 개요

(1) 폐기물의 입자를 작고 균일하게 처리하는 과정을 의미한다.

(2) 파쇄를 통해 균일혼합효과가 있고 특정 성분의 분리가 용이하다.

(3) 부피가 작아져 운반비가 감소하고 고밀도 매립을 할 수 있으며, 부피의 감소로 겉보기 비중이 증가한다.

(4) 파쇄를 통해 부식효과는 촉진되며 폐기물 입자의 표면적이 증가되어 미생물 작용이 촉진되어 매립시 조기안정화(지반침하방지)가 될수 있고 토양으로의 산화 및 환원작용이 빨라진다.

(5) 파쇄를 통해 조성을 균일하게 하여 정상 연소시 연소효율을 향상시킬 수 있고 조대 쓰레기에 의한 소각로의 손상을 방지할 수 있다.

예제

01 폐기물처리에서 "파쇄"의 목적과 거리가 먼 것은?

① 부식효과 억제
② 겉보기 비중의 증가
③ 특정 성분의 분리
④ 고체물질간의 균일혼합효과

정답 ①

풀이 파쇄는 부식효과를 촉진 시킨다.

02 폐기물을 파쇄시키는 목적으로 적합하지 않은 것은?

① 분리 및 선별을 용이하게 한다.
② 매립 후 빠른 지반침하를 유도한다.
③ 부피를 감소시켜 수송효율을 증대시킨다.
④ 비표면적이 넓어져 소각을 용이하게 한다.

정답 ②

풀이 파쇄를 함으로써 매립 후 지반침하를 방지한다.

2 파쇄의 종류

파쇄를 위한 3가지 힘은 충격력, 전단력, 압축력 등이다.

예제

폐기물의 파쇄작용이 일어나게 되는 힘의 3종류와 가장 거리가 먼 것은?

① 압축력
② 전단력
③ 원심력
④ 충격력

정답 ③

풀이 원심력은 해당하지 않는다.

(1) 전단파쇄기

① 고정칼, 회전칼과의 교합에 의하여 폐기물을 전단하는 파쇄기로 파쇄 후 폐기물의 입도가 거칠지만 파쇄물의 크기는 고르다.

② 투입구가 커서 트럭에서 직접 투하할 수 있으며 이물질의 혼입에 대하여 약하고 충격파쇄기에 비해 파쇄속도가 느린 편이며 왕복식, 회전식 등이 해당한다.

③ 충격식에 비해 처리용량이 작아 대량 연속 파쇄 부적합하고 분진, 소음, 진동이 적고 폭발 위험성이 낮다.

④ 주로 목재류, 플라스틱류 및 종이류를 파쇄하는데 이용되며 소각로 전처리에 많이 이용된다.

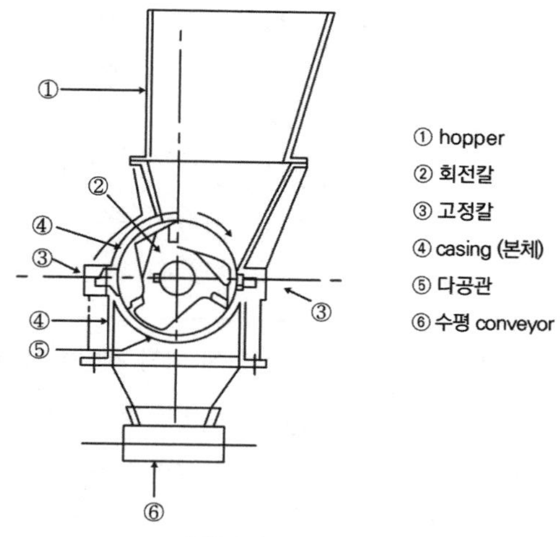

| 회전식 전단 파쇄기 |

예제

01 다음 중 고정날과 가동날의 교차에 의해 폐기물을 파쇄하는 것으로 파쇄속도가 느린 편이며, 주로 목재류, 플라스틱 및 종이류 파쇄에 많이 사용되고, 왕복식, 회전식 등이 해당하는 파쇄기의 종류는?

① 냉온파쇄기
② 전단파쇄기
③ 충격파쇄기
④ 압축파쇄기

정답 ②

02 전단파쇄기에 관한 설명으로 옳지 않은 것은?

① 고정칼, 왕복 또는 회전칼과의 교합에 의해 폐기물을 전단한다.
② 주로 목재류, 플라스틱류 및 종이류를 파쇄하는데 이용된다.
③ 파쇄물의 크기를 고리게 할 수 있다는 장점이 있다.
④ 충격파에 비해 파쇄속도가 빠르고 이물질의 혼입에 대하여 강하다.

정답 ④

풀이 이물질의 혼입에 대하여 약하다.

(2) 압축파쇄기

① 기계의 압착력을 이용하여 파쇄하는 장치로써 깨지기 쉬운 폐기물에 적합하며 나무나 플라스틱류, 콘크리트덩이, 건축폐기물의 파쇄에 이용되고 기타 폐기물은 압축효과만 있다.

② 마모가 적고, 비용이 적게 소요되는 장점이 있으나 고무, 연질플라스틱류의 파쇄는 어렵다.

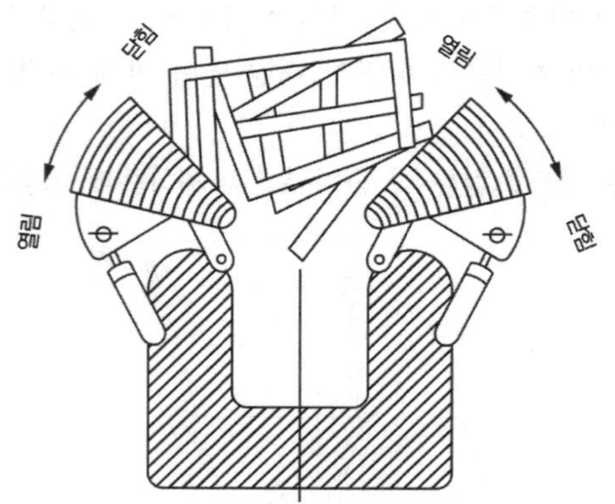

예제

다음은 파쇄기의 특성에 관한 설명이다. ( ) 안에 가장 적합한 것은?

( )는 기계의 압착력을 이용하여 파쇄하는 장치로써 나무나 플라스틱류, 콘크리트덩이, 건축폐기물의 파쇄에 이용되며, Rotary Mill식, Impact crucher 등이 있다. 이 파쇄기는 마모가 적고, 비용이 적게 소요되는 장점이 있으나 고무, 연질플라스틱류의 파쇄는 어렵다.

① 전단파쇄기
② 압축파쇄기
③ 충격파쇄기
④ 컨베이어 파쇄기

정답 ②

(3) 충격식 파쇄기

① 주로 회전식 파쇄기가 이용되며 해머(hammer)의 충격에 의해 파쇄가 이루어진다.

② 소각로 전처리에 많이 이용되며 대량 처리가 가능하다.

③ 이물질에 대한 대응성이 강하다.

④ 연성이 있는 물질에 부적합하며 파쇄시 분진, 소음, 진동의 발생이 많고 폭발 위험성이 높다.

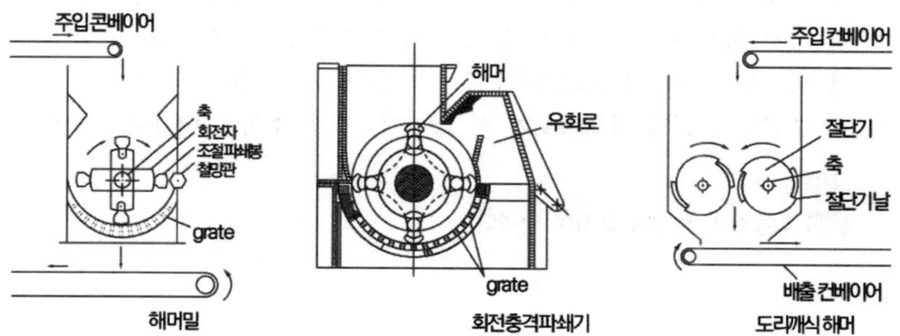

균등계수

$$\text{균등계수(균등계수(U)} = \frac{d_{60}}{d_{10}}\text{)}$$

- 유효입경(d_{10}) : 입도 누적곡선상의 10%에 상당하는 입경
- 균등계수(d_{60}) : 입도 누적곡선상의 60%입경과 유효입경의 비

제4절 I 소각과 열분해

1 소각

(1) 목적

감량화, 유기물 안정화, 안전화, 유효 에너지화 더불어 운송비 절감 및 매립 소요면적 감소 목적으로 한다.

(2) 소각의 특징

① 부패성 물질을 가장 위생적으로 처리할 수 있다.
② 부피감소율 95%, 무게감소율 80~90%까지 큰 감량 효과를 얻을 수 있다.
③ 부피의 감소로 매립지 소요면적 감소하고 유효 매립면적을 증대한다.
④ 유용한 에너지 및 열 회수가 가능하다.
⑤ 연소과정에서 유독물질을 분해한다.
⑥ 시설비 및 유지비용 많이 들고 재활용보다 경제성 낮다.
⑦ 대기오염 및 폭발사고 유발할 수 있다.

(3) 완전 연소 조건

① 연료와 공기가 충분히 혼합되어야 한다.
② 공기/연료비가 적절해야 한다.
③ 점화온도가 적정하게 유지되고 재의 방출이 최소화 될 수 있는 소각로 형태이어야 한다.
④ 완전연소를 위해 체류시간은 가능한 한 길어야 한다.
⑤ 3T : 시간(Time), 온도(Temperature), 혼합(Turbulence)
⑥ 3TO : 시간(Time), 온도(Temperature), 혼합(Turbulence), 산소(Oxygen)

예제

01 소각로에서 연소효율을 높일 수 있는 방법과 거리가 먼 것은?

① 공기와 연료의 혼합이 좋아야 한다.
② 온도가 충분히 높아야 한다.
③ 체류시간이 짧아야 한다.
④ 연료에 산소가 충분히 공급되어야 한다.

정답 ③

풀이 체류시간이 길수록 연소효율은 높아진다.

02 소각로에서 완전연소를 위한 3가지 조건(일명 3T)으로 옳은 것은?

① 시간-온도-혼합 ② 시간-온도-수분

③ 혼합-수분-시간 ④ 혼합-수분-온도

정답 ①

풀이 완전연소를 위한 조건은 아래와 같이 구분된다.

- 3T : 시간(Time), 온도(Temperature), 혼합(Turbulence)
- 3TO : 시간(Time), 온도(Temperature), 혼합(Turbulence), 산소(Oxygen)

2 소각로의 특징

(1) 고정상소각로

① 고정된 화상위에서 쓰레기를 태우는 방식이다.

② 플라스틱처럼 열에 열화, 용해되는 물질의 소각과 슬러지, 입자상물질의 소각에 적합하다.

③ 체류시간이 길고 교반력이 약하여 국부적으로 가열될 염려가 있다.

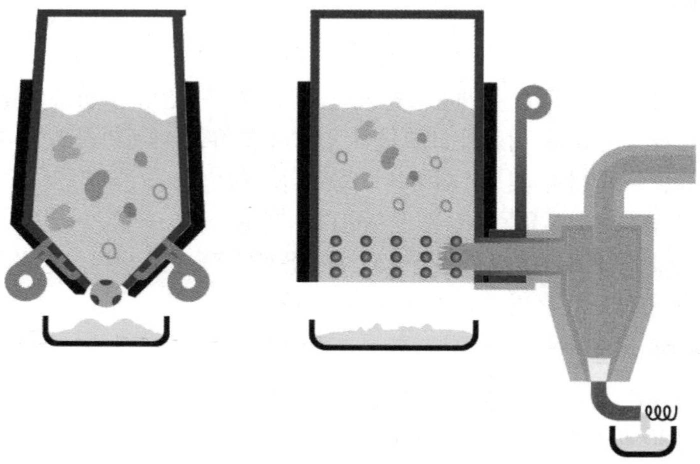

예제

화상위에서 쓰레기를 태우는 방식으로 플라스틱처럼 열에 열화, 용해되는 물질의 소각과 슬러지, 입자상물질의 소각에 적합하지만 체류시간이 길고 국부적으로 가열될 염려가 있는 소각로는?

① 고정상 ② 화격자

③ 회전로 ④ 다단로

정답 ①

(2) 화격자소각로(스토커식)

① 화격자를 이용한 소각방식으로 화격자는 주입된 폐기물을 이동시켜 적절히 연소되게 하고, 화격자 사이로 공기가 유통되도록 한다.
② 복동식과 흔들이식이 있으며 연속적인 소각과 배출이 가능하다.
③ 플라스틱과 같이 열에 쉽게 용융되는 물질의 연소에 적합하지 않다.
④ 수분이 많거나 발열량이 낮은 폐기물도 소각시킬 수 있다.
⑤ 체류시간이 길고 교반력이 약하여 국부가열의 우려가 있다.
⑥ 고온 중에서 기계적으로 구동하므로 금속부의 미모손실이 심한 편이다.
⑦ 과잉공기비가 1.6~2.5 정도로 높은 편이라 배출가스의 발생량도 많다.
⑧ 유동층소각로에 비해 분진발생량이 적고 노내 제거아 용이한편이며 내구성이 좋아 오래 사용할 수 있다.

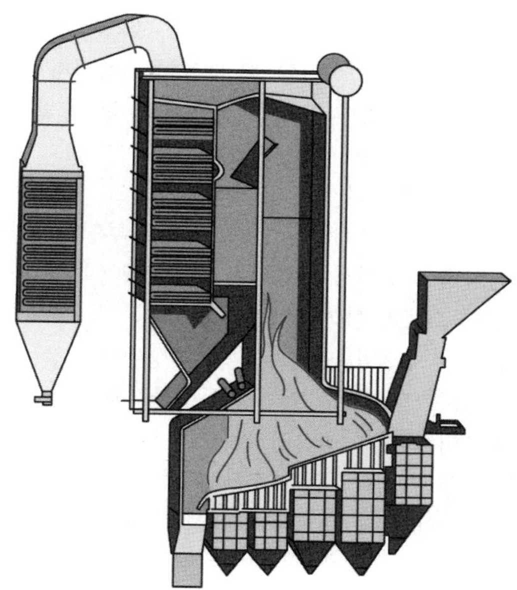

예제

01 화격자 연소기의 특징으로 거리가 먼 것은?

① 연속적인 소각과 배출이 가능하다.
② 체류시간이 짧고 교반력이 강하여 수분이 많은 폐기물의 연소에 효과적이다.
③ 고온 중에서 기계적으로 구동하므로 금속부의 미모손실이 심한 편이다.
④ 플라스틱과 같이 열에 쉽게 용해되는 물질에 의해 화격자가 막힐 염려가 있다.

정답 ②

풀이 체류시간이 길고 교반력이 약하여 국부가열의 우려가 있다.

02 **화격자 소각로의 장점으로 가장 적합한 것은?**

① 체류시간이 짧고 교반력이 강하다.
② 연속적인 소각과 배출이 가능하다.
③ 열에 쉽게 용해되는 물질의 소각에 적합하다.
④ 수분이 많은 물질의 소각에 적합하며, 금속부의 마모손실이 적다.

정답 ②

풀이 ① 체류시간이 길고 교반력이 약하다.
③ 열에 쉽게 용해되는 물질의 소각에 부적합하다.
④ 수분이 많은 물질의 소각에 적합하며, 금속부의 마모손실이 많다.

---

(3) 회전로소각로(로타리킬른)

① 원통형태의 2~5도 기울어진 소각로를 회전시키며 내부로 폐기물을 투입하고 투입된 폐기물은 회전하면서 중력에 의해 혼합과 이동, 소각이 일어나면서 출구로 이송된다(폐기물의 소각에 방해됨이 없이 연속적인 재 배출이 가능하다).
② 슬러지오니, 폐플라스틱, 피혁 등 넓은 범위의 액상 및 고상폐기물, 슬러지 상태의 유해폐기물에 적용한다(점착성이 있는 폐기물 처리 가능).
③ 예열이나 혼합 등 전처리가 거의 필요 없다.
④ 드럼이나 대형용기를 파쇄하지 않고 그대로 투입할 수 있다.
⑤ 공급장치의 설계에 있어서 유연성이 있다.
⑥ 습식가스세정시스템과 함께 사용할 수 있다.
⑦ 비교적 열효율이 낮으며, 먼지가 많이 발생된다.
⑧ 1400℃ 이상에서 가동할 수 있어서 독성물질의 파괴에 좋다.
⑨ 설치비가 높으며 특히 처리량이 적을 때 뚜렷하게 나타난다.
⑩ 대형폐기물로 인한 내화재의 파손 때문에 운용에 주의를 요한다.
⑪ 완전연소되기 전에 대기 중으로 부유성 물질이 배출될 수 있다.

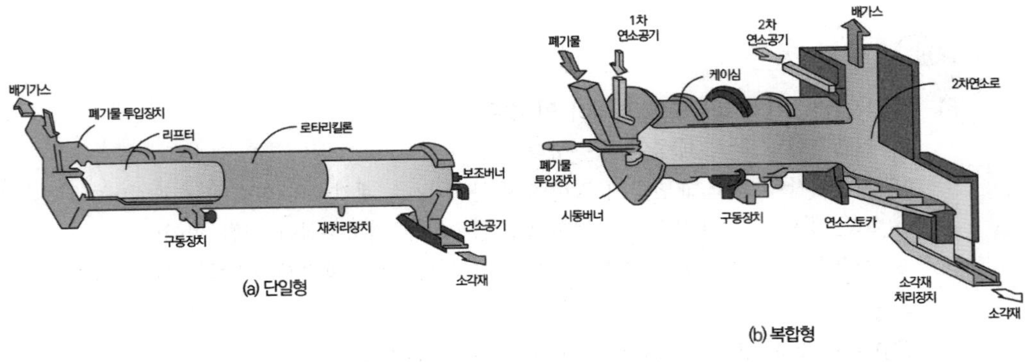

| 로타리킬른 소각의 구조 |

예제

다음 중 로타리킬른 방식의 장점으로 거리가 먼 것은?

① 열효율이 높고, 적은 공기비로도 완전 연소가 가능하다.
② 예열이나 혼합 등 전처리가 거의 필요 없다.
③ 드럼이나 대형용기를 파쇄하지 않고 그대로 투입할 수 있다.
④ 공급장치의 설계에 있어서 유연성이 있다.

정답 ①

풀이 열효율이 낮고, 적은 공기비로도 완전 연소가 어렵다.

---

(4) 다단로소각로

① 여러 단을 복수로 연결하여 각 단마다 온도를 다르게 하여 연소하는 방식의 소각로이다.
② 수분이 많은 저열량 폐기물이나 하수 슬러지, 분뇨 등 유기성 성분의 오니 등 적합하다.
③ 용융성이 있거나 고온에서 분해가 되는 폐기물, 대형폐기물 등에는 적합하지 않다.
④ 많은 연소영역이 있으므로 연소효율을 높일 수 있다.
⑤ 물리·화학적 성분이 다른 각종 폐기물을 처리할 수 있다.
⑥ 체류시간이 길어 온도반응이 더디다.
⑦ 휘발성분이 적은 폐기물의 연소에 유리하다.
⑧ 보조연료 사용조절이 어렵다.

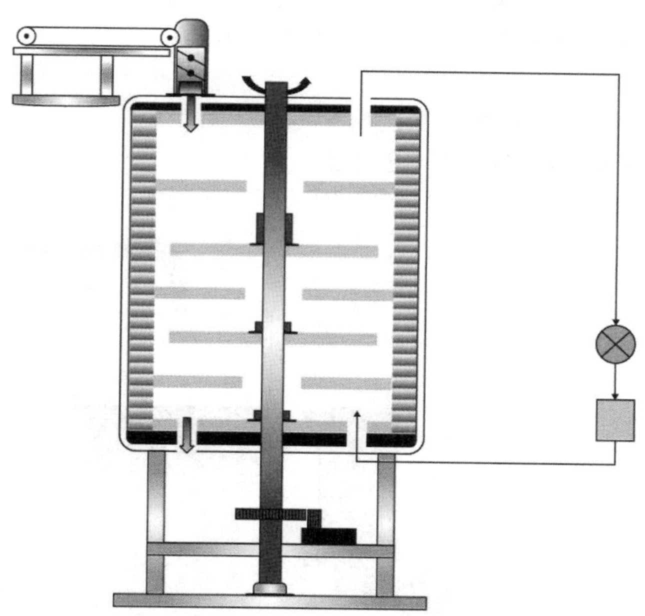

04

예제

소각로의 종류 중 다단로(Multple Hearth)의 특성으로 거리가 먼 것은?

① 다량의 수분이 증발되므로 수분함량이 높은 폐기물도 연소가 가능하다.
② 체류시간이 짧아 온도반응이 신속하다.
③ 많은 연소영역이 있으므로 연소효율을 높일 수 있다.
④ 물리·화학적 성분이 다른 각종 폐기물을 처리할 수 있다.

정답 ②

풀이 체류시간이 길어 온도반응이 더디다.

(5) 유동상소각로(유동층소각로)

① 노의 하부로부터 가스를 주입하여 모래를 가열시키고 위쪽에서는 폐기물을 주입하여 연소시키는 형태로 기계적 구동부가 적어 고장율이 낮으며(유지관리 용이), 슬러지나 폐유 등의 소각에 탁월한 성능을 가지는 소각로이다.
② 유동매체의 열용량이 커서 전소 및 혼소가 가능하다.
③ 소각로 내의 온도제어가 용이하여 국부가열로 인한 문제점이 발생하지 않는 편이다.
④ 연소효율이 높아 미연소분의 배출이 적고 2차 연소실이 불필요하다.
⑤ 과잉공기량이 적고 질소산화물도 적게 배출된다.
⑥ 유동매체의 손실이 있어 유지관리비가 많이 소요되고 유동매체에 의한 분진이 많이 발생된다.
⑦ 슬러지, 액상, 함수율이 높은 파쇄된 고형폐기물의 혼합 소각이 가능하다.
⑧ 큰 폐기물은 파쇄의 전처리를 거쳐야 한다.

> 유동상의 매질이 갖추어야 할 조건
> 불활성, 내마모성, 작은 비중, 높은 융점

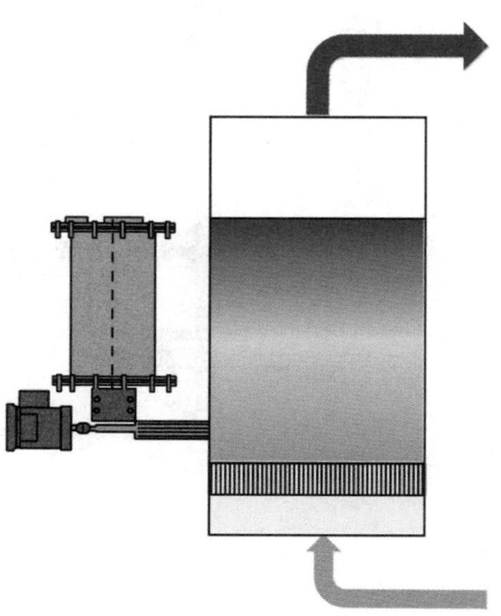

예제

01 유동상 소각로에서 유동상 매질이 갖추어야 할 특성으로 거리가 먼 것은?

① 불활성 일 것
② 내마모성 일 것
③ 융점이 낮을 것
④ 비중이 작을 것

정답 ③

풀이 융점이 높아야 한다.

02 장치 아래쪽에서는 가스를 주입하여 모래를 가열시키고 위쪽에서는 폐기물을 주입하여 연소시키는 형태로 기계적 구동부가 적어 고장율이 낮으며, 슬러지나 폐유 등의 소각에 탁월한 성능을 가지는 소각로는?

① 고정상 소각로
② 화격자 소각로
③ 유동상 소각로
④ 열분해 소각로

정답 ③

04

폐기물 소각시설의 후연소실

- 주연소실에서 생성된 휘발성 기체는 후연소실로 흘러들어 연소된다.
- 깨끗하고 가연성인 액상 폐기물은 바로 후연소실로 주입될 수 있다.
- 연기내의 가연성분의 완전산화를 위해 후연소실은 충분한 양의 잉여 공기가 공급되어야 한다.
- 후연소실 내의 온도는 주연소실의 온도보다 보통 높게 유지한다.

다이옥신 생성방지 및 제거 대책

- 소각로의 온도를 850℃ 이상으로 고온 유지해야 한다.
- 소각로의 상부에 2차 연소로를 설치하여 연소 가스의 체류시간 증가시킨다.
- 다이옥신 함유 배기가스 촉매층을 통과하면서 촉매와 반응하여 H_2O, CO_2, 미량의 HCl로 산화분해시키는 In-Duct SCR을 적용한다.
- 다공성 활성탄을 주입과 함께 여과집진시설을 설치한다

3 발열량 및 소각율

(1) 폐기물의 발열량

① 발열량은 연료의 단위량(기체연료는 $1Sm^3$, 고체와 액체연료는 1kg)이 완전연소 할 때 발생하는 열량(kcal)이다.

② 고위발열량은 폐기물 중의 수분 및 연소에 의해 생성된 수분의 응축열을 포함하는 열량이다.

③ 실제연소시설에는 고위발열량에서 응축열을 공제한 잔여열량이 유효하게 이용된다(소각로의 설계기준이 되는 진발열량 : 저위발열량).

④ 열량계로 측정되는 열량은 고위발열량이다.

⑤ 폐기물의 발열량을 측정하기 위한 열량계(주로 Bomb calorimeter)로 측정되는 열량은 고위발열량이다.

예제

01 연료의 발열량에 관한 설명으로 옳지 않은 것은?

① 연료의 단위량(기체연료 1Sm³, 고체및 액체연료 1kg)이 완전연소할 때 발생하는 열량(kcal/kg)을 발열량이라 한다.

② 발열량은 열량계로 측정하여 구하거나 연료의 화학성분 분석결과를 이용하여 이론적으로 구할 수 있다.

③ 저위발열량은 총발열량이라고도 하며 연료 중의 수분 및 연소에 의해 생성된 수분의 응축열을 포함한 열량이다.

④ 실제 연소에 있어서는 연소 배출가스중의 수분은 보통 수증기 형태로 배출되어 이용이 불가능하므로 발열량에서 응축열을 제외한 나머지 열량이 유효하게 이용된다.

정답 ③

풀이 고위발열량은 총발열량이라고도 하며 연료 중의 수분 및 연소에 의해 생성된 수분의 응축열을 포함한 열량이다.

02 통상적으로 소각로의 설계기준이 되는 진발열량을 의미하는 것은?

① 고위발열량
② 저위발열량
③ 고위발열량과 저위발열량의 기하평균
④ 고위발열량과 저위발열량의 산술평균

정답 ②

---

(2) 발열량 산출방법

① 물리적 조성에 의한 방법

- 저위발열량(Hl) = 고위발열량(Hh) − 물의 증발잠열(△Hv)
- 액체, 고체 : Hl = Hh − 600(9H + W)
  Hl = Hh − 6(9H + W) (백분율 이용시)
- 기체 : Hh − 480 × $\sum i H_2O$

✱ 증발잠열 : 1kg의 액체를 일정한 압력에서 증발시키는데 필요한 열량(kcal)

예제

중량비로 수소가 15%, 수분이 1% 함유되어 있는 중유의 고위발열량이 13,000kcal/kg이다. 이 중유의 저위발열량은?

① 11,368kcal/kg
② 11,976kcal/kg
③ 12,025kcal/kg
④ 12,184kcal/kg

정답 ④

풀이 액체와 고체연료의 저위발열량 계산식

저위 발열량 = 고위발열량 − 물의 증발잠열
= 고위발열량 − 600(9H + W)

$\therefore H_l = 13,000 - 600(9 \times \frac{15}{100} + \frac{1}{100}) = 12,184$kcal/kg

② 원소분석에 의한 방법 – 듀롱(Dulong)의 식

$$Hh = 8100C + 34250(H - \frac{O}{8}) + 2250S(Kcal/kg)$$

✱ 열량(1cal) : 표준기압에서 물1g을 14.5℃에서 15.5℃상승까지 1℃ 상승시키는데 필요한 열량

✱ 유효발열수소 : $\left(H - \frac{O}{8}\right)$로 연료의 발열량에 기여하는 수소로 수소 중 물로 전환되는 비율을 뺀 값이다.

③ 연소실 열부하율(열발생율)

$$열부하율(kcal/m^3 \cdot h) = \frac{총량(연소량) \times 열량}{V} = \frac{W(kg/h) \times Hl(kcal/kg)}{V(m^3)}$$

④ 열효율

- $\eta = \frac{유효출열}{입열} \times 100$
- 입열 = 연소온도 + 슬러지온도
- 유효출열 = 입열 − 출열(배기온도)

예제

01 쓰레기 소각로의 소각능력이 120kg/m² · hr인 소각로가 있다. 하루에 8시간씩 가동하여 12,000kg의 쓰레기를 소각하려고 한다. 이 때 소요되는 화격자의 넓이는 몇 m²인가?

① 11.0　② 12.5
③ 14.0　④ 15.5

정답 ②

풀이 $소각률 = \frac{소각량}{면적} \rightarrow \frac{120kg}{m^2 \cdot hr} = \frac{12,000kg}{day} \times \underset{day \rightarrow hr}{\frac{1day}{8hr}} \times \frac{1}{\square}$

$\therefore \square = \frac{12,000kg}{day} \times \frac{1day}{8hr} \times \frac{m^2 \cdot hr}{120kg} = 12.5m^2$

02 쓰레기 발생량이 24,000kg/day이고 발열량이 500kcal/kg이라면 로내 열부하가 50,000kcal/m³ · hr인 소각로의 용적은? (단, 1일 가동시간은 12hr이다.)

① 20m³　② 40m³
③ 60m³　④ 80m³

정답 ①

풀이 $열부하\frac{kcal}{m^3 \cdot hr} = \frac{시간당발열량}{용적}$

$\frac{50,000kcal}{m^3 \cdot hr} = \frac{24,000kg}{day} \times \frac{500kcal}{kg} \times \frac{1day}{12hr} \times \frac{1}{\square m^3}$

$\therefore \square = 20m^3$

4 열분해

(1) 공기가 부족한 상태(무산소분위기)에서 폐기물에 외부 열원을 공급(흡열반응)시켜 가스, 액체 및 고체 상태의 연료를 생산하는 공정을 열분해 방법이라 부른다.

(2) 열분해 방법 중 저온법(500~900℃)에서는 Tar, Char 및 액체상태의 연료가 보다 많이 생성되고 고온법(1100~1500℃)에서는 가스상태의 연료가 많이 생성된다.

(3) 배기가스량이 적고 NOx 발생량도 적다.

(4) 소각에 비해 반응성이 떨어지며 열분해 생성물이 질과 양의 안정적 확보가 어렵다.

예제

01 소각에 비하여 열분해 공정의 특징이라고 볼 수 없는 것은?

① 무산소 분위기 중에서 고온으로 가열한다.
② 액체 및 기체상태의 연료를 생성하는 공정이다.
③ NOx 발생량이 적다.
④ 열분해 생성물이 질과 양의 안정적 확보가 용이하다.

정답 ④

풀이 열분해 생성물이 질과 양의 안정적 확보가 어렵다.

02 폐기물의 열분해에 관한 설명으로 옳지 않은 것은?

① 공기가 부족한 상태에서 폐기물을 연소시켜 가스, 액체 및 고체 상태의 연료를 생산하는 공정을 열분해 방법이라 부른다.
② 열분해에 의해 생성되는 액체 물질은 식초산, 아세톤, 메탄올, 오일 등이다.
③ 열분해 방법 중 저온법에서는 Tar, Char 및 액체상태의 연료가 보다 많이 생성된다.
④ 저온 열분해는 1100~1500℃에서 이루어진다.

정답 ④

풀이 저온 열분해는 500~900℃에서 이루어진다.

제5절 I 유해폐기물의 처리

1 폐기물의 고형화 처리

(1) 개요

① 고형화: 폐기물에 고형화재를 첨가함으로써 고형화 과정 진행되는 동안 폐기물의 물리적 성질을 변화시키는 공정이다.
② 슬러지의 부피증가로 처분비용하며, 운반비용 증가한다.
③ 고형화에 의해 토목 및 건축재료로 자원화가 가능하다.
④ 폐기물을 물리적으로 고립시킨다.
⑤ 폐기물을 화학적으로 안정화시킨다.
⑥ 폐기성분의 자연계 유출을 지연시킨다.

예제

01 폐기물을 안정화 및 고형화 시킬 때의 폐기물의 전환특성으로 거리가 먼 것은?

① 오염물질의 독성 증가
② 폐기물 취급 및 물리적 특성 향상
③ 오염물질이 이동되는 표면적 감소
④ 폐기물 내에 있는 오염물질의 용해성 제한

정답 ①

풀이 폐기물을 안정화 및 고형화 시 오염물질의 독성은 감소해야 한다.

02 밀도가 1g/cm³인 폐기물 10kg에 고형화 재료 2kg을 첨가하여 고형화 시켰더니 밀도가 1.2g/cm³로 증가했다. 이 경우 부피변화율은?

① 0.7　　② 0.8　　③ 0.9　　④ 1.0

정답 ④

풀이 $\text{밀도}(\rho) = \frac{\text{질량}(g)}{\text{부피}(cm^3)} \rightarrow \text{부피}(cm^3) = \frac{\text{질량}(g)}{\text{밀도}(\rho)}$

- 고형화 재료 첨가 전 부피(V_1)

$$V_1(cm^3) = \frac{10,000g}{1.0g/cm^3} = 10,000cm^3$$

- 고형화 재료 첨가 후 부피(V_2)

$$V_2(cm^3) = \frac{12,000g}{1.2g/cm^3} = 10,000cm^3$$

- 부피변화율 산정

$$\text{부피변화율} = \frac{V_2}{V_1} \rightarrow \text{부피변화율} = \frac{10,000}{10,000} = 1$$

---

(2) 고형화 처리의 특성

① 유기성 고형화

- 요소수지, 폴리에스테르, 아스팔트, 포름알데히드 등의 유기성 고형화재료를 이용한 방법이다.
- 수밀성이 매우 크며, 다양한 폐기물에 적용이 가능하다.
- 폐기물의 특정 성분에 의한 중합체 구조의 장기적인 약화가능성이 존재한다.
- 미생물 및 자외선에 대한 안정성이 약하다.

예제

폐기물의 고형화 처리 시 유기성 고형화에 관한 설명으로 가장 거리가 먼 것은?(단, 무기성 고형화와 비교 시)

① 수밀성이 매우 크며, 다양한 폐기물에 적용이 가능하다.
② 미생물 및 자외선에 대한 안정성이 강하다.
③ 최종 고화체의 체적 증가가 다양하다.
④ 폐기물의 특정 성분에 의한 중합체 구조의 장기적인 약화가능성이 존재한다.

정답 ②

풀이 미생물 및 자외선에 대한 안정성이 약하다.

---

② 무기성 고형화

- 시멘트, 석회, 포졸란, 점토 등의 무기성 고형화재료를 이용한 방법이다.
- 수용성이 작고, 수밀성이 양호하다.
- 고화재료 구입이 용이하며, 재료가 무독성이다.
- 상온, 상압에서 처리가 용이하다.
- 고도의 기술이 필요하지 않으며, 촉매 등 유해물질이 사용되지 않는다.
- 다양한 산업폐기물에 적용이 가능하다.

예제

01 무기성 고형화에 대한 설명으로 가장 거리가 먼 것은?

① 다양한 산업폐기물에 적용이 가능하다.
② 수밀성과 수용성이 높아 다양한 적용이 가능하나 처리 비용은 고가이다.
③ 고형화 재료에 따라 고화체의 체적 증가가 다양하다.
④ 상온 및 상압하에서 처리가 가능하다.

정답 ②

풀이 유기성고형화는 수밀성이 높아 다양한 적용이 가능하나 처리 비용은 고가이다.

02 유해폐기물을 "무기적 고형화"에 의한 처리방법에 관한 특성비교로 옳지 않은 것은? (단, 유기적 고형화 방법과 비교)

① 고도의 기술이 필요하며, 촉매 등 유해물질이 사용된다.
② 수용성이 작고, 수밀성이 양호하다.
③ 고화재료 구입이 용이하며, 재료가 무독성이다.
④ 상온, 상압에서 처리가 용이하다.

정답 ①

풀이 고도의 기술이 필요하지 않으며, 촉매 등 유해물질이 사용되지 않는다.

---

(3) 주요 고형화처리법의 종류

① 시멘트법

- 가장 널리 사용되는 방법 중 하나로 포틀랜드시멘트($CaO \cdot SiO_2$)를 이용한다.
- 고농도의 중금속 폐기물처리에 적합한 방법이다.
- 폐기물 내에 고형물질이 많게 되면 최대강도를 내기 위한 물/시멘트비는 증가하게 된다.
- 시멘트혼합물 첨가제로 점토와 액상 규산소다가 이용된다.
- 중금속이온이 탄산염이나 불용성의 수산화물로 침전된다.

② 석회기초법

- 석회와 포졸란과 폐기물을 함께 혼합하여 고형화 폐기물과 소각재를 동시에 처리한다.
- 가격이 매우 싸고 널리 이용되고 있다.
- 탈수가 필요치 않는 경우가 많다.
- 최종처분 물질의 양이 증가한다.
- pH가 낮아지면 폐기물 성분의 용출 가능성이 높다.

③ 자가시멘트

- 배연탈황 후 발생되는 슬러지를 처리할 때 많이 이용되는 방법으로 폐기물 안에 $CaSO_4$와 $CaCO_3$가 포함되어 있어 스스로 고형화되는 성질을 이용한 고화처리 방법이다.
- 혼합율이 낮다.
- 중금속의 저지에 효율적이다.
- 탈수 등 전처리가 필요 없다.
- 보조 에너지가 필요하다.

④ 열가소성 플라스틱법

- 폴리에틸렌과 같은 열가소성의 플라스틱재료를 이용하여 고온에서 폐기물과 혼합시킨 후 냉각시켜 고형화하는 방법이다.
- 용출 손실률은 시멘트기초법에 비해 상당히 낮다.
- 대부분 매트릭스 물질은 수용액의 침투에 저항성이 매우 크다.
- 고형화처리된 폐기물 성분을 회수하여 재활용할 수 있다.
- 높은 온도에서 분해되는 물질은 원칙적으로 사용되지 않는다.
- 폐기물의 건조, 화재 위험성이 높고 에너지 요구량이 크다.

04

(4) 고형화 연료(RDF)

① 폐기물 중의 가연성 물질만을 선별하여 함수율, 불순물, 입경 등을 조절하여 고온으로 압축하여 만든 재활용 연료를 의미한다.

② 폐기물 고체연료(RDF)의 구비조건

- 열량이 높아야 한다.
- 대기오염이 적어야 한다.
- 성분 배합률이 균일해야 한다.
- 함수율은 낮아야 한다.
- 염소함량이 낮아야 한다.
- 균질성이어야 한다.
- 미생물 분해가 불가능해야 하며, 재의 함량이 낮아야 한다.

예제

폐기물 고체연료(RDF)의 구비조건으로 옳지 않은 것은?

① 열량이 높을 것　② 함수율이 높을 것
③ 대기오염이 적을 것　④ 성분 배합률이 균일할 것

정답 ②

풀이 함수율이 낮을 것

③ RDF를 이용한 소각의 특징

- 소각로에서 사용할 경우 부식발생으로 수명이 단축될 수 있다.
- 부패하기 쉬운 유기물질로 구성되어 있기 때문에 수분 함량이 증가하면 부패한다.
- RDF 소각로의 경우 시설비 및 동력비가 저렴하지 않으며, 운전이 까다롭다.

2 용매추출법

(1) 개요

① 특정성분을 잘 용해시키는 유기성용매를 이용하여 특정성분을 녹여 추출해내는 방법이다.
② 미생물로 분해시키기 어려운 물질이 함유된 폐기물에 적합한 기술이다.
③ 활성탄을 이용하여 흡착하기에 농도가 너무 높은 폐기물에 적합한 기술이다.
④ 용매는 증류 등에 의한 방법으로 회수가 가능하여야 한다.

(2) 용매추출에 사용되는 용매의 선택기준

① 분배계수가 높아 선택성이 클 것
② 물에 대한 용해도가 낮을 것
③ 끓는점이 낮고 회수성이 높을 것
④ 밀도가 물과 다를 것

예제

폐기물의 물리화학적 처리방법 중 용매추출에 사용되는 용매의 선택기준이 옳은 것만으로 묶어진 것은?

ⓐ 분배계수가 높아 선택성이 클 것	ⓑ 끓는점이 높아 회수성이 높을 것
ⓒ 물에 대한 용해도가 낮을 것	ⓓ 밀도가 물과 같을 것

① ⓐ, ⓑ　　② ⓐ, ⓒ
③ ⓑ, ⓒ　　④ ⓑ, ⓓ

정답 ②

풀이 ⓑ 끓는점이 낮아 회수성이 높을 것
ⓓ 밀도가 물과 다를 것

3 펜톤산화

(1) 침출수 중의 난분해성 유기물의 처리에 이용된다.

(2) 펜턴반응은 펜턴시약(과산화수소 + 철염)을 이용한 난분해성 유기물질의 산화반응이다.

제6절 | 슬러지처리

1 슬러지 개요

(1) 슬러지 처리계통

농축 → 소화(안정화) → 개량 → 탈수 → 최종처분

(2) 슬러지의 구성

① 슬러지(SL) = 고형물(TS) + 수분(W)
② 고형물(TS) = 유기물(VS) + 무기물(FS)
③ 슬러지(SL) = 유기물(VS) + 무기물(FS) + 수분(W)

예제

01 슬러지 처리공정 단위조작으로 가장 거리가 먼 것은?

① 혼합 ② 탈수 ③ 농축 ④ 개량

정답 ①

풀이 슬러지 처리공정은 슬러지 → 농축 → 소화 → 개량 → 탈수 → 소각 → 매립이다.

02 건조 전 슬러지 무게가 150g 이고, 항량으로 건조한 후의 무게가 35g이었다면 이 때 수분의 함량(%)은?

① 46.7 ② 56.7 ③ 66.7 ④ 76.7

정답 ④

풀이 건조과정을 거쳐 수분이 증발하였으므로 건조 전후의 무게차를 이용하여 계산한다.

$$\frac{150-35}{150} \times 100 = 76.6666\%$$

2 비중과의 관계

$$\frac{SL}{\rho_{SL}} = \frac{TS}{\rho_{TS}} + \frac{W}{\rho_w}$$

$$\frac{SL}{\rho_{SL}} = \frac{FS}{\rho_{FS}} + \frac{VS}{\rho_{VS}} + \frac{W}{\rho_w}$$

SL : 슬러지의 양 / VS : 휘발분의 양 / FS : 회분의 양 / W : 수분의 양 / ρ_{SL}: 슬러지의 비중 / ρ_{VS}: 휘발분의 비중 / ρ_{FS}: 회분의 비중 / ρ_w: 수분의 비중

3 농축

(1) 특징

① 농축은 용매(수분)가 제거되어 용질(고형물)의 농도가 높아지는 것을 의미한다.

② 수분의 제거와 고형물의 회수율을 높일 수 있다.

③ 슬러지의 부피가 감소되므로 슬러지 수송의 경우 수송관과 펌프의 용량이 적어도 가능하다.

④ 슬러지 개량에 소모되는 약품이 적게 들어 처리비용이 절감된다.

⑤ 후속 처리시설인 소화조 내에서 미생물과 양분이 잘 접촉할 수 있으므로 효율이 증대된다.

(2) 중력식 농축

① 장점

- 구조가 간단하고, 유지관리가 용이하다.
- 1차 슬러지 농축에 적합하다.
- 저장과 농축이 동시에 가능하다.
- 약품을 사용하지 않는다.
- 동력비가 적게 든다.

② 단점
- 악취가 발생한다.
- 잉여 슬러지의 농축에 부적합하다.
- 부득이 잉여 슬러지를 농축하게 되는 경우 넓은 소요면적을 요한다.

③ 특징
- 슬러지 무기물 함량이 높을수록 농축효율이 높아진다.
- 슬러지의 온도가 높을수록 고형물 회수율이 낮아진다.

(3) 원심분리 농축

① 장점
- 소요면적이 적게 필요하다.
- 잉여슬러지 농축에 효과적이다.
- 운전조작이 용이하다.
- 악취 발생이 적다.
- 연속운전이 가능하다.
- 고농도로 농축이 가능하다.

② 단점
- 시설비와 유지관리비가 고가이다.
- 유지관리가 어렵다.

(4) 부상식 농축

① 장점
- 잉여슬러지 농축에 효과적이다.
- 고형물회수율이 높은 편이며 약품 주입없이 사용가능 하다.

② 단점
- 유지관리를 위한 동력비가 많이 소요된다.
- 소요되는 면적이 넓은 편이며 악취 문제가 발생하기 쉽다.

예제

농축대상 슬러지량이 500m³/day이고, 슬러지의 고형물 농도가 15g/L일 때, 농축조의 고형물 부하를 2.5kg/m²·hr로 하기 위해 필요한 농축조의 면적(m²)은? (단, 슬러지의 비중은 1.0이고, 24시간 연속가동 기준이다.)

① 110 ② 125

③ 140 ④ 155

정답 ②

풀이 고형물의 면적부하 = 고형물 부하량/면적

$$\frac{\frac{500m^3}{day} \times \frac{15g}{L} \times \frac{kg}{10^3g} \times \frac{10^3L}{m^3} \times \frac{day}{24hr}}{\square m^2} = 2.5kg/m^2 \cdot hr$$

∴ □ = 125m²

4 소화

(1) 목적

① 안정화, 감량화, 안전화
② 고형물이 감소되지만 수분함량도 낮아진다.
③ 유기물을 분해시켜 안정화한다(안정화).
④ 슬러지의 무게와 부피가 감소된다(감량화).
⑤ 병원균을 사멸할 수 있다(보건학적 안전화).

(2) 소화조 설계시 고려할 사항

① 고형물부하(소화조/농축조)

$$\text{고형물 부하}(\text{kg/m}^2\cdot\text{day}) = \frac{C\cdot Q}{A}$$

C: 농도 / Q: 유량 / A: 면적

② 소화조의 성능(소화율)계산

$$\eta = \left(1 - \frac{VS_2/FS_2}{VS_1/FS_1}\right) \times 100$$

예제

혐기성 소화탱크에서 유기물 80%, 무기물 20%인 슬러지를 소화처리하여 소화슬러지의 유기물이 50%, 무기물이 50%가 되었다. 소화율은?

① 35%
② 45%
③ 50%
④ 75%

정답 ④

풀이 $\eta = \left(1 - \frac{VS_2/FS_2}{VS_1/FS_1}\right) \times 100$

$\eta = \left(1 - \frac{50/50}{80/20}\right) \times 100 = 75\%$

---

(3) 호기성 소화

① 호기성 소화과정: 유기물 + 산소 → 물 + 이산화탄소
② 초기 시공비가 낮고 처리된 슬러지에서 악취가 나지 않는 편이다.
③ 포기를 위한 동력요구량 때문에 운영비가 높다.
④ 겨울철은 처리효율이 떨어지는 편이다.
⑤ 상징수의 BOD 농도가 낮다.

(4) 혐기성소화

① 혐기성 소화과정: 산생성균 + 유기물 → 유기산 + 메탄균 → 메탄 + 이산화탄소

② 혐기성 소화조의 운전조건

- CH_4 발생 최적 pH: 약알칼리성 상태 (pH 7~8)로 알칼리도는 최소 1000~5000mg/L
- 온도: 중온(35℃)과 고온(55℃)이 있으며 일반적으로 중온상태의 소화를 많이 사용한다.

③ 슬러지의 혐기성 소화처리 특징

- 병원균을 죽이거나 통제할 수 있다.
- 호기성 소화보다 소화속도가 느려 많은 시간이 필요하다.
- 미생물의 성장속도가 느리다.
- 암모니아와 H_2S에 의한 악취 발생의 문제가 크다.
- 운전조건의 변화에 따른 적응시간이 길다.
- 혐기성소화슬러지는 탈수성이 좋으며 탈수 후 슬러지 발생량을 감소시킬 수 있다.
- 메탄가스와 같은 가치있는 부산물을 얻을 수 있다.

예제

폐수 슬러지를 혐기적 방법으로 소화시키는 목적으로 거리가 먼 것은?

① 유기물을 분해시킴으로써 슬러지를 안정화시킨다.
② 슬러지의 무게와 부피를 증가시킨다.
③ 이용가치가 있는 부산물을 얻을 수 있다.
④ 유해한 병원균을 죽이거나 통제할 수 있다.

정답 ②

풀이 슬러지의 무게와 부피를 감소시킨다.

혐기성 소화조 운영 중 소화가스 발생량 저하 원인

- 소화조 내 온도저하
- 소화조 내의 pH 상승(8.5 이상)
- 과다한 유기산 생성
- 유기물의 부하가 낮을 때

5 개량

(1) 슬러지의 개량은 탈수성 향상에 목적이 있다.

(2) 약품처리, 열처리, 세정, 동결 등의 방법이 있다.

예제

01 폐수처리 공정에서 발생되는 슬러지를 혐기성으로 소화시키는 목적과 가장 거리가 먼 것은?

① 유해중금속 등의 화학물질을 분해시킨다.
② 슬러지의 무게와 부피를 감소시킨다.
③ 이용가치가 있는 부산물을 얻을 수 있다.
④ 병원균을 죽이거나 통제할 수 있다.

정답 ①

풀이 유해중금속 등의 화학물질은 소화공정에서 분해되지 않는다.

02 다음 중 슬러지 개량(conditioning) 방법에 해당하지 않는 것은?

① 슬러지 세척　② 열관리
③ 약품처리　④ 관성분리

정답 ④

풀이 슬러지의 개량은 탈수성 향상에 목적이 있으며, 약품처리, 열처리, 세정, 동결 등의 방법이 있다.

6 탈수

(1) 슬러지의 수분 형태

① 슬러지 건조시 간극수 → 모관결합수 → 간극모관결합수 → 쐐기상모관결합수 → 표면부착수 → 내부수 순서로 증발된다.

② **결합강도**: 내부수>표면부착수>쐐기상모관결합수>간극모관결합수>모관결합수>간극수

③ **간극수(공극수)**: 슬러지 내의 수분 중 일반적으로 가장 많은 양을 차지하며 고형물질과 직접 결합해 있지 않기 때문에 농축등의 방법으로 용이하게 분리할 수 있는 수분이다.

④ **모관결합수(갈라진 틈을 채우고 있는)**: 미세한 슬러지 고형물의 입자사이의 얇은 틈에 존재하는 수분으로 모세관압으로 결합되어 있는 수분이다. 원심력, 진공압 등 기계적 압착으로 분리시킨다.

⑤ **간극모관결합수**: 슬러지 입자에 둘러싸인 공간을 채우고 있는 모관결합수이다.

⑥ **쐐기상의 모관결합수**: 모세관압에 의해 슬러지 입자와 슬러지 입자를 쐐기상으로 결합시키고 있는 모관결합수이다.

⑦ **표면부착수**: 슬러지 입자표면에 부착되어 있는 수분으로 미세슬러지나 콜로이드상 입자와 결합되어 있는 수분으로 소수성콜로이드인 경우 전해질의 주입으로 전하를 중화하고 입자간에 응결시켜 Floc을 만들어 제거할 수 있다.

⑧ **내부수**: 슬러지 입자를 구성하는 세포의 세포액으로 존재하는 수분으로 세포를 파괴해야 분리할 수 있는 수분으로 생물학적 분해 또는 세포막 파괴 등으로 분리할 수 있으며 기계적인 외력에 의해서는 분리가 불가능하다.

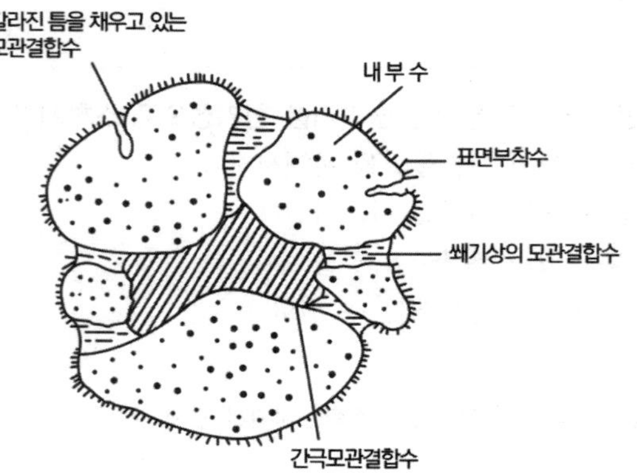

예제

슬러지 내 물의 존재 형태 중 다음 설명으로 가장 적합한 것은?

큰 고형물질입자 간극에 존재하는 수분으로 가장 많은 양을 차지하며 고형물과 직접 결합해 있지 않기 때문에 농축 등의 방법으로 용이하게 분리할 수 있다.

① 모관결합수　　② 내부수
③ 부착수　　④ 간극수

정답 ④

풀이 간극수 → 모관결합수 → 표면부착수 → 내부수 순서로 증발된다.

(2) 농축 · 탈수에 적용되는 고형물(TS)의 물질수지

① 건조 전 고형물 무게 = 건조 후 고형물 무게

$$SL_1(1-X_1) = SL_2(1-X_2)$$

SL_1 : 건조 전 슬러지무게 / SL_2 : 건조 후 슬러지무게

X_1 : 건조 전 수분함량 / X_2 : 건조 후 수분함량

② 수분량 = 건조 전 슬러지 무게 − 건조한 후 슬러지 무게

$$W = SL_1 - SL_2$$

여과비저항

고형물과 물 사이의 결합정도를 나타내는 용어로 여과비저항이 클수록 고형물과 물과의 결합력이 강해 탈수성은 낮다.

예제

01 슬러지나 분뇨의 탈수 가능성을 나타내는 것은?

① 균등계수 ② 알칼리도
③ 여과비저항 ④ 유효경

정답 ③

풀이 여과비저항 : 고형물과 물 사이의 결합정도를 나타내는 용어로 여과비저항이 클수록 고형물과 물과의 결합력이 강해 탈수성은 낮다.

02 함수율 25%인 쓰레기를 건조시켜 함수율이 20%인 쓰레기로 만들려면 쓰레기 1ton당 약 얼마의 수분을 증발시켜야 하는가?

① 62.5kg ② 66.5kg
③ 80.5kg ④ 100kg

정답 ①

풀이 $SL_1(1 - X_1) = SL_2(1 - X_2)$

$1000kg(1 - 0.25) = SL_2(1 - 0.20)$

$SL_2 = 937.5kg$

∴ 증발시켜야 할 수분 $= SL_1 - SL_2 = 1000 - 937.5 = 62.5kg$

---

(3) 함수율과 슬러지의 부피 변화

① 함수율

$$함수율 = \left(\frac{건조전무게 - 건조후무게}{건조전무게}\right) \times 100$$

② 함수율과 슬러지의 부피 변화

$$SL_1(1 - X_1) = SL_2(1 - X_2)$$

③ 평균 함수율의 산정

EX 평균 함수율을 구하시오.

성분	구성비(%)	함수율(%)
음식물류	40	80
종이류	35	10
플라스틱류	15	4
정원쓰레기	10	56

① 35.9% ② 37.1% ③ 39.7% ④ 41.7%

정답 ④

풀이 $$\frac{(40 \times 80) + (35 \times 10) + (15 \times 4) + (10 \times 56)}{100} = 41.7\%$$

예제

소화 슬러지의 발생량은 투입량의 15%이고 함수율 90%이다. 탈수기에서 함수율을 70%로 한다면 케이크의 부피(m^3)는? (단, 투입량은 150kL이다.)

① 7.5
② 8.7
③ 9.5
④ 10.7

정답 ①

풀이 $150kL(=m^3) \times \frac{10_{-TS}}{100_{-SL}} \times \frac{15}{100} \times \frac{100_{-cake}}{30_{-TS}} = 7.5m^3$

---

(4) 슬러지 건조상

① 전형적인 구조는 두께가 20~40cm인 자갈로 된 층 위에 깊이가 10~20cm인 모래층이 위치하도록 하는 구조로 외부의 열원으로 슬러지를 건조하는 장치이다.
② 설계를 위한 고려사항으로 일기, 슬러지 성질, 주거지역과의 거리, 지하토질의 우수성 등이다.
③ 운전비용이 적게 들고 슬러지 성상에 크게 민감하지 않고 생산된 케익에 수분이 많지 않은 반면, 소요부지가 많다.
④ 자갈층에는 관경 10cm이상의 배수관을 1% 이상의 경사로 설치해야 한다.

(5) 슬러지 소각

① 장점
- 위생적이고 부패성 없다
- 탈수 케이크에 비해 혐오감 적다.
- 슬러지 용적(체적)이 감소한다.
- 다른 처리법에 비해 소요부지면적 적다.

② 단점
- 대기오염방지를 위한 대책 필요하다.
- 유지관리비가 상당히 높다.
- 주변환경에 영향을 줄 수 있다.
- 소각장 건설할 경우 처리장의 입지조건 충분히 검토하여야 한다.

7 분뇨의 처리

(1) 분뇨처리의 기본목표

안전화, 감량화, 안정화

(2) 분뇨처리방법

① 주로 생물학적처리가 가장 많이 이용되는 방법이다.
② 분뇨의 정화조는 부패조, 산화조, 소독조로 구성되어 있다.

제7절 I 퇴비화

1 개요

(1) 퇴비화의 주요 목적은 폐기물 중에 함유된 분해 가능한 유기물질을 생물학적으로 안정시키고 비료 및 토양개량제로 사용할 수 있게 하는 것이다.

(2) 퇴비화 공정은 유기성 폐기물의 호기성 산화분해가 주 과정으로 여러 종류의 중온 및 고온성 미생물이 관여한다.

(3) 퇴비화가 완성되면 악취가 없는 안정한 유기물로 병원균이 거의 없으며, 토양 중의 여러 가지 양이온을 흡착할 수 있는 능력이 증가한다.

2 퇴비화공정

(1) 퇴비공정

① 전처리 → 발효(중온-고온-냉각) → 양생(숙성) → 마무리 저장

② 초기단계: 주로 중온성 진균과 세균들이 유기물, 당류, 아미노산 등을 분해한다.

③ 고온단계: 50~60℃로 온도가 상승되어 바실러스가 우점화 되며 단백질, 지방 등을 분해한다.

④ 숙성단계: 부식질은 리그닌 함량이 높고 가용영양분의 함량이 낮기 때문에 방선균이 우점화되며 셀룰로오스, 리그닌 등을 분해한다.

⑤ 폐기물 퇴비가 토양에 미치는 영향

- 토양의 수분 보유능력을 증가시킨다
- 양이온 교환능력 증가되고 중금속이 제거되며 통기성이 향상되어 토양이 좋아지게 된다.
- 가용성 무기질소의 용출량을 감소시킨다.
- 병원균이 사멸되어 거의 없으며 뛰어난 토양개량제이다.

예제

퇴비화시 부식질의 역할로 옳지 않은 것은?

① 토양능의 완충능을 증가시킨다.
② 토양의 구조를 양호하게 한다.
③ 가용성 무기질소의 용출량을 증가시킨다.
④ 용수량을 증가시킨다.

정답 ③

풀이 가용성 무기질소의 용출량을 감소시킨다.

(2) 퇴비화에 영향을 미치는 인자와 조건

① C/N비 : 퇴비화가 진행되는 동안 C/N비는 30~50정도가 적당하며 퇴비화가 완성되면 C/N비가 10~20 정도로 낮다.

② 온도 : 50~60℃

③ pH : 6~8

④ 수분 : 50~60%

> 퇴비화의 최적설계조건
> - 혼합과 미생물 식종 : 무게비로 1~5% 정도
> - 입자크기 : 2.5~7.5cm
> - 최적 pH : 7~8
> - 교반 : 주1~2회(온도가 상승하면 매일)
> - 수분함량 : 50~60%
> - 온도 : 50~60℃
> - C/N비 : 25~40
> - 공기공급 : 50~200L/min · m^3

예제

01 쓰레기를 퇴비화 시킬 때의 적정 C/N비 범위는?

① 1~5
② 20~35
③ 100~150
④ 250~300

정답 ②

02 다음 중 퇴비화의 최적조건으로 가장 적합한 것은?

① 수분 50~60%, pH 5.5~8 정도
② 수분 50~60%, pH 8.5~10 정도
③ 수분 80~85%, pH 5.5~8 정도
④ 수분 80~85%, pH 8.5~10 정도

정답 ①

---

(3) 혼합퇴비(폐기물 + 슬러지)의 장단점

① 분뇨와 도시쓰레기 혼합 : C/N비 조정이 가능, 퇴비화시 부족성분 보완, 함수율 조절가능

② 하수슬러지로 만든 퇴비
- 협잡물이 거의 함유되어 있지 않기에 별도의 선별과정 불필요하다.
- 질적으로 안정화되어 있기에 비료로 사용하는 것 이외에 건설 자재와 매립재로 이용한다.
- 수분조절을 위해 팽화제를 사용해야 한다.

③ 도시쓰레기(폐기물)와 하수슬러지(슬러지) 혼합
- 미생물의 접종효과가 있다.
- 쓰레기는 슬러지의 bulking agent 역할을 한다.
- 생활폐기물을 단독으로 퇴비화할 때보다 통기성이 감소한다.

Bulking Agent(팽화제) – 수분조절제, 통기개량제

- 슬러지 퇴비화시 C/N비 조정과 통기성이 좋도록 첨가하는 물질이다.
- 톱밥이나 볏집, 낙엽 등이 사용된다.
  (C/N비 : 소나무>톱밥>혼합종이>낙엽>잡초>분뇨>활성슬러지)
- 팽화제를 혼합하면 퇴비화시 C/N비의 조정과 통기성이 좋아진다.

팽화제 조건

- C/N비가 매우 높고 공극률이 높은 재료이어야 한다.
- 수분 흡수능이 좋아야 한다.
- 입자간의 구조적 안정성이 있어야 한다.
- 쉽게 조달할 수 있어야 한다.
- 가격이 저렴하여야 한다.

3 호기성퇴비화와 혐기성퇴비화

(1) 호기성 퇴비화

① 호기성 조건하에서 유기물을 안정화시키는 방법이다.

② 장점

- 냄새가 없는 안정한 유기물이다.
- 폐기물의 재활용이 가능하다.
- 과정 중 낮은 에너지를 소모한다.
- 초기시설 투자비가 낮다.
- 기계식 공정으로 생산시 부지선정이 용이하다.
- 내부온도가 60~70℃까지 상승하므로 병원균이 사멸한다.

③ 단점

- 비료가치가 낮다.
- 시장확보의 어려움이 있다.
- 부지선정이 까다롭다.
- 악취가 발생한다.
- 폐기물 교반이나 공기주입장치가 필요하다.

(2) 혐기성 퇴비화

① 산소가 부족한 혐기성 상태에서 혐기성 미생물의 분해작용에 의해 진행된다.

② 악취발생률이 높은 반면 유용한 메탄이 생성된다.

③ 퇴비의 질이 높은 편이다.

예제

01 퇴비화의 장점으로 거리가 먼 것은?

① 초기 시설투자비가 낮다.
② 비료로서 가치가 뛰어나다.
③ 토양개량제로 사용가능하다.
④ 운영시 소요되는 에너지가 낮다.

정답 ②

풀이 퇴비화된 퇴비는 비료로서 가치가 낮다.

02 다음 중 유기성 폐기물의 퇴비화 특성으로 가장 거리가 먼 것은?

① 생성되는 퇴비는 비료가치가 높으며, 퇴비완성시 부피감소율이 70% 이상으로 큰 편이다.
② 초기 시설투자비가 낮고, 운영 시 소요 에너지도 낮은편이다.
③ 다른 폐기물의 처리기술에 비해 고도의 기술수준이 요구되지 않는다.
④ 퇴비제품의 품질표준화가 어렵고, 부지가 많이 필요한 편이다.

정답 ①

풀이 생산된 퇴비는 비료가치가 낮으며, 퇴비완성시 부피감소율이 작은 편이다.

Chapter
02 기출 & 예상 문제

01 **950kg인 폐기물의 수분함량이 20%이다. 이 폐기물을 건조시켜 수분함량이 5%가 되도록 하려면 증발시켜야 할 수분의 양은?**

① 125kg ② 130kg
③ 150kg ④ 185kg

02 **폐기물을 압축 시켰을 때 부피 감소율이 75%이었다면 압축비는?**

① 1.5 ② 2.0
③ 2.5 ④ 4.0

03 **폐기물처리에서 "파쇄(shredding)"의 목적과 거리가 먼 것은?**

① 부식효과 억제
② 겉보기 비중의 증가
③ 특정 성분의 분리
④ 고체물질간의 균일혼합효과

정답찾기

01 $SL_1(1-X_1) = SL_2(1-X_2)$
950kg(1−0.2) = SL_2(1−0.05)
SL_2 = 800kg
∴ 증발시켜야 할 수분
= $SL_1 - SL_2$ = 950−800
= 150kg

02 부피감소율이 75%이므로
압축전의 부피를 100, 압축후의 부피를 25라고 하면
$\text{압축비} = \frac{V_1}{V_2} = \frac{100}{25} = 4$

03 파쇄는 부식효과를 촉진시킨다.

정답 01 ③ 02 ④ 03 ①

04 **다음 중 일반적인 슬러지처리 계통도를 바르게 나열한 것은?**

① 농축 → 안정화 → 개량 → 탈수 → 소각 → 최종처분
② 농축 → 안정화 → 소각 → 탈수 → 개량 → 최종처분
③ 안정화 → 개량 → 탈수 → 농축 → 소각 → 최종처분
④ 안정화 → 농축 → 탈수 → 개량 → 소각 → 최종처분

05 **밀도가 0.3ton/m^3인 쓰레기를 매립하기 위해 밀도 0.9ton/m^3으로 압축하였다. 압축비는?**

① 0.6
② 1.8
③ 3.0
④ 4.3

06 **호기성 미생물을 이용하여 유기물을 분해하는 퇴비화공정의 최적조건의 범위로 가장 거리가 먼 것은?**

① 수분함량 85% 이상
② pH 6.5~7.5
③ 온도 55~65℃
④ C/N비 25~30

07 **다음 중 고정날과 가동날의 교차에 의해 폐기물을 파쇄하는 것으로 파쇄속도가 느린 편이며, 주로 목재류, 플라스틱 및 종이류 파쇄에 많이 사용되고, 왕복식, 회전식 등이 해당하는 파쇄기의 종류는?**

① 냉온파쇄기
② 전단파쇄기
③ 충격파쇄기
④ 압축파쇄기

08 **다음 슬러지 처리공정 중 개량단계에 해당되는 것은?**

① 소각
② 소화
③ 탈수
④ 세정

09 **다음 중 폐기물의 선별목적으로 가장 적합한 것은?**

① 폐기물의 부피 감소
② 폐기물의 밀도 증가
③ 폐기물 저장 면적의 감소
④ 재활용 가능한 성분의 분리

10 발열량이 800kcal/kg인 폐기물을 용적이 125m³인 소각로에서 1일 8시간씩 연소하여 연소실의 열발생율이 4,000kcal/m³ · hr이었다. 이 소각로에서 하루에 소각한 폐기물의 양은?

① 1톤　　② 3톤
③ 5톤　　④ 7톤

11 다음 그림과 같은 형태를 갖는 것으로서 하부로부터 뜨거운 공기를 주입하여 모래를 부상시켜 폐기물을 태우는 소각로는?

① 화격자 소각로　　② 유동층 소각로
③ 열분해 ~~용융~~ 소각로　　④ 액체 주입형 소각로

정답찾기

05 무게는 압축 전 후를 비교 하였을 때 동일하다.

- 압축 전

부피 : 1m³

무게 : $\frac{0.3ton}{m^3} \times 1m^3 = 0.3ton$

- 압축 후

무게 : 0.3ton

부피 : $0.3ton \times \frac{m^3}{0.9ton} = 0.3333m^3$

- 압축비

압축비 $= \frac{V_1}{V_2} = \frac{1m^3}{0.3333m^3} = 3.0003$

06 수분함량 : 원료의 최적함수율은 50~60% 정도가 적당하다.

07 전단파쇄기는 고정칼, 회전칼과의 교합에 의하여 폐기물을 전단하는 파쇄기로 파쇄 후 폐기물의 입도가 거칠지만 파쇄물의 크기는 고르다. 그리고 투입구가 커서 트럭에서 직접 투하할 수 있으며 이물질의 혼입에 대하여 약하고 충격파쇄기에 비해 파쇄속도가 느린 편이며 왕복식, 회전식 등이 해당한다. 충격식에 비해 처리용량이 작아 대량 연속 파쇄 부적합하고 분진, 소음, 진동이 적고 폭발 위험성이 낮다. 주로 목재류, 플라스틱류 및 종이류를 파쇄하는데 이용되며 소각로 전처리에 많이 이용된다.

08 슬러지의 개량은 탈수성 향상에 목적이 있으며, 약품처리, 열처리, 세정, 동결 등의 방법이 있다.

09 폐기물의 선별목적은 재활용 가능한 유가성분을 분리하여 회수하고 불필요한 성분은 폐기하는데 있다. 선별과정을 통해 불필요한 물질을 제거함으로써 후단 시설의 기계장치를 보호할 수 있다. 폐기물의 처리시설에서 전처리의 개념으로 사용된다.

10 열발생률 $\frac{kcal}{m^3 \cdot hr}$

$= \frac{\text{시간당 발열량}}{\text{용적}}$

$= \frac{\square ton}{day} \times \frac{10^3 kg}{ton} \times \frac{day}{8hr} \times \frac{800kcal}{kg} \times \frac{1}{125m^3}$

$= 4,000kcal/m^3 \cdot hr$

∴ □ = 5ton/day

11 유동상소각로(유동층 소각로)는 노의 하부로부터 가스를 주입하여 모래를 가열시키고 위쪽에서는 폐기물을 주입하여 연소시키는 형태로 기계적 구동부가 적어 고장율이 낮으며(유지관리 용이), 슬러지나 폐유 등의 소각에 탁월한 성능을 가지는 소각로이다.

정답　04 ①　05 ③　06 ①　07 ②　08 ④　09 ④　10 ③　11 ②

12 **Rotary kiln의 장점으로 거리가 먼 것은?**

① 예열, 혼합 등 전처리 없이 폐기물 주입이 가능하다.
② 습식가스세정시스템과 함께 사용할 수 있다.
③ 넓은 범위의 액상 및 고상폐기물을 함께 연소 가능하다.
④ 비교적 열효율이 높으며, 먼지가 적게 발생된다.

13 **다음과 같은 특성을 지닌 폐기물 선별방법은?**

- 예부터 농가에서 탈곡 작업에 이용되어 온 것으로 그 작업이 밀폐된 용기 내에서 행해지도록 한 것
- 공기 중 각 구성물질의 낙하속도 및 공기저항의 차에 따라 폐기물을 분별하는 방법
- 종이나 플라스틱과 같은 가벼운 물질과 유리, 금속 등의 무거운 물질을 분리하는데 효과적임

① 스크린 선별　② 공기 선별
③ 자력 선별　④ 손 선별

14 **유동상 소각로에서 유동상의 매질이 갖추어야 할 조건이 아닌 것은?**

① 불활성　② 낮은 융점
③ 내마모성　④ 작은 비중

15 **하수처리장에서 발생하는 슬러지를 혐기성으로 소화처리하는 목적으로 가장 거리가 먼 것은?**

① 병원균의 사멸　② 독성 중금속 및 무기물의 제거
③ 무게와 부피감소　④ 메탄과 같은 부산물 회수

16 **혐기성 소화방법으로 쓰레기를 처분하려고 한다. 연료에 쓰일 수 있는 가스를 많이 얻으려면 다음 중 어떤 성분이 특히 많아야 유리한가?**

① 질소　② 탄소
③ 산소　④ 인

17 **건조된 고형물(dry solid)의 비중이 1.42이고, 건조 이전의 dry solid 함량이 38%, 건조중량이 400kg일 때 슬러지 케익의 비중은?**

① 1.32　② 1.28
③ 1.21　④ 1.13

18 가로 1.2m, 세로 2m, 높이 12m의 연소실에서 저위 발열량이 12,000kcal/kg인 중유를 1시간에 14.4kg씩 연소시킨다면 연소실의 열발생률은 얼마인가?

① 3000kcal/m³ · hr
② 4000kcal/m³ · hr
③ 6000kcal/m³ · hr
④ 8000kcal/m³ · hr

19 혐기성 소화탱크에서 유기물 80%, 무기물 20%인 슬러지를 소화처리하여 소화슬러지의 유기물이 75%, 무기물이 25%가 되었다. 이 때 소화효율은?

① 25%
② 45%
③ 75%
④ 85%

20 슬러지를 농축시킴으로써 얻는 이점으로 가장 거리가 먼 것은?

① 소화조 내에서 미생물과 양분이 잘 접촉할 수 있으므로 효율이 증대된다.
② 슬러지 개량에 소모되는 약품이 적게 든다.
③ 후속처리시설인 소화조 부피를 감소시킬 수 있다.
④ 난분해성 중금속이 완전제거가 용이하다.

정답찾기

12 비교적 열효율이 낮으며, 먼지가 많이 발생된다.

14 유동상은 높은 융점을 갖추어야 한다.

15 소화조에서 독성 중금속 및 무기물의 제거는 일어나지 않는다.

16 연료에 쓰일 수 있는 가스인 메탄(CH_4)를 많이 생성하기 위해서는 탄소의 성분이 많아야 유리하다.

17 $\frac{SL}{\rho_{SL}} = \frac{TS}{\rho_{TS}} + \frac{W}{\rho_w} \rightarrow \frac{100}{\rho_{SL}} = \frac{38}{1.42} + \frac{62}{1.0}$

→ ρ_{SL} = 1.1266

(SL: 슬러지의 양 / TS: 고형물(건조이전의 dry solid) 양 / W: 수분의 양 / ρ_{SL}: 슬러지의 비중 / ρ_{TS}: 고형물(건조이전의 dry solid)의 비중 / ρ_w: 수분의 비중)

18 $\text{열발생률}\frac{kcal}{m^3 \cdot hr} = \frac{\text{시간당 발열량}}{\text{용적}}$

$= \frac{14.4kg}{hr} \times \frac{12,000kcal}{kg} \times \frac{1}{(1.2 \times 2 \times 12)m^3}$

= 6000kcal/m³ · hr

19 $\eta = \left(1 - \frac{VS_2/FS_2}{VS_1/FS_1}\right) \times 100$

$= \left(1 - \frac{75/25}{80/20}\right) \times 100 = 75\%$

20 슬러지를 농축시킴으로써 난분해성 중금속이 완전 제거되지 않는다.

정답 12 ④ 13 ② 14 ② 15 ② 16 ② 17 ④ 18 ③ 19 ③ 20 ④

CHAPTER 03 폐기물의 최종처분

제1절 | 최종처분

1 개요

폐기물의 최종처분은 매립이며 주변환경조건, 지형, 지질, 면적, 교통, 위치, 인근 주민 의견 등을 고려하여 선정한다.

2 매립방법의 분류

(1) 해양매립

① 수중투기공법: 매립지대의 해역에 쓰레기를 투기하는 방법이다.

② 순차투입공법: 호안측부터 순차적으로 쓰레기를 투입하여 육지화하는 방법이다.

③ 박층뿌림공법: 밑면이 뚫린 바지선 등으로 쓰레기를 떨어뜨려 줌으로서 바닥지반의 하중을 균일하게 하고, 쓰레기 지반 안정화 및 매립부지 조기이용 등에는 유리하지만 매립효율이 떨어지는 방법이다.

예제

폐기물의 해안매립공법 중 밑면이 뚫린 바지선 등으로 쓰레기를 떨어뜨려 줌으로서 바닥지반의 하중을 균일하게 하고, 쓰레기 지반 안정화 및 매립부지 조기이용 등에는 유리하지만 매립효율이 떨어지는 것은?

① 셀 공법　　② 박층뿌림공법

③ 순차투입공법　　④ 내수배제공법

정답 ②

---

(2) 내륙매립

① 도랑식매립

- 폭 20m, 깊이 10m 정도의 도랑 판 후 매립하는 방법으로 복토재 적게 소요하며 토지이용의 효율화할 수 있으나 매립용량의 낭비가 크다.
- 지하수위가 낮고 도랑을 굴착할 수 있는 지역에 적용할 수 있다.

② 경사식매립

- 주로 완만한 경사의 지역에 적용할 수 있으며 현장의 지반을 파거나 다져가면서 경사지게 폐기물을 매립하는 방법으로 주로 소형매립지로 사용된다.
- 부족한 복토재는 인근 지역에서 가져와야 한다.

③ 계곡매립

- 계곡과 같은 저지대를 이용한 매립이다.
- 우수배제와 다짐성을 위해 고지대 바닥면부터 매립하여 경사면을 높여간다.

(3) 매립방법에 따른 분류

① 단순매립

- 다짐 없이 폐기물 투기한 후 최종복토만 하는 방식이다.
- 매립량을 타 방법에 비해 많이 매립할 수 있으며 복토재의 소모량도 매우 작다.
- 비위생적인 매립방법으로 악취와 침출수 발생량이 많으며 주변 환경에 악영향을 준다.

② 위생매립 : 셀매립, 샌드위치매립, 압축매립 등의 방법이 있다.

셀매립	샌드위치매립	압축매립
• 폐기물을 하나의 셀형태로 만든 후 셀마다 복토를 해가며 매립하는 방식으로 가장 널리 이용된다. • 위생적인 매립방법으로 침출수량이 적고 매립에 의한 가스의 이동이 억제되고 고밀도 매립으로 토지의 효율적인 매립 측면에서 우수하다. • 복토재가 많이 필요하며 유지관리에 따른 비용이 많이 든다.	• 협곡, 산간 및 폐광산 등에 적용할 수 있으며 폐기물과 복토재를 교대로 쌓아가며 매립하는 방식이다. • 셀매립 방식에 비해 복토재가 적게 필요하나 폐기물 경사면에 일일복토는 실시하지 않아 셀매립방식에 비해 위생적이지 못하다. • 복토재를 외부에서 반입해야 하며 외곽부에 우수배제시설의 설치가 필요하다.	• 폐기물을 압축하여 하나의 덩어리로 만들어 매립하는 방식으로 유해폐기물의 안전매립 방법으로 많이 사용된다. • 압축한 폐기물은 운반이 쉽고 복토재를 적게 필요로 한다. • 매립지를 효율적으로 사용할 수 있어 매립지의 수명이 연장되며 지반침하의 염려가 없다. • 파쇄와 압축 등의 전처리시설이 필요하다.

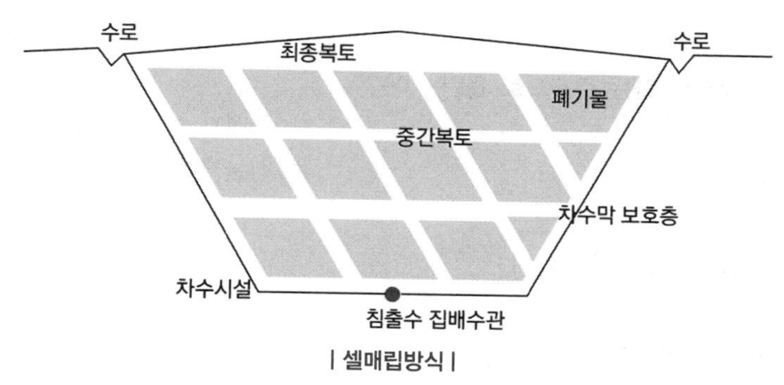

| 셀매립방식 |

예제

01 다음 중 내륙매립 공법의 종류가 아닌 것은?

① 도랑형공법　　② 압축매립공법
③ 샌드위치공법　　④ 박층뿌림공법

정답 ④

풀이 내륙매립공법 : 셀공법, 압축매립공법, 샌드위치공법
해안매립공법 : 박층뿌림공법

02 다음은 어떤 매립공법의 특성에 관한 설명인가?

- 폐기물과 복토층을 교대로 쌓는 방식
- 협곡, 산간 및 폐광산 등에서 사용하는 방법
- 외곽 우수배제시설 필요
- 복토재의 외부 반입이 필요

① 샌드위치공법 ② 도랑형공법
③ 박층뿌림공법 ④ 순차투입공법

정답 ①

3 덮개시설

복토는 보통 폐기물에 흙을 덮는 과정을 의미한다.

(1) 복토의 목적

① 쓰레기의 비산을 방지하고 악취 발생을 억제하며 화재를 방지한다.
② 우수(빗물)을 배제하여 우수의 이동 및 침투방지로 침출수량 최소화한다.
③ 유해가스의 이동성을 방해하고 매립지의 압축효과에 따른 부등침하를 최소화한다.
④ 식물 성장을 촉진시킨다.

예제

매립지에서 복토를 하는 목적으로 틀린 것은?

① 악취 발생 억제 ② 쓰레기 비산 방지
③ 화재 방지 ④ 식물 성장 방지

정답 ④
풀이 복토는 식물 성장을 촉진 시킨다.

(2) 복토의 종류별 특징

① 일일복토: 매일 실시하며 15cm 이상 실시한다.
② 중간복토: 매립이 7일 이상 정지되었을 때 실시하며 30cm 이상 실시한다.
③ 최종복토: 최종매립이 완료된 후 실시하며 60cm 이상 실시하되 식재의 수종에 따라 1.5~2m까지도 복토할 수 있다.

예제

다음 중 덮개시설에 관한 설명으로 옳지 않은 것은?

① 당일복토는 매립 작업 종료 후에 매일 실시한다.
② 셀(cell)방식의 매립에서는 상부면의 노출기간이 7일 이상이므로 당일복토는 주로 사면부에 두께 15cm 이상으로 실시한다.
③ 당일복토재로 사질토를 사용하면 압축작업이 쉽고 통기성은 좋으나 악취발산의 가능성이 커진다.
④ 중간복토의 두께는 15cm 이상으로 하고, 우수배제를 위해 중간복토층은 최소 0.5% 이상의 경사를 둔다.

정답 ④

풀이 중간복토의 두께는 30cm 이상으로 한다.

제2절 | 매립지의 운영

1 매립지의 선정과 문제점

(1) 매립지 선정시 고려사항

① **토지**: 용지 매수가 쉽고 용량이 크며 경제적이어야 하나 매립지는 주민이 밀집한 곳에 설치하기 어렵다. 또한 입지선정 후에 야기될 주민들의 반응도 고려해야 한다.
② **토양**: 주변 토양 복토재 사용 가능성이 있는 곳이어야 하고 지하수 침투가 용이하지 않은 지역으로 선정한다.
③ **수문**: 강우배제 침출수 발생 제어가 용이한 곳이어야 한다.

(2) 매립지역의 문제점

① 침출수에 의한 지하수오염 문제가 일어날 수 있다.
② CH_4가스에 의한 폭발이 발생할 수 있다.
③ 지반침하와 악취가 발생할 수 있다.

매립지에서 지반침하를 일으키는 요인
- **초기의 다짐 정도**: 다짐정도가 좋을수록 지반침하 적게 발생한다.
- **폐기물의 물리적 특성**: 파쇄되고 공극이 작은 폐기물일수록 적게 발생한다.
- **폐기물의 분해속도**: 폐기물의 분해속도가 빠를수록 침하되는 속도는 빨라지나 조기에 안정화된다.

다짐효과
- 공극률을 감소시키고 공기를 추출하는 효과가 있다.
- 폐기물층의 혐기성화를 촉진한다.
- **다짐이유**: 침하방지, 장비의 운전용이, 강수유입 억제, 악취확산 방지, 유효 매립면적 증대, 폐기물 발생량 감소 등이 있다.

2 매립가스의 발생

(1) 매립가스(CH_4)의 특성

① 무색, 무취, 가연성이다.

② 매립가스 중 이 성분은 지구 온난화를 일으키며, 공기보다 가벼우므로 매립지 위에 구조물을 건설하는 경우 건물 기초 밑의 공간에 축적되어 폭발의 위험성이 있다. 또한 9% 이상 존재시 눈의 통증이나 두통을 유발한다. 매립가스 중 축적되면 폭발성의 위험성이 있으며, 가볍기 때문에 위로 확산되며, 구조물의 설계시에는 구조물로 스며들지 않도록 해야 하는 물질이다.

(2) 매립가스(Landfill gas) 생성 4단계

① 1단계(호기성단계) : 친산소성 단계로서 폐기물 내에 수분이 많은 경우에는 반응이 가속화되어 용존산소가 쉽게 고갈되어 2단계 반응에 빨리 도달한다(O_2가 소모, CO_2 발생 시작, N_2는 서서히 소모됨).

② 2단계(통성혐기성단계) : 혐기성 단계이지만 메탄이 형성되지 않는 단계로서 혐기성으로 전이가 일어나는 단계이다. 유기산생성단계라고 하며 유기물의 분해로 유기산, 알코올류가 생성된다(N_2가 급격히 소모됨).

③ 3단계(혐기성단계) : 매립지 내부의 온도가 상승하여 약 55℃정도까지 올라간다(CH_4가 발생하기 시작함).

④ 4단계(혐기성안정화단계) : 앞의 단계에서 생성된 유기산과 알코올류가 메탄생성균과 반응하여 메탄을 생성하며 이 단계는 정상적인 혐기성 단계로 매립가스내 메탄과 이산화탄소의 함량이 거의 일정하게 유지된다(가스의 조성 : CH_4 55%, CO_2 40%).

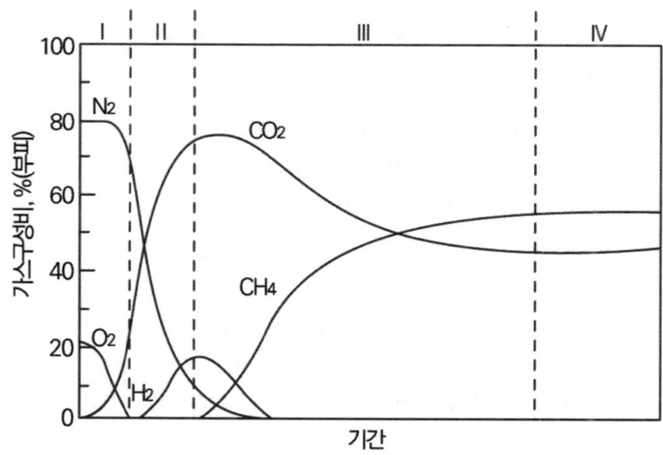

| 매립지에서의 유기물 분해 단계 |

예제

01 다음은 매립가스 중 어떤 성분에 관한 설명인가?

> 매립가스 중 이 성분은 지구 온난화를 일으키며, 공기보다 가벼우므로 매립지 위에 구조물을 건설하는 경우 건물 기초 밑의 공간에 축적되어 폭발의 위험성이 있다. 또한 9% 이상 존재시 눈의 통증이나 두통을 유발한다.

① CH_4
② CO_2
③ N_2
④ NH_3

정답 ①

02 유기성 폐기물 매립장(혐기성)에서 가장 많이 발생되는 가스는? (단, 정상상태(Steady State)이다.)

① 일산화탄소
② 이산화질소
③ 메탄
④ 부탄

정답 ③

풀이 정상상태의 매립장에서 메탄이 약55%, 이산화탄소가 약40%, 기타 5%가 발생한다.

03 매립지에서 매립 후 경과기간에 따라 매립가스(Landfill gas) 생성과정을 4단계로 구분할 때, 각 단계에 관한 설명으로 가장 거리가 먼 것은?

① 제1단계에서는 친산소성 단계로서 폐기물 내에 수분이 많은 경우에는 반응이 가속화 되어 용존산소가 쉽게 고갈되어 2단계 반응에 빨리 도달한다.
② 제2단계에서는 산소가 고갈되어 혐기성 조건이 형성되며 질소가스가 발생하기 시작하며, 아울러 메탄가스도 생성되기 시작하는 단계이다.
③ 제3단계에서는 매립지 내부의 온도가 상승하여 약 55℃ 정도까지 올라간다.
④ 4단계에서는 매립가스내 메탄과 이산화탄소의 함량이 거의 일정하게 유지된다.

정답 ②

풀이 제2단계는 혐기성 단계이지만 메탄이 형성되지 않는 단계로서 혐기성으로 전이가 일어나는 단계이다.

제3절 | 침출수 관리

1 침출수의 특징

(1) 침출수 발생량은 강우에 의한 유입량에 크게 좌우한다.

(2) 주요 발생원

빗물, 지하수, 수분 등

(3) 영향인자

① 폐기물 내의 유기물질의 함량 및 중금속 함량에 따라 침출수의 성상에 영향을 미친다.
② 매립 후의 경과 시간, 수분함량, 온도, 다짐성, 토양의 성질 등에 따라 침출수에 영향을 준다.
③ 매립지의 형상에 따라 침출수에 영향을 주며 연간 강우량의 30%~40% 정도가 침출수로 발생된다.

(4) 특성

① 침출수의 특성은 폐기물의 종류와 분해 특성에 따라 크게 달라진다.

② 침출수의 유기물질의 농도는 대체적으로 매립지에서 가스가 많이 생산될수록 낮아진다(혐기성 분해가 잘 일어날수록 낮아짐).

③ 초기 발생하는 침출수는 암모니아성 질소(NH_3-N)의 농도가 높다.

④ 침출수 내에는 중금속이 포함(Hg)되어 있어 전처리를 하지 않는 경우는 생물학적 처리할 수 없다.

예제

매립지에서 발생될 침출수량을 예측하고자 한다. 이 때 침출수 발생량에 영향을 받는 항목으로 가장 거리가 먼 것은?

① 강수량
② 유출량
③ 메탄가스의 함량
④ 폐기물 내 수분 또는 폐기물 분해에 따른 수분

정답 ③

풀이 메탄가스의 함량은 침출수와 거리가 멀다.

---

(5) 침출수의 발생량 산정

$$Q = CIA$$

Q: 유량(m^3/day) / C: 투수계수 / I: 동수경사 → $I = \frac{H}{L}$ / A: 면적(m^2)

예제

폐기물을 매립한 평탄한 지면으로부터 폭이 좁은 수로를 200m 간격으로 굴착하였더니 지면으로부터 각각 4m, 6m 깊이에 지하수면이 형성되었다. 대수층의 두께가 20m이고 투수계수가 0.1m/day이라면 대수층 폭 10m당 침출수의 유량은?

① 0.10m^3/day
② 0.15m^3/day
③ 0.20m^3/day
④ 0.25m^3/day

정답 ③

풀이 • 동수경사 산정

I: 동수경사 → $I = \frac{H}{L} = \frac{6-4}{200} = 0.01$

• 면적 산정

A: 면적(m^2) → 20m × 10m = 200m^2

• 유량 산정

Q = C × I × A (C: 투수계수 → 0.1m/day)

Q = 0.1 × 0.01 × 200 = 0.2m^3/day

---

(5) 침출수의 처리

① CaO, $Al_2(SO_4)_3$, $Fe_2(SO_4)_3$ 등의 약품에 의한 화학적 처리를 통해 색도 및 철의 제거에 효율적이다.

② 활성탄 흡착은 화학적 침전보다 난분해성 유기물제거에 효율적이다.

③ 펜턴처리는 과산화수소와 철염을 이용하여 난분해성 유기물을 제거하는데 용이하나 수산화철의 슬러지가 다량 생성하는 단점이 있다.

2 차수시설

(1) 차수시설의 특징

① 차수시설은 매립지의 폐기물에 포함된 수분, 매립지에 유입되는 빗물에 의해 발생하는 침출수의 유출 방지와 매립지 내부로의 지하수 유입을 방지하기 위하여 설치하는 것이다.

② 차수시설은 매립이 시작되면 복구가 불가능하다.

③ 차수시설은 형태에 따라 매립지의 바닥 및 경사면의 차수를 위한 표면차수시설과 매립지의 하류부 또는 주변부에 연직으로 설치하는 연직하수시설로 나누어진다.

(2) 차수시설의 종류

① 표면차수시설

- 매립지역의 표면 전체를 차수재로 덮어 침출수가 토양이나 지하수로 침투되는 것을 막는 시설이다.
- 매립지역의 지반이 차수가 필요한 토질(투수계수가 큰 경우)인 경우나 면적이 넓은 경우에 많이 사용한다.
- 차수시트, 점토/벤토나이트, 아스팔트계의 흡착재료, 투수성을 낮게 개량한 차수재료 등을 이용하여 매립지의 바닥 및 측면을 덮어 설치한다.
- 지하수 집배수시설이 필요하며 시공 후 매립이 진행되면 차수성을 확인하기 어렵다.

② 연직차수시설

- 매립지의 지반이 불투수층인 암반이나 점성토로 수평방향으로 넓게 분포하는 경우 적용이 가능하다.
- 차수벽을 연직 또는 일정 경사로 암반이나 점성토의 불투수층까지 설치하여 침출수의 이동을 제어한다.
- 강널말뚝 공법, earth dam(어스댐)의 코어, grout(그라우트) 공법 등이 있다.

Chapter 03 기출 & 예상 문제

01 다음 중 덮개시설에 관한 설명으로 옳지 않은 것은?

① 당일복토는 매립 작업 종료 후에 매일 실시한다.
② 셀(cell)방식의 매립에서는 상부면의 노출기간이 7일 이상이므로 당일복토는 주로 사면부에 두께 15cm 이상으로 실시한다.
③ 당일복토재로 사질토를 사용하면 압축작업이 쉽고 통기성은 좋으나 악취발산의 가능성이 커진다.
④ 중간복토의 두께는 15cm 이상으로 하고, 우수배제를 위해 중간복토층은 최소 0.5% 이상의 경사를 둔다.

02 매립처분시설의 분류 중 폐기물에 포함된 수분, 폐기물 분해에 의하여 생성되는 수분, 매립지에 유입되는 강우에 의하여 발생하는 침출수의 유출방지와 매립지 내부로의 지하수 유입방지를 위해 설치하는 것은?

① 부패조
② 안정탑
③ 덮개시설
④ 차수시설

03 다음 중 내륙매립 공법의 종류가 아닌 것은?

① 도랑형공법
② 압축매립공법
③ 샌드위치공법
④ 박층뿌림공법

04 다음 중 매립지에서 복토를 하여 덮개시설을 하는 목적으로 가장 거리가 먼 것은?

① 악취발생 억제
② 해충 및 야생동물의 번식방지
③ 쓰레기의 비산 방지
④ 식물성장의 억제

05 매립지역 선정 시 고려사항으로 옳지 않은 것은?

① 매몰 후 덮을 수 있는 충분한 흙이 있어야 하며, 점토의 용이성 등 흙의 성질을 고려해야 한다.
② 용지 매수가 쉽고 경제적이어야 한다.
③ 입지선정 후에 야기될 주민들의 반응도 고려한다.
④ 지하수 침투를 용이하게 하기 위하여 나은 지역으로 선정한다.

06 다음은 어떤 폐기물의 매립공법에 관한 설명인가?

> 쓰레기를 매립하기 전에 이의 감량화를 목적으로 먼저 쓰레기를 일정한 더미형태로 압축하여 부피를 감소시킨 후 포장을 실시하여 매립하는 방법으로, 쓰레기 발생량 증가와 매립지 확보 및 사용년한 문제에 있어서 유리하고, 운송이 간편하고 안정성이 있으며 지가(地價)가 비쌀 경우에도 유효한 방법이다.

① 압축매립공법
② 도량형공법
③ 셀공법
④ 순차투입공법

07 유기성 폐기물 매립장(혐기성)에서 가장 많이 발생되는 가스는? (단, 정상상태(Steady State)이다.)

① 일산화탄소
② 이산화질소
③ 메탄
④ 부탄

04

정답찾기

01 중간복토의 두께는 30cm 이상으로 한다.
03 내륙매립공법: 셀공법, 압축매립공법, 샌드위치공법
해안매립공법: 박층뿌림공법
04 매립지에서 복토를 통해 식물성장은 촉진된다.
05 지하수 침투가 용이하지 않은 지역으로 선정한다.
07 정상상태의 매립장에서 메탄이 약55%, 이산화탄소가 약 40%, 기타 5%가 발생한다.

정답 01 ④ 02 ④ 03 ④ 04 ④ 05 ④ 06 ① 07 ③

08 **매립지에서 매립 후 경과기간에 따라 매립가스(Landfill gas) 생성과정을 4단계로 구분할 때, 각 단계에 관한 설명으로 가장 거리가 먼 것은?**

① 제1단계에서는 친산소성 단계로서 폐기물 내에 수분이 많은 경우에는 반응이 가속화 되어 용존산소가 쉽게 고갈되어 2단계 반응에 빨리 도달한다.
② 제2단계에서는 산소가 고갈되어 혐기성 조건이 형성되며 질소가스가 발생하기 시작하며, 아울러 메탄가스도 생성되기 시작하는 단계이다.
③ 제3단계에서는 매립지 내부의 온도가 상승하여 약 55℃ 정도까지 올라간다.
④ 제4단계에서는 매립가스내 메탄과 이산화탄소의 함량이 거의 일정하게 유지된다.

09 **다음은 어떤 매립공법의 특성에 관한 설명인가?**

- 폐기물과 복토층을 교대로 쌓는 방식
- 협곡, 산간 및 폐광산 등에서 사용하는 방법
- 외곽 우수배제시설 필요
- 복토재의 외부 반입이 필요

① 샌드위치공법 ② 도랑형공법
③ 박충뿌림공법 ④ 순차투입공법

10 **폐기물 매립지에서 발생하는 침출수 중 생물학적으로 난분해성인 유기물질을 산화분해시키는 데 사용되는 펜턴시약의 성분으로 옳은 것은?**

① H_2O_2와 $FeSO_4$ ② $KMnO_4$와 $FeSO_4$
③ H_2SO_4와 $Al_2(SO_4)_3$ ④ $Al_2(SO_4)_3$와 $KMnO_4$

11 **도시폐기물을 위생매립 하였을 때 일반적으로 매립초기(1단계~2단계)에 가장 많은 비율로 발생되는 가스는?**

① CH_4 ② CO_2
③ H_2S ④ NH_3

12 **그림과 같이 쓰레기를 수평으로 고르게 깔아 압축하고 복토를 깔아 쓰레기층과 복토층을 교대로 쌓는 매립공법은?**

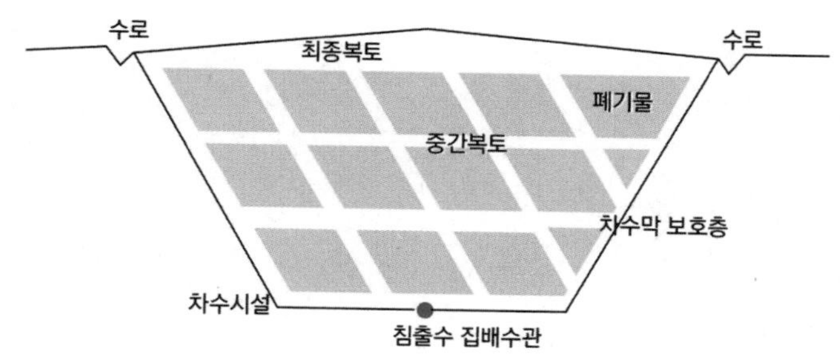

① 박층뿌림공법
② 셀공법
③ 순차투입공법
④ 도랑형공법

13 **다음 중 일반적인 슬러지처리 계통도로 가장 적합한 것은?**

① 슬러지 → 농축 → 개량 → 탈수 → 소각 → 매립
② 슬러지 → 소화 → 탈수 → 개량 → 농축 → 매립
③ 슬러지 → 탈수 → 건조 → 개량 → 소각 → 매립
④ 슬러지 → 개량 → 탈수 → 농축 → 소각 → 매립

14 **다음 중 매립지에서 유기물이 혐기성 분해될 때 가장 늦게 일어나는 단계는?**

① 가수분해 단계
② 알콜발효 단계
③ 메탄 생성 단계
④ 산 생성 단계

15 **매립지에서 발생될 침출수량을 예측하고자 한다. 이 때 침출수 발생량에 영향을 받는 항목으로 가장 거리가 먼 것은?**

① 강수량
② 유출량
③ 메탄가스의 함량
④ 폐기물 내 수분 또는 폐기물 분해에 따른 수분

정답찾기

08 제2단계는 혐기성 단계이지만 메탄이 형성되지 않는 단계로서 혐기성으로 전이가 일어나는 단계이다.

10 펜턴반응은 펜턴시약(과산화수소 + 철염)을 이용한 난분해성 유기물질의 산화반응이다.

14 매립가스(Landfill gas) 생성 4단계: 1단계(호기성단계) → 2단계(통성혐기성단계) → 3단계(혐기성단계) → 4단계(혐기성안정화단계)

15 메탄가스의 함량은 침출수와 거리가 멀다.

정답 08 ② 09 ① 10 ① 11 ② 12 ② 13 ① 14 ③ 15 ③

이찬범 환경공학

합격까지 박문각

PART

05

토양지하수관리

PART 05 토양지하수관리

CHAPTER 01 토양지하수환경

제1절 | 토양환경

1 토양의 특성

(1) 토양의 정의

① 보통 흙이라 불리며 암석의 풍화물(風化物)로 알려져 있다.

② 지표면에 노출된 암석이 바람이나 물 등의 힘에 의해 작게 깨진 물질과 화학반응에 의해 생성된 생성물과 유기물로 구성되어 있다.

③ 토양 입자의 사이를 공극이라 하며 이 공극은 수분과 공기가 채우고 있다.

공극률

$$공극률(\%) = \left(1 - \frac{가비중(용적밀도)}{진비중(입자밀도)}\right) \times 100$$

- 공극률이 클수록 입자의 크기가 균일하다는 것을 의미한다.
- 대공극(비모세관공극): 토양공기가 존재
- 소공극(모세관공극): 토양수분이 존재

예제

토양의 용적비중이 1.18이고, 입자비중이 2.36일 때 토양의 공극률은?

① 40%　　② 50%

③ 60%　　④ 70%

정답 ②

풀이 $공극률(\%) = \left(1 - \frac{가비중(용적밀도)}{진비중(입자밀도)}\right) \times 100$

$공극률(\%) = \left(1 - \frac{1.18}{2.36}\right) \times 100 = 50\%$

(2) 토양의 생성

① 토양의 생성 인자

- 토양은 유기물, 기후, 모암, 시간, 지형 등의 인자가 풍화작용을 통해 생성된다.
- 유기물 : 유기물의 양에 따라 식물 성장에 차이가 나며 유기물을 많이 포함된 토양은 색이 검고 양이온교환능력과 함수량이 높다.
- 기후 : 기온과 강수량이 가장 큰 영향인자이며 토양의 생물화학적 반응과 식물성장에 영향을 주며 기후에 따라 토양의 성질도 차이가 난다.
- 모암 : pH와 투수율 등은 모암에 따라 차이가 나며 모암의 종류에 따라 점토성질이 다르게 나타나 성질을 유추할 수 있다.

화성암	화산암	마그마가 분출되어 굳어 생긴 암석
	반심성암	
	심성암	
퇴적암		지표면의 암석, 동식물 사체 등이 퇴적되어 생긴 암석
변성암		화성암이나 퇴적암이 고온과 고압 등의 영향으로 변성되어 생긴 암석

- 시간 : 시간이 오래 지날수록 풍화작용을 많이 받아 성숙한 토양으로 변하게 된다.
- 지형 : 지형의 고도에 따른 동수경사가 수분의 배수를 조절하여 토양의 함수율에 영향을 미치며 지형의 특성에 따라 토양의 생성에 영향을 미친다.

예제

토양을 구성하는 모암 중 퇴적암에 속하지 않는 암석은?

① 사암 ② 혈암 ③ 반려암 ④ 석회암

정답 ③

풀이 반려암은 화성암으로 분류된다.

② 풍화작용

- 물리적 풍화 : 열, 공기(압력), 물(수압, 건조, 습윤) 등의 작용에 의한 풍화작용이다.
- 화학적 풍화 : 가수분해작용, 수화작용, 산화환원반응, 용해반응 등에 의한 풍화작용이다.
- 생물학적 풍화 : 미생물에 의한 분해작용이다.

③ 토양의 생성과정

- 토양의 생성 순서 : 기반암 → 모질물 → 표토 → 심토
- 주요 모암광물 : 화성암, 변성암, 퇴적암
- 6대 조암광물 : 석영, 장석, 각섬석, 감람석, 운모석, 휘석
- 모질물층 : 모재층에 해당되며 기반암의 풍화작용으로 세분화된 돌조각이나 흙이 주된 층이다.
- 심토층 : 집적층에 해당되며 계속되는 풍화작용에 의해 표토에서 나온 점토광물이 주된 층이다.
- 표토층 : 용탈층에 해당되며 생물의 사체가 부패하여 만들어진 유기물과 광물질이 혼합되어 있는 층이다.
- 부식토층 : 유기물층에 해당되며 토양 내의 유기물이 토양 속에서 분해가 되어 형태가 확인 불가능한 층이다.

예제

지구의 6대 조암광물의 구성으로 옳은 것은?

① 석영, 장석, 운모, 감석석, 휘석, 감람석
② 석영, 장석, 운모, 석면, 휘석, 감람석
③ 석영, 장석, 석회석, 감섬석, 휘석, 감람석
④ 석영, 장석, 황철석, 감섬석, 석고, 감람석

정답 ①

---

(3) 토양의 분류

① 형태적 분류

- 토양의 형태에 따른 분류체계는 목(Order)>아목(Sub-Order)>대군(Great Group)>아군>속(Sub-Group)>통(Series)로 구성된다.

구분	내용
목(Order)	토양을 구성하는 점토집적층, 담색표토층 등의 층 존재 유무
아목(Sub-Order)	목으로부터 세분화되며 유기물의 분해정도와 수분함량으로 구분
대군(Great Group)	아목으로부터 세분화되며 염기포화도, 토양수분 존재유무 등에 따라 구분
아군	대군으로부터 세분화되며 토양의 색, 토성, 가비중, 유기물의 함량 등에 따라 구분
속(Sub-Group)	아군으로부터 세분화되며 토성, 산도, 온도 등에 따라 구분
통(Series)	속으로부터 세분화되며 토양의 단면형태, 물리화학적 특징, 점토광물의 특징 등에 따라 구분

- 목(Order)은 엔티졸(Entisol), 버티졸(Vertisol), 인셉티졸(Inceptisol), 몰리졸(Mollisol), 아리디졸(Aridisol), 스포도졸(Spodosol), 알피졸(Alfisol), 얼티졸(Ultisol), 옥시졸(Oxisol), 히스토졸(Histosol), 안디졸(Andisol), 젤리졸(Gelisol) 등이 있으며 우리나라는 인셉티졸(Inceptisol)이 가장 많이 분포한다.

② 토성에 따른 분류 : 토양의 무기질 입경과 조성에 의한 분류를 의미로 모래, 미사, 점토의 함량에 의해 결정된다.

2 토양의 구성 성분

(1) 토양의 4대 성분

무기물 + 유기물 + 수분 + 공기

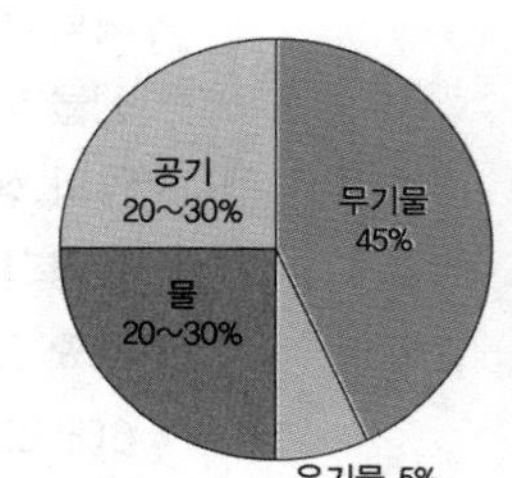

| 토양의 성분 비율 |

(2) 토양의 3상

① 토양은 고체상, 액체상, 기체상이 공존하고 있다.

② 토양과 식물성장에 대한 관계에 있어서 3상은 고체상-양분공급, 액체상-양분흡수, 기체상-뿌리호흡의 역할을 한다.

(3) 토양의 3상 특징

① 고체상

- 여러 동식물에서 기원된 유기물과 암석의 풍화산물인 무기물에 해당한다.
- 고체상이 많은 토양은 점토함량이 낮고 모래가 많은 토양이다.
- 토양 내의 유기물은 대부분 동식물의 사체와 배설물 등이며 토양 속에서 분해가 되어 형태가 확인 가능한 유기물과 형태가 확인 불가능한 부식토로 존재한다.

토양유기물		
형태가 확인 가능한 유기물	형태가 확인 불가능한 부식토	
–	**부식질**: 분해가 용이하지 않은 부식산, 휴민산, 풀브산 등	**비부식질**: 분해가 용이한 탄수화물, 지방, 단백질 등

- 부식질(Humus)는 토양의 성질을 개선하는 역할(수분함유량 개선, 온도 유지, 비료성분 함유, 양분 보유능력 향상, 생물의 성장촉진 등)을 한다. 하지만 부식질은 산성으로 과량으로 존재할 경우 토양의 산성화로 무기물의 결핍이 일어날 수 있다.
- 토양 내의 유기성분은 이온교환에 관여하며 광물질 간의 물리적인 결합을 도모하고 공극을 유지하여 수분과 공기를 함유할 수 있게 한다.
- 토양 내의 무기물은 수분과 영양분에 강한 결합력을 보인다.
- 토양 내의 무기물은 1차 광물과 2차 광물로 구분된다.

구분	내용
1차 광물	대형의 조암광물로 마그마가 냉각되어 굳은 광물이다. (6대 조암광물: 석영, 장석, 각섬석, 감람석, 운모석, 휘석)
2차 광물	1차 광물의 풍화 및 변성작용으로 생성된 암석으로 미세한 입자의 수분함량이 큰 점토가 대부분이다.

② 액체상

- 토양의 공극사이에 물과 토양입자의 인력에 의해 결합된 수분이 대부분이다.
- 토양 내 수분은 무기물을 많이 함유하고 있으며 물질을 운반하는 역할을 한다.
- 토양수분의 흡착력의 크기는 pF로 나타내며 수치가 클수록 흡착력이 크다.

$$pF = \log(H)$$

H: 토양 수분의 결합력을 나타낸 물기둥 높이(cm)

예제

토양수분장력이 pF 4라면 이를 물기둥의 압력으로 환산한 값으로 가장 적절한 것은?

① 약 1기압　　② 약 4기압
③ 약 8기압　　④ 약 10기압

정답 ④

풀이 pF = log(H), H : 토양 수분의 결합력을 나타낸 물기둥 높이(cm)
4 = log(H)
H = 10000cmH_2O = 100mH_2O
1atm = 10.332mH_2O 이므로 약 10atm에 해당한다.

• 토양수분의 구분

결합수(화학수, 결정수) **pF 7 이상**	토양입자를 구성하는 수분으로 작물이 흡수할 수 없으며 105~110℃로 가열해도 분리되지 않는다.
흡습수(흡착수) **pF 4.5~7**	주로 대기 중 수분이 토양 입자에 결합되어 형성된 수분으로 작물은 거의 이용하지 못하며 105~110℃의 온도에서 8~10시간 정도 건조시키면 제거된다.
모세관수(응집수) **pF 2.54~4.5**	표면장력에 의한 모세관현상으로 보유되는 수분으로 물 분자 사이의 응집력에 의해 유지되고 작물이 이용할 수 있는 유효 수분이다.
중력수(자유수) **pF 2.54 이하**	토양입자 사이에 존재하는 수분으로 중력에 영향을 받아 이동할 수 있으며 대수층으로 모여 지하수가 되고 작물이 유용하게 이용할 수 있는 수분이다.

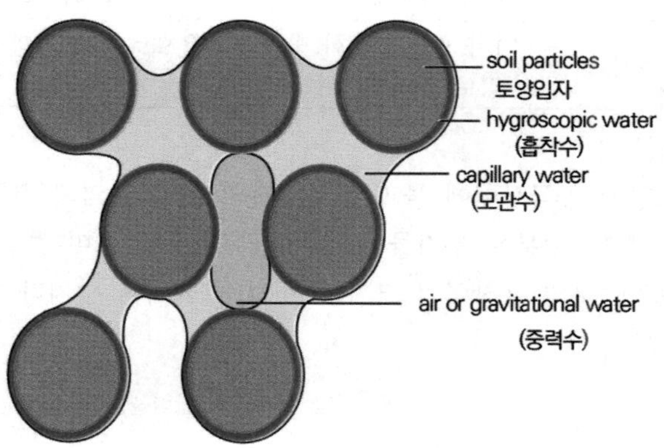

예제

01 물리학적으로 구분된 토양수분 중 흡습수 외부에 표면장력과 중력이 평형을 유지하여 존재하는 물로 pF가 2.54~4.5 범위에 있는 것은?

① 결합수　　② 유효수분
③ 중력수　　④ 모세관수

정답 ④

02 토양수분의 물리학적 분류에 해당하지 않는 것은?

① 결합수 ② 흡습수
③ 유효수 ④ 모세관수

정답 ③

03 토양수분 중 흡습수에 관한 설명으로 가장 거리가 먼 것은?

① 습도가 높은 대기 중에 토양을 놓아두었을 때 대기로부터 토양에 흡착되는 수분이다.
② pF 4.5 이상이다.
③ 결합수와 달리 식물이 직접 흡수 이용할 수 있다.
④ 105~110℃에서 8~9시간 건조시키면 제거 된다.

정답 ③

풀이 주로 대기 중 수분이 토양 입자에 결합되어 형성된 수분으로 작물은 거의 이용하지 못하며 105~110℃의 온도에서 8~10시간 정도 건조시키면 제거된다.

---

③ 기체상

- 토양의 공극사이에 포함된 공기를 의미하며 주로 이산화탄소와 산소 등에 해당한다.
- 대기와의 공기 성분과는 차이가 있으며 수분의 함량은 약 1%로 대기보다 높고 산소는 낮은 특징이 있다.
- 토양의 깊이가 증가할수록 산소의 농도는 감소하고 이산화탄소의 농도는 증가한다.

3 토양의 화학적 특징

(1) 토양의 화학적 성상

대부분이 규산염(SiO_2, 50~60%)이며 알루미늄계열 산화물(Al_2O_3, 20%), 철계열 산화물(Fe_2O_3 및 FeO, 10%), 강염기류(5%), 기타(5~15%) 순이다.

(2) 특징

① 토양의 pH 특성

- 일반적인 토양의 pH는 3~9범위로 주로 양이온과 무기물에 의해 조절된다.
- 토양의 pH가 감소하면 토양의 중금속류의 이동성이 증대된다.
- 우리나라의 내륙은 산성토양이 대부분이며 해안지대는 알칼리성이다.
- 산성비는 토양을 산화성화며 토양속에 존재하는 양이온을 침전제거시켜 지하수의 경도를 증대시킨다.

② 양이온교환능력(CEC, Cation Exchange Capacity)

- CEC는 토양이 양이온을 보유할 수 있는 능력을 말하며 건조토양 100g당 치환성양이온의 양을 mg 당량으로 표시한다(meq/kg).
- 토양 속의 이온농도와 전하수, 이온의 활성도, 점토의 함량, 물의 함량, 산화물의 양에 따라 CEC가 달라진다.

- 온대지방 토양의 교질입자는 대체로 양전하보다 음전하의 크기가 크다.
- 토양의 교질입자의 음전하는 식물의 생육에 중대한 영향을 미친다.
- 토양의 CEC는 자연정화능력, 무기영양분의 보유능력, 산성비의 완충능력에 많은 영향을 미친다.
- 일반적으로 원자반지름이 크고 원자량이 큰 양이온일수록 교환침투력이 크다 (Al^{3+} > Ca^{2+} > Mg^{2+} > NH_4^+ > K^+ > Na^+ > Li^+).
- 유기물질과 점토질의 함량이 높은 토양은 CEC가 높다.
- 토양의 CEC가 카지면 비료성분을 흡착, 보유하는 힘이 커져서 비료를 많이 주어도 일시적 과잉흡수가 억제되고, 비료의 용탈이 적어 비료효과가 오래 지속된다.
- 이온의 전하수가 클수록 선택적인 흡착이 잘 된다.
- pH 증가 → pH 의존성 음전하 증가 → CEC 증가

✱ 교질입자: 콜로이드성의 입자

예제

토양의 CEC에 대한 설명 중 틀린 것은?

① 일정량의 토양교질이 보유할 수 있는 교환성 양이온의 총량을 말한다.
② 토양의 CEC는 토양교질입자의 양전하의 크기에 달려있다.
③ CEC는 건조토양 100g당 흡착된 교환가능성 양이온의 밀리그램당량(meq)으로 나타낸다.
④ 자연토양의 경우 여러 가지 점토광물의 혼합물로서 그 CEC는 대략 50meq 정도이다.

정답 ②

풀이 온대지방 토양의 교질입자는 대체로 양전하보다 음전하의 크기가 크다. 토양의 교질입자의 음전하는 식물의 생육에 중대한 영향을 미친다. 따라서 토양의 CEC는 토양교질입자의 음전하의 크기에 달려있다.

제2절 I 토양오염

1 토양오염의 정의(토양환경보전법)

(1) 토양오염이란 사업활동이나 그 밖의 사람의 활동에 의하여 토양이 오염되는 것으로서 사람의 건강・재산이나 환경에 피해를 주는 상태를 말한다.

(2) 토양오염물질이란 토양오염의 원인이 되는 물질로서 환경부령으로 정하는 것을 말한다.

(3) 토양오염관리대상시설이란 토양오염물질의 생산・운반・저장・취급・가공 또는 처리 등으로 토양을 오염시킬 우려가 있는 시설・장치・건물・구축물(構築物) 및 그 밖에 환경부령으로 정하는 것을 말한다.

(4) 특정토양오염관리대상시설이란 토양을 현저하게 오염시킬 우려가 있는 토양오염관리대상시설로서 환경부령으로 정하는 것을 말한다.

(5) 토양정화란 생물학적 또는 물리적・화학적 처리 등의 방법으로 토양 중의 오염물질을 감소・제거하거나 토양 중의 오염물질에 의한 위해를 완화하는 것을 말한다.

(6) 토양정밀조사란 토양오염의 우려기준을 넘거나 넘을 가능성이 크다고 판단되는 지역에 대하여 오염물질의 종류, 오염의 정도 및 범위 등을 환경부령으로 정하는 바에 따라 조사하는 것을 말한다.

(7) 토양오염의 우려기준: 사람의 건강・재산이나 동물・식물의 생육에 지장을 줄 우려가 있는 토양오염의 기준(이하 "우려기준"이라 한다)은 환경부령으로 정한다.

(8) 토양정화업이란 토양정화를 수행하는 업(業)을 말한다.

2 토양오염물질과 오염원

(1) 토양오염물질의 종류(토양환경보전법 시행규칙 [별표 1])

1. 카드뮴 및 그 화합물, 2. 구리 및 그 화합물, 3. 비소 및 그 화합물, 4. 수은 및 그 화합물, 5. 납 및 그 화합물, 6. 6가크롬화합물, 7. 아연 및 그 화합물, 8. 니켈 및 그 화합물, 9. 불소화합물, 10. 유기인화합물, 11. 폴리클로리네이티드비페닐, 12. 시안화합물, 13. 페놀류, 14. 벤젠, 15. 톨루엔, 16. 에틸벤젠, 17. 크실렌, 18. 석유계총탄화수소, 19. 트리클로로에틸렌, 20. 테트라클로로에틸렌, 21. 벤조(a)피렌, 22. 1,2-디클로로에탄, 23. 다이옥신(푸란을 포함한다), 24. 그 밖에 위 물질과 유사한 토양오염물질로서 토양오염의 방지를 위하여 특별히 관리할 필요가 있다고 인정되어 환경부장관이 고시하는 물질

(2) 토양오염물질의 주요 배출원

배출원	주요 원인	주요 오염물질
소각시설	연소가스, 소각재	PCDD, PAH, 중금속류
매립시설	침출수 누출	유기물, VOCs, 중금속류
군사시설	누출, 불법매립시설	BTEX, PAH, 중금속류
석유류 저장 및 취급시설	누출, 배관부식	BTEX, TPH, PAH
산업시설	누출, 배관부식	유기물, VOCs, 중금속류
폐광산	폐광재, 광미사, 갱내수	중금속류, 산성폐수
유독물 저장시설	누출, 배관부식	유기용제,(TCE, PCE), 톨루엔, 페놀, 중금속류

* PCDD: 다이옥신류
PAH(Polycyclic Aromatic Hydrocarbon): 다환방향족탄화수소
VOCs(Volatile organic compound): 휘발성유기화합물
BTEX: 벤젠(Benzene), 톨루엔(Toluene), 에틸벤젠(Ethylbenzene), 자일렌(크실렌)(Xylene)
TPH(Total Petroleum Hydrocarbon): 석유계총탄화수소
TCE(Trichloroethylene): 삼염화에틸렌
PCE(Tetrachloroethylene): 사염화에틸렌

(3) 토양오염의 원인과 영향

① 토양오염의 원인

- 산업활동에 의한 산업폐수와 중금속의 토양으로 유입되는 경우
- 농업활동을 위한 논과 밭, 과수원에서의 농약 및 과량의 비료가 토양으로 유입되는 경우
- 매립시 폐기물로부터 배출되는 침출수와 유해폐기물의 토양으로 유입되는 경우
- 대기오염물질의 확산으로부터 낙하하는 오염물질이 토양으로 축적되는 경우

② 토양오염의 특성

- 토양오염은 수질이나 대기오염의 형태와는 다르게 개인의 사유지에 일어날 수 있다.
- 토양오염에 의해 지하수의 오염까지 초래할 수 있다.
- 토양오염의 범위는 대기나 수질오염에 비해 국소적인 특징을 나타내며 같은 지역이라도 균일하지 않은 오염의 농도 분포를 나타낼 수 있다.
- 토양오염은 눈으로 직접 확인하기 어렵고 한번 오염된 토양은 회복하는데 많은 비용과 시간이 필요하며 토양오염의 원인이 되는 오염원을 차단하더라도 오염의 상태가 오랜 시간 지속된다.

예제

토양오염의 특징과 가장 거리가 먼 것은?

① 오염경로의 다양성　② 피해발현의 완만성
③ 오염영향의 광역성　④ 오염의 비인지성

정답 ③

풀이 수질 또는 대기오염에 비해 오염영향의 광역성이 않은 특성이 있다.

---

③ 토양오염의 영향

- 농약 사용으로 인한 토양오염물질의 토양축적과 생태계가 교란된다.
- 화학비료의 사용으로 토양의 황폐화(떼알구조 → 홑알구조)와 비료 속 중금속에 의한 농경지의 토양오염이 발생한다.
- 강우에 의한 토양 속 영양염류의 유출로 수생태계 내에 부영양화현상을 초래한다.
- 토양오염으로 부식질이 감소하여 토양의 완충능력을 저하시키고 저하와 토양의 산성화를 증대시킨다.

(4) 유류오염물질의 특성

① 페놀류

- 방부제, 소독제 등에 사용되며 화학공업, 코크스 제조업 등의 폐수와 아스팔트 포장의 도로 유출수에서 토양으로 유입이 된다.
- 피부와의 접촉으로 피부발진이나 염증이 생기고 체내로 흡수가 되면 신경계통의 장애를 유발한다.
- 페놀은 염소와 반응하여 심한 악취를 유발하는 클로로페놀을 생성하며 이 중 트리클로로페놀은 발암성이 있다.

② PCB(Polychlorinated Biphenyl)

- $C_{12}H_{10}$(비페닐)의 수소가 염소와 치환된 물질을 총칭하며 209종의 이성질체가 존재한다.
- 전기절연성이 좋나 변압기, 콘덴서 등의 전기제품에 많이 사용되고 있다.
- PCB는 자연계에서 잘 분해되지 않으며 대표적인 만성질환으로 카네미유증이 있다.

③ VOCs(Volatile Organic Compounds)

- 휘발성유기화합물(VOCs)는 끓는점이 낮아 휘발성과 증기압이 높은 유기화합물을 총칭한다.
- 합성수지류 등의 제조공정이나 유기용제 사용시설 등의 화학공정에서 많이 발생되며 건축자재나 접착제 등에서도 배출된다.
- 대기오염물질로 분류되며 발암성을 가진 독성물질로 자외선과 반응하여 광화학적 부산물을 생성하는 등 지구온난화와 오존층 파괴 등에 기여하는 물질이다.

④ PAH(다환방향족탄화수소, Polycyclic Aromatic Hydrocarbon)

- 2개 이상의 방향족탄화수소고리(주로 벤젠핵)을 가진 화합물을 총칭하며 화석연료의 연소과정에서 배출되며 대기와 토양에 오염을 가중시킨다.
- 비점과 융점이 높아 증기압이 낮으며 상온에서 고체로 존재한다.
- 물보다는 유기용매에 잘 용해되며 친유성이 강하다.

⑤ 유기용제

- 트리클로로에틸렌(TCE), 테트라클로로에틸렌(PCE) 등의 유기용제는 무색의 액체로 휘발성이 높으며 다른 유기용제와 잘 용해된다.
- 트리클로로에틸렌(TCE), 테트라클로로에틸렌(PCE)는 인체에 두통을 유발하고 마취작용이 있으며 눈과 코, 목 등을 자극한다.

⑥ BTEX : 벤젠(Benzene), 톨루엔(Toluene), 에틸벤젠(Ethylbenzene), 자일렌(크실렌)(Xylene)을 말한다.

구분	벤젠(Benzene)	톨루엔(Toluene)
화학식	C_6H_6	$C_6H_5CH_3$
구조	공명	CH_3
특성	• 무색의 휘발성이 강한 액체 상태로 존재하며 가연성이며 수용성이다. • 빈혈과 백혈병, 중추신경계 장애를 유발하며 발암물질이다.	• 무색 투명한 액체로 향기가 있으며 물에는 잘 녹지 않고 비중이 물보다 작아 물에 뜬다. 톨루엔 증기는 공기보다 무거워 흡입되기 쉽다. • 중추신경계와 소화기관에 영향을 준다.
구분	에틸벤젠(Ethylbenzene)	자일렌(크실렌)(Xylene)
화학식	$C_4H_5CH_2CH_3$	$C_6H_4(CH_3)_2$
구조	CH_2CH_3	o-xylene, m-xylene, p-xylene
특성	• 무색의 액체로 가솔린, 나프타, 석유 등에 포함되어 있으며 특유의 기름 냄새를 유발한다. • 신경계통과 조혈기능에 장애를 유발한다.	• 무색의 액체로 달콤한 향이 나기도 하며 3개의 이성질체를 가지고 있으며 물에 녹지는 않지만 유기용매에 잘 용해된다. • 신경계통과 조혈기능에 장애를 유발한다.

⑦ 농약

- **유기염소계 농약**: 탄화수소와 염소의 결합으로 생성된 농약으로 대기 중에서 매우 안정한 상태로 존재하여 토양에 잘 축적되고 분해가 되지 않아 농작물에 잔류하여 먹이사슬을 통해 생물체 내에 축적을 일으키기 쉽다(잔류성과 지용성이 크다). DDT(Dichloro-diphenyl-trichloroethane), BHC(benzene hexachloride), 딜드린(Dieldrin), 엔드린(Endrin) 등이 있으며 유기염소계 농약에 중독이 되면 중추신경계 장애, 두통, 구토, 경련 등이 일어나며 강한 독성을 가진다.
- **유기인계 농약**: 탄소와 유기적으로 결합된 인이 포함된 농약으로 현재 사용하고 있는 농약 중 가장 많은 종류를 차지하고 있다. 대부분 에스터형(-COO-)이며 안정성이 낮아 증기압은 낮고 휘발성도 낮은 편이다. 가수분해가 되기 쉬운 물질로 특히 알칼리도 유발물질에 의해 가수분해가 잘되는 편이다. 하지만 일반적으로 물에 용해되기는 어려우며 유기용매에 잘 녹는다.

예제

01 유기오염 물질의 휘발성이 낮아지는 순서로 나열된 것은? (단, 휘발성 높음 > 휘발성 낮음)

① PCB > 석유탄화수소 > PAH
② 휘발성 염화유기용매 > PCB > BTEX
③ PAH > BTEX > PCB
④ BTEX > 석유탄화수소 > PCB

정답 ④

02 토양오염물질인 BTEX에 포함되지 않는 것은?

① 톨루엔
② 크실렌
③ 에틸벤젠
④ 에탄올

정답 ④

3 토양오염대책

오염된 토양을 정화하는 방법에는 굴착 후 처리(비원위치, ex-Situ)기술과 지중처리(원위치, In-Situ) 기술로 나뉜다.

(1) 굴착 후 처리(비원위치, Ex-Situ)

① 오염된 토양을 굴착하여 이동시켜 처리하는 기술이다.
② 장점: 처리효율이 우수하며 처리시간이 짧고 고농도 오염지역에 적용할 수 있다.
③ 단점: 처리비용이 높으며 굴착과 이송시 오염물질의 노출이 우려될 수 있다.

(2) 지중처리(원위치, In-Situ)

① 오염된 토양을 굴착하지 않고 오염된 토양층 내에서 처리하는 기술이다.
② 장점: 오염물질의 노출우려와 처리비용이 적다.
③ 단점: 지하수로 유입되어 지하수오염이 될 가능성이 있고 처리속도가 느리다.

구분	지중처리(원위치, In-Situ)	굴착 후 처리(비원위치, Ex-Situ)
처리효율	낮음	높음
처리비용	낮음	높음
오염원의 분포	광범위한 분포	좁은 범위
오염물질의 농도	비교적 낮은 농도	비교적 높은 농도
처리량	많은 경우	적은 경우
처리공간 확보	처리공간 확보가 어려울 때	처리공간 확보가 용이할 때
처리기간	장기간	단기간

예제

01 원위치 처리방법 적용에 적합한 사항과 가장 거리가 먼 것은?

① 처리량이 많다
② 오염원의 분포가 광범위하고 농도가 낮다
③ 처리부지 확보가 용이하다
④ 처리비용이 저가이다

정답 ③

풀이 원위치 처리방법은 처리부지 확보가 곤란할 때 적용하는 방법이다.

02 다음의 토양복원기술 중 원위치(In-Situ) 정화기술과 가장 거리가 먼 것은?

① 토양증기추출법(Soil Vapor Extraction)
② 생분해법(Biodegradation)
③ 유리화(Vitrification)
④ 토지경작법(Landfarming)

정답 ④

풀이 토지경작법(Landfarming): 굴착 후 처리(비원위치, Ex-Situ)

03 다음 중 복원기술 중 물리화학적 복원기술과 가장 거리가 먼 것은?

① 토양증기추출법
② 토양세정법(Soil-Flushing)
③ 토양경작법
④ Air-Sparging

정답 ③

풀이 토양경작법: 생물학적 복원기술

④ **토양증기추출법(Soil Vapor Extraction)**

- 물리화학적 방법, In-Situ
- 휘발성 또는 준휘발성의 오염물질을 제거하는 기술이다. 불포화 대수층 위에 토양을 진공상태로 만들어 처리하는 기술이며 오염지역의 대수층이 낮을 때 적용할 수 있다.

예제

오염토양 복원을 위한 원위치 처리방법 적용에 적합한 사항과 거리가 먼 것은?

① 처리량이 많다. ② 오염물의 농도가 높다.
③ 처리부지 확보가 곤란하다. ④ 처리기간이 길다.

정답 ②

풀이 오염물의 농도가 낮은 경우 적용 가능하다

---

⑤ **가열토양증기 추출법(Thermally Enhanced)**

- 물리화학적 방법, In-Situ
- 가열된 공기를 주입하여 준휘발성인 오염물질을 추출하는 기술이다.

⑥ **토양세정법(Soil Flushing)**

- 물리화학적 방법, In-Situ
- 오염토양에 흡착되어 있는 오염물질을 순환하는 물을 이용하여 용해시켜 오염물질을 탈착 및 추출하여 제가하는 기술로 중금속에 오염된 토양에 많이 적용한다.

예제

토양정화기술 중에서 Ex-situ 정화기술과 가장 거리가 먼 것은?

① 토양세정법(Soil Flushing) ② 용제추출법(Solvent Extraction)
③ 퇴비화법(Composting) ④ 할로겐분리법(Glycolate Dehalogenation)

정답 ①

풀이 토양세정법(soil flushing) : In-Situ

---

⑦ **고형화 및 안정화(Solidification & Stabilization)**

- 물리화학적 방법, In-Situ, Ex-Situ
- 중금속이나 무기성 오염물질을 처리에 적용되는 기술로 첨가제나 안정제를 주입하여 오염물질의 이동성을 차단하거나 화학적인 방법에 의한 무해화 하는 처리기술이다.

예제

토양오염확산방지기술인 고형화와 안정화의 장점이라 볼 수 없는 내용은?

① 폐기물 표면적을 증가시켜 안정화속도를 빠르게 한다.
② 폐기물 내 오염물질이 독성형태에서 비독성형태로 변형 된다.
③ 폐기물의 용해성이 감소한다.
④ 폐기물의 취급이 용이해진다.

정답 ①

풀이 폐기물의 표면적은 감소되어 부피가 커지고 폐기물의 이동성을 감소시키는 기술인다.

---

⑧ 생분해법(Bio-remediation)
- 생물학적 방법, In-Situ
- 토양미생물이 활발하게 분해할 수 있도록 영양분, 산소 등을 주입하여 주로 유기물의 분해를 촉진시키는 기술이다.

⑨ 생물학적통풍법(Bio-venting)
- 생물학적 방법, In-Situ
- 오염이 진행된 불포화 토양층에 공기를 주입시켜 휘발성 오염물질을 이동시키고 토양 내 산소를 공급하여 미생물의 분해 능력을 향상시켜 처리하는 기술이다.

예제

생물학적통풍법을 적용하기 위해 검토해야 하는 토양의 주요인자가 아닌 것은?

① 고유투수계수 ② 지하수위
③ 양이온 교환능력 ④ 토양미생물

정답 ③

---

⑩ 토양세척법(Soil Washing)
- 물리화학적 방법, Ex-Situ
- 오염된 토양을 굴착한 후 물이나 용제 등으로 오염물질을 씻어내는 방법으로 준휘발성 유기화합물, 탄화수소류, 유류, 중금속 등에 적용된다.

⑪ 토양경작법(Land-Farming)
- 생물학적 방법, Ex-Situ
- 토양의 경작(얇게 펴서 산소, 영양분, 수분을 공급)하여 미생물의 활동을 활발하게 하여 오염물질을 분해한다. 주로 염소계를 제외한 유기물질, 탄화수소를 대상으로 하며 장기간의 시간이 소요된다.

예제

01 토양처리기술중 굴착후 처리기술로 가장 적절한 것은?

① 생물학적 분해법(biodegradation) ② 토양경작법(landfarming)
③ 바이오벤팅법(bioventing) ④ 토양세정법(soil flushing)

정답 ②

02 토양경작법에 관한 설명으로 옳지 않은 것은?

① 중금속으로 오염된 토양 처리에 적합하다.
② 오염토양을 복원하기 위하여 넓은 부지가 필요하다.
③ 휘발성 유기물질의 농도는 생분해보다 휘발에 의해 감소된다.
④ 유기용매가 대기 중으로 방출되어 대기를 오염시키기 때문에 방출되기 전에 미리 처리해야 한다.

정답 ①

풀이 주로 염소계를 제외한 유기물질, 탄화수소를 대상으로 한다.

---

⑫ 퇴비화법(Composting)

- 생물학적 방법, Ex-Situ
- 오염토양을 굴착하여 팽화제와 유기물질을 혼합하고 공기를 주입하면서 오염물질을 분해하는 기술이다.

⑬ 열탈착법(Thermal Desorption)

- 열적 방법, Ex-Situ
- 오염토양을 굴착한 후 100~600℃로 가열하여 오염물질을 탈착시켜 제거하는 방법으로 준휘발성 유기화합물 처리에 적합하다. 처리효율이 우수하여 폭넓은 오염물질의 농도에 적용할 수 있다.

제3절 I 지하수 환경

(1) 지하수의 정의

지표수나 우수가 토양층을 통과하여 지표면 아래 존재하는 물을 총칭한다.

(2) 지하수의 특징

① 부유물질이 적고 수온 변동이 적고, 탁도가 낮다.

② 미생물이 거의 없고, 오염물이 적다.

③ 유속이 느리고, 국지적인 환경조건의 영향을 받아 정화되는데 오랜 기간이 소요된다.

④ 주로 세균(혐기성)에 의한 유기물 분해작용이 일어난다.

⑤ 지하수의 오염경로는 복잡하여 오염원에 의한 오염범위를 명확하게 구분하기가 어렵다.

⑥ 지하수의 염분농도는 지표수 평균농도 보다 약 30% 정도 높다.

(3) 지하수의 종류

① 천층수 : 지하로 침투한 물이 제1불투수층 위에 고인 물로, 공기와의 접촉 가능성이 커 산소가 존재할 경우 유기물은 미생물의 호기성 활동에 의해 분해될 가능성이 크다.

② 심층수 : 제1불침투수층과 제2불침투수층 사이에 피압지하수를 말하며, 지층의 정화작용으로 거의 무균에 가깝고 수온과 성분의 변화가 거의 없다.

③ 용천수 : 지표수가 지하로 침투하여 암석 또는 점토와 같은 불투수층에 차단되어 지표로 솟아나온 것으로, 유기성 및 무기성 불순물의 함유도가 낮고, 세균도 매우 적다.

④ 복류수 : 하천, 저수지 혹은 호수의 바닥, 자갈모래층에 함유되어 있는 물로, 지표수보다 수질이 좋다.

(4) 지하수의 흐름

토양 공극 내의 지하수 흐름은 Darcy 법칙으로 설명할 수 있다.

$$V_{실제} = \frac{V_{이론}}{공극률}$$

$$V_{이론} = KI = K\frac{\Delta h}{\Delta L} = K\frac{h_2 - h_1}{L_2 - L_1}$$

Q : 대수층의 유량(m^3/sec) / K : 투수계수(m/sec) / A : 단면적(m^2) / I : 수리경사도 /
$\triangle h = h_2 - h_1$: 수두차 변화(m) / $\triangle L = L_2 - L_1$: 수평방향의 거리(m)

예제

지하수 모니터링을 위해 20m 간격으로 설치된 감시우물의 수위 차가 50cm일 때, 실질적인 지하수 유속 [md^{-1}]은? (단, 투수계수는 0.2md^{-1}, 공극률은 0.2이다.)

① 0.025 ② 0.050
③ 0.075 ④ 0.090

정답 ①

풀이 토양 공극 내의 지하수 흐름은 Darcy 법칙으로 설명할 수 있다.

$$V_{실제} = \frac{V_{이론}}{공극률}$$

$$V_{이론} = KI = K\frac{\Delta h}{\Delta L} = K\frac{h_2 - h_1}{L_2 - L_1}$$

(K : 투수계수(m/sec) / I : 수리경사도)
$\triangle h = h_2 - h_1$: 수두차 변화(m)
$\triangle L = L_2 - L_1$: 수평방향의 거리(m)

$$\therefore\ V_{실제} = \frac{\frac{0.2m}{day} \times \frac{0.5m}{20m}}{0.2} = 0.025m/day$$

Chapter 01

기출 & 예상 문제

01 **10m 간격으로 떨어져 있는 실험공의 수위차가 20cm일 때, 실질 평균선형유속(m/day)은? (단, 투수 계수는 0.4m/day이고 공극률은 0.5이다.)**

① 0.008 ② 0.18
③ 0.004 ④ 0.016

02 **지하수 대수층의 부피가 2,500m^3, 공극률이 0.4, 공극수 내 비반응성 물질 A의 농도가 50mg/L일 때, 공극수 내 물질 A의 질량(kg)은?**

① 25 ② 40
③ 50 ④ 100

03 **토양 및 지하수 처리 공법에 대한 설명으로 옳지 않은 것은?**

① 토양세척공법(soil washing)은 중금속으로 오염된 토양 처리에 효과적이다.
② 바이오벤팅공법(bioventing)은 휘발성이 강하거나 생분해성이 높은 유기물질로 오염된 토양 처리에 효과적이며 토양증기 추출법과 연계하기도 한다.
③ 바이오스파징공법(biosparging)은 휘발성 유기물질로 오염된 불포화토양층 처리에 효과적이다.
④ 열탈착공법(thermal desorption)은 오염 토양을 굴착한 후, 고온에 노출시켜 소각이나 열분해를 통해 유해물질을 분해 시킨다.

04 **지하수에 대한 설명으로 옳지 않은 것은?**

① 지하수는 천층수, 심층수, 복류수, 용천수 등이 있다.
② 지하수는 하천수와 호소수 같은 지표수보다 경도가 낮다.
③ 피압면 지하수는 자유면 지하수층보다 수온과 수질이 안정하다.
④ 저투수층(aquitard)은 투수도는 낮지만 물을 저장할 수 있다.

05 오염된 토양의 복원기술 중에서 원위치(In-Situ) 처리기술이 아닌 것은?

① 토지경작(land farming)
② 토양증기추출(soil vapor extraction)
③ 바이오벤팅(bioventing)
④ 토양세정(soil flushing)

06 토양오염 처리기술 중 토양증기 추출법(Soil Vapor Extraction)에 대한 설명으로 옳지 않은 것은?

① 오염 지역 밖에서 처리하는 현장외(Ex-Situ) 기술이다.
② 대기오염을 방지하려면 추출된 기체의 후처리가 필요하다.
③ 오염물질에 대한 생물학적 처리 효율을 높여줄 수 있다.
④ 추출정 및 공기 주입정이 필요하다.

정답찾기

01 토양 공극 내의 지하수 흐름은 Darcy 법칙으로 설명할 수 있다.

$$V_{실제} = \frac{V_{이론}}{공극률}$$

$$V_{이론} = KI = K\frac{\Delta h}{\Delta L} = K\frac{h_2 - h_1}{L_2 - L_1}$$

$$= \frac{\frac{0.4m}{day} \times \frac{0.2m}{10m}}{0.5} = 0.016m/day$$

(K: 투수계수(m/sec) / I: 수리경사도 / $\Delta h = h_2 - h_1$: 수두차 변화(m) / $\Delta L = L_2 - L_1$: 수평방향의 거리(m))

02 $2500m^3 \times 0.4 \times \frac{50mg}{L} \times \frac{kg}{10^6 mg} \times \frac{10^3 L}{m^3} = 50kg$

03 바이오스파징공법(biosparging)은 미생물활성도를 증가시켜 포화대수층 내에서 유기물을 분해시키는 In-Site 공법이다.

04 지하수는 하천수와 호소수 같은 지표수보다 경도가 높으며 깊은 곳에 위치한 지하수일수록 경도가 높다. 또한 저투수층은 투수도는 낮지만 물을 저장할 수 있으며 복류수라고 한다.

05 토양경작법은 오염토양을 굴착하여 지표면에 깔아 놓고 정기적으로 뒤집어줌으로써 공기를 공급해 주는 호기성 생분해 공정으로 오염토양 밖에서 처리하는 Ex-Situ 방법이다.

06 오염 지역 안에서 처리하는 현장 내(In-Situ) 기술이다.

정답 01 ④ 02 ③ 03 ③ 04 ② 05 ① 06 ①

07 지하수 흐름 관련 Darcy 법칙에 대한 설명으로 옳지 않은 것은?

① 다공성 매질을 통해 흐르는 유체와 관련된 법칙이다.
② 콜로이드성 진흙과 같은 미세한 물질에서의 지하수 이동을 잘 설명한다.
③ 유량과 수리적 구배 사이에 선형성이 있다고 가정한다.
④ 매질이 다공질이며 유체의 흐름이 난류인 경우에는 적용되지 않는다.

08 지하수의 특성에 대한 설명으로 옳은 것은?

① 국지적인 환경 조건의 영향을 크게 받지 않는다.
② 자정작용의 속도가 느리고 유량 변화가 적다.
③ 부유물질(SS) 농도 및 탁도가 높다.
④ 지표수보다 수질 변동이 크다.

09 지하수 모니터링을 위해 20m 간격으로 설치된 감시우물의 수위 차가 50cm일 때, 실질적인 지하수 유속(md^{-1})은? (단, 투수계수는 $0.2md^{-1}$, 공극률은 0.2이다.)

① 0.025　　② 0.050
③ 0.075　　④ 0.090

10 토양 오염에 대한 설명으로 옳지 않은 것은?

① 특정 비료의 과다 유입은 인근 수역의 부영양화를 초래하는 원인이 된다.
② 일반적으로 인산염은 토양입자에 잘 흡착되지 않는다.
③ 질산 이온은 토양에서 쉽게 용출되어 지하수 오염에 큰 영향을 미친다.
④ 토양 내 잔류농약 농도는 토양의 물리화학적 성질에 영향을 받는다.

정답찾기

07 Darcy 법칙은 다공성 매질(모래 등)을 통과하는 유체의 흐름에 대하여 관찰을 통해 얻은 경험식으로부터 유도된 법칙이다.

08 ① 국지적인 환경 조건의 영향을 크게 받는다.
③ 부유물질(SS) 농도 및 탁도가 낮다.
④ 지표수보다 수질 변동이 크지 않다.

09 토양 공극 내의 지하수 흐름은 Darcy 법칙으로 설명할 수 있다.

$$V_{실제} = \frac{V_{이론}}{공극률}$$

$$V_{이론} = KI = K\frac{\Delta h}{\Delta L} = K\frac{h_2 - h_1}{L_2 - L_1}$$

(K: 투수계수(m/sec) / I: 수리경사도 / $\triangle h = h_2 - h_1$: 수두차 변화(m) / $\triangle L = L_2 - L_1$: 수평방향의 거리(m))

$$V_{실제} = \frac{\frac{0.2m}{day} \times \frac{0.5m}{20m}}{0.2} = 0.025m/day$$

10 일반적으로 인산염은 토양입자에 잘 흡착된다.

정답 07 ② 08 ② 09 ① 10 ②

MEMO

이찬범 환경공학

합격까지 박문각

PART

06

소음진동관리

PART 06 소음진동관리

CHAPTER 01 소음진동 발생 및 전파

제1절 I 소음

1 개요

(1) 소음

듣기 싫고 일상생활을 방해하는 음을 의미하며 불쾌감을 주고 일의 능률을 저하시키는 소리를 의미한다.

(2) 진동

특정 물체나 기계의 사용으로 발생하는 강한 흔들림을 총칭한다.

2 소음진동 기초용어

(1) 측정소음

소음이 배출되는 곳의 소음이다.

(2) 배경소음(암소음)

소음배출원을 제외한 소음이다.

(3) 대상소음

측정소음 - 배경소음

(4) 측정진동

진동이 배출되는 곳의 진동이다.

(5) 배경진동(암진동)

진동배출원을 제외한 진동이다.

(6) 대상진동

측정진동 - 배경진동이다.

(7) 공명현상

2개의 진동체가 같은 주파수일 때 한쪽이 울리면 다른 쪽도 울리는 현상이다.

(8) 잔향현상

음원에서 발생되는 소리가 없더라도 반사되는 반사음에 의해 소리가 울리는 현상이다.

(9) 잔향시간

음원에서 소리가 없어진 후 음압레벨이 60dB 되는데 걸리는 시간이다.

(10) 배경진동

한 장소에 있어서의 특정의 진동을 대상으로 생각할 경우 대상진동이 없을 때 그 장소의 진동을 대상진동에 대한 배경진동이라 한다.

(11) 정상진동

시간적으로 변동하지 아니 하거나 또는 변동 폭이 작은 진동을 말한다.

(12) 충격진동

단조기의 사용, 폭약의 발파시 등과 같이 극히 짧은 시간 동안에 발생하는 높은 세기의 진동을 말한다.

(13) 평가진동레벨

대상진동레벨에 관련 시간대에 대한 평가진동레벨 발생시간의 백분율, 시간별, 지역별 등의 보정치를 보정한 후 얻어진 진동레벨을 말한다.

(14) 등가소음레벨(Leq)

변동하는 소음의 에너지 평균 레벨로서 어느 시간 동안에 변동하는 소음레벨의 에너지를 같은 시간대의 정상 소음의 에너지로 치환한 값이다.

예제

01 소음과 관련된 용어의 정의 중 "측정소음도에서 배경소음을 보정한 후 얻어지는 소음도"를 의미하는 것은?

① 대상소음도　② 배경소음도
③ 등가소음도　④ 평가소음도

정답 ①

02 변동하는 소음의 에너지 평균 레벨로서 어느 시간 동안에 변동하는 소음레벨의 에너지를 같은 시간대의 정상 소음의 에너지로 치환한 값은?

① 소음레벨(SL)　② 등가소음레벨(L_{eq})
③ 시간율 소음도(L_n)　④ 주야등가소음도(L_{dn})

정답 ②

03 다음 (　) 안에 알맞은 것은?

한 장소에 있어서의 특정의 음을 대상으로 생각할 경우 대상소음이 없을 때 그 장소의 소음을 대상소음에 대한 (　) 이라 한다.

① 고정소음　② 기저소음
③ 정상소음　④ 배경소음

정답 ④

제2절 I 파장/음속/주파수/주기

1 음속(C)

음의 전파 속도로 재질에 따라서 기체 < 액체 < 고체 순으로 커진다.

$$C = f(\text{주파수 또는 진동수}) \times \lambda(\text{파장}) = \frac{1}{T} \times \lambda$$

$$C = 331.42 + 0.6t \ [t: \text{공기온도}(℃)]$$

예제

진동수가 250Hz이고 파장이 5m인 파동의 전파속도는?

① 50m/sec
② 250m/sec
③ 750m/sec
④ 1250m/sec

정답 ④

풀이 $\text{파장}(\lambda) = \frac{\text{속도}(C)}{\text{진동수}(f)} \rightarrow \frac{\square m/sec}{250Hz} = 5m$

$\therefore \square = 1{,}250m/sec$

2 파장(Wavelength, λ)

(1) 정의

파동에서 같은 위상을 가진 이웃한 점 사이의 거리로 마루~마루 또는 골~골까지의 거리를 의미한다(λ = c/f(m)).

(2) 종류

① 횡파(고정파) : 파동의 진행방향과 매질의 진동방향이 직각인 파장

EX 물결(수면)파, 지진파(S)파

② 종파(소밀파) : 파동의 진행방향과 매질의 진동방향이 평행인 파장

EX 음파, 지진파(P파)

예제

01 파동의 특성을 설명하는 용어로 옳지 않은 것은?

① 파동의 가장 높은 곳을 마루라 한다.
② 매질의 진동방향과 파동의 진행방향이 직각인 파동을 횡파라고 한다.
③ 마루와 마루 또는 골과 골 사이의 거리를 주기라 한다.
④ 진동의 중앙에서 마루 또는 골까지의 거리를 진폭이라 한다.

정답 ③

풀이 마루와 마루 또는 골과 골 사이의 거리를 파장이라 한다.

02 **다음 중 종파에 해당되는 것은?**

① 광파
② 음파
③ 수면파
④ 지진파의 S파

정답 ②

풀이 • 횡파(고정파) : 파동의 진행방향과 매질의 진동방향이 직각인 파장
ex) 물결(수면)파, 지진파(S)파
• 종파(소밀파) : 파동의 진행방향과 매질의 진동방향이 평행인 파장
ex) 음파, 지진파(P파)

03 **진동수가 200Hz이고 속도가 100m/sec인 파동의 파장은?**

① 0.2m
② 0.3m
③ 0.5m
④ 2.0m

정답 ③

풀이 $\text{파장}(\lambda) = \dfrac{\text{속도}(C)}{\text{진동수}(f)}$

$\therefore \text{파장}(\lambda) = \dfrac{100m/\text{sec}}{200Hz} = 0.5m$

06

3 주기(T)

한 파장이 통과하는데 필요한 시간을 말하며 단위는 sec(초)이다.

$$T = \frac{1}{f}$$

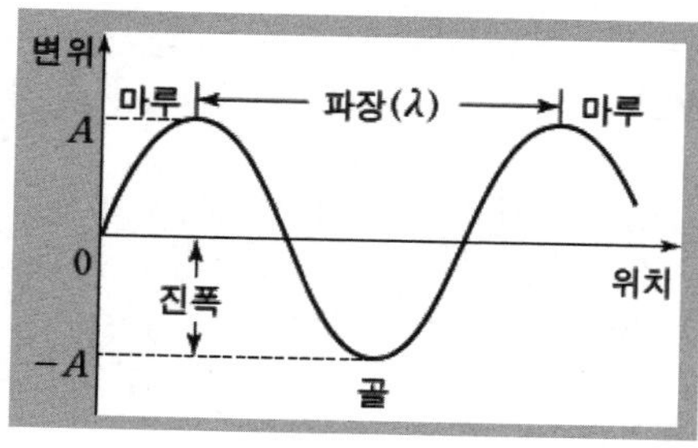

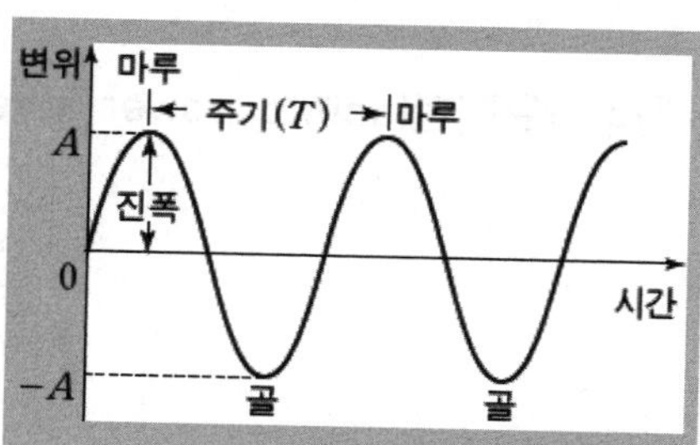

4 주파수(f, Hz)

1초 동안에 통과하는 마루 또는 골의 수, 초당 회전수(cycle/sec)이다. 사람이 들을 수 있는 가청주파수의 범위는 20 ~ 20,000Hz 이다.

$$f = \frac{1}{T(\text{주기})} = \frac{C(\text{음속})}{\lambda(\text{파장})}$$

제3절 I 음의 레벨과 음압

1 정의

음원이 존재할 때, 이 음을 전달하는 물질의 압력변화 부분을 음압이라 한다. 음압의 단위는 압력의 단위인 Pa(파스칼)($1Pa = 1N/m^2$)이다.

2 음의 세기

일정면적을 일정시간에 통과하는 음에너지를 의미한다(W/m^2).

$$I = P \times V = \frac{P^2}{\rho c}(w/m^2)$$

3 음의 세기레벨(Sound Intencity Level, SIL)

$$SIL = 10\log\left(\frac{I}{I_0}\right)dB$$

I_0 (최소가청음의 세기) = $10^{-12}w/m^2$(0~130까지 140단계로 표시)

4 음압레벨(Sound Pressure Level. SPL)

$$SPL = 20\log\left(\frac{P}{P_0}\right)dB$$

P_0 (최소음압실효치) = $2 \times 10^{-5}N/m^2$

5 음향파워레벨(sound power level, PWL)

$$PWL = 10\log\left(\frac{W}{W_0}\right)dB$$

W_0: 기준음향파워 = $10^{-12}w$ / W: 대상음향파워

예제

음향파워가 0.01watt 이면 PWL은 얼마인가?

① 1dB
② 10dB
③ 100dB
④ 1,000dB

정답 ③

풀이 $PWL(dB) = 10 \times \log\left(\frac{W}{W_0}\right) \leftarrow W_0 = 10^{-12}(watt)$

$$PWL(dB) = 10 \times \log\left(\frac{0.01}{10^{-12}}\right) = 100dB$$

6 음의 크기(Loundness, S)

(1) 폰(phon)

1,000Hz의 주파수에서 나타내는 음의 크기(dB)이다.

$$L_v(phon) = 33.25\log(sone) + 40$$

(2) 손(shon)

40phon을 1sone으로 한다.

$$S(sone) = 2^{(\frac{phon-40}{10})}$$

예제

<보기>는 소음의 표현이다. (　)안에 알맞은 것은?

<보기>
1(　)은 1,000Hz 순음의 음세기 레벨 40dB의 음크기를 말한다.

① SIL　② PNL
③ Sone　④ NNI

정답 ③

7 음의 합성

(1) 음의 세기 증가

$$합성소음도\ L_t[dB(A)] = 10\log\left[\left(10^{L_1/10} + 10^{L_2/10} + \cdots\right)\right]$$

(2) 음의 세기 감소

$$합성소음도\ L_t[dB(A)] = 10\log\left[\left(10^{L_1/10} - 10^{L_2/10} + \cdots\right)\right]$$

예제

01 음압레벨 90dB인 기계 1대가 가동중이다. 여기에 음압레벨 80dB인 기계 1대를 추가로 가동시킬 때 합성음압레벨은?

① 약 90dB　② 약 100dB
③ 약 120dB　④ 약140dB

정답 ①

풀이 합성음압레벨 $= L_t[dB(A)] = 10\log\left[\left(10^{L_1/10} + 10^{L_2/10} + \cdots\right)\right]$

$L_t[dB(A)] = 10\log\left[\left(10^{90/10} + 10^{80/10}\right)\right] = 90.4139dB$

02 각각 음향파워레벨이 89dB, 91dB, 95dB인 음의 평균 파워레벨(dB)은?

① 92.4　　② 105.5
③ 127.2　　④ 141.7

정답 ①

풀이 $L_t[dB] = 10\log\left[\frac{1}{n}\left(10^{L_1/10} + 10^{L_2/10} + \cdots\right)\right]$로 계산한다.

평균음향파워레벨(dB) $= 10\log\left[\frac{1}{3}\left(10^{89/10} + 10^{91/10} + 10^{95/10}\right)\right] = 92.4017$dB

제4절 I 음의 성질

1 음의 반사

입사음의 세기와 반사음의 세기에 대한 비율이다.

$$\text{반사율} = \frac{\text{반사음의 세기}}{\text{입사음의 세기}}$$

2 음의 회절

(1) 음파의 진행방향이나 속도가 변화하는 현성으로 장애물 뒤 쪽에서도 음이 전파되는 현상을 말한다.

(2) 주파수가 낮고 장애물이 낮을수록 음이 멀리 전파된다.

예제

음의 회절에 관한 설명으로 옳지 않은 것은?

① 회절하는 정도는 파장에 반비례한다.
② 슬릿의 폭이 좁을수록 회절하는 정도가 크다.
③ 장애물 뒤쪽으로 음이 전파되는 현상이다.
④ 장애물이 작을수록 회절이 잘된다.

정답 ①

풀이 회절하는 정도는 파장에 비례한다.

3 음의 굴절

(1) 온도나 풍속, 매질의 성질 변화에 의해 음이 휘어지는 현상이다.

(2) 대기의 온도차에 의한 굴절은 온도가 낮은 쪽으로 굴절한다.

(3) 음원보다 상공의 풍속이 클 때 풍상층에서는 상공으로 굴절한다.

(4) 밤(지표부근의 온도가 상공보다 저온)이 낮(지표부근의 온도가 상공보다 고온)보다 거리감쇠가 작다. → 온도차에 의해 밤에 더 멀리 소리가 전파된다.

예제

음이 온도가 일정치 않는 공기를 통과할 때 음파가 휘는 현상은?

① 회절 ② 반사
③ 간섭 ④ 굴절

정답 ④

4 음의 투과

입사음의 세기와 투과음의 세기의 비율을 의미한다.

$$투과율(\tau) = \frac{투과음세기}{입사음세기}$$

$$투과손실(TL) = 10\log(\frac{1}{\tau})\ (dB)$$

예제

01 아파트 벽의 음향투과율이 0.1% 라면 투과손실은?

① 10dB ② 20dB
③ 30dB ④ 50dB

정답 ③

풀이 $TL = 10\log\left(\frac{1}{\tau}\right) = 10\log\left(\frac{I_{in}}{I_{out}}\right)$ (τ : 투과율 / I_{in} : 입사음의 세기 / I_{out} : 투과음의 세기)

$TL = 10\log\left(\frac{1}{0.001}\right) = 30dB$

02 어느 벽체의 입사음의 세기가 $10^{-2}W/m^2$이고, 투과음의 세기가 $10^{-4}W/m^2$이었다. 이 벽체의 투과율과 투과손실은?

① 투과율 10^{-2}, 투과손실 20dB ② 투과율 10^{-2}, 투과손실 40dB
③ 투과율 10^{2}, 투과손실 20dB ④ 투과율 10^{2}, 투과손실 40dB

정답 ①

풀이 $TL = 10\log\left(\frac{1}{\tau}\right) = 10\log\left(\frac{I_{in}}{I_{out}}\right)$ (τ : 투과율 / I_{in} : 입사음의 세기 / I_{out} : 투과음의 세기)

- 투과율 계산

$\tau = \frac{I_{out}}{I_{in}} = \frac{10^{-4}}{10^{-2}} = 10^{-2}$

- 투과손실 계산

$TL = 10\log\left(\frac{1}{10^{-2}}\right) = 20dB$

5 도플러 효과

음원이 이동할 때 그 진행방향 가까운 쪽에서는 발음원보다 고음으로, 진행 반대쪽에서는 저음으로 되는 현상이다.

예제

발음원이 이동할 때 그 진행방향 가까운 쪽에서는 발음원보다 고음으로, 진행 반대쪽에서는 저음으로 되는 현상은?

① 음의 전파속도 효과
② 도플러 효과
③ 음향출력 효과
④ 음압레벨 효과

정답 ②

6 음의 간섭

(1) 보강간섭

마루와 마루, 골과 골이 만나 더 큰 파가 생긴다.

(2) 소멸간섭

마루와 골이 만나 소리가 작아진다.

(3) 맥놀이

보강간섭과 소멸간섭이 교대로 일어난다.

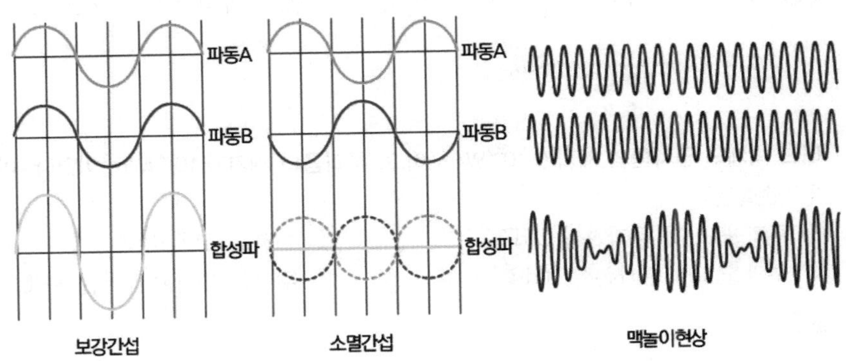

7 마스킹 효과

(1) 음파의 간섭에 의해 발생하는 현상으로 큰소리와 작은 소리가 동시에 들릴 때 큰 소리에 의해 작은 소리가 잘 들리지 않는 현상이다.

(2) 저음이 고음을 잘 마스킹한다.

(3) 두음의 주파수가 비슷할 때 마스킹 효과가 크다.

(4) 두음의 주파수가 같을 때는 마스킹 효과가 감소한다.

예제

마스킹 효과에 관한 설명 중 옳지 않은 것은?

① 저음이 고음을 잘 마스킹 한다.
② 두 음의 주파수가 비슷할 때는 마스킹 효과가 대단히 커진다.
③ 두음의 주파수가 거의 같을 때는 Doppler 현상에 의해 마스킹 효과가 커진다.
④ 음파의 간섭에 의해 일어난다.

정답 ③

풀이 Doppler 현상은 음원이 이동할 때 진행방향 쪽에서는 원래 발생음보다 크게, 진행방향 반대쪽에서는 원래 발생음보다 작게 들리는 현상이다.

지반을 따라 전파하는 진동파의 특성

- P파(종파)
  - 소밀파(밀집과 비밀집이 반복)라고도 하며 실체파(체적파, 입체파)이다.
  - 파동의 방향이 파동의 전파방향과 일치하는 파이며 기체, 액체, 고체를 모두 통과할 수 있다.
  - 전파속도가 제일 크다(6~8km/sec).

- S파(횡파)
  - 전단방향으로 응력이 전달되는 전단파로 실체파(체적파, 입체파)라고도 한다.
  - 파동의 방향이 파동의 전파방향과 직각인 파로 고체만 통과할 수 있다.
  - 전파속도가 2번째로 크다(3~4km/sec).

- R파(레일리파(Rayleigh파))
  - 표면파라고도 하며 원통상으로 전파한다.
  - 인체가 주로 느끼는 파이다.

- LOVE 파
  - 표면파라고도 하며 지반 위에 비교적 연약한 표층이 있는 경우에 한하여 존재한다.
  - 피해가 가장 크다.

제5절 I 소음진동의 영향

1 귀의 구조

(1) 외이

매질은 공기(기체)이며 귀바퀴, 외이도, 고막 등이 있다.

(2) 중이

① 매질은 뼈(고체)이며 추골, 침골, 등골로 구성된 이소골, 유스타키오관(이관, 귀관) 등이 있다.

② 이관은 중이의 기압을 조정한다.

③ 이소골에 의해 진동음압을 20배 정도 증폭시킨다.

④ 유스타키오관: 고막의 진동을 쉽게 할 수 있도록 외이와 중이의 기압을 조정하는 것

(3) 내이

① 매질은 림프액(액체)이며 와우각(전정계, 달팽이관, 고실계 등), 3개의 반고리관 등이 있다.

② 난원창은 이소골의 진동을 와우각중의 림프액에 전달하는 진동판이다.

③ 달팽이관은 내부에 림프액이 들어있다.

④ 음의 대소는 섬모가 받는 자극의 크기에 따라 다르다.

구분	매질	역할
외이	기체(공기)	이개-집음기, 외이도-음증폭, 고막-진동판
중이	고체(뼈)	증폭임피던스변환기
내이	액체(림프액)	난원창-진동판, 유스타기코관(이관)-기압조절

예제

01 인체 귀의 구조 중 고막의 진동을 쉽게 할 수 있도록 외이와 중이의 기압을 조정하는 것은?

① 고막
② 고실창
③ 달팽이관
④ 유스타키오관

정답 ④

02 귀의 구성 중 내이에 관한 설명으로 틀린 것은?

① 난원창은 이소골의 진동을 와우각중의 림프액에 전달하는 진동판이다.
② 음의 전달 매질은 액체이다.
③ 달팽이관은 내부에 림프액이 들어있다.
④ 이관은 내이의 기압을 조정하는 역할을 한다.

정답 ④

풀이 이관은 중이의 기압을 조정한다.

2 소음이 인체에 미치는 영향

(1) 타액분비량 증가하고 위액산도가 저하한다.

(2) 말초혈관 수축, 맥박증가 같은 영향을 미친다.

(3) 소음에 노출되면 혈중 아드레날린 및 백혈구 수가 증가한다.

(4) 소음이 인체에 미치는 영향은 호흡수 증가 및 호흡깊이 감소이다.

(5) 단순 반복작업 보다는 보통 복잡한 사고, 기억을 필요로 하는 작업에 더 방해가 된다.

(6) 소음성난청은 소음이 높은 공장에서 일하는 근로자들에게 나타나는 직업병으로 4,000Hz 정도에서부터 난청이 시작된다.

(7) 노인성 난청은 고주파음(6000Hz)에서 부터 난청이 시작된다.

예제

소음이 인체에 미치는 영향으로 가장 거리가 먼 것은?

① 혈압상승, 맥박 증가
② 타액분비량 증가, 위액산도 저하
③ 호흡수 감소 및 호흡깊이 증가
④ 혈당도 상승 및 백혈구 수 증가

정답 ③

풀이 소음이 인체에 미치는 영향은 호흡수 증가 및 호흡깊이 감소이다.

06

3 진동이 인체에 미치는 영향

(1) 진동수 및 상대적인 변위에 따라 느낌이 다르다.

(2) 수직 진동은 주파수 4~8Hz에서 가장 민감하다.

(3) 수평 진동은 주파수 1~2Hz에서 가장 민감하다.

(4) 인간이 느끼는 진동가속도의 범위는 1~1,000Gal이다.

(5) 환경적 측면에서 문제가 되는 진동 중 특별히 인체에 해를 끼치는 공해진동의 진동수의 범위로 가장 적합한 것은 1~90Hz이다.

예제

진동 감각에 대한 인간의 느낌을 설명한 것으로 옳지 않은 것은?

① 진동수 및 상대적인 변위에 따라 느낌이 다르다.
② 수직 진동은 주파수 4~8Hz에서 가장 민감하다.
③ 수평 진동은 주파수 1~2Hz에서 가장 민감하다.
④ 인간이 느끼는 진동가속도의 범위는 0.01~10Gal이다.

정답 ④

풀이 인간이 느끼는 진동가속도의 범위는 1~1,000Gal이다.

제6절 I 소음진동의 발생과 전파

1 점음원

공장 등에서 발생하는 음원으로 전파거리가 길어짐에 따라 비례하여 줄어드는 소음원으로 구면파나 반구면파등이 있다.

2 선음원

도로나 기차 등의 배출원이 선을 이루며 이동할 때 발생하는 음원으로 일반적으로 반구면파로 여긴다.

3 면음원

여러 배출원이 공장의 벽이나 면을 통해 배출될 때의 음원이다.

CHAPTER 02 소음방지 및 관리

제1절 I 기류음과 고체음의 소음방지

1 고체음과 기류음

(1) 고체음

기계의 진동에 관한 음으로 가진력 억제, 방사면 축소 및 공명 방지 등으로 방지할 수 있다.

(2) 기류음

공기의 압력변화에 의해 발생하는 음으로 밸브의 다단화, 분출유속의 저감, 관의 곡률완화 등으로 방지할 수 있다.

EX 난류음(선풍기, 송풍기 등), 맥동음(엔진, 펌프 등)

2 소음방지대책

(1) 발생원(음원) 대책

발생원 저감(유속 저감, 마찰력 감소, 충돌방지, 공명방지 등), 소음기 설치, 방음 커버 등

(2) 전파경로 대책

공장건물 내벽의 흡음처리, 공장 벽체의 차음성 강화, 방음벽 설치, 거리감쇠, 지향성 변환 등

(3) 수음측 대책

귀마개 등

예제

방음대책을 음원대책과 전파경로대책으로 분류할 때, 다음 중 주로 전파경로대책에 해당되는 것은?

① 방음벽 설치
② 소음기 설치
③ 발생원의 유속저감
④ 발생원의 공명방지

정답 ①

풀이 ② 소음기 설치 : 음원 대책
③ 발생원의 유속저감 : 음원 대책
④ 발생원의 공명방지 : 음원 대책

제2절 I 흡음

1 평균흡음률

$$a = \frac{\sum S_i \times a_i}{\sum S_i}$$

2 잔향시간 측정에 의한 방법(sabine의 식)

$$a = \frac{0.161\,V}{ST}$$

T : 잔향시간(sec) / V : 실의 부피(m^3)

※ 잔향시간(T)은 실내에서 음원이 정지된 순간부터 음압레벨이 60dB 감소되는데 소요되는 시간을 의미한다.

예제

길이 10m, 폭 10m, 높이 10m 인 실내의 바닥, 천장, 벽면의 흡음율이 모두 0.0161 일 때 sabine의 식을 이용하여 잔향시간(sec)을 구하면?

① 0.17 ② 1.7
③ 16.7 ④ 167

정답 ③

풀이 $T = \frac{0.161 \times \forall}{A_m \times S} \rightarrow T = \frac{0.161 \times (10 \times 10 \times 10)m^3}{0.0161 \times 600m^2} = 16.6666\text{sec}$

- T : 잔향시간(sec)
- $\forall$: 부피(m^3) → 10 × 10 × 10 = 1000m^3
- A_m : 평균흡음율 → 0.0161
- S : 면적 → (2 × 10 × 10) + (10 + 10 + 10 + 10) × 10 = 600m^2

3 흡음재료

(1) 판구조형 흡음재료

석고보드, 합판, 철판, 하드보드판, 알루미늄 등

(2) 다공질형 흡음재료

폴리우레탄폼, 유리솜, 암면, 유리섬유, 발포수지 등

예제

흡음기구에 의한 흡음재료를 분류한 것으로 볼 수 없는 것은?

① 다공질 흡음재료 ② 공명형 흡음재료
③ 판진동형 흡음재료 ④ 반사형 흡음재료

정답 ④

4 흡음재료의 선택 및 사용상의 유의점

(1) 벽면 부착 시 한 곳에 집중시키기 보다는 전체 내벽에 분산시켜 부착한다.

(2) 흡음재는 전면을 접착재로 부착하는 것보다는 못으로 시공하는 것이 좋다.

(3) 다공질재료는 산란하기 쉬우므로 표면에 얇은 직물로 피복하는 것이 바람직하다.

(4) 다공질재료의 표면에 종이를 바르면 흡음율이 낮아진다.

(5) 다공질 재료의 표면을 도장하면 고음역에서 흡음율이 저하된다.

(6) 실의 모서리나 가장자리 부분에 흡음재를 부착하면 효과가 좋아진다.

(7) 막진동이나 판진동형의 것도 도장해도 차이가 없다.

예제

흡음재료의 선택 및 사용상의 유의점에 관한 설명으로 옳지 않은 것은?

① 벽면 부착 시 한 곳에 집중시키기 보다는 전체 내벽에 분산시켜 부착한다.
② 흡음재는 전면을 접착재로 부착하는 것보다는 못으로 시공하는 것이 좋다.
③ 다공질재료는 산란하기 쉬우므로 표면에 얇은 직물로 피복하는 것이 바람직하다.
④ 다공질재료의 흡음율을 높이기 위해 표면에 종이를 바르는 것이 권장되고 있다.

정답 ④

풀이 다공질재료의 표면에 종이를 바르면 흡음율이 낮아진다.

제3절 I 차음

1 투과손실

$$투과손실(TL) = 10\log(1/\tau)$$

2 단일벽의 투과손실

(1) 수직입사

$$TL = 20\log(m \cdot f) - 43dB$$

(2) 난입사

$$TL = 18\log(m \cdot f) - 44dB$$

m: 벽체의 면밀도(kg/m^2) / f: 입사되는 주파수(Hz)

3 방음벽에 의한 소음방지

(1) 벽의 투과손실은 회절감쇠치보다 적어도 5dB 이상 크게 하는 것이 바람직하다.

(2) 방음벽 설계시 음원의 지향성과 크기에 대한 상세한 조사가 필요하다.

(3) 벽의 길이는 점음원 일 때 벽높이의 5배 이상, 선음원일 때 음권과 수음점 간의 직선거리의 2배 이상으로 하는 것이 바람직하다.

(4) 음원의 지향성이 수음측 방향으로 클때에는 벽에 의한 감쇠치가 계산치보다 크게 된다.

(5) 음원의 지향성과 크기에 대한 상세한 조사가 필요하다.

예제

방음벽 설치 시 주의사항으로 틀린 것은 어느 것인가?

① 음원의 지향성과 크기에 대한 상세한 조사가 필요하다.
② 음원의 지향성이 수용측 방향으로 클 때에는 벽에 의한 감쇠치가 계산치보다 크게 된다.
③ 벽의 투과손실은 회절감쇠치보다 적어도 5dB 이상 크게 하는 것이 바람직하다.
④ 소음원 주위에 나무를 심는 것이 방음벽설치보다 확실한 방음 효과를 기대할 수 있다.

정답 ④

풀이 방음벽이 더 확실한 방음효과를 기대할 수 있다.

CHAPTER 03 진동방지 및 관리

1 진동방지대책

(1) 발생원대책

가진력 감소, 기기의 균형, 탄성지지, 동적 흡입 등이 있다.

(2) 전파경로대책

진동원 위치를 멀리하여 거리감쇠를 크게 하거나 수진점 근방에 방진구를 판다.

(3) 수진축대책

탄성지지, 강성변경 등이 있다.

2 방진재료의 특성

(1) 방진고무

형상의 선택이 비교적 자유롭고 압축, 전단 등의 사용방법에 따라 1개로 2축방향 및 회전방향의 스피링 정수를 광범위하게 선택할 수 있으나 내부마찰에 의한 발열 때문에 열화되는 방진재료이다.

예제

형상의 선택이 비교적 자유롭고 압축, 전단 등의 사용방법에 따라 1개로 2축방향 및 회전방향의 스피링 정수를 광범위하게 선택할 수 있으나 내부마찰에 의한 발열 때문에 열화되는 방진재료는?

① 방진고무 ② 공기스프링
③ 금속스프링 ④ 직접지지관 스프링

정답 ①

(2) 공기스프링

① 설계시 스프링의 높이, 스프링정수를 각각 독립적으로 광범위하게 설정할 수 있다.
② 부하능력이 광범위하다.
③ 자동제어가 가능하다.
④ 사용진폭이 작어 댐퍼가 필요한 경우가 많다.
⑤ 지지하중이 크게 변하는 경우에는 높이 조정변에 의해 그 높이를 조절할 수 있어 기계높이를 일정레벨로 유지시킬 수 있다.
⑥ 하중의 변화에 따라 고유진동수를 일정하게 유지할 수 있다.
⑦ 공기누출의 위험성이 있다.

예제

01 하중의 변화에도 기계의 높이 및 고유진동수를 일정하게 유지시킬 수 있으며, 부하능력이 광범위하나 사용진폭이 적은 것이 많으므로 별도의 댐퍼가 필요한 경우가 많은 방진재는?

① 방진고무
② 탄성블럭
③ 금속스프링
④ 공기스프링

정답 ④

02 공기스프링에 관한 설명으로 가장 거리가 먼 것은?

① 부하능력이 광범위하다.
② 공기누출의 위험성이 없다.
③ 사용진폭이 적은 것이 많으므로 별도의 댐퍼가 필요한 경우가 많다.
④ 자동제어가 가능하다.

정답 ②

풀이 공기누출의 위험성이 있다.

---

(3) 금속스프링

① 환경요소(온도, 부식, 용해 등)에 대한 저항성이 크다.
② 최대변위가 허용된다.
③ 저주파 차진에 좋다.
④ 공진시 전달률은 작다.

예제

금속스프링의 장점이라 볼 수 없는 것은?

① 환경요소(온도, 부식, 용해 등)에 대한 저항성이 크다.
② 최대변위가 허용된다.
③ 공진시에 전달률이 매우 크다.
④ 저주파 차진에 좋다.

정답 ③

풀이 공진시 전달률은 작다.

기출 & 예상 문제

01 **0.1W의 출력을 가진 싸이렌의 음향파워레벨은?**

① 90dB ② 100dB
③ 110dB ④ 120dB

02 **공기 스프링에 관한 설명 중 틀린 것은?**

① 설계시 스프링의 높이, 스프링정수를 각각 독립적으로 광범위하게 설정할 수 있다.
② 사용진폭이 작아 댐퍼가 필요한 경우가 적다.
③ 부하능력이 광범위하다.
④ 자동제어가 가능하다.

03 **마스킹 효과에 관한 설명 중 맞지 않는 것은?**

① 저음이 고음을 잘 마스킹한다.
② 두 음의 주파수가 비슷할 때는 마스킹 효과가 대단히 커진다.
③ 두 음의 주파수 차가 클 때는 Doppler 현상에 의해 효과가 감소한다.
④ 음파의 간섭에 의해 일어난다.

04 **파동의 종류 중 '횡파'에 관한 설명으로 틀린 것은?**

① 파동의 진행방향과 매질의 진동방향이 서로 평행이다.
② 매질이 없어도 전파된다.
③ 풀결파(수면파)는 횡파이다.
④ 지진파의 S파는 횡파이다.

05 진동측정시 진동픽업을 설치하기 위한 장소로 옳지 않은 것은?

① 경사 또는 요철이 없는 장소
② 완충물이 있고 충분히 다져서 단단히 굳은 장소
③ 복잡한 반사, 회절현상이 없는 지점
④ 온도, 전자기 등의 외부 영향을 받지 않는 곳

06 진동수가 200Hz이고 속도가 50m/sec인 파동의 파장은?

① 25cm
② 50cm
③ 75cm
④ 100cm

07 소음의 영향에 관한 설명으로 옳지 않은 것은?

① 노인성 난청은 고주파음(6000Hz)에서 부터 난청이 시작된다.
② 영구적 청력손실은 4000Hz 정도에서 부터 난청이 시작된다.
③ 가축의 산란율, 부화율, 우유량 등의 저하를 유발한다.
④ 신체적으로 할당도, 혈중 백혈구, 혈중 아드레날린 등을 저하시킨다.

06

정답찾기

01 $PWL(dB) = 10 \times \log\left(\frac{W}{W_0}\right)$

$PWL(dB) = 10 \times \log\left(\frac{0.1}{10^{-12}}\right) = 110dB$

$W_0 = 10^{-12}(watt)$

02 사용진폭이 작어 댐퍼가 필요한 경우가 많다.

03 Doppler 현상은 음원이 이동할 때 진행방향 쪽에서는 원래 발생음보다 크게, 진행방향 반대쪽에서는 원래 발생음보다 작게 들리는 현상이다.

04 파동의 진행방향과 매질의 진동방향이 서로 수직이다.

05 완충물이 없고 충분히 다져서 단단히 굳은 장소에서 설치하여야 한다.

06 $파장(f) = \frac{속도(C)}{파장(\lambda)}$

$파장(f) = \frac{50m/\sec}{200Hz} = 0.25m = 25cm$

07 신체적으로 할당도, 혈중 백혈구, 혈중 아드레날린 등을 증가시킨다.

정답 01 ③ 02 ② 03 ③ 04 ① 05 ② 06 ① 07 ④

08 한 대 통과시 소음도가 $77dB(A)$인 자동차가 동시에 두 대가 지나가면 소음도[$dB(A)$]는?

① 80 ② 90
③ 100 ④ 120

09 발음원이 이동할 때 그 진행 방향쪽에서는 원래 발음원의 음보다 고음으로 진행반대쪽에서는 저음으로 되는 현상을 무엇이라 하는가?

① 도플러 효과 ② 회절
③ 지향효과 ④ 마스킹 효과

10 방음대책을 음원대책과 전파경로대책으로 구분할 때, 다음 중 전파경로대책에 해당하는 것은?

① 강제력 저감 ② 방사율 저감
③ 파동의 차단 ④ 지향성 변환

12 음은 파동에 의해 전파되므로 장애물 뒤 쪽의 암역(shadow zone)에도 어느 정도 음이 전달된다. 이는 소리가 장애물의 모퉁이를 돌아 전해지기 때문인데, 이 현상을 무엇이라 하는가?

① 반사 ② 굴절
③ 회절 ④ 간섭

13 가로 × 세로 × 높이가 각각 3m × 5m × 2m이고, 바닥, 벽, 천장의 흡음률이 각각 0.1, 0.2, 0.6일 때 이 방의 평균흡음률은?

① 0.13 ② 0.19
③ 0.27 ④ 0.31

14 다음 중 다공질 흡음제가 아닌 것은?

① 암면 ② 비닐시트
③ 유리솜 ④ 폴리우레탄폼

15 진동측정에 사용되는 용어의 정의로 틀린 것은?

① 배경진동 : 한 장소에 있어서의 특정의 진동을 대상으로 생각할 경우 대상진동이 없을 때 그 장소의 진동을 대상진동에 대한 배경진동이라 한다.
② 정상진동 : 시간적으로 변동하지 아니 하거나 또는 변동 폭이 작은 진동을 말한다.
③ 측정진동레벨 : 대상진동레벨에 관련 시간대에 대한 평가진동레벨 발생시간의 백분율, 시간별, 지역별 등의 보정치를 보정한 후 얻어진 진동레벨을 말한다.
④ 충격진동 : 단조기의 사용, 폭약의 발파시 등과 같이 극히 짧은 시간 동안에 발생하는 높은 세기의 진동을 말한다.

16 음의 굴절에 관한 다음 설명 중 틀린 것은?

① 음파가 한 매질에서 타 매질로 통과할 때 구부러지는 현상이다.
② 대기의 온도차에 의한 굴절은 온도가 낮은 쪽으로 굴절한다.
③ 음원보다 상공의 풍속이 클 때 풍상층에서는 상공으로 굴절한다.
④ 밤(지표부근의 온도가 상공보다 저온)이 낮(지표부근의 온도가 상공보다 고온)보다 거리감쇠가 크다.

정답찾기

08 합성소음도 $L_t[dB(A)] = 10\log[(10^{L_1/10} + 10^{L_2/10} + \cdots)]$
$L_t[dB(A)] = 10\log[(10^{77/10} + 10^{77/10})] = 80.0102dB$

10 강제력 저감, 방사율 저감, 파동의 차단은 발생원 대책에 해당된다.

13
- 방의 바닥
  - 면적: $3 \times 5 = 15m^2$
  - 흡음률: 0.1
- 방의 벽
  - 면적: $2 \times (3+5) \times 2 = 32m^2$
  - 흡음률: 0.2
- 방의 천장
  - 면적: $3 \times 5 = 15m^2$
  - 흡음률: 0.6
- 평균흡음률

$$\frac{(15m^2 \times 0.1) + (32m^2 \times 0.2) + (15m^2 \times 0.6)}{(15+32+15)m^2} = 0.2725$$

14
- 판구조형 흡음재료 : 석고보드, 합판, 철판, 하드보드판, 알루미늄 등
- 다공질형 흡음재료 : 폴리우레탄폼, 유리솜, 암면, 유리섬유, 발포수지 등

15 평가진동레벨 : 대상진동레벨에 관련 시간대에 대한 평가진동레벨 발생시간의 백분율, 시간별, 지역별 등의 보정치를 보정한 후 얻어진 진동레벨을 말한다.

16 밤(지표부근의 온도가 상공보다 저온)이 낮(지표부근의 온도가 상공보다 고온)보다 거리감쇠가 작다.

정답 08 ① 09 ① 10 ④ 12 ③ 13 ③ 14 ② 15 ③ 16 ④

17 **어느 벽체의 입사음의 세기가 $10^{-2}W/m^2$이고, 투과음의 세기가 $10^{-4}W/m^2$이었다. 이 벽체의 투과율과 투과손실은?**

① 투과율 10^{-2}, 투과손실 $20dB$
② 투과율 10^{-2}, 투과손실 $40dB$
③ 투과율 10^{2}, 투과손실 $20dB$
④ 투과율 10^{2}, 투과손실 $40dB$

18 **다음 중 소음 · 진동과 관련된 용어의 정의로 옳지 않은 것은?**

① 반사음은 한 매질 중의 음파가 다른 매질의 경계면에 입사한 후 진행방향을 변경하여 본래의 매질 중으로 되돌아오는 음을 말한다.
② 정상소음은 시간적으로 변동하지 아니 하거나 또는 변동폭이 작은 소음을 말한다.
③ 등가소음도는 임의의 측정시간동안 발생한 변동소음의 총 에너지를 같은 시간 내의 정상소음의 에너지로 등가하여 얻어진 소음도를 말한다.
④ 지발발파는 수 시간 내에 시간차를 두고 발파하는 것을 말한다.

19 **다음 중 중이(中耳)에서 음의 전달매질은?**

① 음파
② 공기
③ 림프액
④ 뼈

20 **다음은 소음 · 진동환경오염 공정시험기준에서 사용되는 용어의 정의이다. ( ) 안에 알맞은 것은?**

( )란 임의의 측정시간 동안 발생한 변동소음의 총 에너지를 같은 시간 내의 정상소음의 에너지로 등가하여 얻어진 소음도를 말한다.

① 등가소음도
② 평가소음도
③ 배경소음도
④ 정상소음도

정답찾기

17 $TL = 10\log\left(\frac{1}{\tau}\right) = 10\log\left(\frac{I_{in}}{I_{out}}\right)$

• 투과율 계산

$\tau = \frac{I_{out}}{I_{in}} = \frac{10^{-4}}{10^{-2}} = 10^{-2}$

• 투과손실 계산

$TL = 10\log\left(\frac{1}{10^{-2}}\right) = 20dB$

(τ: 투과율 / I_{in} : 입사음의 세기 / I_{out} : 투과음의 세기)

18 지발발파는 수초내에 시간차를 두고 발파하는 것을 말한다.

19 • 외이: 매질은 공기(기체)이며 귀바퀴, 외이도, 고막 등이 있다.
• 중이: 매질은 뼈(고체)이며 추골, 침골, 등골로 구성된 이소골, 유스타키오관(이관, 귀관) 등이 있다.
• 내이: 매질은 림프액(액체)이며 와우각(전정계, 달팽이관, 고실계 등), 3개의 반고리관 등이 있다.

정답 **17** ① **18** ④ **19** ④ **20** ①

MEMO

이찬범 환경공학

합격까지 박문각

PART

07

환경법규 및 공정시험기준

PART 07

환경법규 및 공정시험기준

CHAPTER 01 공정시험기준

제1절 I 표시방법

1 농도표시

(1) 백분율(parts per hundred)은 용액 100mL 중의 성분무게 (g), 또는 기체 100mL 중의 성분무게 (g)를 표시할 때는 W/V %, 용액 100mL 중의 성분용량 (mL), 또는 기체 100mL 중의 성분용량 (mL)을 표시할 때는 V/V %, 용액 100 g 중 성분용량 (mL)을 표시할 때는 V/W %, 용액 100 g중 성분무게 (g)를 표시할 때는 W/V %의 기호를 쓴다. 다만, 용액의 농도를 "%"로만 표시할 때는 W/V%를 말한다.

(2) 천분율(ppt, parts per thousand)을 표시할 때는 g/L, g/kg의 기호를 쓴다.

(3) 백만분율(ppm, parts per million)을 표시할 때는 mg/L, mg/kg의 기호를 쓴다.

(4) 십억분율(ppb, parts per billion)을 표시할 때는 μg/L, μg/kg의 기호를 쓴다.

(5) 기체 중의 농도는 표준상태(0℃, 1기압)로 환산 표시한다.

2 온도 표시

(1) 온도의 표시는 셀시우스(Celsius) 법에 따라 아라비아 숫자의 오른쪽에 ℃를 붙인다. 절대온도는 K로 표시하고, 절대온도 0 K는 -273℃로 한다.

(2) 표준온도는 ℃, 상온은 15℃~25℃, 실온은 1℃~35℃로 하고, 찬 곳은 따로 규정이 없는 한 0℃~15℃의 곳을 뜻한다.

(3) 냉수는 15℃ 이하, 온수는 60℃~70℃, 열수는 약 100℃를 말한다.

(4) "수욕상 또는 수욕중에서 가열한다"라 함은 따로 규정이 없는 한 수온 100℃에서 가열함을 뜻하고 약 100℃의 증기욕을 쓸 수 있다.

(5) 각각의 시험은 따로 규정이 없는 한 상온에서 조작하고 조작 직후에 그 결과를 관찰한다. 단, 온도의 영향이 있는 것의 판정은 표준온도를 기준으로 한다.

제2절 I 기기

1 개요

(1) 공정시험기준의 분석절차 중 일부 또는 전체를 자동화한 기기가 정도관리 목표 수준에 적합하고, 그 기기를 사용한 방법이 국내외에서 공인된 방법으로 인정되는 경우 이를 사용할 수 있다.

(2) 연속측정 또는 현장측정의 목적으로 사용하는 측정기기는 공정시험기준에 의한 측정치와의 정확한 보정을 행한 후 사용할 수 있다.

(3) 분석용 저울은 0.1mg까지 달 수 있는 것이어야 하며, 분석용 저울 및 분동은 국가 검정을 필한 것을 사용하여야 한다.

2 시약 및 용액

(1) 시약

① 시험에 사용하는 시약은 따로 규정이 없는 한 1급 이상 또는 이와 동등한 규격의 시약을 사용하여 각 시험항목별 4.0 시약 및 표준용액에 따라 조제하여야 한다.

② 이 공정시험기준에서 각 항목의 분석에 사용되는 표준물질은 소급성이 인증된 것을 사용한다.

(2) 용액

① 용액의 앞에 몇 %라고 한 것(EX 20 % 수산화나트륨 용액)은 수용액을 말하며, 따로 조제방법을 기재하지 아니하였으며 일반적으로 용액 100mL에 녹아있는 용질의 g수를 나타낸다.

② 용액 다음의 ( )안에 몇 N, 몇 M, 또는 %라고 한 것[EX 아황산나트륨용액 (0.1 N), 아질산나트륨용액 (0.1 M), 구연산이암모늄용액 (20 %)]은 용액의 조제방법에 따라 조제하여야 한다.

③ 액의 농도를 (1 → 2), (1 → 5) 등으로 표시한 것은 그 용질의 성분이 고체일 때는 1g을, 액체일 때는 1mL를 용매에 녹여 전량을 각각 2mL 또는 5mL로 하는 비율을 뜻한다.

④ 혼액 (1 + 2), (1 + 5), (1 + 5 + 10) 등으로 표시한 것은 액체상의 성분을 각각 1 용량 대 2 용량, 1 용량 대 5 용량 또는 1 용량 대 5 용량 대 10 용량의 비율로 혼합한 것을 뜻하며, (1 : 2), (1 : 5), (1 : 5 : 10) 등으로 표시할 수도 있다. 보기를 들면, 황산 (1 + 2) 또는 황산 (1 : 2)라 표시한 것은 황산 1 용량에 정제수 2 용량을 혼합한 것이다.

3 관련 용어의 정의

(1) 시험조작 중 "즉시"란 30초 이내에 표시된 조작을 하는 것을 뜻한다.

(2) "감압 또는 진공"이라 함은 따로 규정이 없는 한 15mmHg 이하를 뜻한다.

(3) "바탕시험을 하여 보정한다"라 함은 시료에 대한 처리 및 측정을 할 때, 시료를 사용하지 않고 같은 방법으로 조작한 측정치를 빼는 것을 뜻한다.

(4) 방울수라 함은 20℃에서 정제수 20방울을 적하할 때, 그 부피가 약 1mL가 되는 것을 뜻한다.

(5) "항량으로 될 때까지 건조한다"라 함은 같은 조건에서 1 시간 더 건조할 때 전후 무게의 차가 g당 0.3mg 이하일 때를 말한다.

(6) 용액의 산성, 중성, 또는 알칼리성을 검사할 때는 따로 규정이 없는 한 유리전극법에 의한 pH 미터로 측정하고 구체적으로 표시할 때는 pH 값을 쓴다.

(7) "용기"라 함은 시험용액 또는 시험에 관계된 물질을 보존, 운반 또는 조작하기 위하여 넣어두는 것으로 시험에 지장을 주지 않도록 깨끗한 것을 뜻한다.

(8) "밀폐용기"라 함은 취급 또는 저장하는 동안에 이물질이 들어가거나 또는 내용물이 손실되지 아니하도록 보호하는 용기를 말한다.

(9) "기밀용기"라 함은 취급 또는 저장하는 동안에 밖으로부터의 공기 또는 다른 가스가 침입하지 아니하도록 내용물을 보호하는 용기를 말한다.

(10) "밀봉용기"라 함은 취급 또는 저장하는 동안에 기체 또는 미생물이 침입하지 아니하도록 내용물을 보호하는 용기를 말한다.

(11) "차광용기"라 함은 광선이 투과하지 않는 용기 또는 투과하지 않게 포장을 한 용기이며 취급 또는 저장하는 동안에 내용물이 광화학적 변화를 일으키지 아니하도록 방지할 수 있는 용기를 말한다.

(12) 여과용 기구 및 기기를 기재하지 않고 "여과한다"라고 하는 것은 KSM 7602 거름종이 5종 A 또는 이와 동등한 여과지를 사용하여 여과함을 말한다.

(13) "정밀히 단다"라 함은 규정된 양의 시료를 취하여 화학저울 또는 미량저울로 칭량함을 말한다.

(14) 무게를 "정확히 단다"라 함은 규정된 수치의 무게를 0.1mg까지 다는 것을 말한다.

(15) "정확히 취하여"라 하는 것은 규정한 양의 액체를 부피피펫으로 눈금까지 취하는 것을 말한다.

(16) "약"이라 함은 기재된 양에 대하여 ± 10% 이상의 차가 있어서는 안 된다.

(17) 시험에 쓰는 물은 따로 규정이 없는 한 증류수 또는 정제수로 한다.

제3절 I 수질오염공정시험기준

1 시료의 채취

(1) 시료채취방법(배출허용기준 적합여부 판정을 위한 시료채취)

① 수동으로 시료를 채취할 경우에는 30분 이상 간격으로 2회 이상 채취(composite sample)하여 일정량의 단일시료로 한다.

② 자동시료채취기로 시료를 채취할 경우에는 6시간 이내에 30분 이상 간격으로 2회 이상 채취(composite sample)하여 일정량의 단일 시료로 한다.

③ 수소이온농도(pH), 수온 등 현장에서 즉시 측정하여야 하는 항목인 경우에는 30분 이상 간격으로 2회 이상 측정한 후 산술평균하여 측정값을 산출한다.

(2) 시료채취시 유의사항

① 시료 채취 용기는 시료를 채우기 전에 시료로 3회 이상 씻은 다음 사용하며, 시료를 채울 때에는 어떠한 경우에도 시료의 교란이 일어나서는 안 되며 가능한 한 공기와 접촉하는 시간을 짧게 하여 채취한다.

② 시료채취량은 시험항목 및 시험횟수에 따라 차이가 있으나 보통 3L ~ 5L 정도이어야 한다. 다만, 시료를 즉시 실험할 수 없어 보존하여야 할 경우 또는 시험항목에 따라 각각 다른 채취용기를 사용하여야 할 경우에는 시료채취량을 적절히 증감할 수 있다.

③ 용존가스, 환원성 물질, 휘발성유기화합물, 냄새, 유류 및 수소이온 등을 측정하기 위한 시료를 채취할 때에는 운반중 공기와의 접촉이 없도록 시료 용기에 가득 채운 후 빠르게 뚜껑을 닫는다.

* 휘발성유기화합물 분석용 시료를 채취할 때에는 뚜껑의 격막을 만지지 않도록 주의 하여야 한다.
* 병을 뒤집어 공기방울이 확인되면 다시 채취해야한다.

④ 현장에서 용존산소 측정이 어려운 경우에는 시료를 가득 채운 300mL BOD병에 황산망간 용액 1mL와 알칼리성 요오드화칼륨-아자이드화나트륨 용액 1mL를 넣고 기포가 남지 않게 조심하여 마개를 닫고 수회 병을 회전하고 암소에 보관하여 8시간 이내 측정한다.

⑤ 지하수 시료는 취수정 내에 고여 있는 물과 원래 지하수의 성상이 달라질 수 있으므로 고여 있는 물을 충분히 퍼낸 다음 새로 나온 물을 채취한다. 이 경우 퍼내는 양은 고여 있는 물의 4배 ~ 5배 정도이나 pH 및 전기전도도를 연속적으로 측정하여 이 값이 평형을 이룰 때까지로 한다.

⑥ 지하수 시료채취 시 심부층의 경우 저속양수펌프 등을 이용하여 반드시 저속시료채취하여 시료 교란을 최소화하여야 하며, 천부층의 경우 저속양수펌프 또는 정량이송펌프 등을 사용한다.

⑦ 냄새 측정을 위한 시료채취 시 유리기구류는 사용 직전에 새로 세척하여 사용한다. 먼저 냄새 없는 세제로 닦은 후 정제수로 닦아 사용하고, 고무 또는 플라스틱 재질의 마개는 사용하지 않는다.

2 시료 채취 지점

(1) 배출시설 등의 폐수

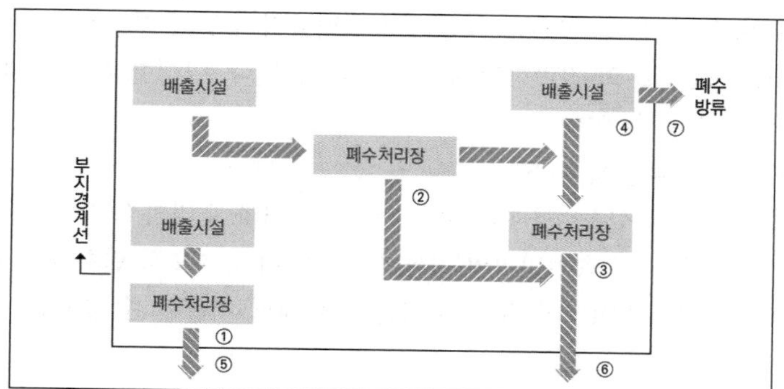

- ①, ②, ③, ④: 당연 채취지점
- ⑤, ⑥, ⑦: 필요시 채취지점
- ①, ②, ③: 방지시설 최초 방류지점
- ④: 배출시설 최초 방류지점 (방지시설을 거치지 않을 경우)
- ⑤, ⑥, ⑦: 부지경계선 외부 배출수로 폐수의 성질을 대표할 수 있는 곳

(2) 하천수

① 하천수의 오염 및 용수의 목적에 따라 채수지점을 선정하며 하천본류와 하전지류가 합류하는 경우에는 합류이전의 각 지점과 합류이후 충분히 혼합된 지점에서 각각 채수한다.

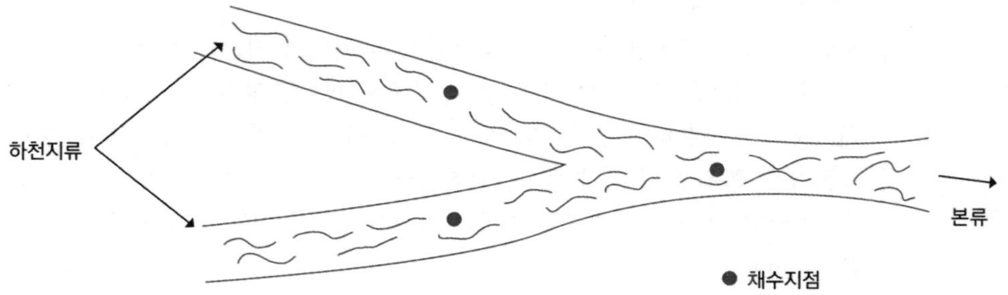

② 하천의 단면에서 수심이 가장 깊은 수면의 지점과 그 지점을 중심으로 하여 좌우로 수면폭을 2등분한 각각의 지점의 수면으로 부터 수심 2m 미만일 때에는 수심의 1/3에서, 수심이 2m 이상일 때에는 수심의 1/3 및 2/3에서 각각 채수한다.

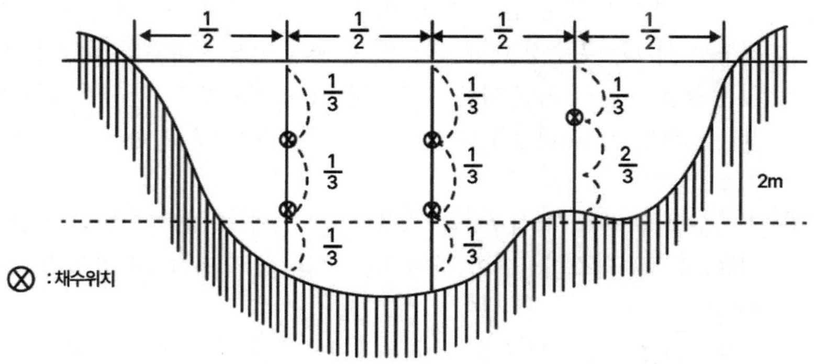

3 공장폐수 및 하수유량-관(pipe) 내의 유량측정방법

(1) 유량계 종류 및 특성

① 벤튜리미터(venturi meter) 특성 및 구조

벤튜리미터(venturi meter)는 긴 관의 일부로써 단면이 작은 목 (throat)부분과 점점 축소, 점점 확대되는 단면을 가진 관으로 축소부분에서 정력학적 수두의 일부는 속도수두로 변하게 되어 관의 목(throat)부분의 정력학적 수두보다 적게 된다. 이러한 수두의 차에 의해 직접적으로 유량을 계산할 수 있다

② 유량측정용 노즐(nozzle) 특성 및 구조

유량측정용 노즐은 수두와 설치비용 이외에도 벤튜리미터와 오리피스 간의 특성을 고려하여 만든 유량측정용 기구로서 측정원리의 기본은 정수압이 유속으로 변화하는 원리를 이용한 것이다. 그러므로 벤튜리미터의 유량 공식을 노즐에도 이용할 수 있다.

③ 오리피스(orifice) 특성 및 구조

- 오리피스는 설치에 비용이 적게 들고 비교적 유량측정이 정확하여 얇은 판 오리피스가 널리 이용되고 있으며 흐름의 수로 내에 설치한다. 오리피스를 사용하는 방법은 노즐(nozzle)과 벤튜리미터와 같다.
- 오리피스의 장점은 단면이 축소되는 목(throat)부분을 조절함으로써 유량이 조절된 다는 점이며, 단점은 오리피스(orifice) 단면에서 커다란 수두손실이 일어난다는 점이다

④ 피토우(pitot)관 특성 및 구조

- 피토우관의 유속은 마노미터에 나타나는 수두 차에 의하여 계산한다. 왼쪽의 관은 정수압을 측정하고 오른쪽관은 유속이 0인 상태인 정체압력(stagnation pressure)을 측정한다.
- 피토우관으로 측정할 때는 반드시 일직선상의 관에서 이루어져야 하며, 관의 설치 장소는 엘보우(elbow), 티(tee)등 관이 변화하는 지점으로부터 최소한 관 지름의 15배~50배 정도 떨어진 지점이어야 한다.

⑤ 자기식 유량측정기(magnetic flow meter) 특성 및 구조

- 측정원리는 패러데이(faraday)의 법칙을 이용하여 자장의 직각에서 전도체를 이동시킬 때 유발되는 전압은 전도체의 속도에 비례한다는 원리를 이용한 것으로 이 경우 전도체는 폐·하수가되며 전도체의속도는유속이된다 이때발생된전압은 유량계 전극을 통하여 조절변류기로 전달된다.
- 이 측정기는 전압이 활성도, 탁도, 점성, 온도의 영향을 받지 않고 다만 유체(폐·하수)의 유속에 의하여 결정되며 수두손실이 적다.

⑥ 공식

벤튜리미터, 유량측정 노즐, 오리피스 측정공식	피토우관 측정공식
$Q = \dfrac{CA}{\sqrt{1 - \left[\dfrac{d_2}{d_1}\right]^4}} \times \sqrt{2gH}$	$Q = CAV$
Q : 유량 (cm^3 / s) C : 유량계수 A : 목 (throat)부분의 단면적 (cm^2) H : $H_1 - H_2$ (수두차 : cm) H_1 : 유입부 관 중심부에서의 수두 (cm) H_2 : 목 (throat)부의 수두(cm) g : 중력가속도 (980 cm / sec^2) d_1 : 유입부의 직경 (cm) d_2 : 목 (throat)부 직경 (cm)	Q : 유량 (cm^3/ s) C : 유량계수 A : 관의 유수단면적 (cm^2) V : $\sqrt{2gH}$ H : $H_S - H_O$ (수두차 : cm) g : 중력가속도 (980 cm / sec^2) H_S : 정체압력 수두 (cm) H_O : 정수압 수두 (cm) D : 관의 직경 (cm)

4 공장폐수 및 하수유량-측정용 수로 및 기타 유량측정방법

공장, 하수 및 폐수 종말처리장 등의 원수, 공정수, 배출수 등의 개수로의 유량을 측정하는 데 사용한다.

(1) 웨어(weir)

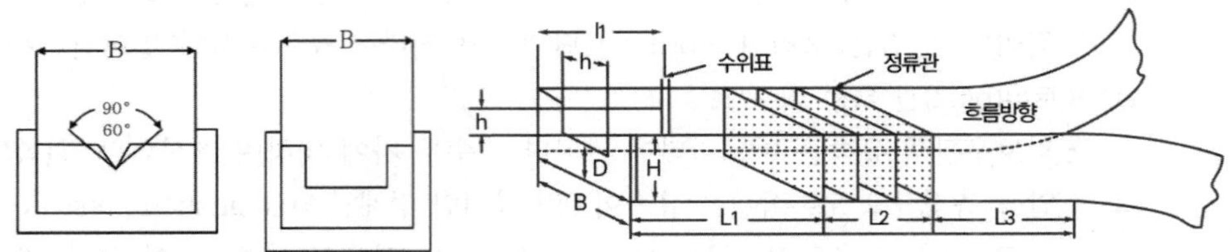

(2) 파샬수로(parshall flume)

수두차가 작아도 유량측정의 정확도가 양호하며 측정하려는 폐하수중에 부유물질 또는 토사등이 많이 섞여 있는 경우에도 목(throat)부분에서의 유속이 상당히 빠르므로 부유물질의 침전이 적고 자연유하가 가능하다

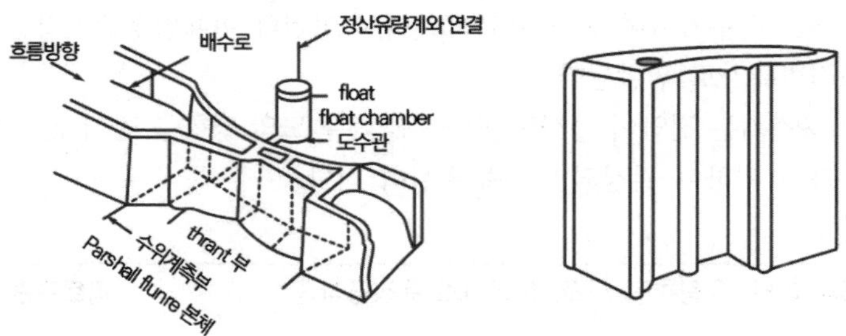

5 하천유량-유속 면적법

(1) 적용범위

① 균일한 유속분포를 확보하기 위한 충분한 길이(약 100 m 이상)의 직선 하도 (河道)의 확보가 가능하고 횡단면상의 수심이 균일한 지점

② 모든 유량 규모에서 하나의 하도로 형성되는 지점

③ 가능하면 하상이 안정되어있고, 식생의 성장이 없는 지점

④ 유속계나 부자가 어디에서나 유효하게 잠길 수 있을 정도의 충분한 수심이 확보되는 지점

⑤ 합류나 분류가 없는 지점

⑥ 교량 등 구조물 근처에서 측정할 경우 교량의 상류지점

⑦ 대규모 하천을 제외하고 가능하면 도섭으로 측정할 수 있는 지점

⑧ 선정된 유량측정 지점에서 말뚝을 박아 동일 단면에서 유량측정을 수행할 수 있는 지점

* 유속계나 부자가 어디에서나 유효하게 잠길 수 있을 정도의 충분한 수심이 확보되는 지점이어야 한다.
* 기존의 자료를 얻을 수 있는 수위표지점으로부터 1km 이내(수위가 급변하는 경우 가능하면 수위 관측소 주변)인 지점에서 측정하면 좋다.

(2) 결과보고

① 수심이 0.4 m미만일 때 $Vm = V_{0.6}$

② 수심이 0.4 m이상일 때 $Vm = (V_{0.2} + V_{0.8}) \times 1/2$

✻ $V_{0.2}$, $V_{0.6}$, $V_{0.8}$은 각각 수면으로부터 전 수심의 20 %, 60 % 및 80 %인 점의 유속이다.

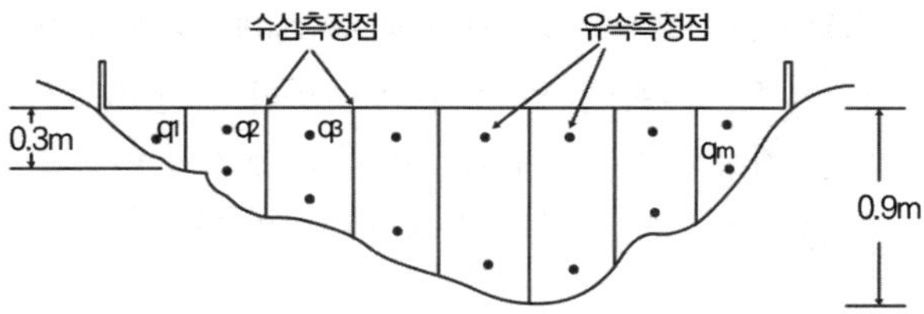

6 일반항목의 분석

(1) 노말헥산 추출물질

① 이 시험기준은 물중에 비교적 휘발되지 않는 탄화수소, 탄화수소유도체, 그리스유상 물질 및 광유류를 함유하고 있는 시료를 pH 4 이하의 산성으로 하여 노말헥산층에 용해되는 물질을 노말헥산으로 추출하고 노말헥산을 증발(80℃, 30분간)시킨 잔류물의 무게로부터 구하는 방법이다. 다만, 광유류의 양을 시험하고자 할 경우에는 활성규산마그네슘(플로리실) 컬럼을 이용하여 동식물유지류를 흡착・제거하고 유출액을 같은 방법으로 구할 수 있다.

✻ 폐수 중의 비교적 휘발되지 않는 탄화수소, 탄화수소유도체, 그리스유상물질 및 광유류가 노말헥산층에 용해되는 성질을 이용한 방법으로 통상 유분의 성분별 선택적 정량이 곤란하다.

② 결과보고

$$총노말헥산추출물질\ (mg/L) = (a - b) \times V/1{,}000$$

a : 시험전후의 증발용기의 무게 (mg) / b : 바탕시험 전후의 증발용기의 무게 (mg) / V : 시료의 양 (mL)

(2) 부유물질(Suspended Solids)

① 개요 : 이 시험기준은 미리 무게를 단 유리섬유여과지 (GF/C)를 여과장치에 부착하여 일정량의 시료를 여과시킨 다음 항량으로 건조(105℃~110℃, 2시간)하여 무게를 달아 여과 전・후의 유리섬유 여과지의 무게차를 산출하여 부유물질의 양을 구하는 방법이다.

② 간섭물질

- 나무 조각, 큰 모래입자 등과 같은 큰 입자들은 부유물질 측정에 방해를 주며, 이 경우 직경 2mm 금속망에 먼저 통과시킨 후 분석을 실시한다.
- 증발잔류물이 1,000mg/L 이상인 경우의 해수, 공장폐수 등은 특별히 취급하지 않을 경우, 높은 부유물질 값을 나타낼 수 있다. 이 경우 여과지를 여러 번 세척한다.
- 철 또는 칼슘이 높은 시료는 금속 침전이 발생하며 부유물질 측정에 영향을 줄 수 있다.
- 유지(oil) 및 혼합되지 않는 유기물도 여과지에 남아 부유물질 측정값을 높게 할 수 있다.

07

③ 결과보고

부유물질(mg/L) = (b−a) × V/1,000

a : 시료 여과 전의 유리섬유여지 무게 (mg) / b : 시료 여과 후의 유리섬유여지 무게 (mg) /
V : 시료의 양 (mL)

(3) 생물화학적 산소요구량(BOD, Biochemical Oxygen Demand)

① 개요 : 이 시험기준은 물속에 존재하는 생물화학적 산소요구량을 측정하기 위하여 시료를 20℃에서 5일간 저장하여 두었을 때 시료중의 호기성 미생물의 증식과 호흡작용에 의하여 소비되는 용존산소의 양으로부터 측정하는 방법이다.

② 적용범위

- 이 시험기준은 지표수, 지하수, 폐수 등에 적용할 수 있다.
- 이 시험기준은 실험실에서 20℃에서 5일 동안 배양할 때의 산소요구량이므로 실제 환경조건의 온도, 생물군, 물의 흐름, 햇빛, 용존산소에서는 다를 수 있어 실제 지표수의 산소요구량을 알고자 할 때에는 위의 조건을 고려해야한다.
- 시료 중 용존산소의 양이 소비되는 산소의 양보다 적을 때에는 시료를 희석수로 적당히 희석하여 사용한다.
- 공장폐수나 혐기성 발효의 상태에 있는 시료는 호기성 산화에 필요한 미생물을 식종하여야 한다.
- 탄소BOD를 측정해야 할 경우에는 질산화 억제 시약을 첨가 한다.

  * 질산화억제시약 : ATU, TCMP

③ 분석방법

- 예상 BOD값에 대한 사전경험이 없을 때에는 희석하여 시료를 조제한다.
  - 오염정도가 심한 공장폐수 : 0.1%~1.0%
  - 처리하지 않은 공장폐수와 침전된 하수 : 1%~5%
  - 처리하여 방류된 공장폐수 : 5%~25%
  - 오염된 하천수 : 25%~100%
- 5일 저장기간 동안 산소의 소비량이 40%~70% 범위안의 희석 시료를 선택하여 초기용존산소량과 5일간 배양한 다음 남아 있는 용존산소량의 차로부터 BOD를 계산한다.

④ 결과보고

- 식종하지 않은 시료

생물화학적산소요구량 (mg/L) = $(D_1 - D_2) \times P$

D_1 : 15분간 방치된 후의 희석(조제)한 시료의 DO(mg/L) /
D_2 : 5일간 배양한 다음의 희석(조제)한 시료의 DO (mg/L) /
P : 희석시료 중 시료의 희석배수 (희석시료량/시료량)

• 식종희석수를 사용한 시료

$$생물화학적산소요구량 (mg/L) = [(D_1 - D_2) - (B_1 - B_2) \times f] \times P$$

D_1 : 15분간 방치된 후의 희석(조제)한 시료의 DO(mg/L) /
D_2 : 5일간 배양한 다음의 희석(조제)한 시료의 DO(mg/L) /
B_1 : 식종액의 BOD를 측정할 때 희석된 식종액의 배양전 DO(mg/L) /
B_2 : 식종액의 BOD를 측정할 때 희석된 식종액의 배양후 DO(mg/L) /
f : 희석시료 중의 식종액 함유율 (x %)과 희석한 식종액 중의 식종액 함유율(y %)의 비(x/y) /
P : 희석시료 중 시료의 희석배수(희석시료량/시료량)

(4) 용존산소-적정법(Dissolved Oxygen-Titrimetric Method)

① 개요 : 이 시험기준은 물속에 존재하는 용존산소를 측정하기 위하여 시료에 황산망간과 알칼리성 요오드칼륨용액을 넣어 생기는 수산화제일망간이 시료 중의 용존산소에 의하여 산화되어 수산화제이망간으로 되고, 황산 산성에서 용존산소량에 대응하는 요오드를 유리한다. 유리된 요오드를 티오황산나트륨으로 적정(청색 → 무색)하여 용존산소의 양을 정량하는 방법이다.

② 결과보고

$$용존산소 (mg/L) = a \times f \times \frac{V_1}{V_2} \times \frac{1,000}{V_1 - R} \times 0.2$$

a : 적정에 소비된 티오황산나트륨용액(0.025 M)의 양(mL)
f : 티오황산나트륨(0.025 M)의 인자(factor)
V_1 : 전체 시료의 양(mL)
V_2 : 적정에 사용한 시료의 양(mL)
R : 황산망간 용액과 알칼리성 요오드화칼륨-아자이드화나트륨 용액 첨가량(mL)

(5) 총유기탄소

① **고온연소산화법** : 이 시험기준은 물 속에 존재하는 총유기탄소를 측정하기 위하여 시료 적당량을 산화성 촉매로 충전된 고온의 연소기에 넣은 후에 연소를 통해서 수중의 유기탄소를 이산화탄소(CO_2)로 산화시켜 정량하는 방법이다. 정량방법은 무기성 탄소를 사전에 제거하여 측정하거나, 무기성 탄소를 측정한 후 총 탄소에서 감하여 총 유기탄소의 양을 구한다.

② 과황산 UV 및 과황산 열 산화법
이 시험기준은 물속에 존재하는 총 유기탄소를 측정하기 위하여 시료에 과황산염을 넣어 자외선이나 가열로 수중의 유기탄소를 이산화탄소로 산화하여 정량하는 방법이다. 정량방법은 무기성 탄소를 사전에 제거하여 측정하거나, 무기성 탄소를 측정한 후 총 탄소에서 감하여 총 유기탄소의 양을 구한다.

(6) 화학적산소요구량

① 화학적 산소요구량-적정법-산성과망간산칼륨법

• 이 시험기준은 물속에 존재하는 화학적 산소요구량을 측정하기 위하여 시료를 황산산성으로 하여 과망간산칼륨 일정과량을 넣고 30분간 수욕상에서 가열반응 시킨 다음 소비된 과망간산칼륨량으로부터 이에 상당하는 산소의 양을 측정하는 방법이다.

- 적정: 옥살산나트륨용액(0.0125 M) 10mL를 정확하게 넣고 60℃~80℃를 유지하면서 과망간산칼륨용액(0.005 M)을 사용하여 액의 색이 엷은 홍색을 나타낼 때까지 적정한다.
- 이 시험기준은 지표수, 하수, 폐수 등에 적용하며, 염소이온이 2,000mg/L 이하인 시료(100 mg)에 적용한다.
- 결과보고

> 화학적산소요구량 (mg/L) = (b−a) × f × 1,000/V × 0.2
> a: 바탕시험 적정에 소비된 과망간산칼륨용액(0.005 M)의 양(mL)
> b: 시료의 적정에 소비된 과망간산칼륨용액(0.005 M)의 양(mL)
> f: 과망간산칼륨용액(0.005 M) 농도계수(factor)
> V: 시료의 양(mL)

② 화학적 산소요구량-적정법-알칼리성 과망간산칼륨법

- 이 시험기준은 물속에 존재하는 화학적 산소요구량을 측정하기 위하여 시료를 알칼리성으로 하여 과망간산칼륨 일정과량을 넣고 60분간 수욕상에서 가열반응 시키고 요오드화칼륨 및 황산을 넣어 남아있는 과망간산칼륨에 의하여 유리된 요오드의 양으로부터 산소의 양을 측정하는 방법이다.
- 적정: 아자이드화나트륨(4%) 한 방울을 가하고 황산(2 + 1) 5mL를 넣어 유리된 요오드를 지시약으로 전분용액 2mL를 넣고 티오황산나트륨용액(0.025 M)으로 무색이 될 때까지 적정한다.
- 이 시험기준은 염소이온(2,000mg/L 이상)이 높은 하수 및 해수 시료에 적용한다.
- 결과보고

> 화학적산소요구량(mg/L) = (a − b) × f × 1,000/V × 0.2
> a: 바탕시험 적정에 소비된 티오황산나트륨용액(0.025 M)의 양(mL)
> b: 시료의 적정에 소비된 티오황산나트륨용액(0.025 M)의 양(mL)
> f: 티오황산나트륨용액(0.025 M)의 농도계수(factor) / V: 시료의 양(mL)

③ 화학적 산소요구량-적정법-다이크롬산칼륨법

- 이 시험기준은 화학적 산소요구량을 측정하기 위하여 시료를 황산산성으로 하여 다이크롬산칼륨 일정과량을 넣고 2시간 가열반응 시킨 다음 소비된 다이크롬산칼륨의 양을 구하기 위해 환원되지 않고 남아 있는 다이크롬산칼륨을 황산제일철암모늄용액으로 적정하여 시료에 의해 소비된 다이크롬산칼륨을 계산하고 이에 상당하는 산소의 양을 측정하는 방법이다.
- 황산제일철암모늄용액(0.025 N)을 사용하여 액의 색이 청록색에서 적갈색으로 변할 때까지 적정한다. 따로 정제수 20mL를 사용하여 같은 조건으로 바탕시험을 행한다.
- 염소이온의 농도가 1,000mg/L 이상의 농도일 때에는 COD값이 최소한 250mg/L 이상의 농도이어야 한다. 따라서 해수 중에서 COD 측정은 이 방법으로 부적절하다.

• 결과보고

화학적산소요구량 = (b − a) × f × 1,000/V × 0.2
a : 적정에 소비된 황산제일철암모늄용액(0.025 N)의 양(mL)
b : 바탕시료에 소비된 황산제일철암모늄용액(0.025 N)의 양(mL)
f : 황산제일철암모늄용액(0.025 N)의 농도계수(factor)
V : 시료의 양(mL)

제4절 | 대기오염공정시험기준

1 배출가스 중 굴뚝 배출 시료채취방법

(1) 측정 위치

① 측정위치는 원칙적으로 굴뚝의 굴곡 부분이나 단면모양이 급격히 변하는 부분을 피하여 배출가스 흐름이 안정되고 측정작업이 쉽고 안전한 곳을 선정한다.

② 수직굴뚝 하부 끝단으로부터 위를 향하여 그곳의 굴뚝 내경의 8배 이상이 되고, 상부 끝단으로부터 아래를 향하여 그곳의 굴뚝 내경의 2배 이상이 되는 지점에 측정공 위치를 선정하는 것을 원칙으로 한다.

③ 위의 기준에 적합한 측정공 설치가 곤란하거나 측정작업의 불편, 측정자의 안전성 등이 문제 될 때는 하부 내경의 2배 이상과 상부 내경의 1/2배 이상 되는 지점에 측정공 위치를 선정할 수 있다.

④ 수직굴뚝에 측정공을 설치하기가 곤란하여 부득이 수평 굴뚝에 측정공이 설치되어 있는 경우는 수평굴뚝에서도 측정할 수 있으나 측정공의 위치가 수직굴뚝의 측정위치 선정기준에 준하여 선정 된 곳이어야 한다. 다만 수평굴뚝에서 배출가스 시료채취를 하는 경우에 외부공기가 새어들지 않고 굴뚝에 요철부분이 없는 곳으로서 굴뚝의 방향이 바뀌는 지점으로부터 굴뚝내경의 2배 이상 떨어진 곳을 측정 위치로 선정할 수 있다.

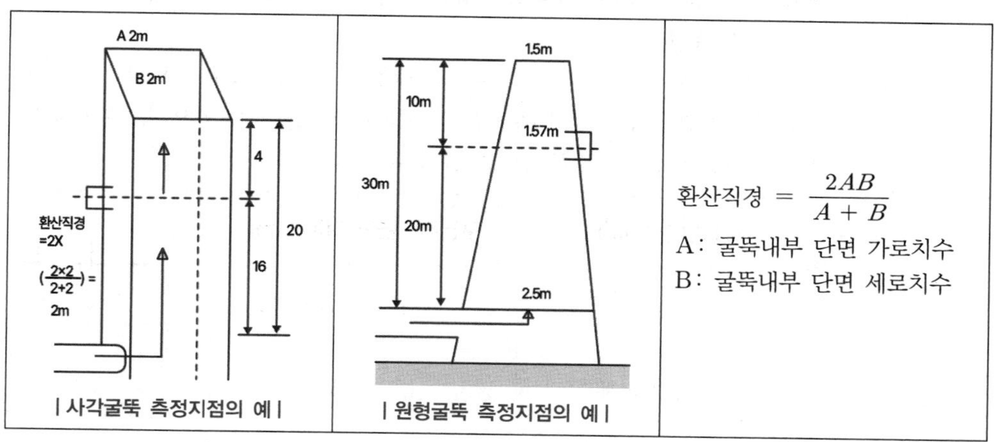

| 사각굴뚝 측정지점의 예 |

| 원형굴뚝 측정지점의 예 |

$$\text{환산직경} = \frac{2AB}{A+B}$$

A : 굴뚝내부 단면 가로치수
B : 굴뚝내부 단면 세로치수

(2) 측정점의 선정

측정점은 측정위치로 선정된 굴뚝단면의 모양과 크기에 따라 다음과 같은 방법으로 적당수의 등면적으로 구분하고 구분된 각 면적마다 측정점을 선정한다. 단, 가스상 물질 시료채취에 한하여 보일러 굴뚝과 같이 배출가스의 농도가 균일하다고 인정되는 경우에는 대표적인 시료가 채취되는 점, 예를 들면 굴뚝 중심에 가장 가까운 측정점을 선정한다.

① 원형굴뚝

- 굴뚝 단면적이 $0.25m^2$ 이하로 소규모일 경우에는 그 굴뚝 단면의 중심을 대표점으로 하여 1점만 측정한다.
- 측정 단면에서 유속의 분포가 비교적 대칭을 이루는 경우 수평굴뚝은 수직대칭 축에 대하여 1/2의 단면을 취하고 측정점의 수를 1/2로 줄일 수 있으며, 수직 굴뚝은 1/4의 단면을 취하고 측정점의 수를 1/4로 줄일 수 있다.
- 원형단면의 측정점

굴뚝직경 2R (m)	반경 구분수	측정점수
1 이하	1	4
1 초과 2 이하	2	8
2 초과 4 이하	3	12
4 초과 4.5 이하	4	16
4.5 초과	5	20

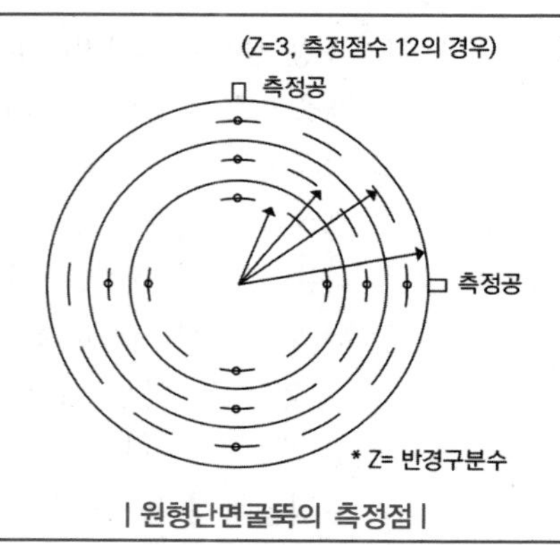

| 원형단면굴뚝의 측정점 |

② 사각굴뚝

- 굴뚝 단면이 사각형일 때는 다음과 같이 단면적에 따라 등단면적의 사각형으로 구분하고 구분된 각 등단면적의 중심에 측정점 수를 선정한다.
- 굴뚝 단면적이 $0.25m^2$ 이하로 소규모일 경우에는 그 굴뚝 단면의 중심을 대표점으로 하여 1점만 측정한다.
- 측정 단면에서 유속의 분포가 비교적 대칭을 이루는 경우 수평굴뚝은 수직대칭 축에 대하여 1/2의 단면을 취하고 측정점의 수를 1/2로 줄일 수 있으며, 수직 굴뚝은 1/4의 단면을 취하고 측정점의 수를 1/4로 줄일 수 있다.

굴뚝단면적(m^2)	구분된 1변의 길이 L(m)
1 이하	$L \le 0.5$
1 초과 4 이하	$L \le 0.667$
4 초과 20 이하	$L \le 1$

측정공

l

| 사각단면굴뚝의 측정점 |

(3) 배출가스의 유속, 유량 측정법

① 굴뚝에서 배출되는 가스의 유량은 건조배출가스의 유량을 기준으로 한다.

② 건조 배출가스 유량은 단위시간 당 배출되는 표준상태의 건조 배출가스량(Sm^3/시간)으로 나타낸다.

③ 선정된 각 측정점마다 배출가스의 온도, 정압 및 동압을 측정하고, 굴뚝 중심에 가까운 한 측정점을 택하여 배출가스 중의 수분량 및 배출가스 밀도를 구한 후, 계산에 의해 배출가스 유속 및 유량을 산출한다.

④ 수분량 측정

$$X_w = \frac{\frac{22.4}{18}m_a}{V_m \times \frac{273}{273 + \Theta_m} \times \frac{P_a + P_m}{760} + \frac{22.4}{18}m_a} \times 100$$

X_w : 배출가스 중의 수증기의 부피 백분율(%)
m_a : 흡습 수분의 질량(g)
V_m : 흡입한 건조 기체량(건식가스미터에서 읽은 값)(L)
Θ_m : 가스미터에서의 흡입 기체 온도(℃)
P_a : 측정공 위치에서의 대기압(mmHg)
P_m : 가스미터에서의 기체의 게이지압(mmHg)

⑤ 배출가스의 정압 및 동압 측정

- 동압측정 : 배출가스의 동압을 측정하는 기구로서는 피토관 계수가 정해진 피토관이나 경사마노미터 등의 미압계를 사용한다. 피토관이 전압공을 측정점에서 기체의 흐르는 방향에 수직으로 놓고 동압을 측정한다.
- 정압측정 : 측정기구는 피토관 또는 정압관 및 U자형 마노미터 또는 미압계을 사용하여 각 측정점에서 정압을 측정한다. 단, 측정점의 수는 줄여도 좋다.

⑥ 유속 및 유량 계산

- 배출가스 평균유속

$$V = \sqrt{\frac{2gh}{\gamma}}$$

V : 배출가스 평균유속(m/s) / C : 피토관 계수 / h : 배출가스 동압측정치(mmH_2O)
g : 중력가속도(9.8 m/sec²) / γ : 굴뚝 내의 습한 배출가스 밀도(kg/Sm^3)

- 건조 배출가스 유량

$$Q_N = V \times A \times \frac{273}{273 + \Theta_s} \times \frac{P_a + P_s}{760} \times \left(1 - \frac{X_w}{100}\right) \times 3{,}600$$

Q_N : 건조 배출가스 유량(Sm^3/h) / V : 배출가스 평균유속(m/s) / A : 굴뚝 단면적(Sm^3)
Θs : 배출가스 평균온도(℃) / Pa : 측정공 위치에서의 대기압(mmHg)
Ps : 배출가스 평균정압(mmHg) / X_w : 배출가스 중의 수분량(%)

07

2 입자상 물질의 시료채취방법–반자동식 채취기

(1) 굴뚝에서 배출되는 먼지시료를 반자동식 채취기를 이용 배출가스의 유속과 같은 속도로 시료가스를 흡입(이하 등속흡입이라 한다)하여 일정온도로 유지되는 실리카 섬유제 여과지에 먼지를 채취한다.

(2) 먼지가 채취된 여과지를 110℃ ± 5℃에서 충분히 1시간~3시간 건조시켜 부착수분을 제거한 후 먼지의 중량농도를 계산한다. 다만, 배연탈황시설과 황산미스트에 의해서 먼지농도가 영향을 받은 경우에는 여과지를 160℃ 이상에서 4시간 이상 건조시킨 후 먼지농도를 계산한다.

(3) 등속흡입 정도를 보기 위해 다음 식 또는 계산기에 의해서 등속계수를 구하고 그 값이 90% ~ 110% 범위 내에 들지 않는 경우에는 다시 시료채취를 행한다.

3 기기분석방법

(1) 기체크로마토그래피

① 개요

- 이 법은 기체시료 또는 기화한 액체나 고체시료를 운반가스(carrier gas)에 의하여 분리 후 관내에 전개시켜 기체상태에서 분리되는 각 성분을 크로마토그래프로 분석하는 방법으로, 무기물 또는 유기물의 대기오염물질에 대한 정성, 정량 분석에 이용한다.
- 일정유량으로 유지되는 운반가스(carrier gas)는 시료도입부로부터 분리관내를 흘러서 검출기를 통하여 외부로 방출된다.
- 어떤 조건에서 시료를 분리관에 도입시킨 후 그 중의 어떤 성분이 검출되어 기록지 상에 봉우리로 나타날 때까지의 시간을 보유시간(retention time)이라 하며 이 보유시간에 운반가스의 유량을 곱한 것을 보유(retention volume)이라 한다. 이 값은 어떤 특정한 실험조건 하에서는 그 성분물질마다 고유한 값을 나타내기 때문에 정성분석을 할 수 있으며 또 기록지에 그려진 곡선의 넓이 또는 봉우리의 높이는 시료성분량과 일정한 관계가 있기 때문에 이것에 의하여 정량분석을 할 수가 있다.

② 검출기

- **열전도도 검출기(TCD, thermal conductivity detector)**: 모든 화합물을 검출할 수 있어 분석 대상에 제한이 없고 값이 싸며 시료를 파괴하지 않는 장점에 비하여 다른 검출기에 비해 감도(sensitivity)가 낮다.
- **불꽃이온화 검출기(flame ionization detector, FID)**: 대부분의 화합물에 대하여 열전도도 검출기보다 약 1,000배 높은 감도를 나타내고 대부분의 유기화합물의 검출이 가능하므로 가장 흔히 사용된다. 특히 탄소 수가 많은 유기물은 10pg까지 검출할 수 있어 대기 오염 분석에서 미량의 유기물을 분석할 경우에 유용하다.
- **전자 포획 검출기(electron capture detector, ECD)**: 유기 할로겐 화합물, 나이트로 화합물 및 유기 금속 화합물 등 전자 친화력이 큰 원소가 포함된 화합물을 수 ppt의 매우 낮은 농도까지 선택적으로 검출할 수 있다. 따라서 유기 염소계의 농약분석이나 PCB (polychlorinated biphenyls) 등의 환경오염 시료의 분석에 많이 사용되고 있다.

- **불꽃 광도 검출기(flame photometric detector, FPD)**: 황 또는 인 화합물의 감도 (sensitivity)는 일반 탄화수소 화합물에 비하여 100000배 커서, H_2S나 SO_2와 같은 황 화합물은 약 200ppb까지, 인 화합물은 약 10ppb까지 검출이 가능하다.

③ **운반가스**: 운반가스(carrier gas)는 충전물이나 시료에 대하여 불활성이고 사용하는 검출기의 작동에 적합한 것을 사용한다. 일반적으로 열전도도형 검출기(TCD)에서도 순도 99.8% 이상의 수소나 헬륨을, 불꽃이온화 검출기(FID)에서는 순도 99.8 % 이상의 질소 또는 헬륨을 사용하며 기타 검출기에서는 각각 규정하는 가스를 사용한다.

(2) 자외선가시선분광법

① **개요**: 이 시험방법은 시료물질이나 시료물질의 용액 또는 여기에 적당한 시약을 넣어 발색시킨 용액의 흡광도를 측정하여 시료 중의 목적성분을 정량하는 방법으로 파장 200nm ~ 1,200nm에서의 액체의 흡광도를 측정함으로써 대기 중이나 굴뚝 배출가스 중의 오염물질 분석에 적용한다.

② **원리**: 일반적으로 광원으로 나오는 빛을 단색화장치(monochrometer) 또는 필터(filter)에 의하여 좁은 파장 범위의 빛만을 선택하여 액층을 통과시킨 다음 광전측광으로 흡광도를 측정하여 목적 성분의 농도를 정량하는 방법이다. 강도 IO되는 단색광속이 그림 1과 같이 농도 C, 길이 L이 되는 용액층을 통과하면 이 용액에 빛이 흡수되어 입사광의 강도가 감소한다. 통과한 직후의 빛의 강도 It와 IO 사이에는 램버어트 비어(Lambert-Beer)의 법칙에 의하여 다음의 관계가 성립한다.

③ **지외선/가시선분광법 분석장치**: 광원부 - 파장선택부 - 시료부 - 측광부

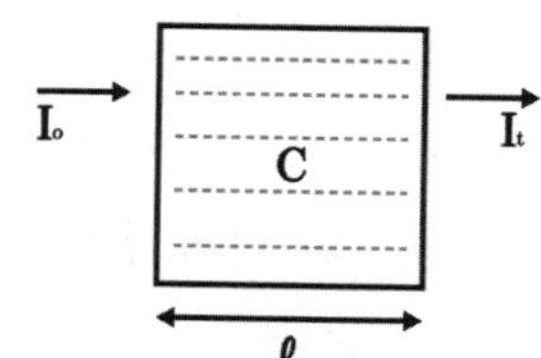

| 자외선/가시선분광법 원리도 |

$$I_t = I_0 \times 10^{-\varepsilon CL}$$

I_0: 입사광의 강도 / I_t: 투사광의 강도 / C: 농도 / L: 빛의 투사거리 / ε: 비례상수로서 흡광계수

램버트-비어 법칙

$$A = \varepsilon CL \rightarrow \log(1/t) = \varepsilon CL \rightarrow I_t = I_0 \times 10^{-\varepsilon CL}$$

t: 투과도 (I_t/I_0) / A: 흡광도 (log(1/t)

(3) 원자흡수분광광도법

이 시험방법은 시료를 적당한 방법으로 해리시켜 중성원자로 증기화하여 생긴 기저상태(Ground State or Normal State)의 원자가 이 원자 증기층을 투과하는 특유파장의 빛을 흡수하는 현상을 이용하여 광전측광과 같은 개개의 특유파장에 대한 흡광도를 측정하여 시료 중의 원소 농도를 정량하는 방법으로 대기 또는 배출가스 중의 유해 중금속, 기타 원소의 분석에 적용한다.

제5절 I 폐기물공정시험기준

1 전처리

(1) 분석용 또는 수분 측정용 시료의 양이 많을 경우(이를 “대시료”라 한다)에는 실험에 들어가기 전에 시료의 조성을 균일화하기 위하여 시료의 분할 채취 방법에 따라 균일화 한다.

(2) 소각 잔재, 슬러지 또는 입자상 물질은 그대로 작은 돌멩이 등의 이물질을 제거하고, 이외의 폐기물 중 입경이 5mm 미만인 것은 그대로, 입경이 5mm 이상인 것은 분쇄하여 체로 거른 후 입경이 0.5mm ~ 5mm로 한다.

2 시료의 분할 채취 방법

(1) 구획법

① 모아진 대시료를 네모꼴로 엷게 균일한 두께로 편다.

② 이것을 가로 4등분 세로 5등분하여 20개의 덩어리로 나눈다.

③ 20개의 각 부분에서 균등한 양을 취한 후 혼합하여 하나의 시료로 만든다.

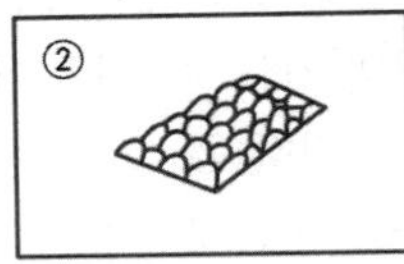

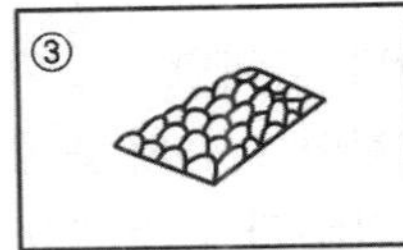

| 구획법 |

(2) 교호삽법

① 분쇄한 대시료를 단단하고 깨끗한 평면 위에 원추형으로 쌓는다.

② 원추를 장소를 바꾸어 다시 쌓는다.

③ 원추에서 일정한 양을 취하여 장방형으로 도포하고 계속해서 일정한 양을

④ 육면체의 측면을 교대로 돌면서 각각 균등한 양을 취하여 두 개의 원추를 쌓는다.

⑤ 하나의 원추는 버리고 나머지 원추를 앞의 조작을 반복하면서 적당한 크기까지 줄인다.

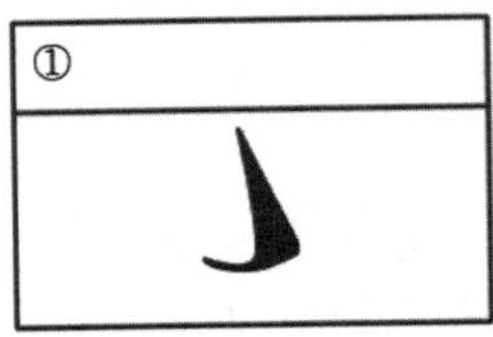

| 교호삽법 |

(3) 원추 4분법

① 분쇄한 대시료를 단단하고 깨끗한 평면 위에 원추형으로 쌓아 올린다.
② 앞의 원추를 장소를 바꾸어 다시 쌓는다.
③ 원추의 꼭지를 수직으로 눌러서 평평하게 만들고 이것을 부채꼴로 사등분한다.
④ 마주 보는 두 부분을 취하고 반은 버린다.
⑤ 반으로 줄어든 시료를 앞의 조작을 반복하여 적당한 크기까지 줄인다.

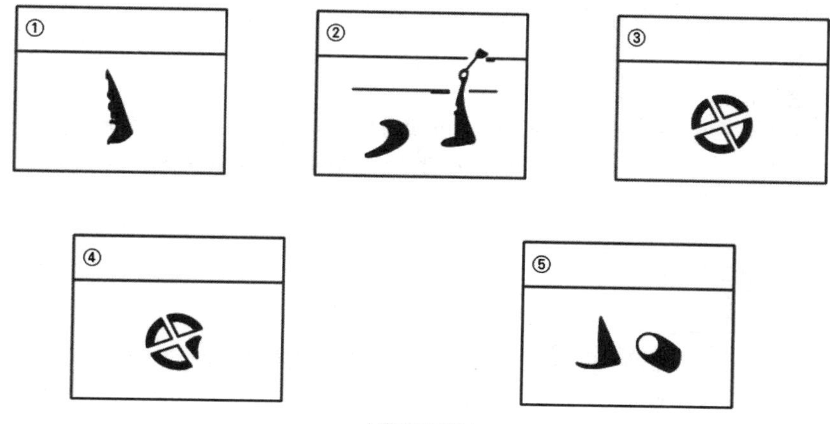

| 원추4분법 |

제6절 | 소음진동공정시험기준

1 소음

(1) 용어정의

① **소음원**: 소음을 발생하는 기계·기구, 시설 및 기타 물체 또는 환경부령으로 정하는 사람의 활동을 말한다.
② **반사음**: 한 매질중의 음파가 다른 매질의 경계면에 입사한 후 진행방향을 변경하여 본래의 매질 중으로 되돌아오는 음을 말한다.
③ **배경소음**: 한 장소에 있어서의 특정의 음을 대상으로 생각할 경우 대상소음이 없을 때 그 장소의 소음을 대상소음에 대한 배경소음이라 한다.
④ **대상소음**: 배경소음 외에 측정하고자 하는 특정의 소음을 말한다.
⑤ **정상소음**: 시간적으로 변동하지 아니하거나 또는 변동폭이 작은 소음을 말한다.
⑥ **변동소음**: 시간에 따라 소음도 변화폭이 큰 소음을 말한다.
⑦ **충격음**: 폭발음, 타격음과 같이 극히 짧은시간 동안에 발생하는 높은 세기의 음을 말한다.
⑧ **지시치**: 계기나 기록지 상에서 판독한 소음도로서 실효치(rms값)를 말한다.
⑨ **소음도**: 소음계의 청감보정회로를 통하여 측정한 지시치를 말한다.
⑩ **등가소음도**: 임의의 측정시간 동안 발생한 변동소음의 총 에너지를 같은 시간 내의 정상소음의 에너지로 등가하여 얻어진 소음도를 말한다.

⑪ **측정소음도**: 이 시험기준에서 정한 측정방법으로 측정한 소음도 및 등가소음도 등을 말한다.

⑫ **배경소음도**: 측정소음도의 측정위치에서 대상소음이 없을 때 이 시험기준에서 정한 측정방법으로 측정한 소음도 및 등가소음도 등을 말한다.

⑬ **대상소음도**: 측정소음도에 배경소음을 보정한 후 얻어진 소음도를 말한다.

⑭ **평가소음도**: 대상소음도에 보정치를 보정한 후 얻어진 소음도를 말한다.

⑮ **지발(遲發)발파**: 수초 내에 시간차를 두고 발파하는 것을 말한다. 단, 발파기를 1회 사용하는 것에 한한다.

> **층간소음**
> 입주자 또는 사용자의 활동으로 인하여 발생하는 소음으로서 다른 입주자 또는 사용자에게 피해를 주는 직접충격 소음 및 공기전달 소음으로 한다. 다만, 욕실, 화장실 및 다용도실 등에서 급수·배수로 인하여 발생하는 소음은 제외한다.

(2) 소음측정방법

① 청감보정회로 및 동특성

- 소음계의 청감보정회로는 A특성에 고정하여 측정하여야 한다.
- 소음계의 동특성은 원칙적으로 빠름(fast)모드로 하여 측정하여야 한다.

② 측정조건

- 소음계의 마이크로폰은 측정위치에 받침장치(삼각대 등)를 설치하여 측정하는 것을 원칙으로 한다.
- 손으로 소음계를 잡고 측정할 경우 소음계는 측정자의 몸으로부터 0.5m 이상 떨어져야 한다.
- 소음계의 마이크로폰은 주소음원 방향으로 향하도록 하여야 한다.
- 풍속이 2m/s 이상일 때에는 반드시 마이크로폰에 방풍망을 부착하여야 하며, 풍속이 5m/s를 초과할 때에는 측정하여서는 안 된다.
- 진동이 많은 장소 또는 전자장(대형 전기기계, 고압선 근처 등)의 영향을 받는 곳에서는 적절한 방지책(방진, 차폐 등)을 강구하여야 한다.

③ 측정시간 및 측정지점수(환경기준)

- 낮 시간대(06 : 00 ~ 22 : 00)에는 당해지역 소음을 대표할 수 있도록 측정지점수를 충분히 결정하고, 각 측정지점에서 2시간 이상 간격으로 4회 이상 측정하여 산술 평균한 값을 측정소음도로 한다.
- 밤 시간대(22 : 00 ~ 06 : 00)에는 낮 시간대에 측정한 측정지점에서 2시간 간격으로 2회 이상 측정하여 산술평균한 값을 측정소음도로 한다.

④ **측정시간 및 측정지점수(배출허용기준)**: 피해가 예상되는 적절한 측정시각에 2지점 이상의 측정지점수를 선정・측정하여 그중 가장 높은 소음도를 측정소음도로 한다.

2 진동

(1) 용어정의

① **진동원**: 진동을 발생하는 기계·기구, 시설 및 기타 물체를 말한다.

② **배경진동**: 한 장소에 있어서의 특정의 진동을 대상으로 생각할 경우 대상진동이 없을 때 그 장소의 진동을 대상진동에 대한 배경진동이라 한다.

③ **대상진동**: 배경진동 이외에 측정하고자 하는 특정의 진동을 말한다.

④ **정상진동**: 시간적으로 변동하지 아니하거나 또는 변동폭이 작은 진동을 말한다.

⑤ **변동진동**: 시간에 따른 진동레벨의 변화폭이 크게 변하는 진동을 말한다.

⑥ **충격진동**: 단조기의 사용, 폭약의 발파 시 등과 같이 극히 짧은 시간 동안에 발생하는 높은 세기의 진동을 말한다.

⑦ **지시치**: 계기나 기록지상에서 판독하는 진동레벨로서 실효치(rms값)를 말한다.

⑧ **진동레벨**: 진동레벨의 감각보정회로(수직)를 통하여 측정한 진동가속도레벨의 지시치를 말하며, 단위는 dB(V)로 표시한다.

⑨ **측정진동레벨**: 이 시험기준에 정한 측정방법으로 측정한 진동레벨을 말한다.

⑩ **배경진동레벨**: 측정진동레벨의 측정위치에서 대상진동이 없을 때 이 시험기준에서 정한 측정방법으로 측정한 진동레벨을 말한다.

⑪ **대상진동레벨**: 측정진동레벨에 배경진동의 영향을 보정한 후 얻어진 진동레벨을 말한다.

⑫ **평가진동레벨**: 대상진동레벨에 보정치를 보정한 후 얻어진 진동레벨을 말한다.

(2) 진동계 성능

① 측정가능 주파수 범위는 1 ~ 90Hz 이상이어야 한다.

② 측정가능 진동레벨의 범위는 45 ~ 120dB 이상이어야 한다.

③ 감각 특성의 상대응답과 허용오차는 환경측정기기의 형식승인·정도검사 등에 관한 고시 중 진동레벨계의 구조·성능 세부기준 표 1의 연직진동 특성에 만족하여야 한다.

④ 진동픽업의 횡감도는 규정주파수에서 수감축 감도에 대한 차이가 15dB 이상이어야 한다(연직특성).

⑤ 레벨레인지 변환기가 있는 기기에 있어서 레벨레인지 변환기의 전환오차가 0.5 dB 이내이어야 한다.

⑥ 지시계기의 눈금오차는 0.5dB 이내이어야 한다.

(3) 배출허용기준 중 진동측정방법

① 감각보정회로: 진동레벨계의 감각보정회로는 별도 규정이 없는 한 V특성(수직)에 고정하여 측정하여야 한다.

② 측정조건

- 진동픽업(pick-up)의 설치장소는 옥외지표를 원칙으로 하고 복잡한 반사, 회절현상이 예상되는 지점은 피한다.
- 진동픽업의 설치장소는 완충물이 없고, 충분히 다져서 단단히 굳은 장소로 한다.
- 진동픽업의 설치장소는 경사 또는 요철이 없는 장소로 하고, 수평면을 충분히 확보할 수 있는 장소로 한다.
- 진동픽업은 수직방향 진동레벨을 측정할 수 있도록 설치한다.
- 진동픽업 및 진동레벨계를 온도, 자기, 전기 등의 외부영향을 받지 않는 장소에 설치한다.

제7절 I 온실가스공정시험기준

1 시료 채취 방법

(1) 테들러 백 방법

(2) 채취병 및 주사기 방법

2 배출가스 중 메탄 – 가스크로마토그래피

(1) 목적

이 시험법은 굴뚝 (굴뚝, 덕트 등 이하 “굴뚝”이라 한다)에서 배출되는 배출가스 중 메탄을 테들러 백 등을 이용하여 시료채취하고 가스크로마토그래프 및 검출기를 이용하여 메탄의 농도를 측정 및 분석하는 방법에 대한 정확성과 통일성을 갖추도록 함을 목적으로 한다.

(2) 분석장비

배출가스 중 메탄 분석은 가스크로마토그래프(GC, gas chromatograph)를 사용하며, 검출기는 불꽃이온화검출기(FID, flame ionization detector) 등을 사용한다.

(3) 운반가스(carrier gas)

운반가스는 충전물이나 시료에 대하여 불활성이고 사용하는 검출기의 작동에 적합한 것을 사용한다. 일반적으로 불꽃이온화검출기에는 순도 99.999 % 이상의 질소 또는 헬륨 등을 사용한다.

3 배출가스 중 아산화질소 - 가스크로마토그래피

(1) 목적

이 시험법은 굴뚝 (굴뚝, 덕트 등 이하 "굴뚝"이라 한다)에서 배출되는 배출가스 중 아산화질소를 테들러 백 등을 이용하여 시료채취하고 가스크로마토그래프 및 검출기를 이용하여 아산화질소의 농도를 측정 및 분석하는 방법에 대한 정확성과 통일성을 갖추도록 함을 목적으로 한다.

(2) 분석장비

배출가스 중 아산화질소 분석은 가스크로마토그래프(GC, gas chromatograph)를 사용하며, 검출기는 전자포획검출기(ECD, electron capture detector) 등을 사용한다.

(3) 운반가스(carrier gas)

운반가스(carrier gas)는 충전물이나 시료에 대하여 불활성이고 사용하는 검출기의 작동에 적합한 것을 사용한다. 일반적으로 전자포획검출기(ECD)에는 순도 99.999% 이상의 질소 등를 사용한다.

4 배출가스 중 이산화탄소 - 가스크로마토그래피

(1) 목적

이 시험법은 굴뚝(굴뚝, 덕트 등 이하 "굴뚝"이라 한다)에서 배출되는 배출가스 중 이산화탄소를 테들러 백 등을 이용하여 시료채취하고 가스크로마토그래프 및 검출기를 이용하여 이산화탄소의 농도를 측정 및 분석하는 방법에 대한 정확성과 통일성을 갖추도록 함을 목적으로 한다.

(2) 분석장비

배출가스 중 이산화탄소 분석은 가스크로마토그래프(GC, gas chromatograph)를 사용하며, 검출기는 열전도도검출기(TCD, thermal conductivity detector) 등을 사용한다.

(3) 운반가스(carrier gas)

운반가스(carrier gas)는 충전물이나 시료에 대하여 불활성이고 사용하는 검출기의 작동에 적합한 것을 사용한다. 일반적으로 열전도도검출기(TCD)에는 순도 99.999 % 이상의 수소 또는 헬륨 등을 사용한다.

CHAPTER 02 환경관계법규

제1절 | 물환경보전법

1 물환경보전법(정의)

이 법에서 사용하는 용어의 뜻은 다음과 같다.

1. "물환경"이란 사람의 생활과 생물의 생육에 관계되는 물의 질(이하 "수질"이라 한다) 및 공공수역의 모든 생물과 이들을 둘러싸고 있는 비생물적인 것을 포함한 수생태계(水生態系, 이하 "수생태계"라 한다)를 총칭하여 말한다.

1의2. "점오염원"(點汚染源)이란 폐수배출시설, 하수발생시설, 축사 등으로서 관로·수로 등을 통하여 일정한 지점으로 수질오염물질을 배출하는 배출원을 말한다.

2. "비점오염원"(非點汚染源)이란 도시, 도로, 농지, 산지, 공사장 등으로서 불특정 장소에서 불특정하게 수질오염물질을 배출하는 배출원을 말한다.

3. "기타수질오염원"이란 점오염원 및 비점오염원으로 관리되지 아니하는 수질오염물질을 배출하는 시설 또는 장소로서 환경부령으로 정하는 것을 말한다.

4. "폐수"란 물에 액체성 또는 고체성의 수질오염물질이 섞여 있어 그대로는 사용할 수 없는 물을 말한다.

4의2. "폐수관로"란 폐수를 사업장에서 제17호의 공공폐수처리시설로 유입시키기 위하여 제48조제1항에 따라 공공폐수처리시설을 설치·운영하는 자가 설치·관리하는 관로와 그 부속시설을 말한다.

5. "강우유출수"(降雨流出水)란 비점오염원의 수질오염물질이 섞여 유출되는 빗물 또는 눈 녹은 물 등을 말한다.

6. "불투수면"(不透水面)이란 빗물 또는 눈 녹은 물 등이 지하로 스며들 수 없게 하는 아스팔트·콘크리트 등으로 포장된 도로, 주차장, 보도 등을 말한다.

7. "수질오염물질"이란 수질오염의 요인이 되는 물질로서 환경부령으로 정하는 것을 말한다.

물환경보전법 시행규칙 수질오염물질

1. 구리와 그 화합물 2. 납과 그 화합물 3. 니켈과 그 화합물 4. 총 대장균군 5. 망간과 그 화합물 6. 바륨화합물 7. 부유물질 8. 삭제 9. 비소와 그 화합물 10. 산과 알칼리류 11. 색소 12. 세제류 13. 셀레늄과 그 화합물 14. 수은과 그 화합물 15. 시안화합물	16. 아연과 그 화합물 17. 염소화합물 18. 유기물질 19. 삭제 20. 유류(동·식물성을 포함한다) 21. 인화합물 22. 주석과 그 화합물 23. 질소화합물 24. 철과 그 화합물 25. 카드뮴과 그 화합물 26. 크롬과 그 화합물 27. 불소화합물 28. 페놀류 29. 페놀 30. 펜타클로로페놀	31. 황과 그 화합물 32. 유기인 화합물 33. 6가크롬 화합물 34. 테트라클로로에틸렌 35. 트리클로로에틸렌 36. 폴리클로리네이티드바이페닐 37. 벤젠 38. 사염화탄소 39. 디클로로메탄 40. 1, 1-디클로로에틸렌 41. 1, 2-디클로로에탄 42. 클로로포름 43. 생태독성물질 44. 1,4-다이옥산 45. 디에틸헥실프탈레이트(DEHP)	46. 염화비닐 47. 아크릴로니트릴 48. 브로모포름 49. 퍼클로레이트 50. 아크릴아미드 51. 나프탈렌 52. 폼알데하이드 53. 에피클로로하이드린 54. 톨루엔 55. 자일렌 56. 스티렌 57. 비스(2-에틸헥실)아디페이트 58. 안티몬 59. 과불화옥탄산(PFOA) 60. 과불화옥탄술폰산(PFOS) 61. 과불화헥산술폰산(PFHxS)

8. "특정수질유해물질"이란 사람의 건강, 재산이나 동식물의 생육(生育)에 직접 또는 간접으로 위해를 줄 우려가 있는 수질오염물질로서 환경부령으로 정하는 것을 말한다.

물환경보전법 시행규칙 특정수질유해물질

1. 구리와 그 화합물 2. 납과 그 화합물 3. 비소와 그 화합물 4. 수은과 그 화합물 5. 시안화합물 6. 유기인 화합물 7. 6가크롬 화합물 8. 카드뮴과 그 화합물	9. 테트라클로로에틸렌 10. 트리클로로에틸렌 11. 삭제 <2016. 5. 20.> 12. 폴리클로리네이티드바이페닐 13. 셀레늄과 그 화합물 14. 벤젠 15. 사염화탄소 16. 디클로로메탄	17. 1, 1-디클로로에틸렌 18. 1, 2-디클로로에탄 19. 클로로포름 20. 1,4-다이옥산 21. 디에틸헥실프탈레이트(DEHP) 22. 염화비닐 23. 아크릴로니트릴 24. 브로모포름	25. 아크릴아미드 26. 나프탈렌 27. 폼알데하이드 28. 에피클로로하이드린 29. 페놀 30. 펜타클로로페놀 31. 스티렌 32. 비스(2-에틸헥실)아디페이트 33. 안티몬

9. “공공수역”이란 하천, 호소, 항만, 연안해역, 그 밖에 공공용으로 사용되는 수역과 이에 접속하여 공공용으로 사용되는 환경부령으로 정하는 수로를 말한다.
   “환경부령으로 정하는 수로”란 다음 각 호의 수로를 말한다.
   ① 지하수로
   ② 농업용 수로
   ③ 「하수도법」 제2조제6호에 따른 하수관로
   ④ 운하
10. “폐수배출시설”이란 수질오염물질을 배출하는 시설물, 기계, 기구, 그 밖의 물체로서 환경부령으로 정하는 것을 말한다. 다만, 선박 및 해양시설은 제외한다.

물환경보전법 시행령 사업장의 규모별 구분

종류	배출규모
제1종 사업장	1일 폐수배출량이 2,000m^3 이상인 사업장
제2종 사업장	1일 폐수배출량이 700m^3 이상, 2,000m^3 미만인 사업장
제3종 사업장	1일 폐수배출량이 200m^3 이상, 700m^3 미만인 사업장
제4종 사업장	1일 폐수배출량이 50m^3 이상, 200m^3 미만인 사업장
제5종 사업장	위 제1종부터 제4종까지의 사업장에 해당하지 아니하는 배출시설

11. “폐수무방류배출시설”이란 폐수배출시설에서 발생하는 폐수를 해당 사업장에서 수질오염방지시설을 이용하여 처리하거나 동일 폐수배출시설에 재이용하는 등 공공수역으로 배출하지 아니하는 폐수배출시설을 말한다.
12. “수질오염방지시설”이란 점오염원, 비점오염원 및 기타수질오염원으로부터 배출되는 수질오염물질을 제거하거나 감소하게 하는 시설로서 환경부령으로 정하는 것을 말한다.

물환경보전법 시행규칙 수질오염방지시설

분류	종류
물리적 처리시설	스크린, 분쇄기, 침사(沈砂)시설, 유수분리시설, 유량조정시설(집수조), 혼합시설, 응집시설, 침전시설, 부상시설, 여과시설, 탈수시설, 건조시설, 증류시설, 농축시설
화학적 처리시설	화학적 침강시설, 중화시설, 흡착시설, 살균시설, 이온교환시설, 소각시설, 산화시설, 환원시설, 침전물 개량시설
생물화학적 처리시설	살수여과상, 폭기(瀑氣)시설, 산화시설(산화조(酸化槽) 또는 산화지(酸化池)를 말한다), 혐기성·호기성 소화시설, 접촉조(接觸槽: 폐수를 염소 등의 약품과 접촉시키기 위한 탱크), 안정조, 돈사톱밥 발효시설

13. "비점오염저감시설"이란 수질오염방지시설 중 비점오염원으로부터 배출되는 수질오염물질을 제거하거나 감소하게 하는 시설로서 환경부령으로 정하는 것을 말한다.

물환경보전법 시행규칙 비점오염저감시설

분류	종류
자연형시설	저류시설, 인공습지, 침투시설, 식생시설
장치형시설	여과형시설, 소용돌이시설, 스크린시설, 응집침전처리형 시설, 생물학적처리형시설

14. "호소"란 다음 각 목의 어느 하나에 해당하는 지역으로서 만수위(滿水位)[댐의 경우에는 계획홍수위(計劃洪水位)를 말한다] 구역 안의 물과 토지를 말한다.
   ① 댐·보(洑) 또는 둑(「사방사업법」에 따른 사방시설은 제외한다) 등을 쌓아 하천 또는 계곡에 흐르는 물을 가두어 놓은 곳
   ② 하천에 흐르는 물이 자연적으로 가두어진 곳
   ③ 화산활동 등으로 인하여 함몰된 지역에 물이 가두어진 곳
15. "수면관리자"란 다른 법령에 따라 호소를 관리하는 자를 말한다. 이 경우 동일한 호소를 관리하는 자가 둘 이상인 경우에는 「하천법」에 따른 하천관리청 외의 자가 수면관리자가 된다.
15의2. "수생태계 건강성"이란 수생태계를 구성하고 있는 요소 중 환경부령으로 정하는 물리적·화학적·생물적 요소들이 훼손되지 아니하고 각각 온전한 기능을 발휘할 수 있는 상태를 말한다.
16. "상수원호소"란 상수원보호구역(이하 "상수원보호구역"이라 한다) 및 수질보전을 위한 특별대책지역(이하 "특별대책지역"이라 한다) 밖에 있는 호소 중 호소의 내부 또는 외부에 취수시설(이하 "취수시설"이라 한다)을 설치하여 그 호소의 물을 먹는 물로 사용하는 호소로서 환경부장관이 정하여 고시한 것을 말한다.
17. "공공폐수처리시설"이란 공공폐수처리구역의 폐수를 처리하여 공공수역에 배출하기 위한 처리시설과 이를 보완하는 시설을 말한다.
18. "공공폐수처리구역"이란 폐수를 공공폐수처리시설에 유입하여 처리할 수 있는 지역으로서 환경부장관이 지정한 구역을 말한다.
19. "물놀이형 수경(水景)시설"이란 수돗물, 지하수 등을 인위적으로 저장 및 순환하여 이용하는 분수, 연못, 폭포, 실개천 등의 인공시설물 중 일반인에게 개방되어 이용자의 신체와 직접 접촉하여 물놀이를 하도록 설치하는 시설을 말한다. 다만, 다음 각 목의 시설은 제외한다.
   ① 「관광진흥법」에 따라 유원시설업의 허가를 받거나 신고를 한 자가 설치한 물놀이형 유기시설(遊技施設) 또는 유기기구(遊技機具)
   ② 「체육시설의 설치·이용에 관한 법률」에 따른 체육시설 중 수영장
   ③ 환경부령으로 정하는 바에 따라 물놀이 시설이 아니라는 것을 알리는 표지판과 울타리를 설치하거나 물놀이를 할 수 없도록 관리인을 두는 경우

2 시행령(오염총량관리기본방침)

오염총량관리기본방침(이하 "기본방침"이라 한다)에는 다음 각 호의 사항이 포함되어야 한다.
1. 오염총량관리의 목표
2. 오염총량관리의 대상 수질오염물질 종류
3. 오염원의 조사 및 오염부하량 산정방법
4. 오염총량관리기본계획의 주체, 내용, 방법 및 시한

5. 오염총량관리시행계획의 내용 및 방법
[시행규칙 (오염총량관리 조사·연구반)]
오염총량관리 조사·연구반(이하 "조사·연구반"이라 한다)은 국립환경과학원에 둔다.

3 시행규칙(국립환경과학원장 등이 설치·운영하는 측정망의 종류 등)

국립환경과학원장, 유역환경청장, 지방환경청장이 법 제9조제1항에 따라 설치할 수 있는 측정망은 다음 각 호와 같다.

1. 비점오염원에서 배출되는 비점오염물질 측정망
2. 수질오염물질의 총량관리를 위한 측정망
3. 대규모 오염원의 하류지점 측정망
4. 수질오염경보를 위한 측정망
5. 대권역·중권역을 관리하기 위한 측정망
6. 공공수역 유해물질 측정망
7. 퇴적물 측정망
8. 생물 측정망
9. 그 밖에 국립환경과학원장, 유역환경청장 또는 지방환경청장이 필요하다고 인정하여 설치·운영하는 측정망

4 시행규칙(시·도지사 등이 설치·운영하는 측정망의 종류 등)

1. 시·도지사, 「지방자치법」 제175조에 따른 인구 50만 이상 대도시(이하 "대도시"라 한다)의 장 또는 수면관리자가 설치할 수 있는 측정망은 다음 각 호와 같다.
   ① 소권역을 관리하기 위한 측정망
   ② 도심하천 측정망
   ③ 그 밖에 유역환경청장이나 지방환경청장과 협의하여 설치·운영하는 측정망
2. 시·도지사, 대도시의 장 또는 수면관리자는 수질오염도를 상시측정하거나 수질의 관리 등을 위한 조사를 한 경우에는 그 결과를 다음 각 호의 구분에 따른 기간까지 환경부장관에게 보고하여야 한다.
   ① 수질오염도: 측정일이 속하는 달의 다음 달 10일 이내
   ② 수생태계 현황: 조사 종료일부터 3개월 이내

5 법(상수원의 수질보전을 위한 통행제한)

"상수원을 오염시킬 우려가 있는 물질"은 다음 각 호의 어느 하나에 해당하는 물질로 한다.

1. 특정수질유해물질
2. 「폐기물관리법」 에 따른 지정폐기물(액체상태의 폐기물 및 환경부령으로 정하는 폐기물로 한정한다)
3. 유류
4. 유독물
5. 「농약관리법」에 따른 농약 및 원제(原劑)
6. 「원자력안전법」에 따른 방사성물질 및 방사성폐기물
7. 그 밖에 대통령령으로 정하는 물질

6 시행령(낚시금지구역 또는 낚시제한구역의 지정 등)

시장・군수・구청장(자치구의 구청장을 말한다. 이하 같다)은 낚시금지구역 또는 낚시제한구역을 지정하려는 경우에는 다음 각 호의 사항을 고려하여야 한다.

1. 용수의 목적
2. 오염원 현황
3. 수질오염도
4. 낚시터 인근에서의 쓰레기 발생 현황 및 처리 여건
5. 연도별 낚시 인구의 현황
6. 서식 어류의 종류 및 양 등 수중생태계의 현황

7 법(배출허용기준)

폐수배출시설(이하 "배출시설"이라 한다)에서 배출되는 수질오염물질의 배출허용기준은 환경부령으로 정한다.

[물환경보전법 시행규칙 수질오염물질의 배출허용기준]

대상규모 / 항목 / 지역구분	1일 폐수배출량 2천 세제곱미터 이상			1일 폐수배출량 2천 세제곱미터 미만		
	생물 화학적 산소 요구량 (mg/L)	총유기 탄소량 (mg/L)	부유 물질량 (mg/L)	생물 화학적 산소 요구량 (mg/L)	총유기 탄소량 (mg/L)	부유 물질량 (mg/L)
청정지역	30 이하	25 이하	30 이하	40 이하	30 이하	40 이하
가지역	60 이하	40 이하	60 이하	80 이하	50 이하	80 이하
나지역	80 이하	50 이하	80 이하	120 이하	75 이하	120 이하
특례지역	30 이하	25 이하	30 이하	30 이하	25 이하	30 이하

8 시행령(수질오염경보)

수질오염경보의 종류는 다음 각 호와 같다.

1. 조류경보(藻類警報)
2. 수질오염감시경보

9 시행규칙(폐수무방류배출시설의 설치가 가능한 특정수질유해물질)

"환경부령으로 정하는 특정수질유해물질"이란 다음 각 호의 물질을 말한다.

1. 구리 및 그 화합물
2. 디클로로메탄
3. 1, 1-디클로로에틸렌

10 시행규칙(시운전 기간 등)

"환경부령으로 정하는 기간"이란 다음 각 호의 구분에 따른 기간을 말한다.
1. 폐수처리방법이 생물화학적 처리방법인 경우: 가동시작일부터 50일. 다만, 가동시작일이 11월 1일부터 다음 연도 1월 31일까지에 해당하는 경우에는 가동시작일부터 70일로 한다.
2. 폐수처리방법이 물리적 또는 화학적 처리방법인 경우: 가동시작일부터 30일

11 시행규칙(수질오염물질 희석처리의 인정 등)

1. 시·도지사가 희석하여야만 수질오염물질의 처리가 가능하다고 인정할 수 있는 경우는 다음 각 호의 어느 하나에 해당하여 수질오염방지공법상 희석하여야만 수질오염물질의 처리가 가능한 경우를 말한다.
   ① 폐수의 염분이나 유기물의 농도가 높아 원래의 상태로는 생물화학적 처리가 어려운 경우
   ② 폭발의 위험 등이 있어 원래의 상태로는 화학적 처리가 어려운 경우
2. 제1항에 따른 희석처리의 인정을 받으려는 자가 신청서 또는 신고서를 제출할 때에는 이를 증명하는 다음 각 호의 자료를 첨부하여 시·도지사에게 제출하여야 한다.
   ① 처리하려는 폐수의 농도 및 특성
   ② 희석처리의 불가피성
   ③ 희석배율 및 희석량

12 시행규칙(폐수배출시설 및 수질오염방지시설의 운영기록 보존)

사업자 또는 수질오염방지시설을 운영하는 자(공동방지시설의 대표자를 포함한다. 이하 같다)는 폐수배출시설 및 수질오염방지시설의 가동시간, 폐수배출량, 약품투입량, 시설관리 및 운영자, 그 밖에 시설운영에 관한 중요 사항을 운영일지(이하 "운영일지"라 한다)에 매일 기록하고, 최종 기록일부터 1년간 보존하여야 한다. 다만, 폐수무방류배출시설의 경우에는 운영일지를 3년간 보존하여야 한다.

제2절 I 대기환경보전법

1 대기환경보전법(정의)

이 법에서 사용하는 용어의 뜻은 다음과 같다.

1. "대기오염물질"이란 대기 중에 존재하는 물질 중 제7조에 따른 심사·평가 결과 대기오염의 원인으로 인정된 가스·입자상물질로서 환경부령으로 정하는 것을 말한다.

대기환경보전법 시행규칙 대기오염물질

1. 입자상물질	17. 황화수소	33. 납 및 그 화합물	49. 포름알데히드
2. 브롬 및 그 화합물	18. 황화메틸	34. 크롬 및 그 화합물	50. 아세트알데히드
3. 알루미늄 및 그 화합물	19. 이황화메틸	35. 비소 및 그 화합물	51. 벤지딘
4. 바나듐 및 그 화합물	20. 메르캅탄류	36. 수은 및 그 화합물	52. 1,3-부타디엔
5. 망간화합물	21. 아민류	37. 구리 및 그 화합물	53. 다환 방향족 탄화수소류
6. 철 및 그 화합물	22. 사염화탄소	38. 염소 및 그 화합물	54. 에틸렌옥사이드
7. 아연 및 그 화합물	23. 이황화탄소	39. 불소화물	55. 디클로로메탄
8. 셀렌 및 그 화합물	24. 탄화수소	40. 석면	56. 테트라클로로에틸렌
9. 안티몬 및 그 화합물	25. 인 및 그 화합물	41. 니켈 및 그 화합물	57. 1,2-디클로로에탄
10. 주석 및 그 화합물	26. 붕소화합물	42. 염화비닐	58. 에틸벤젠
11. 텔루륨 및 그 화합물	27. 아닐린	43. 다이옥신	59. 트리클로로에틸렌
12. 바륨 및 그 화합물	28. 벤젠	44. 페놀 및 그 화합물	60. 아크릴로니트릴
13. 일산화탄소	29. 스틸렌	45. 베릴륨 및 그 화합물	61. 히드라진
14. 암모니아	30. 아크롤레인	46. 프로필렌옥사이드	62. 아세트산비닐
15. 질소산화물	31. 카드뮴 및 그 화합물	47. 폴리염화비페닐	63. 비스(2-에틸헥실)프탈레이트
16. 황산화물	32. 시안화물	48. 클로로포름	64. 디메틸포름아미드

1의2. "유해성대기감시물질"이란 대기오염물질 중 제7조에 따른 심사·평가 결과 사람의 건강이나 동식물의 생육(生育)에 위해를 끼칠 수 있어 지속적인 측정이나 감시·관찰 등이 필요하다고 인정된 물질로서 환경부령으로 정하는 것을 말한다.

대기환경보전법 시행규칙 유해성대기감시물질

1. 카드뮴 및 그 화합물	11. 석면	22. 포름알데히드	33. 트리클로로에틸렌
2. 시안화수소	12. 니켈 및 그 화합물	23. 아세트알데히드	34. 아크릴로니트릴
3. 납 및 그 화합물	13. 염화비닐	24. 벤지딘	35. 히드라진
4. 폴리염화비페닐	14. 다이옥신	25. 1,3-부타디엔	36. 암모니아
5. 크롬 및 그 화합물	15. 페놀 및 그 화합물	26. 다환 방향족 탄화수소류	37. 아세트산비닐
6. 비소 및 그 화합물	16. 베릴륨 및 그 화합물	27. 에틸렌옥사이드	38. 비스(2-에틸헥실)프탈레이트
7. 수은 및 그 화합물	17. 벤젠	28. 디클로로메탄	39. 디메틸포름아미드
8. 프로필렌옥사이드	18. 사염화탄소	29. 스틸렌	40. 일산화탄소
9. 염소 및 염화수소	19. 이황화메틸	30. 테트라클로로에틸렌	41. 알루미늄 및 그 화합물
10. 불소화물	20. 아닐린	31. 1,2-디클로로에탄	42. 망간화합물
	21. 클로로포름	32. 에틸벤젠	43. 구리 및 그 화합물

2. "기후·생태계 변화유발물질"이란 지구 온난화 등으로 생태계의 변화를 가져올 수 있는 기체상물질(氣體狀物質)로서 온실가스와 환경부령으로 정하는 것을 말한다.
[시행규칙 (기후·생태계 변화유발물질)]
"환경부령으로 정하는 것"이란 염화불화탄소와 수소염화불화탄소를 말한다.
3. "온실가스"란 적외선 복사열을 흡수하거나 다시 방출하여 온실효과를 유발하는 대기 중의 가스상태 물질로서 이산화탄소, 메탄, 아산화질소, 수소불화탄소, 과불화탄소, 육불화황을 말한다.

4. “가스”란 물질이 연소·합성·분해될 때에 발생하거나 물리적 성질로 인하여 발생하는 기체상물질을 말한다.
5. “입자상물질(粒子狀物質)”이란 물질이 파쇄·선별·퇴적·이적(移積)될 때, 그 밖에 기계적으로 처리되거나 연소·합성·분해될 때에 발생하는 고체상(固體狀) 또는 액체상(液體狀)의 미세한 물질을 말한다.
6. “먼지”란 대기 중에 떠다니거나 흩날려 내려오는 입자상물질을 말한다.
7. “매연”이란 연소할 때에 생기는 유리(遊離) 탄소가 주가 되는 미세한 입자상물질을 말한다.
8. “검댕”이란 연소할 때에 생기는 유리(遊離) 탄소가 응결하여 입자의 지름이 1미크론 이상이 되는 입자상물질을 말한다.
9. “특정대기유해물질”이란 유해성대기감시물질 중 심사·평가 결과 저농도에서도 장기적인 섭취나 노출에 의하여 사람의 건강이나 동식물의 생육에 직접 또는 간접으로 위해를 끼칠 수 있어 대기 배출에 대한 관리가 필요하다고 인정된 물질로서 환경부령으로 정하는 것을 말한다.

대기환경보전법 시행규칙 특정대기유해물질

1. 카드뮴 및 그 화합물 2. 시안화수소 3. 납 및 그 화합물 4. 폴리염화비페닐 5. 크롬 및 그 화합물 6. 비소 및 그 화합물 7. 수은 및 그 화합물 8. 프로필렌 옥사이드 9. 염소 및 염화수소	10. 불소화물 11. 석 면 12. 니켈 및 그 화합물 13. 염화비닐 14. 다이옥신 15. 페놀 및 그 화합물 16. 베릴륨 및 그 화합물 17. 벤 젠 18. 사염화탄소	19. 이황화메틸 20. 아닐린 21. 클로로포름 22. 포름알데히드 23. 아세트알데히드 24. 벤지딘 25. 1,3-부타디엔 26. 다환 방향족 탄화수소류 27. 에틸렌옥사이드	28. 디클로로메탄 29. 스틸렌 30. 테트라클로로에틸렌 31. 1,2-디클로로에탄 32. 에틸벤젠 33. 트리클로로에틸렌 34. 아크릴로니트릴 35. 히드라진

10. “휘발성유기화합물”이란 탄화수소류 중 석유화학제품, 유기용제, 그 밖의 물질로서 환경부장관이 관계 중앙행정기관의 장과 협의하여 고시하는 것을 말한다.
11. “대기오염물질배출시설”이란 대기오염물질을 대기에 배출하는 시설물, 기계, 기구, 그 밖의 물체로서 환경부령으로 정하는 것을 말한다.
12. “대기오염방지시설”이란 대기오염물질배출시설로부터 나오는 대기오염물질을 연소조절에 의한 방법 등으로 없애거나 줄이는 시설로서 환경부령으로 정하는 것을 말한다.

대기환경보전법 시행규칙 대기오염방지시설

정의	중력집진시설, 관성력집진시설, 원심력집진시설, 세정집진시설, 여과집진시설, 전기집진시설, 음파집진시설, 흡수에 의한 시설, 흡착에 의한 시설, 직접연소에 의한 시설, 촉매반응을 이용하는 시설, 응축에 의한 시설, 산화·환원에 의한 시설, 미생물을 이용한 처리시설, 연소조절에 의한 시설, 앞의 시설과 같은 방지효율 또는 그 이상의 방지효율을 가진 시설로서 환경부장관이 인정하는 시설이다.
비고	방지시설에는 대기오염물질을 포집하기 위한 장치(후드), 오염물질이 통과하는 관로(덕트), 오염물질을 이송하기 위한 송풍기 및 각종 펌프 등 방지시설에 딸린 기계·기구류 (예비용을 포함한다) 등을 포함한다.

13. “자동차”란 다음 각 목의 어느 하나에 해당하는 것을 말한다.
   ① 「자동차관리법」에 규정된 자동차 중 환경부령으로 정하는 것
   ② 「건설기계관리법」에 따른 건설기계 중 주행특성이 가목에 따른 것과 유사한 것으로서 환경부령으로 정하는 것

13의2. “원동기”란 다음 각 목의 어느 하나에 해당하는 것을 말한다.
   ① 「건설기계관리법」에 따른 건설기계 중 환경부령으로 정하는 건설기계에 사용되는 동력을 발생시키는 장치
   ② 농림용 또는 해상용으로 사용되는 기계로서 환경부령으로 정하는 기계에 사용되는 동력을 발생시키는 장치
   ③ 「철도산업발전기본법」에 따른 철도차량 중 동력차에 사용되는 동력을 발생시키는 장치

14. "선박"이란 「해양환경관리법」에 따른 선박을 말한다.
15. "첨가제"란 자동차의 성능을 향상시키거나 배출가스를 줄이기 위하여 자동차의 연료에 첨가하는 탄소와 수소만으로 구성된 물질을 제외한 화학물질로서 다음 각 목의 요건을 모두 충족하는 것을 말한다.
   ① 자동차의 연료에 부피 기준(액체첨가제의 경우만 해당한다) 또는 무게 기준(고체첨가제의 경우만 해당한다)으로 1퍼센트 미만의 비율로 첨가하는 물질. 다만, 「석유 및 석유대체연료 사업법」 에 따른 석유정제업자 및 석유수출입업자가 자동차연료인 석유제품을 제조하거나 품질을 보정(補正)하는 과정에 첨가하는 물질의 경우에는 그 첨가비율의 제한을 받지 아니한다.
   ② 「석유 및 석유대체연료 사업법」 에 따른 가짜석유제품 또는 석유대체연료에 해당하지 아니하는 물질

대기환경보전법 시행규칙 자동차연료형 첨가제의 종류

종류	세척제, 청정분산제, 매연억제제, 다목적첨가제, 옥탄가향상제, 세탄가향상제, 유동성향상제, 윤활성 향상제, 그 밖에 환경부장관이 자동차의 성능을 향상시키거나 배출가스를 줄이기 위하여 필요하다고 정하여 고시하는 것

15의2. "촉매제"란 배출가스를 줄이는 효과를 높이기 위하여 배출가스저감장치에 사용되는 화학물질로서 환경부령으로 정하는 것을 말한다.
   [시행규칙(촉매제)] 촉매제는 경유를 연료로 사용하는 자동차에서 배출되는 질소산화물을 저감하기 위하여 사용되는 화학물질을 말한다.
16. "저공해자동차"란 다음 각 목의 자동차로서 대통령령으로 정하는 것을 말한다.
   ① 대기오염물질의 배출이 없는 자동차
   ② 제작차의 배출허용기준보다 오염물질을 적게 배출하는 자동차
17. "배출가스저감장치"란 자동차에서 배출되는 대기오염물질을 줄이기 위하여 자동차에 부착 또는 교체하는 장치로서 환경부령으로 정하는 저감효율에 적합한 장치를 말한다.
18. "저공해엔진"이란 자동차에서 배출되는 대기오염물질을 줄이기 위한 엔진(엔진 개조에 사용하는 부품을 포함한다)으로서 환경부령으로 정하는 배출허용기준에 맞는 엔진을 말한다.
19. "공회전제한장치"란 자동차에서 배출되는 대기오염물질을 줄이고 연료를 절약하기 위하여 자동차에 부착하는 장치로서 환경부령으로 정하는 기준에 적합한 장치를 말한다.
20. "온실가스 배출량"이란 자동차에서 단위 주행거리당 배출되는 이산화탄소(CO_2) 배출량(g/㎞)을 말한다.
21. "온실가스 평균배출량"이란 자동차제작자가 판매한 자동차 중 환경부령으로 정하는 자동차의 온실가스 배출량의 합계를 해당 자동차 총 대수로 나누어 산출한 평균값(g/㎞)을 말한다.
22. "장거리이동대기오염물질"이란 황사, 먼지 등 발생 후 장거리 이동을 통하여 국가 간에 영향을 미치는 대기오염물질로서 환경부령으로 정하는 것을 말한다.
23. "냉매(冷媒)"란 기후·생태계 변화유발물질 중 열전달을 통한 냉난방, 냉동·냉장 등의 효과를 목적으로 사용되는 물질로서 환경부령으로 정하는 것을 말한다.
   [시행규칙(냉매)] "환경부령으로 정하는 것"이란 다음 각 호의 물질을 말한다.
   ① 염화불화탄소
   ② 수소염화불화탄소
   ③ 「저탄소 녹색성장 기본법 시행령」에 따른 수소불화탄소
   ④ 염화불화탄소 및 수소염화불화탄소를 혼합하여 만든 물질

2 시행규칙(측정망의 종류 및 측정결과보고 등)

1. 수도권대기환경청장, 국립환경과학원장 또는 「한국환경공단법」에 따른 한국환경공단(이하 "한국환경공단"이라 한다)이 설치하는 대기오염 측정망의 종류는 다음 각 호와 같다.
   ① 대기오염물질의 지역배경농도를 측정하기 위한 교외대기측정망
   ② 대기오염물질의 국가배경농도와 장거리이동 현황을 파악하기 위한 국가배경농도측정망
   ③ 도시지역 또는 산업단지 인근지역의 특정대기유해물질(중금속을 제외한다)의 오염도를 측정하기 위한 유해대기물질측정망
   ④ 도시지역의 휘발성유기화합물 등의 농도를 측정하기 위한 광화학대기오염물질측정망
   ⑤ 산성 대기오염물질의 건성 및 습성 침착량을 측정하기 위한 산성강하물측정망
   ⑥ 기후・생태계 변화유발물질의 농도를 측정하기 위한 지구대기측정망
   ⑦ 장거리이동대기오염물질의 성분을 집중 측정하기 위한 대기오염집중측정망
   ⑧ 초미세먼지(PM-2.5)의 성분 및 농도를 측정하기 위한 미세먼지성분측정망
2. 특별시장・광역시장・특별자치시장・도지사 또는 특별자치도지사(이하 "시・도지사"라 한다)가 설치하는 대기오염 측정망의 종류는 다음 각 호와 같다.
   ① 도시지역의 대기오염물질 농도를 측정하기 위한 도시대기측정망
   ② 도로변의 대기오염물질 농도를 측정하기 위한 도로변대기측정망
   ③ 대기 중의 중금속 농도를 측정하기 위한 대기중금속측정망

3 시행령(대기오염경보의 대상 지역 등)

1. 대기오염경보의 대상 지역은 특별시장・광역시장・특별자치시장・도지사 또는 특별자치도지사(이하 "시・도지사"라 한다)가 필요하다고 인정하여 지정하는 지역으로 한다.
2. 대기오염경보의 대상 오염물질은 「환경정책기본법」 에 따라 환경기준이 설정된 오염물질 중 다음 각 호의 오염물질로 한다.
   ① 미세먼지(PM-10)
   ② 초미세먼지(PM-2.5)
   ③ 오존(O_3)
3. 대기오염경보 단계는 대기오염경보 대상 오염물질의 농도에 따라 다음 각 호와 같이 구분하되, 대기오염경보 단계별 오염물질의 농도기준은 환경부령으로 정한다.
   ① 미세먼지(PM-10): 주의보, 경보
   ② 초미세먼지(PM-2.5): 주의보, 경보
   ③ 오존(O_3): 주의보, 경보, 중대경보
4. 경보 단계별 조치에는 다음 각 호의 구분에 따른 사항이 포함되도록 하여야 한다. 다만, 지역의 대기오염 발생 특성 등을 고려하여 특별시・광역시・특별자치시・도・특별자치도의 조례로 경보 단계별 조치사항을 일부 조정할 수 있다.
   ① 주의보 발령 : 주민의 실외활동 및 자동차 사용의 자제 요청 등
   ② 경보 발령 : 주민의 실외활동 제한 요청, 자동차 사용의 제한 및 사업장의 연료사용량 감축 권고 등
   ③ 중대경보 발령 : 주민의 실외활동 금지 요청, 자동차의 통행금지 및 사업장의 조업시간 단축명령 등

대기환경보전법 시행규칙 대기오염경보 단계별 대기오염물질의 농도기준

대상물질	경보단계	발령기준	해제기준
미세먼지 (PM-10)	주의보	시간당 평균농도가 150㎍/m^3 이상 2시간 이상 지속인 때	시간당 평균농도가 100㎍/m^3미만인 때
	경보	시간당 평균농도가 300㎍/m^3이상 2시간 이상 지속인 때	시간당 평균농도가 150㎍/m^3 미만인 때는 주의보로 전환
초미세 먼지 (PM-2.5)	주의보	기시간당 평균농도가 75㎍/m^3 이상 2시간 이상 지속인 때	시간당 평균농도가 35㎍/m^3 미만인 때
	경보	시간당 평균농도가 150㎍/m^3 이상 2시간 이상 지속인 때	시간당 평균농도가 75㎍/m^3 미만인 때는 주의보로 전환
오존	주의보	0.12ppm 이상인 때	0.12ppm 미만인 때
	경보	0.3ppm 이상인 때	0.12ppm 이상 0.3ppm 미만인 때는 주의보로 전환
	중대경보	0.5ppm 이상인 때	0.3ppm 이상 0.5ppm 미만인 때는 경보로 전환

4 시행규칙(총량규제구역의 지정 등)

환경부장관은 그 구역의 사업장에서 배출되는 대기오염물질을 총량으로 규제하려는 경우에는 다음 각 호의 사항을 고시하여야 한다.

1. 총량규제구역
2. 총량규제 대기오염물질
3. 대기오염물질의 저감계획
4. 그 밖에 총량규제구역의 대기관리를 위하여 필요한 사항

5 시행규칙(시운전 기간)

"환경부령으로 정하는 기간"이란 제34조에 따라 신고한 배출시설 및 방지시설의 가동개시일부터 30일까지의 기간을 말한다.

6 시행규칙(배출시설 및 방지시설의 운영기록 보존)

4종·5종사업장을 설치·운영하는 사업자는 배출시설 및 방지시설의 운영기간 중 다음 각 호의 사항을 별지 제7호서식의 배출시설 및 방지시설의 운영기록부에 매일 기록하고 최종 기재한 날부터 1년간 보존하여야 한다. 다만, 사업자가 원하는 경우에는 제1항 각 호 외의 부분 본문에 따라 국립환경과학원장이 정하여 고시하는 전산에 의한 방법으로 기록·보존할 수 있다.

1. 시설의 가동시간
2. 대기오염물질 배출량
3. 자가측정에 관한 사항
4. 시설관리 및 운영자
5. 그 밖에 시설운영에 관한 중요사항

7 법(배출부과금의 부과 · 징수)

환경부장관 또는 시 · 도지사는 대기오염물질로 인한 대기환경상의 피해를 방지하거나 줄이기 위하여 다음 각 호의 어느 하나에 해당하는 자에 대하여 배출부과금을 부과 · 징수한다.

8 시행령(배출부과금 부과대상 오염물질)

1. 기본부과금의 부과대상이 되는 오염물질은 다음 각 호와 같다.
   ① 황산화물 ② 먼지 ③ 질소산화물
2. 초과부과금(이하 "초과부과금"이라 한다)의 부과대상이 되는 오염물질은 다음 각 호와 같다.
   ① 황산화물 ② 암모니아 ③ 황화수소 ④ 이황화탄소 ⑤ 먼지 ⑥ 불소화물 ⑦ 염화수소 ⑧ 질소산화물 ⑨ 시안화수소

9 시행령(고체연료의 사용금지 등)

환경부장관 또는 시 · 도지사는 연료의 사용으로 인한 대기오염을 방지하기 위하여 특정 지역에 대하여 다음 각 호의 고체연료의 사용을 제한할 수 있다. 다만, 제3호의 경우에는 해당 지역 중 그 사용을 특히 금지할 필요가 있는 경우에만 제한할 수 있다.

1. 석탄류
2. 코크스(다공질 고체 탄소 연료)
3. 땔나무와 숯
4. 그 밖에 환경부장관이 정하는 폐합성수지 등 가연성 폐기물 또는 이를 가공처리한 연료

10 시행령((자동차)배출가스의 종류)

"대통령령으로 정하는 오염물질"이란 다음 각 호의 구분에 따른 물질을 말한다.

1. 휘발유, 알코올 또는 가스를 사용하는 자동차
   ① 일산화탄소 ② 탄화수소 ③ 질소산화물 ④ 알데히드 ⑤ 입자상물질(粒子狀物質) ⑥ 암모니아
2. 경유를 사용하는 자동차
   ① 일산화탄소 ② 탄화수소 ③ 질소산화물 ④ 매연 ⑤ 입자상물질 ⑥ 암모니아

제3절 I 실내공기질관리법

1 실내공기질관리법(정의)

이 법에서 사용하는 용어의 정의는 다음과 같다.

1. "다중이용시설"이라 함은 불특정다수인이 이용하는 시설을 말한다.
2. "공동주택"이라 함은 「건축법」에 따른 공동주택을 말한다.

2의2. "대중교통차량"이란 불특정인을 운송하는 데 이용되는 차량을 말한다.

3. “오염물질”이라 함은 실내공간의 공기오염의 원인이 되는 가스와 떠다니는 입자상물질 등으로서 환경부령으로 정하는 것을 말한다.

실내공기질 관리법 시행규칙 오염물질

1. 미세먼지(PM-10) 2. 이산화탄소(CO_2;Carbon Dioxide) 3. 폼알데하이드(Formaldehyde) 4. 총부유세균(TAB;Total Airborne Bacteria) 5. 일산화탄소(CO;Carbon Monoxide) 6. 이산화질소(NO_2;Nitrogen dioxide)	7. 라돈(Rn;Radon) 8. 휘발성유기화합물(VOCs;Volatile Organic Compounds) 9. 석면(Asbestos) 10. 오존(O_3;Ozone) 11. 초미세먼지(PM-2.5) 12. 곰팡이(Mold)	13. 벤젠(Benzene) 14. 톨루엔(Toluene) 15. 에틸벤젠(Ethylbenzene) 16. 자일렌(Xylene) 17. 스티렌(Styrene)

4. “환기설비”라 함은 오염된 실내공기를 밖으로 내보내고 신선한 바깥공기를 실내로 끌어들여 실내공간의 공기를 쾌적한 상태로 유지시키는 설비를 말한다.
5. “공기정화설비”라 함은 실내공간의 오염물질을 없애거나 줄이는 설비로서 환기설비의 안에 설치되거나, 환기설비와는 따로 설치된 것을 말한다.

2 시행령(적용대상)

「실내공기질 관리법」(이하 “법”이라 한다)에서 “대통령령으로 정하는 규모의 것”이란 다음 각 호의 어느 하나에 해당하는 시설을 말한다. 이 경우 둘 이상의 건축물로 이루어진 시설의 연면적은 개별 건축물의 연면적을 모두 합산한 면적으로 한다.

1. 모든 지하역사(출입통로 · 대합실 · 승강장 및 환승통로와 이에 딸린 시설을 포함한다.)
2. 연면적 2천제곱미터 이상인 지하도상가(지상건물에 딸린 지하층의 시설을 포함한다. 이하 같다). 이 경우 연속되어 있는 둘 이상의 지하도상가의 연면적 합계가 2천제곱미터 이상인 경우를 포함한다.
3. 철도역사의 연면적 2천제곱미터 이상인 대합실
4. 여객자동차터미널의 연면적 2천제곱미터 이상인 대합실
5. 항만시설 중 연면적 5천제곱미터 이상인 대합실
6. 공항시설 중 연면적 1천5백제곱미터 이상인 여객터미널
7. 연면적 3천제곱미터 이상인 도서관
8. 연면적 3천제곱미터 이상인 박물관 및 미술관
9. 연면적 2천제곱미터 이상이거나 병상 수 100개 이상인 의료기관
10. 연면적 500제곱미터 이상인 산후조리원
11. 연면적 1천제곱미터 이상인 노인요양시설
12. 연면적 430제곱미터 이상인 어린이집

12의2. 연면적 430제곱미터 이상인 실내 어린이놀이시설

13. 모든 대규모점포
14. 연면적 1천제곱미터 이상인 장례식장(지하에 위치한 시설로 한정한다)
15. 모든 영화상영관(실내 영화상영관으로 한정한다)
16. 연면적 1천제곱미터 이상인 학원
17. 연면적 2천제곱미터 이상인 전시시설(옥내시설로 한정한다)
18. 연면적 300제곱미터 이상인 인터넷컴퓨터게임시설제공업의 영업시설
19. 연면적 2천제곱미터 이상인 실내주차장(기계식 주차장은 제외한다)

20. 연면적 3천제곱미터 이상인 업무시설
21. 연면적 2천제곱미터 이상인 둘 이상의 용도(「건축법」에 따라 구분된 용도를 말한다)에 사용되는 건축물
22. 객석 수 1천석 이상인 실내 공연장
23. 관람석 수 1천석 이상인 실내 체육시설
24. 연면적 1천제곱미터 이상인 목욕장업의 영업시설

3 법(실내공기질 유지기준 등)

1. 다중이용시설의 소유자등은 다중이용시설 내부의 쾌적한 공기질을 유지하기 위한 기준에 맞게 시설을 관리하여야 한다.
2. 제1항에 따른 공기질 유지기준은 환경부령으로 정한다. 이 경우 어린이, 노인, 임산부 등 오염물질에 노출될 경우 건강피해 우려가 큰 취약계층이 주로 이용하는 다중이용시설로서 대통령령으로 정하는 시설과 미세먼지 등 대통령령으로 정하는 오염물질에 대하여는 더욱 엄격한 공기질 유지기준을 정하여야 한다.

4 시행령(엄격한 공기질 유지기준의 적용)

1. “대통령령으로 정하는 시설”이란 다음 각 호의 어느 하나에 해당하는 시설을 말한다.
   ① 의료기관 ② 산후조리원 ③ 노인요양시설 ④ 어린이집 ⑤ 실내 어린이놀이시설
2. “미세먼지 등 대통령령으로 정하는 오염물질”이란 다음 각 호의 어느 하나에 해당하는 물질을 말한다.
   ① 미세먼지(PM-10) ② 초미세먼지(PM-2.5) ③ 폼알데하이드

실내공기질 관리법 시행규칙 실내공기질 유지기준

<table>
<tr><th>오염물질 항목 / 다중이용시설</th><th>미세먼지 (PM-10) (μg/m³)</th><th>미세먼지 (PM-2.5) (μg/m³)</th><th>이산화탄소 (ppm)</th><th>폼알데하이드 (μg/m³)</th><th>총부유세균 (CFU/m³)</th><th>일산화탄소 (ppm)</th></tr>
<tr><td>가. 지하역사, 지하도상가, 철도역사의 대합실, 여객자동차터미널의 대합실, 항만시설 중 대합실, 공항시설 중 여객터미널, 도서관·박물관 및 미술관, 대규모 점포, 장례식장, 영화상영관, 학원, 전시시설, 인터넷컴퓨터게임시설제공업의 영업시설, 목욕장업의 영업시설</td><td>100 이하</td><td>50 이하</td><td rowspan="3">1,000 이하</td><td>100 이하</td><td>-</td><td rowspan="2">10 이하</td></tr>
<tr><td>나. 의료기관, 산후조리원, 노인요양시설, 어린이집, 실내 어린이놀이시설</td><td>75 이하</td><td>35 이하</td><td>80 이하</td><td>800 이하</td></tr>
<tr><td>다. 실내주차장</td><td>200이하</td><td>-</td><td>100이하</td><td>-</td><td>25이하</td></tr>
<tr><td>라. 실내 체육시설, 실내 공연장, 업무시설, 둘 이상의 용도에 사용되는 건축물</td><td>200 이하</td><td>-</td><td>-</td><td>-</td><td>-</td><td>-</td></tr>
</table>

실내공기질 관리법 시행규칙 실내공기질 권고기준

오염물질 항목 / 다중이용시설	이산화질소 (ppm)	라돈 (Bq/m^3)	총휘발성유기화합물 ($\mu g/m^3$)	곰팡이 (CFU/m^3)
가. 지하역사, 지하도상가, 철도역사의 대합실, 여객자동차터미널의 대합실, 항만시설 중 대합실, 공항시설 중 여객터미널, 도서관・박물관 및 미술관, 대규모점포, 장례식장, 영화상영관, 학원, 전시시설, 인터넷컴퓨터게임시설제공업의 영업시설, 목욕장업의 영업시설	0.1 이하	148 이하	500 이하	-
나. 의료기관, 산후조리원, 노인요양시설, 어린이집, 실내 어린이놀이시설	0.05 이하		400 이하	500 이하
다. 실내주차장	0.30이하		1,000이하	-

5 시행규칙(실내공기질의 측정)

2. 실내공기질 측정대상오염물질은 별표 1의 오염물질로 한다.
3. 다중이용시설의 소유자등은 측정을 하는 경우에는 제2항에 따른 측정대상오염물질이 유지기준의 오염물질 항목에 해당하면 1년에 한 번, 권고기준의 오염물질 항목에 해당하면 2년에 한 번 측정하여야 한다.

6 시행규칙(신축 공동주택의 공기질 측정 등)

1. 신축 공동주택의 시공자가 실내공기질을 측정하는 경우에는 「환경분야 시험・검사 등에 관한 법률」에 따른 환경오염공정시험기준에 따라 하여야 한다.
2. 제1항에 따른 신축 공동주택의 실내공기질 측정항목은 다음 각 호와 같다.
   ① 폼알데하이드 ② 벤젠 ③ 톨루엔 ④ 에틸벤젠 ⑤ 자일렌 ⑥ 삭제 ⑦ 스티렌 ⑧ 라돈

실내공기질 관리법 시행규칙 신축 공동주택의 실내공기질 권고기준

1. 폼알데하이드 $210\mu g/m^3$ 이하 2. 벤젠 $30\mu g/m^3$ 이하 3. 톨루엔 $1{,}000\mu g/m^3$ 이하 4. 에틸벤젠 $360\mu g/m^3$ 이하	5. 자일렌 $700\mu g/m^3$ 이하 6. 스티렌 $300\mu g/m^3$ 이하 7. 라돈 $148Bq/m^3$ 이하

7 시행규칙(대중교통차량의 실내공기질 측정)

1. "환경부령으로 정하는 자"란 「환경분야 시험・검사 등에 관한 법률」 에 따라 다중이용시설 등의 실내공간오염물질의 측정업무를 대행하는 영업의 등록을 한 자를 말한다.
2. 대중교통차량의 운송사업자는 다음 각 호의 오염물질을 1년에 1회 측정해야 한다.
   ① 초미세먼지(PM-2.5) ② 이산화탄소

제4절 I 폐기물관리법

1 폐기물관리법(정의)

이 법에서 사용하는 용어의 뜻은 다음과 같다.

1. "폐기물"이란 쓰레기, 연소재(燃燒滓), 오니(汚泥), 폐유(廢油), 폐산(廢酸), 폐알칼리 및 동물의 사체(死體) 등으로서 사람의 생활이나 사업활동에 필요하지 아니하게 된 물질을 말한다.
2. "생활폐기물"이란 사업장폐기물 외의 폐기물을 말한다.
3. "사업장폐기물"이란 「대기환경보전법」, 「물환경보전법」 또는 「소음·진동관리법」에 따라 배출시설을 설치·운영하는 사업장이나 그 밖에 대통령령으로 정하는 사업장에서 발생하는 폐기물을 말한다.
4. "지정폐기물"이란 사업장폐기물 중 폐유·폐산 등 주변 환경을 오염시킬 수 있거나 의료폐기물(醫療廢棄物) 등 인체에 위해(危害)를 줄 수 있는 해로운 물질로서 대통령령으로 정하는 폐기물을 말한다.
5. "의료폐기물"이란 보건·의료기관, 동물병원, 시험·검사기관 등에서 배출되는 폐기물 중 인체에 감염 등 위해를 줄 우려가 있는 폐기물과 인체 조직 등 적출물(摘出物), 실험 동물의 사체 등 보건·환경보호상 특별한 관리가 필요하다고 인정되는 폐기물로서 대통령령으로 정하는 폐기물을 말한다.

5의2. "의료폐기물 전용용기"란 의료폐기물로 인한 감염 등의 위해 방지를 위하여 의료폐기물을 넣어 수집·운반 또는 보관에 사용하는 용기를 말한다.

5의3. "처리"란 폐기물의 수집, 운반, 보관, 재활용, 처분을 말한다.

6. "처분"이란 폐기물의 소각(燒却)·중화(中和)·파쇄(破碎)·고형화(固形化) 등의 중간처분과 매립하거나 해역(海域)으로 배출하는 등의 최종처분을 말한다.
7. "재활용"이란 다음 각 목의 어느 하나에 해당하는 활동을 말한다.

① 폐기물을 재사용·재생이용하거나 재사용·재생이용할 수 있는 상태로 만드는 활동

② 폐기물로부터 「에너지법」 에 따른 에너지를 회수하거나 회수할 수 있는 상태로 만들거나 폐기물을 연료로 사용하는 활동으로서 환경부령으로 정하는 활동

8. "폐기물처리시설"이란 폐기물의 중간처분시설, 최종처분시설 및 재활용시설로서 대통령령으로 정하는 시설을 말한다.
9. "폐기물감량화시설"이란 생산 공정에서 발생하는 폐기물의 양을 줄이고, 사업장 내 재활용을 통하여 폐기물 배출을 최소화하는 시설로서 대통령령으로 정하는 시설을 말한다.

폐기물관리법 시행령 지정폐기물의 종류

분류	종류
특정시설에서 발생되는 폐기물	① 폐합성 고분자화합물 • 폐합성 수지(고체상태의 것은 제외한다.) • 폐합성 고무(고체상태의 것은 제외한다.) ② 오니류(수분함량이 95퍼센트 미만이거나 고형물함량이 5퍼센트 이상인 것으로 한정한다.) • 폐수처리 오니(환경부령으로 정하는 물질을 함유한 것으로 환경부장관이 고시한 시설에서 발생되는 것으로 한정한다.) • 공정 오니(환경부령으로 정하는 물질을 함유한 것으로 환경부장관이 고시한 시설에서 발생되는 것으로 한정한다.) ③ 폐농약(농약의 제조·판매업소에서 발생되는 것으로 한정한다)
부식성 폐기물	① 폐산(액체상태의 폐기물로서 수소이온 농도지수가 2.0 이하인 것으로 한정한다.) ② 폐알칼리(액체상태의 폐기물로서 수소이온 농도지수가 12.5 이상인 것으로 한정하며, 수산화칼륨 및 수산화나트륨을 포함한다.)

유해물질함유 폐기물(환경부령으로 정하는 물질을 함유한 것으로 한정한다.)	① 광재(鑛滓)[철광 원석의 사용으로 인한 고로(高爐)슬래그(slag)는 제외한다] ② 분진(대기오염 방지시설에서 포집된 것으로 한정하되, 소각시설에서 발생되는 것은 제외한다) ③ 폐주물사 및 샌드블라스트 폐사(廢砂) ④ 폐내화물(廢耐火物) 및 재벌구이 전에 유약을 바른 도자기 조각 ⑤ 소각재 ⑥ 안정화 또는 고형화·고화 처리물 ⑦ 폐촉매 ⑧ 폐흡착제 및 폐흡수제[광물유·동물유 및 식물유{폐식용유(식용을 목적으로 식품 재료와 원료를 제조·조리·가공하는 과정, 식용유를 유통·사용하는 과정 또는 음식물류 폐기물을 재활용하는 과정에서 발생하는 기름을 말한다. 이하 같다)는 제외한다.}의 정제에 사용된 폐토사(廢土砂)를 포함한다.] ⑨ 삭제 <2020. 7. 21.>
폐유기용제	① 할로겐족(환경부령으로 정하는 물질 또는 이를 함유한 물질로 한정한다.) ② 그 밖의 폐유기용제(가목 외의 유기용제를 말한다.)
폐페인트 및 폐래커(다음 각 목의 것을 포함한다.)	① 페인트 및 래커와 유기용제가 혼합된 것으로서 페인트 및 래커 제조업, 용적 5세제곱미터 이상 또는 동력 3마력 이상의 도장(塗裝)시설, 폐기물을 재활용하는 시설에서 발생되는 것 ② 페인트 보관용기에 남아 있는 페인트를 제거하기 위하여 유기용제와 혼합된 것 ③ 폐페인트 용기(용기 안에 남아 있는 페인트가 건조되어 있고, 그 잔존량이 용기 바닥에서 6밀리미터를 넘지 아니하는 것은 제외한다.)
폐유[기름성분을 5퍼센트 이상 함유한 것을 포함하며, 폴리클로리네이티드비페닐(PCBs)함유 폐기물, 폐식용유와 그 잔재물, 폐흡착제 및 폐흡수제는 제외한다.]	
폐석면	① 건조고형물의 함량을 기준으로 하여 석면이 1퍼센트 이상 함유된 제품·설비(뿜칠로 사용된 것은 포함한다) 등의 해체·제거 시 발생되는 것 ② 슬레이트 등 고형화된 석면 제품 등의 연마·절단·가공 공정에서 발생된 부스러기 및 연마·절단·가공 시설의 집진기에서 모아진 분진 ③ 석면의 제거작업에 사용된 바닥비닐시트(뿜칠로 사용된 석면의 해체·제거작업에 사용된 경우에는 모든 비닐시트)·방진마스크·작업복 등
폴리클로리네이티드비페닐 함유 폐기물	① 액체상태의 것(1리터당 2밀리그램 이상 함유한 것으로 한정한다.) ② 액체상태 외의 것(용출액 1리터당 0.003밀리그램 이상 함유한 것으로 한정한다.)
폐유독물질[「화학물질관리법」의 유독물질을 폐기하는 경우로 한정하되, 폐농약(농약의 제조·판매업소에서 발생되는 것으로 한정한다), 부식성 폐기물, 폐유기용제, 폴리클로리네이티드비페닐 함유 폐기물 및 수은폐기물은 제외한다.]	
의료폐기물(환경부령으로 정하는 의료기관이나 시험·검사 기관 등에서 발생되는 것으로 한정한다.)	천연방사성제품폐기물[「생활주변방사선 안전관리법」에 따른 가공제품 중 안전기준에 적합하지 않은 제품으로서 방사능 농도가 그램당 10베크렐 미만인 폐기물을 말한다. 이 경우 가공제품으로부터 천연방사성핵종(天然放射性核種)을 포함하지 않은 부분을 분리할 수 있는 때에는 그 부분을 제외한다.]
의료폐기물(환경부령으로 정하는 의료기관이나 시험·검사 기관 등에서 발생되는 것으로 한정한다.)	천연방사성제품폐기물[「생활주변방사선 안전관리법」에 따른 가공제품 중 안전기준에 적합하지 않은 제품으로서 방사능 농도가 그램당 10베크렐 미만인 폐기물을 말한다. 이 경우 가공제품으로부터 천연방사성핵종(天然放射性核種)을 포함하지 않은 부분을 분리할 수 있는 때에는 그 부분을 제외한다.]
수은폐기물	① 수은함유폐기물[수은과 그 화합물을 함유한 폐램프(폐형광등은 제외한다), 폐계측기기(온도계, 혈압계, 체온계 등), 폐전지 및 그 밖의 환경부장관이 고시하는 폐제품을 말한다] ② 수은구성폐기물(수은함유폐기물로부터 분리한 수은 및 그 화합물로 한정한다) ③ 수은함유폐기물 처리잔재물(수은함유폐기물을 처리하는 과정에서 발생되는 것과 폐형광등을 재활용하는 과정에서 발생되는 것을 포함하되, 「환경분야 시험·검사 등에 관한 법률」에 따라 환경부장관이 고시한 폐기물 분야에 대한 환경오염공정시험기준에 따른 용출시험 결과 용출액 1리터당 0.005밀리그램 이상의 수은 및 그 화합물이 함유된 것으로 한정한다.)

그 밖에 주변환경을 오염시킬 수 있는 유해한 물질로서 환경부장관이 정하여 고시하는 물질	① 격리의료폐기물: 「감염병의 예방 및 관리에 관한 법률」의 감염병으로부터 타인을 보호하기 위하여 격리된 사람에 대한 의료행위에서 발생한 일체의 폐기물 ② 위해의료폐기물 • 조직물류폐기물: 인체 또는 동물의 조직·장기·기관·신체의 일부, 동물의 사체, 혈액·고름 및 혈액생성물(혈청, 혈장, 혈액제제) • 병리계폐기물: 시험·검사 등에 사용된 배양액, 배양용기, 보관균주, 폐시험관, 슬라이드, 커버글라스, 폐배지, 폐장갑 • 손상성폐기물: 주사바늘, 봉합바늘, 수술용 칼날, 한방침, 치과용침, 파손된 유리재질의 시험기구 • 생물·화학폐기물: 폐백신, 폐항암제, 폐화학치료제 • 혈액오염폐기물: 폐혈액백, 혈액투석 시 사용된 폐기물, 그 밖에 혈액이 유출될 정도로 포함되어 있어 특별한 관리가 필요한 폐기물 ③ 일반의료폐기물: 혈액·체액·분비물·배설물이 함유되어 있는 탈지면, 붕대, 거즈, 일회용 기저귀, 생리대, 일회용 주사기, 수액세트
비고	1. 의료폐기물이 아닌 폐기물로서 의료폐기물과 혼합되거나 접촉된 폐기물은 혼합되거나 접촉된 의료폐기물과 같은 폐기물로 본다. 2. 채혈진단에 사용된 혈액이 담긴 검사튜브, 용기 등은 조직물류폐기물로 본다. 3. 제3호 중 일회용 기저귀는 다음 각 목의 일회용 기저귀로 한정한다. ① 「감염병의 예방 및 관리에 관한 법률」의 규정에 따른 감염병환자, 감염병의사환자 또는 병원체보유자(이하 "감염병환자등"이라 한다)가 사용한 일회용 기저귀. 다만, 일회용 기저귀를 매개로 한 전염 가능성이 낮다고 판단되는 감염병으로서 환경부장관이 고시하는 감염병 관련 감염병환자등이 사용한 일회용 기저귀는 제외한다. ② 혈액이 함유되어 있는 일회용 기저귀

2 폐기물처리시설 설치촉진 및 주변지역지원 등에 관한 법률 시행령

특별시장·광역시장·특별자치시장·도지사·특별자치도지사 또는 시장·군수는 「폐기물처리시설 설치촉진 및 주변지역지원 등에 관한 법률」(이하 "법"이라 한다) 에 따라 해당 도종합계획 또는 시·군종합계획을 작성하는 경우에는 해당 지역에서 발생하는 폐기물을 처리하기 위한 폐기물처리시설 설치계획을 그 도종합계획 또는 시·군종합계획에 반영하여야 한다. 이 경우 폐기물처리시설 설치계획에는 다음 각 호의 사항이 포함되어야 한다.

1. 폐기물의 발생량 및 장래의 발생 예상량
2. 폐기물의 처리 현황 및 처리계획
3. 폐기물처리시설별 설치계획

제5절 I 소음진동관리법

이 법에서 사용하는 용어의 뜻은 다음과 같다.

1. "소음(騷音)"이란 기계·기구·시설, 그 밖의 물체의 사용 또는 공동주택(「주택법」에 따른 공동주택을 말한다. 이하 같다) 등 환경부령으로 정하는 장소에서 사람의 활동으로 인하여 발생하는 강한 소리를 말한다.
2. "진동(振動)"이란 기계·기구·시설, 그 밖의 물체의 사용으로 인하여 발생하는 강한 흔들림을 말한다.
3. "소음·진동배출시설"이란 소음·진동을 발생시키는 공장의 기계·기구·시설, 그 밖의 물체로서 환경부령으로 정하는 것을 말한다.

4. “소음 · 진동방지시설”이란 소음 · 진동배출시설로부터 배출되는 소음 · 진동을 없애거나 줄이는 시설로서 환경부령으로 정하는 것을 말한다.
5. “방음시설(防音施設)”이란 소음 · 진동배출시설이 아닌 물체로부터 발생하는 소음을 없애거나 줄이는 시설로서 환경부령으로 정하는 것을 말한다.
6. “방진시설”이란 소음 · 진동배출시설이 아닌 물체로부터 발생하는 진동을 없애거나 줄이는 시설로서 환경부령으로 정하는 것을 말한다.
7. “공장”이란 「산업집적활성화 및 공장설립에 관한 법률」 제2조제1호의 공장을 말한다. 다만, 「도시계획법」에 따라 결정된 공항시설 안의 항공기 정비공장은 제외한다.
8. “교통기관”이란 기차 · 자동차 · 전차 · 도로 및 철도 등을 말한다. 다만, 항공기와 선박은 제외한다.
9. “자동차”란 「자동차관리법」에 따른 자동차와 「건설기계관리법」에 따른 건설기계 중 환경부령으로 정하는 것을 말한다.
10. “소음발생건설기계”란 건설공사에 사용하는 기계 중 소음이 발생하는 기계로서 환경부령으로 정하는 것을 말한다.
11. “휴대용음향기기”란 휴대가 쉬운 소형 음향재생기기(음악재생기능이 있는 이동전화를 포함한다)로서 환경부령으로 정하는 것을 말한다.

제6절 I 기후위기 대응을 위한 탄소중립 · 녹색성장 기본법

1 기후위기 대응을 위한 탄소중립 · 녹색성장 기본법(정의)

이 법에서 사용하는 용어의 뜻은 다음과 같다.

1. “기후변화”란 사람의 활동으로 인하여 온실가스의 농도가 변함으로써 상당 기간 관찰되어 온 자연적인 기후변동에 추가적으로 일어나는 기후체계의 변화를 말한다.
2. “기후위기”란 기후변화가 극단적인 날씨뿐만 아니라 물 부족, 식량 부족, 해양산성화, 해수면 상승, 생태계 붕괴 등 인류 문명에 회복할 수 없는 위험을 초래하여 획기적인 온실가스 감축이 필요한 상태를 말한다.
3. “탄소중립”이란 대기 중에 배출 · 방출 또는 누출되는 온실가스의 양에서 온실가스 흡수의 양을 상쇄한 순배출량이 영(零)이 되는 상태를 말한다.
4. “탄소중립 사회”란 화석연료에 대한 의존도를 낮추거나 없애고 기후위기 적응 및 정의로운 전환을 위한 재정 · 기술 · 제도 등의 기반을 구축함으로써 탄소중립을 원활히 달성하고 그 과정에서 발생하는 피해와 부작용을 예방 및 최소화할 수 있도록 하는 사회를 말한다.
5. “온실가스”란 적외선 복사열을 흡수하거나 재방출하여 온실효과를 유발하는 대기 중의 가스 상태의 물질로서 이산화탄소(CO_2), 메탄(CH_4), 아산화질소(N_2O), 수소불화탄소(HFCs), 과불화탄소(PFCs), 육불화황(SF_6) 및 그 밖에 대통령령으로 정하는 물질을 말한다.
6. “온실가스 배출”이란 사람의 활동에 수반하여 발생하는 온실가스를 대기 중에 배출 · 방출 또는 누출시키는 직접배출과 다른 사람으로부터 공급된 전기 또는 열(연료 또는 전기를 열원으로 하는 것만 해당한다)을 사용함으로써 온실가스가 배출되도록 하는 간접배출을 말한다.
7. “온실가스 감축”이란 기후변화를 완화 또는 지연시키기 위하여 온실가스 배출량을 줄이거나 흡수하는 모든 활동을 말한다.
8. “온실가스 흡수”란 토지이용, 토지이용의 변화 및 임업활동 등에 의하여 대기로부터 온실가스가 제거되는 것을 말한다.
9. “신 · 재생에너지”란 「신에너지 및 재생에너지 개발 · 이용 · 보급 촉진법」에 따른 신에너지 및 재생에너지를 말한다.

10. "에너지 전환"이란 에너지의 생산, 전달, 소비에 이르는 시스템 전반을 기후위기 대응(온실가스 감축, 기후위기 적응 및 관련 기반의 구축 등 기후위기에 대응하기 위한 일련의 활동을 말한다. 이하 같다)과 환경성·안전성·에너지안보·지속가능성을 추구하도록 전환하는 것을 말한다.
11. "기후위기 적응"이란 기후위기에 대한 취약성을 줄이고 기후위기로 인한 건강피해와 자연재해에 대한 적응역량과 회복력을 높이는 등 현재 나타나고 있거나 미래에 나타날 것으로 예상되는 기후위기의 파급효과와 영향을 최소화하거나 유익한 기회로 촉진하는 모든 활동을 말한다.
12. "기후정의"란 기후변화를 야기하는 온실가스 배출에 대한 사회계층별 책임이 다름을 인정하고 기후위기를 극복하는 과정에서 모든 이해관계자들이 의사결정과정에 동등하고 실질적으로 참여하며 기후변화의 책임에 따라 탄소중립 사회로의 이행 부담과 녹색성장의 이익을 공정하게 나누어 사회적·경제적 및 세대 간의 평등을 보장하는 것을 말한다.
13. "정의로운 전환"이란 탄소중립 사회로 이행하는 과정에서 직·간접적 피해를 입을 수 있는 지역이나 산업의 노동자, 농민, 중소상공인 등을 보호하여 이행 과정에서 발생하는 부담을 사회적으로 분담하고 취약계층의 피해를 최소화하는 정책방향을 말한다.
14. "녹색성장"이란 에너지와 자원을 절약하고 효율적으로 사용하여 기후변화와 환경훼손을 줄이고 청정에너지와 녹색기술의 연구개발을 통하여 새로운 성장동력을 확보하며 새로운 일자리를 창출해 나가는 등 경제와 환경이 조화를 이루는 성장을 말한다.
15. "녹색경제"란 화석에너지의 사용을 단계적으로 축소하고 녹색기술과 녹색산업을 육성함으로써 국가경쟁력을 강화하고 지속가능발전을 추구하는 경제를 말한다.
16. "녹색기술"이란 기후변화대응 기술(「기후변화대응 기술개발 촉진법」에 따른 기후변화대응 기술을 말한다), 에너지 이용 효율화 기술, 청정생산기술, 신·재생에너지 기술, 자원순환(「순환경제사회 전환 촉진법」에 따른 자원순환을 말한다. 이하 같다) 및 친환경 기술(관련 융합기술을 포함한다) 등 사회·경제 활동의 전 과정에 걸쳐 화석에너지의 사용을 대체하고 에너지와 자원을 효율적으로 사용하여 탄소중립을 이루고 녹색성장을 촉진하기 위한 기술을 말한다.
17. "녹색산업"이란 온실가스를 배출하는 화석에너지의 사용을 대체하고 에너지와 자원 사용의 효율을 높이며, 환경을 개선할 수 있는 재화의 생산과 서비스의 제공 등을 통하여 탄소중립을 이루고 녹색성장을 촉진하기 위한 모든 산업을 말한다.

2 기후위기 대응을 위한 탄소중립·녹색성장 기본법(기본원칙)

탄소중립 사회로의 이행과 녹색성장은 다음 각 호의 기본원칙에 따라 추진되어야 한다.

1. 미래세대의 생존을 보장하기 위하여 현재 세대가 져야 할 책임이라는 세대 간 형평성의 원칙과 지속가능발전의 원칙에 입각한다.
2. 범지구적인 기후위기의 심각성과 그에 대응하는 국제적 경제환경의 변화에 대한 합리적 인식을 토대로 종합적인 위기 대응 전략으로서 탄소중립 사회로의 이행과 녹색성장을 추진한다.
3. 기후변화에 대한 과학적 예측과 분석에 기반하고, 기후위기에 영향을 미치거나 기후위기로부터 영향을 받는 모든 영역과 분야를 포괄적으로 고려하여 온실가스 감축과 기후위기 적응에 관한 정책을 수립한다.

07

4. 기후위기로 인한 책임과 이익이 사회 전체에 균형 있게 분배되도록 하는 기후정의를 추구함으로써 기후위기와 사회적 불평등을 동시에 극복하고, 탄소중립 사회로의 이행 과정에서 피해를 입을 수 있는 취약한 계층·부문·지역을 보호하는 등 정의로운 전환을 실현한다.
5. 환경오염이나 온실가스 배출로 인한 경제적 비용이 재화 또는 서비스의 시장가격에 합리적으로 반영되도록 조세체계와 금융체계 등을 개편하여 오염자 부담의 원칙이 구현되도록 노력한다.
6. 탄소중립 사회로의 이행을 통하여 기후위기를 극복함과 동시에, 성장 잠재력과 경쟁력이 높은 녹색기술과 녹색산업에 대한 투자 및 지원을 강화함으로써 국가 성장동력을 확충하고 국제 경쟁력을 강화하며, 일자리를 창출하는 기회로 활용하도록 한다.
7. 탄소중립 사회로의 이행과 녹색성장의 추진 과정에서 모든 국민의 민주적 참여를 보장한다.
8. 기후위기가 인류 공통의 문제라는 인식 아래 지구 평균 기온 상승을 산업화 이전 대비 최대 섭씨 1.5도로 제한하기 위한 국제사회의 노력에 적극 동참하고, 개발도상국의 환경과 사회정의를 저해하지 아니하며, 기후위기 대응을 지원하기 위한 협력을 강화한다.

3 기후위기 대응을 위한 탄소중립·녹색성장 기본법(중장기 국가 온실가스 감축 목표 등)

1. 정부는 국가 온실가스 배출량을 2030년까지 2018년의 국가 온실가스 배출량 대비 35퍼센트 이상의 범위에서 대통령령으로 정하는 비율만큼 감축하는 것을 중장기 국가 온실가스 감축 목표(이하 "중장기감축목표"라 한다)로 한다.
2. 정부는 중장기감축목표를 달성하기 위하여 산업, 건물, 수송, 발전, 폐기물 등 부문별 온실가스 감축 목표(이하 "부문별감축목표"라 한다)를 설정하여야 한다.
3. 정부는 중장기감축목표와 부문별감축목표의 달성을 위하여 국가 전체와 각 부문에 대한 연도별 온실가스 감축 목표(이하 "연도별감축목표"라 한다)를 설정하여야 한다.
4. 정부는 「파리협정」(이하 "협정"이라 한다) 등 국내외 여건을 고려하여 중장기감축목표, 부문별감축목표 및 연도별감축목표(이하 "중장기감축목표등"이라 한다)를 5년마다 재검토하고 필요할 경우 협정 제4조의 진전의 원칙에 따라 이를 변경하거나 새로 설정하여야 한다. 다만, 사회적·기술적 여건의 변화 등에 따라 필요한 경우에는 5년이 경과하기 이전에 변경하거나 새로 설정할 수 있다.

4 시행령(중장기 국가 온실가스 감축 목표 등)

"대통령령으로 정하는 비율"이란 40퍼센트를 말한다.

5 법(국가 탄소중립 녹색성장 기본계획의 수립·시행)

1. 정부는 기본원칙에 따라 국가비전 및 중장기감축목표등의 달성을 위하여 20년을 계획기간으로 하는 국가 탄소중립 녹색성장 기본계획(이하 "국가기본계획"이라 한다)을 5년마다 수립·시행하여야 한다.
2. 국가기본계획에는 다음 각 호의 사항이 포함되어야 한다.
   ① 국가비전과 온실가스 감축 목표에 관한 사항
   ② 국내외 기후변화 경향 및 미래 전망과 대기 중의 온실가스 농도변화
   ③ 온실가스 배출·흡수 현황 및 전망

④ 중장기감축목표등의 달성을 위한 부문별·연도별 대책
⑤ 기후변화의 감시·예측·영향·취약성평가 및 재난방지 등 적응대책에 관한 사항
⑥ 정의로운 전환에 관한 사항
⑦ 녹색기술·녹색산업 육성, 녹색금융 활성화 등 녹색성장 시책에 관한 사항
⑧ 기후위기 대응과 관련된 국제협상 및 국제협력에 관한 사항
⑨ 기후위기 대응을 위한 국가와 지방자치단체의 협력에 관한 사항
⑩ 탄소중립 사회로의 이행과 녹색성장의 추진을 위한 재원의 규모와 조달 방안
⑪ 그 밖에 탄소중립 사회로의 이행과 녹색성장의 추진을 위하여 필요한 사항으로서 대통령령으로 정하는 사항

온실가스 배출권의 할당 및 거래에 관한 법률 시행령

온실가스별 지구온난화 계수

온실가스의 종류		지구온난화 계수
이산화탄소(CO_2)		1
메탄(CH_4)		21
아산화질소(N_2O)		310
수소불화탄소(HFCs)	HFC-23	11,700
	HFC-32	650
	HFC-41	150
	HFC-43-10mee	1,300
	HFC-125	2,800
	HFC-134	1,000
	HFC-134a	1,300
	HFC-143	300
	HFC-143a	3,800
	HFC-152a	140
	HFC-227ea	2,900
	HFC-236fa	6,300
	HFC-245ca	560
과불화탄소(PFCs)	PFC-14	6,500
	PFC-116	9,200
	PFC-218	7,000
	PFC-31-10	7,000
	PFC-c318	8,700
	PFC-41-12	7,500
	PFC-51-14	7,400
육불화황(SF_6)		23,900

예제

온실효과와 지구온난화지수(GWP)에 대한 설명으로 옳지 않은 것은? (단, GWP의 표준시간 범위는 20년)

[2019년 지방직9급 환경공학개론]

① 온실가스가 단파장 빛은 통과시키나 장파장 빛은 흡수하는 것을 온실효과라 한다.
② 메탄은 이산화탄소에 비하여 62배 정도의 지구온난화지수를 갖는다.
③ 수증기의 온실효과 기여도는 약 60%이다.
④ 아산화질소(N_2O)의 지구온난화지수는 이산화탄소에 비하여 15,100배 정도이다.

정답 ④

풀이 GWP는 지구온난화 지수로 온실기체들의 열축적능력에 따라 온실효과를 일으키는 능력을 지수로 표현한 것이다.

IPCC 3차 보고서(2001년)				IPCC 5차 보고서(2014년)			
Gas	수명	GWP		Gas	수명	GWP	
		20년	100년			20년	100년
CO_2	–	1	1	CO_2	–	1	1
CH_4	12년	62	23	CH_4	12.4년	84	28
N_2O	114년	275	296	N_2O	121년	264	265

제7절 I 환경정책기본법

이 법에서 사용하는 용어의 뜻은 다음과 같다.

1. "환경"이란 자연환경과 생활환경을 말한다.
2. "자연환경"이란 지하·지표(해양을 포함한다) 및 지상의 모든 생물과 이들을 둘러싸고 있는 비생물적인 것을 포함한 자연의 상태(생태계 및 자연경관을 포함한다)를 말한다.
3. "생활환경"이란 대기, 물, 토양, 폐기물, 소음·진동, 악취, 일조(日照), 인공조명, 화학물질 등 사람의 일상생활과 관계되는 환경을 말한다.
4. "환경오염"이란 사업활동 및 그 밖의 사람의 활동에 의하여 발생하는 대기오염, 수질오염, 토양오염, 해양오염, 방사능오염, 소음·진동, 악취, 일조 방해, 인공조명에 의한 빛공해 등으로서 사람의 건강이나 환경에 피해를 주는 상태를 말한다.
5. "환경훼손"이란 야생동식물의 남획(濫獲) 및 그 서식지의 파괴, 생태계질서의 교란, 자연경관의 훼손, 표토(表土)의 유실 등으로 자연환경의 본래적 기능에 중대한 손상을 주는 상태를 말한다.
6. "환경보전"이란 환경오염 및 환경훼손으로부터 환경을 보호하고 오염되거나 훼손된 환경을 개선함과 동시에 쾌적한 환경 상태를 유지·조성하기 위한 행위를 말한다.
7. "환경용량"이란 일정한 지역에서 환경오염 또는 환경훼손에 대하여 환경이 스스로 수용, 정화 및 복원하여 환경의 질을 유지할 수 있는 한계를 말한다.
8. "환경기준"이란 국민의 건강을 보호하고 쾌적한 환경을 조성하기 위하여 국가가 달성하고 유지하는 것이 바람직한 환경상의 조건 또는 질적인 수준을 말한다.

환경정책기본법 시행령 환경기준

① 대기

항목	기준
아황산가스(SO_2)	연간 평균치 0.02ppm 이하 24시간 평균치 0.05ppm 이하 1시간 평균치 0.15ppm 이하
일산화탄소(CO)	8시간 평균치 9ppm 이하 1시간 평균치 25ppm 이하
이산화질소(NO_2)	연간 평균치 0.03ppm 이하 24시간 평균치 0.06ppm 이하 1시간 평균치 0.10ppm 이하

항목	기준
미세먼지(PM-10)	연간 평균치 50μg/m^3 이하 24시간 평균치 100μg/m^3 이하
초미세먼지(PM-2.5)	연간 평균치 15μg/m^3 이하 24시간 평균치 35μg/m^3 이하
오존(O_3)	8시간 평균치 0.06ppm 이하 1시간 평균치 0.1ppm 이하
납(Pb)	연간 평균치 0.5μg/m^3 이하
벤젠	연간 평균치 5μg/m^3 이하

② 소음

지역 구분	적용 대상지역	기준(단위: Leq dB(A))	
		낮(06 : 00~22 : 00)	밤(22 : 00~06 : 00)
일반 지역	"가"지역	50	40
	"나"지역	55	45
	"다"지역	65	55
	"라"지역	70	65
도로변 지역	"가" 및 "나"지역	65	55
	"다"지역	70	60
	"라"지역	75	70

※ 비고

1. 지역구분별 적용 대상지역의 구분은 다음과 같다.
   가. "가"지역: 녹지지역, 보전관리지역, 농림지역 및 자연환경보전지역, 전용주거지역, 종합병원의 부지경계로부터 50미터 이내의 지역, 학교의 부지경계로부터 50미터 이내의 지역, 공공도서관의 부지경계로부터 50미터 이내의 지역
   나. "나"지역: 생산관리지역, 일반주거지역 및 준주거지역
   다. "다"지역: 상업지역 및 계획관리지역, 준공업지역
   라. "라"지역: 전용공업지역 및 일반공업지역
2. "도로"란 자동차(2륜자동차는 제외한다)가 한 줄로 안전하고 원활하게 주행하는 데에 필요한 일정 폭의 차선이 2개 이상 있는 도로를 말한다.
3. 이 소음환경기준은 항공기소음, 철도소음 및 건설작업 소음에는 적용하지 않는다.

③ 수질 및 수생태계

• 하천(사람의 건강보호 기준)

항목	기준값(mg/L)
시안(CN)	검출되어서는 안 됨(검출한계 0.01)
수은(Hg)	검출되어서는 안 됨(검출한계 0.001)
유기인	검출되어서는 안 됨(검출한계 0.0005)
폴리클로리네이티드비페닐(PCB)	검출되어서는 안 됨(검출한계 0.0005)

항목	기준값(mg/L)	항목	기준값(mg/L)
카드뮴(Cd)	0.005 이하	비소(As)	0.05 이하
납(Pb)	0.05 이하	벤젠	0.01 이하
6가 크롬(Cr6+)	0.05 이하	클로로포름	0.08 이하
음이온 계면활성제(ABS)	0.5 이하	디에틸헥실프탈레이트(DEHP)	0.008 이하
사염화탄소	0.004 이하	안티몬	0.02 이하
1,2-디클로로에탄	0.03 이하	1,4-다이옥세인	0.05 이하
테트라클로로에틸렌(PCE)	0.04 이하	포름알데히드	0.5 이하
디클로로메탄	0.02 이하	헥사클로로벤젠	0.00004 이하

• 하천(생활환경 기준)

등급		기 준								
		수소이온농도(pH)	생물화학적 산소요구량(BOD)(mg/L)	화학적 산소요구량(COD)(mg/L)	총유기탄소량(TOC)(mg/L)	부유물질량(SS)(mg/L)	용존산소량(DO)(mg/L)	총인(total phosphorus)(mg/L)	대장균군(군수/100mL) 총 대장균군	분원성 대장균군
매우 좋음	Ia	6.5~8.5	1 이하	2 이하	2 이하	25 이하	7.5 이상	0.02 이하	50 이하	10 이하
좋음	Ib	6.5~8.5	2 이하	4 이하	3 이하	25 이하	5.0 이상	0.04 이하	500 이하	100 이하
약간 좋음	II	6.5~8.5	3 이하	5 이하	4 이하	25 이하	5.0 이상	0.1 이하	1,000 이하	200 이하
보통	III	6.5~8.5	5 이하	7 이하	5 이하	25 이하	5.0 이상	0.2 이하	5,000 이하	1,000 이하
약간 나쁨	IV	6.0~8.5	8 이하	9 이하	6 이하	100 이하	2.0 이상	0.3 이하	-	-
나쁨	V	6.0~8.5	10 이하	11 이하	8 이하	쓰레기 등이 떠 있지 않을 것	2.0 이상	0.5 이하	-	-
매우 나쁨	VI	-	10 초과	11 초과	8 초과	-	2.0 미만	0.5 초과	-	-

※ 비고

1. 등급별 수질 및 수생태계 상태
   가. 매우 좋음: 용존산소(溶存酸素)가 풍부하고 오염물질이 없는 청정상태의 생태계로 여과·살균 등 간단한 정수처리 후 생활용수로 사용할 수 있음.
   나. 좋음: 용존산소가 많은 편이고 오염물질이 거의 없는 청정상태에 근접한 생태계로 여과·침전·살균 등 일반적인 정수처리 후 생활용수로 사용할 수 있음.
   다. 약간 좋음: 약간의 오염물질은 있으나 용존산소가 많은 상태의 다소 좋은 생태계로 여과·침전·살균 등 일반적인 정수처리 후 생활용수 또는 수영용수로 사용할 수 있음.
   라. 보통: 보통의 오염물질로 인하여 용존산소가 소모되는 일반 생태계로 여과, 침전, 활성탄 투입, 살균 등 고도의 정수처리 후 생활용수로 이용하거나 일반적 정수처리 후 공업용수로 사용할 수 있음.
   마. 약간 나쁨: 상당량의 오염물질로 인하여 용존산소가 소모되는 생태계로 농업용수로 사용하거나 여과, 침전, 활성탄 투입, 살균 등 고도의 정수처리 후 공업용수로 사용할 수 있음.
   바. 나쁨: 다량의 오염물질로 인하여 용존산소가 소모되는 생태계로 산책 등 국민의 일상생활에 불쾌감을 주지 않으며, 활성탄 투입, 역삼투압 공법 등 특수한 정수처리 후 공업용수로 사용할 수 있음.
   사. 매우 나쁨: 용존산소가 거의 없는 오염된 물로 물고기가 살기 어려움.
   아. 용수는 해당 등급보다 낮은 등급의 용도로 사용할 수 있음.
   자. 수소이온농도(pH) 등 각 기준항목에 대한 오염도 현황, 용수처리방법 등을 종합적으로 검토하여 그에 맞는 처리방법에 따라 용수를 처리하는 경우에는 해당 등급보다 높은 등급의 용도로도 사용할 수 있음.

3. 수질 및 수생태계 상태별 생물학적 특성 이해표

생물 등급	생물 지표종		서식지 및 생물 특성
	저서생물(底棲生物)	어류	
매우 좋음 ~ 좋음	옆새우, 가재, 뿔하루살이, 민하루살이, 강도래, 물날도래, 광택날도래, 띠무늬우묵날도래, 바수염날도래	산천어, 금강모치, 열목어, 버들치등서식	-물이 매우 맑으며, 유속은 빠른 편임. -바닥은 주로 바위와 자갈로 구성됨. -부착 조류(藻類)가 매우 적음.
좋음 ~ 보통	다슬기, 넓적거머리, 강하루살이, 동양하루살이, 등줄하루살이, 등딱지하루살이, 물삿갓벌레, 큰줄날도래	쉬리, 갈겨니, 은어, 쏘가리 등 서식	-물이 맑으며, 유속은 약간 빠르거나 보통임. -바닥은 주로 자갈과 모래로 구성됨. -부착 조류가 약간 있음.
보통 ~ 약간 나쁨	물달팽이, 턱거머리, 물벌레, 밀잠자리	피라미, 끄리, 모래무지, 참붕어 등 서식	-물이 약간 혼탁하며, 유속은 약간 느린 편임. -바닥은 주로 잔자갈과 모래로 구성됨. -부착 조류가 녹색을 띠며 많음.
약간 나쁨 ~ 매우 나쁨	왼돌이물달팽이, 실지렁이, 붉은깔따구, 나방파리, 꽃등에	붕어, 잉어, 미꾸라지, 메기 등 서식	-물이 매우 혼탁하며, 유속은 느린 편임. -바닥은 주로 모래와 실트로 구성되며, 대체로 검은색을 띰. -부착 조류가 갈색 혹은 회색을 띠며 매우 많음.

• 호소(사람의 건강보호 기준) : 가목1)과 같다.

• 호소(생활환경 기준)

등급		기준									
		수소이온농도 (pH)	화학적산소요구량 (COD) (mg/L)	총유기탄소량 (TOC) (mg/L)	부유물질량 (SS) (mg/L)	용존산소량 (DO) (mg/L)	총인 (mg/L)	총질소 (total nitrogen) (mg/L)	클로로필-a (Chl-a) (mg/m³)	대장균군 (군수/100mL)	
										총 대장균군	분원성 대장균군
매우 좋음	Ia	6.5~8.5	2 이하	2 이하	1 이하	7.5 이상	0.01 이하	0.2 이하	5 이하	50 이하	10 이하
좋음	Ib	6.5~8.5	3 이하	3 이하	5 이하	5.0 이상	0.02 이하	0.3 이하	9 이하	500 이하	100 이하
약간 좋음	II	6.5~8.5	4 이하	4 이하	5 이하	5.0 이상	0.03 이하	0.4 이하	14 이하	1,000 이하	200 이하
보통	III	6.5~8.5	5 이하	5 이하	15 이하	5.0 이상	0.05 이하	0.6 이하	20 이하	5,000 이하	1,000 이하
약간 나쁨	IV	6.0~8.5	8 이하	6 이하	15 이하	2.0 이상	0.10 이하	1.0 이하	35 이하	-	-
나쁨	V	6.0~8.5	10 이하	8 이하	쓰레기 등이 떠 있지 않을 것	2.0 이상	0.15 이하	1.5 이하	70 이하	-	-
매우 나쁨	VI	-	10 초과	8 초과	-	2.0 미만	0.15 초과	1.5 초과	70 초과	-	-

• 해역(생활환경)

항 목	수소이온농도(pH)	총대장균군(총대장균군수/100mL)	용매 추출유분(mg/L)
기 준	6.5~8.5	1,000 이하	0.01 이하

• 해역(생태기반 해수수질 기준)

등급	수질평가 지수값(Water Quality Index)
Ⅰ(매우 좋음)	23 이하
Ⅱ(좋음)	24~33
Ⅲ(보통)	34~46
Ⅳ(나쁨)	47~59
Ⅴ(아주 나쁨)	60 이상

• 호소(해양생태계 보호기준(단위: μg/L))

중금속류	구리	납	아연	비소	카드뮴	6가크로뮴(Cr^{6+})
단기 기준*	3.0	7.6	34	9.4	19	200
장기 기준**	1.2	1.6	11	3.4	2.2	2.8

• 호소(사람의 건강보호)

등급	항목	기준(mg/L)	항목	기준(mg/L)
모든 수역	6가크로뮴(Cr^{6+})	0.05	파라티온	0.06
	비소(As)	0.05	말라티온	0.25
	카드뮴(Cd)	0.01	1.1.1-트리클로로에탄	0.1
	납(Pb)	0.05	테트라클로로에틸렌	0.01
	아연(Zn)	0.1	트리클로로에틸렌	0.03
	구리(Cu)	0.02	디클로로메탄	0.02
	시안(CN)	0.01	벤젠	0.01
	수은(Hg)	0.0005	페놀	0.005
	폴리클로리네이티드비페닐(PCB)	0.0005	음이온계면활성제(ABS)	0.5
	다이아지논	0.02		

MEMO

이찬범 환경공학

합격까지 박문각

부록

기출문제

정답 및 해설

부록
기출문제

2019년 지방직 9급

01 **평균유량이 1.0m³/min인 Air sampler를 10시간 운전하였다. 포집 전 1,000mg이었던 필터의 무게가 포집 후 건조하였더니 1,060mg이 되었을 때, 먼지의 농도(μg/m³)는?**

① 25 ② 50
③ 75 ④ 100

02 **호소의 부영양화로 인해 수생태계가 받는 영향에 대한 설명으로 옳지 않은 것은?**

① 조류가 사멸하면 다른 조류의 번식에 필요한 영양소가 될 수 있다.
② 생물종의 다양성이 증가한다.
③ 조류에 의해 생성된 용해성 유기물들은 불쾌한 맛과 냄새를 유발한다.
④ 유기물의 분해로 수중의 용존산소가 감소한다.

03 **수중 용존산소(DO)에 대한 설명으로 옳지 않은 것은?**

① 생분해성 유기물이 유입되면 혐기성 미생물에 의해서 수중의 산소가 소모된다.
② 수중에 녹아 있는 염소이온, 아질산염의 농도가 높을수록 산소의 용해도는 감소한다.
③ 수온이 높을수록 산소의 용해도는 감소한다.
④ 물에 용해되는 산소의 양은 접촉하는 산소의 부분압력에 비례한다.

04 **호소에서의 조류증식을 억제하기 위한 방안으로 옳지 않은 것은?**

① 호소의 수심을 깊게 해 물의 체류시간을 증가시킴
② 차광막을 설치하여 조류증식에 필요한 빛을 차단
③ 질소와 인의 유입을 감소시킴
④ 하수의 고도처리

05 완전혼합반응기에서의 반응식은? (단, 1차 반응이며 정상상태이고, r_A: A물질의 반응속도, C_A: A물질의 유입수 농도, C_{A0}: A물질의 유출수 농도, θ: 반응시간 또는 체류시간이다.)

① $r_A = \dfrac{C_{A0} - C_A}{\theta}$
② $r_A = \dfrac{C_{A0} - C_A}{C_A}$
③ $r_A = \dfrac{C_A - \theta}{C_A}$
④ $r_A = \dfrac{C_A - C_{A0}}{\theta}$

06 BOD_5 실험식에 대한 설명으로 옳은 것은? (단, $BOD_5 = \dfrac{(DO_i - DO_f) - (B_i - B_f)(1-P)}{P}$)

① B_i는 식종희석수의 5일 배양 후 용존산소 농도이다.
② DO_f는 초기 용존산소 농도이다.
③ DO_i는 5일 배양 후 용존산소 농도이다.
④ P는 희석배율이다.

07 대기오염 방지장치인 전기집진장치(ESP)에 대한 설명으로 옳지 않은 것은?

① 비저항이 높은 입자(10^{12}~10^{13}Ω · cm)는 제어하기 어렵다.
② 수분함량이 증가하면 분진제어 효율은 감소한다.
③ 가스상 오염물질을 제어할 수 없다.
④ 미세입자도 제어가 가능하다.

08 입자상 오염물질 중 하나로 증기의 응축 또는 화학반응에 의해 생성되는 액체입자이며, 일반적인 입자 크기가 0.5~3.0μm인 것은?

① 먼지(dust)
② 미스트(mist)
③ 스모그(smog)
④ 박무(haze)

09 지하수에 대한 설명으로 옳지 않은 것은?

① 지하수는 천층수, 심층수, 복류수, 용천수 등이 있다.
② 지하수는 하천수와 호소수 같은 지표수보다 경도가 낮다.
③ 피압면 지하수는 자유면 지하수층보다 수온과 수질이 안정하다.
④ 저투수층(aquitard)은 투수도는 낮지만 물을 저장할 수 있다.

10 일반적인 매립가스 발생의 변화단계를 바르게 나열한 것은?

① 호기성 단계 → 혐기성 단계 → 유기산 생성 단계(통성 혐기성 단계) → 혐기성 안정화 단계
② 혐기성 단계 → 유기산 생성 단계(통성 혐기성 단계) → 호기성 단계 → 혐기성 안정화 단계
③ 호기성 단계 → 유기산 생성 단계(통성 혐기성 단계) → 혐기성 단계 → 혐기성 안정화 단계
④ 혐기성 단계→호기성 단계→유기산 생성 단계(통성 혐기성 단계)→혐기성 안정화 단계

11 콜로이드(colloids)에 대한 설명으로 옳지 않은 것은?

① 브라운 운동을 한다.
② 표면전하를 띠고 있다.
③ 입자 크기는 0.001～1μm이다.
④ 모래여과로 완전히 제거된다.

12 해양에 유출된 기름을 제거하는 화학적 방법에 해당하는 것은?

① 진공장치를 이용하여 유출된 기름을 제거한다.
② 비중차를 이용한 원심력으로 기름을 제거한다.
③ 분산제로 기름을 분산시켜 제거한다.
④ 패드형이나 롤형과 같은 흡착제로 유출된 기름을 제거한다.

13 도시폐기물 소각로에서 다이옥신이 생성되는 기작에 대한 설명으로 옳지 않은 것은?

① 전구물질이 비산재 및 염소 공여체와 결합한 후 생성된 PCDD는 배출가스의 온도가 600℃ 이상에서 최대로 발생한다.
② 유기물(PVC, lignin 등)과 염소 공여체(NaCl, HCl, Cl_2 등)로부터 생성된다.
③ 전구물질인 CP(chlorophenols)와 PCB(polychlorinated biphenyls) 등이 반응하여 PCDD/PCDF로 전환된다.
④ 투입된 쓰레기에 존재하던 PCDD/PCDF가 연소 시 파괴되지 않고 대기 중으로 배출된다.

14 지구 대기에 존재하는 다음 기체들 중 부피 기준으로 가장 낮은 농도를 나타내는 것은? (단, 건조 공기로 가정한다.)

① 아르곤(Ar)
② 이산화탄소(CO_2)
③ 수소(H_2)
④ 메탄(CH_4)

15 환경위해성 평가와 위해도 결정에 대한 설명으로 옳지 않은 것은?

① $96HLC_{50}$은 96시간 반치사 농도를 의미한다.
② BF는 유해물질의 생물농축 계수를 의미한다.
③ 분배계수(K_{ow})는 유해물질의 전기전도도 값을 의미한다.
④ LD_{50}은 실험동물 중 50%가 치사하는 용량을 의미한다.

16 온실효과와 지구온난화지수(GWP)에 대한 설명으로 옳지 않은 것은? (단, GWP의 표준시간 범위는 20년이다.)

① 온실가스가 단파장 빛은 통과시키나 장파장 빛은 흡수하는 것을 온실효과라 한다.
② 메탄은 이산화탄소에 비하여 62배 정도의 지구온난화지수를 갖는다.
③ 수증기의 온실효과 기여도는 약 60%이다.
④ 아산화질소(N_2O)의 지구온난화지수는 이산화탄소에 비하여 15,100배 정도이다.

17 유해폐기물의 용매추출법은 액상폐기물로부터 제거하고자 하는 성분을 용매 쪽으로 이동시키는 방법이다. 용매추출에 사용하는 용매의 선택기준으로 옳은 것은?

① 낮은 분배계수를 가질 것
② 끓는점이 낮을 것
③ 물에 대한 용해도가 높을 것
④ 밀도가 물과 같을 것

18 Sone은 음의 감각적인 크기를 나타내는 척도로 중심주파수 1,000Hz의 옥타브 밴드레벨 40dB의 음, 즉 40phon을 기준으로 하여 그 해당하는 음을 1Sone이라 할 때, 같은 주파수에서 2Sone에 해당하는 dB은?

① 50
② 60
③ 70
④ 80

19 오염된 토양의 복원기술 중에서 원위치(in-situ) 처리기술이 아닌 것은?

① 토지경작(land farming)
② 토양증기추출(soil vapor extraction)
③ 바이오벤팅(bioventing)
④ 토양세정(soil flushing)

20 소음에 대한 설명으로 옳은 것은?

① 소리(sound)는 비탄성 매질을 통해 전파되는 파동(wave) 현상의 일종이다.
② 소음의 주기는 1초당 사이클의 수이고, 주파수는 한 사이클당 걸리는 시간으로 정의된다.
③ 환경소음의 피해 평가지수는 소음원의 종류에 상관없이 감각소음레벨(PNL)을 활용한다.
④ 소음저감 기술은 음의 흡수, 반사, 투과, 회절 등의 기본개념과 밀접한 상관관계가 있다.

부록
기출문제

2020년 지방직 9급

01 **토양오염 처리기술 중 토양증기 추출법(Soil Vapor Extraction)에 대한 설명으로 옳지 않은 것은?**

① 오염 지역 밖에서 처리하는 현장외(ex-situ) 기술이다.
② 대기오염을 방지하려면 추출된 기체의 후처리가 필요하다.
③ 오염물질에 대한 생물학적 처리 효율을 높여줄 수 있다.
④ 추출정 및 공기 주입정이 필요하다.

02 **「신에너지 및 재생에너지 개발 · 이용 · 보급 촉진법」상 재생에너지에 해당하지 않는 것은?**

① 지열에너지
② 수력
③ 풍력
④ 연료전지

03 **염소의 주입으로 발생되는 결합잔류염소와 유리염소의 살균력 크기를 순서대로 바르게 나열한 것은?**

① $HOCl > OCl^- > NH_2Cl$
② $NH_2Cl > HOCl > OCl^-$
③ $OCl^- > NH_2Cl > HOCl$
④ $HOCl > NH_2Cl > OCl^-$

04 **지하수 흐름 관련 Darcy 법칙에 대한 설명으로 옳지 않은 것은?**

① 다공성 매질을 통해 흐르는 유체와 관련된 법칙이다.
② 콜로이드성 진흙과 같은 미세한 물질에서의 지하수 이동을 잘 설명한다.
③ 유량과 수리적 구배 사이에 선형성이 있다고 가정한다.
④ 매질이 다공질이며 유체의 흐름이 난류인 경우에는 적용되지 않는다.

05 **'먹는물 수질기준'에 대한 설명으로 옳지 않은 것은?**

① '먹는물'이란 먹는 데에 일반적으로 사용하는 자연 상태의 물, 자연 상태의 물을 먹기에 적합하도록 처리한 수돗물, 먹는샘물, 먹는염지하수, 먹는해양심층수 등을 말한다.
② 먹는샘물 및 먹는염지하수에서 중온일반세균은 100CFUmL^{-1}을 넘지 않아야 한다.
③ 대장균·분원성 대장균군에 관한 기준은 먹는샘물, 먹는염지하수에는 적용하지 아니한다.
④ 소독제 및 소독부산물질에 관한 기준은 먹는샘물, 먹는염지하수, 먹는해양심층수 및 먹는물 공동시설의 물의 경우에는 적용하지 아니한다.

06 **25°C에서 하천수의 pH가 9.0일 때, 이 시료에서 $[HCO_3^-]/[H_2CO_3]$의 값은? (단, $H_2CO_3 \rightleftharpoons H^+ + HCO_3^-$이고, 해리상수 $K = 10^{-6.7}$이다.)**

① $10^{1.7}$
② $10^{-1.7}$
③ $10^{2.3}$
④ $10^{-2.3}$

07 **연소공정에서 발생하는 질소산화물(NOx)을 감소시킬 수 있는 방법으로 적절하지 않은 것은?**

① 연소 온도를 높인다.
② 화염구역에서 가스 체류시간을 줄인다.
③ 화염구역에서 산소 농도를 줄인다.
④ 배기가스의 일부를 재순환시켜 연소한다.

08 **고도 하수 처리 공정에서 질산화 및 탈질산화 과정에 대한 설명으로 옳은 것은?**

① 질산화 과정에서 질산염이 질소(N_2)로 전환된다.
② 탈질산화 과정에서 아질산염이 질산염으로 전환된다.
③ 탈질산화 과정에 Nitrobacter 속 세균이 관여한다.
④ 질산화 과정에서 암모늄이 아질산염으로 전환된다.

09 **수도법령상 일반수도사업자가 준수해야 할 정수처리기준에 따라, 제거하거나 불활성화하도록 요구되는 병원성 미생물에 포함되지 않는 것은?**

① 바이러스
② 크립토스포리디움 난포낭
③ 살모넬라
④ 지아디아 포낭

10 **대기오염 방지장치인 전기집진장치(ESP)에 대한 설명으로 옳지 않은 것은?**

① 처리가스의 속도가 너무 빠르면 처리 효율이 저하될 수 있다.
② 작은 압력손실로도 많은 양의 가스를 처리할 수 있다.
③ 먼지의 비저항이 너무 낮거나 높으면 제거하기가 어려워진다.
④ 지속적인 운영이 가능하고, 최초 시설 투자비가 저렴하다.

11 **연간 폐기물 발생량이 5,000,000톤인 지역에서 1일 작업시간이 평균 6시간, 1일 평균 수거인부가 5,000명이 소요되었다면 폐기물 수거 노동력(MHT)[man·hr·ton^{-1}]은? (단, 연간 200일 수거한다.)**

① 0.20
② 0.83
③ 1.20
④ 2.19

12 **소리의 굴절에 대한 설명으로 옳지 않은 것은?**

① 굴절은 소리의 전달경로가 구부러지는 현상을 말한다.
② 굴절은 공기의 상하 온도 차이에 의해 발생한다.
③ 정상 대기에서 낮 시간대에는 음파가 위로 향한다.
④ 음파는 온도가 높은 쪽으로 굴절한다.

13 **악취방지법령상 지정악취물질은?**

① H_2S
② CO
③ N_2
④ N_2O

14 **활성슬러지 공정에서 발생할 수 있는 운전상의 문제점과 그 원인으로 옳지 않은 것은?**

① 슬러지 부상 - 탈질화로 생성된 가스의 슬러지 부착
② 슬러지 팽윤(팽화) - 포기조 내의 낮은 DO
③ 슬러지 팽윤(팽화) - 유기물의 과도한 부하
④ 포기조 내 갈색거품 - 높은 F/M(먹이/미생물) 비

15 미세먼지에 대한 설명으로 옳은 것만을 모두 고르면?

ㄱ. 미세먼지 발생원은 자연적인 것과 인위적인 것으로 구분된다.
ㄴ. 질소산화물이 대기 중의 수증기, 오존, 암모니아 등과 화학반응을 통해서도 미세먼지가 발생한다.
ㄷ. NH_2NO_3, $(NH_4)_2SO_4$는 2차적으로 발생한 유기 미세입자이다.
ㄹ. 환경정책기본법령상 대기환경기준에서 먼지에 관한 항목은 TSP, PM-10, PM-2.5이다.

① ㄱ, ㄴ
② ㄷ, ㄹ
③ ㄱ, ㄴ, ㄷ
④ ㄱ, ㄴ, ㄹ

16 폐기물관리법령에서 정한 지정폐기물 중 오니류, 폐흡착제 및 폐흡수제에 함유된 유해물질이 아닌 것은?

① 유기인 화합물
② 니켈 또는 그 화합물
③ 테트라클로로에틸렌
④ 납 또는 그 화합물

17 폐기물 매립처분 방법 중 위생 매립의 장점이 아닌 것은?

① 매립시설 설치를 위한 부지 확보가 가능하면 가장 경제적인 매립 방법이다.
② 위생 매립지는 복토 작업을 통해 매립지 투수율을 증가시켜 침출수 관리를 용이하게 한다.
③ 처분대상 폐기물의 증가에 따른 추가 인원 및 장비 소요가 크지 않다.
④ 안정화 과정을 거친 부지는 공원, 운동장, 골프장 등으로 이용될 수 있다.

부록

18 열분해 공정에 대한 설명으로 옳지 않은 것은?

① 산소가 없는 상태에서 열을 공급하여 유기물을 기체상, 액체상 및 고체상 물질로 분리하는 공정이다.
② 외부열원이 필요한 흡열반응이다.
③ 소각 공정에 비해 배기가스량이 적다.
④ 열분해 온도에 상관없이 일정한 분해산물을 얻을 수 있다.

19 소음 측정 시 청감보정회로에 대한 설명으로 옳지 않은 것은?

① A회로는 낮은 음압레벨에서 민감하며, 소리의 감각 특성을 잘 반영한다.
② B회로는 중간 음압레벨에서 민감하며, 거의 사용하지 않는다.
③ C회로는 낮은 음압레벨에서 민감하며, 환경소음 측정에 주로 이용한다.
④ D회로는 높은 음압레벨에서 민감하며, 항공기 소음의 평가에 활용한다.

20 0℃, 1기압에서 8g의 메탄(CH_4)을 완전 연소시키기 위해 필요한 공기의 부피(L)는? (단, 공기 중 산소의 부피 비율20%, 탄소 원자량 = 12, 수소 원자량 = 1이다.)

① 56
② 112
③ 224
④ 448

부록 기출문제

2021년 지방직 9급

01 **주파수의 단위로 옳은 것은?**

① mm/sec^2
② cycle/sec
③ cycle/mm
④ mm/sec

02 **어떤 수용액의 pH가 1.0일 때, 수소이온농도(mol/L)는?**

① 10
② 1.0
③ 0.1
④ 0.01

03 **적조(red tide)의 원인과 일반적인 대책에 대한 설명으로 옳지 않은 것은?**

① 적조의 원인생물은 편조류와 규조류가 대부분이다.
② 해상가두리 양식장에서 사용할 수 있는 적조대책으로 액화산소의 공급이 있다.
③ 해상가두리 양식장에서는 적조가 발생해도 평소와 같이 사료를 계속 공급하는 것이 바람직하다.
④ 적조생물을 격리하는 방안으로 해상가두리 주위에 적조차단막을 설치하는 방법 등이 있다.

04 **「실내공기질 관리법 시행규칙」상 다중이용시설에 적용되는 실내공기질 유지기준 항목이 아닌 것은?**

① 총부유세균
② 미세먼지(PM-10)
③ 이산화질소
④ 이산화탄소

05 **수중 유기물 함량을 측정하는 화학적산소요구량(COD) 분석에서 사용하는 약품에 해당하지 않는 것은?**

① $K_2Cr_2O_7$
② $KMnO_4$
③ H_2SO_4
④ C_6H_5OH

06 조류(algae)의 성장에 관한 설명으로 옳지 않은 것은?

① 조류 성장은 수온의 영향을 받지 않는다.
② 조류 성장은 수중의 용존산소농도에 영향을 미친다.
③ 조류 성장의 주요 제한 원소에는 인과 질소 등이 있다.
④ 태양광은 조류 성장에 있어 제한 인자이다.

07 폐기물의 고형화처리에 대한 설명으로 옳지 않은 것은?

① 폐기물을 고형화함으로써 독성을 감소시킬 수 있다.
② 시멘트기초법은 무게와 부피를 증가시킨다는 단점이 있다.
③ 석회기초법은 석회와 함께 미세 포졸란(pozzolan)물질을 폐기물에 섞는 방법이다.
④ 유기중합체법은 화학적 고형화처리법이다.

08 열섬현상에 관한 설명으로 옳지 않은 것은?

① 열섬현상은 도시의 열배출량이 크기 때문에 발생한다.
② 맑고 잔잔한 날 주간보다 야간에 잘 발달한다.
③ Dust dome effect라고도 하며, 직경 10km 이상의 도시에서 잘 나타나는 현상이다.
④ 도시지역 내 공원이나 호수 지역에서 자주 나타난다.

09 입경이 10μm인 미세먼지(PM-10) 한 개와 같은 질량을 가지는 초미세먼지(PM-2.5)의 최소 개수는? (단, 미세먼지와 초미세먼지는 완전 구형이고, 먼지의 밀도는 크기와 관계없이 동일하다.)

① 4
② 10
③ 16
④ 64

10 퇴비화에 대한 설명으로 옳지 않은 것은?

① 일반적으로 퇴비화에 적합한 초기 탄소/질소 비(C/N 비)는 25~35 이다.
② 퇴비화 더미를 조성할 때의 최적 습도는 70% 이상이다.
③ 고온성 미생물의 작용에 의한 분해가 끝나면 퇴비온도는 떨어진다.
④ 퇴비화 과정에서 호기성 산화 분해는 산소의 공급이 필수적이다.

11 **5L의 프로판가스(C_3H_8)를 완전 연소 하고자 할 때, 필요한 산소기체의 부피(L)는 얼마인가? (단, 프로판가스와 산소기체는 이상기체이다.)**

① 1.11　② 5.00
③ 22.40　④ 25.00

12 **마스킹 효과(masking effect)에 대한 설명으로 옳지 않은 것은?**

① 두 가지 음의 주파수가 비슷할수록 마스킹 효과가 증가한다.
② 마스킹 소음의 레벨이 높을수록 마스킹되는 주파수의 범위가 늘어난다.
③ 어떤 소리가 다른 소리를 들을 수 있는 능력을 감소시키는 현상을 말한다.
④ 고음은 저음을 잘 마스킹한다.

13 **해수의 담수화 방법으로 옳지 않은 것은?**

① 오존산화법　② 증발법
③ 전기투석법　④ 역삼투법

14 **다음 중 물의 온도를 표현했을 때 가장 높은 온도는?**

① 75℃　② 135°F
③ 338.15K　④ 620°R

15 **관로 내에서 발생하는 마찰손실수두를 Darcy-Weisbach 공식을 이용하여 구할 때의 설명으로 옳지 않은 것은?**

① 마찰손실수두는 마찰손실계수에 비례한다.
② 마찰손실수두는 관의 길이에 비례한다.
③ 마찰손실수두는 관경에 비례한다.
④ 마찰손실수두는 유속의 제곱에 비례한다.

16 염소의 농도가 25mg/L이고, 유량속도가 12m^3/sec인 하천에 염소의 농도가 40mg/L이고, 유량속도가 3m^3/sec인 지류가 혼합된다. 혼합된 하천 하류의 염소 농도[mg/L]는? (단, 염소가 보존성이고, 두 흐름은 완전히 혼합된다.)

① 28 ② 30
③ 32 ④ 34

17 폐기물 소각 시 발열량에 대한 설명으로 옳지 않은 것은?

① 연소생성물 중의 수분이 액상일 경우의 발열량을 고위발열량이라고 한다.
② 연소생성물 중의 수분이 증기일 경우의 발열량을 저위발열량이라고 한다.
③ 고체와 액체연료의 발열량은 불꽃열량계로 측정한다.
④ 실제 소각로는 배기온도가 높기 때문에 저위발열량을 사용한 방법이 합리적이다.

18 순도 90% $CaCO_3$ 0.4g을 산성용액에 용해시켜 최종부피를 360mL로 조제하였다. 용해 외에 다른 반응이 일어나지 않는다고 할 때, 이 용액의 노르말 농도(N)는? (단, Ca, C, O의 원자량은 각각 40, 12, 16이다.)

① 0.018 ② 0.020
③ 0.180 ④ 0.200

19 수중의 암모니아가 0차 반응을 할 때 반응속도 상수 k = 10[mg/L][d^{-1}]이다. 암모니아가 90% 반응하는데 걸리는 시간(day)은? (단, 암모니아의 초기 농도는 100mg/L이다.)

① 0.9 ② 4.4
③ 9.0 ④ 18.2

20 「자원의 절약과 재활용촉진에 관한 법률 시행령」상 재활용지정사업자에 해당하지 않는 업종은?

① 종이제조업 ② 유리용기제조업
③ 플라스틱제품제조업 ④ 제철 및 제강업

부록 기출문제

2022년 지방직 9급

01 폐수처리 과정에 대한 설명으로 옳지 않은 것은?

① 천, 막대 등의 제거는 전처리에 해당한다.
② 폐수 내 부유물질 제거는 1차 처리에 해당한다.
③ 생물학적 처리는 2차 처리에 해당한다.
④ 생분해성 유기물 제거는 3차 처리에 해당한다.

02 미생물에 의한 질산화(Nitrification)에 대한 설명으로 옳은 것은?

① 질산화는 종속영양 미생물에 의해 일어난다.
② Nitrobacter 세균은 암모늄을 아질산염으로 산화시킨다.
③ 암모늄 산화 과정이 아질산염 산화 과정보다 산소가 더 소비된다.
④ 질산화는 혐기성 조건에서 일어난다.

03 폐기물의 자원화 방법으로 옳지 않은 것은?

① 유기성 폐기물의 매립
② 가축분뇨, 음식물쓰레기의 퇴비화
③ 가연성 물질의 고체 연료화
④ 유리병, 금속류, 이면지의 재이용

04 다음 설명에 해당하는 집진효율 향상 방법은?

사이클론(cyclone)에서 분진 퇴적함으로부터 처리 가스량의 5~10%를 흡인해주면 유효 원심력이 증대되고, 집진된 먼지의 재비산도 억제할 수 있다.

① 다운워시(down wash)
② 블로다운(blow down)
③ 홀드업(hold-up)
④ 다운 드래프트(down draught)

05 다음 설명에 해당하는 물리 · 화학적 개념은?

> 어떤 화학반응에서 정반응과 역반응이 같은 속도로 끊임없이 일어나지만, 이들 상호 간에 반응속도가 균형을 이루어 반응물과 생성물의 농도에는 변화가 없다.

① 헨리법칙
② 질량보존
③ 물질수지
④ 화학평형

06 지하수의 특성에 대한 설명으로 옳은 것은?

① 국지적인 환경 조건의 영향을 크게 받지 않는다.
② 자정작용의 속도가 느리고 유량 변화가 적다.
③ 부유물질(SS) 농도 및 탁도가 높다.
④ 지표수보다 수질 변동이 크다.

07 음의 크기 수준(loudness level)을 나타내는 단위로 적합하지 않은 것은?

① Pa
② noy
③ sone
④ phon

08 대기 중의 아황산가스(SO_2) 농도가 0.112ppmv로 측정되었다. 이 농도를 0℃, 1기압 조건에서 $\mu g/m^3$의 단위로 환산하면? (단, 황 원자량 = 32, 산소 원자량 = 16이다.)

① 160
② 320
③ 640
④ 1280

09 분광광도계로 측정한 시료의 투과율이 10%일 때 흡광도는?

① 0.1
② 0.2
③ 1.0
④ 2.0

10 대기 안정도에 대한 설명으로 옳은 것은?

① 대기 안정도는 건조단열감률과 포화단열감률의 차이로 결정된다.
② 대기 안정도는 기온의 수평 분포의 함수이다.
③ 환경감률이 과단열이면 대기는 안정화된다.
④ 접지층에서 하부 공기가 냉각되면 기층 내 공기의 상하 이동이 제한된다.

11 **총유기탄소(TOC)에 대한 설명으로 옳은 것은?**

① 공공폐수처리시설의 방류수 수질기준 항목이다.
② 「수질오염공정시험기준」에 따라 적정법으로 측정한다.
③ 시료를 고온 연소 시킨 후 ECD 검출기로 측정한다.
④ 수중에 존재하는 모든 탄소의 합을 말한다.

12 **「폐기물관리법 시행령」상 지정폐기물에 대한 설명으로 옳지 않은 것은?**

① 오니류는 수분함량이 95% 미만이거나 고형물 함량이 5% 이상인 것으로 한정한다.
② 부식성 폐기물 중 폐산은 액체상태의 폐기물로서 pH 2.0 이하인 것으로 한정한다.
③ 부식성 폐기물 중 폐알칼리는 액체상태의 폐기물로서 pH 10.0 이상인 것으로 한정한다.
④ 분진은 대기오염방지시설에서 포집된 것으로 한정하되, 소각시설에서 발생되는 것은 제외한다.

13 **실외소음 평가지수 중 등가소음도(Equivalent Sound Level)에 대한 설명으로 옳지 않은 것은?**

① 변동이 심한 소음의 평가 방법이다.
② 임의의 시간 동안 변동 소음 에너지를 시간적으로 평균한 값이다.
③ 소음을 청력장애, 회화장애, 소란스러움의 세 가지 관점에서 평가한 값이다.
④ 우리나라의 소음환경기준을 설정할 때 이용된다.

14 **수중의 오염물질을 흡착 제거할 때 Freundlich 등온흡착식을 따르는 장치에서 농도 6.0mg/L인 오염물질을 1.0mg/L로 처리하기 위하여 폐수 1L 당 필요한 흡착제의 양(mg)은? (단, Freundlich 상수 k = 0.5, 실험상수 n = 1이다.)**

① 6.0
② 10.0
③ 12.0
④ 15.0

15 **수분함량이 60%인 음식물쓰레기를 수분함량이 20%가 되도록 건조시켰다. 건조 후 음식물쓰레기의 무게 감량률(%)은? (단, 이 쓰레기는 수분과 고형물로만 구성되어 있다.)**

① 40
② 45
③ 50
④ 55

16 **「폐기물관리법」상 적용되는 폐기물의 범위로 옳지 않은 것은?**

① 「대기환경보전법」 또는 「소음·진동관리법」에 따라 배출시설을 설치·운영하는 사업장에서 발생하는 폐기물
② 보건·의료기관, 동물병원 등에서 배출되는 폐기물 중 인체에 감염 등 위해를 줄 우려가 있는 폐기물
③ 사업장 폐기물 중 폐유, 폐산 등 주변 환경을 오염시킬 우려가 있는 폐기물
④ 「가축분뇨의 관리 및 이용에 관한 법률」에 따른 가축분뇨

17 **「수질오염공정시험기준」에 따른 중크롬산칼륨에 의한 COD 분석 방법으로 옳지 않은 것은?**

① 시료가 현탁물질을 포함하는 경우 잘 흔들어 분취한다.
② 시료를 알칼리성으로 하기 위해 10% 수산화나트륨 1mL를 첨가한다.
③ 황산은과 중크롬산칼륨 용액을 넣은 후 2시간 동안 가열한다.
④ 냉각 후 황산제일철암모늄으로 종말점까지 적정한 후 최종 산소의 양으로 표현한다.

18 **BOD 측정을 위해 시료를 5배 희석 후 5일간 배양하여 다음과 같은 측정 결과를 얻었다. 이 시료의 BOD 결과치(mg/L)는? (단, 식종희석시료와 희석식종액 중 식종액 함유율의 비 f = 1이다.)**

시간 [일]	희석시료 DO [mg/L]	식종 공시료 DO [mg/L]
0	9.00	9.32
5	4.30	9.12

① 5.5　　② 10.5
③ 22.5　　④ 30.5

19 **대기에 존재하는 다음 기체들 중 부피 기준으로 가장 낮은 농도를 나타내는 것은? (단, 건조공기로 가정한다.)**

① 산소(O_2)　　② 메탄(CH_4)
③ 아르곤(Ar)　　④ 질소(N_2)

20 **대형 선박의 균형을 유지하기 위해 채워주는 선박평형수의 처리에 있어서 유해 부산물 발생이 없는 처리방식은?**

① 염소가스를 이용한 처리　　② 오존을 이용한 처리
③ UV를 이용한 처리　　④ 차아염소산나트륨을 이용한 처리

부록 기출문제

2023년 지방직 9급

01 **흡착제가 아닌 것은?**

① 활성탄
② 실리카겔
③ 활성알루미나
④ 수산화나트륨

02 **레몬주스의 수소 이온 농도가 6.0×10^{-3}M일 때, pH와 pOH는? (단, 온도는 25℃, log6은 0.78이다.)**

	pH	pOH
①	2.22	10.78
②	6.00	14.00
③	2.22	11.78
④	7.80	10.78

03 **소음공해의 특징이 아닌 것은?**

① 감각적인 공해이다.
② 주위에서 진정과 분쟁이 많다.
③ 사후 처리할 물질이 발생하지 않는다.
④ 국소적이고 다발적이며 축적성이 있다.

04 **폐수 내 고형물(solids)에 대한 명명으로 옳은 것은?**

① TDS : 총 부유 고형물
② FSS : 강열잔류 용존 고형물
③ FDS : 강열잔류 부유 고형물
④ VSS : 휘발성 부유 고형물

05 **물에서 기체의 용해도는 Henry 법칙(C = kP)을 따른다. 대기 중 산소 부피가 20%일 때, 수중 포화 용존 산소 농도(mg L^{-1})는? (단, 25℃, 1기압이고 k는 1.3×10^{-3}mol L^{-1} atm^{-1}, C는 용존 기체 농도, P는 기체 부분 압력, O의 원자량은 16이다.)**

① 4.16
② 8.32
③ 13.00
④ 33.28

06 **유량 120,000 m^3d^{-1}, 체류시간 4hr, 표면부하율 30$m^3m^{-2}d^{-1}$인 하수가 8개의 침전조로 유입될 때, 침전조 1개의 유효 표면적(m^2)은?**

① 125
② 250
③ 500
④ 1,000

07 **굴뚝에서 배출되는 연기의 형태는 기온의 연직분포에 따라 달라진다. 기온 연직분포에 따른 대기안정도와 연기의 형태로 옳은 것은? (단, 환경감률은 실선, 단열감률은 점선이다.)**

①

②
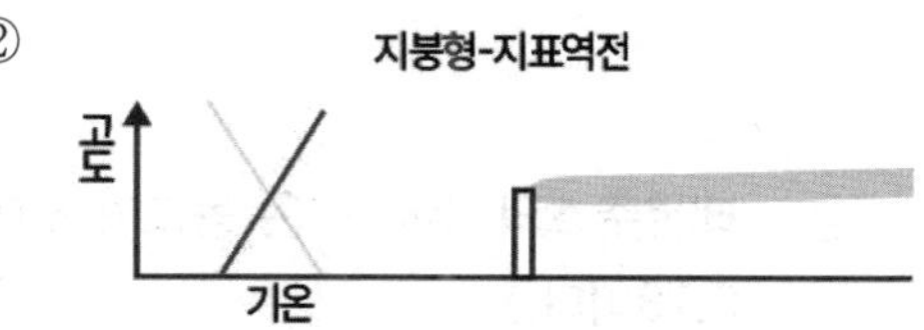

③
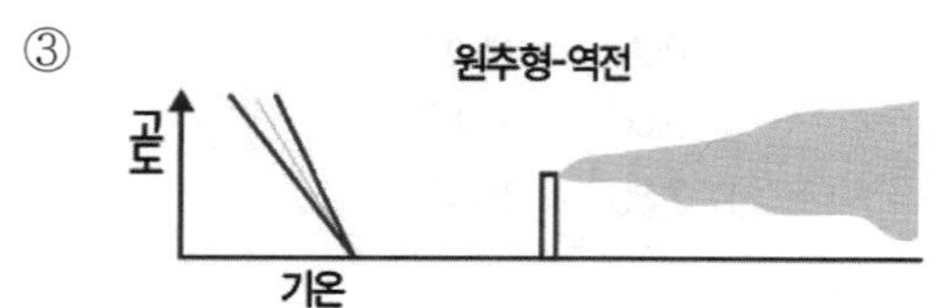

④
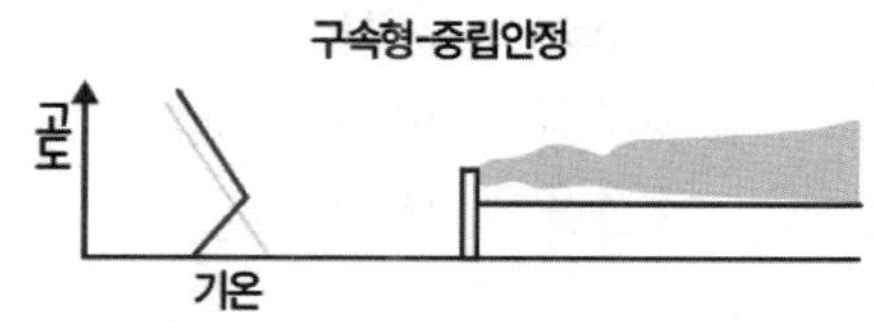

08 **다이옥신에 대한 설명으로 옳지 않은 것은?**

① 폐기물소각시설은 주요 오염원 중 하나이다.
② 수용성이다.
③ 생체 내에 축적된다.
④ 2,3,7,8-TCDD의 독성이 가장 강하다.

09 **「대기환경보전법 시행규칙」상 기후 · 생태계 변화유발물질의 농도를 측정하기 위한 것은?**

① 교외대기측정망
② 유해대기물질측정망
③ 대기오염집중측정망
④ 지구대기측정망

10 **고형물 함량 2.5%인 슬러지 2m^3을 고형물 함량 4%로 농축할 때, 슬러지 부피 감소율[%]은? (단, 슬러지 밀도는 1kg L^{-1}이다.)**

① 22.5
② 37.5
③ 45.5
④ 50.5

11 유량 $2m^3s^{-1}$, 온도 15℃인 하천이 용존 산소로 포화되어 있다. 이 하천에 유량 $0.5m^3s^{-1}$, 온도 25℃, 용존 산소 농도 $1.5mgL^{-1}$인 지천이 유입될 때, 합류지점에서의 용존 산소 부족량(mgL^{-1})은? (단, 포화 용존 산소 농도는 15℃에서 $10.2mgL^{-1}$, 17℃에서 $9.7mgL^{-1}$, 20℃에서 $9.2mgL^{-1}$이다.)

① 1.24
② 3.54
③ 6.26
④ 8.46

12 프로페인(C_3H_8)과 뷰테인(C_4H_{10})이 80vol%:20vol%로 혼합된 기체 $1Sm^3$가 완전 연소될 때, 발생하는 CO_2의 부피(Sm^3)는?

① 3.0
② 3.2
③ 3.4
④ 3.6

13 폐기물 매립지 선정 시 고려 사항으로 옳은 것만을 모두 고르면?

ㄱ. 경관의 손상이 적어야 한다.
ㄴ. 육상 매립지의 집수면적을 넓게 한다.
ㄷ. 침출수가 해수에 영향을 주는 장소를 피한다.
ㄹ. 해안 매립지의 경우 파도나 수압의 영향이 크지 않아야 한다.

① ㄱ, ㄴ
② ㄱ, ㄴ, ㄷ
③ ㄱ, ㄷ, ㄹ
④ ㄴ, ㄷ, ㄹ

부록

14 토양증기추출법(soil vapor extraction) 시스템의 구성요소에 해당하지 않는 것은?

① 추출정 및 공기주입정
② 진공펌프 및 송풍기
③ 풍력분별장치
④ 배가스 처리장치

15 지하수 모니터링을 위해 20m 간격으로 설치된 감시우물의 수위 차가 50cm일 때, 실질적인 지하수 유속(md^{-1})은? (단, 투수계수는 $0.2md^{-1}$, 공극률은 0.2이다.)

① 0.025
② 0.050
③ 0.075
④ 0.090

16 **다음 분석 결과를 가진 시료의 SAR은?**

성분	당량[g eq^{-1}]	농도[mg L^{-1}]
Ca^{2+}	20.0	100.0
Mg^{2+}	12.2	36.6
Na^{+}	23.0	92.0
Cl^{-}	35.5	158.2

① 0.5 ② 1.2
③ 2.0 ④ 3.6

17 **다음은 오염 물질의 시간에 따른 농도 변화를 나타낸 표와 그래프이다. 이에 대한 설명으로 옳지 않은 것은? (단, k는 속도 상수, t는 시간, C_0는 초기 농도이다.)**

t[min]	C[mgL^{-1}]
0	14.0
20	8.0
60	4.0
100	2.5
120	2.0

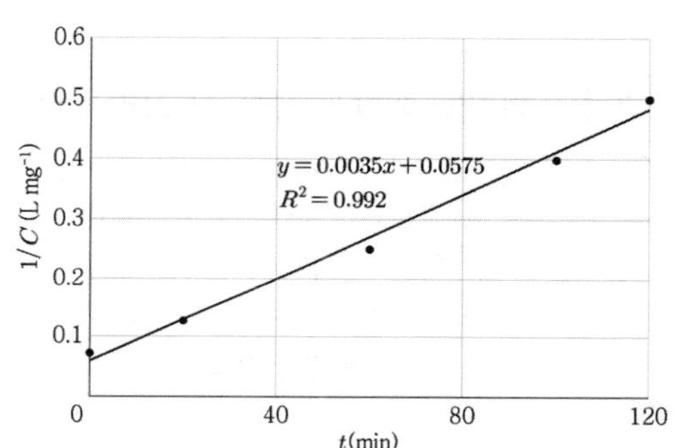

① 반응 속도를 구하기 위한 일반식은 $\dfrac{dC}{dt} = -kC$이다.

② 반응을 나타내는 결과식은 $C = \dfrac{C_0}{1 + kC_0t}$ 이다.

③ 2차 분해 반응이다.

④ 속도 상수는 0.0035$Lmg^{-1}min^{-1}$이다.

18 **토양 오염에 대한 설명으로 옳지 않은 것은?**

① 특정 비료의 과다 유입은 인근 수역의 부영양화를 초래하는 원인이 된다.

② 일반적으로 인산염은 토양입자에 잘 흡착되지 않는다.

③ 질산 이온은 토양에서 쉽게 용출되어 지하수 오염에 큰 영향을 미친다.

④ 토양 내 잔류농약 농도는 토양의 물리화학적 성질에 영향을 받는다.

19 **주파수가 200Hz인 음의 주기(sec)는?**

① 0.001
② 0.005
③ 0.01
④ 0.02

20 **지정폐기물의 분류요건이 아닌 것은?**

① 부패성
② 부식성
③ 인화성
④ 폭발성

부록

정답 및 해설

2019년 지방직 9급

Answer

01 ④	02 ②	03 ①	04 ①	05 ④
06 ④	07 ②	08 ②	09 ②	10 ③
11 ④	12 ③	13 ①	14 ③	15 ③
16 ④	17 ②	18 ①	19 ①	20 ④

01

정답 ④

풀이

$$\frac{(1060-1000)mg \times \frac{1000\mu g}{1mg}}{\frac{1m^3}{\min} \times \frac{60\min}{hr} \times 10hr} = 100\mu g/m^3$$

02

정답 ②

풀이 생물종의 다양성은 감소한다.
부영양화현상 : N, P 증가 → 조류증식 → 광합성량 증가(CO_2 감소) → pH 상승 → 용존산소 증가 → 조류사멸 → 호기성박테리아 증식(조류를 먹이로 함) → 용존산소 감소 → 혐기성화, 악취발생

관련 개념

부영양화 현상의 발생

- 호수의 부영양화 현상은 호수의 온도성층에 의해 크게 영향을 받는다.
- 식물성플랑크톤의 생장을 제한하는 요소가 되는 영양식물은 질소와 인이며 이 중 인이 더 중요한 제한물질이다.
- 부영양화에 큰 영향을 미치는 질소와 인은 상대적인 비율 조성이 매우 중요한데, 일반적으로 식물성플랑크톤이나 수초생체의 N : P의 비율은 중량비로서 16 : 1로 일정하게 유지되어야 한다.
- 부영양호는 비옥한 평야나 산간에 많이 위치하며, 호수는 수심이 얕고 식물성플랑크톤의 증식으로 녹색 또는 갈색으로 흐리다.
- 부영양화 평가모델은 인(P)부하모델인 Vollenweider 모델 등이 대표적이다.

03

정답 ①

풀이 생분해성 유기물이 유입되면 호기성 미생물에 의해서 수중의 산소가 소모된다.

04

정답 ①

풀이 호소의 수심을 깊게 해 물의 체류시간을 증가시키게 되면 영양염류가 축적되어 조류의 증식이 활발해 진다.

05

정답 ④

풀이 CFSTR의 물질수지에서 정상상태이고 1차 반응을 고려하면

$$\left(\frac{dC}{dt}\right)\forall = C_A \cdot Q - C_{AO} \cdot Q$$

$$\left(\frac{dC}{dt}\right) = \frac{C_A \cdot Q - C_{AO} \cdot Q}{\forall}$$

$$\left(\frac{dC}{dt}\right) = \frac{C_A - C_{AO}}{\theta} = \gamma_A$$

반응속도 = (유입농도 − 유출농도)/시간

06

정답 ④

풀이 DO_i: 15분간 방치된 후의 희석(조제)한 시료의 DO(mg/L)
DO_f: 5일간 배양한 다음의 희석(조제)한 시료의 DO (mg/L)
B_i: 식종액의 BOD를 측정할 때 희석된 식종액의 배양전 DO(mg/L)
B_f: 식종액의 BOD를 측정할 때 희석된 식종액의 배양 후 DO(mg/L)
P: 희석시료 중 시료의 희석배수(희석시료량/시료량)

07

정답 ②

풀이 수분함량이 증가하면 분진제어 효율은 증가한다. 일반적으로 건식에 비해 강한 전계를 형성하여 건식 전기집진장치보다 습식전기집진장치의 제거효율이 높다.

관련 개념

전기집진장치 특징

- 전기집진장치는 함진가스 중의 먼지에 (-)전하를 부여하여 대전시킨다(코로나방전).
- 0.1μm 이하의 미세입자까지 포집이 가능하다.
- 약 350℃ 전후의 고온가스를 처리할 수 있다.
- 설치면적이 넓고, 설치비용이 많이 드는 편이다.
- 주어진 조건에 따른 부하변동 적응이 어렵다.
- 전압변동과 같은 조건변동에 쉽게 적응하기 어렵다.

저항의 적정범위

- 저 비저항: $10^4 \Omega \cdot cm$ 이하 → 재비산현상
- 정상저항: $10^4 \sim 10^{11} \Omega \cdot cm$
- 고 비저항: $10^{11} \Omega \cdot cm$ 이상 → 역전리
- 먼지의 전기저항을 낮추기 위하여 사용하는 방법: SO_2, 수증기, NaCl, H_2SO_4, soda lime(소다회) 주입
- 먼지의 전기저항을 높이기 위하여 사용하는 방법: 암모니아 가스 주입하고 습도를 낮춘다.

08

정답 ②

풀이 ① 먼지(dust): 대기 중에 떠다니거나 흩날려 내려오는 입자상물질을 말한다.

③ 스모그(smog): 안개(fog)와 연기(smoke)의 합성어로 입자상물질+가스상물질+자외선이 합성되어 광화학스모그에 대한 문제가 발생하고 있다.

④ 박무(haze): 습도 70% 이하의 건조한 미립자가 대기 중에 분산되어 있을 때 박무라 한다.

09

정답 ②

풀이 지하수는 하천수와 호소수 같은 지표수보다 경도가 높으며 깊은 곳에 위치한 지하수일수록 경도가 높다(저투수층 : 투수도는 낮지만 물을 저장할 수 있으며 복류수라고 한다).

관련 개념

지하수의 특성

- 부유물질이 적고 수온 변동이 적고, 탁도가 낮다.
- 미생물이 거의 없고, 오염물이 적다.
- 유속이 느리고, 국지적인 환경조건의 영향을 받아 정화되는 데 오랜 기간이 소요된다.
- 주로 세균(혐기성)에 의한 유기물 분해작용이 일어난다.
- 지하수의 오염경로는 복잡하여 오염원에 의한 오염범위를 명확하게 구분하기가 어렵다.
- 지하수의 염분농도는 지표수 평균농도 보다 약 30% 정도 높다.

지하수의 종류

- 천층수: 지하로 침투한 물이 제1불투수층 위에 고인 물로, 공기와의 접촉 가능성이 커 산소가 존재할 경우 유기물은 미생물의 호기성 활동에 의해 분해될 가능성이 크다.
- 심층수: 제1불침투수층과 제2불침투수층 사이에 피압지하수를 말하며, 지층의 정화작용으로 거의 무균에 가깝고 수온과 성분의 변화가 거의 없다.
- 용천수: 지표수가 지하로 침투하여 암석 또는 점토와 같은 불투수층에 차단되어 지표로 솟아나온 것으로, 유기성 및 무기성 불순물의 함유도가 낮고, 세균도 매우 적다.
- 복류수: 하천, 저수지 혹은 호수의 바닥, 자갈모래층에 함유되어 있는 물로, 지표수보다 수질이 좋다.

10

정답 ③

풀이 매립가스 발생 단계: 호기성 단계 → 유기산 생성 단계(통성 혐기성 단계) → 혐기성 단계 → 혐기성 안정화 단계

- 1단계(호기성단계): 친산소성 단계로서 폐기물 내에 수분이 많은 경우에는 반응이 가속화 되어 용존산소가 쉽게 고갈되어 2단계 반응에 빨리 도달한다(O_2가 소모, CO_2발생 시작, N_2는 서서히 소모됨).
- 2단계(통성혐기성단계): 혐기성 단계이지만 메탄이 형성되지 않는 단계로서 혐기성으로 전이가 일어나는 단계이다. 유기산생성단계라고 하며 유기물의 분해로 유기산, 알코올류가 생성된다(N_2가 급격히 소모됨).
- 3단계(혐기성단계): 매립지 내부의 온도가 상승하여 약 55℃정도까지 올라간다(CH_4가 발생하기 시작함).
- 4단계(혐기성안정화단계): 앞의 단계에서 생성된 유기산과 알코올류가 메탄생성균과 반응하여 메탄을 생성하며 이 단계는 정상적인 혐기성 단계로 매립가스내 메탄과 이산화탄소의 함량이 거의 일정하게 유지된다(가스의 조성 : CH_4 55%, CO_2 40%).

11

정답 ④

풀이 콜로이드는 모래여과로는 제거되지 않으며 응집과 침전에 의해 제거된다.

관련 개념

콜로이드의 특성

- 콜로이드 상태 : 지름이 1nm~1000nm(=1μm) 인 입자가 용매에 분산된 상태
- 콜로이드의 안정도는 반발력(제타전위), 중력, 인력(Van der Waals의 힘)의 관계에 의해 결정된다.
- 콜로이드 입자는 질량에 비해서 표면적이 크므로 용액 속에 있는 다른 입자를 흡착하는 힘이 크다.
- 반투막 통과 : 콜로이드는 반투막의 pore size보다 크기 때문에 보통의 반투막을 통과하지 못한다.
- 브라운 운동 : 콜로이드 입자가 분산매 및 다른 입자와 충돌하여 불규칙한 운동을 하게 된다.
- 틴들현상 : 광선을 통과시키면 입자가 빛을 산란하여 빛의 진로를 볼 수 있게 된다.
- 콜로이드 응집의 기본 메커니즘 : 이중층 압축, 전하 중화, 침전물에 의한 포착, 입자간 가교형성

친수성 콜로이드와 소수성 콜로이드 비교

소수성 콜로이드	친수성 콜로이드
• 물과 반발하는 성질을 가진다. • 물 속에서 Suspension(현탁) 상태로 존재한다. • 염에 큰 영향을 받는다. • 틴들효과가 현저하게 크다. • 점도는 분산매보다 작다.	• 물과 쉽게 반응한다. • 물 속에서 Emulsion(유탁) 상태로 존재한다. • 염에 대하여 큰 영향을 받지 않는다. • 다량의 염을 첨가하여야 응결 침전된다. • 분산매의 점도를 증가시킨다.

12

정답 ③

풀이 분산제를 이용하는 방법은 화학적인 방법이며 나머지는 물리적인 방법에 해당한다.

13

정답 ①

풀이 전구물질이 비산재 및 염소 공여체와 결합한 후 생성되는 PCDD는 배출가스의 온도가 250~450℃에서 최대로 발생하며 850℃ 이상의 고온에서 발생이 억제된다.

관련 개념

다이옥신

- 염소가 포함된 유기물질을 연소 시키는 과정에서 생성되는 고체상 물질로 토양과 같은 입자상 물질에 축적되어 대기와 토양 오염을 유발하기도 한다.
- 다이옥신은 기형아 출산, 발암성 등 인체의 면역에 독성 물질로 작용한다.
- 2개의 벤젠고리에 산소와 치환된 염소의 결합으로 이루어진 방향족 화합물로 다이옥신류와 퓨란류가 있다.
- 산소원자 2개가 포함된 다이옥신류(PCDDs)의 이성질체는 75종류, 산소원자가 1개 포함된 퓨란류(PCDFs)는 135개의 이성질체를 갖는다. 또한 2,3,7,8-TCDD가 가장 유독하다.
- 다이옥신은 비점이 높은 유기결합 고체상 물질로 열적안정성이 좋아 고온인 700℃ 이상에서 분해되기 시작하여 온도가 올라갈수록 분해가 잘 이루어지며 300~400℃의 저온에서는 다시 재생되는 특성을 가지고 있어 처리에 유의해야 한다.
- 벤젠 등 유기용제에 잘 녹는 성질을 가지고 있으며 물에는 잘 녹지 않는 성질을 가지고 있다.
- 농도표시 : 가장 독성이 강한 2,3,7,8-TCDD의 독성을 기준값(1.0)으로 하여 각 이성질체의 상대적인 독성값(Toxic Equivalant Quality, TEQ)으로 표시한다.

14

정답 ③

풀이 ① 아르곤(Ar) : 0.93
② 이산화탄소(CO_2) : 0.03~0.04
③ 수소(H_2) : 5×10^{-5}
④ 메탄(CH_4) : 1.4×10^{-4}

15

정답 ③

풀이 K_{ow}는 옥탄올/물 분배계수로 생물권 내에서 유해물질의 이동 정도를 결정짓는 요소이다. 물에 비해 옥탄올에 잘 분해되는 성질을 갖는 유해물질은 지방조직에 잘 축적되어 먹이사슬의 포식자에게 먹힐 경우 포식자에게 유해물질이 축적되게 된다.

16

정답 ④

풀이 GWP는 지구온난화 지수로 온실기체들의 열축적능력에 따라 온실효과를 일으키는 능력을 지수로 표현한 것이다.

관련 개념

지구온난화 계수(표준시간: 100년 기준)

- 이산화탄소(CO_2) : 1
- 메탄(CH_4) : 21
- 아산화질소(N_2O) : 310
- 수소불화탄소(HFCs) : 140~11,700
- 과불화탄소(PFCs) : 6,500~9,200
- 육불화황(SF_6) : 23,900

IPCC 3차 보고서(2001년)				IPCC 5차 보고서(2014년)			
Gas	수명	GWP		Gas	수명	GWP	
		20년	100년			20년	100년
CO_2	–	1	1	CO_2	–	1	1
CH_4	12년	62	23	CH_4	12.4년	84	28
N_2O	114년	275	296	N_2O	121년	264	265

17

정답 ②

풀이 ① 높은 분배계수를 가질 것
③ 물에 대한 용해도가 낮을 것
④ 밀도가 물과 다를 것

관련 개념

용매추출법

① 개요
- 특정성분을 잘 용해시키는 유기성용매를 이용하여 특정 성분을 녹여 추출해내는 방법이다.
- 미생물로 분해시키기 어려운 물질이 함유된 폐기물에 적합한 기술이다.
- 활성탄을 이용하여 흡착하기에 농도가 너무 높은 폐기물에 적합한 기술이다.
- 용매는 증류 등에 의한 방법으로 회수가 가능하여야 한다.

② 용매추출에 사용되는 용매의 선택기준
- 분배계수가 높아 선택성이 클 것
- 물에 대한 용해도가 낮을 것
- 끓는점이 낮고 회수성이 높을 것
- 밀도가 물과 다를 것

18

정답 ①

풀이 $S=2^{\left(\frac{p-40}{10}\right)}$, $2=2^{\left(\frac{p-40}{10}\right)}$, p=50

19

정답 ①

풀이 토양경작법은 오염토양을 굴착하여 지표면에 깔아 놓고 정기적으로 뒤집어줌으로써 공기를 공급해 주는 호기성 생분해 공정으로 오염토양 밖에서 처리하는 Ex-Situ 방법이다.

관련 개념

토양증기추출법(Soil Vapor Extraction)
- 물리화학적 방법, In-Situ
- 휘발성 또는 준휘발성의 오염물질을 제거하는 기술이다. 불포화 대수층 위에 토양을 진공상태로 만들어 처리하는 기술이며 오염지역의 대수층이 낮을 때 적용할 수 있다.

생물학적통풍법(Bio-venting)
- 생물학적 방법, In-Situ
- 오염이 진행된 불포화 토양층에 공기를 주입시켜 휘발성 오염물질을 이동시키고 토양 내 산소를 공급하여 미생물의 분해 능력을 향상시켜 처리하는 기술이다.

토양세정법(Soil Flushing)
- 물리화학적 방법, In-Situ
- 오염토양에 흡착되어 있는 오염물질을 순환하는 물을 이용하여 용해시켜 오염물질을 탈착 및 추출하여 제거하는 기술로 중금속에 오염된 토양에 많이 적용한다.

20

정답 ④

풀이 ① 소리(sound)는 공기를(탄성매질) 통해 전파되는 파동(wave) 현상의 일종이다.
② 소음의 주파수는 1초당 사이클의 수이고, 주기는 한 사이클당 걸리는 시간으로 정의된다.
③ 항공기소음의 피해 평가지수는 감각소음레벨(PNL)을 활용한다.

부록 정답 및 해설

2020년 지방직 9급

Answer

01 ①	02 ④	03 ①	04 ②	05 ②
06 ③	07 ①	08 ④	09 ③	10 ④
11 ③	12 ④	13 ①	14 ④	15 ①
16 ②	17 ②	18 ④	19 ③	20 ②

01

정답 ①

풀이 오염 지역 안에서 처리하는 현장내(In-Situ) 기술이다.

관련 개념

토양증기추출법(SVE)
- 물리화학적 방법, In-Situ
- 휘발성 또는 준휘발성의 오염물질을 제거하는 기술이다. 불포화 대수층 위에 토양을 진공상태로 만들어 처리하는 기술이며 오염지역의 대수층이 낮을 때 적용할 수 있다.

02

정답 ④

풀이 연료전지는 신에너지에 해당한다.

관련 개념

신에너지 및 재생에너지 개발 · 이용 · 보급 촉진법

제2조(정의) 이 법에서 사용하는 용어의 뜻은 다음과 같다.

1. "신에너지"란 기존의 화석연료를 변환시켜 이용하거나 수소 · 산소 등의 화학 반응을 통하여 전기 또는 열을 이용하는 에너지로서 다음 각 목의 어느 하나에 해당하는 것을 말한다.
   ① 수소에너지
   ② 연료전지
   ③ 석탄을 액화 · 가스화한 에너지 및 중질잔사유(重質殘渣油)를 가스화한 에너지로서 대통령령으로 정하는 기준 및 범위에 해당하는 에너지
   ④ 그 밖에 석유 · 석탄 · 원자력 또는 천연가스가 아닌 에너지로서 대통령령으로 정하는 에너지
2. "재생에너지"란 햇빛 · 물 · 지열(地熱) · 강수(降水) · 생물유기체 등을 포함하는 재생 가능한 에너지를 변환시켜 이용하는 에너지로서 다음 각 목의 어느 하나에 해당하는 것을 말한다.
   ① 태양에너지
   ② 풍력
   ③ 수력
   ④ 해양에너지
   ⑤ 지열에너지
   ⑥ 생물자원을 변환시켜 이용하는 바이오에너지로서 대통령령으로 정하는 기준 및 범위에 해당하는 에너지
   ⑦ 폐기물에너지(비재생폐기물로부터 생산된 것은 제외한다)로서 대통령령으로 정하는 기준 및 범위에 해당하는 에너지
   ⑧ 그 밖에 석유 · 석탄 · 원자력 또는 천연가스가 아닌 에너지로서 대통령령으로 정하는 에너지

03

정답 ①

관련 개념

- 유리잔류염소와 결합잔류염소와의 살균력에는 차이가 있으며 가장 좋은 조건하에서 동일한 접촉시간으로 동등한 소독효과를 달성하기 위해서는 결합잔류염소는 유리잔류염소에 비하여 25배의 양을 필요로 하고 동일한 양을 사용하여 동등한 효과를 올리기 위해서는 약 100배의 접촉시간이 필요하다.
- HOCl > OCl^- > Chloramines
- 살균강도는 $HOCl$가 OCl^-의 80배 이상 강하다.
- 염소의 살균력은 온도가 높고, pH가 낮을 때 강하다.
- 염소는 대장균 소화기 계통의 감염성 병원균에 특히 살균효과가 크나 바이러스는 염소에 대한 저항성이 커 일부 생존할 염려가 크다.

04

정답 ②

풀이 Darcy 법칙은 다공성 매질(모래 등)을 통과하는 유체의 흐름에 대하여 관찰을 통해 얻은 경험식으로부터 유도된 법칙이다.

$$V_{실제} = \frac{V_{이론}}{공극률}$$

$$V_{이론} = KI = K\frac{\Delta h}{\Delta L} = K\frac{h_2 - h_1}{L_2 - L_1}$$

(Q: 대수층의 유량(m^3/sec) / K: 투수계수(m/sec) / A: 단면적(m^2) / I: 수리경사도 / $\Delta h = h_2 - h_1$: 수두차 변화(m) / $\Delta L = L_2 - L_1$: 수평방향의 거리(m))

05

정답 ②

풀이 먹는샘물 및 먹는염지하수에서 중온일반세균은 $5CFUmL^{-1}$을 넘지 않아야 한다.

관련 개념

먹는물의 수질기준(제2조 관련)

1. 미생물에 관한 기준
   ① 일반세균은 1mL 중 100CFU(Colony Forming Unit)를 넘지 아니할 것. 다만, 샘물 및 염지하수의 경우에는 저온일반세균은 20CFU/mL, 중온일반세균은 5CFU/mL를 넘지 아니하여야 하며, 먹는샘물, 먹는염지하수 및 먹는해양심층수의 경우에는 병에 넣은 후 4℃를 유지한 상태에서 12시간 이내에 검사하여 저온일반세균은 100CFU/mL, 중온일반세균은 20CFU/mL를 넘지 아니할 것
   ② 총 대장균군은 100mL(샘물·먹는샘물, 염지하수·먹는염지하수 및 먹는해양심층수의 경우에는 250mL)에서 검출되지 아니할 것. 다만, 제4조제1항제1호나목 및 다목에 따라 매월 또는 매 분기 실시하는 총 대장균군의 수질검사 시료(試料) 수가 20개 이상인 정수시설의 경우에는 검출된 시료 수가 5퍼센트를 초과하지 아니하여야 한다.
   ③ 대장균·분원성 대장균군은 100mL에서 검출되지 아니할 것. 다만, 샘물·먹는샘물, 염지하수·먹는염지하수 및 먹는해양심층수의 경우에는 적용하지 아니한다.
   ④ 분원성 연쇄상구균·녹농균·살모넬라 및 쉬겔라는 250mL에서 검출되지 아니할 것(샘물·먹는샘물, 염지하수·먹는염지하수 및 먹는해양심층수의 경우에만 적용한다)
   ⑤ 아황산환원혐기성포자형성균은 50mL에서 검출되지 아니할 것(샘물·먹는샘물, 염지하수·먹는염지하수 및 먹는해양심층수의 경우에만 적용한다)
   ⑥ 여시니아균은 2L에서 검출되지 아니할 것(먹는물공동시설의 물의 경우에만 적용한다)

06

정답 ③

풀이 $H_2CO_3 \rightleftharpoons H^+ + HCO_3^-$

$$K = \frac{[H^+][HCO_3^-]}{[H_2CO_3]} = 10^{-6.7}$$

- 수소이온농도 산정
  pH = 9이므로 $[H^+] = 10^{-9}M$
- $[HCO_3^-]/[H_2CO_{23}]$

$$10^{-6.7} = \frac{[10^{-9}][HCO_3^-]}{[H_2CO_3]}$$

$[HCO_3^-]/[H_2CO_3] = 10^{2.3}$

07

정답 ①

풀이 연소 온도를 높이면 질소산화물의 발생량이 증가한다.

관련 개념

연소상태 조절을 통한 질소산화물의 저감(억제법)

- 배출가스 속에 포함된 질소산화물을 장치를 통과시키면서 제거하는 방법이다.
- 수증기 분무, 저산소 연소, 저온도 연소, 저과잉공기비 연소법, 2단 연소법, 배기가스 재순환법
- 공급공기량의 과량 주입은 일정구간에서 질소산화물의 발생을 촉진시킨다.

08

정답 ④

풀이 ① 탈질과정에서 질산염이 질소(N_2)로 전환된다.
② 질산화 과정에서 아질산염이 질산염으로 전환된다.
③ 질산화 과정에 Nitrobacter 속 세균이 관여한다.

관련 개념

질산화

- $2NH_3 + 3O_2 \xrightarrow{Nitrosomonas} 2NO_2^- + 2H^+ + 2H_2O$
- $2NO_2^- + O_2 \xrightarrow{Nitrobactor} 2NO_3^-$
- 질산화에 관여하는 미생물은 독립영양미생물이고 탈질화에 관여하는 미생물은 종속영양미생물이다.
- 질산화과정에서의 pH는 감소하고, 탈질화과정에서의 pH는 증가한다.
- 질산화는 호기성 상태에서 이루어지며, 탈질화는 무산소 상태에서 이루어진다.

탈질화

- NO_3-N → NO_2^-N → N_2 ↑ : 마이크로코크스, 슈도모나스, 바실러스, 아크로모박터
- $6NO_3^- + 5CH_3OH \rightarrow 3N_2\uparrow + 5CO_2 + 7H_2O + 6OH^-$
- 탈질과정에서 탄소원의 제공을 위해 메탄올을 주입한다.

09

정답 ③

풀이 수도법 시행규칙[별표 5의3]의 병원성미생물의 조사대상시설 등(제18조의3제1항 관련)을 보면 제거하거나 불활성화하도록 요구되는 병원성 미생물인 것에는 바이러스, 크립토스포리디움 난포낭, 지아디아 포낭이 있다.

부록

10

정답 ④

풀이 최초 시설 투자비가 많이 든다.

관련 개념

전기집진장치의 일반적인 특징

- 전기집진장치는 함진가스 중의 먼지에 (−)전하를 부여하여 대전시킨다(코로나방전).
- 0.1μm 이하의 미세입자까지 포집이 가능하다.
- 약 350℃ 전후의 고온가스를 처리할 수 있다.
- 설치면적이 넓고, 설치비용이 많이 드는 편이다.
- 주어진 조건에 따른 부하변동 적응이 어렵다.
- 전압변동과 같은 조건변동에 쉽게 적응하기 어렵다.

11

정답 ③

풀이 $MHT = \frac{man \times hr}{ton}$

$= \frac{5{,}000\text{명} \times (200 \times 6)hr}{5{,}000{,}000ton} = 1.2$

12

정답 ④

풀이 음파는 온도가 낮은 쪽으로 굴절한다.

관련 개념

음의 굴절

- 온도나 풍속, 매질의 성질 변화에 의해 음이 휘어지는 현상
- 대기의 온도차에 의한 굴절은 온도가 낮은 쪽으로 굴절한다.
- 음원보다 상공의 풍속이 클 때 풍상층에서는 상공으로 굴절한다.
- 밤(지표부근의 온도가 상공보다 저온)이 낮(지표부근의 온도가 상공보다 고온)보다 거리감쇠가 작다. → 온도차에 의해 밤에 더 멀리 소리가 전파된다.

13

정답 ①

풀이 악취방지법 시행규칙[별표 1]의 지정악취물질(제2조 관련)에는 1. 암모니아 2. 메틸메르캅탄 3. 황화수소 4. 다이메틸설파이드 5. 다이메틸다이설파이드 6. 트라이메틸아민 7. 아세트알데하이드 8. 스타이렌 9. 프로피온알데하이드 10. 뷰틸알데하이드 11. n-발레르알데하이드 12. I-발레르알데하이드 13. 톨루엔 14. 자일렌 15. 메틸에틸케톤 16. 메틸아이소뷰틸케톤 17. 뷰틸아세테이트 18. 프로피온산 19. n-뷰틸산 20. n-발레르산 21. I-발레르산 22. I-뷰틸알코올 등이 있다.

14

정답 ④

풀이
- 포기조 내 갈색거품-슬러지 체류시간(SRT)가 길 때 생긴다.
- 포기조 내 흰색거품-높은 F/M(먹이/미생물) 비와 짧은 SRT일 때 생긴다.

15

정답 ①

풀이 ㄷ. NHz_4NO_3, $(NH_4)_2SO_4$는 1차적으로 발생한 무기 미세입자이다.
ㄹ. 환경정책기본법령상 대기환경기준에서 먼지에 관한 항목은 PM-10, PM-2.5이다.

관련 개념

환경정책기본법 시행령 [별표 1] 환경기준(제2조 관련)

항목	기준
아황산가스 (SO_2)	연간 평균치 0.02ppm 이하 24시간 평균치 0.05ppm 이하 1시간 평균치 0.15ppm 이하
일산화탄소 (CO)	8시간 평균치 9ppm 이하 1시간 평균치 25ppm 이하
이산화질소 (NO_2)	연간 평균치 0.03ppm 이하 24시간 평균치 0.06ppm 이하 1시간 평균치 0.10ppm 이하
미세먼지 (PM-10)	연간 평균치 50μg/m³ 이하 24시간 평균치 100μg/m³ 이하
초미세먼지 (PM-2.5)	연간 평균치 15μg/m³ 이하 24시간 평균치 35μg/m³이하
오존 (O_3)	8시간 평균치 0.06ppm 이하 1시간 평균치 0.1ppm 이하
납(Pb)	연간 평균치 0.5μg/m³ 이하
벤젠	연간 평균치 5μg/m³ 이하

16

정답 ②

관련 개념

폐기물관리법 시행규칙[별표 1]의 지정폐기물에 함유된 유해물질(제2조제1항 관련)

- 오니류·폐흡착제 및 폐흡수제에 함유된 유해물질: 납 또는 그 화합물, 구리 또는 그 화합물, 비소 또는 그 화합물, 수은 또는 그 화합물, 카드뮴 또는 그 화합물, 6가크롬화합물, 시안화합물, 유기인화합물, 테트라클로로에틸렌, 트리클로로에틸렌, 기름성분, 그 밖에 환경부장관이 정하여 고시하는 물질

17

정답 ②

풀이 위생 매립지는 복토 작업을 통해 매립지 투수율을 감소시켜 침출수량을 최소화시켜 관리를 용이하게 한다.

관련 개념

복토의 목적

- 쓰레기의 비산을 방지하고 악취 발생을 억제하며 화재를 방지한다.
- 우수(빗물)을 배제하여 우수의 이동 및 침투방지로 침출수량 최소화한다.
- 유해가스의 이동성을 방해하고 매립지의 압축효과에 따른 부등침하를 최소화한다.
- 식물 성장을 촉진 시킨다.

복토의 종류별 특징

- 일일복토: 매일 실시하며 15cm 이상 실시한다.
- 중간복토: 매립이 7일 이상 정지되었을 때 실시하며 30cm 이상 실시한다.
- 최종복토: 최종매립이 완료된 후 실시하며 60cm이상 실시하되 식재의 수종에 따라 1.5~2m까지도 복토할 수 있다.

18

정답 ④

풀이 고온 열분해는 1100~1500℃ 저온 열분해는 500~900℃에서 이루어진다.

19

정답 ③

풀이 C회로는 낮은 음압레벨에서 민감하며, 주파수를 분석할 때 주로 이용한다.

관련 개념

청감보정회로

- A 특성 :측정치가 청감과의 대응성이 좋아 소음레벨 측정시 주로 사용된다. 낮은 음압레벨에 민감하며 저주파 에너지를 많이 소거시킨다.
- B특성: 중간 음압레벨에서 민감하며, 거의 사용하지 않는다.
- C특성: 낮은 음압레벨에 민감하며 평탄한 주파수의 특성을 가지고 있어 주파수를 분석 할 때 사용된다. A특성과 C특성 간의 차가 크면 저주파음이고 차이가 작으면 고주파음으로 추정하기도 한다.
- D특성: 항공기 소음을 측정하는데 주로 사용된다. A특성처럼 저주파 에너지를 많이 소거시키지 않고 A특성으로 측정한 결과보다 레벨수치가 항상 크다.

20

정답 ②

풀이
- 필요한 산소의 양 산정

  $CH_4 + 2O_2 \rightarrow CO_2 + H_2O$

  16g : 2 × 22.4L = 8g : □L

  ∴ □ = 22.4L
- 공기의 양 산정: 22.4L / 0.2 = 112L

부록

부록
정답 및 해설

2021년 지방직 9급

Answer

01 ②	02 ③	03 ③	04 ③	05 ④
06 ①	07 ④	08 ④	09 ④	10 ②
11 ④	12 ④	13 ①	14 ①	15 ③
16 ①	17 ③	18 ②	19 ③	20 ③

01

정답 ②

관련 개념

소음의 단위

- 주파수(f, 단위 : Hz) : 1초 동안에 통과하는 마루 또는 골의 수, 초당 회전수(cycle/sec)이다.
- 파장(λ, 단위 : m) : 파동에서 같은 위상을 가진 이웃한 점 사이의 거리로 마루~마루 또는 골~골까지의 거리를 의미한다.(λ = c/f(m))
- 주기(T, 단위 : sec) : 한 파장이 통과하는데 필요한 시간을 말하며 단위는 sec(초)이다.
- 음속(C, 단위 : m/sec) : 음의 전파 속도로 재질에 따라서 기체 < 액체 < 고체 순으로 커진다.

$$f(\text{주파수}) = \frac{C(\text{음속})}{\lambda(\text{파장})} = \frac{1}{T(\text{주기})} Hz$$

02

정답 ③

풀이 $pH = -\log[H^+]$

$[H^+] = 10^{-pH} = 10^{-1}M = 0.1M$

03

정답 ③

풀이 해상가두리 양식장에서는 적조가 발생해도 평소와 같이 사료를 계속 공급하는 것이 바람직하지 못하다.

관련 개념

적조현상 : 홍수기에 부영양화로 인한 식물성플랑크톤의 증식으로 해수가 적색으로 변하는 현상이다.

적조 발생 요인

- 바다의 수온구조가 안정화되어 물의 수직적 성층이 이루어질 때(수괴의 연직안정도가 크고 독립되어 있을 때) 발생한다.
- 플랑크톤의 번식에 충분한 광량과 영양염류가 공급될 때 발생한다.
- 홍수기 해수 내 염소량이 낮아질 때 발생한다.
- 해저에 빈산소 수괴가 형성되어 포자의 발아 촉진이 일어나고 퇴적층에서 부영양화의 원인물질이 용출될 때 발생한다.
- upwelling 현상이 있는 수역에서 발생한다.

적조의 대책

- 과도한 영영염류의 유입을 제한한다.
- 질소와 인의 부하를 규제한다.
- 준설을 통해 연안해역의 저질을 정화한다.
- 황토를 살포하여 적조 미생물을 제거 한다.

04

정답 ③

풀이 이산화질소는 권고기준 항목이다.

관련 개념

- 실내공기질 관리법 시행규칙[별표 2]의 실내공기질 유지기준(제3조 관련) 오염물질 항목 : 미세먼지, 이산화탄소, 폼알데하이드, 총부유세균, 일산화탄소
- 실내공기질 관리법 시행규칙 [별표 3]의 실내공기질 권고기준(제4조 관련) 오염물질 항목 : 이산화질소, 라돈, 총휘발성 유기화합물, 곰팡이

05

정답 ④

풀이 C_6H_5OH(페놀)은 COD 시험에 사용되지 않는다.

관련 개념

화학적 산소요구량-적정법-산성과망간산칼륨법

- 물속에 존재하는 화학적 산소요구량을 측정하기 위하여 시료를 황산산성으로 하여 과망간산칼륨 일정과량을 넣고 30분간 수욕상에서 가열반응 시킨 다음 소비된 과망간산칼륨량으로부터 이에 상당하는 산소의 양을 측정하는 방법이다.
- 옥살산나트륨용액(0.0125M) 10mL를 정확하게 넣고 60℃~80℃를 유지하면서 과망간산칼륨용액(0.005 M)을 사용하여 액의 색이 엷은 홍색을 나타낼 때까지 적정한다.

화학적 산소요구량-적정법-알칼리성 과망간산칼륨법

- 물속에 존재하는 화학적 산소요구량을 측정하기 위하여 시료를 알칼리성으로 하여 과망간산칼륨 일정과량을 넣고 60분간 수욕상에서 가열반응 시키고 요오드화칼륨 및 황산을 넣어 남아있는 과망간산칼륨에 의하여 유리된 요오드의 양으로부터 산소의 양을 측정하는 방법이다.
- 티오황산나트륨용액(0.025 M)으로 무색이 될 때까지 적정한다.

화학적 산소요구량-적정법-다이크롬산칼륨법

- 화학적 산소요구량을 측정하기 위하여 시료를 황산산성으로 하여 다이크롬산칼륨 일정과량을 넣고 2시간 가열반응시킨 다음 소비된 다이크롬산칼륨의 양을 구하기 위해 환원되지 않고 남아 있는 다이크롬산칼륨을 황산제일철암모늄용액으로 적정하여 시료에 의해 소비된 다이크롬산칼륨을 계산하고 이에 상당하는 산소의 양을 측정하는 방법이다.
- 황산제일철암모늄용액(0.025N)을 사용하여 액의 색이 청록색에서 적갈색으로 변할 때까지 적정한다.

06

정답 ①

풀이 조류 성장은 수온의 영향을 받는다.

관련 개념

온도에 따른 미생물의 분류

- 고온성 미생물 : 50℃ 이상(적온 65~70℃)
- 중온성 미생물 : 10~40℃(적온 30℃)
- 저온성 미생물 : 10℃ 이하(적온 0~10℃)

07

정답 ④

풀이 유기중합체법은 폐기물의 고형 성분을 스펀지와 같은 유기성 중합체에 물리적으로 고립시켜 처리하는 방법으로 물리적 고형화처리법이다.

08

정답 ④

풀이 도시지역 내 아스팔트나 콘크리트가 많은 지역에서 주로 나타난다.

※ 열섬현상 : 도시에 축적된 열이 주변 교외지역보다 많아 도시밀집지역에 온도가 올라가는 현상이다.

관련 개념

열섬현상

- 대기오염으로 인한 지구환경 변화 중 도시지역의 공장, 자동차 등에서 배출되는 고온의 가스와 냉난방시설로부터 배출되는 더운 공기가 상승하면서 주변의 찬 공기가 도시로 유입되어 도시 지역의 대기오염물질에 의한 거대한 지붕을 만드는 현상이다.
- 바람이 없고 맑은 날일수록 열섬현상이 뚜렷하다.
- 여름보다는 겨울철에 더욱 뚜렷하며, 맑고 잔잔한 날의 야간에 잘 나타난다.
- 오염물질 확산을 저해한다.

09

정답 ④

풀이 $밀도 = \frac{질량}{부피} = \frac{질량}{\frac{\pi}{6}d_p^3} \rightarrow 질량 = 밀도 \times \frac{\pi}{6}d_p^3$,

$$밀도 \times \frac{\pi}{6}(10\mu m)^3 = 밀도 \times \frac{\pi}{6}(2.5\mu m)^3 \times n$$

n = 64개

PM-10과 PM-2.5가 밀도가 서로 같으므로 질량은 직경의 세제곱에 비례한다. PM-10과 PM-2.5은 직경이 4배차이 나므로 같은 질량이 되기 위해서는 4^3개 = 64개의 입자가 필요하다.

10

정답 ②

풀이 퇴비화 더미를 조성할 때의 최적 습도는 45~60%이다.

관련 개념

퇴비화의 최적설계조건

- 입자크기 : 2.5~7.5cm
- 혼합과 미생물 식종 : 무게비로 1~5% 정도
- 교반 : 주1~2회(온도가 상승하면 매일)
- 수분함량 : 45~60%
- 온도 : 50~60℃
- C/N비 : 25~40
- 공기공급 : 50~200L/min · m^3
- 최적 pH : 7~8

11

정답 ④

풀이 $C_3H_8 + 5O_2 \rightarrow 3CO_2 + 4H_2O$

계수비 = 부피비 이므로 25L의 산소기체가 필요하다.

12

정답 ④

풀이 저음은 고음을 잘 마스킹한다.

부록

관련 개념

마스킹 효과

- 음파의 간섭에 의해 발생하는 현상으로 큰소리와 작은 소리가 동시에 들릴 때 큰 소리에 의해 작은 소리가 잘 들리지 않는 현상이다.
- 저음이 고음을 잘 마스킹한다.
- 두음의 주파수가 비슷할 때 마스킹 효과가 크다.
- 두음의 주파수가 같을 때는 마스킹 효과가 감소한다.

13

정답 ①

풀이 담수화 방법으로는 상변화방식과 상불변방식이 있다.
상변화방식: 증발법(다단플래쉬법, 다중효용법, 증기압축법, 투과기화법), 결정법(냉동법, 가스수화물법)
상불변방식: 막법(역삼투법, 전기투석법), 용매추출법

14

정답 ①

풀이 ℉ = 1.8 × ℃ + 32
K = ℃ + 273
°R = ℉ + 460 = [1.8 × ℃ + 32] + 460

- 75℃
- 135°F = 1.8 × ℃ + 32 → 57.2℃
- 338.15K = ℃ + 273 → 65.15℃
- 620°R = ℉ + 460 = [1.8 × ℃ + 32] + 460 → 71.1℃

15

정답 ③

풀이 마찰손실수두는 관경에 반비례한다.

$$h_L = f \times \frac{L}{D} \times \frac{V^2}{2g}$$

f: 마찰손실계수 / L: 관의 길이 / D: 관의 직경 / V: 유속

16

정답 ①

풀이 $$C_m = \frac{C_1Q_1 + C_2Q_2}{Q_1 + Q_2}$$

$$\frac{25mg/L \times 12m^3/\text{sec} + 40mg/L \times 3m^3/\text{sec}}{(12+3)m^3/\text{sec}} = 28mg/L$$

17

정답 ③

풀이 고체와 액체연료의 발열량은 봄베열량계로 측정하며 기체연료의 발열량은 불꽃열량계로 측정한다.

18

정답 ②

풀이 $CaCO_3$의 분자량: 100, 2가

$$N = \frac{eq}{L} = \frac{0.4g \times \frac{90}{100} \times \frac{1eq}{(100/2)g}}{360mL \times \frac{1L}{1{,}000mL}} = 0.020N$$

19

정답 ③

풀이 $C_t - C_0 = -kt$ 또는 $C_0 - C_t = kt$
10mg/L − 100mg/L = −10[mg/L][day^{-1}] × t[day]
∴ t = 9.0day

관련 개념

- 0차 반응 :시간에 따라 반응물의 농도가 감소하는 반응
$\frac{dC}{dt} = -kC^0$, $C_t - C_0 = -kt$ 또는 $C_0 - C_t = kt$
- 1차 반응: 반응물의 농도에 비례하여 반응속도가 결정되는 반응
$\frac{dC}{dt} = -kC^1$, $ln\frac{C_t}{C_0} = -kt$
- 2차 반응: 반응물의 농도 제곱에 비례하여 반응속도가 결정
$\frac{dC}{dt} = -kC^2$, $\frac{1}{C_t} - \frac{1}{C_0} = kt$

20

정답 ③

풀이 자원의 절약과 재활용촉진에 관한 법률 시행령 [시행 2021. 5. 25.]
시행령 제32조(재활용지정사업자 관련 업종)
법 제23조제1항에서 "대통령령으로 정하는 업종"이란 다음 각 호의 업종을 말한다.
1. 종이제조업
2. 유리용기제조업
3. 제철 및 제강업

2022년 지방직 9급

Answer

01 ④	02 ③	03 ①	04 ②	05 ④
06 ②	07 ①	08 ②	09 ③	10 ④
11 ①	12 ③	13 ③	14 ②	15 ③
16 ④	17 ②	18 ③	19 ②	20 ③

01

정답 ④

풀이 생분해성 유기물 제거는 2차 처리에 해당한다. 폐수처리 중 3차 처리(고도처리)는 주로 총인, 총질소, 고도산화처리 등이 해당한다.

관련 개념

구분		처리공정
물리적		유량측정, 스크린, 분쇄, 유량조정, 혼합, 침전, 여과, Microscreen, 가스전달, 휘발 및 가스제거
화학적		흡착, 살균, 탈염소, 기타화학약품사용
생물학적	부유미생물(2차처리)	표준활성슬러지법, 점감포기법(step aeration), 순산소활성슬러지법, 장기포기법, 산화구법, 회분식활성슬러지법(SBR), 혐기-호기활성슬러지법
	부착미생물(2차처리)	호기성여상법, 접촉산화법, 회전생물막법(RBC)
	부유미생물(고도처리)	순환식질산화탈질법, 질산화내생탈질법, 단계혐기호기법, 혐기무산소호기조합법, 고도처리 산화구법, 응집제첨가형, 순환식질산화탈질법, 막분리활성슬러지법
	부유+부착 미생물(고도처리)	유동상미생물법, 담체투입형 A_2O변법

02

정답 ③

풀이 ① 질산화는 독립영양 미생물에 의해 일어난다.(탈질화: 종속영양미생물)

② Nitrobacter 세균은 아질산염을 질산염으로 산화시킨다.

④ 질산화는 호기성 조건에서 일어난다.

관련 개념

질산화

- $2NH_3 + 3O_2 \xrightarrow{Nitrosomonas} 2NO_2^- + 2H^+ + 2H_2O$
- $2NO_2^- + O_2 \xrightarrow{Nitrobactor} 2NO_3^-$
- 질산화에 관여하는 미생물은 독립영양미생물이고 탈질화에 관여하는 미생물은 종속영양미생물이다.
- 질산화과정에서의 pH는 감소하고, 탈질화과정에서의 pH는 증가한다.
- 질산화는 호기성 상태에서 이루어지며, 탈질화는 무산소 상태에서 이루어진다.

탈질화

- $NO_3\text{-}N \rightarrow NO_2\text{-}N \rightarrow N_2 \uparrow$: 마이크로코크스, 슈도모나스, 바실러스, 아크로모박터
- $6NO_3^- + 5CH_3OH \rightarrow 3N_2 \uparrow + 5CO_2 + 7H_2O + 6OH^-$
- 탈질과정에서 탄소원의 제공을 위해 메탄올을 주입한다.

03

정답 ①

풀이 폐기물의 매립은 폐기물의 최종처분과정이다.

04

정답 ②

풀이 ① 다운워시(down wash) : 세류현상(down wash)이란 연돌출구에서 방출되는 연기가 풍속에 떠밀려 굴뚝 가까이로 침강하는 현상을 말한다. 따라서 이를 방지하기 위해서는 연기의 토출속도를 상승시켜야 하는데 통상 풍속의 2배 이상으로 배출속도를 높게 유지하면 방지되는 것으로 알려지고 있다.

③ 홀드업(hold-up) : 충전탑에서 충진층 내의 액보유량이 상승하는 현상이다.

④ 다운 드래프트(down draught) : 다운 드래프트(down draft)는 건물 및 지형의 풍하방향에 연기가 휘말려 떨어지는 현상으로서 연돌의 높이를 건물 또는 지형의 높이보다 2.5배 이상으로 유지하면 방지할 수 있다.

05

정답 ④

풀이
- 화학평형 : 반응물과 생성물이 화학반응을 일으킬 때 정반응속도와 역반응속도가 같은 상태를 말한다.
- 평형상수(K) : A와 B가 반응하여 C와 D가 생성되는 반응이 평형 상태에 있을 때 평형상수

  aA + bB ⇄ cC + dD, $K = \frac{[C]^c [D]^d}{[A]^a [B]^b}$
- 평형상수는 온도에 의해서만 달라지며 반응물과 생성물의 농도나 기체의 압력과 부피 등에 따라서는 달라지지 않는다.
- 고체, 액체, 용매는 양에 관계없이 평형에 영향을 미치지 않기 때문에 평형 상수식에 나타내지 않는다.
- 역반응의 평형상수는 정반응의 평형상수의 역수이다.
- 일반적으로 단위는 생략한다.

06

정답 ②

풀이 ① 국지적인 환경 조건의 영향을 크게 받는다.
③ 부유물질(SS) 농도 및 탁도가 낮다.
④ 지표수보다 수질 변동이 크지 않다.

관련 개념

지하수의 특성
- 부유물질이 적고 수온 변동이 적고, 탁도가 낮다.
- 미생물이 거의 없고, 오염물이 적다.
- 유속이 느리고, 국지적인 환경조건의 영향을 받아 정화되는 데 오랜 기간이 소요된다.
- 주로 세균(혐기성)에 의한 유기물 분해작용이 일어난다.
- 지하수의 오염경로는 복잡하여 오염원에 의한 오염범위를 명확하게 구분하기가 어렵다.
- 지하수의 염분농도는 지표수 평균농도 보다 약 30% 정도 높다.

지하수의 종류
- 천층수 : 지하로 침투한 물이 제1불투수층 위에 고인 물로, 공기와의 접촉 가능성이 커 산소가 존재할 경우 유기물은 미생물의 호기성 활동에 의해 분해될 가능성이 크다.
- 심층수 : 제1불침투수층과 제2불침투수층 사이에 피압지하수를 말하며, 지층의 정화작용으로 거의 무균에 가깝고 수온과 성분의 변화가 거의 없다.
- 용천수 : 지표수가 지하로 침투하여 암석 또는 점토와 같은 불투수층에 차단되어 지표로 솟아나온 것으로, 유기성 및 무기성 불순물의 함유도가 낮고, 세균도 매우 적다.
- 복류수 : 하천, 저수지 혹은 호수의 바닥, 자갈모래층에 함유되어 있는 물로, 지표수보다 수질이 좋다.

07

정답 ①

풀이 ① Pa : 파스칼, 압력단위, N/m^2
② noy : 음의 시끄러움 정도를 표시하는 단위로 음압 레벨이 40dB의 1kHz 대역음의 노이지니스를 기준값 1noy로 한다.
③ sone : 음의 감각적인 크기를 나타내는 척도로 주파수 1000㎐, 음압 레벨이 40dB 세기의 음과 감각적으로 같은 크기로 들리는 음을 1sone이라고 한다
④ phon : 소리의 양을 수치적으로 표현하는 단위 중 하나로 특정한 소리를 사람이 듣고 이를 1000Hz의 순음으로 판단하는 방식으로 감각에 의해 측정되는 감각량이며, 일반적으로 사람간의 대화 소리는 40Phon, 전차 소리는 90Phon 정도가 측정된다.

08

정답 ②

풀이
$$\frac{0.112mL \times \frac{64mg}{22.4mL} \times \frac{10^3 \mu g}{mg}}{Sm^3} = 320\mu g/Sm^3$$

09

정답 ③

풀이 $흡광도(A) = \log\frac{1}{t(투과율)} = \log\frac{1}{0.1} = 1.0$

관련 개념

램버어트 비어 (Lambert-Beer)의 법칙

$흡광도(A) = \log\frac{1}{t(투과율)} = \log\frac{1}{I_t/I_0} = \epsilon CL \rightarrow I_t = I_0 \times 10^{-\epsilon CL}$

I_0 : 입사광도의 강도 / I_t : 투사광의 강도 / C : 용액의 농도 / ℓ : 빛의 투사길이 / ε : 비례상수(흡광계수)

10

정답 ④

풀이 ① 대기 안정도는 건조단열감률과 환경단열감률의 차이로 결정된다.
② 대기 안정도는 기온의 수직 분포의 함수이다.
③ 환경감률이 과단열이면 대기는 불안정하다.

11

정답 ①

풀이 ②「수질오염공정시험기준」에 따라 고온연소산화법, 과황산 UV 및 과황산 열 산화법으로 측정한다.
③ 물 속에 존재하는 총유기탄소를 측정하기 위하여 시료 적당량을 산화성 촉매로 충전된 고온의 연소기에 넣은 후에 연소를 통해서 수중의 유기탄소를 이산화탄소 (CO_2)로 산화시켜 정량하는 방법이다. 정량방법은 무기성 탄소를 사전에 제거하여 측정하거나, 무기성 탄소를 측정한 후 총 탄소에서 감하여 총 유기탄소의 양을 구한다.
④ 수중에서 유기적으로 결합된 탄소의 합을 말한다.

12

정답 ③

풀이 부식성 폐기물 중 폐알칼리는 액체상태의 폐기물로서 pH 12.5 이상인 것으로 한정한다.

관련 개념

지정폐기물 분류체계 :부식성, 독성, 반응성, 발화성, 용출특성, 난분해성, 유해가능성

폐산과 폐알칼리의 분류

- 폐기물관리법령상 지정폐기물 중 부식성폐기물의 "폐산" 기준: 액체상태의 폐기물로서 수소이온농도지수가 2.0이하인 것으로 한정한다.
- 폐기물관리법령상 지정폐기물 중 부식성폐기물의 "폐알칼리" 기준: 액체상태의 폐기물로서 수소이온농도 지수가 12.5 이인 것으로 한정하며, 수산화칼륨 및 수산화나트륨을 포함한다.

폐기물공정시험법상의 분류

- 액상폐기물: 고형물의 함량이 5% 미만인 것
- 반고상 폐기물: 고형물의 함량이 5% 이상 15% 미만인 것
- 고상 폐기물: 고형물의 함량이 15% 이상인 것

13

정답 ③

풀이 등가소음레벨은 변동하는 음의 에너지의 평균값으로 산정한다.

14

정답 ②

풀이 $\frac{X}{M} = kC^{\frac{1}{n}}$

$\frac{(6-1)mg/L}{M} = 0.5 \times 1^{\frac{1}{1}}$

∴ M = 10mg/L

(X: 흡착된 피흡착물의 농도 / M: 주입된 흡착제의 농도 / C: 흡착되고 남은 피흡착물질의 농도 / K, n : 상수)

15

정답 ③

풀이 $SL_1(1-X_1) = SL_2(1-X_2)$

$100(1-0.6) = SL_2(1-0.2)$

$SL_2 = 50$

∴ 감량율 $= \frac{100-50}{100} \times 100 = 50\%$

16

정답 ④

풀이 「가축분뇨의 관리 및 이용에 관한 법률」에 따른 가축분뇨은 폐기물관리법 상 적용하지 아니한다.

관련 개념

폐기물관리법 제3조(적용 범위)

① 이 법은 다음 각 호의 어느 하나에 해당하는 물질에 대하여는 적용하지 아니한다.
1. 「원자력안전법」에 따른 방사성 물질과 이로 인하여 오염된 물질
2. 용기에 들어 있지 아니한 기체상태의 물질
3. 「물환경보전법」에 따른 수질 오염 방지시설에 유입되거나 공공 수역(水域)으로 배출되는 폐수
4. 「가축분뇨의 관리 및 이용에 관한 법률」에 따른 가축분뇨
5. 「하수도법」에 따른 하수·분뇨
6. 「가축전염병예방법」 제22조제2항, 제23조, 제33조 및 제44조가 적용되는 가축의 사체, 오염 물건, 수입 금지 물건 및 검역 불합격품
7. 「수산생물질병 관리법」 제17조제2항, 제18조, 제25조제1항 각 호 및 제34조제1항이 적용되는 수산동물의 사체, 오염된 시설 또는 물건, 수입금지물건 및 검역 불합격품
8. 「군수품관리법」 제13조의2에 따라 폐기되는 탄약
9. 「동물보호법」 제32조제1항에 따른 동물장묘업의 등록을 한 자가 설치·운영하는 동물장묘시설에서 처리되는 동물의 사체

② 이 법에 따른 폐기물의 해역 배출은 「해양폐기물 및 해양오염퇴적물 관리법」으로 정하는 바에 따른다.
③ 「수산부산물 재활용 촉진에 관한 법률」에 따른 수산부산물이 다른 폐기물과 혼합된 경우에는 이 법을 적용하고, 다른 폐기물과 혼합되지 않아 수산부산물만 배출·수집·운반·재활용하는 경우에는 이 법을 적용하지 아니한다.

부록

17

정답 ②

풀이 화학적 산소요구량 – 적정법 – 알칼리성 과망간산칼륨법에 대한 설명이다.

관련 개념

화학적 산소요구량–적정법–다이크롬산칼륨법

- 이 시험기준은 화학적 산소요구량을 측정하기 위하여 시료를 황산산성으로 하여 다이크롬산칼륨 일정과량을 넣고 2시간 가열반응 시킨 다음 소비된 다이크롬산칼륨의 양을 구하기 위해 환원되지 않고 남아 있는 다이크롬산칼륨을 황산제일철암모늄용액으로 적정하여 시료에 의해 소비된 다이크롬산칼륨을 계산하고 이에 상당하는 산소의 양을 측정하는 방법이다.
- 황산제일철암모늄용액(0.025N)을 사용하여 액의 색이 청록색에서 적갈색으로 변할 때까지 적정한다. 따로 정제수 20mL를 사용하여 같은 조건으로 바탕시험을 행한다.
- 염소이온의 농도가 1,000mg/L 이상의 농도일 때에는 COD 값이 최소한 250mg/L 이상의 농도이어야 한다. 따라서 해수 중에서 COD 측정은 이 방법으로 부적절하다.

18

정답 ③

풀이 식종희석수를 사용한 시료

생물화학적산소요구량 (mg/L)

$= [(D1 - D2) - (B1 - B2) \times f] \times P$

$= [(9.00 - 4.30) - (9.32 - 9.12) \times 1] \times 5 = 22.5$mg/L

D1 : 15분간 방치된 후의 희석(조제)한 시료의 DO(mg/L)

D2 : 5일간 배양한 다음의 희석(조제)한 시료의 DO (mg/L)

B1 : 식종액의 BOD를 측정할 때 희석된 식종액의 배양전 DO (mg/L)

B2 : 식종액의 BOD를 측정할 때 희석된 식종액의 배양후 DO (mg/L)

f : 희석시료 중의 식종액 함유율 (x %)과 희석한 식종액 중의 식종액 함유율 (y %)의 비 (x/y)

P : 희석시료 중 시료의 희석배수 (희석시료량/시료량)

19

정답 ②

풀이 질소〉산소〉아르곤〉메탄

20

정답 ③

풀이 염소가스, 오존, UV, 차아염소산나트륨은 소독처리방식이다. 선박평형수 처리에 있어서 부산물 발생이 없는 처리방식은 UV를 이용한 처리이다.

번호	처리기술		
	방법	배수	비고
1	필터+전기분해(직접식)	중화	활성물질 생성
2	필터+전기분해(간접식)	중화	활성물질 생성
3	화약약품 주입	중화	활성물질 사용
4	필터+오존	중화	활성물질 생성
5	필터+UV	UV	

부록
정답 및 해설

2023년 지방직 9급

Answer

01 ④	02 ③	03 ④	04 ④	05 ②
06 ③	07 ①	08 ②	09 ④	10 ②
11 ①	12 ②	13 ③	14 ③	15 ①
16 ③	17 ①	18 ②	19 ②	20 ①

01

정답 ④

풀이 수산화나트륨(NaOH)는 대표적인 강알칼리성 물질로 중화반응시에 주로 이용된다.

02

정답 ③

풀이 pH = $-\log[H^+]$ = $-\log[6.0 \times 10^{-3}]$ = $-\log 6 + 3$ = 2.22

pOH = 14 − pH = 14−2.22 = 11.78

03

정답 ④

풀이 소음공해의 특징은 축적성이 없다.

04

정답 ④

풀이 ① TDS : 총 용존 고형물

② FSS : 강열잔류 부유 고형물

③ FDS : 강열잔류 용존 고형물

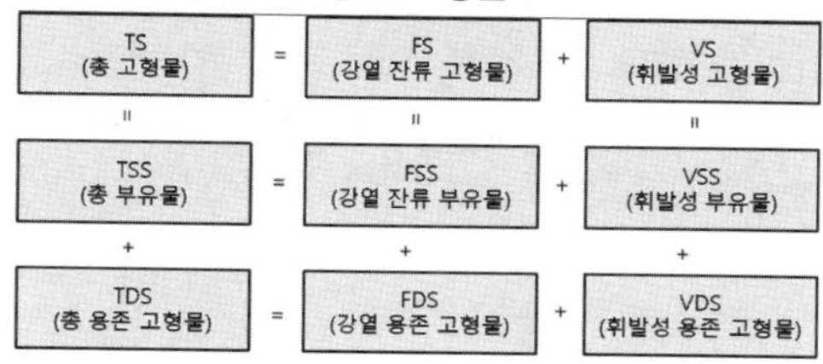

05

정답 ②

C = kP

$$C = \frac{1.3 \times 10^{-3} mol}{L \cdot atm} \times 1atm \times \frac{20}{100} \times \frac{32g}{mol} \times \frac{1000mg}{g}$$

$$= 8.32mg/L$$

06

정답 ③

표면부하율 = 유량/침전면적

$$\frac{30m^3}{m^2 \cdot day} = \frac{\frac{120,000m^3}{day}}{A(m^2)} \rightarrow A = 4000m^2$$

8개의 침전조로 유입되므로 4000/8 = 500m^2가 침전조 1개의 유효표면적이 된다.

07

정답 ①

풀이 ① 훈증형(Fumigation Type) : 상층은 안정, 하층은 불안정한 상태

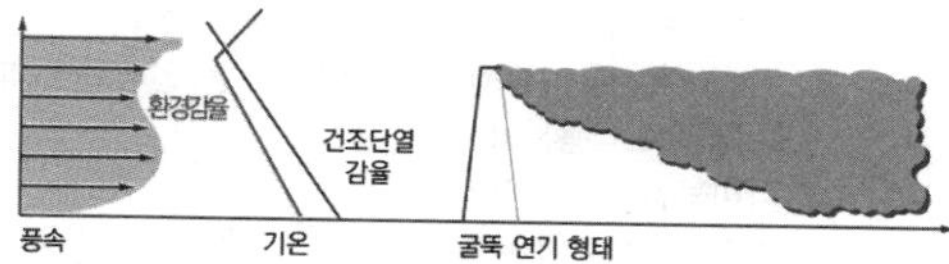

② 지붕형(Lofting Type) : 상층은 불안정, 하층은 안정한 상태

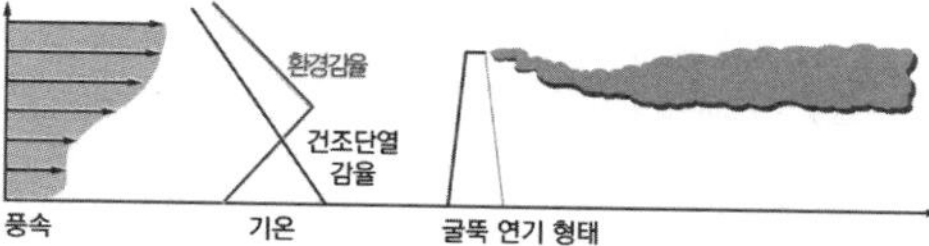

③ 원추형(Coning Type) : 대기의 상태가 중립 또는 미단열 상태

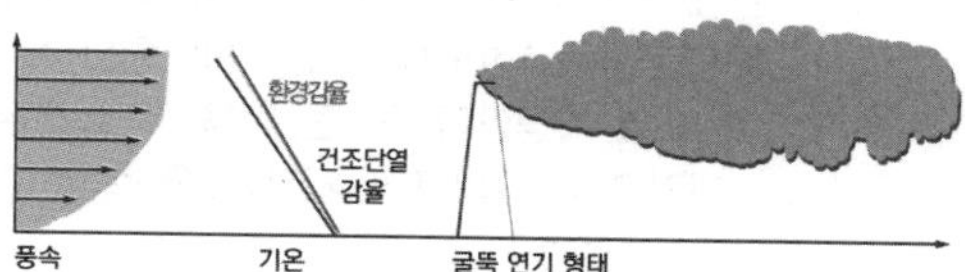

④ 구속형(Trapping Type) : 상하층 모두 역전(안정) 상태

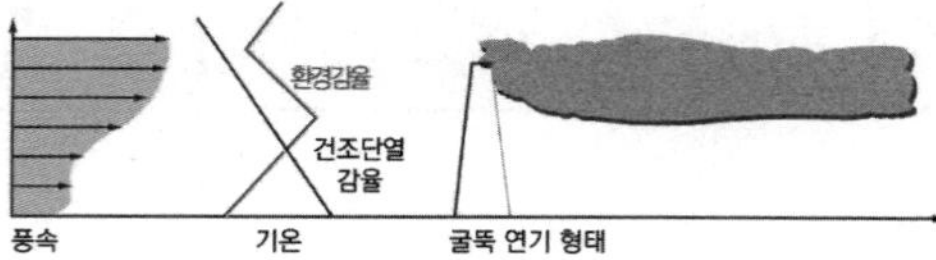

08

정답 ②

풀이 다이옥신은 상온에서 무색으로 물에 대한 용해도 및 증기압이 낮다.

관련 개념

다이옥신

(1) 정의 및 구조
- 2개의 벤젠고리에 산소와 치환된 염소의 결합으로 이루어진 방향족 화합물로 다이옥신류와 퓨란류가 있다.
- 산소원자 2개가 포함된 다이옥신류(PCDDs)의 이성질체는 75종류, 산소원자가 1개 포함된 퓨란류(PCDFs)는 135개의 이성질체를 갖는다. 또한 2,3,7,8-TCDD가 가장 유독하다.

(2) 물리화학적 성질
- 다이옥신은 비점이 높은 유기결합 고체상 물질로 열적 안정성이 좋아 고온인 700℃ 이상에서 분해되기 시작하여 온도가 올라갈수록 분해가 잘 이루어지며 300~400℃의 저온에서는 다시 재생되는 특성을 가지고 있어 처리에 유의해야 한다.
- 벤젠 등 유기용제에 잘 녹는 성질을 가지고 있으며 물에는 잘 녹지 않는 성질을 가지고 있다.
- 염소가 포함된 유기물질을 연소 시키는 과정에서 생성되는 고체상 물질로 토양과 같은 입자상 물질에 축적되어 대기와 토양 오염을 유발하기도 한다.
- 다이옥신은 기형아 출산, 발암성 등 인체의 면역에 독성물질로 작용한다.

(3) 다이옥신의 농도표시
- 농도표시 : 가장 독성이 강한 2,3,7,8-TCDD의 독성을 기준값(1.0)으로 하여 각 이성질체의 상대적인 독성값(Toxic Equivalant Quality, TEQ)으로 표시한다.

09

정답 ④

풀이 시행규칙 제11조(측정망의 종류 및 측정결과보고 등)
① 법 제3조제1항에 따라 수도권대기환경청장, 국립환경과학원장 또는 「한국환경공단법」에 따른 한국환경공단(이하 "한국환경공단"이라 한다)이 설치하는 대기오염 측정망의 종류는 다음 각 호와 같다.
1. 대기오염물질의 지역배경농도를 측정하기 위한 교외대기측정망
2. 대기오염물질의 국가배경농도와 장거리이동 현황을 파악하기 위한 국가배경농도측정망
3. 도시지역 또는 산업단지 인근지역의 특정대기유해물질(중금속을 제외한다)의 오염도를 측정하기 위한 유해대기물질측정망
4. 도시지역의 휘발성유기화합물 등의 농도를 측정하기 위한 광화학대기오염물질측정망
5. 산성 대기오염물질의 건성 및 습성 침착량을 측정하기 위한 산성강하물측정망
6. 기후 · 생태계 변화유발물질의 농도를 측정하기 위한 지구대기측정망
7. 장거리이동대기오염물질의 성분을 집중 측정하기 위한 대기오염집중측정망
8. 초미세먼지(PM-2.5)의 성분 및 농도를 측정하기 위한 미세먼지성분측정망
② 법 제3조제2항에 따라 특별시장 · 광역시장 · 특별자치시장 · 도지사 또는 특별자치도지사(이하 "시 · 도지사"라 한다)가 설치하는 대기오염 측정망의 종류는 다음 각 호와 같다.
1. 도시지역의 대기오염물질 농도를 측정하기 위한 도시대기측정망
2. 도로변의 대기오염물질 농도를 측정하기 위한 도로변대기측정망
3. 대기 중의 중금속 농도를 측정하기 위한 대기중금속측정망
4. 삭제 〈2011. 8. 19.〉
③ 시 · 도지사는 법 제3조제2항에 따라 상시측정한 대기오염도를 측정망을 통하여 국립환경과학원장에게 전송하고, 연도별로 이를 취합 · 분석 · 평가하여 그 결과를 다음 해 1월말까지 국립환경과학원장에게 제출하여야 한다.

10

정답 ②

풀이 $SL_1(100-X_1) = SL_2(100-X_2)$
SL : 슬러지 부피
X : 함수율
100 − 함수율 = 고형물 함량
$2m^3 \times 2.5 = SL_2 \times 4$
$SL_2 = 1.25m^3$
슬러지 감소율 $= \frac{2-1.25}{2} \times 100 = 37.5\%$

11

정답 ①

풀이 혼합공식을 이용하여 합류지점에서의 수온과 산소농도를 산정한다.

$$C_m = \frac{C_1Q_1 + C_2Q_2}{Q_1 + Q_2}$$

- 합류지점에서의 수온

$$C_m = \frac{2\times15+0.5\times25}{2+0.5} = 17℃$$

- 합류지점에서의 산소농도

$$C_m = \frac{2\times10.2+0.5\times1.5}{2+0.5} = 8.46mg/L$$

- 합류지점(17℃)에서의 산소부족량
  9.7−8.46 = 1.24mg/L

12

정답 ②

풀이 $C_3H_8 + 5O_2 \rightarrow 3CO_2 + 4H_2O$

1 : 3 = 0.8Sm³ : X

X = 2.4Sm³

$C_4H_{10} + 6.5O_2 \rightarrow 4CO_2 + 5H_2O$

1 : 4 = 0.2Sm³ : X

X = 0.8Sm³

∴ 2.4 + 0.8 = 3.2Sm³

13

정답 ③

풀이 육상 매립지의 집수면적을 좁게 한다.

14

정답 ③

풀이 토양증기추출법(Soil Vapor Extraction)

- 물리화학적 방법, In-Situ
- 휘발성 또는 준휘발성의 오염물질을 제거하는 기술이다. 불포화 대수층 위에 토양을 진공상태로 만들어 처리하는 기술이며 오염지역의 대수층이 낮을 때 적용할 수 있다.

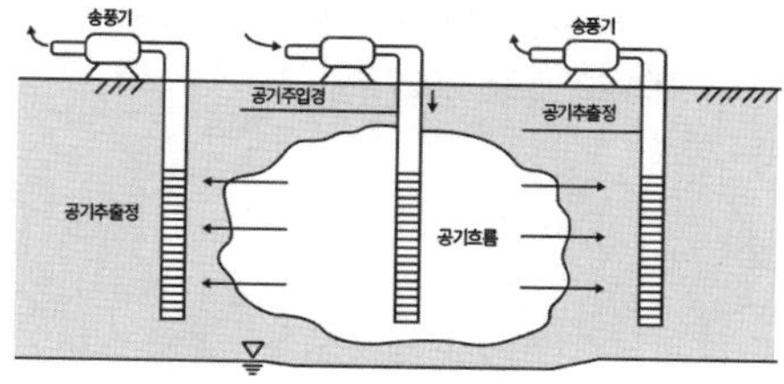

| 토양증기추출법(SVE) |

15

정답 ①

풀이 토양 공극 내의 지하수 흐름은 Darcy 법칙으로 설명할 수 있다.

$$V_{실제} = \frac{V_{이론}}{공극률}$$

$$V_{이론} = KI = K\frac{\Delta h}{\Delta L} = K\frac{h_2 - h_1}{L_2 - L_1}$$

K : 투수계수(m/sec) I : 수리경사도

(△h = h_2 − h_1 : 수두차 변화(m) /

△L = L_2 − L_1 : 수평방향의 거리(m))

$$\therefore\ V_{실제} = \frac{\frac{0.2m}{day}\times\frac{0.5m}{20m}}{0.2} = 0.025m/day$$

16

정답 ③

풀이 $SAR = \dfrac{Na^+}{\sqrt{\dfrac{Ca^{2+}+Mg^{2+}}{2}}}$,

$$SAR = \frac{\frac{92mg}{L}\times\frac{1meq}{23mg}}{\sqrt{\dfrac{\frac{100mg}{L}\times\frac{1meq}{20mg}+\frac{36.6mg}{L}\times\frac{1meq}{12.2mg}}{2}}} = 2$$

17

정답 ①

풀이 y축이 1/C인 그래프로 2차반응을 나타낸다. 반응속도를 구하기 위한 일반식은 $\frac{dC}{dt} = -kC^2$이다.

18

정답 ②

풀이 일반적으로 인산염은 토양입자에 잘 흡착된다.

19

정답 ②

풀이 주기(T)

- 한 파장이 통과하는데 필요한 시간을 말하며 단위는 sec(초)이다.
- $T = \frac{1}{f} \rightarrow \frac{1}{200Hz} = 0.005sec$

20

정답 ①

풀이 부패성은 해당되지 않는다.

지정폐기물 분류체계

- 부식성, 독성, 반응성, 발화성, 용출특성, 난분해성, 유해가능성

이찬범

저자 약력

현) 박문각 환경직공무원 강사
전) 에듀윌 환경직공무원 강사
특강 : 안양대, 충북대, 세명대, 상명대, 순천향대, 신안산대 등 다수
자격증 강의 : 대기환경기사, 수질환경기사, 환경기능사, 위험물산업기사,
위험물기능사, 산업안전기사 등

저자 저서

이찬범 환경공학 기본서(박문각)
이찬범 화학 기본서(박문각)
대기환경기사 필기(에듀윌)
대기환경기사 실기(에듀윌)
수질환경기사 실기(에듀윌)

이찬범 환경공학

초판 인쇄 2024. 7. 10. | **초판 발행** 2024. 7. 15. | **편저자** 이찬범
발행인 박 용 | **발행처** (주)박문각출판 | **등록** 2015년 4월 29일 제2019-000137호
주소 06654 서울시 서초구 효령로 283 서경 B/D 4층 | **팩스** (02)584-2927
전화 교재 문의 (02)6466-7202

저자와의 협의하에 인지생략

정가 33,000원
ISBN 979-11-7262-101-8